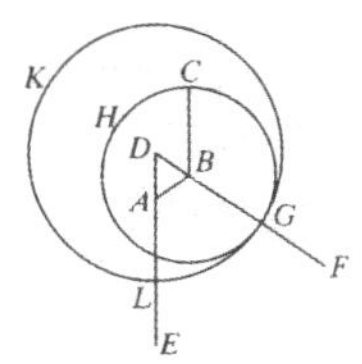

Euclid

Euclid´s Elements

Elements

几何原本

[古希腊] 欧几里得 / 著

章洞易 / 译

天津出版传媒集团

天津科学技术出版社

图书在版编目（CIP）数据

几何原本 /（古希腊）欧几里得著；章洞易译 . --
天津：天津科学技术出版社，2020.7（2021.3 重印）
ISBN 978-7-5576-8259-0

Ⅰ . ①几… Ⅱ . ①欧… ②章… Ⅲ . ①欧氏几何
Ⅳ . ① O181

中国版本图书馆 CIP 数据核字 (2020) 第 111458 号

几何原本
JIHEYUANBEN
责任编辑：刘丽燕
责任印制：兰 毅
出 版：天津出版传媒集团 / 天津科学技术出版社
地 址：天津市西康路 35 号
邮 编：300051
电 话：（022）23332490
网 址：www.tjkjcbs.com.cn
发 行：新华书店经销
印 刷：嘉业印刷（天津）有限公司

开本 710×1000 1/16 印张 44 字数 630 000
2021 年 3 月第 1 版第 2 次印刷
定价：89.90 元

目 录 | Contents ▸

卷 I

定义

01　点没有可以分割的部分。

02　线只有长度而没有宽度。

03　一线的两端是点。

04　直线是它上面的点一样地平铺着的线。

05　面只有长度和宽度。

06　面的边缘是线。

07　平面是它上面的线一样地平铺着的面。

08　平面角是在一平面内但不在一条直线上的两条相交线相互的倾斜度。

09　当包含角的两条线都是直线时，这个角叫作直线角（即平角 180°）。

10 当一条直线和另一条直线相交，形成的邻角彼此相等时，这些等角的每一个叫作直角，而且称这一条直线垂直于另一条直线。

11 大于直角的角叫作钝角。

12 小于直角的角叫作锐角。

13 边界是物体的边缘。

14 图形是被一个边界或几个边界围成的。

15 圆是由一条线围成的平面图形，其内有一点与这条线上的点连接成的所有线段都相等。

16 而且把这个点叫作圆心。

17 圆的直径是任意一条经过圆心的直线，

在两个方向被圆周截得的线段，且把圆二等分。

18 半圆是直径和由它截得的圆弧围成的图形，而且半圆的圆心和原圆心相同。

19 直线形是由直线首尾顺次相接围成的。三边形是由三条直线围成的，四边形是由四条直线围成的，多边形是由四条以上直线围成的。

20 在三边形中，三条边相等的，称为等边三角形；只有两条边相等的，称为等腰三角形；各边不相等的，称为不等边三角形。

21 在三边形中，有一个角是直角的，称为直角三角形；有一个角是钝角的，称为钝角三角形；有三个角是锐角的，称为锐角三角形。

22　在四边形中，四边相等且四个角是直角的，称为正方形；角是直角，但四边不全相等的，称为长方形；四边相等，但角不是直角的，称为菱形；对角相等且对边也相等，但边不全相等且角不是直角的，称为斜方形；其余的四边形称为不规则四边形。

23　平行直线是在同一平面内向两端无限延长且永不相交的直线。

公设

01　由任意一点到另外任意一点可以画直线。

02　一条有限直线可以继续延长。

03　以任意定点为圆心，以任意长为半径，可以画圆。

04　凡直角都彼此相等。

05　同平面内一条直线和另外两条直线相交，若在某一侧的两个内角的和小于两个直角的和，则这二直线经无限延长后在这一侧相交。

公理

01　等于同量的量彼此相等。

02　等量加等量，其和仍相等。

03　等量减等量，其差仍相等。

04　彼此能重合的物体是全等的。

05　整体大于部分。

命题

命题 1

…

在一个已知的有限直线上作一个等边三角形。

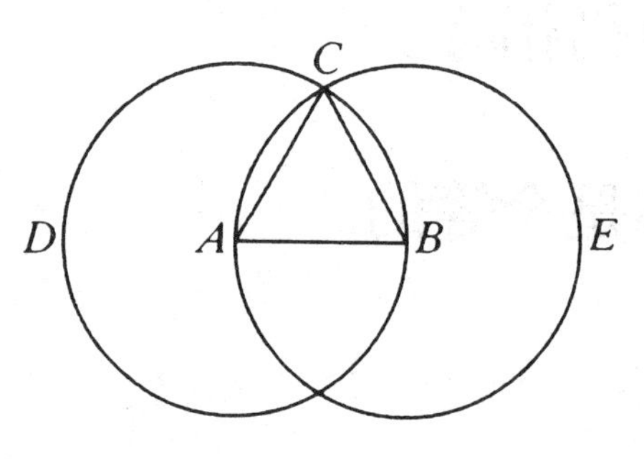

设：*AB* 是已知的有限直线。

要求：在线段 *AB* 上作一个等边三角形。

以 *A* 为圆心，再将 *AB* 作为半径来画圆 *BCD*。 [公设 3]

以 *B* 为圆心，再将 *BA* 作为半径来画圆 *ACE*。 [公设 3]

从两个圆的交点 *C* 到 *A*、*B*，连接线段 *CA*、*CB*。 [公设 1]

因为：点 *A* 是圆 *CDB* 的圆心，因此 *AC* 等于 *AB*， [定义 15]

又因：点 *B* 是圆 *CAE* 的圆心，因此 *BC* 等于 *BA*， [定义 15]

并且之前证明了 *CA* 等于 *AB*，因而线段 *CA*、*CB* 都等于 *AB*。且等于同量的量相等， [公理 1]

所以：*CA* 等于 *CB*，

所以：三条线段 *CA*、*AB*、*BC* 均相等，

所以：三角形 *ABC* 是等边三角形，也就是在已经给出的有限直线 *AB* 上作了等边三角形。

这就是命题所要求作的。

命题 2

…

将一个已知的点（当作端点），作一条线段等于已知的线段。

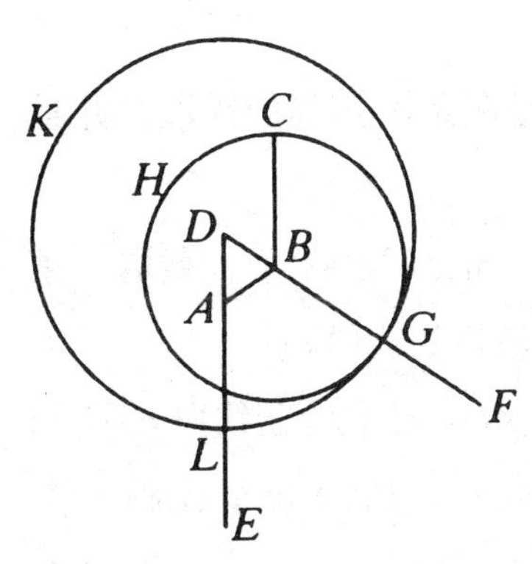

设：*A* 是已知的点，*BC* 则是已知线段，也就是，需要由点 *A* 作为端点，作一个等于已知的线段 *BC*。

要求：从点 *A* 到点 *B* 连接线段 *AB*，［公设 1］

并且在 *AB* 上作等边三角形 *DAB*，［I. 1］

再延长 *DA*、*DB* 为直线 *AE*、*BF*，［公设 2］

以 *B* 为圆心，将 *BC* 作为半径画圆 *CGH*，［公设 3］

之后再以 *D* 为圆心，以 *DG* 为半径画圆 *GKL*。［公设 3］

因为：点 *B* 是圆 *CGH* 的圆心，所以 *BC* 等于 *BG*，［定义 15］

点 *D* 是圆 *GKL* 的圆心，所以 *DL* 等于 *DG*，［定义 15］

又因：*DA* 等于 *DB*，因此剩下的余量 *AL* 也就等于余量 *BG*，［公理 3］

并且已经证明了 *BC* 等于 *BG*，因此线段 *AL*、*BC* 都等于 *BG*，并且因为等于同量的量彼此相等，［公理 1］

所以：*AL* 也就等于 *BC*，

所以：从已知的点 *A* 作的线段 *AL* 等于已知线段 *BC*。

这就是命题所要求作的。

命题 3

…

已知两条不相等的线段，从较长的线段上边截取一条线段，让它等于另外一条线段。

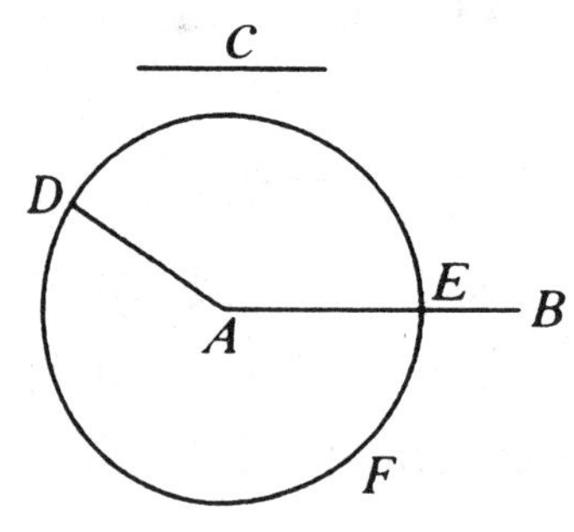

设：AB、c 是两条不相等的线段，并且 AB 大于 c。

要求：从较长的线段 AB 上，截取一条线段，让它等于较短的线段 c。

从点 A 截取 AD，让它等于线段 c, [I. 2]

将 A 作为圆心，以 AD 为半径画出圆 DEF， [公设 3]

因为：点 A 是圆 DEF 的圆心，因此 AE 等于 AD， [定义 15]

又因：c 等于 AD，因此线段 AE、c 都等于 AD；由此推断出，AE 等于 c， [公理 1]

所以：给定两条线段 AB、c，从较长的 AB 上截取 AE，让它等于较短的线段 c。

这就是命题所要求作的。

命题 4

…

如果两个三角形的两边分别相等，并且相等的线段组成的夹角相等，就可以说这两个三角形的底边相等，三角形全等于三角形。因此，其余的两对应角亦相等。

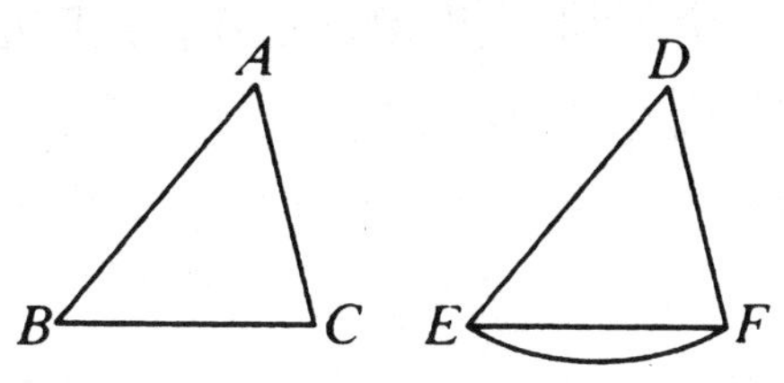

设：ABC、DEF 是两个三角形，AB 等于 DE，AC 等于 DF，并且角 BAC 等于角 EDF。

因为：底边 BC 等于底边 EF，三角形 ABC 全等于三角形 DEF，剩下的角也分别相等，即角 ABC 等于角 DEF，角 ACB 等于角 DFE，

若将三角形 ABC 移动到三角形 DEF 上，如果点 A 落在点 D 上，并且线段 AB 落在 DE 上，已知 AB 等于 DE，因此点 B 与点 E 重合，

又因：AB 与 DE 重合，角 BAC 等于角 EDF，因此线段 AC 也就与 DF 重合，

并且 AC 等于 DF，因此点 C 也与点 F 重合，

又因：B 也与 E 重合，所以底 BC 也与底 EF 重合，

假定：在 B 与 E 重合，并且 C 与 F 也重合时，底 BC 若是不和底 EF 重合，那么二条直线就围成了一块空间，但这是不可能的。因此底 BC 就与底 EF 重合并相等，[公理 4]

所以：整个三角形 ABC 与整个三角形 DEF 重合，因此它们是全等的，

所以：其余的角也与其余的角重合，所以它们全都相等，也就是角 ABC 等于角 DEF，并且角 ACB 等于角 DFE。

这就是命题所要求证明的。

命题 5

…

等腰三角形的两个底角相等，如果向下延长两个腰所在的直线，那么在底边形成的两个角亦相等。

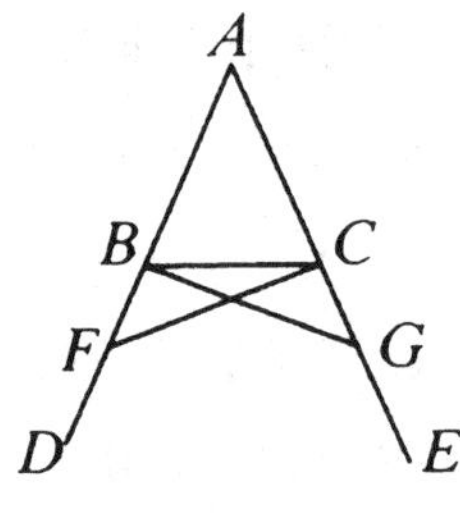

设：*ABC* 是一个等腰三角形，边 *AB* 等于边 *AC*，延长 *AB*、*AC* 成直线 *BD*、*CE*。 [公设 2]

求证：角 *ABC* 等于角 *ACB*，并且角 *CBD* 等于角 *BCE*。

如果从 *BD* 上任取一点 *F*，又在较大的 *AE* 上截取线段 *AG*，让它等于较小的 *AF*。 [I. 3]

连接 *FC* 和 *GB*。 [公设 1]

因为：*AF* 等于 *AG*，且 *AB* 等于 *AC*，两边 *FA*、*AC* 分别等于边 *GA*、*AB*，并且它们包含着公共角 *FAG*，

所以：底 *FC* 等于底 *GB*，且三角形 *AFC* 全等于三角形 *AGB*，

所以：剩下的角也分别相等，也就是相等的边所对的角，即角 *ACF* 等于角 *ABG*，角 *AFC* 等于角 *AGB*。 [I. 4]

因为：整体 *AF* 等于整体 *AG*，并且它们中的 *AB* 等于 *AC*，因此余量 *BF* 等于余量 *CG*， [公理 3]

又因：已经证明了 *FC* 等于 *GB*，因此，边 *BF* 等于 *CG*，边 *FC* 等于 *GB*，而角 *BFC* 等于角 *CGB*，

并且底 *BC* 是公用的，因此，三角形 *BFC* 也全等于三角形 *CGB*；并且，剩下的角也分别相等，也就是等边所对的角，

因此：角 *FBC* 等于角 *GCB*，并且角 *BCF* 等于角 *CBG*。

因为：已经证明了角 *ABG* 等于角 *ACF*，而角 *CBG* 等于角 *BCF*，剩下的角 *ABC* 等于剩下的角 *ACB*， [公理 3]

而它们都在三角形 *ABC* 的底边以上，

所以：角 *FBC* 等于角 *GCB*，并且它们都在三角形的底边以下。

证完。

命题 6

···

如果在一个三角形中，有两个角彼此相等，那么等角所对的边也彼此相等。

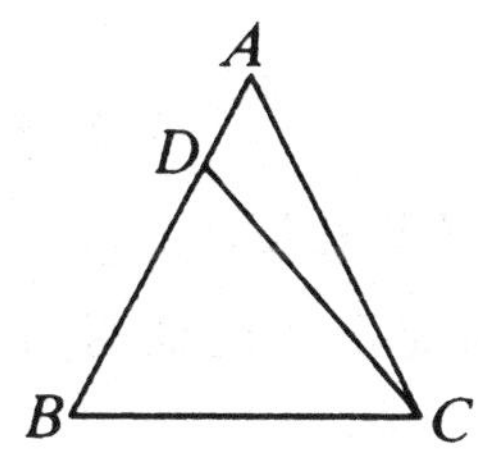

设：在三角形 *ABC* 中，角 *ABC* 等于角 *ACB*。

求证：边 *AB* 等于边 *AC*。

因为：若 *AB* 不等于 *AC*，那么其中肯定有一个是比较大的边，假设 *AB* 是较大的边；从 *AB* 上截取 *DB* 等于较小的 *AC*， [I. 3]

连接 *DC*，

又因：*DB* 等于 *AC*，并且 *BC* 是公用边，边 *DB* 等于 *AC*，*BC* 等于 *CB*，并且角 *DBC* 等于角 *ACB*，

所以：底 *DC* 等于底 *AB*，并且三角形 *DBC* 全等于三角形 *ACB*，也就是小的等于大的：这并不合理，

所以：*AB* 必须等于 *AC*。

证完。

命题 7

···

过已知线段的两个端点，引出两条线段交于一点，那么不可能在这条线段（在它的两个端点）的同侧，有相交于另一点的另两条线段，分别等于前两条线段。即每个交点到相同端点的线段相等。

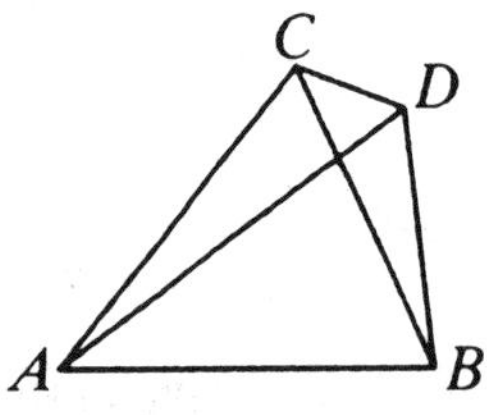

设：过 *A*、*B* 两点作交于点 *C* 的两条线段 *AC*、*CB*。在同一侧，过 *A*、*B* 两点作另外两条线段 *AD*、*DB*，相交于另外一点 *D*。

因为：这二线段分别等于前面二线段，也就是每个交点到相同的端点，

因此：*CA* 等于 *DA*，它们都有共同的端点 *A*，而 *CB* 等于 *DB*，它们也都有共同的端点 *B*，连接 *CD*。

又因：*AC* 等于 *AD*，角 *ACD* 也就等于角 *ADC*， [I. 5]

因此：角 *ADC* 大于角 *DCB*，也就是角 *CDB* 比角 *DCB* 更大。

因为：*CB* 等于 *DB*，并且角 *CDB* 等于角 *DCB*。可是上述已证明角 *CDB* 更大于角 *DCB*，

所以：这是不成立的。

证完。

命题 8

• • •

如果两个三角形有两边分别相等，同时底也相等，那么这两个三角形的所有对应角亦相等。

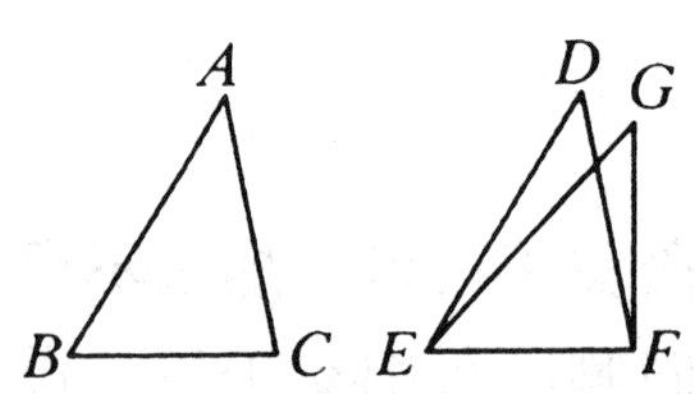

设：三角形 *ABC* 和三角形 *DEF*，两边 *AB*、*AC* 分别等于两边 *DE*、*DF*，也就是 *AB* 等于 *DE*，并且 *AC* 等于 *DF*。

设：底 *BC* 等于底 *EF*。

那么可以说：角 *BAC* 等于角 *EDF*。

如果移动三角形 *ABC* 到三角形 *DEF*，让点 *B* 落在点 *E* 上，线段 *BC* 在 *EF* 上，点 *C* 也就和点 *F* 重合。

因为：*BC* 等于 *EF*，

因此：*BC* 和 *EF* 重合，*BA*、*AC* 也和 *ED*、*DF* 重合。

又因：若底 *BC* 与底 *EF* 重合，并且边 *BA*、*AC* 不和 *ED*、*DF* 重合，而是它们旁边的 *EG*、*GF* 处，

那么：在已知的线段（在它的端点）以上有相较于一点的给定两条线段。此时，在同一侧，从同一线段的两个端点，作交于另一个点的其余两条线段，它们分别等于前面二线段，也就是每一交点到同一端点的连线。

然而，不能作后二线段。　[I. 7]

设：把底 *BC* 移动到底 *EF*，边 *BA*、*AC* 和 *ED*、*DF* 不重合：以上并不成立，

因此：它们要重合，

所以：角 *BAC* 也重合并等于角 *EDF*。

证完。

命题 9

• • •

将一个已知的直线角二等分。

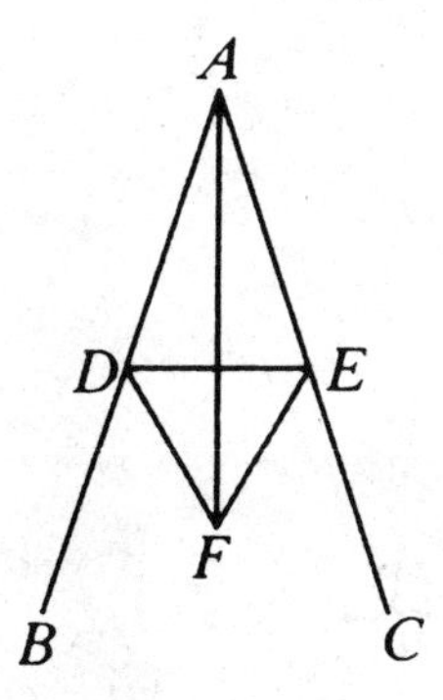

设：已知角 *BAC* 是一个直线角，要求将其二等分。

假设在 *AB* 上任意选取一点 *D*，在 *AC* 上截取 *AE*，*AE* 等于 *AD*；　[I. 3]

连接 *DE*，并且在 *DE* 上作一个等边三角形 *DEF*，连接 *AF*。

所以：角 *BAC* 被 *AF* 二等分。

因为: AD 等于 AE，而 AF 是公用边，且底 DF 等于底 EF；

因此：角 DAF 等于角 EAF。 [I. 8]

所以：直线 AF 二等分给定直线角 BAC。

证完。

命题 10

•••

将一条线段二等分。

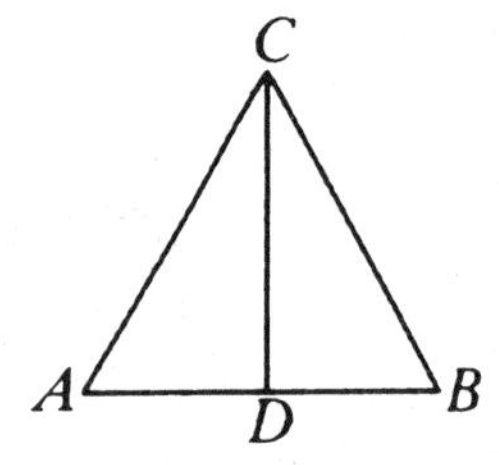

设: AB 是给定有限直线，要求二等分有限直线 AB。

假设在 AB 上作一个等边三角形 ABC。 [I. 1]

并且设直线 CD 二等分角 ACB。 [I. 9]

可以说，线段 AB 在点 D 被二等分。

因为: AC 等于 BC，而 CD 为公用边，角 ACD 等于角 BCD。

因此：底 AD 等于底 BD。 [I. 4]

所以：将已知有限直线 AB 二等分于点 D。

证完。

命题 11

•••

过已知直线上的一个点，可以作该直线的垂直线。

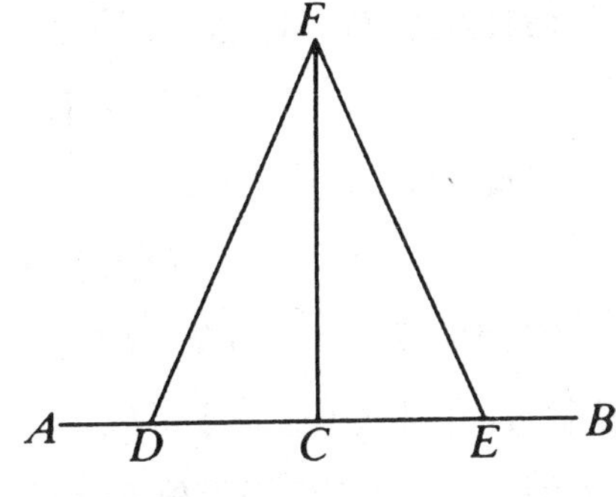

设：AB 是已知的直线，C 是直线上的已知点。

要求由点 C 作一条直线和直线 AB 成直角。

在 AC 上任意截取一个点 D，并且使 CE 等于 CD， [I. 3]。

从 DE 上作一个等边三角形 FDE [I. 1]，连接 FC。

因此：直线 FC 就是在已知直线 AB 上的点 C 作的垂直线。

因为：DC 等于 CE，而 CF 为公用边，并且底 DF 等于底 FE，

因此：角 DCF 等于角 ECF。 [I. 8]

又因：角 DCF 与角 ECF 是邻角，

当一条直线和另一个直线相交成相等的邻角时，这些等角都是直角， [定义 10]

所以：角 DCF、FCE 都是直角，

所以：从已知的直线 AB 上的给定点 C 作的直线 CF 和 AB 成直角。

证完。

命题 12

…

从已知的无限直线外的一已知点作该直线的垂线。

设：AB 为已知的无限直线，并且假设给定点 C 不在直线上。

要求：从点 C 作无限直线 AB 的垂线。

令：在直线 AB 的另一侧任意取一个点 D，并且以点 C 为圆心，以 CD 为半径作圆 EFG。 [公设 3]

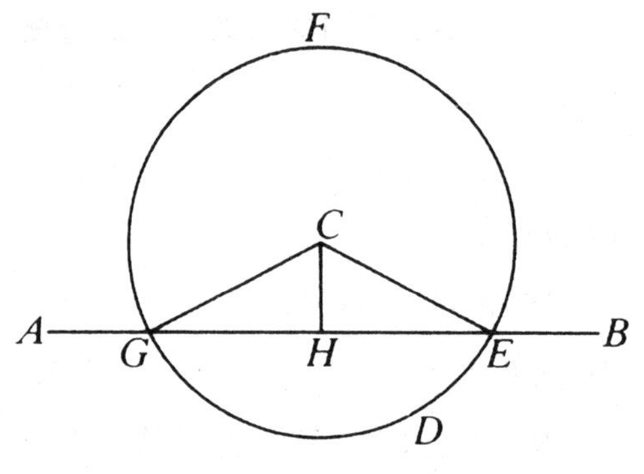

假设线段 *EG* 被点 *H* 二等分。

[I. 10]

连接 *CG*、*CH*、*CE*。

[公设 1]

因为：*GH* 等于 *HE*，*HC* 为公用边，并且底 *CG* 等于 *CE*。

因此：角 *CHG* 等于角 *EHC*。

又因：角 *CHG* 与角 *EHC* 是邻角，[I. 8]

在两条直线相交成相等的邻角时，每一个角都是直角，就称一条直线垂直于另一条直线。[定义 10]

所以：从不在所给定的无限直线 *AB* 外的给定点 *C* 作的 *CH* 垂直于 *AB*。

证完。

命题 13

•••

两条直线相交，邻角或是两个直角，或是它们的和等于两个直角（180°）。

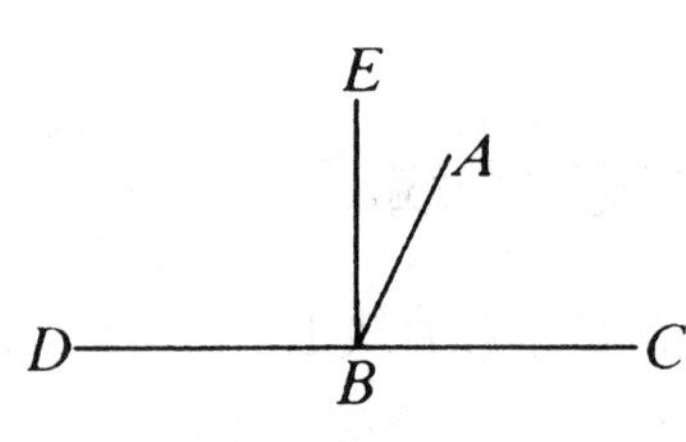

设：在直线 *CD* 上的任意一条直线 *AB*，交成角 *CBA* 与角 *ABD*，要么是两个直角，要么它们的和互补（180°）。

如果：角 *CBA* 等于角 *ABD*，则可以推断出它们是两个直角，[定义 10]

若不是，假设 *BE* 是在点 *B* 所作的和 *CD* 成直角的直线，[I. 11]

因此：角 *CBE* 和角 *EBD* 是两个直角。

因为：角 *CBE* 等于角 *CBA* 与角 *ABE* 的和，那么将它们都加上角 *EBD*；可以得出角 *CBE*、*EBD* 的和就等于角 *CBA*、*ABE*、*EBD* 的和，

[公理 2]

又因：角 *DBE* 加上角 *EBA* 等于角 *DBA*，那么角 *DBA* 加上角 *ABC* 等于角 *DBE* 加上角 *EBA* 再加上角 *ABC*，等于两个直角（180°），　[公理 2]

那么：角 *CBE* 与角 *EBD* 的和（180°）也就证明了等于相同的三个角（60°）的和。

因为：等于同量的量彼此相等，　[公理 1]

所以：角 *CBE*、角 *EBD* 的和就等于角 *DBA*、角 *ABC* 的和。

因为：角 *CBE*、*EBD* 的和是两个直角，

所以：角 *DBA*、*ABC* 的和等于两个直角。

证完。

命题 14

…

如果两条不在同一边的直线过任意直线上的一点，且所构成的邻角等于两个直角的和（平角），那么这两条直线构成一条直线。

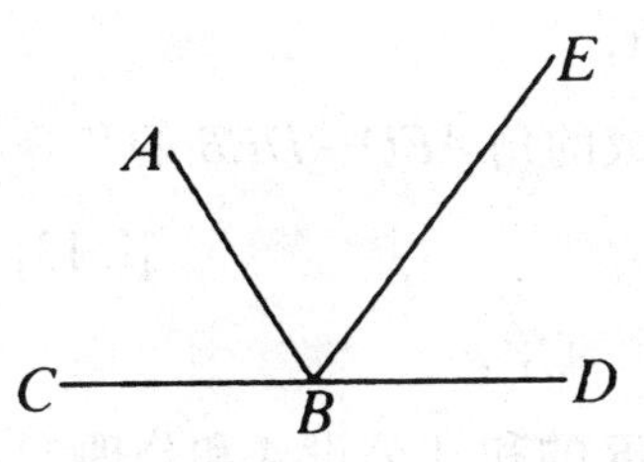

设：*AB* 为任意直线，*B* 是端点。直线 *BC*、*BD* 与 *AB* 不在同侧，邻角 *ABC*、*ABD* 的和等于两个直角（180°）。

那么：*BD* 和 *CB* 在同一直线上。

假设：*BD* 和 *BC* 不在同一直线上，*BE* 和 *CB* 在同一直线上。

因为：直线 *AB* 位于直线 *CBE* 上面，角 *ABC*、角 *ABE* 的和等于两个

直角，而角 *ABC*、*ABD* 的和等于两个直角，[I. 13]

因此：角 *CBA*、角 *ABE* 的和等于角 *CBA*、角 *ABD* 的和。

[公设 4 和公理 1]

如果：从它们中各减去角 *CBA*，就让剩下的角 *ABE* 等于剩下的角 *ABD*，[公理 3]

此时，小角等于大角：不符合常理，

所以：假设无法成立，*BE* 和 *CB* 不在一条直线上。

同理可证：除 *BD* 外，再没有其他的直线和 *CB* 在同一直线上，

所以：*CB* 和 *BD* 在同一直线上。

证完。

命题 15

• • •

若两条直线相交，那么交成的对顶角相等。

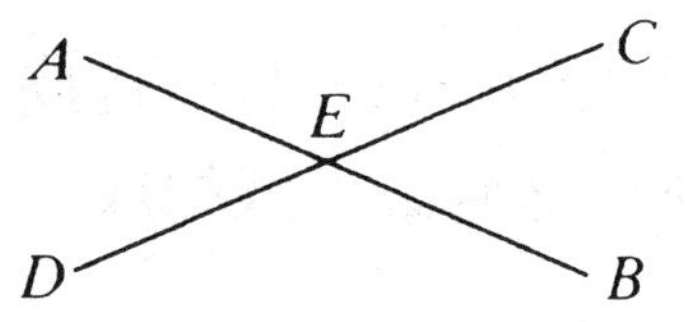

设：直线 *AB*、*CD* 相交于点 *E*。

那么：*AEC* 等于角 *DEB*，并且角 *CEB* 等于角 *AED*。

因为：直线 *AE* 位于直线 *CD* 上方，所构成的角 *CEA*、*AED*，两个角的和等于两个直角，

又因：直线 *CE* 位于直线 *AB* 的上方，所组成的角 *AED*、*DEB* 的和等于两个直角，[I. 13]

并且之前证明了角 *CEA*、*AED* 的和等于两个直角，

所以：角 *CEA*、*AED* 的和等于角 *AED*、*DEB* 的和，[公设 4 和公理 1]

从它们中各自减去角 *AED*，那么剩下的角 *CEA* 等于剩下的角 *BED*。

[公理 3]

同理可证：角 *CEB* 等于角 *DEA*。

证完。

推论　很明显，如果两条直线相交，那么在交点处所构成的角的和等于四个直角的和（360°）。

命题 16

•••

在任意三角形中，将一边延长，那么外角大于任意一个不相邻的内角。

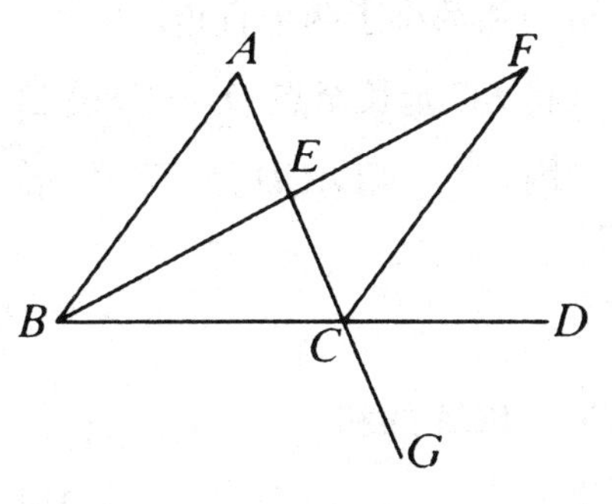

设：*ABC* 是一个三角形，延长边 *BC* 到点 *D*。

那么：外角 *ACD* 大于内角 *CBA* 或角 *BAC*。

线段 *AC* 被点 *E* 二等分，　[I. 10]

连接 *BE* 并延长至点 *F*，让 *EF* 等于 *BE*，　[I. 3]

连接 *FC*，　[公设 1]

延长 *AC* 至 *G*。　[公设 2]

因为：*AE* 等于 *EC*，*BE* 等于 *EF*，两边 *AE*、*EB* 分别等于两边 *CE*、*EF*，

又因：角 *AEB* 和角 *FEC* 是对相等顶角，　[I. 15]

所以：底 *AB* 等于底 *FC*，并且三角形 *ABE* 全等于三角形 *CFE*，剩下等边所对的角也都分别相等，　[I. 4]

角 *BAE* 等于角 *ECF*。

又因：角 *ECD* 大于角 *ECF*，　[公理 5]

所以：角 *ACD* 大于角 *BAE*。

同理可证：如果 *BC* 被平分，那么角 *BCG*，或是角 *ACD*， [I. 15]

大于角 *ABC*。

证完。

命题 17

…

在任意一个三角形中，两内角之和小于两个直角（180°）。

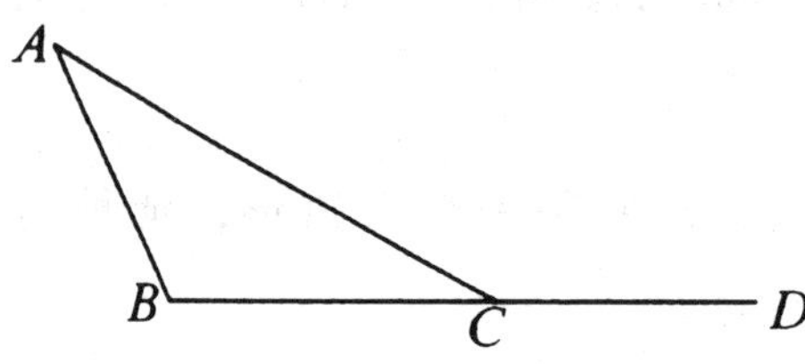

设：*ABC* 是一个三角形。

那么：三角形 *ABC* 的任意两个角的和都小于两个直角。

将 *BC* 延长至点 *D*。[公设 2]

因为：角 *ACD* 是三角形 *ABC* 的外角，因此，它大于内对角 *ABC*。

将角 *ACB* 与其他角相加，

那么：角 *ACD*、*ACB* 的和，大于角 *ABC*、*BCA* 的和。

因为：角 *ACD*、*ACB* 的和等于两个直角， [I. 13]

所以：角 *ABC*、*BCA* 的和小于二直角。

同理可证：角 *BAC*、角 *ACB* 的和小于两个直角；角 *CAB*、角 *ABC* 的和小于两个直角。

证完。

命题 18

…

在任意一个三角形中，大边一定对大角。

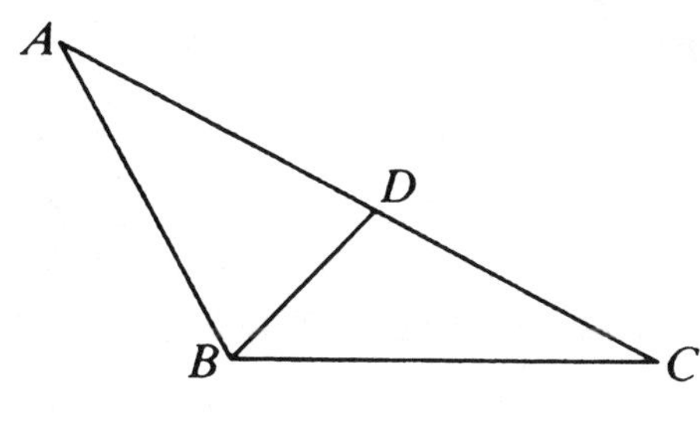

设：在三角形 *ABC* 中，边 *AC* 大于边 *AB*。

则可证：角 *ABC* 大于角 *BCA*。

因为：*AC* 大于 *AB*，截取 *AD* 等于 *AB*，　[I. 3]

连接 *BD*。

因为：角 *ADB* 是三角形 *BCD* 的外角，大于内对角 *DCB*，　[I. 16]

又因：边 *AB* 等于边 *AD*，

所以：角 *ADB* 等于角 *ABD*，

所以：角 *ABD* 大于角 *ACB*，

因此：角 *ABC* 大于角 *ACB*。

证完。

命题 19

…

在任意一个三角形中，大角一定对大边。

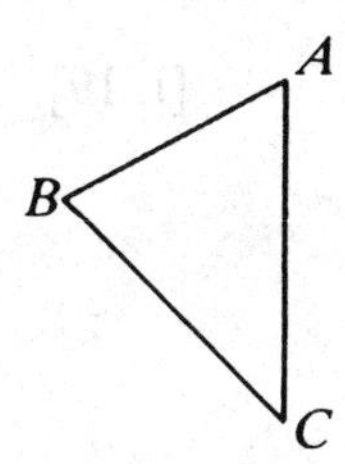

设：在三角形 *ABC* 中，角 *ABC* 大于角 *BCA*。

则可证：边 *AC* 大于边 *AB*。

若假设不是，那么边 *AC* 等于或者小于 *AB*。

现假设 *AC* 等于 *AB*，那么角 *ABC* 也会等于角 *ACB*。[I. 5]

但事实上是不相等的。

因此：AC 不等于 AB。

同理，AC 也不能小于 AB，因为这样，角 ABC 也会小于角 ACB。

[I. 18]

但事实并非如此，因此：AC 不小于 AB。

又因：已经证明了 AC 不能等于 AB，

所以：AC 大于 AB。

证完。

命题 20

…

在任何三角形中，任意两边之和大于第三边。

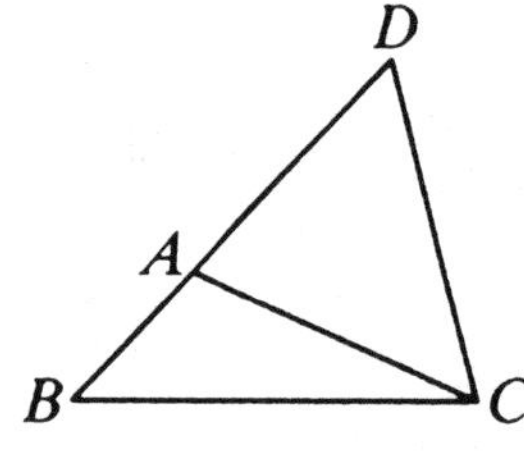

设：ABC 是三角形。

则可证：在三角形 ABC 中，任意两边之和大于第三边。

也就是：BA、AC 之和大于 BC；AB、BC 之和大于 AC；BC、CA 之和大于 AB。

那么：延长 BA 至点 D，让 DA 等于 CA，连接 DC。

因为：DA 等于 AC，角 ADC 等于角 ACD， [I. 5]

所以，角 BCD 大于角 ADC。 [公理 5]

又因：在三角形 DCB 中，因为大角对大边，而角 BCD 大于角 BDC，

[I. 19]

所以：DB 大于 BC，

并且 DA 等于 AC，

所以：BA、AC 的和大于 BC。

同理可证：*AB*、*BC* 的和大于 *CA*；*BC*、*CA* 的和大于 *AB*。

证完。

命题 21

•••

如果从三角形的一边的两个端点，向三角形内部引两条相交的线段，那么从交点到两端点的线段和，小于三角形其余两边的和，其夹角大于三角形的顶角。

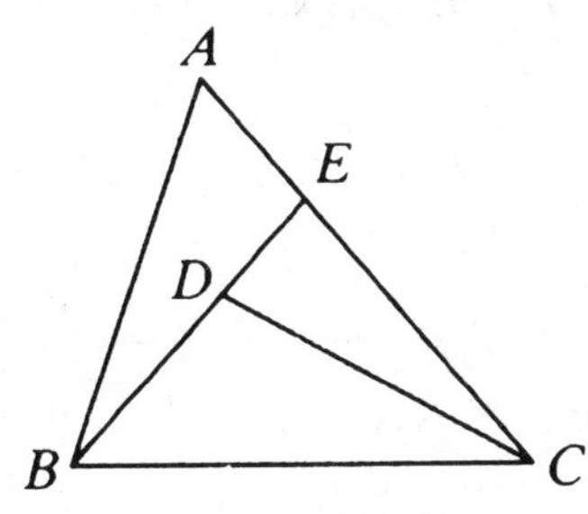

设：在三角形 *ABC* 的一条边 *BC* 上，从端点 *B*、端点 *C* 作两条线段 *BD*、*DC*，相交于三角形内部。

则可证：*BD* 与 *DC* 的和，小于三角形的其余两边 *BA* 与 *AC* 的和，所夹的角 *BDC* 大于角 *BAC*。

令：延长 *BD* 和 *AC* 交于点 *E*。

因为：在三角形中任意两边之和大于第三边， [I. 20]

所以：在三角形 *ABE* 中，边 *AB* 与 *AE* 的和大于 *BE*。

将 *EC* 加到以上各边，那么 *BA* 与 *AC* 的和大于 *BE* 与 *EC* 的和。

因为：在三角形 *CED* 中，*CE* 与 *ED* 两边的和大于 *CD*，

将它们分别与 *DB* 相加，

那么：*CE* 与 *EB* 的和大于 *CD* 与 *DB* 的和。

因为：已证明 *BA* 与 *AC* 的和大于 *BE* 与 *EC* 的和，

所以：*BA* 与 *AC* 的和大于 *BD* 与 *DC* 的和。

又因：在任何三角形中，外角大于内对角， [I. 16]

所以：在三角形 *CDE* 中，外角 *BDC* 大于角 *CED*。

同理可证：在三角形 *ABE* 中，外角 *CEB* 大于角 *BAC*。而角 *BDC* 大于角 *CEB*，

所以：角 *BDC* 比角 *BAC* 更大。

证完。

命题 22

…

用等于已知三条线段的三条线段建立三角形，那么这三条线段中的任意两条线段的和，必须大于另外一条线段。

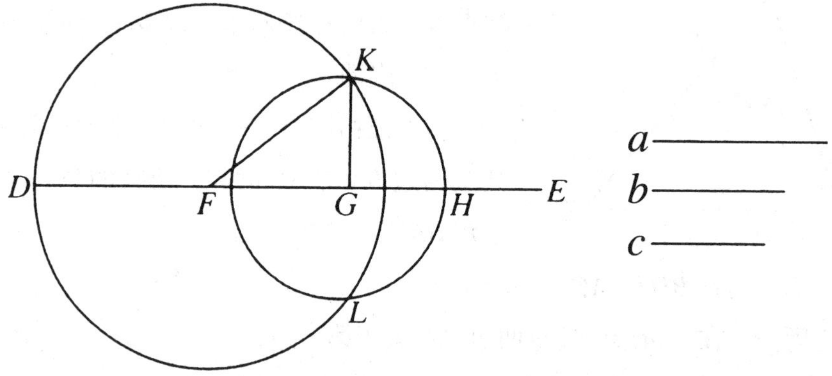

设：已知的三条线段是 *a*、*b*、*c*。它们中任何两条之和大于另外一条。即 *a* 与 *b* 的和大于 *c*；*a* 与 *c* 的和大于 *b*；*b* 与 *c* 的和大于 *a*。

则可用等于 *a*、*b*、*c* 的三条线段，作一个三角形。

假设另外有一条直线 *DE*，一端为 *D*，另一端向 *E* 的方向无限延长，

令：*DE* 等于 *a*，*FG* 等于 *b*，*GH* 等于 *b*。 [I. 3]

以 *F* 为圆心，*FD* 为半径，画圆 *DKL*；以 *G* 为圆心，*GH* 为半径，画圆 *KLH*。

圆 *KLH* 与圆 *KLD* 相交于 *K*，并连接 *KF*、*KG*。

可以说：三角形 *KFG* 是由等于 *a*、*b*、*c* 的三条线段所做成的三角形。

因为：点 *F* 是 *DKL* 的圆心，因此 *FD* 等于 *FK*，

并且 *FD* 等于 *a*，所以 *KF* 等于 *a*。

又因：点 *G* 是圆 *LKH* 的圆心，因此 *GH* 等于 *GK*，

所以：*GH* 等于 *c*，

所以：*KG* 等于 *c*，且 *FG* 等于 *b*，

所以：三条线段 *KF*、*FG*、*GK* 等于已知的线段 *a*、*b*、*c*，

因此：用分别等于已知线段 *a*、*b*、*c* 的三条线段 *KF*、*FG*、*GK* 作了三角形 *KFG*。

证完。

命题 23

•••

已知直线和它上面的一点，作一个直线角等于已知直线角。

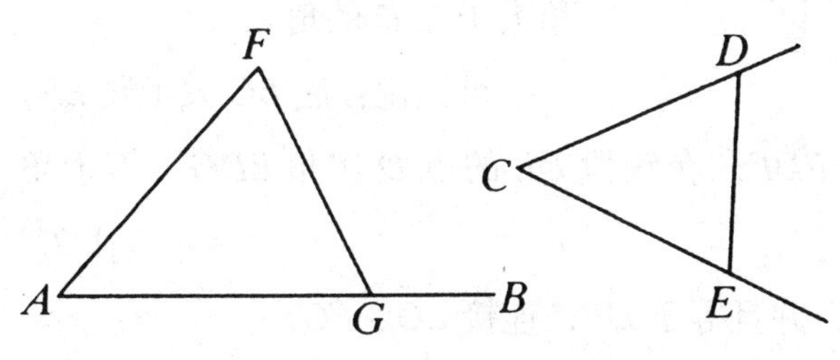

设：*AB* 是已知直线，*A* 是其上面的一个点，角 *DCE* 是已知的直线角。

则可从已知直线 *AB* 上选取的已知点 *A*，作一个角等于给定直线角 *DCE*。

令：在直线 *CD*、*CE* 上分别任意取点 *D*、*E*，连接 *DE*。

用等于 *CD*、*DE*、*CE* 的三条线段作三角形 *AFG*，让 *CD* 等于 *AF*，*CE* 等于 *AG*，*DE* 等于 *FG*。 [I. 22]

因为：*CD* 等于 *AF*，*CE* 等于 *AG*，且底 *DE* 等于底 *FG*；角 *DCE* 等

于角 *FAG*， [I. 8]

所以：在已知的直线 *AB* 和它上面已知点 *A* 作了直线角 *FAG*，并等于已知直线角 *DCE*。

证完。

命题 24

…

假设在两个三角形中，有两条边分别相等，并且一个三角形的夹角大于另一个三角形的夹角，那么夹角大的所对的边也较大。

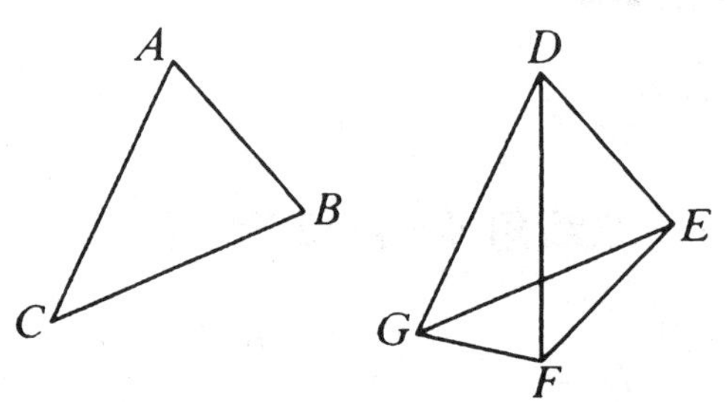

设：*ABC*、*DEF* 是两个三角形，边 *AB* 与 *AC* 分别等于边 *DE* 与 *DF*，也就是 *AB* 等于 *DE*，*AC* 等于 *DF*，并且在 *A* 的角大于在 *D* 的角。

可以说：底 *BC* 大于底 *EF*。

因为：角 *BAC* 大于角 *EDF*，在线段 *DE* 的点 *D* 作角 *EDG*，等于角 *BAC*， [I. 23]

令：截取 *DG* 等于 *AC*，并且等于 *DF*，连接 *EG*、*FG*，

那么：*AB* 等于 *DE*，*AC* 等于 *DG*，两边 *BA* 等于 *ED*，*AC* 等于 *DG*，

并且角 *BAC* 等于角 *EDG*，因此底 *BC* 等于底 *EG*。 [I. 4]

由于 *DF* 等于 *DG*，角 *DGF* 等于角 *DFG*， [I. 5]

所以：角 *DFG* 大于角 *EGF*，

因此：角 *EFG* 大于角 *EGF*。

因为：*EFG* 是一个三角形，角 *EFG* 大于角 *EGF*，并且较大角所对的

边较大， [I. 19]

边 *EG* 大于 *EF*，但 *EG* 等于 *BC*，

所以：*BC* 大于 *EF*。

证完。

命题 25

• • •

假如在两个三角形中，有两条边分别对应相等，其中一个三角形的第三边比另一个大，那么第三边较大的所对的角也较大。

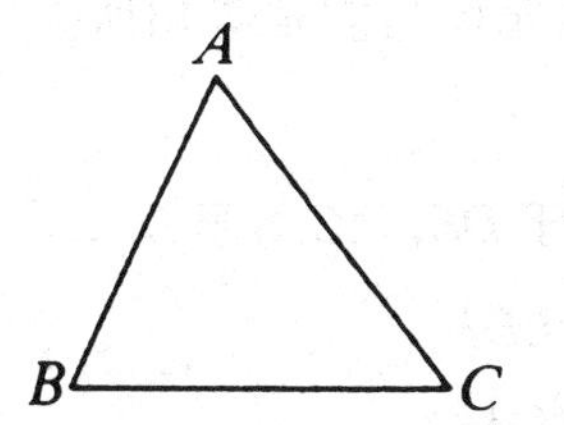

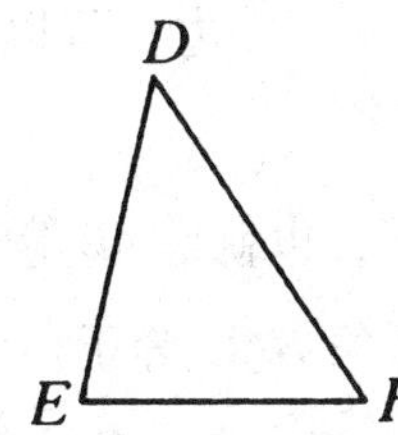

设：*ABC*、*DEF* 是两个三角形，其中两边 *AB*、*AC* 分别等于两边 *DE*、*DF*，即 *AB* 等于 *DE*，*AC* 等于 *DF*；并且设底 *BC* 大于底 *EF*。

那么，可以说：角 *BAC* 大于角 *EDF*。

若非如此，则角 *BAC* 小于或等于角 *EDF*，

现在，先设角 *BAC* 不等于角 *EDF*，否则底 *BC* 就会等于底 *EF*，这与已知相矛盾， [I. 4]

所以：角 *BAC* 不等于角 *EDF*。

又设角 *BAC* 不小于角 *EDF*，那么底 *BC* 就会小于底 *EF*， [I. 24]

但事实并非如此，

所以：角 *BAC* 不小于角 *EDF*。

由于已证三角不相等，

所以：角 *BAC* 大于角 *EDF*。

证完。

命题 26

…

如果在两个三角形中，有两对角分别相等，并且有一条边相等，如果这条边是等角的夹边，又或是等角的对边，那么它们其他的边也相等，并且角也相等。

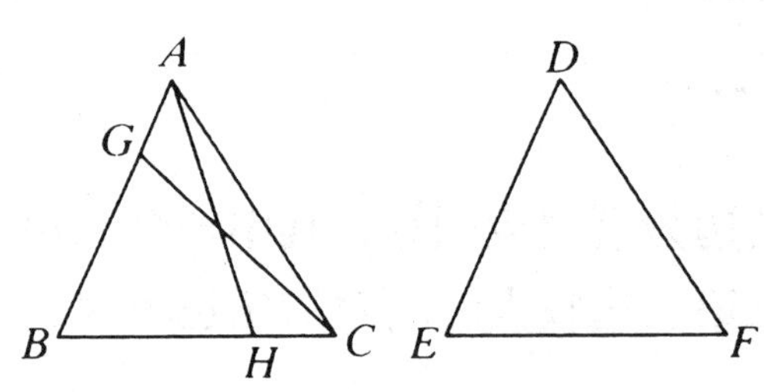

设：在三角形 *ABC*、*DEF* 中，有两角分别相等，

即角 *ABC* 等于角 *DEF*，角 *BCA* 等于角 *EFD*。

又设：有一边等于另一边，可以先设它们是等角所夹的边，也就是 *BC* 等于 *EF*，

那么可以说：其余的边也分别相等，也就是 *AB* 等于 *DE*，*AC* 等于 *DF*，

同样，其余的角也分别相等，即角 *BAC* 等于角 *EDF*。

因为：如果 *AB* 不等于 *DE*，那么其中有一条边较大，

设：*AB* 是较大的，截取 *BG* 等于 *DE*，连接 *GC*。

因为：*BG* 等于 *DE*，*BC* 等于 *EF*，

所以：两边 *GB*、*BC* 分别等于 *DE*、*EF*。

又因：角 *GBC* 等于角 *DEF*，

所以：底 *GC* 等于底 *DF*。

因为：三角形 *GBC* 全等于三角形 *DEF*，其余的角也分别相等，即等边相对的角对应相等， [I. 4]

所以：角 *GCB* 等于角 *DFE*。

但是根据假设，角 *DFE* 等于角 *BCA*，

所以：角 *BCG* 等于角 *BCA*，

就是小的等于大的，这是不可能的，

因此：AB 不能不等于底 DE，从而得出 AB 等于 DE。

但是，BC 等于 EF，

所以：两边分别相等，即 AB 等于 DE，BC 等于 EF，并且角 ABC 等于角 DEF，

因此：底 AC 等于底 DF，剩下的角 BAC 等于角 EDF。 [I. 4]

又设：等角的对边相等，比如 AB 等于 DE，

那么可以说：其余的边分别相等，也就是 AC 等于 DF，BC 等于 EF，角 BAC 等于角 EDF。

假如 BC 不等于 EF，其中有一个较大，

又设：BC 是较大的，且 BH 等于 EF，连接 AH，

那么：由于 BH 等于 EF，AB 等于 DE，

所以：有两边分别相等，即 AB 等于 DE，BH 等于 EF，且它们的夹角相等，

所以：底 AH 等于底 DF，三角形 ABH 全等于三角形 DEF，

其余的角也互相相等，也就是等边所对的角相等， [I. 4]

所以：角 BHA 等于角 EFD。

但是角 EFD 等于角 BCA，

所以：在三角形 AHC 中，外角 BHA 等于内对角 BCA；这是不可能的， [I. 16]

因此：BC 不能不等于 EF，必须要等于。

但是，AB 等于 DE，因此两边 AB、BC 分别等于两边 DE、EF，它们所夹的角也相等，

所以：底 AC 等于底 DF，

三角形 ABC 等于三角形 DEF，并且其余的角 BAC 等于其余的角 EDF。 [I. 4]

证完。

命题 27

…

假如一条直线和两条直线相交所成的错角彼此相等，那么这两条直线互相平行。

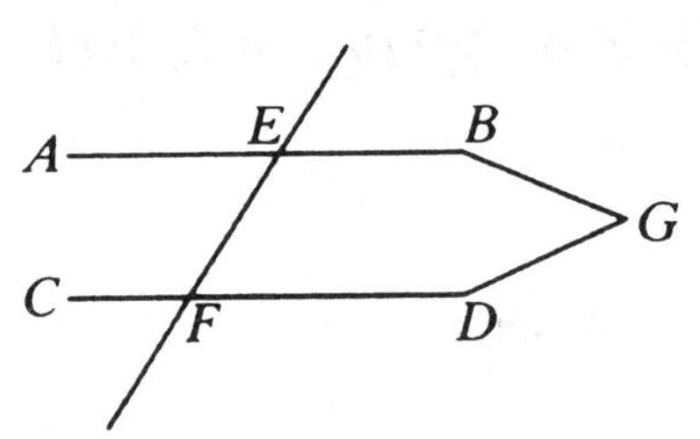

设：直线 EF 和两条直线 AB、CD 相交所成的错角 AEF 与 EFD 彼此相等。

那么可以说：AB 平行于 CD。

事实上，如果两条直线不平行，在延长 AB、CD 时，它们要么在 B、D 方向，要么在 A、C 方向相交，假设它们在 B、D 方向相交于 G，

所以：在三角形 GEF 中，外角 AEF 等于内对角 EFG：这是不可能的， [I. 16]

因此：AB、CD 经过延长后在 B、D 方向不相交。

同理可证：它们在 A、C 方向也无法相交。

如果两条直线不在任何一方相交，那么就相互平行。 [定义 23]

所以：AB 平行于 CD。

证完。

命题 28

…

假如一条直线和两条直线相交所成的相同位置的角相等，又或者和旁内角的和等于两直角，那么这两条直线相互平行。

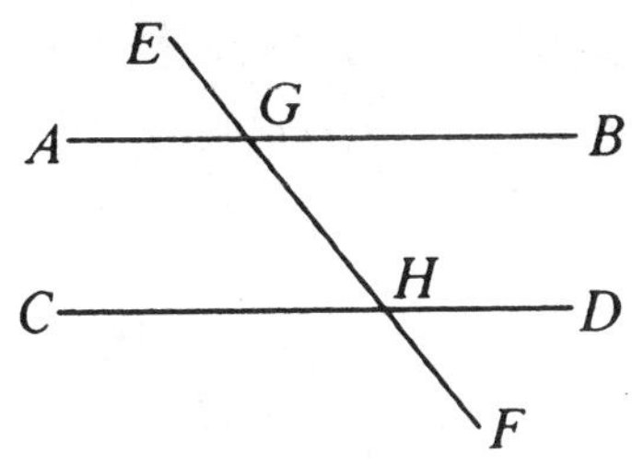

设：直线 EF 和两条直线 AB、CD 相交所成的同位角 EGB 和 GHD 相等，又或者同旁内角，即 BGH 与 GHD 的和等于两直角。

那么可以说：AB 平行于 CD。

因为：角 EGB 等于角 GHD，角 EGB 等于角 AGH，　[I. 15]

又因：角 AGH 等于角 GHD，并且它们是错角，

因此：AB 平行于 CD。　[I. 27]

因为：角 BGH、GHD 的和等于两直角，并且角 AGH、BGH 的和等于两直角，　[I. 13]

角 AGH、BGH 的和等于角 BGH、GHD 的和。在前面两边各减去角 BGH，那么剩下的角 AGH 等于剩下的角 GHD，并且它们是错角，

所以：AB 平行于 CD。　[I. 27]

证完。

命题 29

…

一条直线与两条平行线相交，则所成的内错角相等，同位角相等，且同旁内角的和等于两直角。

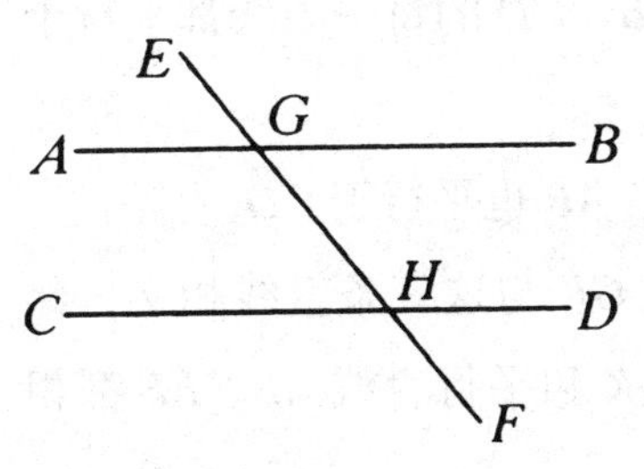

设：直线 EF 与两条平行线 AB、CD 相交。

那么可以说：错角 AGH、GHD 相等；同位角 EGB、GHD 相等；同旁内角 BGH、GHD 的和等于两直角。

因为：如果角 *AGH* 不等于角 *GHD*，假设其中一个比较大，较大的角是 *AGH*。在这两个角都加上角 *BGH*，那么角 *AGH*、*BGH* 的和大于角 *BGH*、*GHD* 的和，

又因：角 *AGH*、*BGH* 的和等于两直角， [I. 13]

所以：角 *BGH*、*GHD* 的和小于两直角，

将两直线无限延长，在二角的和小于两直角这侧相交。 [公设 5]

所以：如果无限延长 *AB*、*CD* 则必定会相交，但是它们并不相交。由于，假设它们是平行的。因此角 *AGH* 不能不等于角 *GHD*，它们必须相等。

又因：角 *AGH* 等于角 *EGB*， [I. 15]

所以：角 *EGB* 等于角 *GHD*， [公理 1]

在上面两边各加角 *BGH*，那么角 *EGB*、*BGH* 的和等于角 *BGH*、*GHD* 的和。 [公理 2]

又因：角 *EGB*、*BGH* 的和等于两直角， [I. 13]

所以：角 *BGH*、*GHD* 的和等于两直角。

证完。

命题 30

•••

平行于同一条直线的两条直线，相互平行。

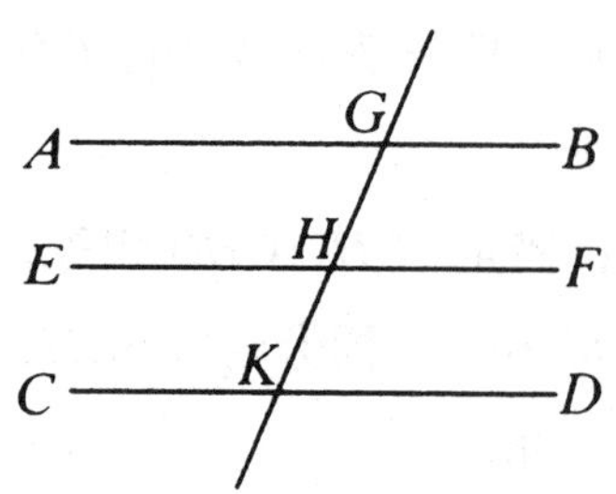

设：直线 *AB*、*CD* 的每一条线都平行于 *EF*。

那么可以说：*AB* 也平行于 *CD*。

可设：直线 *GK* 与这三条直线相交，此时，由于直线 *GK* 和平行直线 *AB*、*EF* 都相

交，角 *AGK* 等于角 *GHF*。 [I. 29]

因为：直线 *GK* 和平行直线 *EF*、*CD* 相交，角 *GHF* 等于角 *GKD*， [I. 29]

又因：已证角 *AGK* 等于角 *GHF*，

因此：角 *AGK* 等于角 *GKD*； [公理 1]

且它们都是错角，

所以：*AB* 平行于 *CD*。

证完。

命题 31

…

过一个给定点作一条直线平行于给定直线。

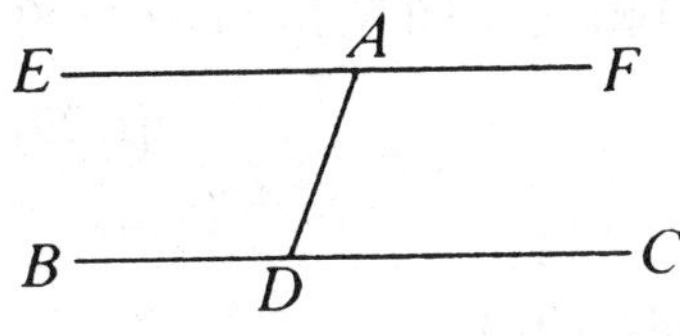

设：给定点 *A*，给定直线 *BC*。要求经过点 *A* 作一条直线平行于直线 *BC*。

从 *BC* 上任意取一点 *D*，连接 *AD*；在直线 *DA* 上的点 *A*，作角 *DAE* 等于角 *ADC*。 [I. 23]

假设直线 *AF* 是直线 *EA* 的延长线。

因为：直线 *AD* 和两条直线 *BC*、*EF* 相交成彼此相等的错角 *EAD*、*ADC*，

所以：*EAF* 平行于 *BC*， [I. 27]

所以：经过已知点 *A* 作了一条平行于已知直线 *BC* 的直线 *EAF*。

作完。

命题 32

•••

在任意三角形中，如果延长一边，则形成的外角等于两个内对角的和，并且三角形的三个内角和等于两直角。

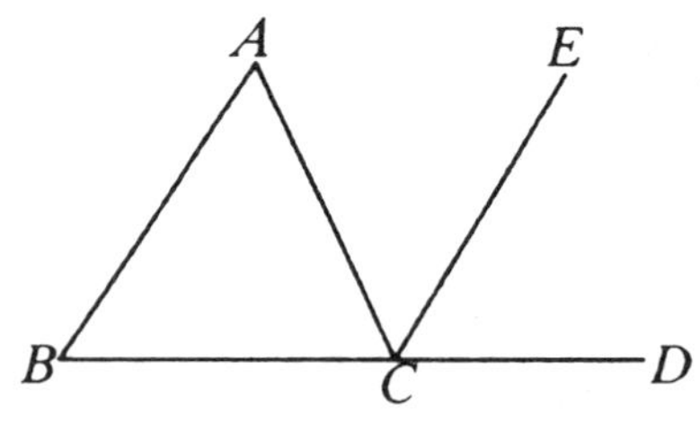

设: *ABC* 是一个三角形，延长边 *BC* 至 *D*。

那么可以说：角 *ACD* 等于两个内对角 *CAB*、*ABC* 的和，并且三角形的三个内角和，也就是角 *ABC*、*BCA*、*CAB* 的和等于两直角。

可设：过点 *C* 作平行于直线 *AB* 的直线 *CE*。 [I. 31]

因为: *AB* 平行于 *CE*，并且 *AC* 和它们相交，形成的错角 *BAC*、错角 *ACE* 相等， [I. 29]

因为: *AB* 平行于 *CE*，且直线 *BD* 与它们相交，同位角 *ECD* 与角 *ABC* 相等， [I. 29]

但已证，角 *ACE* 等于角 *BAC*，

所以：整体角 *ACD* 等于两内对角 *BAC*、*ABC* 的和。

将上面各边加上角 *ACB*，

可以得出角 *ACD*、*ACB* 的和等于三个角 *ABC*、*BCA*、*CAB* 的和。

又因：角 *ACD*、*ACB* 的和等于两直角， [I. 13]

所以：角 *ABC*、*BCA*、*CAB* 的和等于两直角。

证完。

命题 33

…

在同一方向（分别）连接相等且平行的线段端点，那么所连接成的线段也相互平行且相等。

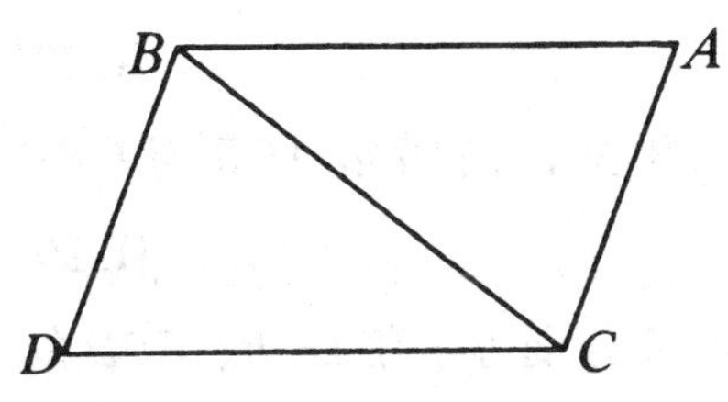

设：*AB*、*CD* 是相等且平行的直线，且 *AC*、*BD* 是沿着同一方向（分别）连接它们端点的线段。

那么可以说：*AC*、*BD* 相等且平行。

连接 *BC*。

因为：*AB* 平行 *CD*，并且 *BC* 与它们相交，错角 *ABC* 与角 *BCD* 相等，　[I. 29]

又因：*AB* 等于 *CD*，并且 *BC* 公用，

两边 *AB*、*BC* 分别等于两边 *DC*、*CB*，角 *ABC* 等于角 *BCD*，

所以：底 *AC* 等于底 *BD*，并且三角形 *ABC* 全等于三角形 *DCB*。剩下的角也分别相等，也就是相等边所对的角，　[I. 4]

所以：角 *ACB* 等于角 *CBD*。

由于，直线 *BC* 同时与两直线 *AC*、*BD* 相交所成的错角相等，*AC* 平行于 *BD*，　[I. 27]

已证它们也相等。

证完。

命题 34

…

在平行四边形面中，对边相等，对角相等且对角线二等分其面。

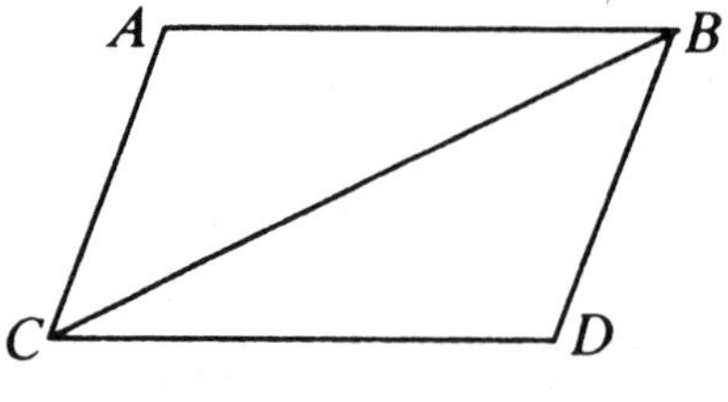

设：*ACDB* 是平行四边形面，*BC* 是对角线。

那么可以说：平行四边形面 *ACDB* 的对边相等，对角相等，对角线 *BC* 二等分此面。

实际上，因为 *AB* 平行于 *CD*，并且直线 *BC* 和它们相交的错角 *ABC* 与错角 *BCD* 相等， [I. 29]

又因：*AC* 平行于 *BD*，且 *BC* 与它们相交，内错角 *ACB* 与 *CBD* 相等， [I. 29]

所以：*ABC*、*DCB* 是有两个角 *ABC*、*BCA* 分别等于角 *DCB*、*CBD* 的三角形，并且一条边等于一条边，也就是与等角相邻并且是二者公共的边 *BC*，

所以：其余的边也分别相等，其余的角也分别相等， [I. 26]

所以：边 *AB* 等于 *CD*、*AC* 等于 *BD*，并且角 *BAC* 等于角 *CDB*。

因为：角 *ABC* 等于角 *BCD*，角 *CBD* 等于角 *ACB*，整体角 *ABD* 等于整体角 *ACD*， [公理 2]

因此：也证明了角 *BAC* 等于角 *CDB*，

所以：在平行四边形面中，对边彼此相等，对角也相等。

然后，证明对角线二等分其图形。

因为：*AB* 等于 *CD*，并且 *BC* 公用，

两边 *AB*、*BC* 分别等于两边 *DC*、*CB*，并且角 *ABC* 等于角 *BCD*，

因此：底 *AC* 等于底 *DB*，三角形 *ABC* 全等于三角形 *DCB*， [I. 4]

所以：对角线 *BC* 二等分平行四边形 *ACDB*。

证完。

命题 35

…

同底并且在相同两条平行线之间的平行四边形面积彼此相等。

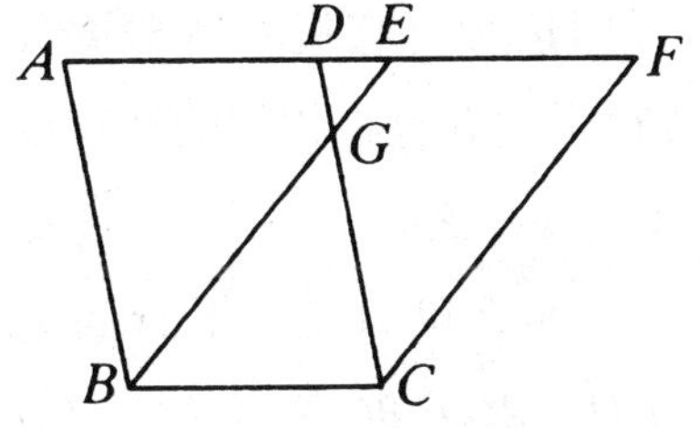

设：ABCD、EBCF 是平行四边形，有着同底 BC，并且在相同两平行线 AF、BC 之间。

那么可以说：平行四边形 ABCD 等于平行四边形 EBCF。

因为：ABCD 是平行四边形，因此 AD 等于 BC，　[I. 34]

同理可证：EF 等于 BC，而 AD 等于 EF。　[公理 1]

又因：DE 为公用，因此整体 AE 等于整体 DF，　[公理 2]

且 AB 等于 DC，　[I. 34]

所以：两边 EA、AB 分别等于两边 FD、DC，且由于同位角相等，角 FDC 等于角 EAB，　[I. 29]

因此：底 EB 等于底 FC，

且三角形 EAB 全等于三角形 FDC。　[I. 4]

从上边每一个减去三角形 DGE，

那么剩余的不规则四边形仍然相等，即四边形 ABGD 等于四边形 EGCF。　[公理 3]

在上面两个图形加上三角形 GBC，

那么整体平行四边形 ABCD 等于整体平行四边形 EBCF。　[公理 2]

证完。

命题 36

•••

等底且在相同两条平行线之间的平行四边形面积彼此相等。

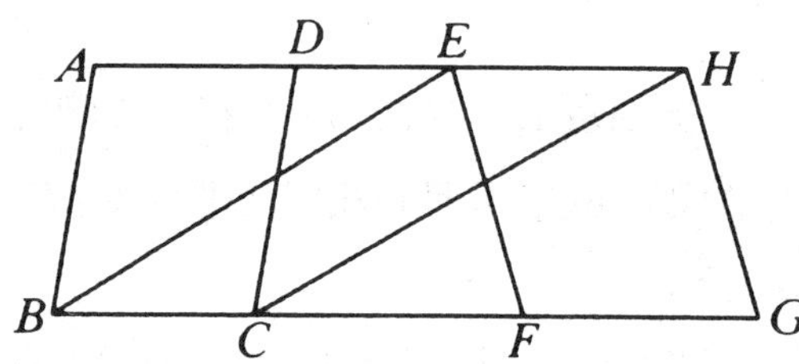

设：*ABCD*、*EFGH* 是平行四边形，它们在等底 *BC*、*FG* 上。并且在相同的平行线 *AH*、*BG* 之间。

那么可以说：平行四边形 *ABCD* 面积等于 *EFGH* 面积。连接 *BE*、*CH*。由于 *BC* 等于 *FG*，*FG* 等于 *EH*，因此 *BC* 等于 *EH*。 [公理 1]

由于它们也相互平行。

连接 *EB*、*HC*；

因为：在同方向（分别）连接相等且平行的（在端点）线段相等且平行， [I. 33]

所以：*EBCH* 是一个平行四边形， [I. 34]

并且它等于平行四边形 *ABCD*，由于有相同底 *BC*，并在相同平行线 *BC*、*AH* 之间。 [I. 35]

同理可证：平行四边形 *EFGH* 等于同一个平行四边形 *EBCH*， [I. 35]

所以：平行四边形 *ABCD* 等于平行四边形 *EFGH*。 [公理 1]

证完。

命题 37

•••

同底且在相同两条平行线之间的三角形彼此相等。

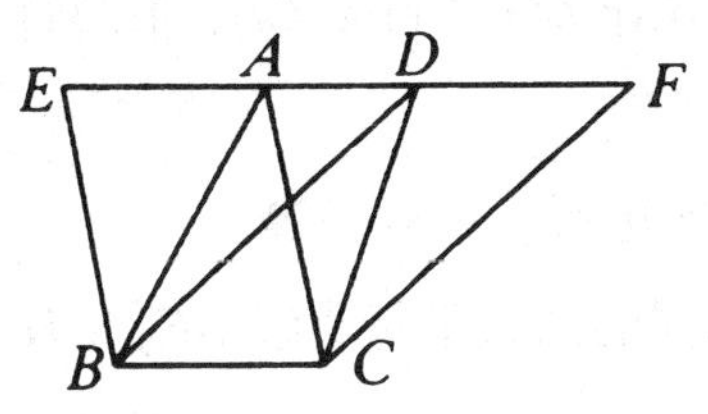

设：三角形 ABC、三角形 DBC 同底，并处在相同平行线 AD、BC 之间。

那么可以说：三角形 ABC 等于三角形 DBC。

向两个方向延长 AD 到 E、F；过 B 点作 BE 平行于 CA，　[I. 31]

过 C 点作 CF 平行于 BD。

那么图形 EBCA、图形 DBCF 的每一个都是平行四边形；并且它们相等。

因为：它们在同底 BC 上，并且在两平行线 BC、EF 之间，　[I. 35]

又因：对角线 AB 二等分三角形 ABC，因此：三角形 ABC 是平行四边形 EBCA 的一半，　[I. 34]

[相等的量一半也彼此相等。]

所以：三角形 ABC 等于三角形 DBC。

证完。

命题 38

•••

等底且在相同两条平行线之间的三角形彼此相等。

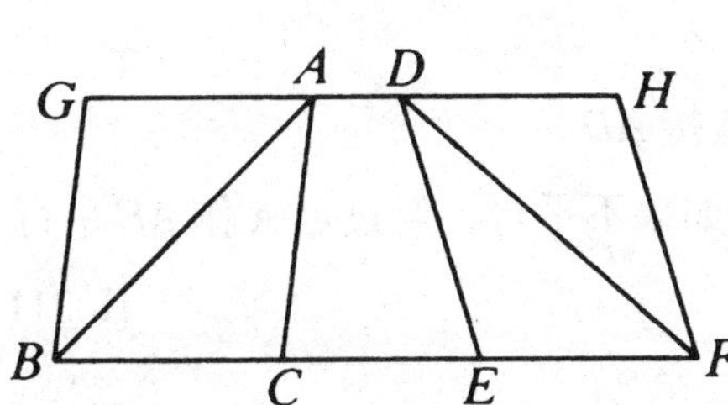

设：三角形 ABC、三角形 DEF 在等底 BC、EF 上，并且在相同两条平行线 BF、AD 之间。

那么可以说：三角形 ABC 等于三角形 DEF。

因为：向两个方向延长 *AD* 至 *G*、*H*；过 *B* 作 *BG* 平行于 *CA*，[I. 31]

过 *F* 作 *FH* 平行于 *DE*，

那么图形 *GBCA*、*DEFH* 每一个都是平行四边形，并且相等。

因为：它们在等底 *BC*、*EF* 上，并且在相同的两条平行直线 *BF*、*GH* 之间，[I. 36]

同时，由于对角线 *AB* 二等分平行四边形 *GBCA*，因此，三角形 *ABC* 是平行四边形 *GBCA* 的一半，[I. 34]

又因：对角线 *DF* 二等分平行四边形 *DEFH*，因此，三角形 *FED* 是平行四边形 *DEFH* 的一半，[I. 34]

[等量的一半也彼此相等。]

所以：三角形 *ABC* 等于三角形 *DEF*。

证完。

命题 39

• • •

同底且同侧的相等三角形，也在相同的两条平行线之间。

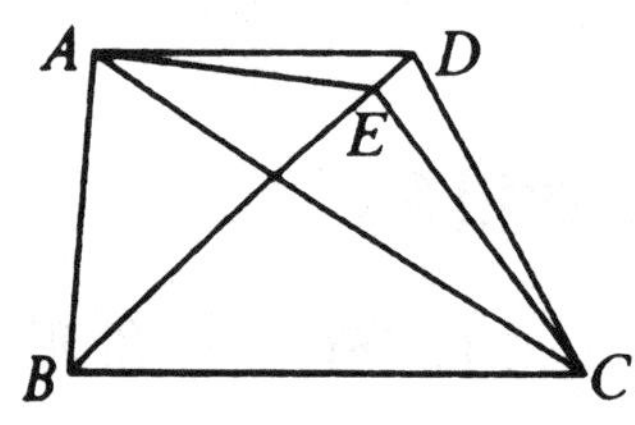

设：*ABC*、*DBC* 是相等的三角形，有共同底 *BC*，且在 *BC* 同一侧。

[那么可以说：它们在相同两条平行线之间。]

如果连接 *AD*。

那么可以说：*AD* 平行于 *BC*。因为如果不平行，经过点 *A* 作 *AE* 平行于直线 *BC*，[I. 31]

连接 *EC*，

所以：三角形 *ABC* 等于三角形 *EBC*。

因为：它们在同底 *BC* 上，并且在相同的两条平行线之间，　[I. 37]

又因：三角形 *ABC* 等于三角形 *DBC*，所以：三角形 *DBC* 等于三角形 *EBC*，　[公理 1]

大的等于小的，不符合常理，

所以：*AE* 不能平行于 *BC*。

同理可证：除 *AD* 外，任何其他直线都不平行于 *BC*，

所以：*AD* 平行于 *BC*。

证完。

命题 40

…

等底且在同侧的相等三角形也在相同的平行线之间。

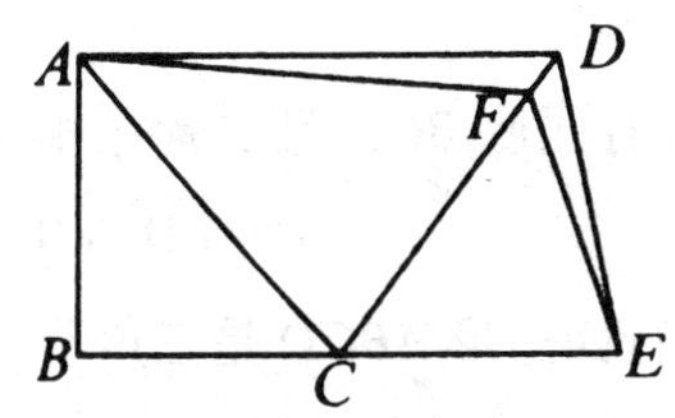

设：*ABC*、*CDE* 是相等的三角形，并有等底 *BC*、*CE*，并在底的同侧。

那么可以说：两个三角形在相同的两条平行线之间。如果连接 *AD*。

那么：*AD* 平行于 *BE*。

假如不是这样，设 *AF* 经过点 *A*，平行于 *BE*。　[I. 31]

连接 *FE*，

所以：三角形 *ABC* 等于三角形 *FCE*。因为它们在等底 *BC*、*CE* 上，并在相同平行线 *BE*、*AF* 之间。　[I. 38]

但是，三角形 *ABC* 等于三角形 *DCE*，

所以：三角形 *DCE* 等于三角形 *FCE*，

大的等于小的：不符合常理，

所以：*AF* 不平行于 *BE*。

同理可证：除了 AD 外，其他任何直线都不平行于 BE，

所以：AD 平行于 BE。

证完。

命题 41

…

若一个平行四边形和一个三角形同底，并且在两条平行线之间，那么平行四边形是这个三角形的二倍。

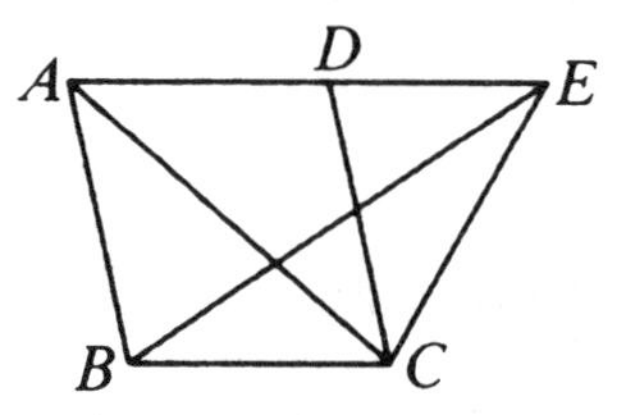

设：平行四边形 ABCD 和三角形 EBC 有共同底 BC，又在相同平行线 BC、AE 之间。

那么可以说：平行四边形 ABCD 是三角形 BEC 的二倍。

连接 AC。

因为：三角形 ABC 和三角形 EBC 相等，又有同底 BC，且二者在相同平行线 BC、AE 间，因此两个三角形相等， [I. 37]

又因：对角线 AC 二等分 ABCD，因此：平行四边形 ABCD 是三角形 ABC 的二倍， [I. 34]

所以：平行四边形 ABCD 也是三角形 EBC 的二倍。

证完。

命题 42

…

用给定的直线角作平行四边形，让它等于已知的三角形。

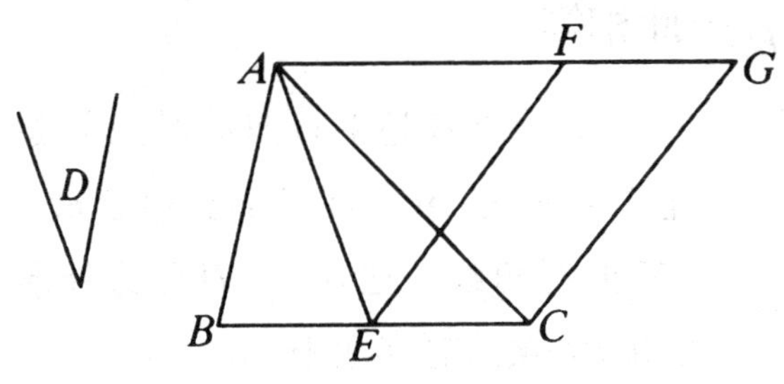

设：ABC 是已知三角形，且 D 是给定直线角，用直线角 D 作一个平行四边形等于三角形 ABC。

将 BC 二等分于 E，连接 AE；

在直线 EC 上的点 E 作角 CEF，让它等于给定角 D。 [I. 23]

经过 A 作 AG 平行于 EC， [I. 31]

经过 C 作 CG 平行于 EF，

因此：EFCG 是平行四边形。

因为：BE 等于 EC，

又因：在相等的底 BE、EC 上，并在相同的平行线 BC、AG 之间，

因此：三角形 ABE 等于三角形 AEC， [I. 38]

所以：三角形 ABC 是三角形 AEC 的二倍。

因为：平行四边形 FECG 等于三角形 AEC 的二倍，因此：它们同底并在相同的平行线之间， [I. 41]

所以：平行四边形 FECG 等于三角形 ABC，

并且角 CEF 等于给定角 D，

所以：作了平行四边形 FECG，等于已知三角形 ABC，并有一个角 CEF 等于给定角 D。

作完。

命题 43

…

在任意平行四边形中，跨在对角线两边平行四边形的补形彼

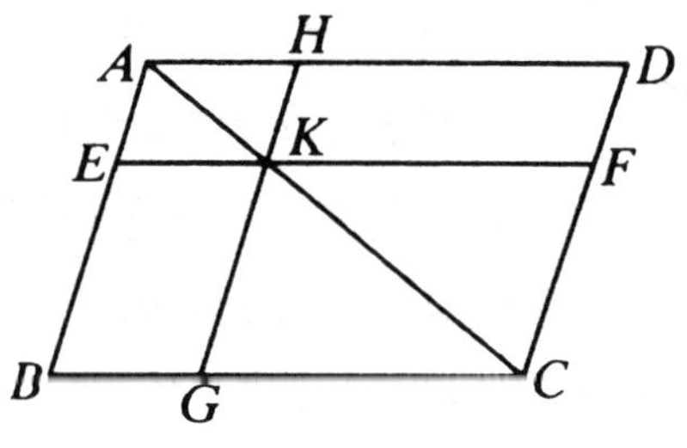

此相等。

设：ABCD 是平行四边形，AC 是它的对角线；AC 也是平行四边形 EH、FG 的对角线。把 BK、KD 称为补形（也就是填满空间的图形）。

那么可以说：补形 BK 等于补形 KD。

因为：ABCD 是平行四边形，并且 AC 是它的对角线。三角形 ABC 等于三角形 ACD，　[I. 34]

又因：EH 是平行四边形，并且 AK 是它的对角线，三角形 AEK 等于三角形 AHK，

同理可证：三角形 KFC 等于三角形 KGC。

因为：三角形 AEK 等于三角形 AHK，且 KFC 等于 KGC，因此：三角形 AEK 与 KGC 的和等于三角形 AHK 与 KFC 的和，　[公理 2]

又因：整体三角形 ABC 等于整体三角形 ADC，

所以：剩下的补形 BK 等于补形 KD。　[公理 3]

证完。

命题 44

…

以给定的直线角，对给定的线段贴合出平行四边形，让它的面积等于给定三角形。

设：AB 是已知线段，C 是给定三角形，D 是给定直线角。求用已知线段 AB，以及等于 D 的一个角，贴合出一个平行四边形，等于给定三角形 C。

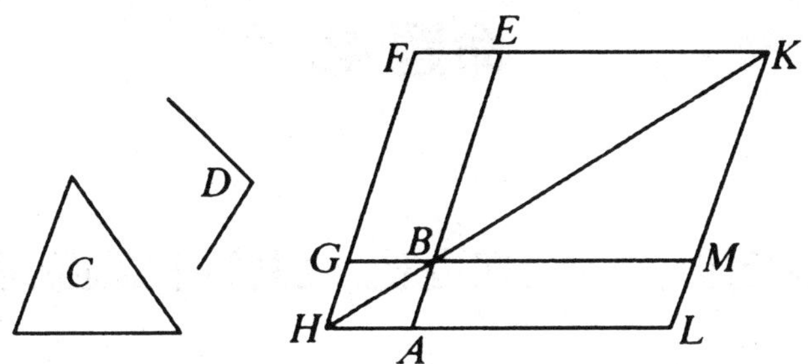

设：作等于三角形 *C* 的平行四边形是 *BEFG*，角 *EBG* 等于角 *D*，[I. 42]

移动线段 *BE* 到直线 *AB* 上，延长 *FG* 至 *H*，过 *A* 作 *AH* 平行于 *BG* 或 *EF*。[I. 31]

连接 *HB*。

因为：直线 *HF* 交平行线 *AH*、*EF*；角 *AHF* 与 *HFE* 的和等于两直角，[I. 29]

所以：角 *BHG* 和 *GFE* 的和小于两直角，且将直线无限延长后在小于两直角的一侧相交，[公设 5]

所以：*HB*、*FE* 延长后会相交，设延长之后交点为 *K*，过点 *K* 作 *KL* 平行于 *EA* 或 *FH*，[I. 31]

设：*HA*、*GB* 延长至点 *L*、*M*。

因为：*HLKF* 是平行四边形，*HK* 是其对角线；*AG*、*ME* 是平行四边形；*LB*、*BF* 是关于 *HK* 的补形，

所以：*LB* 等于 *BF*。[I. 43]

因为：*BF* 等于三角形 *C*，因此 *LB* 等于 *C*，[公理 1]

又因：角 *GBE* 等于角 *ABM*，[I. 15]

此时角 *GBE* 等于角 *D*，角 *ABM* 等于角 *D*，

所以：对线段 *AB* 贴合出的平行四边形 *LB* 等于已知三角形 *C*，并且角 *ABM* 等于给定角 *D*。

作完。

命题 45

…

用给定直线角作一个平行四边形，使其等于给定的直线形。

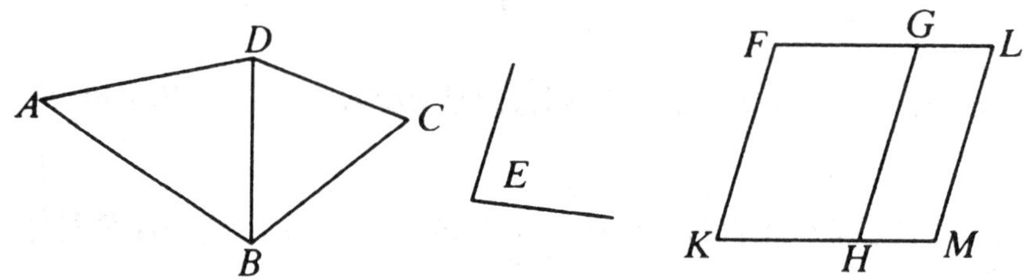

设：*ABCD* 是给定的直线形，*E* 是给定直线角。

要求：作一个平行四边形，使其等于直线形 *ABCD*，且角等于给定直线角 *E*。

连接 *DB*，假设作的等于三角形 *ABD* 的平行四边形是 *FH*，角 *HKF* 等于角 *E*； [I. 42]

设：对线段 *GH* 贴合一平行四边形 *GM* 等于三角形 *DBC*，角 *GHM* 等于角 *E*。 [I. 44]

因为：角 *E* 等于角 *HKF* 和角 *GHM*，因此：角 *HKF* 等于角 *GHM*， [公理 1]

将角 *KHG* 加在上面各边，得出角 *FKH*、*KHG* 的和等于角 *KHG*、*GHM* 的和，

又因：角 *FKH*、*KHG* 的和等于两直角， [I. 29]

所以：角 *KHG*、*GHM* 的和等于两直角，

如此，用线段 *GH* 和它上面的点 *H*，不在它同侧的两线段 *KH*、*HM* 作成相邻的二角和等于两直角，

所以：*KH* 和 *HM* 在同一条直线上。 [I. 14]

又因：直线 *HG* 和平行线 *KM*、*FG* 相交，错角 *MHG*、*HGF* 相等， [I. 29]

将角 *HGL* 加在以上各边，

那么角 *MHG*、*HGL* 的和等于角 *HGF*、*HGL* 的和。 [公理 2]

因为：角 *MHG*、*HGL* 的和等于两直角， [I. 29]

所以：角 *HGF*、*HGL* 的和等于两直角， [公理 1]

所以：*FG* 和 *GL* 在同一条直线上。 [I. 14]

因为：*FK* 平行且等于 *HG*， [I. 34]

HG 也平行且等于 *ML*，于是，*KF* 也平行且等于 *ML*，[公理 1，I. 30]

连接线段 *KM*、*FL* 的端点处，*KM* 与 *FL* 平行且相等， [I. 33]

所以：*KFLM* 是平行四边形。

因为：三角形 *ABD* 等于平行四边形 *FH*，三角形 *DBC* 等于平行四边形 *GM*，整体直线形 *ABCD* 等于整体平行四边形 *KFLM*，

所以：作了一个等于给定直线形 *ABCD* 的平行四边形 *KFLM*，其中，角 *FKM* 等于给定角 *E*。

作完。

命题 46

• • •

在给定线段上作正方形。

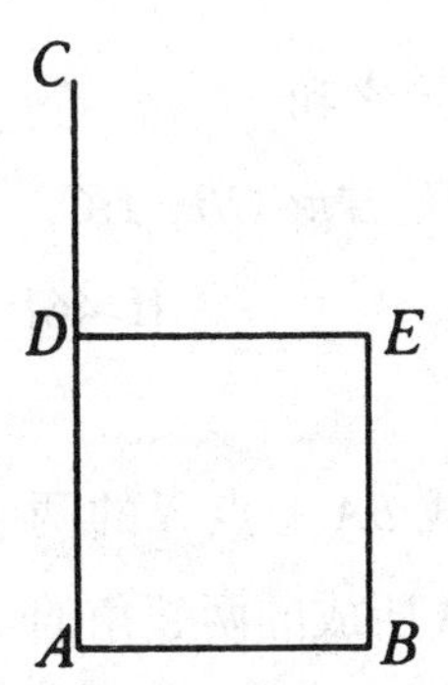

设：*AB* 是给定的线段，要求在 *AB* 上作一个正方形。

让 *AC* 是从线段 *AB* 上的点 *A* 所画的直线，并与 *AB* 成直角。 [I. 11]

截取 *AD* 等于 *AB*；

过点 *D* 作 *DE* 平行于 *AB*，过点 *B* 作 *BE* 平行于 *AD*，因此 *ADEB* 是平行四边形；从而 *AB* 等于 *DE*，

并且 AD 等于 BE。 [I. 34]

因为: AB 等于 AD,

所以: 四条线段 BA、AD、DE、EB 相等; 所以平行四边形 $ADEB$ 等边。

然后, 证明四个角都是直角。

因为: 线段 AD 和平行线 AB、DE 相交, 角 BAD、ADE 的和等于两直角, [I. 29]

又因: 角 BAD 是直角,

因此: 角 ADE 也是直角, 在平行四边形面中, 对边及对角相等, [I. 34]

所以: 对角 ABE、BED 中的每一个也都是直角, 所以 $ADEB$ 是直角。

由于已经证明平行四边形 $ADEB$ 是等边的,

所以: 它是在线段 AB 上所作的正方形。

证完。

命题 47

在直角三角形中, 直角所对边上的正方形等于两直角边上的正方形的和。

设: ABC 是直角三角形, 给定角 BAC 是直角。

那么可以说: BC 上的正方形等于 BA、AC 上的正方形之和。

实际上, 在 BC 上作正方形 $BDEC$, 在 BA、AC 上作正方形 GB、HC。 [I. 46]

过 A 作 AL 平行于 BD 或 CE, 连接 AD、FC。

因为: 角 BAC、BAG 的每一个角都是直角, 过直线 BA 上点 A 的两条直线 AC 与 AG, 不在直线 BA 的同一侧, 且和直线 BA 所成的两邻角的

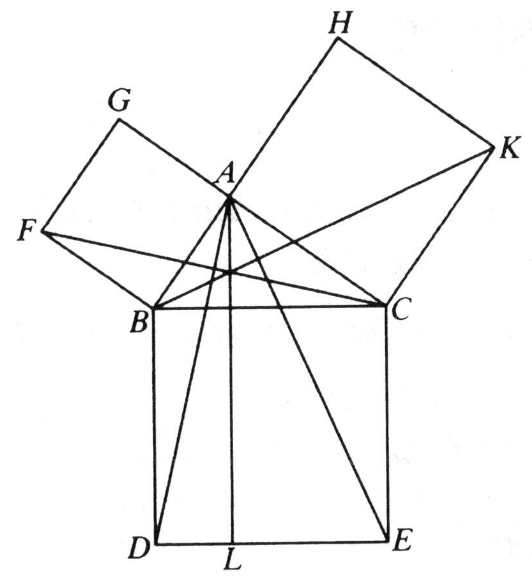

和等于两直角，

所 以：CA 与 AG 在 同 一条直线上。 [I. 14]

同 理 可 证：BA 与 AH 也在同一条直线上。

因 为： 角 DBC 等 于 角 FBA，因为每个角都是直角，给以上两角分别加上角 ABC，

所以：整体角 DBA 等于整体角 FBC。 [公理 2]

因 为：DB 等 于 BC，FB 等于 BA；两边 AB、BD 分别等于两边 FB、BC。

又因：角 ABD 等于角 FBC，

所以：底 AD 等于底 FC，并且三角形 ABD 全等于三角形 FBC，[I. 4]

所以：平行四边形 BL 等于三角形 ABD 的二倍，由于它们有同底 BD，并在平行线 BD、AL 之间。 [I. 41]

因为：正方形 GB 与三角形 FBC 同底 FB，并且在相同平行线 FB、GC 之间，

所以：正方形 GB 是三角形 FBC 的二倍， [I. 41]

[等量的二倍仍彼此相等。]

所以：平行四边形 BL 等于正方形 GB。

同理可证：连接 AE、BK 也能证明平行四边形 CL 等于正方形 HC，

所以：整体正方形 BDEC 等于两个正方形 GB、HC 的和。 [公理 2]

因为：正方形 BDEC 是在 BC 上作的，正方形 GB、HC 是在 BA、AC 上作的，

所以：在边 BC 上的正方形等于边 BA、AC 上的正方形的和。

证完。

命题 48

…

在三角形中，如果一边上的正方形等于另外两边上的正方形的和，那么夹在另外两边之间的角是直角。

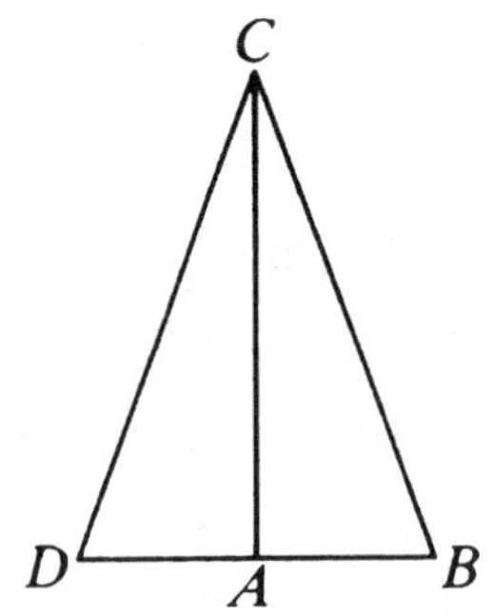

设：在三角形 *ABC* 中，边 *BC* 上的正方形等于边 *BA*、*AC* 上的正方形的和。

那么可以说：*BAC* 是直角。

设：在点 *A* 作 *AD* 与 *AC* 成直角，取 *AD* 等于 *BA*，连接 *DC*。

因为：*DA* 等于 *AB*，*DA* 上的正方形等于 *AB* 上的正方形，

给上面的正方形各边加上 *AC* 上的正方形，

那么 *DA*、*AC* 上的正方形的和等于 *BA*、*AC* 上的正方形的和。

又因：*DC* 上的正方形等于 *DA*、*AC* 上的正方形的和，由于角 *DAC* 是直角，　[I. 47]

由于假设，*BC* 上的正方形等于 *BA*、*AC* 上的正方形的和，

所以：*DC* 上的正方形等于 *BC* 上的正方形，如此，边 *DC* 等于边 *BC*。

因为：*DA* 等于 *AB*、*AC* 公用，

两边 *DA*、*AC* 等于两边 *BA*、*AC*；并且底 *DC* 等于底 *BC*，

所以：角 *DAC* 等于角 *BAC*。　[I. 8]

又因：*DAC* 是直角，

所以：角 *BAC* 也是直角。

证完。

定义

01　称两邻边夹直角的平行四边形为矩形。

02　在任一平行四边形面中，以此形的对角线为对角线的一个小平行四边形和两个相应的补形一起叫作拐尺形（即矩形）。

命题

命题 1

• • •

假设有两条线段，其中一条被任意截成几段。那么两条线段围成的矩形等于各个小段和未截线段围成的矩形之和。

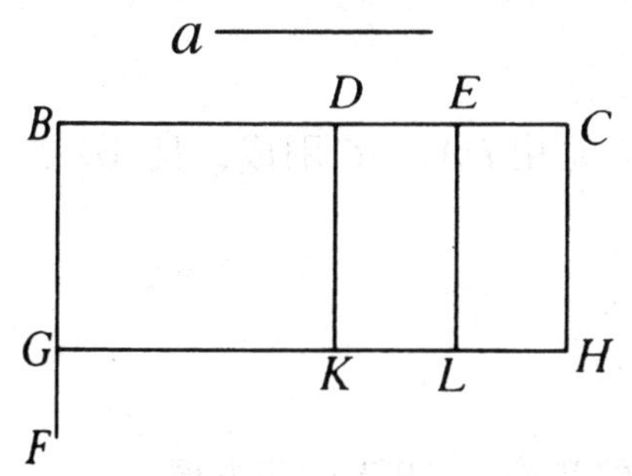

设：*a*、*BC* 是两条线段，用点 *D*、*E* 分线段 *BC*。

那么可以说：由 *a*、*BC* 所夹的矩形等于由 *a*、*BD* 与 *a*、*DE* 以及 *a*、*EC* 分别所夹的矩形的和。

因为：从 *B* 作 *BF* 和 *BC* 成直角，　[I. 11]

取 *BG* 等于 *a*，　[I. 3]

过 *G* 作 *GH* 平行于 *BC*，　[I. 31]

并经过点 *D*、*E*、*C*，作 *DK*、*EL*、*CH* 平行于 *BG*。

那么 *BH* 等于 *BK*、*DL*、*EH* 的和。

BH 是矩形 *a*、*BC*，由于它是由 *GB* 和 *BC* 围成的，并且 *BG* 等于 *a*，

BK 是矩形 *a*、*BD*，由于它是由 *GB*、*BD* 围成的，并且 *BG* 等于 *a*，

又因：*DL* 是矩形 *a*、*DE*，由于 *DK* 是 *BG* 并且等于 *a*，　[I. 34]

同理可证：*EH* 也是矩形 *a*、*EC*，

所以：矩形 *a*、*BC* 等于矩形 *a*、*BD* 与矩形 *a*、*DE* 及矩形 *a*、*EC* 的和。

证完。

命题 2

…

若将一条线段任意分成两段，那么这两条线段分别围成的矩形之和等于在原线段上所作成的正方形。

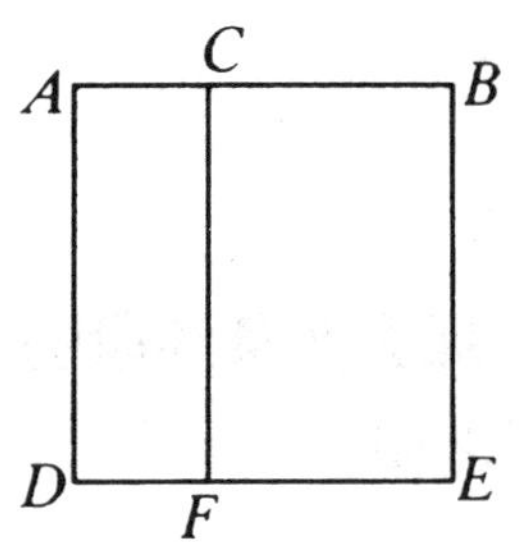

设：任意两分线段 *AB* 于点 *C*。

那么可以说：由 *AB*、*BC* 所夹的矩形与 *BA*、*AC* 所夹的矩形的和等于 *AB* 上的正方形。

设：在 *AB* 上作的正方形为 *ADEB*。 [I. 46]

经过点 *C* 作 *CF* 平行于 *AD* 或 *BE*。 [I. 31]

那么 *AE* 等于 *AF* 与 *CE* 的和。

因为：*AE* 是 *AB* 上的正方形，

AF 是由 *BA*、*AC* 围成的矩形，因为它是由 *DA*、*AC* 围成，且 *AD* 等于 *AB*，

又因：*BE* 等于 *AB*，

因此：*CE* 是由 *AB*、*BC* 围成的矩形，

所以：矩形 *BA*、*AC* 与矩形 *AB*、*BC* 的和等于 *AB* 上的正方形。

证完。

命题 3

…

若任意两分一条线段，那么整条线段与小线段之一围成的矩形等于两线段围成的矩形，与前面提到的小线段上的正方形的和。

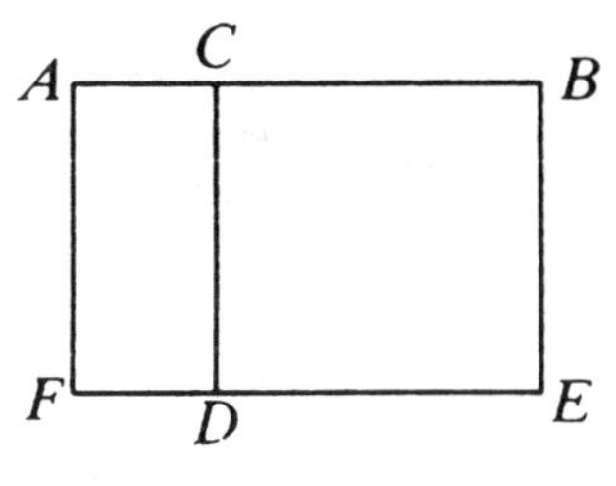

设：任意两分线段 AB 于 C。

那么可以说：由 AB、BC 围成的矩形等于由 AC、CB 围成的矩形与 BC 上的正方形的和。

在 CB 上作正方形 CDEB，　[I. 46]

延长 ED 至 F，过 A 作 AF 平行于 CD 或者 BE。　[I. 31]

那么 AE 等于 AD 与 CE 的和。

因为：AE 是由 AB、BC 所围成的矩形，这是因为它是由 AB、BE 所围成的，且 BE 等于 BC，

又因：DC 等于 CB，并且 DB 是 CB 上的正方形，

因此：AD 是矩形 AC、CB，

所以：AB、BE 围成的矩形等于由 AC、CD 围成的矩形与 BC 上的正方形的和。

证完。

命题 4

…

两分一条线段，那么在整条线段上的正方形等于各小线段上的正方形与两小线段围成矩形的二倍之和。

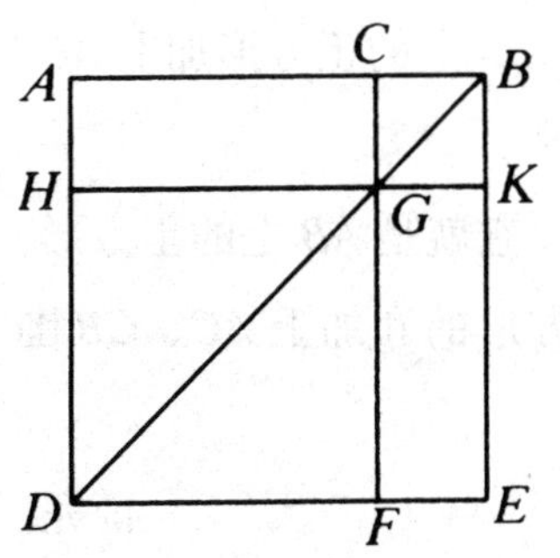

设：任意线段 AB 分于 C。

那么可以说：AB 上的正方形等于 AC 及 CB 上的正方形的和，加上 AC、CB 围成的矩形的二倍。

让 AB 上所作的正方形为 ADEB，　[I. 46]

连接 BD，过点 C 作 CF 平行于 AD 或

EB，过点 G 作 HK 平行于 AB 或 DE。 [I. 31]

因为：CF 平行于 AD，且 BD 与 CF、AD 都相交，那么同位角 CGB、ADB 相等， [I. 29]

且因边 BA 等于边 AD，

因此：角 ADB 等于角 ABD， [I. 5]

所以：角 CGB 等于角 GBC，边 BC 等于边 CG。 [I. 6]

因为：CB 等于 GK，CG 等于 KB， [I. 34]

所以：GK 等于 KB，

所以：CGKB 是等边的。

然后，又可证明 CGKB 是直角。

因为：CG 平行于 BK。角 KBC、角 GCB 的和等于两直角， [I. 29]

又因：角 KBC 是直角，

所以：角 BCG 也是直角，对角 CGK 及角 GKB 同样是直角， [I. 34]

所以：CGKB 四个角都是直角，由于已经证明它是等边，因此它是正方形，从而推出 CGKB 是作在 CB 上的正方形。

同理可证：HF 也是正方形，它是作在 HG 上的，也就是作在 AC 上的正方形， [I. 34]

所以：正方形 HF、KC 是作在 AC、CB 上的正方形。

因为：AG 等于 GE，并且 AG 是矩形 AC、CB，且 GC 等于 CB，

所以：GE 等于矩形 AC、CB，

所以：AG、GE 的和等于矩形 AC、CB 的二倍。

因为：正方形 HF，CK 的和等于 AC、CB 上的正方形的和，

所以：四个面 HF、CK、AG、GE 等于 AC、CB 上的正方形加上 AC、CB 围成的矩形的二倍。

又因为：HF、CK、AG、GE 的和是整体 ADEB，它就是 AB 上的正方形，

所以：AB 上的正方形等于 AC、CB 上的正方形的和加上 AC、CB 围成的矩形的二倍。

证完。

命题 5

…

若一条线段既被分成相等线段，又被分成不相等的线段，那么由不相等的线段围成的矩形与两个分点之间的一段上的正方形的和等于原来线段一半上的正方形。

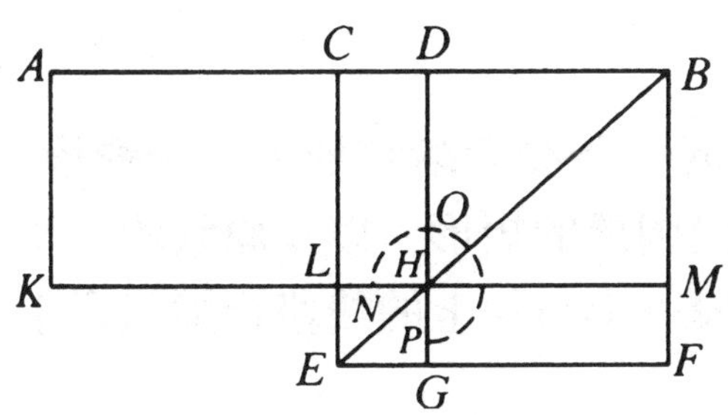

设：由点 C 将线段 AB 分成相等的两线段，用点 D 将线段 AB 分成不相等的两线段。

那么可以说：AD、DB 围成的矩形加上 CD 上的正方形的和等于 CB 上的正方形。

设：CEFB 是作在 CB 上的正方形。 [I. 46]

连接 BE，过 D 作 DG 平行于 CE 或 BF，过 H 作 KM 平行于 AB 或 EF，再过 A 作 AK 平行于 CL 或 BM， [I. 31]

那么：补形 CH 等于补形 HF。 [I. 43]

将 DM 加在以上两边，那么整体 CM 等于整体 DF。

因为：AC 等于 CB，

所以：CM 等于 AL， [I. 36]

AL 等于 DF。

将 CH 加在以上各边，那么整个 AH 等于拐尺形 NOP。

因为：DH 等于 DB，

所以：拐尺形 NOP 等于矩形 AD、DB。

LG 等于 CD 上的正方形，将它加在以上各边，

那么：拐尺形 NOP 与 LG 的和等于 AD、DB 围成的矩形与 CD 上的正方形的和。

又因：拐尺形 NOP 与 LG 的和是 CB 上的整体正方形 CEFB，

所以：AD、DB 围成的矩形与 CD 上的正方形的和等于 CB 上的正方形。

证完。

命题 6

•••

若将一条线段二等分，并沿同一条线段给它加上一条线段，那么合成的线段与加上的线段围成的矩形，以及原线段一半上的正方形的和，等于原线段一半与加上的线段合成线段上的正方形。

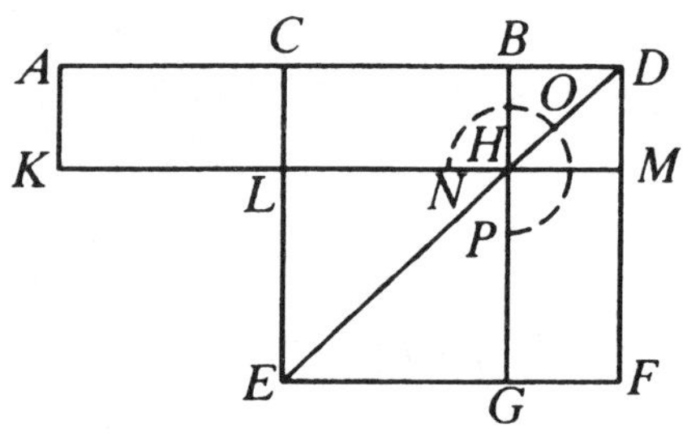

设：点 C 平分线段 AB，在同一直线上加上线段 BD。

那么可以说：AD、DB 围成的矩形与 CB 上的正方形的和等于 CD 上的正方形。

设：CEFD 是在 CD 上所作的正方形。 [I. 46]

连接 DE，过点 B 作 BG 平行于 EC 或 DF，过点 H 作 KM 平行于 AB 或 EF，过点 A 作 AK 平行于 CL 或 DM。 [I. 31]

因为：AC 等于 CB，AL 等于 CH， [I. 36]

又因：CH 等于 HF， [I. 43]

所以：AL 等于 HF。

将 CM 加在各边，

那么：整个 AM 等于拐尺形 NOP。

又因：AM 是由 AD、DB 围成的矩形，且 DM 等于 DB，所以：拐尺形 *NOP* 等于矩形 *AD*、*DB*。

将 *LG* 加在以上各边，等于 *BC* 上的正方形，

所以：*AD*、*DB* 围成的矩形与 *CB* 上的正方形的和等于拐尺形 *NOP* 与 *LG* 的和。

又因：拐尺形 *NOP* 与 *LG* 是作在 *CD* 上的整体正方形 *CEFD*，

所以：由 *AD*、*DB* 围成的矩形与 *CB* 上的正方形的和等于 *CD* 上的正方形。

证完。

命题 7

…

若将一条线段任意分为两段，那么整条线段上的正方形与所分成小段上的正方形的和等于整条线段与该小线段围成的矩形的二倍与另一小线段上的正方形的和。

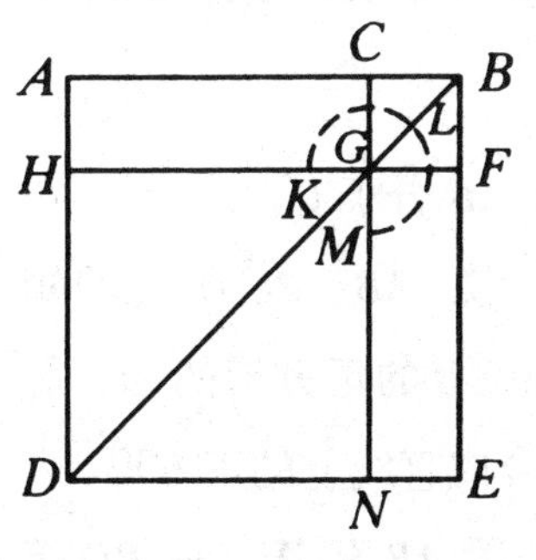

设：线段 *AB* 被点 *C* 任意分为两段。

那么可以说：*AB*、*BC* 上的正方形的和等于 *AB*、*BC* 围成的矩形的二倍与 *CA* 上的正方形的和。

设：在 *AB* 上所作的正方形为 *ADEB*，[I. 46]

并且图已作。 [I. 46]

因为：*AG* 等于 *GE*， [I. 43]

将 *CF* 加在以上各边，那么整体 *AF* 等于整体 *CE*，因此 *AF*、*CE* 的和是 *AF* 的二倍，

因为：*AF*、*CE* 的和是拐尺形 *KLM* 与正方形 *CF* 的和，

所以：拐尺形 *KLM* 与正方形 *CF* 的和是 *AF* 的二倍。

又因：矩形 *AB*、*BC* 的二倍也是 *AF* 的二倍，且 *BF* 等于 *BC*，

所以：拐尺形 *KLM* 与正方形 *CF* 的和等于二倍的矩形 *AB*、*BC*。

将 *DG* 加在以上各边，*DG* 是 *AC* 上的正方形，

所以：拐尺形 *KLM* 与正方形 *BG*、*GD* 的和，等于 *AB*、*BC* 围成的矩形的二倍与 *AC* 上的正方形的和。

因为：拐尺形 *KLM* 与正方形 *BG*、*GD* 的和是整体 *ADEB* 与 *CF* 的和，它们是在 *AB*、*BC* 上所作的正方形，

所以：*AB*、*BC* 上的正方形的和等于 *AB*、*BC* 围成的矩形的二倍与 *AC* 上的正方形的和。

证完。

命题 8

…

若将一条线段任意分为两段，用整线段和一条小线段围成的矩形的四倍与另一小线段上的正方形的和等于整线段与前一小线段合成的直线上的正方形。

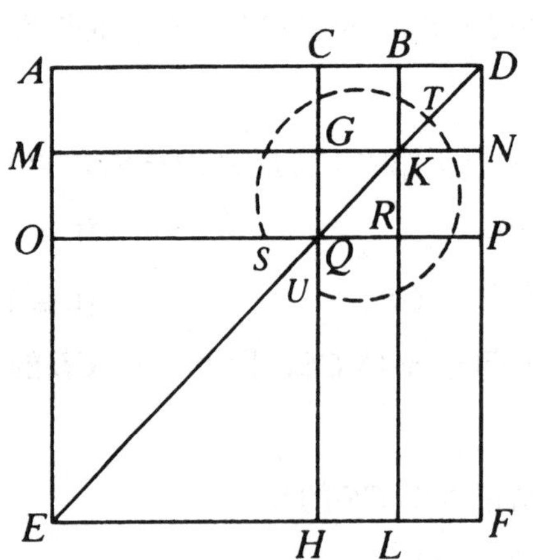

设：线段 *AB* 分于 *C*。

那么可以说：*AB*、*BC* 所夹的矩形的四倍与 *AC* 上的正方形的和，等于 *AB* 与 *BC* 合成直线上的正方形。

延长线段 *AB* 至 *D*，使 *BD* 等于 *CB*，假设画在 *AD* 上的正方形是 *AEFD*，并且作这样两个图。

因为：*CB* 等于 *BD*，且 *CB* 等于 *GK*，并且 *BD* 等于 *KN*，

所以：GK 等于 KN。

同理可证：QR 等于 RP。

又因：BC 等于 BD，GK 等于 KN，

所以：CK 等于 KD，GR 等于 RN。 [I. 36]

又因：CK 和 RN 是平行四边形 CP 的补形，

所以：CK 等于 RN， [I. 43]

所以：KD 等于 GR，四个面 DK、CK、GR、RN 都彼此相等，

因此：这四个面的和是 CK 的四倍。

又因：CB 等于 BD，

BD 等于 BK，也是 CG，并且 CB 等于 GK，也是 GQ，故 CG 等于 GQ。

并且 CG 等于 GQ，并且 QR 等于 RP，

AG 等于 MQ，QL 等于 RF， [I. 36]

又因：MQ 和 QL 是平行四边形 ML 的补形，因此 MQ 等于 QL，[I. 43]

所以：AG 等于 RF，

故，四个面 AG、MQ、QL、RF 彼此相等，

所以：这四个面的和是 AG 的四倍。

因为：四个面 CK、KD、GR、RN 已被证明它们的和是 CK 的四倍，

所以：这八个面构成的拐尺形 STU 是 AK 的四倍。

又因：BK 等于 BD，

所以：AK 是矩形 AB、BD，故四倍的矩形 AB、BD 是 AK 的四倍。

因为：拐尺形 STU 已经被证明了是 AK 的四倍，

所以：矩形 AB、BD 的四倍等于拐尺形 STU。

将 OH 加在以上各边，等于 AC 上的正方形，

所以：矩形 AB、BD 的四倍与 AC 上的正方形的和等于拐尺形 STU 与 OH 的和。

又因：拐尺形 STU 与 OH 的和等于作在 AD 上的整体正方形 AEFD，

所以：四倍的矩形 AB、BD 与 AC 上的正方形的和等于 AD 上的正方形。

又因：*BD* 等于 *BC*，

所以：四倍的矩形 *AB*、*BC* 与 *AC* 上的正方形的和等于 *AD* 上的正方形，也就是 *AB* 与 *BC* 合成直线上的正方形。

证完。

命题 9

•••

若一条线段既被分成相等的两段，又被分成不相等的两段，那么在不相等的各线段上的正方形的和，等于原线段一半上的正方形与两个分点之间一段上的正方形的和的二倍。

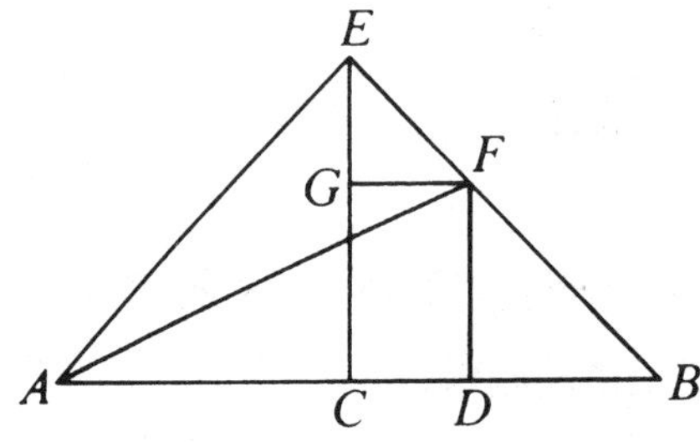

设：线段 *AB* 被点 *C* 分成相等的线段，又被点 *D* 分成不相等的线段。

那么可以说：*AD*、*DB* 上的正方形的和等于 *AC*、*CD* 上的正方形的和的二倍。

因为：从 *AB* 上的点 *C* 作 *CE* 和 *AB* 成直角，并且它与 *AC* 或 *CB* 相等。连接 *EA*、*EB*。经过点 *D* 作 *DF* 平行于 *EC*，并且过 *F* 作 *FG* 平行于 *AB*，连接 *AF*，

并且 *AC* 等于 *CE*，角 *EAC* 等于角 *AEC*，

又因：在点 *C* 的角是直角，其余两个角 *EAC*、*AEC* 的和等于直角，

[I. 32]

且它们又相等，

所以：角 *CEA*、*CAE* 各是直角的一半。

同理可证：角 *CEB*、*EBC* 各是直角的一半，

所以：整体角 *AEB* 是直角。

又因：*GEF* 是直角的一半，角 *EGF* 是直角，由于它与角 *ECB* 是同位角， [I. 29]

剩下的角 *EFG* 是直角的一半， [I. 32]

所以：角 *GEF* 等于角 *EFG*，

由此，边 *EG* 等于边 *GF*。 [I. 6]

又因：在点 *B* 处的角是直角的一半，并且因为角 *FDB* 与角 *ECB* 是同位角，所以角 *FDB* 是直角， [I. 29]

剩下的角 *BFD* 是直角的一半， [I. 32]

所以：在点 *B* 处的角等于角 *DFB*，

由此，边 *FD* 等于边 *DB*。

因为：*AC* 等于 *CE*，*AC* 上的正方形等于 *CE* 上的正方形，

所以：*AC*、*CE* 上的正方形的和是 *AC* 上的正方形的二倍。

又因：角 *ACE* 是直角，所以 *EA* 上的正方形等于 *AC*、*CE* 上的正方形的和， [I. 47]

所以：*EA* 上的正方形是 *AC* 上的正方形的二倍。

又因：*EG* 等于 *GF*；*EG* 上的正方形等于 *GF* 上的正方形，

所以：*EG*、*GF* 上的正方形的和等于 *GF* 上的正方形的二倍。

又因：*EF* 上的正方形等于 *EG*、*GF* 上的正方形的和，

所以：*EF* 上的正方形是 *GF* 上的正方形的二倍。

又因：*GF* 等于 *CD*， [I. 34]

所以：*EF* 上的正方形是 *CD* 上的正方形的二倍。

因为：*EA* 上的正方形也是 *AC* 上的正方形的二倍，

所以：*AE*、*EF* 上的正方形的和是 *AC*、*CD* 上的正方形的和的二倍。

又因：角 *AEF* 是直角，

所以：*AF* 上的正方形等于 *AE*、*EF* 上的正方形的和， [I. 47]

所以：*AF* 上的正方形是 *AC*、*CD* 上的正方形的和的二倍。

因为：在点 *D* 的角是直角，

所以：*AD*、*DF* 上的正方形的和等于 *AF* 上的正方形， [I. 47]

所以：AD、DF 上的正方形的和是 AC、CD 上的正方形的和的二倍。

又因：DF 等于 DB，

所以：AD、DB 上的正方形的和等于 AC、CD 上的正方形的和的二倍。

证完。

命题 10

…

将一条线段二等分，且在同一直线上再给原线段添加上一条线段，那么合成线段上的正方形与添加线段上的正方形的和等于原线段一半上的正方形与一半线段和添加线段所合成的正方形的和的二倍。

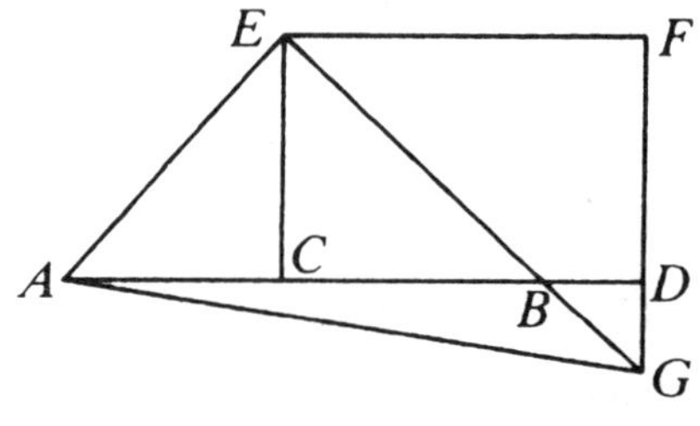

用点 C 将线段 AB 二等分，并在同一直线上给 AB 添上 BD。

那么可以说：AD、DB 上的正方形的和等于 AC、CD 上的正方形的和的二倍。

设：CE 在 C 点和 AB 成直角，[I. 11]

让它等于 AC 或 CB。[I. 3]

连接 EA、EB，过点 E 作 EF 平行于 AD，过点 D 作 FD 平行于 EC。[I. 31]

因为：直线 EF 和平行线 EC、FD 都相交，角 CEF、EFD 的和等于两直角，[I. 29]

所以：角 FEB、EFD 的和小于两直角。

又因：直线在小于两直角的这一侧经延长后相交，[I. 公设 5]

所以：若在同方向 *B*、*D* 延长 *EB*、*FD* 定相交。

设：其交点为 *G*，连接 *AG*。

因为：*AC* 等于 *CE*，角 *EAC* 等于角 *AEC*， [I. 5]

在点 *C* 是直角，

所以：角 *EAC*、*AEC* 各是直角的一半。 [I. 32]

同理可证：角 *CEB*、*EBC* 各是直角的一半，

因此：角 *AEB* 是直角。

又因：角 *EBC* 是直角的一半，角 *DBG* 也是直角一半， [I. 15]

并且角 *BDG* 与角 *DCE* 相等，且它们是错角，因此：角 *BDG* 也是直角， [I. 29]

所以：剩下的角 *DGB* 是直角的一半， [I. 32]

故，角 *DGB* 等于角 *DBG*，

所以：边 *BD* 等于边 *GD*。 [I. 6]

又因：角 *EGF* 等于在点 *C* 处的对角，故角 *EGF* 是直角的一半，且在点 *F* 处的是直角， [I. 34]

剩下的角 *EFC* 是直角的一半， [I. 32]

所以：角 *EGF* 等于角 *FEG*，

边 *GF* 等于 *EF*。

因为：*EC* 上的正方形等于 *CA* 上的正方形；*EC*、*CA* 上的正方形的和是 *CA* 上的正方形的二倍，

又因：*EA* 上的正方形等于 *EC*、*CA* 上的正方形的和， [I. 47]

所以：*EA* 上的正方形是 *AC* 上的正方形的二倍。 [公理 1]

因为：*FG* 等于 *EF*、*FG* 上的正方形等于 *FE* 上的正方形，

所以：*GF*、*FE* 上的正方形的和是 *EF* 上的正方形的二倍。

又因：*EG* 上的正方形等于 *GF*、*FE* 上的正方形的和， [I. 47]

所以：在 *EG* 上的正方形是在 *EF* 上的正方形的二倍，*EF* 等于 *CD*， [I. 34]

所以：*EG* 上的正方形是 *CD* 上的正方形的二倍。

又因：已证 EA 上的正方形是 AC 上的正方形的二倍，

所以：AE、EG 上的正方形的和是 AC、CD 上的正方形的和的二倍。

又因：在 AG 上的正方形等于 AE、EG 上的正方形的和，[I. 47]

所以：AG 上的正方形是 AC、CD 上的正方形的和的二倍。

因为：AD、DG 上的正方形的和等于 AG 上的正方形，[I. 47]

所以：AD、DG 上的正方形的和是 AC、CD 上的正方形的和的二倍，

又因：DG 等于 DB，

所以：AD、DB 上的正方形的和是 AC、CD 上的正方形的和的二倍。

证完。

命题 11

…

将已知线段切分，让它和一条小线段围成的矩形等于另一小段上的正方形。

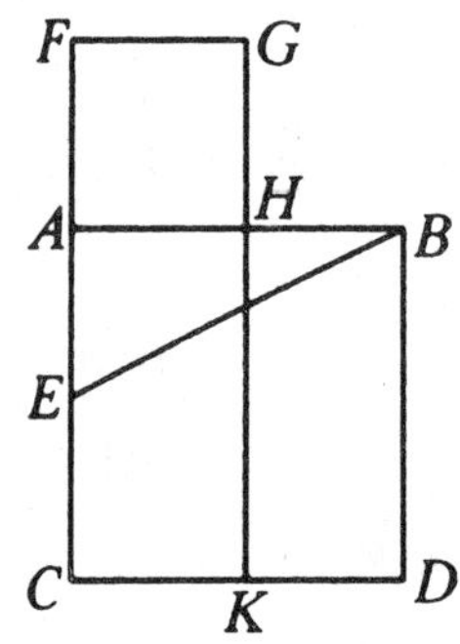

设：将已知线段 AB 分成两段，让它和一小线段所夹的矩形等于另一小线段上的正方形。

设：在 AB 上作正方形 $ABDC$。[I. 46]

将 AC 二等分于点 E，连接 BE，延长 CA 到 F，取 EF 等于 BE。

设：FH 是作在 AF 上的正方形，延长 GH 至 K。

那么可以说：H 就是 AB 上所要求作的点，它让 AB、BH 所夹的矩形等于 AH 上的正方形。

因为：线段 AC 被点 E 平分，并给它加上 FA，

CF、FA 所夹的矩形与 AE 上的正方形的和等于 EF 上的正方形，[II. 6]

又因：EF 等于 EB，

所以：矩形 CF、FA 与 AE 上的正方形的和等于 EB 上的正方形。

因为：在点 A 的角是直角，

所以：BA、AE 上的正方形的和等于 EB 上的正方形， [I. 47]

所以：矩形 CF、FA 与 AE 上的正方形的和等于 BA、AE 上的正方形的和。

将上面两边各减去 AE 上的正方形，

那么：剩下的矩形 CF、FA 等于 AB 上的正方形。

矩形 CF、FA 的和是 FK，由于 AF 等于 FG，且 AB 上的正方形是 AD，

所以：FK 等于 AD。

将上面两边各减去 AK，余下的部分 FH 等于 HD。

又因：HD 是矩形 AB、BH，又因为 AB 等于 BD，并且 FH 是 AH 上的正方形，

所以：由 AB、BH 围成的矩形等于 HA 上的正方形，

所以：点 H 分已知的线段 AB，由 AB、BH 围成的矩形等于 HA 上的正方形。

作完。

命题 12

在钝角三角形中，钝角所对的边上的正方形比夹钝角的两边上的正方形的和还大一个矩形的二倍，这个矩形是由钝角的一边向外延长并作垂线，垂足到钝角之间一段与另一边围成的矩形。

设：在 ABC 是钝角三角形，角 BAC 为钝角。由点 B 作 BD 垂直于 CA，交延长线于点 D。

那么可以说：*BC* 上的正方形比 *BA*、*AC* 上的正方形的和还大 *CA*、*AD* 围成矩形的二倍。

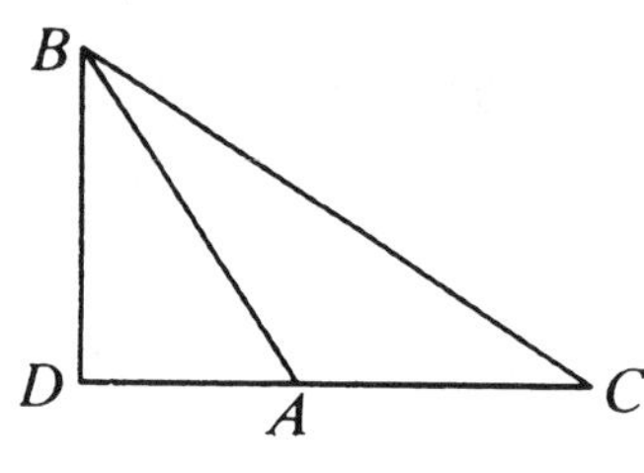

因为：点 *A* 任意分线段 *CD*，*CD* 上的正方形等于 *CA*、*AD* 上的正方形加上 *CA*、*AD* 所夹的矩形的二倍， [II. 4]

将 *DB* 上的正方形加在以上各边，

所以：*CD*、*DB* 上的正方形的和等于 *CA*、*AD*、*DB* 上的正方形的和加上矩形 *CA*、*AD* 的二倍。

又因：在点 *D* 的角都是直角，因此：*CB* 上的正方形等于 *CD*、*DB* 上的正方形的和， [I. 47]

且 *AB* 上的正方形等于 *AD*、*DB* 上的正方形的和， [I. 47]

所以：*CB* 上的正方形等于 *CA*、*AB* 上的正方形的和加上 *CA*、*AD* 围成的矩形的二倍，

所以：*CB* 上的正方形比 *CA*、*AB* 上的正方形的和还大 *CA*、*AD* 围成的矩形的二倍。

证完。

命题 13

…

在锐角三角形中，锐角对边上的正方形比夹锐角两边上的正方形的和小一个矩形的二倍。也就是由另一个锐角向对边作垂直线，垂足到原锐角顶点之间一段与该边所夹的矩形。

设：*ABC* 是锐角三角形，点 *B* 处的角为锐角，并且设 *AD* 是由点 *A* 向 *BC* 所作的垂线。

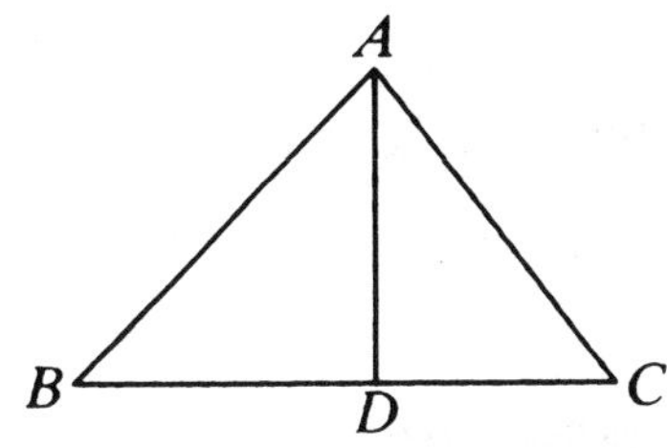

那么可以说：AC 上的正方形比 CB、BA 上的正方形的和小 CB、BD 围成的矩形的二倍。

因为：CB 任意分割于点 D；CB、BD 上的正方形的和等于由 CB、BD 围成矩形的二倍与 DC 上的正方形的和，　[II. 7]

将 DA 上的正方形加在以上各边，

那么：CB、BD、DA 上的正方形的和等于 CB、BD 围成的矩形的二倍加上 AD、DC 上的正方形的和。

因为：在 D 处的角都是直角，因此：AB 上的正方形等于 BD、DA 上的正方形的和，　[I. 47]

并且，AC 上的正方形等于 AD、DC 上的正方形的和，因此：CB、BA 上的正方形的和等于 AC 上的正方形加上二倍的矩形 CB、BD，

所以：AC 上的正方形只能比 CB、BA 上的正方形的和小 CB、BD 所夹的矩形的二倍。

证完。

命题 14

•••

作一个正方形，面积等于已知的直线形面积。

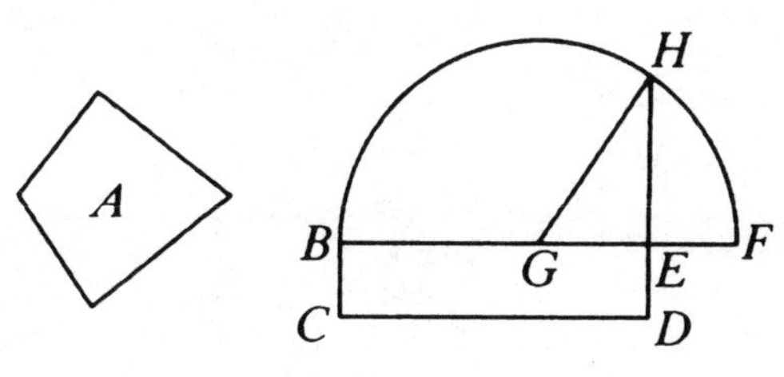

设：已知直线形 A，作一个等于直线形面积 A 的正方形。

先设：作了一个等于直线形 A 的矩形 BD。　[I. 45]

若 BE 等于 ED，那么因为

正方形 *BD* 等于直线形 *A*，作图完毕。

如果 *BE* 不等于 *ED*，也就是线段 *BE*、*ED* 中有一条较大。

再设: *BE* 较大，且延长至点 *F*。

设 *EF* 等于 *ED*，且 *BF* 被二等分于点 *G*。

以 *G* 为圆心，以 *GB*、*GF* 中的一个为距离画半圆 *BHF*。

将 *DE* 延长至 *H*，连接 *GH*。

因为：线段 *BF* 被点 *G* 二等分，被点 *E* 分为不相等的两段，

且由 *BE*、*EF* 围成的矩形与 *EG* 上的正方形的和等于 *GF* 上的正方形，　[II. 5]

又因: *GF* 等于 *GH*，

所以：矩形 *BE*、*EF* 与 *GE* 上的正方形的和等于 *GH* 上的正方形。

又因: *HE*、*EG* 上的正方形的和等于 *GH* 上的正方形，　[I. 47]

所以：矩形 *BE*、*EF* 加上 *GE* 上的正方形等于 *HE*、*EG* 上的正方形的和。

以上各边减去 *GE* 上的正方形，

那么：剩下的矩形 *BE*、*EF* 等于 *EH* 上的正方形。

因为: *EF* 等于 *ED*，所以：矩形 *BE*、*EF* 是 *BD*，

所以：平行四边形 *BD* 等于 *HE* 上的正方形。

又因: *BD* 等于直线形 *A*，

所以：直线形 *A* 等于在 *EH* 上作的正方形，

所以：在 *EH* 上作了等于已知直线形 *A* 的正方形。

作完。

卷

III

定义

01 等圆就是直径或半径相等的圆。

02 一条直线与一圆相遇且延长后不与圆相交，就叫作切于一圆。

03 两圆彼此相遇且不相交，叫作彼此相切。

04 当圆心到圆内弦所作的垂线相等时，称这些弦有相等的弦心距。

05 且当垂线较长时，称这弦有较大的弦心距。

06 弓形是由一条弦和一段弧围成的图形。

07 弓形的角是由一条直线和一段圆弧所夹的角。

08 在一段圆弧上取一点，连接这点和这段圆弧的底的两个端点的二直线所夹的角叫作弓形角。

09 而且把这个弓形角叫作张于这段弧上的弓形角。

10 由顶点在圆心的角的两边和这两边所截一段圆弧围成的图形叫作扇形。

11 相似弓形是那些含相等角的弓形，或者张在它们上的角是彼此相等的。

命题

命题 1

…

找出已知圆的圆心。

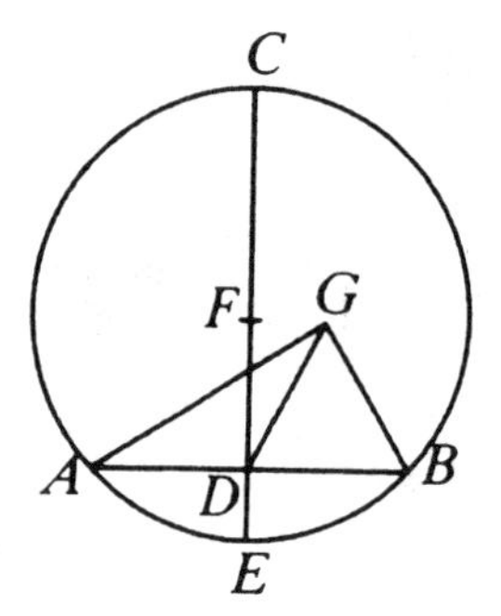

设：已知圆 ABC，现求圆 ABC 的圆心。

任意作弦 AB，作点 D 二等分 AB。

在点 D 作 DC 和 AB 成直角，且设 DC 经过点 E，CE 二等分于 F。

那么可以说：F 就是已知圆 ABC 的圆心。

设 F 并非圆心，那么就设 G 为圆心，连接 GA、GD、GB。

因为：AD 等于 DB，并且 DG 公用，DG 等于 DG，

又因：底 GA、GB 都是半径，

所以：两者相等，

所以：角 ADG 等于角 GDB。 [I. 8]

因为：当一条直线和另一条直线所成的邻角彼此相等时，它们每一个都是直角， [I. 定义 10]

所以：角 GDB 是直角。

但是，若角 FDB 是直角，那么角 FDB 等于角 GDB。大的角等于小的角，这并不符合常理，

所以：G 不是圆 ABC 的圆心。

同理可证：除 F 外，圆心不会是任何其他的点，

所以：点 F 是圆 ABC 的圆心。

作完。

推论 由此可得：如果一个圆内一条直线把一条弦截成相等的两部分且交成直角，则这个圆的圆心在该直线上。

命题 2

…

若在一个圆的圆周上任取两点，那么连接这两点的线段落在圆内。

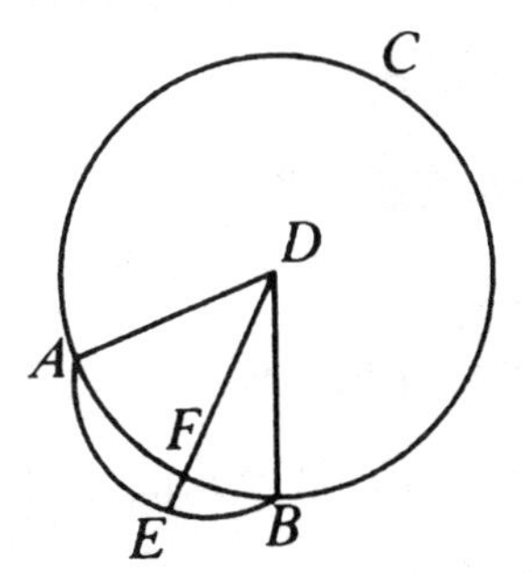

设：A、B 是圆 ABC 上任取的两点。

那么可以说：从 A 到 B 连成的线段落在圆内。

设：若不落在圆内，则落在圆外，是 AEC。

设圆 ABC 的圆心可以求出。 [III. 1]

再设：圆心为 D，连接 DA、DB，画 DFE。

因为：DA 等于 DB，角 DAE 等于角 DBE， [I. 5]

并延长三角形 DAE 的一边 AEB，

所以：角 DEB 大于角 DAE。 [I. 16]

又因：角 DAE 等于角 DBE，

所以：角 DEB 大于角 DBE，并且大角对的边也大， [I. 19]

故 DB 大于 DE。

又因：DB 等于 DF，

因此：DF 大于 DE，小的等于大的，这是不符合常理的，

所以：由 A 到 B 连接的线段不可能落在圆外。

同理可证：它也不会落在圆周上，

所以：它落在圆内。

证完。

命题 3

…

若在一个圆中，一条经过圆心的直线二等分一条不经过圆心的弦，那么它们交成直角；反而言之，如果它们交成直角，那么这条直线二等分这条弦。

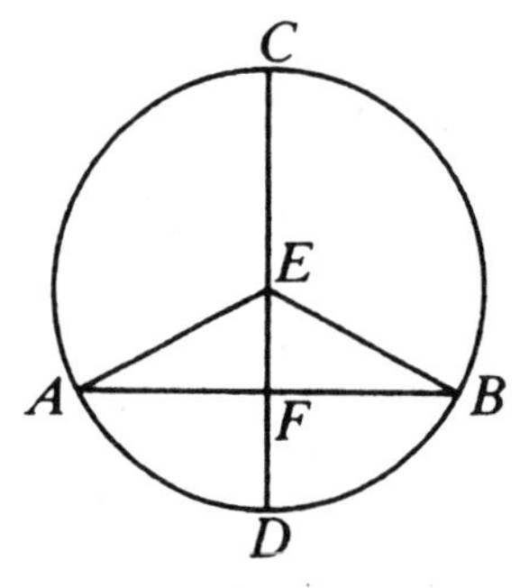

设：ABC 是一个圆，直线 CD 经过圆心且二等分不过圆心的弦 AB 于点 F。

那么可以说：CD 与 AB 交成直角。

可求圆 ABC 的圆心。

设：E 是圆心。连接 EA、EB。

因为：AF 等于 FB，并且 FE 是公共的，两边相等；且底 EA 等于底 EB，

所以：角 AFE 等于角 BFE。 [I. 8]

又因：当一条直线和另一条直线交成两个彼此相等的邻角时，每一个等角都等于直角， [I. 定义 10]

所以：角 AFE、角 BFE 都是直角，

所以：经过圆心的 CD 二等分不过圆心的 AB 时，它们交成直角。

又设：CD 和 AB 成直角。

那么可以说：CD 将 AB 二等分，AF 等于 FB。

再用上图作，因为 EA 等于 EB，角 EAF 等于角 EBF。 [I. 5]

又因：直角 *AFE* 等于直角 *BFE*，

所以：*EAF*、*EBF* 是两个角相等且有一条边相等的两个三角形，且 *EF* 是公共的，对着相等的角，

所以：剩下的边等于剩下的边， [I. 26]

所以：*AF* 等于 *FB*。

证完。

命题 4

…

在一个圆中，若有两条不经过圆心的弦彼此相交，那么它们不互相平分。

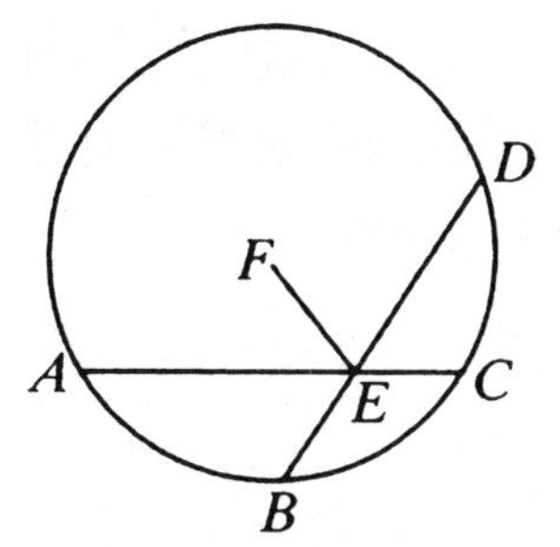

设：*ABCD* 是一个圆，并且其中有两条弦 *AC*、*BD*，不经过圆心，彼此相交于点 *E*。

那么可以说：它们彼此不二等分。

设：它们彼此二等分，故 *AE* 等于 *EC*，*BE* 等于 *ED*。圆 *ABCD* 的圆心可以求出。 [III. 1]

再设：圆心是 *F*，连接 *FE*。

因为：直线 *FE* 经过圆心，并二等分不经过圆心的直线 *AC*，

那么：它们交成直角， [III. 3]

所以：角 *FEA* 为直角。

又因：直线 *FE* 二等分弦 *BD*，它们交成直角， [III. 3]

所以：角 *FEB* 是直角。

又因：已经证明角 *FEA* 是直角，

所以：角 *FEA* 等于角 *FEB*，小的角等于大的角，这并不符合实际，

所以：*AC*、*BD* 不互相平分。

证完。

命题 5

…

若两个圆彼此相交，那么它们不同心。

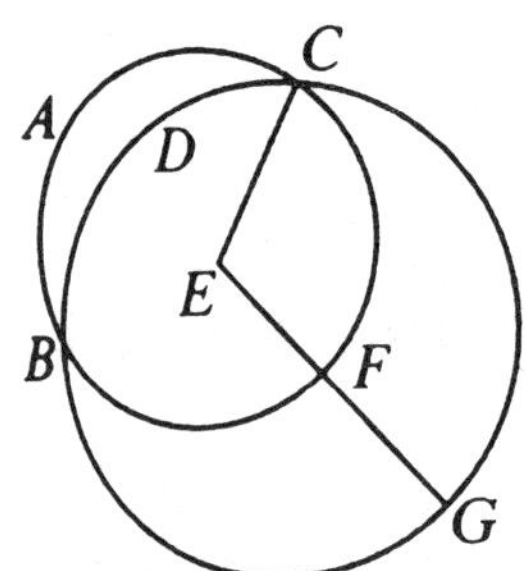

设：圆 *ABC*、*CDG* 彼此相交于点 *B*、*C*。

那么可以说：它们不同心。

因为：若两个圆同心，假设圆心为 *E*。连接 *EC*，作任意直线 *EFG*，

因为：点 *E* 是圆 *ABC* 的圆心，*EC* 等于 *EG*，[I. 定义 15]

又因：点 *E* 是圆 *CDG* 的圆心，*EC* 等于 *EG*，但是，*EC* 已被证明等于 *EF*，所以：*EF* 等于 *EG*，小的等于大的，这并不符合实际，

所以：点 *E* 不是圆 *ABC*、*CDG* 的圆心。

证完。

命题 6

…

若两个圆彼此相切，那么它们不同心。

设：圆 *ABC*、*CDE* 彼此相切于点 *C*。

那么可以说：它们没有共同的圆心。

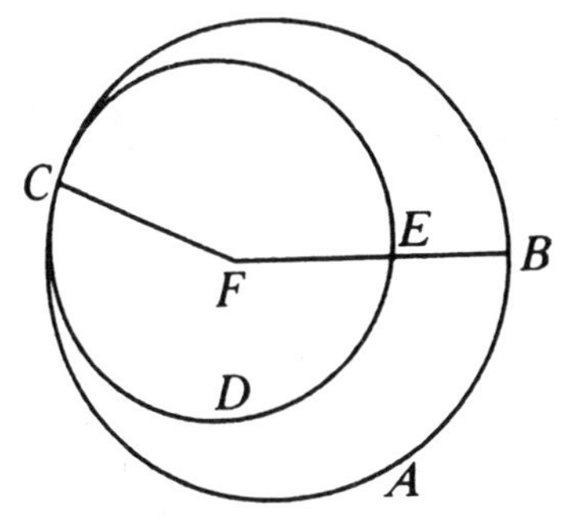

设：若圆 *ABC*、*CDE* 有共同的圆心 *F*，连接 *FC*，并经过 *F* 任意作 *FEB*。

因为：点 *F* 是圆 *ABC* 的圆心，*FC* 等于 *FB*，

又因：点 *F* 是圆 *CDE* 的圆心，则 *FC* 等于 *FE*，

并且已经证明 *FC* 等于 *FB*，

所以：*FE* 等于 *FB*。

小的等于大的，这不符合实际，

所以：*F* 不是圆 *ABC*、*CDE* 的圆心。

证完。

命题 7

…

若在一个圆的直径上取一个不是圆心的点，并且从这个点到圆上所引的线段中，圆心所在的一段最长，同一直径上余下的一段最短；而在其余线段中，靠近过圆心的线段较远离的为长；从这点到圆上可画出相等的线段只有两条，它们各在最短线段的一边。

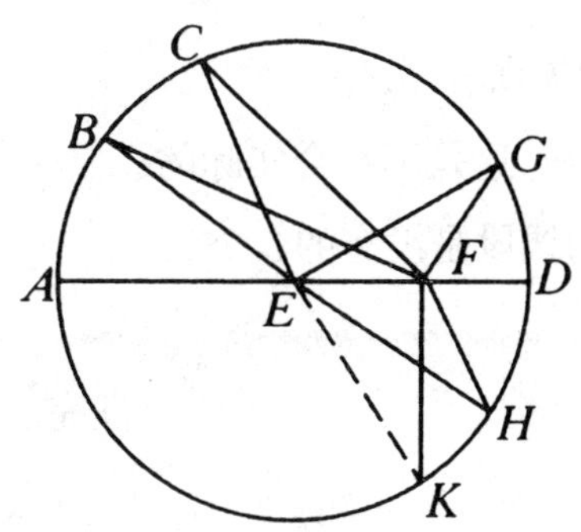

设：已知圆 *ABCD*，*AD* 为其直径。在 *AD* 上取一个不是圆心的点 *F*。

又设：*E* 为圆心，*FB*、*FC* 是由 *F* 向圆 *ABCD* 上所引的线段。

那么可以说：*FA* 最大，*FD* 最小，并且 *FB* 大于 *FC*，*FC* 大于 *FG*，连接 *BE*、

CE、*GE*。

因为：在任何一个三角形中，两边之和大于第三边，　[I. 20]

所以：*EB*、*EF* 的和大于 *BF*。

又因：*AE* 等于 *BE*，

因此：*AF* 大于 *BF*。

因为：*BE* 等于 *CE*，*FE* 是公共的，两边 *BE*、*EF* 等于两边 *CE*、*EF*，

且角 *BEF* 大于角 *CEF*，

所以：底 *BF* 大于底 *CF*。　[I. 24]

同理可证：*CF* 大于 *FG*。

又因：*GF*、*FE* 之和大于 *EG*，且 *EG* 等于 *ED*；*GF* 与 *EF* 的和大于 *ED*，

将以上两边减去 *EF*，剩下的 *GF* 大于剩下的 *FD*，

所以：*FA* 最大，*FD* 最小，并且 *FB* 大于 *FC*，*FC* 大于 *FG*。

又可证：从点 *F* 到圆 *ABCD* 上可画出相等的线段只有两条，它们各在最短线段 *FD* 的一侧。

在线段 *EF* 的点 *E* 上，作角 *FEH* 等于角 *GEF*。　[I. 23]

连接 *FH*。

因为：*GE* 等于 *EH*，并且 *EF* 是公共的，两边 *GE*、*EF* 等于两边 *HE*、*EF*，角 *GEF* 等于角 *HEF*，

所以：底 *FC* 等于底 *FH*。　[I. 4]

又可证：从点 *F* 到圆上再没有等于 *FG* 的线段。

若有这么条线段，设为 *FK*。

因为：*FK* 等于 *FG*，并且 *FH* 等于 *FG*，*FK* 等于 *FH*，

那么：离圆心较近的线段等于较远的线段，这是不符合实际的，

所以：从点 *F* 引到圆上等于 *GF* 的另外的线段是没有的，

所以：这样的线段只有一条。

证完。

命题 8

…

若在圆外取一点，并且从这点画通过圆的直线，其中之一过圆心并且其他的可以任意画出。那么，在凹圆弧的连线中，以经过圆心的最长；这时靠近通过圆心的连线大于远离的连线。但在凸圆弧上的连线中，在取定的点与直径之间的一条最短；这时靠近的连线短于远离的连线。并且由这点到圆周上的连线，相等的连线中只有两条，它们各在最短连线的一侧。

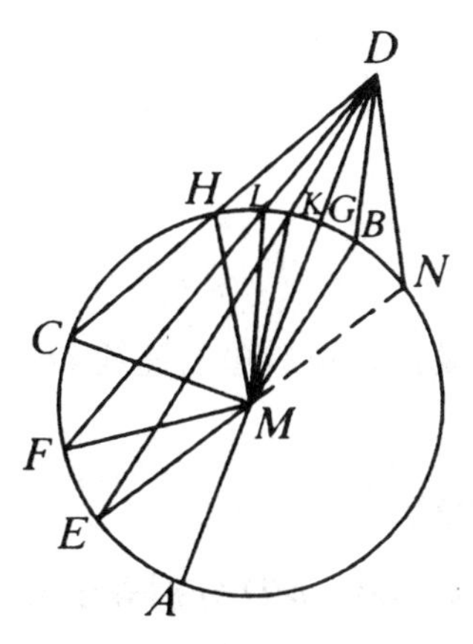

设：*ABC* 是一个圆，*D* 是圆 *ABC* 外取定的点，画线段 *DA*、*DE*、*DF*、*DC*。其中，*DA* 经过圆心。

那么可以说：在凹圆弧 *AEFC* 上经过圆心的连线 *DA* 最长，且 *DE* 大于 *DF*，*DF* 大于 *DC*；但落在凸圆弧 *HLKG* 上的连线中，在这点与直径 *AG* 之间的连线 *DG* 是最短的；并且靠近最短线 *DG* 的连线小于远离的连线。也就是，*DK* 短于 *DL*，并且 *DL* 短于 *DH*。

设：圆 *ABC* 的圆心 [Ⅲ. 1] 为 *M*；

连接 *ME*、*MF*、*MC*、*MK*、*ML*、*MH*。

因为：*AM* 等于 *EM*，故将 *MD* 加在它们各边，

可以得出：*AD* 等于 *EM* 与 *MD* 的和。

又因：*EM* 与 *MD* 的和大于 *ED*，　[I. 20]

所以：*AD* 大于 *ED*。

又因：*ME* 等于 *MF*，且 *MD* 是公共的，

所以：*EM* 与 *MD* 的和等于 *FM* 与 *MD* 的和。

又因：角 *EMD* 大于角 *FMD*，

所以：底 *ED* 大于底 *FD*。 [I. 24]

同理可证：*FD* 大于 *CD*，因此 *DA* 最大。

又因：*DE* 大于 *FD*，所以 *DF* 大于 *DC*，而 *MK*、*KD* 的和大于 *MD*， [I. 21]

且 *MG* 等于 *MK*。

所以：剩下的 *KD* 大于剩下的 *GD*，

由此，*GD* 小于 *KD*。

因为：在三角形 *MLD* 的一边 *MD* 上，有两条直线 *MK*、*KD* 相交在三角形内，

因此：*MK*、*KD* 的和小于 *ML*、*LD* 的和。 [I. 21]

且 *MK* 等于 *ML*，

因此：剩下的 *DK* 小于剩下的 *DL*。

同理可证：*DL* 小于 *DH*，

所以：*DG* 最小，*DK* 小于 *DL*，*DL* 小于 *DH*。

又可证：从点 *D* 到圆所连接的相等的两条线段，各在最短的连线 *DG* 一边。

在线段 *MD* 上取一点 *M*，作角 *DMB* 等于角 *KMD*，连接 *DB*。

因为：*MK* 等于 *MB*，并且 *MD* 是公共的，两边 *KM*、*MD* 分别等于两边 *BM*、*MD*。并且角 *KMD* 等于角 *BMD*，

所以：底 *DK* 等于底 *DB*。 [I. 4]

又可证：从点 *D* 到圆上再没有另外的连线等于 *DK*。

又如果可行，有那么条连线，设为 *DN*。

因为：*DK* 等于 *DN*，且 *DK* 等于 *DB*，*DB* 等于 *DN*，

所以：靠近最短连线 *DG* 的等于远离的，这是不符合实际的，

所以：由点 *D* 起，落在圆 *ABC* 上的相等连线不能多于两条，这两条线段各在最短线 *DG* 的一侧。

证完。

命题 9

•••

若在圆内取一点，从这点到圆上所引相等的线段多于两条。那么这个点是这个圆的圆心。

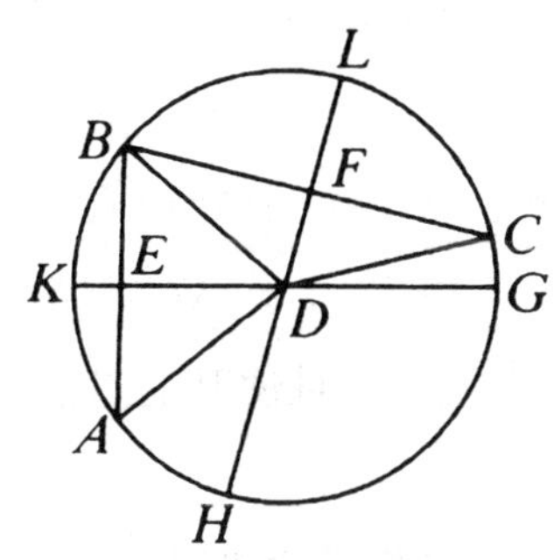

设: *ABC* 是一个圆, *D* 是在圆内所取的点，并且从点 *D* 到圆上可以引多于两条相等的线段，即 *DA*、*DB*、*DC*。

那么可以说: *D* 就是圆 *ABC* 的圆心。

这是因为，可连接 *AB*、*BC* 且平分它们于点 *E*、*F*；再连接 *ED*、*FD*，让它们经过点 *G*、*K*、*H*、*L*。

因为: *AE* 等于 *EB*，*ED* 是公共的，两边 *AE*、*ED* 等于两边 *BE*、*ED*，底 *DA* 等于底 *DB*，

所以：角 *AED* 等于角 *BED*，[I. 8]

所以：角 *AED*、*BED* 中的每一个都是直角，[I. 定义 10]

所以: *GK* 将 *AB* 平分，且成直角。

又因：如果在一个圆内一条直线截另一条线段成相等两部分，且交成直角，那么圆心在前一条直线上，[III. 1，推论]

即圆心在 *GK* 上。

同理可证：圆 *ABC* 的圆心也在 *HL* 上，并且弦 *GK*、*HL* 除点 *D* 以外再没有公共点，

所以：点 *D* 是圆 *ABC* 的圆心。

证完。

命题 10

…

一个圆截另一个圆，其交点不多于两个。

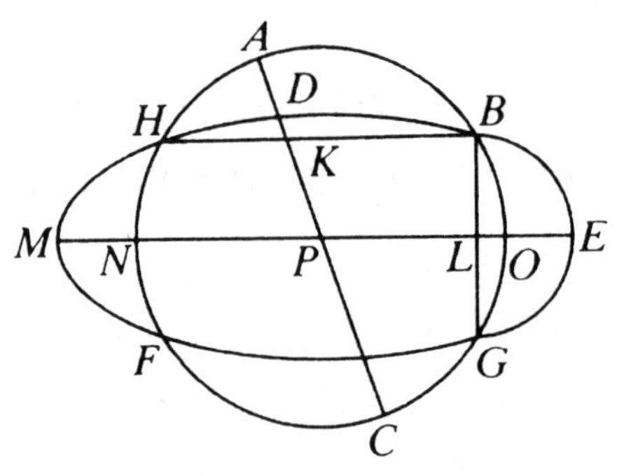

设：圆 *ABC* 截圆 *DEF* 其交点多于两个，分别为 *B*、*G*、*F*、*H* 四个点。

连接 *BH*、*BG*，且平分它们于点 *K*、*L*，又由 *K*、*L* 作 *KC*、*LM* 和 *BH*、*BG* 成直角，且使其通过点 *A*、*E*。

因为：在圆 *ABC* 内一条弦 *AC* 截另一条弦 *BH* 成相等两部分且成直角，

所以：圆 *ABC* 的圆心就在 *AC* 上。 [III. 1，推论]

又因：在同一圆 *ABC* 中，弦 *NO* 截弦 *BG* 成相等两部分，且成直角，

所以：圆 *ABC* 的圆心在 *NO* 上。

因为：已经证明圆心在 *AC* 上，并且弦 *AC*、*NO* 除点 *P* 外不再有交点，

所以：点 *P* 是圆 *ABC* 的圆心。

同理可证：点 *P* 也是圆 *DEF* 的圆心，

所以：两个圆 *ABC*、*DEF* 彼此相截时有一个共同的圆心 *P*，这是不符合实际的。 [III. 5]

证完。

命题 11

•••

若两个圆互相内切，又给定它们的圆心，用线段连接两个圆心，若是延长这条线段，那么必过两圆的切点。

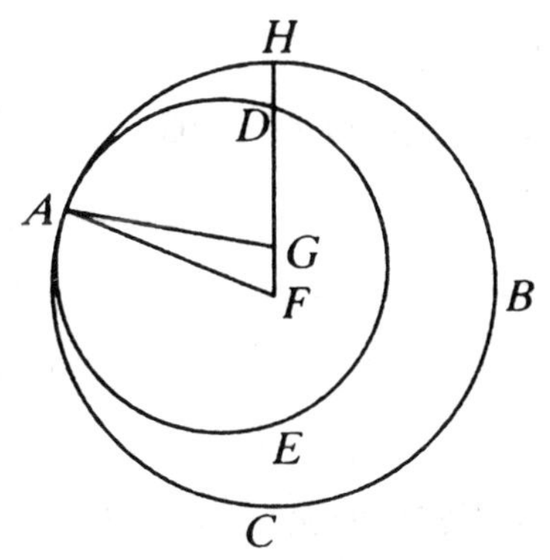

设：两圆 *ABC*、*ADE* 相互内切于点 *A*，且给定圆 *ABC* 的圆心为 *F*，*ADE* 的圆心为 *G*。

那么可以说：连接 *G*、*F* 的直线必过点 *A*。

这是因为，假设不是这样，可设连线为 *FGH*，且连接 *AF*、*AG*。

因为：*AG*、*GF* 的和大于 *FA*，即大于 *FH*，

从以上各边减去 *FG*，那么剩下的 *AG* 大于剩下的 *GH*，

又因：*AG* 等于 *GD*，

所以：*GD* 大于 *GH*。

小的大于大的，这是不符合实际的，

所以：*F* 与 *G* 的连线不能落在 *FA* 的外边，

所以：它一定经过切点 *A*。

证完。

命题 12

•••

假如两个圆互相外切，那么它们的圆心的连线通过切点。

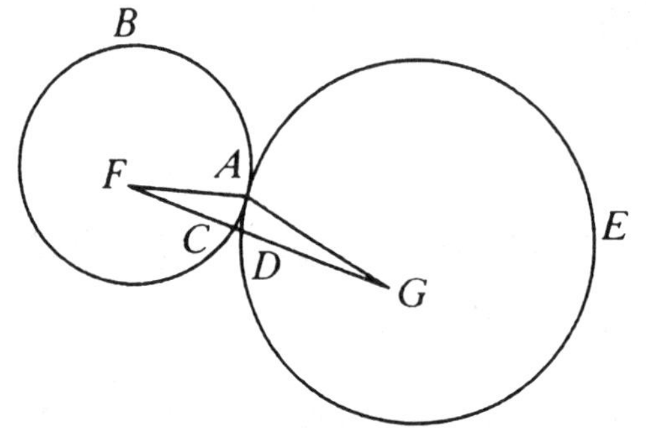

设：两圆 *ABC*、*ADE* 相互外切于点 *A*，并且给定圆 *ABC* 的圆心为 *F*，*ADE* 的圆心为 *G*。

那么可以说：*F* 与 *G* 的连线通过切点 *A*。

如果 *F* 与 *G* 的连线通过切点 *A*。

这是因为，假设不是这样，可设它通过 *FCDG*，连接 *AF*、*AG*。

因为：点 *F* 是圆 *ABC* 的圆心，*FA* 等于 *FC*，

又因：点 *G* 是圆 *ADE* 的圆心，*GA* 等于 *GD*，

且已经证明 *FA* 等于 *FC*，

且 *FA*、*AG* 的和等于 *FC*、*GD* 的和，

所以：整体的 *FG* 大于 *FA*、*AG* 的和，但小于它们的和。 [I. 20]

这是不符合实际的。

所以：从 *F* 到 *G* 的连线不会不经过切点 *A*，也就是它一定会经过 *A*。

证完。

命题 13

…

一个圆和另一个圆无论是内切或是外切，其切点不多于一个。

这是因为，如果可能，设：圆 *ABDC* 与圆 *EBFD* 相切，切点多于一个，也就是 *D*、*B*。先假设它们内切。

又设：圆 *ABDC* 的圆心是 *G*，*EBFD* 的圆心是 *H*。

连接从 *G* 到 *H* 的直线通过 *B*、*D*。 [III. 11]

设其为 *BGHD*。

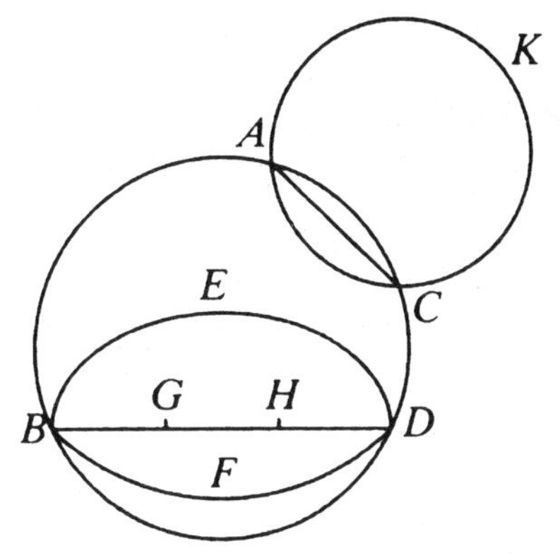

因为：点 *G* 是圆 *ABCD* 的圆心，*BG* 等于 *GD*，

所以：*BG* 大于 *HD*，

故，*BH* 比 *HD* 更大。

因为：点 *H* 是圆 *EBFD* 的圆心，*BH* 等于 *HD*，

又因：已经证明 *BH* 比 *HD* 更大，这是不符合实际的，

所以：一个圆和另外一个圆内切时，切点不多于一个。

进一步可证，外切时，切点也不会多于一个。

这是因为，如果可能，设：圆 *ACK* 与圆 *ABDC* 的切点多于一个，也就是 *A*、*C*，连接 *AC*。

又因：圆 *ABDC*、*ACK* 每个的圆周上已经任意取定了两个点 *A* 与 *C*。它们的连线将落在每个圆的内部， [III. 2]

但是，它落在圆 *ABDC* 内部，并且落在圆 *ACK* 的外部， [III. 定义 3]

这是不符合实际的。

所以：一个圆与另一个圆外切时，切点不多于一个，

且已证明，内切时也不可能。

证完。

命题 14

…

在一个圆中等弦的弦心距也相等；反之，弦心距相等，则弦也彼此相等。

设：*ABDC* 是一个圆，*AB*、*CD* 是圆中相等的弦。

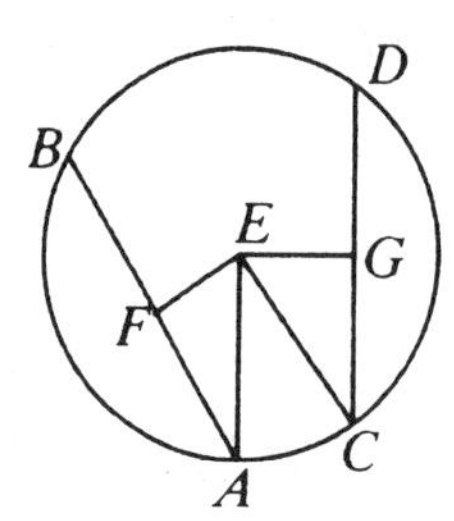

那么可以说：AB、CD 的弦心距相等。

这是因为，设：圆 ABDC 的圆心已定。 [III. 1]

设：圆心是 E，从 E 向 AB、CD 作垂线 EF、EG；连接 AE、EC。

因为：通过圆心的直线 EF 交不经过圆心的直线 AB 成直角，并二等分 AB， [III. 3]

所以：AF 等于 FB，故，AB 是 AF 的二倍。

同理可证：CD 也是 CG 的二倍，又因 AB 等于 CD，

因此：AF 等于 CG。

因为：AE 等于 EC，AE 上的正方形等于 EC 上的正方形，

又因：在 F 处的是直角，

所以：AF、EF 上的正方形的和等于 AE 上的正方形。

又因：在 G 处的是直角，

所以：EG、GC 上的正方形的和等于 EC 上的正方形。

所以：在 AF、FE 上的正方形的和等于 CG、GE 上的正方形的和。

又因：AF 上的正方形等于 CG 上的正方形，这是因为 AF 等于 CG，

所以：剩下的 FE 上的正方形等于 EG 上的正方形，

所以：EF 等于 EG。

但当弦心距相等时，这些弦叫作有相等弦心距的弦， [III. 定义 4]

所以：AB、CD 的弦心距相等。

又设：弦 AB、CD 有相等的弦心距，即 EF 等于 EG。

那么可以说：AB 等于 CD。

这是因为，用同样的作图，类似地可以证明：AB 是 AF 的二倍，CD 是 CG 的二倍。

又因：AE 等于 CE，AE 上的正方形等于 CE 上的正方形，

但 EF、FA 上的正方形的和等于 AE 上的正方形；并且 EG、GC 上的正方形的和等于 CE 上的正方形。 [I. 47]

所以：EF、FA 上的正方形的和等于 EG、GC 上的正方形的和。

又因：*EF* 等于 *EG*，

所以：*EF* 上的正方形等于 *EG* 上的正方形，

所以：剩下的 *AF* 上的正方形等于 *CG* 上的正方形，

所以：*AF* 等于 *CG*。

又因：*AB* 是 *AF* 二倍，*CD* 是 *CG* 二倍，

所以：*AB* 等于 *CD*。

证完。

命题 15

…

在一个圆中的弦以直径最长，而且越靠近圆心的弦总是大于远离圆心的弦。

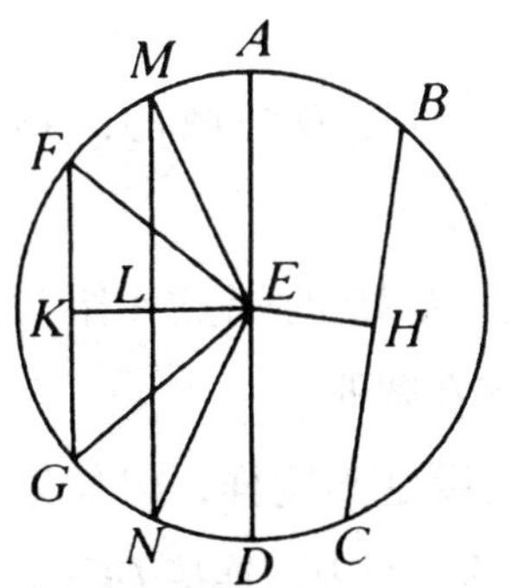

设：*ABCD* 是一个圆，*AD* 是直径，*E* 为圆心；

又设：*BC* 靠近直径 *AD*，且 *FG* 较远。

那么可以说：*AD* 最长，*BC* 大于 *FG*。

由圆心 *E* 向 *BC*、*FG* 作垂线 *EH*、*EK*。

因为：*BC* 是靠近圆心且 *FG* 是远离圆心的，

EK 大于 *EH*，　[III. 定义 5]

取 *EL* 使它经过 *EH*，过 *L* 作 *LM* 使它和 *EK* 成直角且经过点 *N*；连接 *ME*、*EN*、*FE*、*EG*。

因为：*EH* 等于 *EL*，*BC* 等于 *MN*，　[III. 14]

又因：*AE* 等于 *EM*，*ED* 等于 *EN*，*AD* 等于 *ME* 与 *EN* 的和，

但 *ME*、*EN* 的和大于 *MN*，　[I. 20]

又因：*MN* 等于 *BC*，

所以：*AD* 大于 *BC*。

因为：两边 ME、EN 的和等于两边 FE、EG 的和，且角 MEN 大于角 FEG，

所以：底 MN 大于底 FG。 [I. 24]

又因：已经证明 MN 等于 BC，

所以：直径 AD 最大，BC 大于 FG。

证完。

命题 16

…

从一个圆的直径的端点作直线与直径成直角，那么该直线落在圆外，又在这个平面上且在这直线与圆周之间不能再插入其他的直线；并且半圆角大于任何锐直线角，而余下的角小于任何锐直线角。

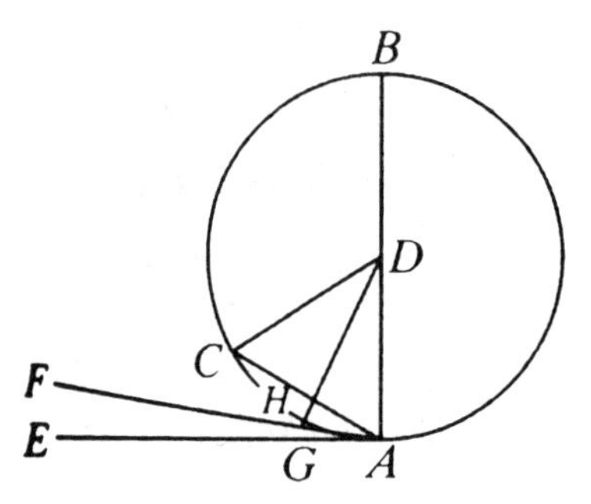

设：ABC 是一个圆，D 为圆心，AB 为直径。

那么可以说：从 AB 的端点 A 作与 AB 成直角的直线落在圆外。

这是因为，假设是不这样，但如果可设：它是 CA 且落在圆内，连接 DC。

因为：DA 等于 DC，角 DAC 等于角 ACD， [I. 5]

又因：角 DAC 是直角，

所以：角 ACD 也是直角。这样，在三角形 ACD 中，角 DAC、ACD 的和等于两直角，这是不符合实际的， [I. 17]

所以：从点 A 作直线与 BA 成直角时，这条直线不能落在圆内。

同理可证：这样的直线也绝对不能落在圆周上，只能落在圆外。

设：它落在 *AE* 处。

接着，可以证明：在这个平面上，在直线 *AE* 和圆周 *CHA* 之间不能再插入其他直线。

这是因为，如果可能，设：插入的直线是 *FA*，由点 *D* 作 *DG* 垂直于 *FA*。

因为：角 *AGD* 是直角，角 *DAG* 小于直角，

所以：*AD* 大于 *DG*， [I. 19]

但 *DA* 等于 *DH*，因此：*DH* 大于 *DG*，

小的大于大的，这是不符合实际的，

所以：在这个平面上，不能在直线与圆周之间再插入其他的直线。

进一步可证：弦 *BA* 与圆周 *CHA* 所夹的半圆角大于任何锐直线角，而余下的由圆周 *CHA* 与直线 *AE* 所包含的角小于任何锐直线角。

因为：若有某一直线角大于由直线 *BA* 与圆弧 *CHA* 包含的角，并且某一直线角小于由圆周 *CHA* 与直线 *AE* 包含的角，

那么：在平面内，在圆弧与直线 *AE* 之间可以插入这么一个角，它由直线包含，且大于由直线 *BA* 和圆弧 *CHA* 包含的角，并且与直线 *AE* 包含的其他的角都小于由圆弧 *CHA* 与直线 *AE* 包含的角。

但这样的直线无法插入。

所以：没有由直线所夹的任何锐角大于由弦 *BA* 与圆弧 *CHA* 包含的角；也没有由直线所夹的任何锐角小于由圆弧 *CHA* 与直线 *AE* 所夹的角。

证完。

推论 由此可得，由圆的直径的端点作和它成直角的直线切于此圆。

命题 17

…

由给定的点作直线切于已知圆。

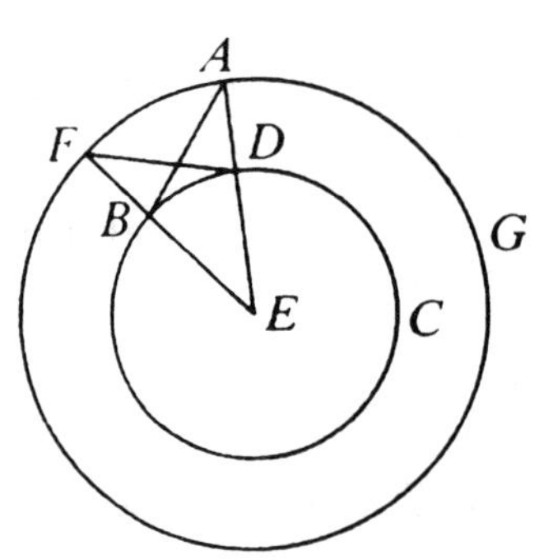

设：*A* 是已给定的点，*BCD* 是已知圆。

要求由点 *A* 作一直线切于圆 *BCD*。

设：圆心为 *E*。 [III. 1]

连接 *AE*，用圆心 *E* 和距离 *EA* 画圆 *AFG*，由 *D* 作 *DF* 和 *EA* 成直角，连接 *EF*、*AB*。

那么可以说：由点 *A* 作的 *AB* 是切于圆 *BCD* 的。

因为：*E* 是圆 *BCD*、*AFG* 的圆心，*EA* 等于 *EF*，并且 *ED* 等于 *EB*，

所以：两边 *AE*、*EB* 等于两边 *FE*、*ED*，并且它们包含在点 *E* 处的公共角，

所以：底 *DF* 等于底 *AB*，三角形 *DEF* 全等于三角形 *BEA*，

其余的角等于其余的角， [I. 4]

所以：角 *EDF* 等于角 *EBA*。

又因：角 *EDF* 是直角，因此：角 *EBA* 也是直角，

现在，*EB* 是半径，

而由圆的直径的端点所作的直线和直径成直角，那么直线切于圆，

[III. 16，推论]

所以：*AB* 切于圆 *BCD*，

所以：从给定的点 *A* 作了圆 *BCD* 的切线 *AB*。

作完。

命题 18

•••

若一条直线切于一个圆，那么圆心到切点的连线垂直于切线。

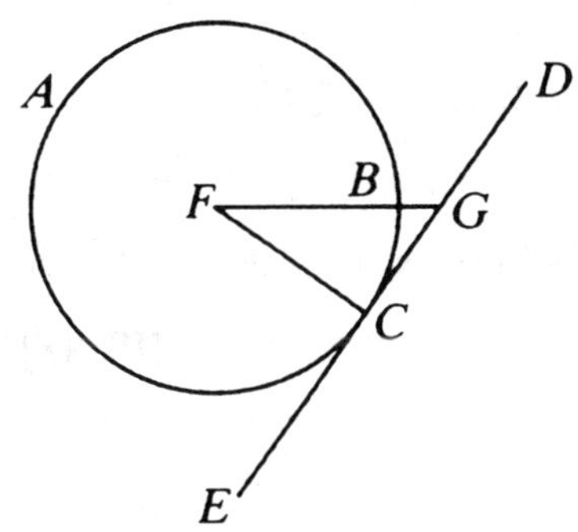

设：直线 *DE* 与圆 *ABC* 相切于点 *C*，点 *F* 为圆 *ABC* 的圆心，由 *F* 到 *C* 的连线为 *FC*。

那么可以说：*FC* 垂直于 *DE*。

这是因为，如果不垂直，设：由 *F* 作垂直于 *DE* 的直线 *FG*。

因为：角 *FGC* 是直角，角 *FCG* 是锐角， [I. 17]

且较大的角所对的边也较大。

所以：*FC* 大于 *FG*。

又因：*FC* 等于 *FB*，

所以：*FB* 大于 *FG*。

小的大于大的，这是不符合实际的，

所以：*FG* 不垂直于 *DE*。

同理可证：除了 *FC* 外，没有其他的直线垂直于 *DE*，

所以：*FC* 垂直于 *DE*。

证完。

命题 19

•••

若一条直线切于一个圆，并且从切点作一条与切线成直角的

直线，那么圆心就在这条直线上。

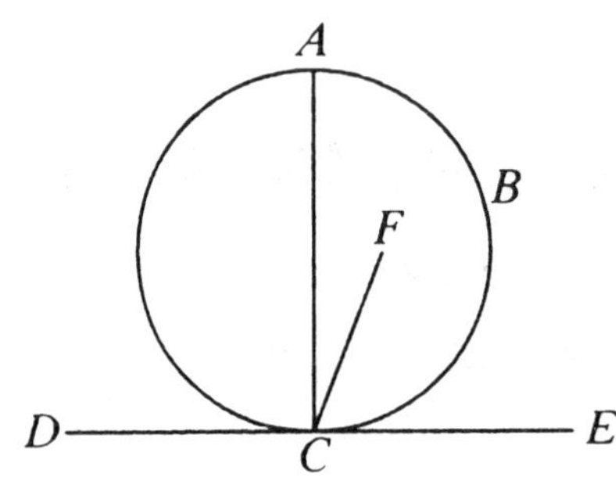

设：直线 DE 切圆 ABC 于点 C，并且从 C 作 CA 与 DE 成直角。

那么可以说：圆心在 AC 上。

这是因为，假设不是这样，但如果可设：F 为圆心，连接 CF。

因为：直线 DE 切于圆 ABC，并且 FC 是由圆心到切点的连线，FC 垂直于 DE， [III. 18]

所以：角 FCE 是直角。

又因：角 ACE 也是直角，

所以：角 FCE 等于角 ACE，小角等于大角，这是不符合实际的，

所以：F 不是圆 ABC 的圆心。

同理可证：除圆心在 AC 上外，不可能是其他的点。

证完。

命题 20

…

在一个圆内，同弧上的圆心角等于圆周角的二倍。

设：ABC 是一个圆，角 BEC 是圆心角，角 BAC 是圆周角，它们有一个以 BC 为底的弧。

那么可以说：角 BEC 是角 BAC 的二倍。连接 AE，经过 F。

因为：EA 等于 EB，角 EAB 等于 EBA， [I. 5]

所以：角 EAB、EBA 的和是角 EAB 的二倍。

又因：角 BEF 等于角 EAB 与 EBA 的和， [I. 32]

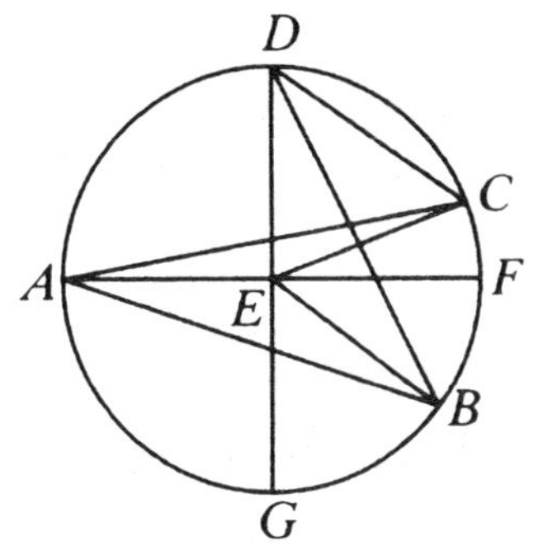

所以：角 *BEF* 也是角 *EAB* 的二倍。

同理可证：角 *FEC* 也是角 *EAC* 的二倍，

所以：整个角 *BEC* 是整体角 *BAC* 的二倍。

又，移动另外的直线，就有另一个角 *BDC*；连接 *DE*，延长到 *G*；

同理可证：角 *GEC* 是角 *EDC* 的二倍，角 *GEB* 是角 *EDB* 的二倍，

所以：剩下的角 *BEC* 是角 *BDC* 的二倍。

证完。

命题 21

…

在同一个圆中，同一弓形上的角是彼此相等的。

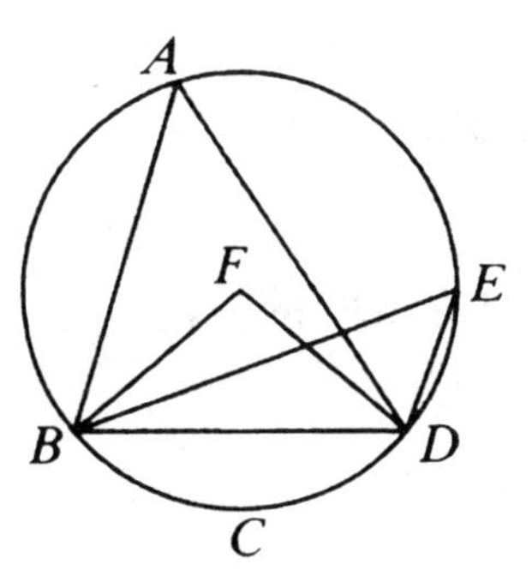

设：*ABCD* 是一个圆，令角 *BAD* 与角 *BED* 是同一弓形 *BAED* 上的角。

那么可以说：角 *BAD* 与角 *BED* 相等。

这是因为，假设圆 *ABCD* 的圆心为 *F*，连接 *BE*、*FD*。

因为：角 *BFD* 的顶点在圆心上，并且角 *BAD* 的顶点在圆周上，它们以相同的弧 *BCD* 为底，

所以：角 *BFD* 是角 *BAD* 的二倍。　[III. 20]

同理可证：角 *BFD* 也是角 *BED* 的二倍，

所以：角 *BAD* 等于角 *BED*。

证完。

命题 22

…

内接于圆的四边形其对角的和等于两直角。

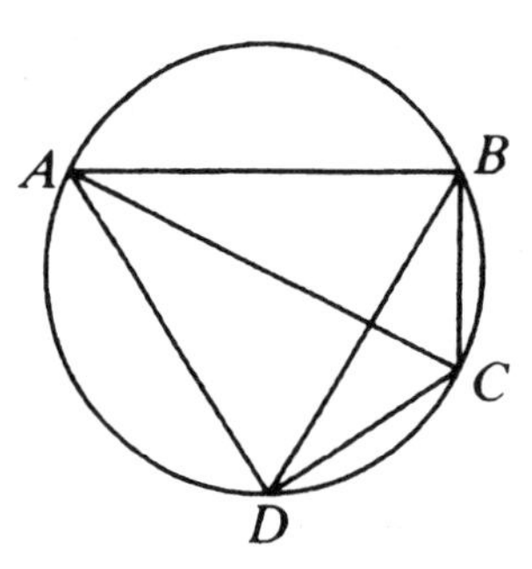

设：*ABCD* 是一个圆，*ABCD* 是其内接四边形。

那么可以说：其对角的和等于两直角。

连接 *AC*、*BD*。

因为：在任意三角形中，三个角的和等于两直角， [I. 32]

三角形 *ABC* 的三个角分别为角 *CAB*、*ABC*、*BCA* 的和等于两直角，

又因：角 *CAB*、角 *BDC* 在同一弓形 *BADC* 上，

所以：角 *CAB* 等于角 *BDC*。 [III. 21]

因为：角 *ACB*、角 *ADB* 在同一弓形 *ADCB* 上，

所以：角 *ACB* 等于角 *ADB*，

所以：整体角 *ADC* 等于角 *BAC* 与角 *ACB* 的和。

将角 *ABC* 加在以上两边，

那么：角 *ABC*、*BAC*、*ACB* 的和等于角 *ABC* 与角 *ADC* 的和。

因为：角 *ABC*、*BAC*、*ACB* 的和等于两直角，

所以：角 *ABC* 与角 *ADC* 的和等于两直角。

同理可证：角 *BAD*、*DCB* 的和等于两直角。

证完。

命题 23

• • •

在同一线段上且在同一侧不能作两个相似且不相等的弓形。

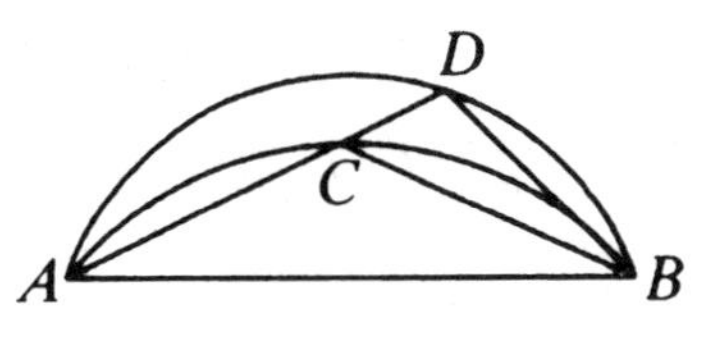

这是因为，如果可能，设：在同一线段 *AB* 的同侧可以作两个相似且不相等的弓形 *ACB*、*ADB*。

作 *ACD* 与二弓形相交，连接 *CB*、*DB*。

因为：弓形 *ACB* 相似于弓形 *ADB*，

又因：相似的弓形有相等的角，　[III. 定义 11]

所以：角 *ACB* 等于角 *ADB*，也就是外角等于内对角，这是不符合实际的。　[I. 16]

证完。

命题 24

• • •

在相等线段上的相似弓形是相等的。

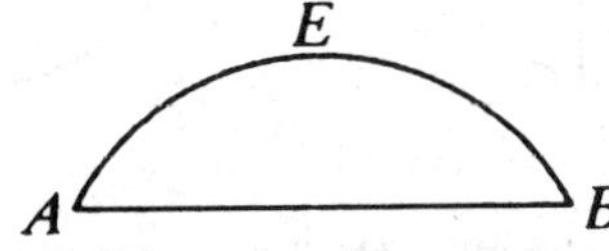

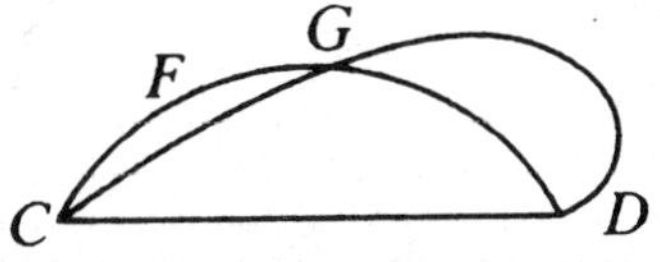

设：*AEB*、*CFD* 是相等线段 *AB*、*CD* 上的相似弓形。

那么可以说：弓形 *AEB* 等于弓形 *CFD*。

将弓形 *AEB* 移动到 *CFD*；

若点 *A* 落在 *C* 上以及 *AB* 落在 *CD*，点 *B* 也将与点 *D* 重合。

这是因为，AB 等于 CD，且 AB 与 CD 重合，

所以：弓形 AEB 重合于弓形 CFD。

若线段 AB 与 CD 重合，但弓形 AEB 不与弓形 CFD 重合，

它或者落在里面，或者落在外面，或者落在 CGD 的位置，

那么：一个圆与另一个圆的交点多于两个，这是不符合实际的，

[III. 10]

所以：若线段 AB 移至 CD，弓形 AEB 也必定与弓形 CFD 重合，

所以：两个弓形互相重合，因此是相等的。

证完。

命题 25

…

已知一个弓形，求作一个整圆，使其弓形为它的一个截段。

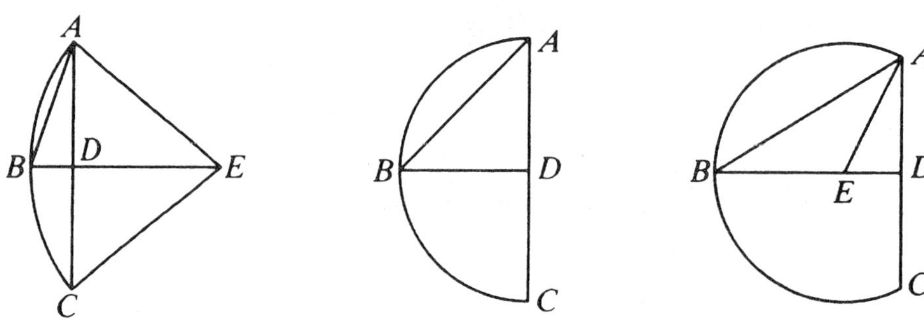

设：ABC 是已给定的弓形，求作一个整圆，使弓形 ABC 是圆的一个截段。

设：点 D 将 AC 二等分，从点 D 作 DB 和 AC 成直角。连接 AB。

那么：角 ABD 大于、等于或小于角 BAD。

先设：角 ABD 大于角 BAD，且在直线 BA 上的点 A 处作角 BAE 等于

角 *ABD*，延长 *DB* 到点 *E*。连接 *EC*。

因为：角 *ABE* 等于角 *BAE*，线段 *EB* 等于 *EA*， [I. 6]

又因：*AD* 等于 *DC*，*DE* 是公共的，

两边 *AD*、*DE* 分别等于两边 *CD*、*DE*。角 *ADE* 等于角 *CDE*，因为每一个都是直角，

所以：底 *AE* 等于底 *CE*。

又因：已经证明 *AE* 等于 *BE*，

所以：*BE* 等于 *CE*，

所以：三条线段 *AE*、*EB*、*EC* 彼此相等，

所以：以 *E* 为圆心，以线段 *AE*、*EB*、*EC* 之一为距离所画的圆，是可经过其余点而得的整圆， [III. 9]

因此：已知一个弓形，可作整圆。

又因：圆心 *E* 在弓形 *ABC* 外，

所以：弓形 *ABC* 小于半圆。

同理可证：如果角 *ABD* 等于角 *BAD*，*AD* 等于 *BD*、*DC* 的每一个。三条线段 *DA*、*DB*、*DC* 彼此相等，*D* 是整圆的圆心。

那么显而易见，弓形 *ABC* 是一个半圆。

但若角 *ABD* 小于角 *BAD*，且在 *BA* 上 *A* 点处作一个角等于 *ABD*，圆心落在 *DB* 上，同时也在弓形 *ABC* 内，

那么显而易见，弓形 *ABC* 大于半圆，

所以：给定一个圆的一个弓形，它所在的整圆就可以画出。

作完。

命题 26

• • •

等圆内相等的圆心角或者圆周角所对的弧也是彼此相等的。

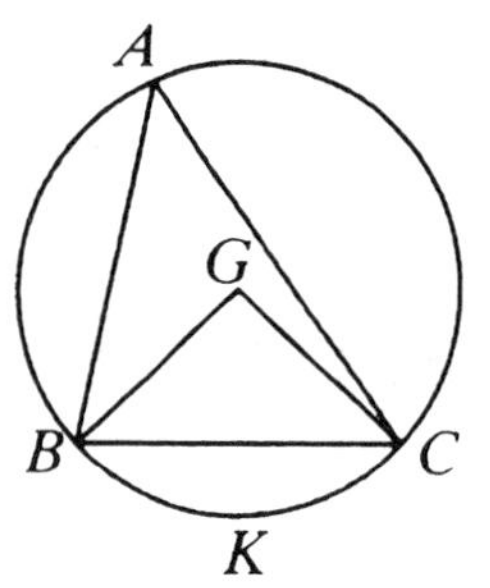

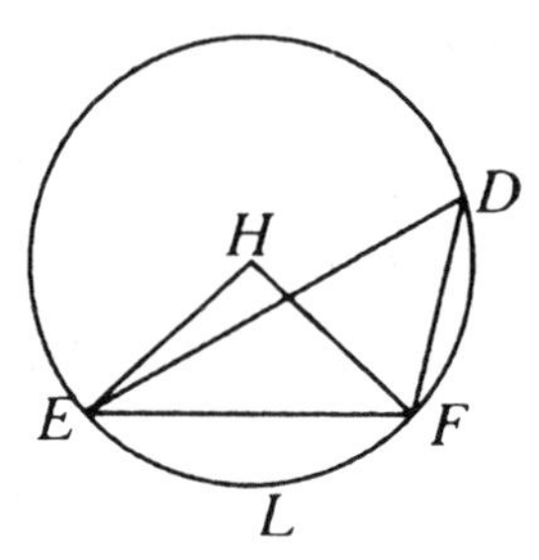

设：*ABC*、*DEF* 是相等的圆，它们的圆心角 *BGC*、*EHF* 相等；圆周角 *BAC*、*EDF* 相等。

那么可以说：弧 *BKC* 等于弧 *ELF*。

连接 *BC*、*EF*。

因为：圆 *ABC*、*DEF* 相等，它们的半径也相等，

所以：线段 *BG* 等于 *EH*，线段 *GC* 等于 *HF*，且 *G* 处的角等于 *H* 处的角，

所以：底 *BC* 等于底 *EF*。 [I. 4]

因为：*A* 处的角等于 *D* 处的角，弓形 *BAC* 与弓形 *EDF* 相似，

[III. 定义 11]

且弓形 *BAC* 与弓形 *EDF* 是在相等的线段上，

又因：相等线段上的相似弓形彼此相等， [III. 24]

所以：弓形 *BAC* 等于弓形 *EDF*。

又因：整体圆 *ABC* 等于整体圆 *DEF*，

所以：余下的弧 *BKC* 等于余下的弧 *ELF*。

证完。

命题 27

…

在相等的圆中，相等圆周上的圆心角或者圆周角彼此相等。

设：圆 *ABC*、*DEF* 彼此相等，在相等的弧 *BC*、*EF* 上，角 *BGC*、*EHF* 在圆心 *G* 和 *H* 处，角 *BAC*、*EDF* 在圆周上。

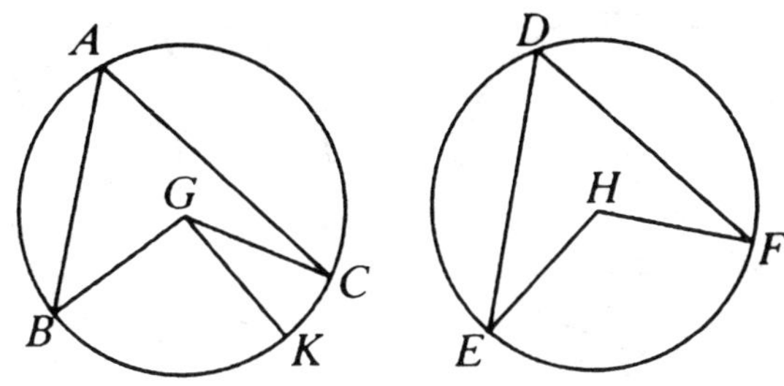

那么可以说：角 BGC 等于角 EHF，角 BAC 等于角 EDF。

这是因为，若角 BGC 不等于角 EHF，设角 BGC 是较大的：在线段 BG 上点 G 处，作角 BGK 等于角 EHF。 [I. 23]

当角在圆心处时，在等弧上的角相等， [III. 26]

所以：弧 BK 等于弧 EF。

又因：弧 EF 等于弧 BC，

所以：弧 BK 等于弧 BC，

小的等于大的，这不符合实际，

所以：角 BGC 一定等于角 EHF。

又因：点 A 处的角是角 BGC 的一半，点 D 处的角是角 EHF 的一半，

[III. 20]

所以：在点 A 处的角等于在点 D 处的角。

证完。

命题 28

…

在等圆内相等的弦上截取相等的弧，优弧等于优弧，劣弧等于劣弧。

设：ABC、DEF 是等圆，AB、ED 是相等的弦，它们截取了优弧

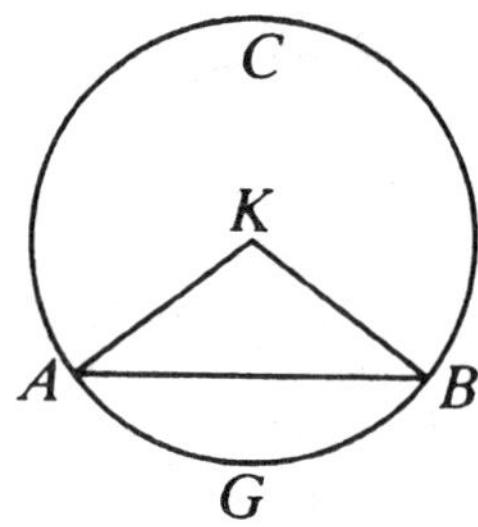

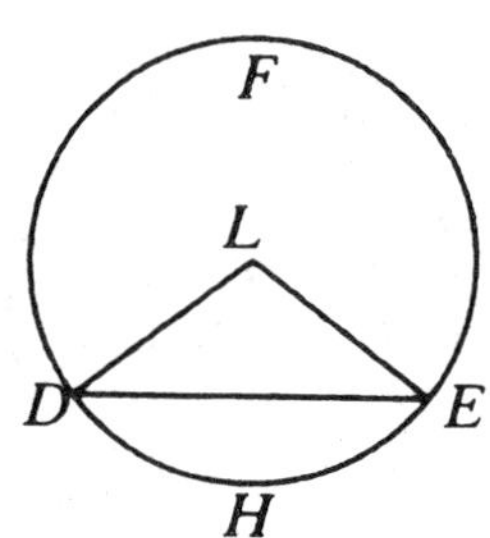

ACB 与 *DFE* 与劣弧 *AGB* 与 *DHE*。

那么可以说：优弧 *ACB* 等于优弧 *DFE*，劣弧 *AGB* 等于劣弧 *DHE*。

又设：*K*、*L* 是给定的圆心，连接 *AK*、*KB*、*DL*、*LE*。

因为：圆相等，半径也相等，

所以：两边 *AK*、*KB* 等于两边 *DL*、*LE*；底 *AB* 等于底 *DE*，

所以：角 *AKB* 等于角 *DLE*。 [I. 8]

而相等的圆心角所对的弧也相等， [III. 26]

所以：弧 *AGB* 等于弧 *DHE*。

又因：整体圆 *ABC* 等于整体圆 *DEF*，

所以：余下的弧 *ACB* 等于余下的弧 *DFE*。

证完。

命题 29

…

在相等的圆中，相等的弧所对的弦也相等。

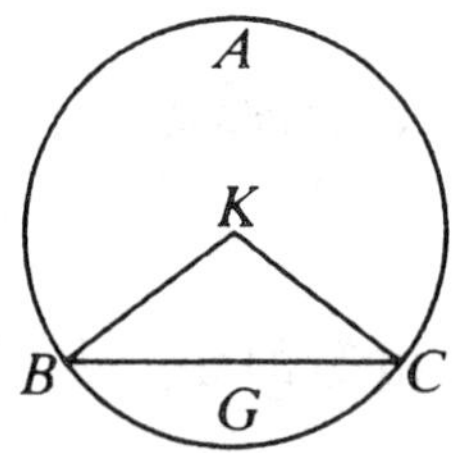

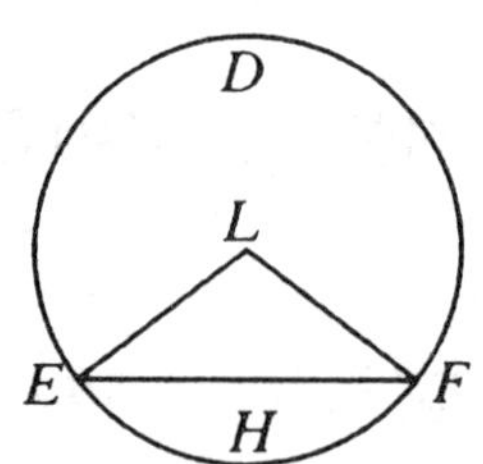

设：圆 ABC、DEF 彼此相等，在两个圆中截取等弧 BGC 与 EHF，连接弦 BC、EF。

那么可以说：BC 等于 EF。

又设：K、L 是已给定的圆心，连接 BK、KC、EL、LF。

因为：弧 BGC 等于弧 EHF，

角 BKC 等于角 ELF， [III. 27]

又因：圆 ABC、DEF 相等，半径也相等，

所以：两边 BK、KC 等于两边 EL、LF，它们的夹角也相等，

所以：底 BC 等于底 EF。 [I. 4]

证完。

命题 30

• • •

将给定的弧形二等分。

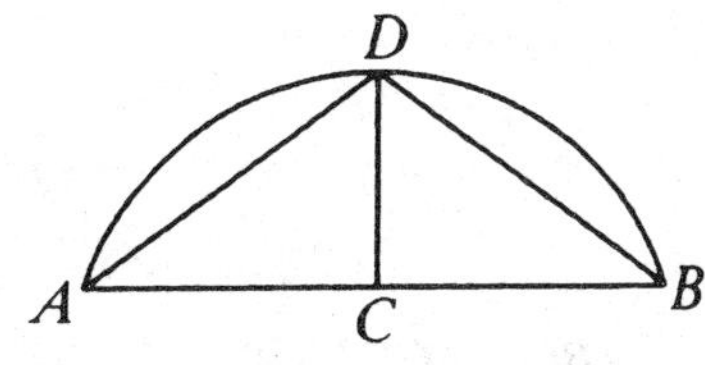

设：ADB 是给定的弧，要求将其二等分。

连接 AB，于 C 点处将其二等分；从点 C 向直线 AB 作 CD 成直角，连接 AD、DB。

因为：AC 等于 CB，CD 是公共的，两边 AC、CD 等于两边 BC、CD；角 ACD 与角 BCD 都是直角，彼此相等，

所以：底 AD 等于底 DB， [I. 4]

而相等的弦截出相等的弧，优弧等于优弧，劣弧等于劣弧， [III. 28]

又因：AD、DB 的每一个都小于半圆，

所以：弧 AD 等于弧 DB，

所以：点 D 二等分给定的弧 ADB。

作完。

命题 31

…

圆内半圆上的角是直角，较大弓形上的角小于一直角，较小弓形上的角大于一直角；此外，较大弓形的角大于一直角，较小弓形的角小于一直角。

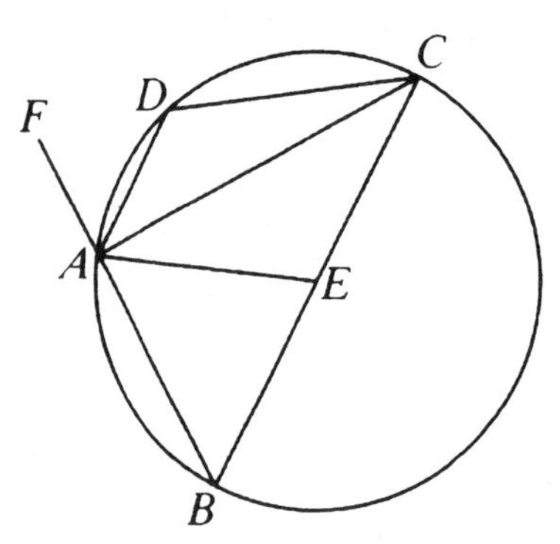

设：*ABCD* 是一个圆，*BC* 是其直径，*E* 是圆心，连接 *BA*、*AC*、*AD*、*DC*。

那么可以说：半圆 *BAC* 上的角 *BAC* 是直角，

在大于半圆的弓形 *ABC* 上的角 *ABC* 小于一直角，

在小于半圆的弓形 *ADC* 上的角 *ADC* 大于一直角。

连接 *AE*，将 *BA* 延长到 *F*。

因为：*BE* 等于 *EA*，角 *ABE* 等于角 *BAE*，　[I. 5]

又因：*CE* 等于 *EA*，

角 *ACE* 等于角 *CAE*，　[I. 5]

所以：整体角 *BAC* 等于角 *ABC*、*ACB* 的和。

又因：角 *FAC* 是三角形 *ABC* 的外角，等于角 *ABC*、*ACB* 的和，[I. 32]

所以：角 *BAC* 等于角 *FAC*，

所以：每一个角都是直角，　[I. 定义 10]

所以：半圆 *BAC* 上的角 *BAC* 是直角。

因为：在三角形 *ABC* 内两角 *ABC*、*BAC* 的和小于两直角，　[I. 17]

角 *BAC* 是直角，角 *ABC* 小于直角，并且它是在大于半圆的弓形 *ABC* 上的角，

又因：*ABCD* 是圆内接四边形，

而在圆内接四边形中对角的和等于二直角，[III. 22]

且角 *ABC* 小于一直角，

所以：余下的角 *ADC* 大于一个直角，并且它是在小于半圆的弓形 *ADC* 上的角。

同理可证：由弧 *ABC* 和弦 *AC* 所构成的较大的弓形角大于一个直角；由弧 *ADC* 和弦 *AC* 所构成的较小的弓形角小于一个直角。

这是显而易见的。

因为：直线 *BA*、*AC* 所构成的角是直角，

所以：由弧 *ABC* 与弦 *AC* 所构成的角大于一直角。

又因：由弦 *AC* 和 *AF* 所构成的角是直角，

所以：弦 *CA* 与弧 *ADC* 所构成的角小于一直角。

作完。

命题 32

…

假如一条直线与一个圆相切，并且由切点作一条过圆内部的直线和圆相截，那么这个直线和切线所成的角等于另一弓形上的角。

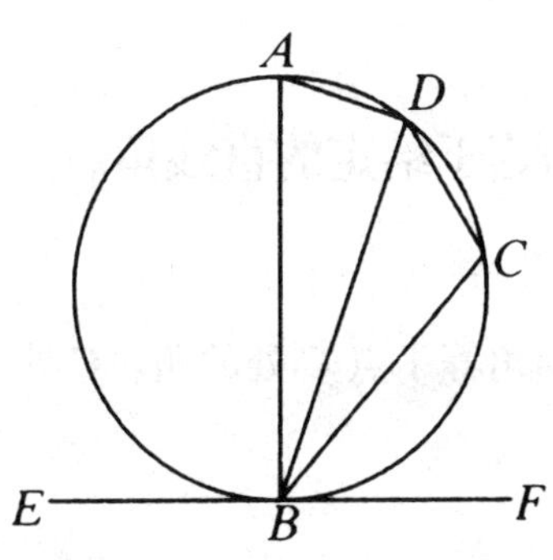

设：圆 *ABCD* 被直线 *EF* 切于点 *B*，从点 *B* 作圆 *ABCD* 内直线 *BD* 和圆相交。

那么可以说：*BD* 和切线 *EF* 所成的角等于在另一个弓形上的角，也就是角 *FBD* 等于在弓形上的角 *BAD*，并且角 *EBD* 等于弓形上的角 *DCB*。

因为：从 *B* 作 *BA* 与 *EF* 成直角，在弧

BD 上任取一点 *C*，连接 *AD*、*DC*、*CB*，

且直线 *EF* 切圆 *ABCD* 于 *B*，从切点作 *BA* 和切线成直角，

所以：圆 *ABCD* 的圆心在 *BA* 上， [III. 19]

所以：*BA* 是圆 *ABCD* 的直径，

那么：角 *ADB* 就是半圆上的角，是直角， [III. 31]

因此：其余的角 *BAD*、*ABD* 的和等于一直角。 [I. 32]

又因：角 *ABF* 也是直角，

所以：角 *ABF* 等于角 *BAD*、*ABD* 的和。

设：从以上两边各减去角 *ABD*，

那么：余下的角 *DBF* 等于 *BAD*，它在相对的弓形上。

因为：*ABCD* 是圆内接四边形，

它的对角之和等于两直角， [III. 22]

又因：角 *DBF*、*DBE* 的和等于两直角，

所以：角 *DBE*、*DBE* 的和等于角 *BAD*、*BCD* 的和。

且已经证明：角 *BAD* 等于角 *DBF*，

因此：余下的角 *DBE* 等于相对弓形 *DCB* 上的角 *DCB*。

证完。

命题 33

…

在给定的线段上做一弓形，使它所含的角等于给定的直线角。

设：已给定线段 *AB*，且已知角 *C*。

那么：需在 *AB* 上作一个弓形，让它所含的角等于点 *C* 处的角。*C* 处的角可以是锐角、直角或是钝角。

先设 *C* 是锐角。

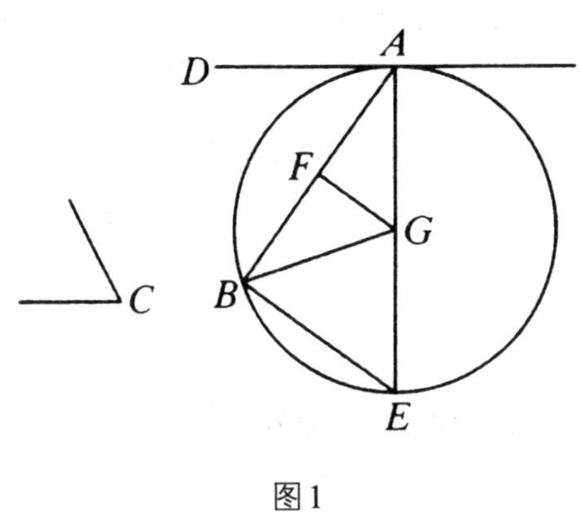

图1

如图1中，在直线 AB 上的点 A 处作角 BAD 等于在 C 处的角。

所以：角 BAD 是锐角。

作 AE 和 DA 成直角，F 将 AB 二等分；由点 F 作 FG 和 AB 成直角，连接 GB。

因为：AF 等于 FB，FG 是公共的，

两边 AF 等于 BF，且 FG 等于 FG，角 AFG 等于角 BFG，

所以：底 AG 等于底 BG， [I. 4]

所以：以 G 为圆心，GA 为半径，经过 B 作圆 ABE；连接 EB。

因为：由端点 A 作 AD 和 AE 成直角，

所以：AD 切于圆 ABE。 [III. 16，推论]

因为：直线 AD 切于圆 ABE，从切点 A 作一直线 AB 经过圆 ABE 内部，

角 DAB 等于在相对弓形上的角 AEB， [III. 32]

又因：角 DAB 等于在 C 处的角，

因此：在 C 处的角等于角 AEB，

所以：在已知直线 AB 上可作包含角 AEB 的弓形 AEB，使角 AEB 等于 C 处的已知角。

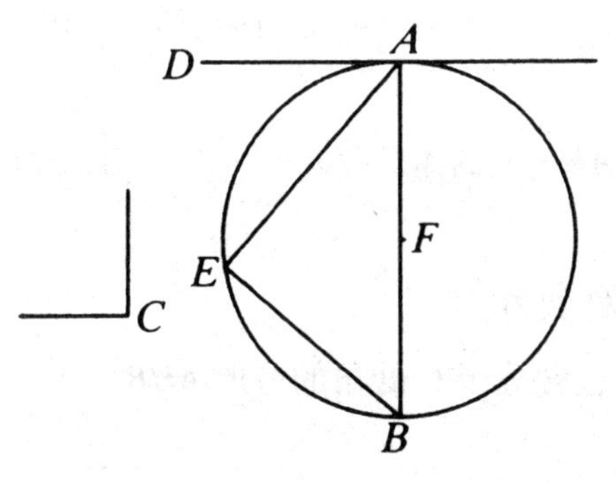

图2

再设 C 是直角。

要求在 AB 上作一弓形使它所含的角等于 C 处的直角。

设：已作角 BAD，并等于点 C 处的直角，如图2。

设：AB 二等分于 F，以 F 为圆心，以 FA 或 FB 为半径画圆 AEB。

而直线 *AD* 切于圆 *ABE*，这是因为，在点 *A* 处是直角。

[III. 16，推论]

又因：角 *BAD* 等于在弓形 *AEB* 上的角，因为 *AEB* 是半圆上的角，因此是直角，[III. 31]

而角 *BAD* 等于在 *C* 处的角，

所以：角 *AEB* 等于 *C* 处的角，

所以：在 *AB* 上又可作包含等于 *C* 处的角的弓形 *AEB*，

最后设 *C* 为钝角。

在线段 *AB* 上的点 *A* 作角 *BAD* 等于 *C* 处的角，如图 3。

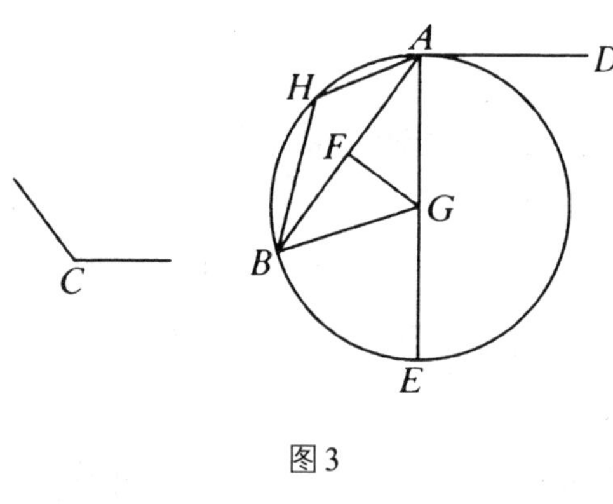

图 3

作 *AE* 和 *AD* 成直角，*AB* 被 *F* 二等分，作 *FG* 与 *AB* 成直角，连接 *GB*。

因为：*AF* 等于 *FB*，*FG* 是公共的，

两边 *AF*、*FG* 等于两边 *BF*、*FG*，且角 *AFG* 等于角 *BFG*，

所以：底 *AG* 等于底 *BG*。[I. 4]

以 *G* 为圆心，以 *GA* 为半径且过 *B*，作圆 *AEB*。

因为：由直径的端点作的 *AD* 和直径 *AE* 成直角，

所以：*AD* 切于圆 *AEB*。[III. 16，推论]

又因：*AB* 过切点 *A* 且与圆相交，

所以：角 *BAD* 等于作在相对弓形 *AHB* 上的角。[III. 32]

因为：角 *BAD* 等于 *C* 处的角，

所以：在弓形 *AHB* 上的角等于 *C* 处的角，

所以：在已给定的线段 *AB* 上作了包含等于 *C* 处角的弓形 *AHB*。

作完。

命题 34

...

从给定的圆中截出一弓形，使其包含的角等于已知的直线角。

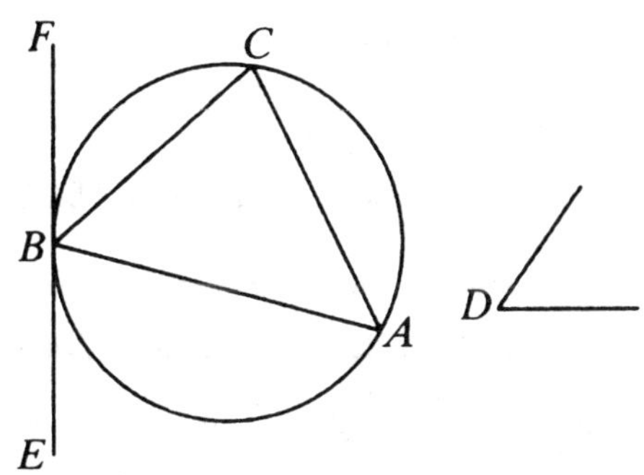

设：*ABC* 是已给定的圆，在 *D* 的角是已知的直线角。

要求由圆 *ABC* 截出包含等于在 *D* 处的已知直线角的弓形。

又设：*EF* 切 *ABC* 于点 *B*，且在直线 *FB* 上的点 *B* 处作角 *FBC*，等于在 *D* 处的角。　[I. 23]

因为：直线 *EF* 切于圆 *ABC*。

且由切点 *B* 作经过圆内的弦 *BC*，角 *FBC* 等于在相对弓形 *BAC* 的角，　[III. 32]

又因：角 *FBC* 等于在 *D* 处的角，

所以：弓形 *BAC* 上的角等于 *D* 处的角，

所以：这便从给定圆 *ABC* 已经截出了弓形 *BAC*，它包含的角等于已知的直线角，即 *D* 处的角。

作完。

命题 35

...

若圆内有两条相交的弦，把其中一条分成两段，使其围成的矩形等于另一条分成两段围成的矩形。

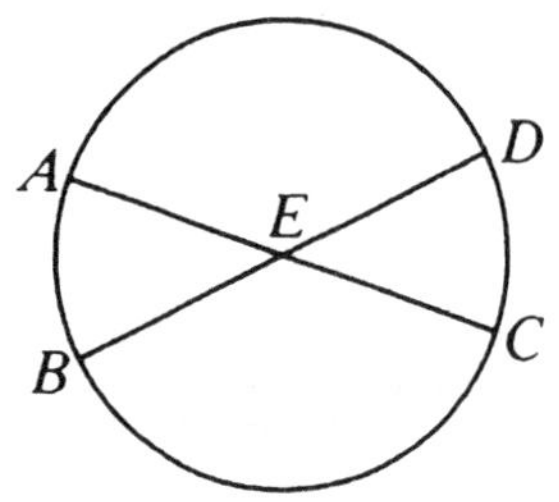

设：圆 *ABCD* 内两条弦 *AC*、*BD* 交点 *E*。

那么可以说：*AE*、*EC* 围成的矩形等于由 *DE*、*EB* 围成的矩形。

若 *AC*、*BD* 经过圆心，设 *E* 是圆 *ABCD* 的圆心，那么，*AE*、*EC*、*DE*、*EB* 相等。

由 *AE*、*EC* 围成的矩形等于由 *DE*、*EB* 围成的矩形。

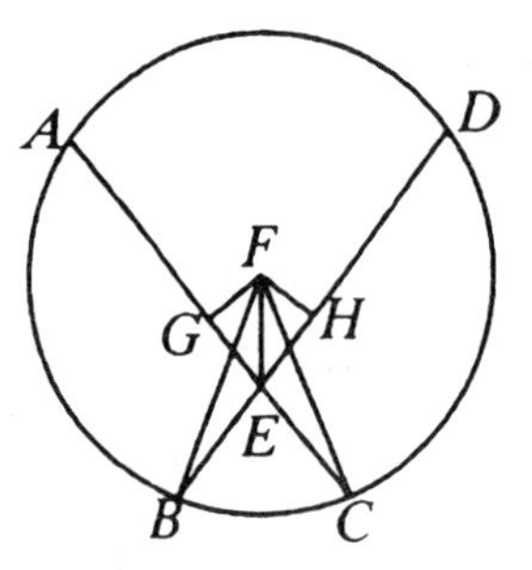

又设：*AC*、*DB* 不过圆心；设 *F* 为圆 *ABCD* 的圆心。

由 *F* 作 *FG*、*FH* 分别垂直于弦 *AC*、*DB*；连接 *FB*、*FC*、*FE*。

因为：直线 *GF* 经过圆心，且交一条不经过圆心的弦 *AC*，并与它形成直角，且二等分它，　[III. 3]

所以：*AG* 等于 *GC*。

因为：弦 *AC* 被二等分于 *G* 且不等分于 *E*，由 *AE*、*EC* 围成的矩形与 *EG* 上的正方形的和，等于 *GC* 上的正方形，　[II. 5]

将 *GF* 上的正方形加在以上两边，

那么：矩形 *AE*、*EC* 与 *GE*、*GF* 上的正方形的和等于 *CG*、*GF* 上的正方形的和。

又因：*FE* 上的正方形等于 *EG*、*GF* 上的正方形的和，

且 *FC* 上的正方形等于 *CG*、*GF* 上的正方形的和，　[I. 47]

所以：矩形 *AE*、*EC* 与 *FE* 上的正方形的和等于 *FC* 上的正方形。

又因：*FC* 等于 *FB*，

所以：矩形 *AE*、*EC* 与 *EF* 上的正方形的和等于 *FB* 上的正方形。

同理可证：矩形 *DE*、*EB* 与 *FE* 上的正方形的和等于 *FB* 上的正方形。

但已证明，矩形 *AE*、*EC* 与 *EF* 上的正方形之和已被证明了等于 *FB* 上的正方形，

所以：矩形 *AE*、*EC* 与 *FE* 上的正方形之和等于矩形 *DE*、*EB* 与 *FE*

上的正方形之和。

由以上两边各减去 *FE* 上的正方形，

所以：余下的由 *AE*、*EC* 围成的矩形等于由 *DE*、*EB* 围成的矩形。

证完。

命题 36

•••

若在圆外取一点，从它向圆作两条直线，其中一条与圆相截，而另一条与圆相切，那么由圆截得的整条线段与圆外定点和凸弧之间一段围成的矩形，等于切线上的正方形。

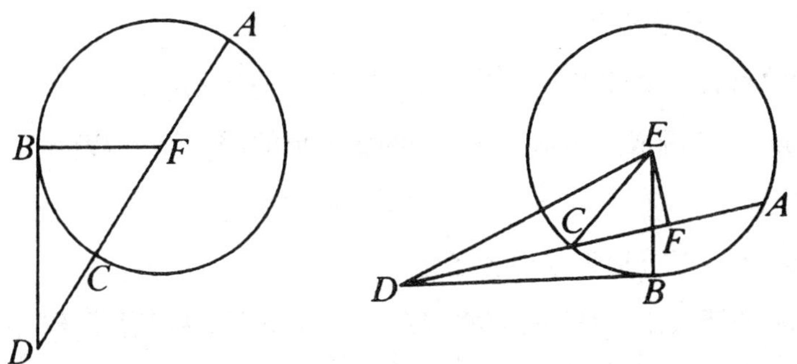

设：在圆 *ABC* 外取一点 *D*，由点 *D* 向圆上作两条直线，即 *DCA*、*DB*；*DCA* 截圆 *ABC*，而 *BD* 切于圆，

那么可以说：由 *AD*、*DC* 围成的矩形等于 *DB* 上的正方形，

因此：*DCA* 可能经过圆心，也可能不经过。

先设 *DCA* 经过圆心。

设：*F* 是圆 *ABC* 的圆心，连接 *FB*。

那么：*FBD* 是直角。　[III. 18]

因为：*F* 二等分 *AC*，*CD* 是加在它上的线段，

且矩形 *AD*、*DC* 与 *FC* 上的正方形的和等于 *FD* 上的正方形， [II. 6]

又因：*FC* 等于 *FB*，

所以：矩形 *AD*、*DC* 与 *FB* 上的正方形的和，等于 *FD* 上的正方形。

因为：*FB*、*BD* 上的正方形的和等于 *FD* 上的正方形， [I. 47]

所以：矩形 *AD*、*DC* 与 *FB* 上的正方形的和等于 *FB*、*BD* 上的正方形的和。

设：由以上两边各减去 *FB* 上的正方形，

那么：余下的矩形 *AD*、*DC* 等于切线 *DB* 上的正方形，

再设 *DCA* 不经过 *ABC* 的圆心。

取圆心 *E*，由 *E* 作 *EF* 垂直于 *AC*；连接 *EB*、*EC*、*ED*。

那么：角 *EBD* 是直角。 [III. 18]

因为：一条直线 *EF* 经过圆心，并交不经过圆心的弦 *AC* 成直角，且二等分它， [III. 3]

所以：*AF* 等于 *FC*。

因为：线段 *AC* 被 *F* 二等分，把 *CD* 加在它上边，

由 *AD*、*DC* 围成的矩形与 *FC* 上的正方形的和，等于 *FD* 上的正方形， [III. 6]

将 *FE* 上的正方形加在以上各边，

那么：矩形 *AD*、*DC* 与 *CF*、*FE* 上的正方形的和等于 *FD*、*FE* 上的正方形的和。

而 *EC* 上的正方形等于 *CF*、*FE* 上的正方形的和，是因为角 *EFC* 是直角， [I. 47]

且 *ED* 上的正方形等于 *DF*、*FE* 上的正方形的和，

所以：矩形 *AD*、*DC* 与 *EC* 上的正方形的和等于 *ED* 上的正方形。

又因：*EC* 等于 *EB*，

所以：矩形 *AD*、*DC* 与 *EB* 上的正方形的和等于 *ED* 上的正方形。

又因：角 *EBD* 是直角，

所以：*EB*、*BD* 上的正方形的和等于 *ED* 上的正方形， [I. 47]

所以：矩形 *AD*、*DC* 与 *EB* 上的正方形的和等于 *EB*、*BD* 上的正方形的和。

由以上两边各减去 *EB* 上的正方形。

那么余下的矩形 *AD*、*DC* 等于 *DB* 上的正方形。

证完。

命题 37

• • •

若在圆外取一点，由这点向圆外引两条直线，其中一条与圆相截，另一条落在圆上。若由截圆的整条线段与该点和凸弧之间的圆外一段围成的矩形等于落在圆上的线段上的正方形，则落在圆上的直线切于此圆。

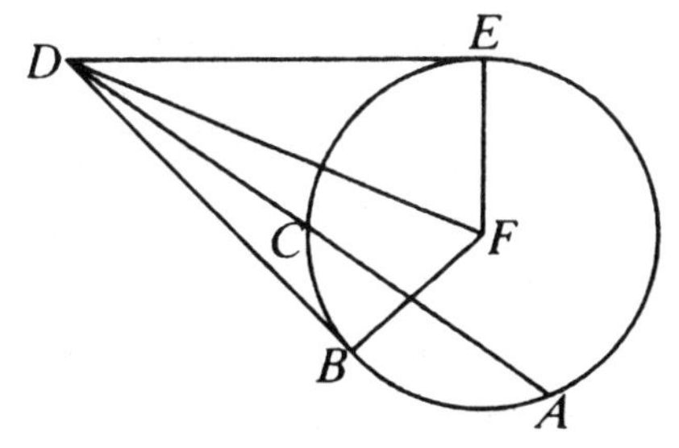

设：在圆 *ABC* 外取一点 *D*，由点 *D* 作两条直线 *DCA*、*DB* 落在圆 *ACB* 上；

DCA 截圆，*DB* 落在圆上。

又设：矩形 *AD*、*DC* 等于 *DB* 上的正方形。

那么可以说：*DB* 切于圆 *ABC*。

为此，作 *DE* 切于 *ABC*，设 *ABC* 的圆心为 *F*。连接 *FE*、*FB*、*FD*。

则角 *FED* 是直角。　[III. 18]

因为：*DE* 切圆 *ABC* 且 *DCA* 截此圆，

矩形 *AD*、*DC* 等于 *DE* 上的正方形，　[III. 36]

又因：矩形 *AD*、*DC* 等于 *DB* 上的正方形，

所以：*DE* 上的正方形等于 *DB* 上的正方形，

所以：*DE* 等于 *DB*。

因为：*FE* 等于 *FB*，

所以：两边 *DE*、*EF* 等于两边 *DB*、*BF*，

且 *FD* 是三角形的公共底，

所以：角 *DEF* 等于角 *DBF*。 [I. 8]

又因：角 *DEF* 是直角，

所以：角 *DBF* 也是直角。

将 *BF* 延长成一直径，由圆的直径的端点作一直线与该直径成直角，那么这个直线切于圆， [III. 16，推论]

所以：*DB* 切于此圆。

同理可证：圆心在 *AC* 上的情况。

证完。

卷 IV

定义

01 当一直线形的各角的顶点分别位于另一直线形的各边上时，则称这一直线形内接于后一直线形。

02 类似地，当一个图形的各边分别经过另一个图形的各角的顶点时，则称前一图形外接于后一图形。

03 当一直线形的每一个角的顶点都位于一个圆的圆周上时，则称这一直线形内接于圆。

04 当一直线形的每条边都切于一个圆的圆周时，则称这一直线形外切于圆。

05 类似地，当一个圆的圆周在一个图形

内，并切于这个图形的每一条边时，称这个圆内切于这个图形。

06 当一个圆的圆周经过一个图形的每个角的顶点时，则称这个圆外接于这个图形。

07 当一条线段的两个端点在一个圆的圆周上时，则称这条线段拟合于圆（即是圆的弦）。

命题

命题 1

•••

给定一条线段不大于一个圆的直径，将这条线段拟合于这个圆。

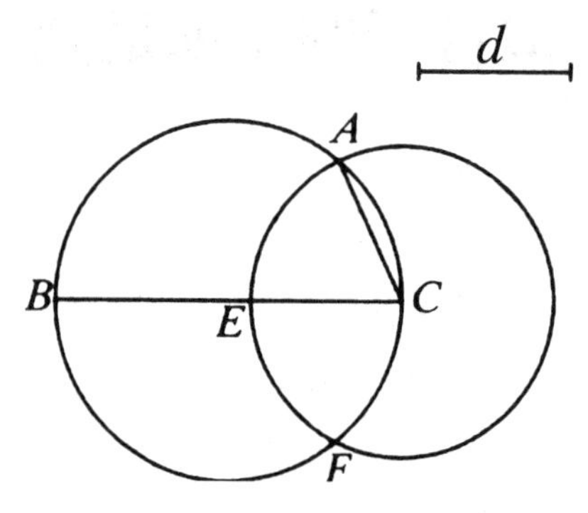

设：已知圆 ABC，d 为不大于此圆直径的给定线段。

要求：作圆 ABC 的一条弦，让它等于线段 d。

作：圆 ABC 的直径 BC。

若 BC 等于 d，就不用再作此线段，因为 BC 拟合于圆 ABC 并且等于线段 d。

如果 BC 大于 d。

取 CE 等于 d，以 C 为圆心，以 CE 为半径作圆 EAF。

连接 CA。

因为：点 C 是圆 EAF 的圆心，故 CA 等于 CE，

又因：CE 等于 d，故 d 等于 CA，

所以：在给定圆 ABC 内拟合了一条等于已知线段 d 的弦 CA。

作完。

命题 2

...

在已知圆内作一个与给定三角形等角的内接三角形。

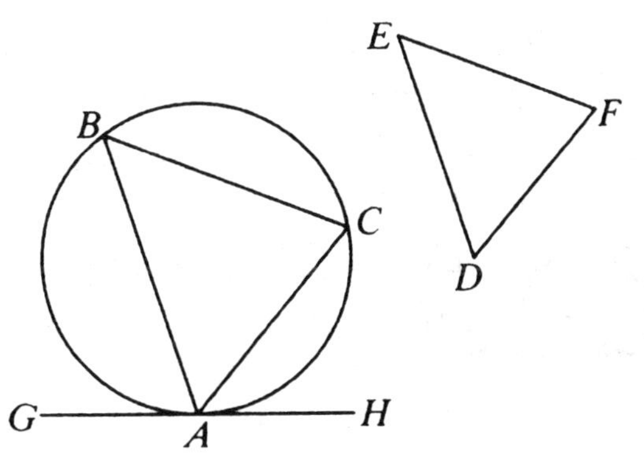

设：已知圆 *ABC*，三角形 *DEF*。

要求：在圆 *ABC* 内作一个与三角形 *DEF* 等角的内接三角形。

设：在点 *A* 作 *GH* 切于圆 *ABC*； [III. 16，推论]

在直线 *AH* 上的点 *A* 作角 *HAC* 等于角 *DEF*。

在直线 *AG* 上的点 *A* 作角 *GAB* 等于角 *DFE*。 [I. 23]

连接 *BC*。

因为：直线 *AH* 切于圆 *ABC*，并且从切点 *A* 作一直线 *AC* 经过圆的内部，

所以：角 *HAC* 等于相对弓形上的角 *ABC*。 [III. 32]

又因：角 *HAC* 等于角 *DEF*，

所以：角 *ABC* 等于角 *DEF*。

同理可证：角 *ACB* 等于角 *DFE*，

因此：余下的角 *BAC* 等于余下的角 *EDF*， [I. 32]

所以：在已知圆内作了一个与给定三角形等角的内接三角形。

作完。

命题 3

…

在已知圆外作一个与给定三角形等角的外切三角形。

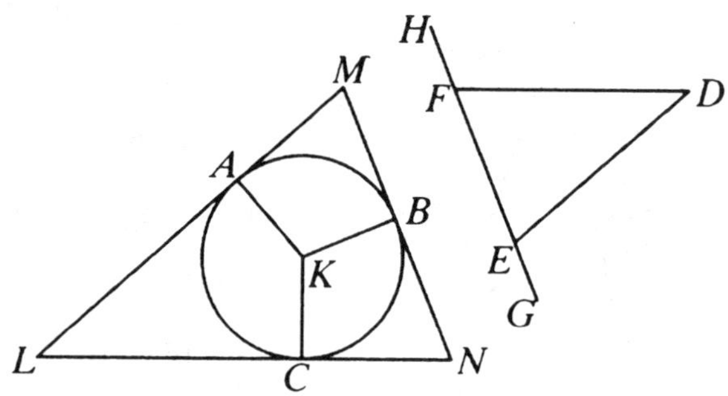

设：已知圆 *ABC*，已知三角形 *DEF*。

要求：作圆 *ABC* 的一个与三角形 *DEF* 等角的外切三角形。

将 *EF* 两端向外延长至 *G*、*H*。

设：圆 *ABC* 的圆心为 *K*。 [III. 1]

作任意直线 *KB*，在直线 *KB* 上的点 *K* 作角 *BKA* 等于角 *DEG*，角 *BKC* 等于角 *DFH*； [I. 23]

再过点 *A*、*B*、*C* 作直线 *LAM*、*MBN*、*NCL* 切于圆 *ABC*。

[III. 16，推论]

因为：*LM*、*MN*、*NL* 切圆 *ABC* 于点 *A*、*B*、*C*；并且由圆心 *K* 到点 *A*、*B*、*C* 连接 *KA*、*KB*、*KC*，

所以：在点 *A*、*B*、*C* 处的角等于直角。 [III. 18]

因为：四边形 *AMBK* 可以分为两个三角形，

所以：*AMBK* 的四个角的和等于四直角。

因为：四边形 *AMBK* 可以分为两个三角形，

所以：*AMBK* 的四个角的和等于四直角。

又因：角 *KAM*、*KBM* 是直角，

所以：余下的角 AKB、AMB 的和等于两直角。

又因：角 DEG、DEF 的和等于两直角，　[I. 13]

所以：角 AKB、AMB 的和等于角 DEG、DEF 的和，角 AKB 等于角 DEG，

所以：余下的角 AMB 等于余下的角 DEF。

同理可证：角 LNB 等于角 DFE，

因此：余下的角 MLN 等于角 EDF，　[I. 32]

所以：三角形 LMN 与三角形 DEF 等角，并且它外切于圆 ABC，

所以：在已知圆外作了一个与给定三角形等角的外切三角形。

作完。

命题 4

•••

求作已知三角形的内切圆。

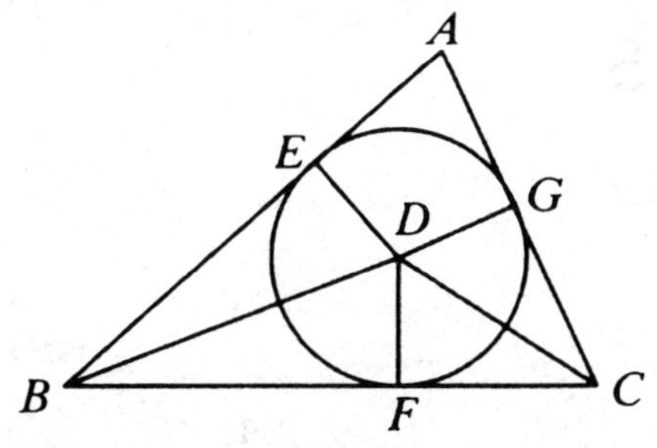

设：已知三角形 ABC；

要求：作三角形 ABC 的内切圆。

设：角 ABC、ACB 分别被直线 BD、CD 二等分。　[I. 9]

且 BD、CD 相交于一点 D。

由点 D 作 DE、DF、DG 垂直于直线 AB、BC、CA。

因为：角 ABD 等于角 CBD，并且直角 BED 等于直角 BFD，

EBD、FBD 是两个三角形，有两个角相等，又有一条边等于一条边，也就是对着相等角的一边，两三角形的公共边 BD，

所以：其余的边等于其余的边，　[I. 26]

所以：DE 等于 DF。

同理可证：DG 等于 DF，

因此：线段 DE、DF、DG 彼此相等。

因为：在点 E、F、G 处的角是直角，

所以：以 D 为圆心，以 DE、DF、DG 之一为半径画圆经过其余的点，并且相切于直线 AB、BC、AC。

事实上，如果圆不切于这些直线，则与它们相交。

那么：过圆的直径的端点和直径成直角的直线就有一部分落在圆内，

这已经证明是不符合常理的，　[III. 16]

所以：以 D 为圆心，以线段 DE、DF、DG 之一为半径所作的圆不能与直线 AB、BC、CA 相交，

故：圆 FGE 切于它们，也就是内切于三角形 ABC。　[IV. 定义 5]

设：内切圆为 FGE，

所以：圆 EFG 内切于已知的三角形 ABC。

作完。

命题 5

…

求作已知三角形的外接圆。

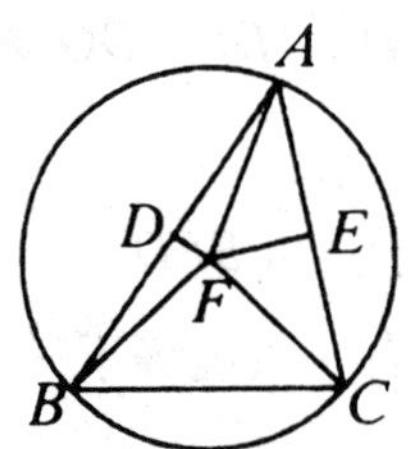

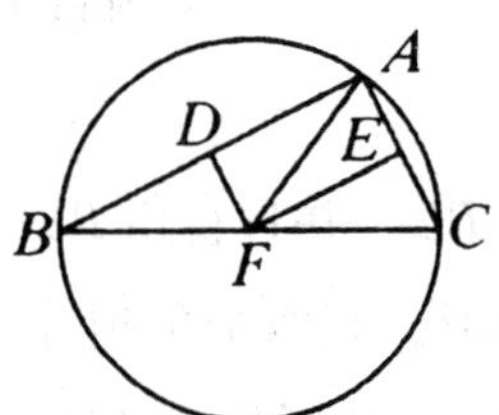

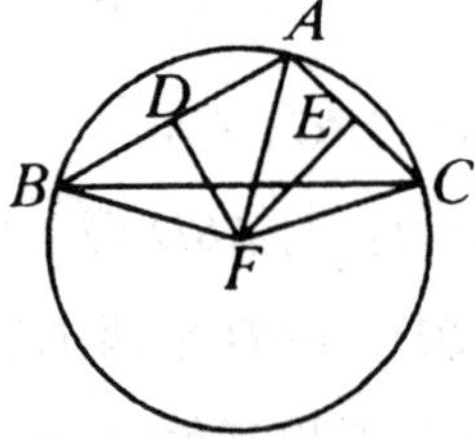

设：已给定三角形 ABC。

要求：作三角形 *ABC* 的外接圆。

设：*D* 点将线段 *AB* 二等分，*E* 点将线段 *AC* 二等分。

且在 *D*、*E* 作 *DF*、*EF* 与 *AB*、*AC* 成直角，它们相交在三角形 *ABC* 内，或者在直线 *BC* 上，或者在 *BC* 之外。

先设：它们相交在三角形内，交点为 *F*。连接 *FB*、*FC*、*FA*。

因为：*AD* 等于 *DB*，并且 *DF* 是公共的，成直角，

所以：底 *AF* 等于底 *FB*。 [I. 4]

同理可证：*CF* 等于 *AF*，且 *FB* 等于 *FC*，

因此：三条线段 *FA*、*FB*、*FC* 彼此相等，

所以：以 *F* 为圆心，以线段 *FA*、*FB*、*FC* 之一为半径作圆经过其余的点，该圆外接于三角形 *ABC*。

作外接圆 *ABC*。

又设：*DF*、*EF* 相交在直线 *BC* 上的点 *F*，连接 *AF*。

同理可证：点 *F* 是三角形 *ABC* 的外接圆的圆心。

最后，设：*DF*、*EF* 相交在三角形外部的 *F*，连接 *AF*、*BF*、*CF*。

因为：*AD* 等于 *DB*，且 *DF* 是公共的，又成直角，

所以：底 *AF* 等于底 *BE*。 [I. 4]

同理可证：*CF* 等于 *AF*，

因此：*BF* 等于 *FC*。

所以：以 *F* 为圆心，以线段 *FA*、*FB*、*FC* 之一为半径画圆经过其他的点，

因此：这个圆外接于三角形 *ABC*，

所以：作了给定三角形的外接圆。

作完。

显然，当圆心落在三角形内时，角 *BAC* 在大于半圆的弓形内，它小于一直角；

当圆心落在弦 *BC* 上时，角 *BAC* 在半圆上，它是一直角；

当圆心落在三角形外时，角 *BAC* 在小于半圆的弓形上，它大于一直角。 [III. 31]

命题 6

…

求作已知圆的内接正方形。

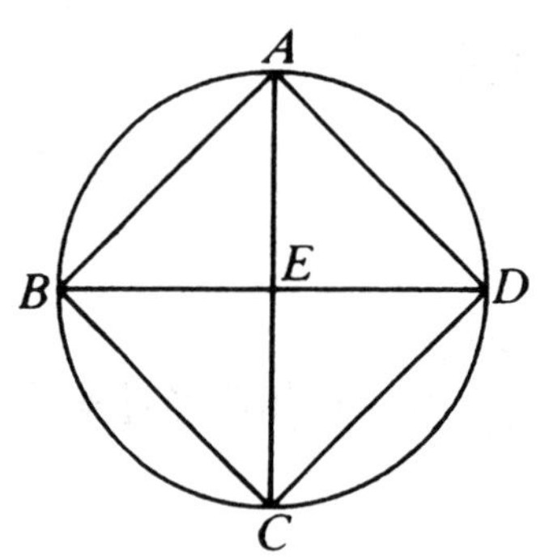

设：已知圆 *ABCD*。

要求：作圆 *ABCD* 的内接正方形。

作圆 *ABCD* 的两条互为直角的直径 *AC*、*BD*。

连接 *AB*、*BC*、*CD*、*DA*。

因为：*E* 是圆心，

所以：*BE* 等于 *BD*。

又因：*EA* 是公共的，并且与它们成直角，

所以：底 *AB* 等于底 *AD*。 [I. 4]

同理可证：线段 *BC*、*CD* 的每一条等于线段 *AB*、*AD* 的每一条，

因此：四边形 *ABCD* 是等边的。

其次，又可证它是直角的。

因为：线段 *BD* 是圆 *ABCD* 的直径，

所以：*BAD* 是半圆，

所以：角 *BAD* 是直角。 [III. 31]

同理可证：角 *ABC*、*BCD*、*CDA* 的每一个都是直角，

所以：四边形 *ABCD* 是直角的。

又因：已经证明它同时也是等边的，

所以：四边形 *ABCD* 是一个正方形， [I. 定义 22]

并且内接于圆 *ABCD*，

所以：在已知圆内作了内接正方形 *ABCD*。

作完。

命题 7

…

求作已知圆的外切正方形。

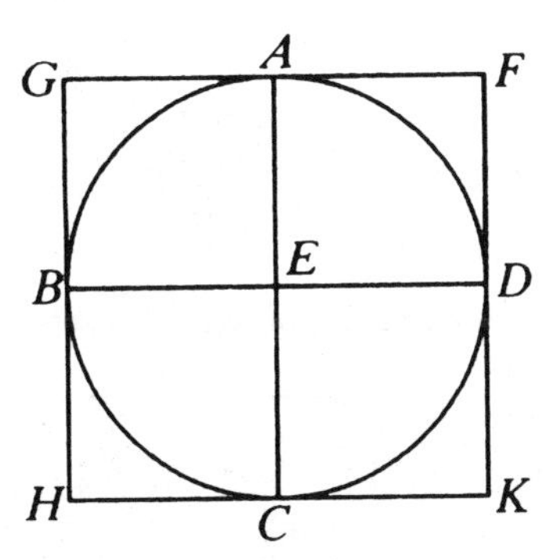

设：已知圆 *ABCD*。

要求：作圆 *ABCD* 的外切正方形。

画圆 *ABCD* 互为直角的两条直径 *AC*、*BD*；并且过点 *A*、*B*、*C*、*D* 作 *FG*、*GH*、*HK*、*KF* 切于圆 *ABCD*。 [III. 16，推论]

那么：*FG* 切于圆 *ABCD*，并且由圆心 *E* 到切点 *A* 连接 *EA*，

因此：在点 *A* 的角是直角。 [III. 18]

同理可证：在点 *B*、*C*、*D* 的角也是直角。

因为：角 *AEB* 是直角，角 *EBG* 也是直角，

所以：*GH* 平行于 *AC*。

同理可证：*AC* 也平行于 *FK*， [I. 28]

所以：*GH* 也平行于 *FK*。 [I. 30]

同样可以证明，直线 *GF*、*HK* 的每一条都平行于 *BED*，

所以：*GK*、*GC*、*AK*、*FB*、*BK* 是平行四边形，

所以：*GF* 等于 *HK*，*GH* 等于 *FK*。 [I. 34]

又因：*AC* 等于 *BD*，并且 *AC* 等于线段 *GH*、*FK* 的每一条，且 *BD* 等于线段 *GF*、*HK* 的每一条， [I. 34]

所以：四边形 *FGHK* 是等边的。

又可证明四边形 *FGHK* 是直角的。

因为：*GBEA* 是平行四边形，且角 *AEB* 是直角，

所以：角 *AGB* 也是直角。 [I. 34]

同理可证：在 *H*、*K*、*F* 处也是直角，

所以：FGHK 是直角的。

又因：它已被证明是等边的，

所以：FGHK 是一个正方形，且外切于圆 ABCD，

因此：对已知圆作了外切正方形。

作完。

命题 8

…

求作已知正方形的内切圆。

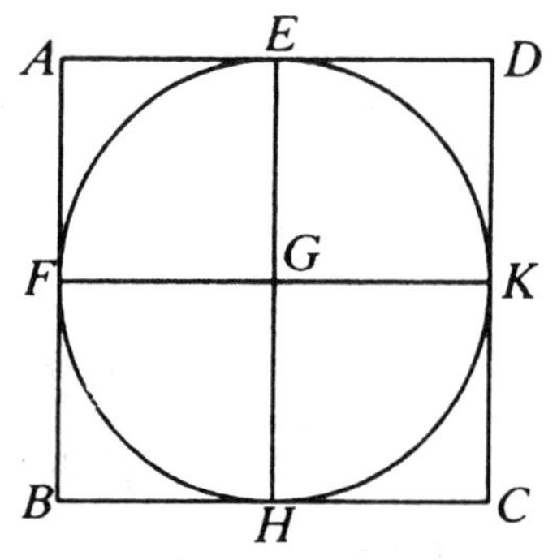

设：已知正方形 ABCD。

要求：作此正方形的内切圆。

设：线段 AD、AB 分别被二等分于 E、F。 [I. 10]

过 E 作 EH 平行于 AB 或者 CD，并且过 F 作 FK 平行于 AD 或者 BC， [I. 31]

因此：图形 AK、KB、AH、HD、AG、GC、BG、GD 的每一个都是平行四边形，

所以：它们的对边相等。 [I. 34]

因为：AD 等于 AB，AE 是 AD 的一半，AF 是 AB 的一半，

所以：AE 等于 AF。

又因：对边也相等，

所以：FG 等于 GE。

同理可证：线段 GH、GK 的每一个等于线段 FG、GE 的每一个，

所以：四条线段 GE、GF、GH、GK 是彼此相等的，

所以：以 G 为圆心且以线段 GE、GF、GH、GK 之一为半径画圆必

经过其余各点。

又因：在点 *E*、*F*、*H*、*K* 的角是直角，

所以：它切于直线 *AB*、*BC*、*CD*、*DA*。

因为：如果圆截 *AB*、*BC*、*CD*、*DA*，

那么，由圆的直径的端点作与直径成直角的这条线落在圆内。这是不符合常理的， [III. 16]

因此：以 *G* 为圆心，以线段 *GE*、*GF*、*GH*、*GK* 之一为半径所画的圆不与直线 *AB*、*BC*、*CD*、*DA* 相交，

所以：这个圆切于正方形 *ABCD*，

所以：在已知正方形 *ABCD* 内作了它的内切圆。

作完。

命题 9

…

求作已知正方形的外接圆。

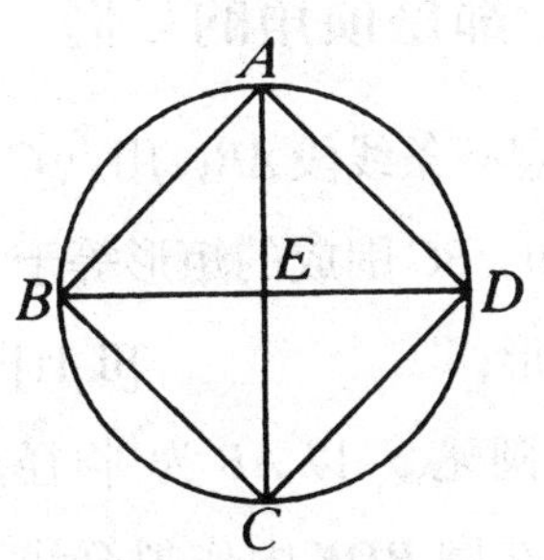

设：已知正方形 *ABCD*。

要求：作正方形 *ABCD* 的外接圆。

连接 *AC*、*BD*。

设: *AC*、*BD* 交于 *E*。

因为: *DA* 等于 *AB*，*AC* 是公共的，

所以：两边 *DA*、*AC* 等于两边 *BA*、*AC*，且底 *DC* 等于底 *BC*，

因此：角 *DAC* 等于角 *BAC*， [I. 8]

所以: *AC* 二等分角 *DAB*。

同理可证：角 *ABC*、*BCD*、*CDA* 的每一个被直线 *AC*、*DB* 二等分。

因为：角 *DAB* 等于角 *ABC*，并且角 *EAB* 是角 *DAB* 的一半，

又因：角 *EBA* 是角 *ABC* 的一半，

所以：角 *EAB* 等于 *EBA*，

所以：边 *EA* 等于边 *EB*。 [I. 6]

同理可证：线段 *EA*、*EB* 的每一个等于线段 *EC*、*ED* 的每一个，

所以：四条线段 *EA*、*EB*、*EC*、*ED* 彼此相等。

以 *E* 为圆心，以线段 *EA*、*EB*、*EC*、*ED* 之一为半径画圆，必经过其他各点，

所以：它外接于正方形 *ABCD*。

设：外接圆是 *ABCD*，

因此：已作一个已知正方形 *ABCD* 的外接圆。

作完。

命题 10

…

求作一个等腰三角形，让它的底角的每一个都是顶角的二倍。

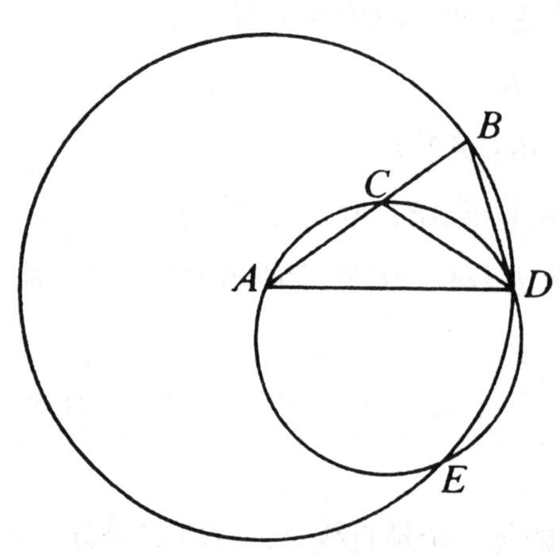

任意取定一条线段 *AB*，用点 *C* 分 *AB*，使 *AB*、*BC* 围成的矩形等于 *CA* 上的正方形； [II. 11]

以 *A* 为圆心，以 *AB* 为半径作圆 *BDE*。在圆 *BDE* 中作拟合线 *BD* 等于线段 *AC*，使它不大于圆 *BDE* 的直径。 [IV. 1]

连接 *AD*、*DC*，且令圆 *ACD* 外接于三角形 *ACD*。 [IV. 5]

因为：矩形 *AB*、*BC* 等于 *AC* 上的正方形，并且 *AC* 等于 *BD*，

所以：矩形 *AB*、*BC* 等于 *BD* 上的正方形。

又因：点 *B* 是在圆 *ACD* 的外面取的，过 *B* 作两条线段 *BA*、*BD* 与圆 *ACD* 相遇，并且它们中的一条与圆相交，此时另一条落在圆上，

并且矩形 *AB*、*BC* 等于 *BD* 上的正方形，

所以：*BD* 切于圆 *ACD*。 [III. 37]

又因：*BD* 与它相切，

且 *DC* 是由切点 *D* 作的与圆相截的直线，

所以：角 *BDC* 等于相对弓形上的角 *DAC*。 [III. 32]

因为：角 *BDC* 等于角 *DAC*，将角 *CDA* 加在它们各边，

所以：整体角 *BDA* 等于角 *CDA*、*DAC* 的和。

又因：外角 *BCD* 等于角 *CDA*、*DAC* 的和， [I. 32]

所以：角 *BDA* 等于角 *BCD*。

又因：角 *BDA* 等于角 *CBD*，且边 *AD* 等于 *AB*， [I. 5]

所以：角 *DBA* 等于角 *BCD*，

所以：角 *BDA*、*DBA*、*BCD* 三个角彼此相等。

因为：角 *DBC* 等于角 *BCD*，

边 *BD* 等于边 *DC*， [I. 6]

又已知 *BD* 等于 *CA*，故 *CA* 等于 *CD*，

所以：角 *CDA* 等于角 *DAC*， [I. 5]

所以：角 *CDA*、*DAC* 的和是角 *DAC* 的二倍。

又因：角 *BCD* 等于角 *CDA*、*DAC* 的和，

所以：角 *BCD* 也是角 *CAD* 的二倍。

因为：角 *BCD* 等于角 *BDA*、*DBA* 的每一个，

所以：角 *BDA*、*DBA* 的每一个也是角 *DAB* 的二倍。

这样一来，作了等腰三角形 *ABD*，它的底 *DB* 上的每个角都等于顶角的二倍。

作完。

命题 11

…

求作已知圆的内接等边且等角的五边形。

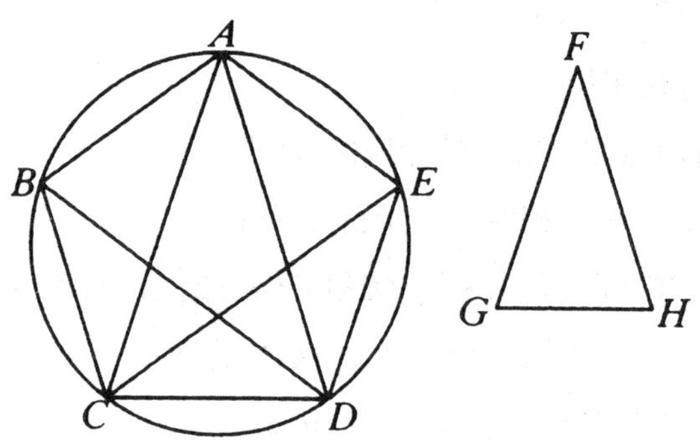

设：已知圆 *ABCDE*。

要求：在圆 *ABCDE* 内作一个等边且等角的五边形。

设：等腰三角形 *FGH* 在 *G*、*H* 处的角的每一个都是 *F* 处角的二倍。 [IV. 10]

首先，在圆 *ABCDE* 内作一个和三角形 *FGH* 等角的三角形 *ACD*，

由此，角 *CAD* 等于在 *F* 的角，

并且在 *G*、*H* 的角分别等于 *ACD*、*CDA*， [IV. 2]

因此：角 *ACD*、*CDA* 的每一个也是角 *CAD* 的二倍。

又设：角 *ACD*、*CDA* 分别被直线 *CE*、*DB* 二等分。 [I. 9]

连接 *AB*、*BC*、*DE*、*EA*。

因为：角 *ACD*、*CDA* 是角 *CAD* 的二倍，并且它们被直线 *CE*、*DB* 二等分，

所以：角 *DAC*、*ACE*、*ECD*、*CDB*、*BDA* 五个角彼此相等。

又因：等角所对的弧也相等， [III. 26]

所以：五段弧 *AB*、*BC*、*CD*、*DE*、*EA* 彼此相等。

又因：等弧所对的弦也相等， [III. 29]

所以：五条弦 *AB*、*BC*、*CD*、*DE*、*EA* 彼此相等，

所以：五边形 *ABCDE* 是等边的。

同时，也可以证明它是等角的。

因为：弧 *AB* 等于弧 *DE*，给它们各边加上 *BCD*，

所以：整体弧 *ABCD* 等于整体的弧 *EDCB*。

又因：角 *AED* 在弧 *ABCD* 上，并且角 *BAE* 在弧 *EDCB* 上，

所以：角 *BAE* 等于角 *AED*。 [III. 27]

同理可证：角 *ABC*、*BCD*、*CDE* 的每一个等于角 *BAE*、*AED* 的每一个，

所以：五边形 *ABCDE* 是等角的。

又因：已经证明它是等边的，

所以：在已知圆内作了一个内接等边且等角的五边形。

作完。

命题 12

• • •

求已知圆的外切等边且等角的五边形。

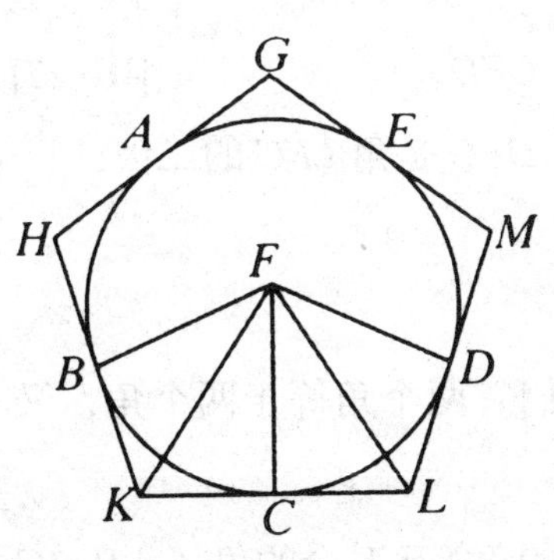

设：已知圆 *ABCDE*。

要求：作圆 *ABCDE* 的外切等边且等角的五边形。

设：*A*、*B*、*C*、*D*、*E* 是内接五边形的顶点，这样弧 *AB*、*BC*、*CD*、*DE*、*EA* 相等。 [IV. 11]

经过 *A*、*B*、*C*、*D*、*E* 作圆的切线 *GH*、*HK*、*KL*、*LM*、*MG*。 [III. 16，推论]

设: *F* 是圆 *ABCDE* 的圆心。 [III. 1]

连接 *FB*、*FK*、*FC*、*FL*、*FD*。

因为: 直线 *KL* 切圆 *ABCDE* 于 *C*，且从圆心 *F* 到切点 *C* 的连线为 *FC*，

那么: *FC* 垂直于 *KL*， [III. 18]

所以: 在点 *C* 的每个角都是直角。

同理可证: 在点 *B*、*D* 的角也是直角。

又因: 角 *FCK* 是直角，

所以: 在 *FK* 上的正方形等于 *FC*、*CK* 上的正方形的和。 [I. 47]

同理可证: *FK* 上的正方形等于 *FB*、*BK* 上的正方形的和，

所以: *FC*、*CK* 上的正方形的和等于 *FB*、*BK* 上的正方形的和。

因为: 其中在 *FC* 上的正方形等于 *FB* 上的正方形，

因此: 其余的 *CK* 上的正方形等于 *BK* 上的正方形，

所以: *BK* 等于 *CK*。

因为: *FB* 等于 *FC*，并且 *FK* 是公共的，两边 *BF*、*FK* 等于两边 *CF*、*FK*，并且底 *BK* 等于底 *CK*，

所以: 角 *BFK* 等于角 *KFC*。 [I. 8]

又因: 角 *BKF* 等于角 *FKC*，

所以: 角 *BFC* 是角 *KFC* 的二倍，角 *BKC* 是角 *FKC* 的二倍。

同理可证: 角 *CFD* 也是角 *CFL* 的二倍，并且角 *DLC* 也是角 *FLC* 的二倍。

因为: 弧 *BC* 等于弧 *CD*，角 *BFC* 等于角 *CFD*， [III. 27]

又因: 角 *BFC* 是角 *KFC* 的二倍，并且角 *DFC* 是角 *LFC* 的二倍，

所以: 角 *KFC* 等于角 *LFC*。

因为: 角 *FCK* 等于角 *FCL*，

所以: 在 *FKC*、*FLC* 两个三角形中，它们有两个角等于两个角，又有一边等于一边，也就是它们的公共边 *FC*，

所以: 它们其余的边等于其余的边，其余的角等于其余的角， [I. 26]

所以：线段 *KC* 等于线段 *CL*，并且角 *FKC* 等于角 *FLC*。

又因：*KC* 等于 *CL*，

所以：*KL* 是 *KC* 的二倍。

同理可证：*HK* 等于 *BK* 的二倍。

又因：*BK* 等于 *KC*，

因此：*HK* 等于 *KL*。

同理可证：线段 *HG*、*GM*、*ML* 的每一条也可以被证明等于线段 *HK*、*KL* 的每一条，

所以：五边形 *GHKLM* 是等边的。

其次，也可以证明它是等角的。

由于：角 *FKC* 等于角 *FLC*，并且已经证明了角 *HKL* 是角 *FKC* 的二倍，

又因：角 *KLM* 是 *FLC* 的二倍，

因此：角 *HKL* 等于角 *KLM*。

同理可证：角 *KHG*、*HGM*、*GML* 的每一个等于角 *HKL*、*KLM* 的每一个，

因此：角 *GHK*、*HKL*、*KLM*、*LMG*、*MGH*，五个角彼此相等，

因此：五边形 *GHKLM* 是等角的。

由于前面已证它是等边的，并且外切于圆 *ABCDE*。

作完。

命题 13

•••

已知一个边相等且角相等的五边形，求作它的内切圆。

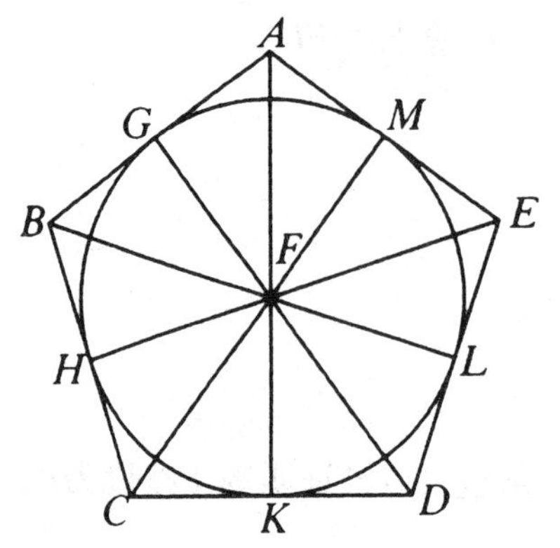

设：已知等边且等角的五边形 ABCDE。

要求：作五边形 ABCDE 的内切圆。

将角 BCD、CDE 分别用直线 CF、DF 二等分，并且直线 CF、DF 相交于点 F。

连接线段 FB、FA、FE。

因此：BC 等于 CD，并且 CF 是公共的，两边 BC、CF 等于两边 DC、CF，并且角 BCF 等于角 DCF，

所以：底 BF 等于底 DF，三角形 BCF 全等于三角形 DCF，并且其余的角等于其余的角，

也就是等边所对的角，[I. 4]

因此：角 CBF 等于角 CDF。

因为：角 CDE 是角 CDF 的二倍，并且角 CDE 等于角 ABC，

又因：角 CDF 等于角 CB，

因此：角 CBA 也是角 CBF 的二倍，

所以：角 ABF 等于角 FBC，

所以：角 ABC 被直线 BF 二等分。

同理可证：角 BAE、AED 分别被直线 FA、FE 二等分。

从点 F 作 FG、FH、FK、FL、FM 垂直于直线 AB、BC、CD、DE、EA。

因为：角 HCF 等于角 KCF，并且直角 FHC 等于角 FKC，

所以：FHC、FKC 是有两个角等于两个角，且一条边等于一条边的两个三角形，也就是 FC 是它们的公共边，且都是等角所对的边，

所以：它们的其余边等于其余的边，[I. 26]

所以：垂线 FH 等于垂线 FK。

同理可证：线段 FL、FM、FG 的每一条等于线段 FH、FK 的每一条，

因此：五条线段 FG、FH、FK、FL、FM 彼此相等，

所以：以 F 为圆心，以线段 FG、FH、FK、FL、FM 之一为半径作圆，

也经过其他各点，并且必定切于直线 AB、BC、CD、DE、EA。

这是因为，在点 G、H、K、L、M 处的角是直角。

若它不切于它们，而与它们相截。

则过圆的直径的端点和直径成直角的直线就落在圆内，

这是不符合常理的， [III. 16]

所以：以 F 为圆心，以线段 FG、FH、FK、FL、FM 之一为半径所作的圆与直线 AB、BC、CD、DE、EA 不相截，因此相切。

设：画出的内切圆是 GHKLM，

所以：在已知等边且等角的五边形内作了内切圆。

作完。

命题 14

…

已知等边且等角的五边形，求作它的外接圆。

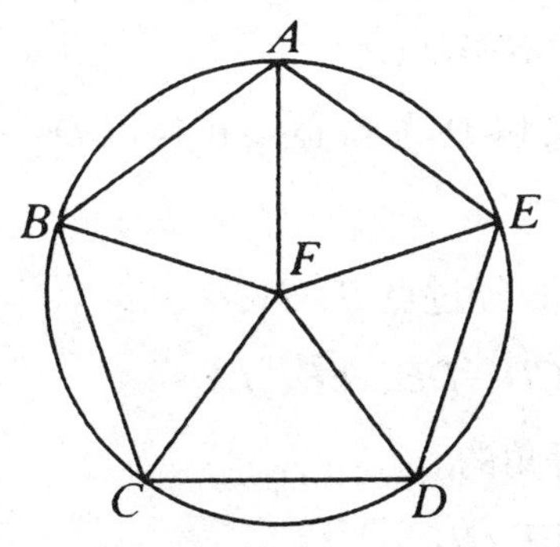

设：等边且等角的五边形为 ABCDE。

要求：作五边形 ABCDE 的外接圆。

设：角 BCD、CDE 分别被直线 CF、DF 二等分，由二直线的交点 F 到点 B、A、E 连线段 FB、FA、FE。

按照前面的方式可以证明：角 CBA、BAE、AED 分别被直线 FB、FA、FE 二等分。

因为：角 BCD 等于角 CDE，并且角 FCD 是角 BCD 的一半，角 CDF 是角 CDE 的一半，

因此：角 FCD 等于角 CDF。

所以：边 FC 等于边 FD。 [I. 6]

同理可证：线段 FB、FA、FE 的每一条等于线段 FC、FD 的每一条，

因此：五条线段 FA、FB、FC、FD、FE 彼此相等。

所以：以 F 为圆心，以 FA、FB、FC、FD、FE 之一为半径作圆也经过其余的点，并且是外接的。

设：外接圆为 ABCDE，

所以：对已知等边且等角的五边形，已作了它的外接圆。

作完。

命题 15

• • •

在已知圆内作一个等边且等角的内接六边形。

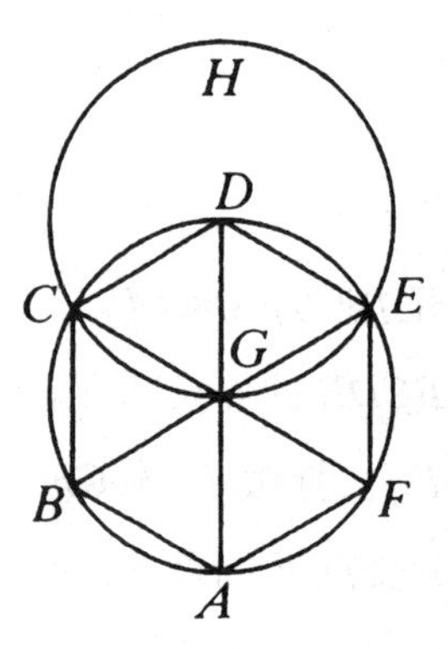

设：已知圆 ABCDEF。

要求：在圆 ABCDEF 内作一个等边且等角的内接六边形。

作圆 ABCDEF 的直径 AD；

设：圆心为 G，又以 D 为圆心，并且以 DG 为距离作圆 EGCH。

连接 EG、CG，延长经过点 B、F；

又连接 AB、BC、CD、DE、EF、FA。

那么可以说：六边形 ABCDEF 是等边且等角的。

因为：点 G 是圆 ABCDEF 的圆心，GE 等于 GD，

又因：点 D 是圆 GCH 的圆心，DE 等于 DG，

已经证明了 GE 等于 GD，因此：GE 等于 ED，

并且在等腰三角形中，底上的两个角是彼此相等的， [I. 5]

所以：三角形 *EGD* 是等边的，并且角 *EGD*、*GDE*、*DEG* 是彼此相等的。

因为：三角形的三个角的和等于两直角， [I. 32]

所以：角 *EGD* 是两直角的三分之一。

同理可证：角 *DGC* 是两直角的三分之一。

又因：直线 *CG* 与 *EB* 所成的邻角 *EGC*、*CGB* 的和等于两直角，

因此：其余的角 *CGB* 等于两直角的三分之一，

所以：角 *EGD*、*DGC*、*CGB* 彼此相等，

所以：它们的顶角 *BGA*、*AGF*、*FGE* 相等， [I. 15]

因此：角 *EGD*、*DGC*、*CGB*、*BGA*、*AGF*、*FGE*，六个角彼此相等。

因等角所对的弧相等， [III. 26]

所以：六段弧 *AB*、*BC*、*CD*、*DE*、*EF*、*FA* 彼此相等。

因为：等弧所对的弦相等， [III. 29]

所以：六条弦彼此相等，

因此：六边形 *ABCDEF* 是等边的。

同时，可以证明它是等角的。

由于：弧 *FA* 等于弧 *ED*，将弧 *ABCD* 加在它们各边，

所以：整体 *FABCD* 等于整体 *EDCBA*。

又因：角 *FED* 对着弧 *FABCD*，并且角 *AFE* 对着弧 *EDCBA*，

因此：角 *AFE* 等于角 *DEF*。 [III. 27]

同理可证：六边形 *ABCDEF* 其余的角等于角 *AFE*、*FED* 的每一个，

所以：六边形 *ABCDEF* 是等角的。

又因：已经证明它是等边的，它也内接于圆 *ABCDEF*，

所以：在已知圆内作了等边且等角的内接六边形。

作完。

推论 由上命题可得，此六边形的边等于圆的半径。

假如经过圆上分点作圆的切线，就可以得到圆的一个等边且等角的外切六边形，这与五边形情况的解释是一样的。

并且，根据类似五边形的情况，可以作给定的六边形的内切圆和外接圆。

作完。

命题 16

…

在已知圆内作一个等边且等角的内接十五角形。

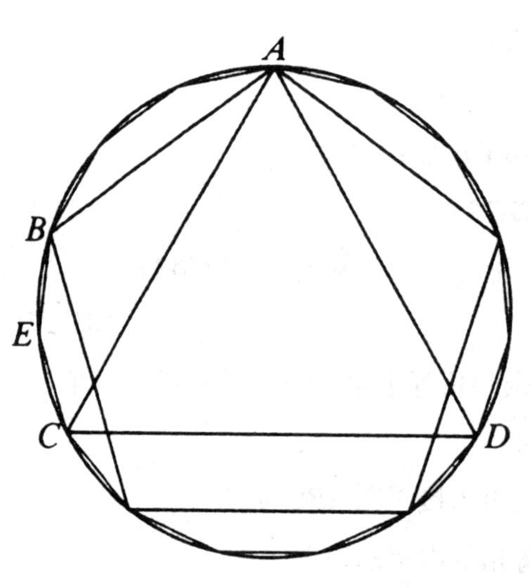

设：已知圆 *ABCD*。

要求：在圆 *ABCD* 内求作一个等边且等角的内接十五角形。

设：*AC* 为圆 *ABCD* 内接等边三角形的一边，*AB* 为等边五边形的一边。

那么：在圆 *ABCD* 内就有相等的线段十五条；在弧 *ABC* 上有五条，并且此弧是圆的三分之一；在弧 *AB* 上有三条，此弧是圆的五分之一，

因此：余下的 *BC* 上有两条相等的弧。 [III. 30]

令 *E* 二等分弧 *BC*，

那么：弧 *BE*、*EC* 的每一条是圆 *ABCD* 的十五分之一。

若连接 *BE*、*EC*，并且在圆 *ABCD* 内适当地截出等于它们的线段，就可以作内接于它的边相等且角相等的十五角形。

作完。

又，和五边形的情况相同，若过圆上的分点作圆的切线，就可以作圆的一个等边且等角的外切十五边形。

进一步推断，类似于五边形的情况，可以同时作已知的一个（等边且等角的）十五边形的内切圆与外切圆。

卷

V

定义

01 当一个较小量能量尽一个较大量时，称较小量是较大量的一部分。

02 当一个较大量能被较小量量尽时，较大量叫作较小量的倍量。

03 比是两个同类量之间的一种大小关系。

04 若把一个量几倍以后能大于另外一个量，则称这两个量彼此之间有一个比。

05 有四个量，第一量比第二量与第三量比第四量叫作有相同比，如果对第一与第三个量取任意同倍数，又对第二与第四个量取任意同倍数，而第一与第二倍量之间依次有大于、等于或小于的关系，那么第三与第四倍量之间就有相应的关系。

06 有相同比的四个量叫作成比例的量。

07 在四个量之间，第一、第三两个量取相同的倍数，又第二、第四两个量取另一相同的倍数，如果第一个的倍量大于第二个的倍量，而第三个的倍量不大于第四个的倍量时，则称第一量与第二量的比大于第三量与第四量的比。

08 一个比例至少要有三项。

09 当三个量成比例时，则称第一量与第三量的比是第一量与第二量的二次比。

10 当四个量成（连）比例时，则称第一量与第四量的比为第一量与第二量的三次比。不论有几个量成连比都依次类推。

11 在成比例的四个量中，将前项与前项且后项与后项叫作对应量。

12 更比例是前项比前项且后项比后项。

13 反比例是后项作前项，前项作后项。

14 合比例是前项与后项的和比后项。

15 分比例是前项与后项的差比后项。

16 换比例是前项比前项与后项的差。

17 首末比例是指，有一些量又有一些与它们个数相等的量，如果在各组中每取相邻二量成相同的比例，则第一组量中首量比末量如同第二组中首量比末量。

18 或者，换言之，去掉中间项，保留两头的项。

19 波动比例是，有三个量，又有另外与它们个数相等的三个量，在第一组量里前项比中项如同第二组量里中项比后项，这时，第一组量里的中项比后项如同第二组量里前项比中项。

命题

命题 1

…

假如有任意多个量，分别是同样多个量的同倍数量。
那么无论这个倍数是多少，前者之和也是后者之和的同倍数量。

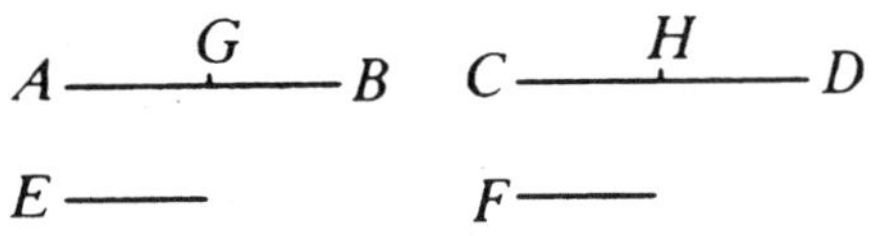

设：量 *AB*、*CD* 分别是个数与它们相等的量 *E*、*F* 的同倍数量。

那么可以说：无论 *AB* 是 *E* 的多少倍，*AB*、*CD* 的和也是 *E*、*F* 的和的同样多少倍。

因为：*AB* 是 *E* 的倍量，*CD* 是 *F* 是的倍量，它们的倍数相等，

所以：在 *AB* 中有多少个等于 *E* 的量，也在 *CD* 中同样有多少个等于 *F* 的量。

设：*AB* 被分成等于 *E* 的量 *AG*、*GB*，且 *CD* 被分成等于 *F* 的量 *CH*、*HD*。

那么：量 *AG*、*GB* 的个数等于量 *CH*、*HD* 的个数。

因为：*AG* 等于 *E*，*CH* 等于 *F*，

所以：*AG* 等于 *E*，且 *AG*、*CH* 的和等于 *E*、*F* 的和。

同理可证：*GB* 等于 *E*，且 *GB*、*HD* 的和等于 *E*、*F* 的和，

所以：在 *AB* 中有多少个等于 *E* 的量，

在 *AB*、*CD* 的和中也有同样多少个量等于 *E*、*F* 的和，

因此：不论 AB 是 E 的多少倍，AB、CD 的和也是 E、F 的和的同样多少倍。

证完。

命题 2

…

假如第一量是第二量的倍量，第三量是第四量的倍量，其倍数相等；而第五量是第二量的倍量，第六量是第四量的倍量，其倍数相等。
则第一量与第五量的和是第二量的倍量，第三量与第六量的和是第四量的倍量，其倍数相等。

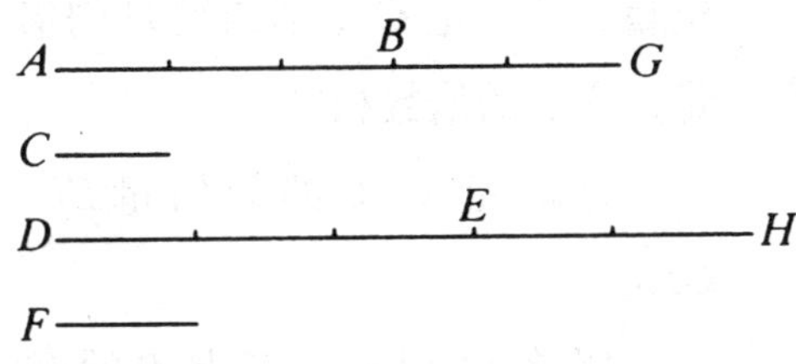

设：第一量 AB 是第二量 C 的倍量，第三量 DE 是第四量 F 的倍量，它们的倍数相等；

第五量 BG 是第二量 C 的倍量，第六量 EH 是第四量 F 的倍量，它们的倍数相等。

那么可以说：第一量与第五量的和 AG 是第二量 C 的倍量，第三量与第六量的和 DH 是第四量 F 的倍量，它们的倍数相等。

因为：AB 是 C 的倍量，DE 是 F 的倍量，它们的倍数相等，

所以：在 AB 中存在多少个等于 C 的量，也在 DE 中存在同样多少个等于 F 的量。

同理可证：在 BG 中存在多少个等于 C 的量，也在 EH 中存在同样多少个等于 F 的量，

所以：无论 AG 是 C 的几倍，DH 也是 F 的几倍，

因此：第一量与第五量的和 AG 是第二量 C 的倍量，第三量与第六量的和 DH 是第四量 F 的倍量，其倍数相等。

证完。

命题 3

…

假如第一量是第二量的倍量，第三量是第四量的倍量，它们的倍数相等；

假如再有同倍数的第一量及第三量，那么同倍后的这两个量分别是第二量及第四量的倍量，且这两个倍数相等。

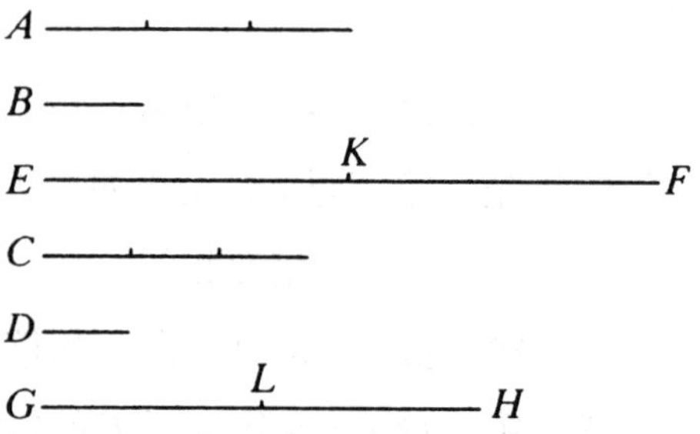

设：第一量 A 是第二量 B 的倍量，第三量 C 是第四量 D 的倍量，它们的倍数相等。

且取定 A、C 的等倍量 EF、GH。

那么可以说：EF 是 B 的倍量，GH 是 D 的倍量，它们的倍数相等。

因为：EF 是 A 的倍量，GH 是 C 的倍量，它们的倍数相等，

所以：在 EF 中存在多少个等于 A 的量，也在 GH 中存在多少个等于 C 的量。

设：EF 被分成等于 A 的量 EK、KF；

又 GH 被分成等于 C 的量 GL、LH。

那么：量 EK、KF 的个数等于量 GL、LH 的个数。

因为：A 是 B 的倍量，C 是 D 的倍量，它们的倍数相等，

此时：EK 等于 A，并且 GL 等于 C，

所以：EK是B的倍量，GL是D的倍量，它们的倍数相等。

同理可证：KF是B的倍量，LH是D的倍量，其倍数相等，

因此：第一量EK是第二量B的倍量，第三量GL是第四量D的倍量，它们的倍数相等。

又因：第五量KF是第二量B的倍量，第六量LH是第四量D的倍量，它们的倍数也相等，

因此：第一量与第五量的和EF是第二量B的倍量，第三量与第六量的和GH是第四量D的倍量，它们的倍数相等。 [V. 2]

证完。

命题4

…

假如第一量比第二量与第三量比第四量有相同的比，取第一量与第三量的任意同倍数量，再取第二量与第四量的任意同倍数量，那么按原顺序它们仍有相同的比。

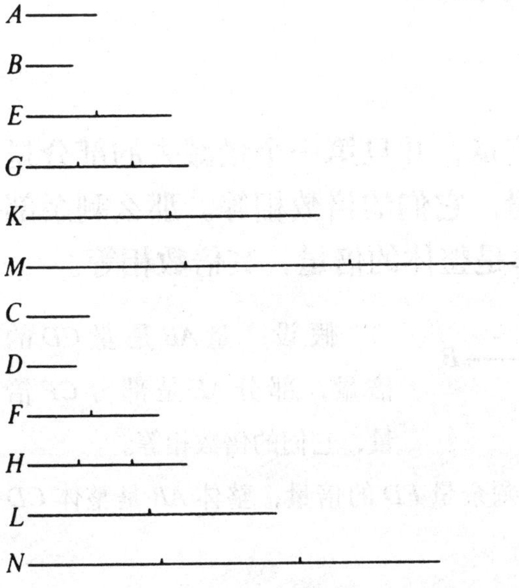

A B E G K M C D F H L N

设：第一量A比第二量B与第三量C比第四量D有相同的比。

那么：取A、C的等倍数量为E、F。

又取B、D的等倍数量为G、H。

那么可以说：E比G相当于F比H。

设: E、F 的同倍量为 K、L，G、H 的同倍量为 M、N。

因为: E 是 A 的倍量，F 是 C 的倍量，它们的倍数相同，

再取定 E、F 的同倍量 K、L，

所以: K 是 A 的倍量，L 是 C 的倍量，它们的倍数相同。 [V. 3]

同理可证: M 是 B 的倍量，N 是 D 的倍量，它们的倍数相同。

因为: A 比 B 如同 C 比 D，并且 K、L 是 A、C 的同倍量，

又有，M、N 是 B、D 的同倍量，

所以：若 M 大于 K、N 大于 L，

若 M 等于 K，N 等于 L，

若 M 小于 K，N 小于 L。 [V. 定义 5]

又，K、L 是 E、F 的同倍量，

且 M、N 是 G、H 的同倍量，

所以: E 比 G 相当于 F 比 H。 [V. 定义 5]

证完。

命题 5

…

假如一个量是另一个量的倍量，并且第一个量减去的部分是第二个量减去的部分的倍量，它们的倍数相等。那么剩余部分是剩余部分的倍量，整体是整体的倍量，其倍数相等。

A E B
G C F D

假设：量 AB 是量 CD 的倍量，部分 AE 是部分 CF 倍量，它们的倍数相等。

那么可以说：剩余量 EB 是剩余量 FD 的倍量，整体 AB 是整体 CD 的倍量，它们的倍数相等。

由于：不管 AE 是 CF 的多少倍，可设 EB 也是 CG 的同样多少倍，

故：AE 是 CF 的倍量，EB 是 GC 的倍量，它们的倍数相等，

那么：AE 是 CF 的倍量，AB 是 GF 的倍量，它们的倍数相等。 [V. 1]

根据假设：AE 是 CF 的倍量，AB 是 CD 的倍量，它们的倍数相等，

因此：AB 是量 GF、CD 的每一个的倍量，它们的倍数相等，

所以：GF 等于 CD。

假设：以上每个减去 CF，余量 GC 等于余量 FD。

因为：AE 是 CF 的倍量，EB 是 GC 的倍量，它们的倍数相等。并且 GC 等于 DF，

因此：AE 是 CF 的倍量，EB 是 FD 的倍量，它们的倍数相等。

根据假设：AE 是 CF 的倍量，AB 是 CD 的倍量，它们的倍数相等，

所以：余量 EB 是余量 FD 的倍量，整体 AB 是整体 CD 的倍量，它们的倍数相等。

证完。

命题 6

…

假如两个量是另外两个量的相同倍量，并且由前两个量减去后两个量的任意相同的倍量。那么剩余两个量要么与后两个量相等，要么是它们的同倍量。

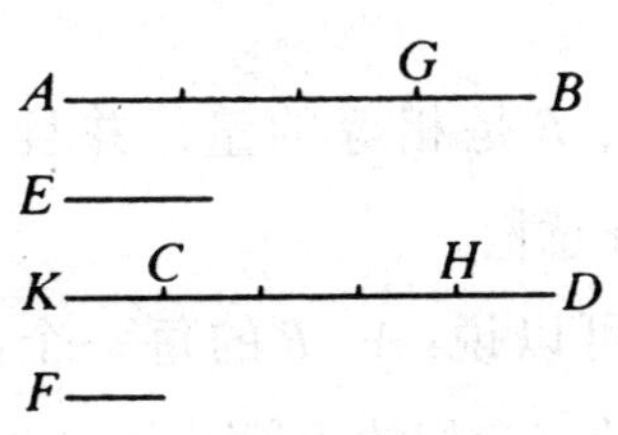

设：两个量 AB、CD 是两个量 E、F 的同倍量，由前二量减去 E、F 的同倍量 AG、CH。

那么可以说：余量 GB、HD 要么等于 E、F，要么是它们的同倍量。

设：GB 等于 E，

那么可以说：HD 等于 F。

因为：可以作 CK 等于 F，

又因：AG 是 E 的倍量，CH 是 F 的倍量，它们的倍数相等，

此时 GB 等于 E，并且 KC 等于 F，

所以：AB 是 E 的倍量，KH 是 F 的倍量，它们的倍数相等。 [V. 2]

又因，根据假设：AB 是 E 的倍量，CD 是 F 的倍量，它们的倍数相等，

因此：KH 是 F 的倍量，CD 是 F 的倍量，它们的倍数相等，

那么：量 KH、CD 的每一个都是 F 的同倍量，

因此：KH 等于 CD。

由上面每个量减去 CH，

所以：余量 KC 等于余量 HD。

因为：F 等于 KC，

所以：HD 等于 F，

因此：假如 GB 等于 E，HD 就等于 F。

同理可证：假如 GB 是 E 的倍量，那么 HD 也是 F 的同倍量。

证完。

命题 7

•••

相等的量比同一个量，它们的比相同；同一个量比相等的量，它们的比相同。

A——　　D——————

B——　　E——————

C———　　F——————

设：A、B 是相等的量，并且 C 是另外任意量。

那么可以说：A、B 的每一个与量 C 相比，它们的比相同；

并且量 C 比量 A、B 的每一个，它们的比都相同。

设：取定 A、B 的等倍量 D、E，另外一个量 C 的倍量为 F。

因为：D 是 A 的倍量，E 是 B 的倍量，它们的倍数相等，

且此时 A 等于 B，

所以：D 等于 E。

又因：F 是另外的任意量，

若 D 大于 F，E 大于 F，

若前二者相等，后二者也相等，

若 D 小于 F，E 小于 F。

又因：D、E 是 A、B 的同倍量，此时，F 是量 C 的任意倍量，

因此：A 比 C 如同 B 比 C。 [V. 定义 5]

同时，可以证明，量 C 比量 A、B，它们的比相同。

因为：可用相同的作图，可以证明 D 等于 E，且 F 是某个另外的量，

若 F 大于 D，F 大于 E，

若 F 等于 D，那么 F 就等于 E，

若 F 小于 D，那么 F 小于 E。

又因：F 是 C 的倍量，此时，D、E 是 A、B 另外的倍量，

因此：C 比 A 如同 C 比 B。 [V. 定义 5]

证完。

推论 由此可得，假如任意的量成比例，那么它们的反比也成比例。

命题 8

…

有不相等的二量与同一量相比，较大的量比这个量大于较小的量比这个量；反之，这个量比较小的量大于这个量比较大的量。

设：*AB*、*C* 是不相等的量，并且 *AB* 是较大者，而 *D* 是另外任意给定的量。

那么可以说：*AB* 与 *D* 的比大于 *C* 与 *D* 的比，

并且 *D* 与 *C* 的比大于 *D* 与 *AB* 的比。

因为：*AB* 大于 *C*，取 *BE* 等于 *C*，

所以：假如对量 *AE*、*EB* 中较小的一个量，加倍至一定倍数后它就大于 *D*。 [V. 定义 4]

【情况 1】

先设：*AE* 小于 *EB*，加倍 *AE*，令 *FG* 是 *AE* 的倍量，且大于 *D*。

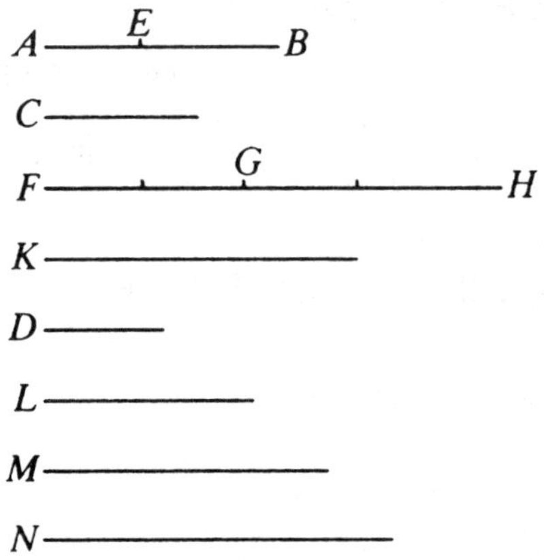

那么：无论 *FG* 是 *AE* 的几倍，就取 *GH* 为 *EB* 同样的倍数，并且取 *K* 为 *C* 同样的倍数。

让 *L* 是 *D* 的二倍，*M* 是它的三倍，并且一个个逐倍增加，直到 *D* 递加到首次大于 *K* 为止。

设：它已被取顶为 *N*，是 *D* 的四倍，这是首次大于 *K* 的倍量。

所以：*K* 是首次小于 *N* 的量，

因此：*K* 不小于 *M*。

又因：*FG* 是 *AE* 的倍量，*GH* 是 *EB* 的倍量，它们的倍数相等，

所以：*FG* 是 *AE* 的倍量，*FH* 是 *AB* 的倍量，它们的倍数相等。[V. 1]

因为：FG 是 AE 的倍量，K 是 C 的倍量，它们的倍数相等，

所以：FH 是 AB 的倍量，K 是 C 的倍量，它们的倍数相等，

因此：FH、K 是 AB、C 的同倍量。

因为：GH 是 EB 的倍量，K 是 C 的倍量，它们的倍数相等，且 EB 等于 C，

所以：GH 等于 K。

又因：K 不小于 M，

所以：GH 也不小于 M。

因为：FG 大于 D，

所以：整体 FH 大于 D 与 M 的和。

因为：D 与 M 的和等于 N，

所以：M 是 D 的三倍。

又因：M、D 的和是 D 的四倍，且 N 也是 D 的四倍，

所以：可以得到 M、D 的和等于 N。

又因：FH 大于 M 与 D 的和，

所以：FH 大于 N，

此时 K 不大于 N。

因为：FH、K 是 AB、C 的同倍量，N 是另外任意取定的 D 的倍量，

所以：AB 比 D 大于 C 比 D。 [V. 定义 7]

同时，可以证明 D 比 C 大于 D 比 AB。

用同样的作图可以证明，N 大于 K，此时 N 不大于 FH。

因为：N 是 D 的倍量，

此时 FH、K 是 AB、C 的另外任意取定的同倍量，

所以：D 比 C 大于 D 比 AB。 [V. 定义 7]

【情况 2】

设：AE 大于 EB；

那么：加倍较小的量 EB 到一定倍数，一定会大于 D。 [V. 定义 4]

设：加倍后的 GH 是 EB 的倍量并且大于 D；

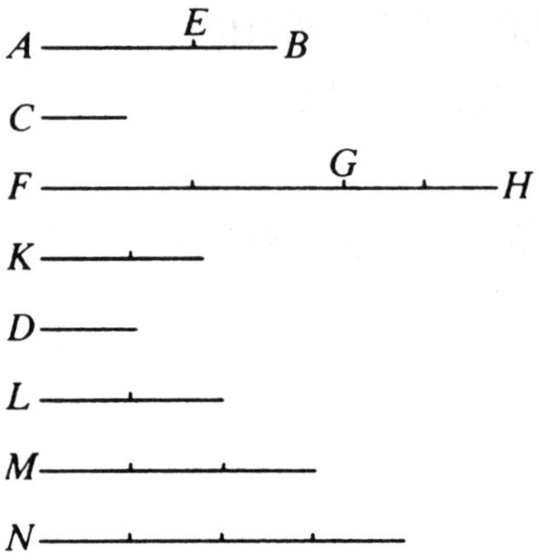

因为：无论 GH 是 EB 的多少倍，都取 FG 是 AE 的同样多少倍，K 是 C 的同样多少倍，

所以：可以证明，FH、K 是 AB、C 的同倍量。

同理假设：D 的第一次大于 FG 的倍量为 N，这样 FG 不再小于 M。

又因：GH 大于 D，

所以：整体 FH 大于 D、M 的和，也就是大于 N。

又因：K 不大于 N，

所以：FG 大于 GH，也就是大于 K，不大于 N。

同理，可以将之后的论证补充完整。

证完。

命题 9

…

几个量与同一个量的比相同，那么这些量彼此相等；并且同一个量与几个量的比相同，那么这些量相等。

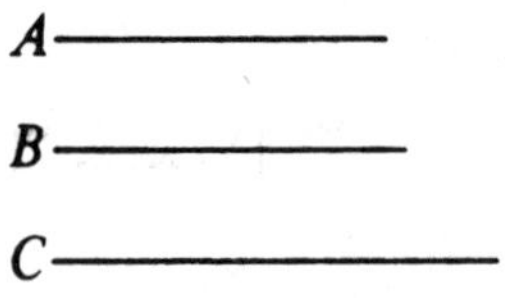

设：量 A、B 各与 C 成相同的比。

那么可以说：A 等于 B。

若非如此，则量 A、B 各与 C 的比不相同。

[V. 8]

又因：已知它们有相同的比，

所以：A 等于 B。

假如：C 与量 A、B 的每一个成相同的比。

那么可以说：A 等于 B。

若非如此，则 C 与量 A、B 的每一个成不相同的比。 [V. 8]

又因：已知它们成相同的比，

所以：A 等于 B。

证完。

命题 10

…

一些量比同一量，比大者，该量也大；并且同一量比一些量，比大者，该量较小。

A ——————

B ————

C —————

设：A 比 C 大于 B 比 C。

那么可以说：A 大于 B。

若非如此，那么要么 A 等于 B，要么 A 小于 B。

先设：A 等于 B。

因为：在这种假设下，已知量 A、B 的每一个比 C 都有相同的比， [V. 7]

但它们的比并不相同，

因此：A 不等于 B。

因为：在这种情况下，A 比 C 小于 B 比 C， [V. 8]

但是不符合已知条件，

所以：A 也不小于 B。

又因：已经证明了二者不相等，

所以：A 大于 B。

再设：C 比 B 大于 C 比 A。

那么可以说：B 小于 A。

因为：若非如此，那么要么相等，要么大于，

设：B 不等于 A。

在这种情况下，C 比量 A、B 的每一个都有相同的比， [V. 7]

但是不符合已知条件，

所以：A 不等于 B。

也不是 B 不大于 A；这是因为：在这种情况下，C 比 B 小于 C 比 A， [V. 8]

但是不符合已知条件，

所以：B 也不大于 A。

又因：已经证明了一个并不等于另一个，

所以：B 小于 A。

证完。

命题 11

…

凡是与同一个比相同的比，它们彼此也相同。

A———— C———— E————

B——— D——— F———

G—————— H—————— K————

L———————— M———————— N————

设：A 比 B 如同 C 比 D，C 比 D 如同 E 比 F。

那么可以说：A 比 B 如同 E 比 F。

因为：可以取 A、C、E 的同倍量为 G、H、K，又任意取定 B、D、F 的同倍量 L、M、N，

因为：A 比 B 如同 C 比 D，

又因：已经取定了 A、C 的同倍量 G、H，

并且任意取定了 B、D 的同倍量 L、M，

因此：假如 G 大于 L，那么 H 大于 M。

假如前二者相等，那么后二者也相等；假如 G 小于 L，那么 H 小于 M，

又因：C 比 D 如同 E 比 F，并且已取定了 C、E 的同倍量 H、K，

又任意取定了 D、F 的同倍量 M、N，

所以：假如 H 大于 M，那么 K 大于 N；假如前二者相等，那么后二者也相等；假如 H 小于 M，那么 K 小于 N。

又因：如果 H 大于 M，那么 G 大于 L，

假如前二者相等，那么后二者也相等；假如 H 小于 M，那么 G 小于 L，

所以：假如 G 大于 L，那么 K 大于 N。

假如前二者相等，那么后二者也相等；假如 G 小于 L，那么 K 小于 N，

又因：G、K 是 A、E 的同倍量，

且 L、N 是任意给定的 B、F 的同倍量，

所以：A 比 B 如同 E 比 F。

证完。

命题 12

…

假如有任意多个量成比例，那么其中一个前项比相应的后项，又如同所有前项的和比所有后项的和。

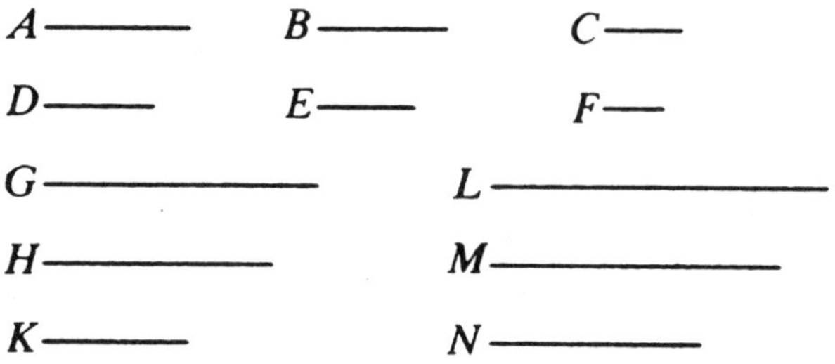

A B C
D E F
G L
H M
K N

设：任意多个量A、B、C、D、E、F成比例，即A比B如同C比D，又如同E比F。

那么可以说：A比B如同A、C、E的和比B、D、F的和。

取A、C、E的同倍量G、H、K。

并且另外任意取B、D、F的同倍量L、M、N。

因为：A比B如同C比D，也如同E比F，

且已经取定了A、C、E的同倍量G、H、K，

又因：取定B、D、F的同倍量L、M、N，

所以：假如G大于L，那么H大于M，且K大于N，

假如前二者相等，那么后二者也相等；假如G小于L，那么H小于M，且K小于N。

由此，进一步可得：

假如G大于L，那么G、H、K的和大于L、M、N的和，

假如前二者相等，那么后二者的和也相等，

假如G小于L，那么G、H、K的和小于L、M、N的和。

此时：G与G、H、K的和是A与A、C、E的和的同倍量。

因为：假如有任意多个量，分别是同样多个量的同倍量，

所以：无论那些个别量的倍数是多少，前者的和也是后者的和的同倍量。 [V. 1]

同理可证：L与L、M、N的和也是B与B、D、F的和的同倍量，

所以：A比B如同A、C、E的和比B、D、F的和。 [V. 定义 5]

证完。

命题 13

···

假如第一量比第二量与第三量比第四量有相同的比，同时第三量与第四量的比大于第五量与第六量的比，那么第一量与第二量的比大于第五量与第六量的比。

A——— C———— M———— K————
B—— D—— N——— G—————
E————
F————
H——————
L——————

设：第一量 A 比第二量 B 与第三量 C 比第四量 D，有相同的比；

且第三量 C 与第四量 D 的比大于第五量 E 与第六量 F 的比。

那么可以说：第一量 A 与第二量 B 的比大于第五量 E 与第六量 F 的比。

因为：有 C、E 的某个同倍量，并且 D、F 有另外任意给定的同倍量，让 C 的倍量大于 D 的倍量，

同时，E 的倍量不大于 F 的倍量，　[V. 定义 7]

设：它们已经被取定，

让 G、H 是 C、E 的同倍量，K、L 是另外任意给定的 D、F 的同倍量，

因此：G 大于 K，但是 H 不大于 L。

因为：无论 G 是 C 的几倍，设 M 也是 A 的几倍，

且无论 K 是 D 的几倍，设 N 也是 B 的几倍，

又因：A 比 B 如同 C 比 D，

且已经取定 A、C 的同倍量 M、G，

并且，另外任意给定 B、D 的同倍量 N、K。

所以：假如 M 大于 N，那么 G 大于 K。

假如前二者相等，那么后二者也相等。

设 M 小于 N，那么 G 小于 K。 [V. 定义 5]

又因：G 大于 K，

所以：M 大于 N。

因为：H 不大于 L，

并且 M、H 是 A、E 的同倍量，

又因：对 N、L 另外任意取定同倍量 B、F，

所以：A 比 B 大于 E 比 F。 [V. 定义 7]

证完。

命题 14

•••

假如第一量比第二量与第三量比第四量有相同的比，并且第一量大于第三量，那么第二量大于第四量；假如前二量相等，那么后二量也相等；假如第一量小于第三量，那么第二量小于第四量。

A——————　C——————

B——————　D——————

设：第一量 A 比第二量 B 与第三量 C 比第四量 D 有相同的比，其中 A 大于 C。

那么可以说：B 大于 D。

因为：A 大于 C，并且 B 是另外任意的量；

所以：A 比 B 大于 C 比 B。 [V. 8]

又因：A 比 B 如同 C 比 D，

所以：C 比 D 大于 C 比 B， [V. 13]

又因：同一量与二量相比，比大者，该量反而小， [V. 10]

所以：D 小于 B。

因此：B 大于 D。

同理可证：假如 A 等于 C，则 B 等于 D；并且假如 A 小于 C，则 B 小于 D。

证完。

命题 15

• • •

部分与部分的比按相应的顺序与它们同倍量的比相同。

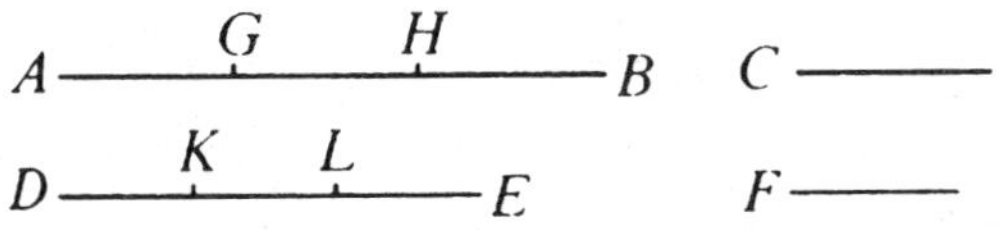

设：AB 是 C 的倍量，DE 是 F 的倍量，它们的倍数相同。

那么可以说：C 比 F 如同 AB 比 DE。

因为：AB 是 C 的倍量，DE 是 F 的倍量，它们的倍数相同，

所以：在 AB 中存在着多少个等于 C 的量，就在 DE 中也存在着同样多少个等于 F 的量。

设：将 AB 分成等于 C 的量 AG、GH、HB。

并且将 DE 分成等于 F 的量 DK、KL、LE。

因为：量 AG、GH、HB 的个数等于量 DK、KL、LE 的个数，

又因：AG、GH、HB 彼此相等，并且 DK、KL、LE 也彼此相等，

所以：AG 比 DK 如同 GH 比 KL，也如同 HB 比 LE， [V. 7]

因此：其中一个前项比一个后项如同所有前项的和比所有后项的和， [V. 12]

因此：AG 比 DK 如同 AB 比 DE。

又因：AG 等于 C 且 DK 等于 F，

所以：C 比 F 如同 AB 比 DE。

证完。

命题 16

…

假如四个量成比例，那么它们的更比例也成立。

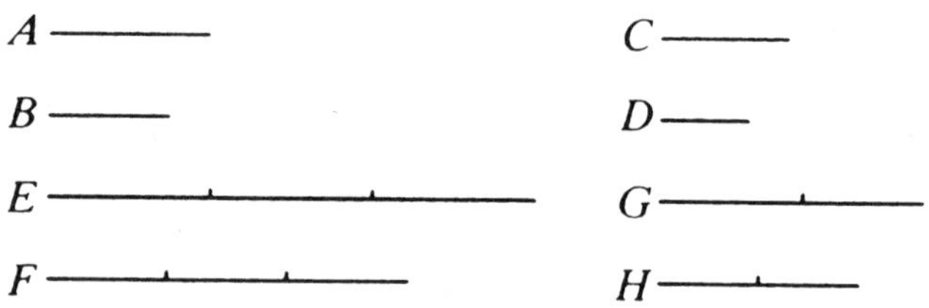

设 A、B、C、D 是四个成比例的量，则 A 比 B 如同 C 比 D。

那么可以说：它们的更比例也成立。

也就是，A 比 C 如同 B 比 D。

取定 A、B 的同倍量 E、F，

并另外任意取定 C、D 的同倍量 G、H。

因为：E 是 A 的倍量，F 是 B 的倍量，它们的倍数相同。并且部分与部分的比与它们同倍量的比相同， [V. 15]

所以：A 比 B 如同 E 比 F。

又因：A 比 B 如同 C 比 D，

所以：C 比 D 如同 E 比 F。 [V. 11]

因为：G、H 是 C、D 的同倍量，

所以：C 比 D 如同 G 比 H。 [V. 15]

因为：C 比 D 如同 E 比 F，

所以：E 比 F 如同 G 比 H。 [V. 11]

假如四个量成比例，并且第一量大于第三量，那么第二量大于第四量。

假如前二者相等，那么后二者也相等；

假如第一量小于第三量，那么第二量小于第四量。 [V. 14]

所以：假如 E 大于 G，那么 F 大于 H。

假如前二者相等，那么后二者也相等；

假如 E 小于 G，那么 F 小于 H。

所以：E、F 是 A、B 的同倍量，并且 G、H 是另外任意取定的 C、D 的同倍量。

因此：A 比 C 如同 B 比 D。 [V. 定义 5]

证完。

命题 17

…

假如几个量成合比例，那么它们的分比例也成立。

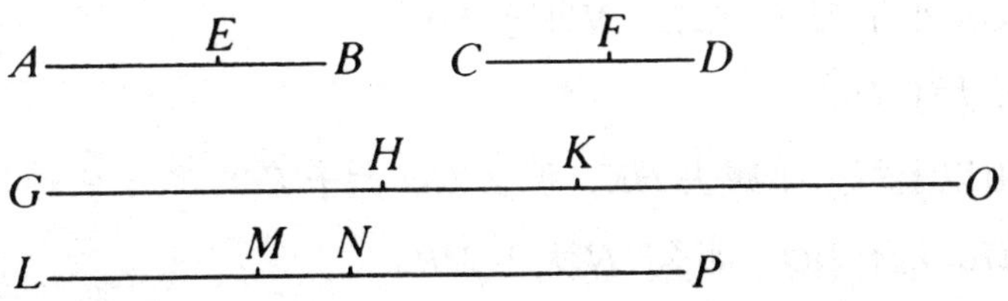

设：AB、BE、CD、DF 成合比例。

也就是，AB 比 BE 如同 CD 比 DF。

那么可以说：它们的分比例成立，也就是 AE 比 EB 如同 CF 比 DF。

设：AE、EB、CF、FD 的同倍量各是 GH、HK、LM、MN，

并另外任意取定 *EB*、*FD* 的同倍量 *KO*、*NP*。

因为：*GH* 是 *AE* 的倍量，*HK* 是 *EB* 的倍量，它们的倍数相同，

所以：*GH* 是 *AE* 的倍量，*GK* 是 *AB* 的倍量，它们的倍数相同。[V. 1]

又因：*GH* 是 *AE* 的倍量，*LM* 是 *CF* 的倍量，它们的倍数相同，

所以：*GK* 是 *AB* 的倍量，*LM* 是 *CF* 的倍量，它们的倍数相同。

又因：*LM* 是 *CF* 的倍量，*MN* 是 *FD* 的倍量，它们的倍数相同，

所以：*LM* 是 *CF* 的倍量，*LN* 是 *CD* 的倍量，它们的倍数相同。[V. 1]

又因：*LM* 是 *CF* 的倍量，*GK* 是 *AB* 的倍量，它们的倍数相同，

所以：*GK* 是 *AB* 的倍量，*LN* 是 *CG* 的倍量，它们的倍数相同。

因此：*GK*、*LN* 是 *AB*、*CD* 的等倍量。

因为：*HK* 是 *EB* 的倍量，*MN* 是 *FD* 的倍量，它们的倍数相同，

且 *KO* 也是 *EB* 的倍量，*NP* 是 *FD* 的倍量，它们的倍数相同，

所以：和 *HO* 也是 *EB* 的倍量，*MP* 是 *FD* 的倍量，它们的倍数相同。

[V. 2]

因为：*AB* 比 *BE* 如同 *CD* 比 *DF*，

且已取定 *AB*、*CD* 的同倍量 *GK*、*LN*，

且 *EB*、*FD* 的同倍量为 *HO*、*MP*，

所以：假如 *GK* 大于 *HO*，那么 *LN* 大于 *MP*。

如果前二者相等，那么后二者也相等，

假如 *GK* 小于 *HO*，那么 *LN* 小于 *MP*。

令 *GK* 大于 *HO*。

假如由以上每一个减去 *HK*，那么 *GH* 大于 *KO*。

如果 *GK* 大于 *HO*，那么 *LN* 大于 *MP*，

因此 *LN* 大于 *MP*，

假如它们每一个减去 *MN*，那么 *LM* 大于 *NP*；

所以：假如 *GH* 大于 *KO*，那么 *LM* 大于 *NP*。

同理可证：假如 *GH* 等于 *KO*，那么 *LM* 等于 *NP*；

假如 *GH* 小于 *KO*，那么 *LM* 小于 *NP*，

因为：GH、LM 是 AE、CF 的同倍量，

此时：KO、NP 是另外任意取定的 EB、FD 的同倍量，

所以：AE 比 EB 如同 CF 比 FD。

证完。

命题 18

…

假如几个量成分比例，那么它们的合比例也成立。

A——E——B
C——F G——D

设：AE、EB、CF、FD 是成比例的量。

也就是 AE 比 EB 如同 CF 比 FD。

那么可以说：它们的合比例成立。

也就是 AB 比 BE 如同 CD 比 FD。

因为：假如 CD 比 DF 不相同于 AB 比 BE，

所以：AB 比 BE 如同于 CD 比要么小于 DF 的量，要么大于 DF 的量。

设：在那个比中的量 DG 小于 DF。

因为：AB 比 BE 如同 CD 比 DG，

它们是成合比例的量，

如此，它们也成分比例。 [V. 17]

所以：AE 比 EB 如同 CG 比 GD。

又因，根据假设：AE 比 EB 如同 CF 比 FD，

所以：CG 比 GD 如同 CF 比 FD。 [V. 11]

因为：第一量 CG 大于第三量 CF，

所以：第二量 GD 大于第四量 FD。 [V. 14]

但是，它同时小于它，这是不符合常理的，

因此：*AB* 比 *BE* 不同于 *CD* 比一个较 *FD* 小的量。

同理可证：*CD* 也不会是一个较 *FD* 大的量，

所以：在那个比例中应是 *FD* 自身。

证完。

命题 19

…

假如整体比整体如同减去的部分比减去的部分，那么剩余部分比剩余部分如同整体比整体。

A——E——B

C——F——D

设：整体 *AB* 比整体 *CD* 如同减去部分 *AE* 比减去部分 *CF*。

那么可以说：剩余的 *EB* 比剩余的 *FD* 如同整体 *AB* 比整体 *CD*。

因为：*AB* 比 *CD* 如同 *AE* 比 *CF*，

它们的更比例为，*BA* 比 *AE* 如同 *DC* 比 *CF*，[V. 16]

又因：这些量成合比例，它们也成分比例，[V. 17]

也就是：*BE* 比 *EA* 如同 *DF* 比 *CF*。

又更比例为：*BE* 比 *DF* 如同 *EA* 比 *FC*。[V. 16]

又因，根据假设：*AE* 比 *CF* 如同整体 *AB* 比整体 *CD*，

所以：剩余的 *EB* 比剩余的 *FD* 如同整体 *AB* 比整体 *CD*。[V. 11]

证完。

推论 由此，明显可得，假如这些量成合比例，那么它们也成合比例。

命题20

…

如有三个量，又有个数与它们相同的三个量，在各组中每取两个相应的量都有相同的比，假如首末项第一量大于第三量，那么第四量大于第六量；假如前二者相等，那么后二者也相等；假如第一量小于第三量，那么第四量小于第六量。

A———— D————
B—— E——
C——— F———

设：有三个量 A、B、C；又有另外的量 D、E、F。

在各组中每取两个都有相同的比。

假如：A 比 B 如同 D 比 E，且 B 比 C 如同 E 比 F；

又设：A 大于 C，这是首末两项。

那么可以说：D 大于 F；

如果 A 等于 C，那么 D 等于 F；如果 A 小于 C，那么 D 小于 F。

设：A 大于 C，并且 B 是另外的量。

因为：较大者与较小者和同一量相比，大者有较大的比， [V. 8]

所以：A 比 B 大于 C 比 B。

又因：A 比 B 如同 D 比 E，并且由逆比例，C 比 B 如同 F 比 E，

所以：D 比 E 大于 F 比 E。 [V. 13]

因为：一些量与同量相比，比大，则原来的量大， [V. 10]

所以：D 大于 F。

同理可证：假如 A 等于 C，那么 D 等于 F，

假如 F 小于 C，那么 D 小于 F。

证完。

命题 21

…

假如有三个量，又有个数与它们相同的三个量，在各组中每取相应的两个量都有相同的比，并且它们成波动比例。
那么，假如首末项中第一量大于第三量，那么第四量大于第六量；假如前二者相等，那么后二者也相等；假如第一量小于第三量，那么第四量小于第六量。

A————　　D————
B———　　E—————
C————　　F———

设：有三个量 A、B、C；又有另外三个量 D、E、F。

各取两个相应量都有相同的比，并且它们成波动比例；

也就是：A 比 B 如同 E 比 F。

又因：B 比 C 如同 D 比 E，

且设：首末两项 A 大于 C。

那么可以说：D 大于 F；若 A 等于 C，那么 D 等于 F；若 A 小于 C，那么 D 小于 F。

因为：A 大于 C，并且 B 是另外的量，

所以：A 比 B 大于 C 比 B。 [V. 8]

因为：A 比 B 如同 E 比 F，又由逆比例，C 比 B 如同 E 比 D，

所以：E 比 F 大于 E 比 D。 [V. 13]

因为：同一量与一些量相比，其比较大者，则这个量小， [V. 10]

所以：F 小于 D，

因此：D 大于 F。

同理可证：假如 A 等于 C，D 等于 F；假如 A 小于 C，D 小于 F。

证完。

命题 22

…

假如有任意多个量，又有个数与它们相同的一些量，各组中每取两个相应的量都有相同的比，那么它们成首末比例。

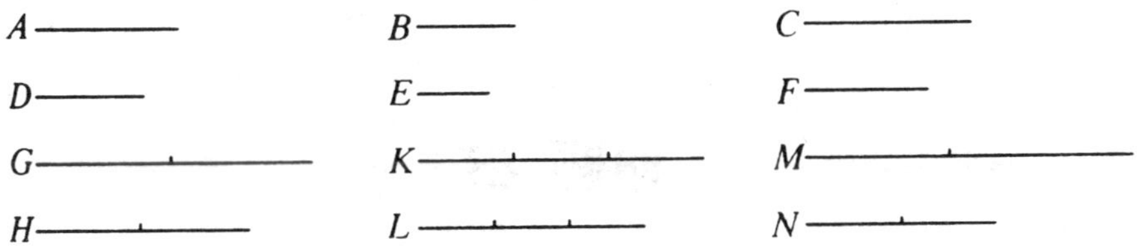

设：有任意多个量 A、B、C；

又另有与它们个数相同的量 D、E、F。

各组中每取两个相应的量都有相同的比，

使 A 比 B 如同 D 比 E；

而 B 比 C 如同 E 比 F。

那么可以说：它们也成首末比例，也就是 A 比 C 如同 D 比 F。

取定 A、D 的同倍量 G、H。

对 B、E 任意取定它们的同倍量 K、L；

对 C、F 任意取定它们的同倍量 M、N。

因为：A 比 B 如同 D 比 E，

且已经取定了 A、D 的同倍量 G、H，另外任意给出 B、E 的同倍量 K、L，

因此：G 比 K 如同 H 比 L。 [V. 4]

同理可证：K 比 M 如同 L 比 N。

因为：此时有三个量 G、K、M，

并且另外有与它们个数相等的量 H、L、N，

且各组每取两个相应的量都有相同的比，

所以：取首末比，如果 G 大于 M，那么 H 大于 N。

假如 G 等于 M，那么 H 等于 N，[V. 20]

假如 G 小于 M，那么 H 小于 N。

因为：G、H 是 A、D 的同倍量，另外任意给出 C、F 的同倍量 M、N，

所以：A 比 C 如同 D 比 F。[V. 定义 5]

证完。

命题 23

•••

假如有三个量，又有与它们个数相同的三个量，在各组中每取两个相应的量都有相同的比，它们组成波动比例，那么它们也成首末比例。

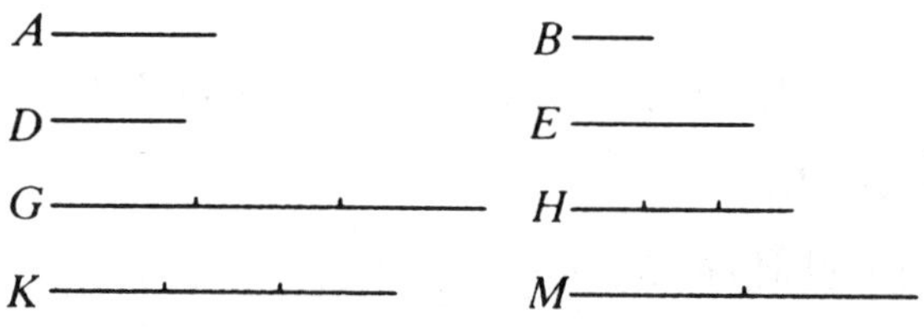

设：有三个量 A、B、C，并且另外有与它们个数相同的三个量 D、E、F。

从各组中每取两个相应的量都有相同的比；

又设：它们组成波动比例，

也就是 A 比 B 如同 E 比 F，并且 B 比 C 如同 D 比 E。

那么可以说：A 比 C 如同 D 比 F。

取定 A、B、D 的同倍量 G、H、K。

另外任意给出 C、E、F 的同倍量 L、M、N。

因为：G、H 是 A、B 的同倍量，部分对部分的比如同它们同倍量的

比， [V. 15]

所以：A 比 B 如同 G 比 H。

同理可证：E 比 F 如同 M 比 N。

并且 A 比 B 如同 E 比 F，

那么：G 比 H 如同 M 比 N。 [V. 11]

因为：B 比 C 如同 D 比 E，

那么更比例为，B 比 D 如同 C 比 E。 [V. 16]

又因：H、K 是 B、D 的同倍量，且部分与部分的比如同它们同倍量的比，

所以：B 比 D 如同 H 比 K。 [V. 15]

因为：B 比 D 如同 C 比 E，

所以：H 比 K 如同 C 比 E。 [V. 11]

因为：L、M 是 C、E 的同倍量，

所以：C 比 E 如同 L 比 M。 [V. 15]

又因：C 比 E 如同 H 比 K，

因此：H 比 K 如同 L 比 M， [V. 11]

且更比例为：H 比 L 如同 K 比 M。 [V. 16]

由于：已经证明了，G 比 H 如同 M 比 N，

又因：有三个量 G、H、L，另外有与它们个数相同的量 K、M、N，

各组每取两个量都有相同的比，

并且使它们的这个比例是波动比例，

因此：是首末比，假如 G 大于 L，那么 K 大于 N。

假如 G 等于 L，那么 K 等于 N；

假如 G 小于 L，那么 K 小于 N。 [V. 21]

因为：G、K 是 A、D 的同倍量，

并且 L、N 是 C、F 的同倍量，

所以：A 比 C 如同 D 比 F。

证完。

命题 24

…

假如第一量比第二量与第三量比第四量有相同的比，并且第五量比第二量与第六量比第四量有相同的比，那么第一量与第五量的和比第二量，第三量与第六量的和比第四量有相同的比。

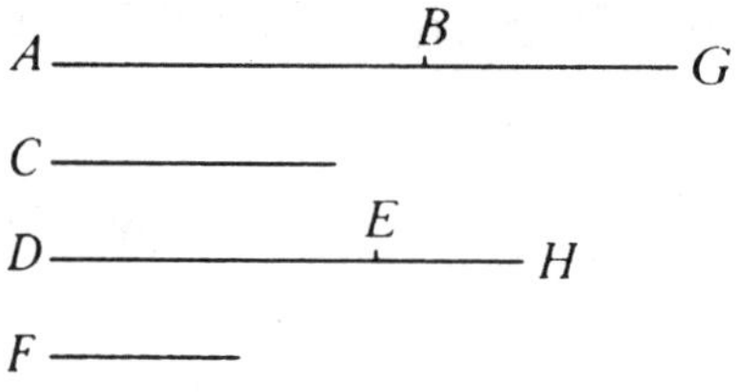

设：第一量 *AB* 比第二量 *C* 与第三量 *DE* 比第四量 *F* 有相同的比；

并且第五量 *BG* 比第二量 *C* 与第六量 *EH* 比第四量 *F* 有相同的比。

那么可以说：第一量与第五量的和 *AG* 比第二量 *C*，与第三量与第六量和 *DH* 比第四量 *F* 有相同的比。

因为：*BC* 比 *C* 如同 *EH* 比 *F*，

其反比例为：*C* 比 *BG* 如同 *F* 比 *EH*。

且 *AB* 比 *C* 如同 *DE* 比 *F*，

又因：*C* 比 *BG* 如同 *F* 比 *EH*，

所以：首末比为，*AB* 比 *BG* 如同 *DE* 比 *EH*。 [V. 22]

因为：这些量成比例，

所以：它们也成合比例， [V. 18]

因此：*AG* 比 *GB* 如同 *DH* 比 *HE*。

因为：*BG* 比 *C* 如同 *EH* 比 *F*，

所以：首末比为，*AG* 比 *C* 如同 *DH* 比 *F*。 [V. 22]

证完。

命题25

…

假如四个量成比例，那么最大量与最小量的和大于其余两个量的和。

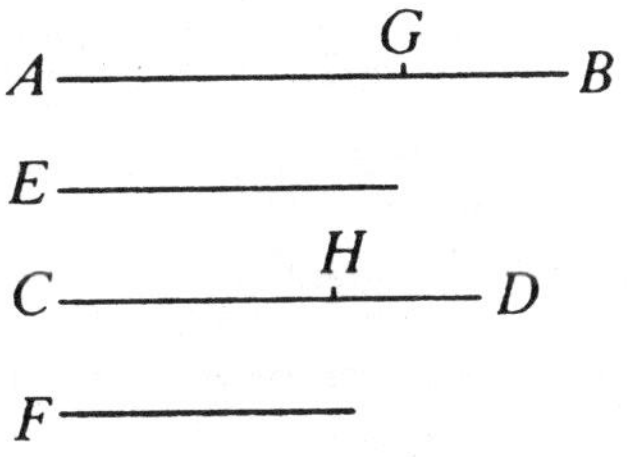

设：四个量 *AB*、*CD*、*E*、*F* 成比例，

令 *AB* 比 *CD* 如同 *E* 比 *F*，其中 *AB* 是它们中最大的，*F* 是最小的。

那么可以说：*AB* 与 *F* 的和大于 *CD* 与 *E* 的和。

取 *AG* 等于 *E*，并且 *GH* 等于 *F*。

因为：*AB* 比 *CD* 如同 *E* 比 *F*，并且 *E* 等于 *AG*，*F* 等于 *CH*，

所以：*AB* 比 *CD* 如同 *AG* 比 *CH*。

因为：整体 *AB* 比整体 *CD* 如同减去的部分 *AG* 比减去的部分 *CH*，

那么：剩余的 *GB* 比剩余的 *HD* 也如同整体 *AB* 比整体 *CD*。 [V. 19]

又因：*AB* 大于 *CD*，

所以：*GB* 大于 *HD*。

因为：*AG* 等于 *E*，并且 *CH* 等于 *F*，

所以：*AG*、*F* 的和等于 *CH*、*E* 的和。

由于，已经证明：*GB* 与 *HD* 不等，并且 *GB* 较大，

假如：将 *AG*、*F* 加在 *GB* 上，并且将 *CH*、*E* 加在 *HD* 上，

由此可得：*AB* 与 *F* 的和大于 *CD* 与 *E* 的和。

证完。

卷

VI

定义

01 凡直线形，若它们的角对应相等且夹等角的边成比例，则称它们是相似直线形。

02 在两个直线形中，夹角的两边有如下的比例关系，第一形的一边比第二形的一边如同第二形的另一边比第一形的另一边，则称这两个直线形为互逆相似图形。

03 分一线段为二线段，当整体线段比大线段如同大线段比小线段时，则称此线段被分为中外比。

04 在一个图形中，由顶点到底边的垂线叫作图形的高。

命题

命题1

…

等高的三角形或平行四边形，它们彼此之比如同其底之比。

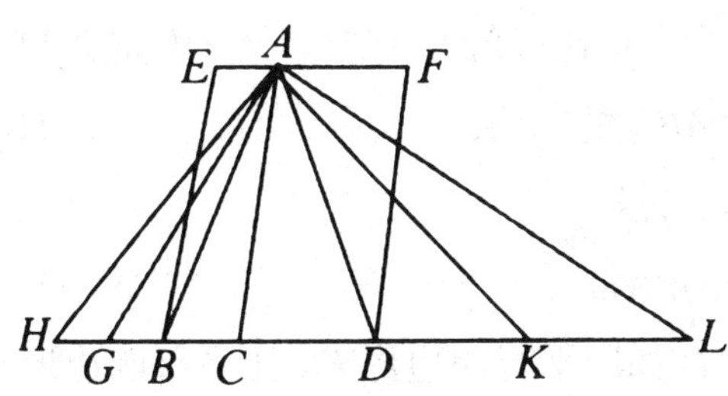

设：两个等高三角形为 *ABC*、*ACD*，两个等高平行四边形为 *EC*、*CF*。

那么可以说：底 *BC* 比底 *CD* 如同三角形 *ABC* 比三角形 *ACD*，也如同平行四边形 *EC* 比平行四边形 *CF*。

向两边延长 *BD* 至 *H*、*L*。

设：任意条线段 *BG*、*GH* 等于底 *BC*。

同时，任意条线段 *DK*、*KL* 等于底 *CD*。

连接 *AG*、*AH*、*AK*、*AL*。

由于：*CB*、*BG*、*GH* 彼此相等，

三角形 *ABC*、*AGB*、*AHG* 也彼此相等， [I. 38]

因此：无论底 *HC* 是底 *BC* 的几倍，三角形 *AHC* 也是三角形 *ABC* 的同样几倍。

同理可证：无论底 *LC* 是底 *CD* 的几倍，三角形 *ALC* 也是三角形 *ACD* 的同样几倍；

若底 *HC* 等于底 *CL*，三角形 *AHC* 等于三角形 *ACL*； [I. 38]

若底 *HC* 大于底 *CL*，三角形 *AHC* 大于三角形 *ACL*；

若底 *HC* 小于底 *CL*，三角形 *AHC* 小于三角形 *ACL*，

因此：有四个量，两个底 *BC*、*CD* 和两个三角形 *ABC*、*ACD*，已取定底 *BC* 和三角形 *ABC* 的同倍量，也就是底 *HC* 和三角形 *AHC*。

同时，对底 *CD* 及三角形 *ADC* 取定任意的同倍量，

也就是底 *LC* 和三角形 *ALC*。

因为，已经证明：

若底 *HC* 大于底 *CL*，三角形 *AHC* 大于三角形 *ALC*；

若底 *HC* 等于底 *CL*，三角形 *AHC* 等于三角形 *ALC*；

若底小于底 *CL*，三角形 *AHC* 小于三角形 *ALC*，

所以：底 *BC* 比底 *CD* 如同三角形 *ABC* 比三角形 *ACD*。 [V. 定义 5]

又因：平行四边形 *EC* 是三角形 *ABC* 的二倍， [V. 41]

平行四边形 *FC* 是三角形 *ACD* 的二倍，

部分比部分如同它们的同倍量比同倍量， [V. 15]

所以：三角形 *ABC* 比三角形 *ACD* 如同平行四边形 *EC* 比平行四边形 *FC*。

因为：已证底 *BC* 比 *CD* 如同三角形 *ABC* 比三角形 *ACD*，

又因：三角形 *ABC* 比三角形 *ACD* 如同平行四边形 *EC* 比平行四边形 *FC*，

所以：底 *BC* 比底 *CD* 也如同平行四边形 *EC* 比平行四边形 *FC*。

[V. 11]

证完。

命题2

…

若一条直线平行于三角形的一边，那么它截三角形的两边成比例线段；并且，若三角形的两边被截成比例线段，那么截点的连线平行于三角形的另一边。

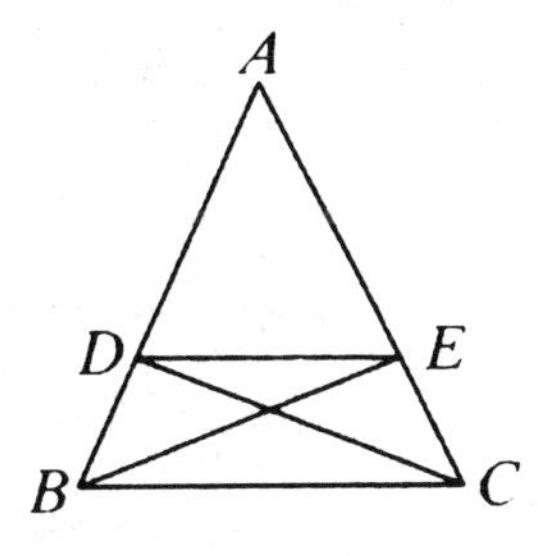

假如：作 *DE* 平行于三角形的一边 *BC*。

那么可以说：*BD* 比 *DA* 如同 *CE* 比 *EA*。

连接 *BE*、*CD*。

那么三角形 *BDE* 等于三角形 *CDE*；

因为：它们有同底 *DE*，并且在平行线 *DE*、*BC* 之间， [I. 38]

且三角形 *ADE* 是另外一个面片，

又因：相等的量比同一量，其比相同， [V. 7]

所以：三角形 *BDE* 比三角形 *ADE* 如同三角形 *CDE* 比三角形 *ADE*。

因为：三角形 *BDE* 比 *ADE* 如同 *BD* 比 *DA*，

又因：高相同，也就是由 *E* 到 *AB* 的垂线，它们彼此相比如同它们的底的比。 [VI. 1]

同理，三角形 *CDE* 比 *ADE* 如同 *CE* 比 *EA*，

所以：*BD* 比 *DA* 如同 *CE* 比 *EA*。 [V. 11]

设：三角形 *ABC* 的边 *AB*、*AC* 被截成比例线段，由此，*BD* 比 *DA* 如同 *CE* 比 *EA*，连接 *DE*。

那么可以说：*DE* 平行于 *BC*。

可用同样的方法来作图：

BD 比 *DA* 如同 *CE* 比 *EA*，

但 *BD* 比 *DA* 如同三角形 *BDE* 比三角形 *ADE*。

又因：*CE* 比 *EA* 如同三角形 *CDE* 比三角形 *ADE*， [VI. 1]

所以：三角形 *BDE* 比三角形 *ADE*，又如同三角形 *CDE* 比三角形 *ADE*，　[V. 11]

所以：三角形 *BDE*、*CDE* 的每一个比 *ADE* 有相同的比，

所以：三角形 *BDE* 等于三角形 *CDE*，　[V. 9]

并且，它们在同底 *DE* 上。

又因：在同底上相等的三角形，它们也在同平行线之间，

故：*DE* 平行于 *BC*。　[I. 39]

证完。

命题 3

…

若二等分三角形的一个角，它的分角线也将底截成两线段，那么这两条线段的比如同三角形其他两边之比；若分底成两线段的比如同三角形其他两边的比，那么由顶点到分点的连线平分三角形的顶角。

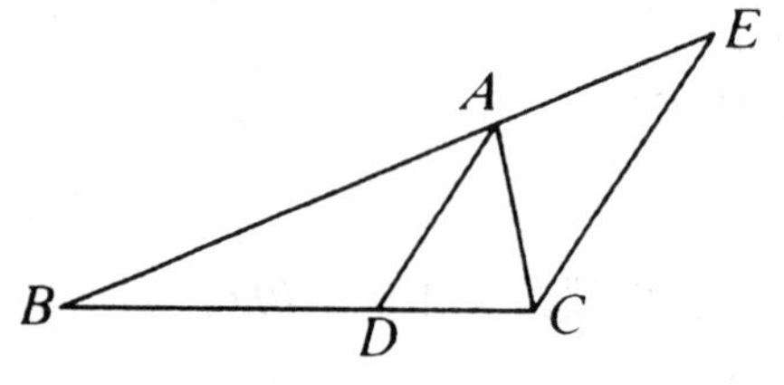

设：有一三角形 *ABC*，*AD* 二等分角 *BAC*。

那么可以说：*BD* 比 *CD* 如同 *BA* 比 *AC*。

经过 *C* 作 *CE* 平行于 *DA*，并且延长 *AB* 和它交于 *E*。

因为：*AC* 和平行线 *AD*、*EC* 相交，角 *ACE* 等于角 *CAD*，　[I. 29]

又因：已假设，角 *CAD* 等于角 *BAD*，

因此：角 *BAD* 等于角 *ACE*。

由于：直线 *BAE* 和平行线 *AD*、*EC* 相交，

外角 *BAD* 等于内角 *AEC*，　[I. 29]

又因：已经证明角 *ACE* 等于角 *BAD*，

因此：角 *ACE* 等于角 *AEC*，

所以：边 *AE* 等于边 *AC*。 [I. 6]

因为：作了 *AD* 平行于三角形 *BCE* 的一边 *EC*，

所以：有比例，*BD* 比 *DC* 如同 *BA* 比 *AE*。 [VI. 2]

又因：*AE* 等于 *AC*，

所以：*BD* 比 *DC* 等于 *BA* 比 *AC*。

又设：*BA* 比 *AC* 如同 *BD* 比 *DC*，连接 *AD*，

那么可以说：直线 *AD* 二等分角 *BAC*。

同样作图。

因为：*BD* 比 *DC* 如同 *BA* 比 *AC*，

又因：已经作了 *AD* 平行于三角形 *BCE* 的一边 *EC*，

因此：*BD* 比 *DC* 如同 *BA* 比 *AE*， [VI. 2]

因此：*BA* 比 *AC* 如同 *BA* 比 *AE*， [V. 11]

且 *AC* 等于 *AE*， [V. 9]

所以：角 *AEC* 等于角 *ACE*。 [I. 5]

因为：同位角 *AEC* 等于角 *BAD*， [I. 29]

又因：内错角 *ACE* 等于角 *CAD*， [I. 29]

所以：角 *BAD* 等于角 *CAD*，

所以：直线 *AD* 二等分角 *BAC*。

证完。

命题 4

…

在两个三角形中，假如各角对应相等，那么夹等角的边成比

例，其中等角所对的边是对应边。

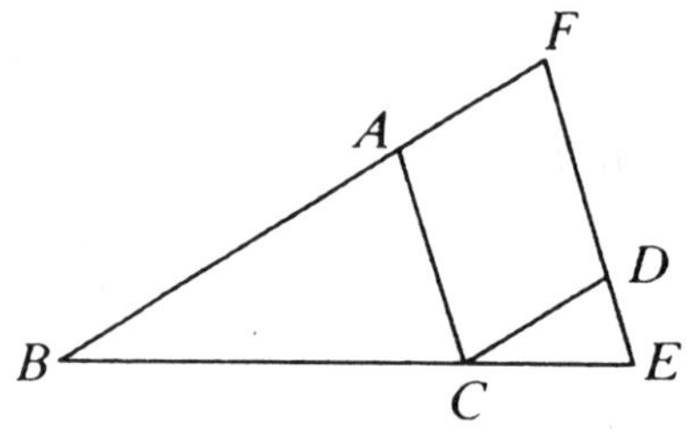

设：三角形 *ABC*、*DCE* 的各角对应相等，角 *ABC* 等于角 *DCE*，角 *BAC* 等于角 *CDE*，角 *ACB* 等于角 *CED*。

那么可以说：在三角形 *ABC*、*DCE* 中，夹等角的边成比例，其中等角所对的边是对应边。

设：将 *BC* 和 *CE* 置于一条直线上。

因为：角 *ABC*、*ACB* 之和小于两直角， [I. 17]

并且角 *ACB* 等于角 *DEC*，

因此：角 *ABC*、*DEC* 之和小于两直角，

所以：*BA*、*ED* 延长后必相交。 [I. 公设 5]

设：它们的交点是 *F*。

因为：角 *DCE* 等于角 *ABC*，

所以：*BF* 平行于 *CD*。 [I. 28]

又因：角 *ACB* 等于角 *DEC*，

所以：*AC* 平行于 *FE*， [I. 28]

所以：*FACD* 是一个平行四边形，

所以：*FA* 等于 *DC*，并且 *AC* 等于 *FD*。 [I. 34]

又因：*AC* 平行于三角形 *FBE* 的边 *FE*，

所以：*BA* 比 *AF* 如同 *BC* 比 *CE*。 [VI. 2]

又因：*AF* 等于 *CD*，

所以：*BA* 比 *CD* 如同 *BC* 比 *CE*。

由更比：*AB* 比 *BC* 如同 *DC* 比 *DE*， [V. 16]

且 *CD* 平行于 *BF*，

所以：*BC* 比 *CE* 如同 *FD* 比 *DE*。 [VI. 2]

因为：*FD* 等于 *AC*，

所以：BC 比 CE 如同 AC 比 DE，

由更比：BA 比 CA 如同 CE 比 ED。 [V. 16]

因已经证明：AB 比 BC 如同 DC 比 CE，

并且 BC 比 CA 如同 CE 比 ED，

所以：由首末比，BA 比 AC 如同 CD 比 DE。 [V. 22]

证完。

命题 5

…

若两个三角形的边成比例，那么它们的角是相等的，也就是对应边所对的角相等。

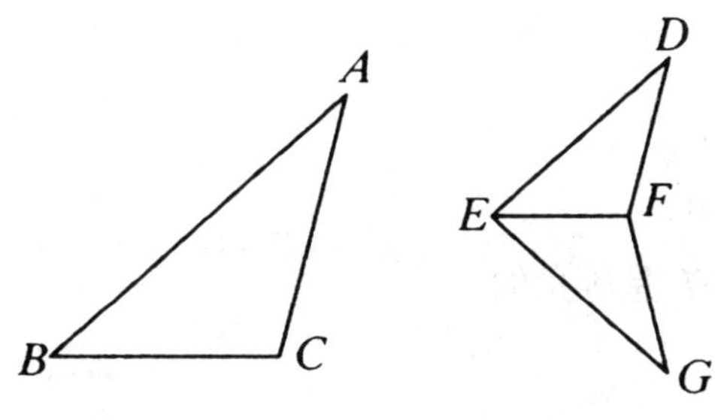

设：ABC、DEF 是两个三角形，它们的边成比例。也就是：

AB 比 BC 如同 DE 比 EF；

BC 比 CA 如同 EF 比 FD；

BA 比 AC 如同 ED 比 DF，

那么可以说：三角形 ABC 与三角形 DEF 的角是对应相等的。

这些角是对应边所对的角，也就是角 ABC 等于角 DEF，角 BCA 等于角 EFD，角 BAC 等于角 EDF。

由于：在线段 EF 上的点 E、F 处作角 FEG 等于角 ABC，并且角 EFG 等于角 ACB， [I. 23]

因此：剩下的在点 A 的角等于剩下的在点 G 的角， [I. 32]

所以：三角形 ABC 和三角形 GEF 是等角的，

所以：在三角形 ABC、GEF 中，夹等角的边成比例，并且那些对着

等角的边是对应边， [VI. 4]

因此：*AB* 比 *BC* 如同 *GE* 比 *EF*。

根据假设：*AB* 比 *BC* 如同 *DE* 比 *EF*，

因此：*DE* 比 *EF* 如同 *GE* 比 *EF*， [V. 11]

所以：线段 *DE*、*GE* 的每一条与 *EF* 相比有相同的比，

因此：*DE* 等于 *GE*。 [V. 9]

同理可证：*DF* 等于 *GF*。

由于：*DE* 等于 *EG*，且 *EF* 是公共的，

两边 *DE*、*EF* 等于两边 *GE*、*EF*，底 *DF* 等于底 *FG*，

所以：角 *DEF* 等于角 *GEF*， [I. 8]

并且，三角形 *DEF* 全等于三角形 *GEF*，

又因：其余的角等于其余的角，也就是等边所对的角， [I. 4]

因此：角 *DFE* 等于角 *GFE*，角 *EDF* 等于角 *GEF*，

因为：角 *FED* 等于角 *GEF*，角 *GEF* 等于角 *ABC*，

所以：角 *ABC* 等于角 *DEF*。

同理可得：角 *ACB* 等于角 *DFE*，

且，在点 *A* 的角等于在点 *D* 的角，

所以：三角形 *ABC* 与三角形 *DEF* 是等角的。

证完。

命题 6

…

若在两个三角形中，各自有一个角对应相等，并且夹这两角的边成比例，那么这两个三角形是等角的，并且这些等角是对应边所对的角。

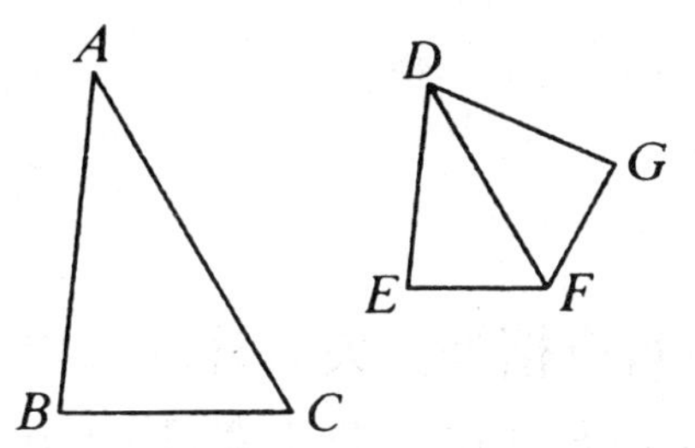

设：三角形 *ABC*、*DEF* 中，角 *BAC* 等于角 *EDF*，并且夹这两个角的边成比例，

也就是 *BA* 比 *AC* 如同 *ED* 比 *DF*。

那么可以说：三角形 *ABC* 与三角形 *DEF* 的各角是相等的。

也就是，角 *ABC* 等于角 *DEF*，角 *ACB* 等于角 *DFE*。

由于：在直线 *DF* 上的点 *D*、*F* 处作角 *FDG* 等于角 *BAC*，或是等于角 *EDF*，又有角 *DFG* 等于角 *ACB*， [I. 23]

所以：其余在 *B* 处的角等于在点 *G* 处的角， [I. 32]

所以：三角形 *ABC* 与三角形 *DGF* 的各角是相等的， [VI. 4]

所以：成比例，*BA* 比 *AC* 如同 *GD* 比 *DF*。

根据假设：*BA* 比 *AC* 如同 *ED* 比 *DF*，

故：*ED* 比 *DF* 如同 *GD* 比 *DF*， [I. 11]

因此：*ED* 等于 *DG*。 [V. 9]

又因：*DF* 是公共的，

所以：两边 *ED*、*DF* 等于两边 *GD*、*DF*；并且角 *EDF* 等于角 *GDF*，

所以：底 *EF* 等于底 *GF*，

因为：三角形 *DEF* 全等于三角形 *DGF*，其余的角等于其余的角，

也就是等边所对的角， [I. 4]

所以：角 *DFG* 等于角 *DFE*，并且角 *DGF* 等于角 *DEF*。

又因：角 *DFG* 等于角 *ACB*，

因此：角 *ACB* 等于角 *DFE*。

根据假设：角 *BAC* 等于角 *EDF*，

所以：其余在 *B* 的角等于在 *E* 的角， [I. 32]

因此：三角形 *ABC* 与三角形 *DEF* 的各角是相等的。

证完。

命题 7

…

若在两个三角形中，各自有一个角对应相等，夹另外两个角的边成比例，其余的两个角要么都小于直角，要么都不小于直角，那么这两个三角形的各角相等，也就是成比例的边所夹的角也相等。

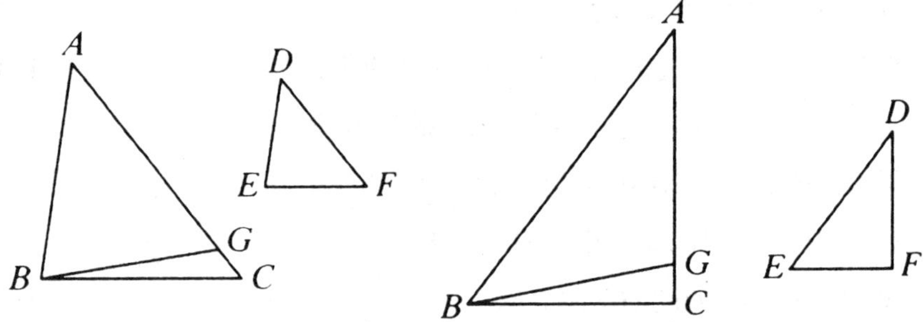

设：*ABC*、*DEF* 是各有一个角相等的两个三角形，角 *BAC* 等于角 *EDF*，夹另外角 *ABC*、*DEF* 的边成比例，也就是 *AB* 比 *BC* 如同 *DE* 比 *EF*。

先假设，在 *C*、*F* 处的角都小于一个直角。

那么可以说：三角形 *ABC* 与三角形 *DEF* 的各角相等，角 *ABC* 等于角 *DEF*。

余下的角也相等，也就是在 *C* 处的角等于在 *F* 处的角。

又设：角 *ABC* 不等于角 *DEF*，它们中有一个较大，

设较大的角是 *ABC*，

在线段 *AB* 上的点 *B* 处作角 *ABG* 等于角 *DEF*。 [I. 23]

又因：角 *A* 等于角 *D*，角 *ABG* 等于角 *DEF*，

因此：余下的角 *AGB* 等于角 *DFE*， [I. 32]

所以：三角形 *ABG* 与三角形 *DEF* 的各角是相等的，

所以：*AB* 比 *BG* 如同 *DE* 比 *EF*。 [VI. 4]

根据假设：*DE* 比 *EF* 如同 *AB* 比 *BC*，

因此：*AB* 比线段 *BC*、*BG* 的每一个有相同的比， [V. 11]

所以：*BC* 等于 *BG*， [V. 9]

所以：在 *C* 处的角等于角 *BGC*。 [I. 5]

但根据假设：在 *C* 处的角小于一个直角，

所以：角 *BGC* 小于一直角，

因此：它的邻角 *AGB* 大于一直角。 [I. 13]

因为：已证明它等于在 *F* 处的角，

因此：在 *F* 处的角大于一直角。

根据假设，它小于一直角，这是互相矛盾的，

因此：角 *ABC* 必须等于角 *DEF*，

但在 *A* 处的角等于在 *D* 处的角，

所以：其余在 *C* 处的角等于在 *F* 处的角， [I. 32]

因此：三角形 *ABC* 与三角形 *DEF* 的各角相等。

又设：在 *C*、*F* 处的角，每一个不小于一直角，

那么可以说：在这种情况下，三角形 *ABC* 仍与三角形 *DEF* 的各角相等。

用相同作图，可以证明：

BC 等于 *BG*，

所以：在 *C* 处的角等于角 *BGC*。 [I. 5]

又因：在 *C* 处的角不小于一直角，

所以：角 *BGC* 绝不会小于一直角，

故：在三角形 *BGC* 中，有两个角的和不小于两直角，这是不符合实际的， [I. 17]

因此：角 *ABC* 等于角 *DEF*。

又因：在 *A* 处的角等于在 *D* 处的角，

因此：其余在 *C* 处的角等于在 *F* 处的角， [I. 32]

所以：三角形 *ABC* 与三角形 *DEF* 的各角是相等的。

证完。

命题 8

…

假如在直角三角形中，由直角顶点向底作垂线，那么与垂线相邻的两个三角形都与原三角形相似，并且它们彼此相似。

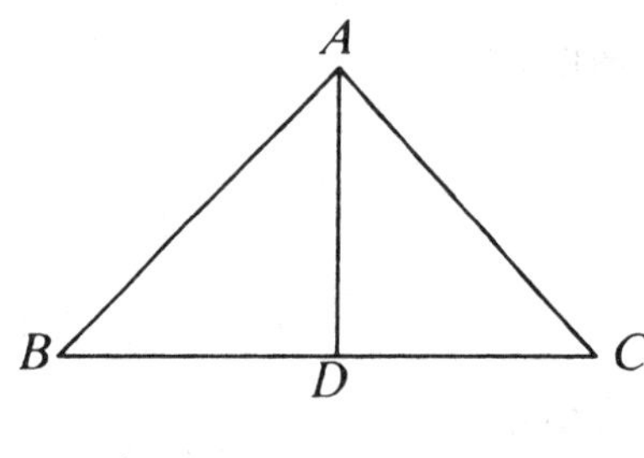

设：*ABC* 是一个直角三角形，其直角为 *BAC*，从 *A* 向 *BC* 所作的垂线为 *AD*。

那么可以说：*ABD*、*ADC* 的每个都和原三角形 *ABC* 相似，并且它们也彼此相似。

因为：角 *BAC* 与角 *ADB* 都是直角且彼此相等，

又因：在 *B* 的角是两三角形 *ABC* 和 *ABD* 的公共角，

所以：其余的角 *ACB* 等于其余的角 *BAD*，　[I. 32]

所以：三角形 *ABC* 和三角形 *ABD* 的各角相等，

因此：在三角形 *ABC* 中对直角的边 *BC* 比三角形 *ABD* 中对直角的边 *BA*，又如同三角形 *ABC* 中对角 *C* 的边 *AB* 比三角形 *ABD* 中对等角 *BAD* 的边 *BD*，而且也如同 *AC* 比 *AD*；

这是因为，它们是这两个三角形公共点 *B* 处的角所对的边，

所以：三角形 *ABC* 与三角 *ABD* 是等角的且夹等角的边成比例，

故：三角形 *ABC* 与三角形 *ABD* 相似。　[VI. 定义 I]

同理可得：三角形 *ABC* 相似于三角形 *ADC*，

所以：三角形 *ABD*、*ADC* 的每一个都相似于原来三角形 *ABC*。

同时也可证：三角形 *ABD*、*ADC* 也彼此相似。

因为：直角 *BDA* 等于直角 *ADC*，

因此：其余在 *B* 处的角等于角 *DAC*， [I. 32]

所以：三角形 *ABD* 和三角形 *ADC* 的各角相等。

所以：在三角形 *ABD* 中角 *BAD* 所对的边 *BD* 比在三角形 *ADC* 中的 *DA*，它对着 *C* 点处的角等于角 *BAD*，这比如同在三角形 *ABD* 中在点 *B* 处的角 *ABC* 的对边 *AD* 比在三角形 *ADC* 中在点 *B* 处的角 *DAC* 所对的边 *DC*，也如同 *BA* 比 *AC*，这是因为，这两边对着所在三角形中的直角，

[VI. 4]

因此：三角形 *ABD* 相似于三角形 *ADC*。 [VI. 定义 1]

证完。

推论 若在一个直角三角形中，由直角向底作一垂线，那么这条垂线是底上两段的比例中项。

命题 9

…

从已知线段上截取一段定长线段。

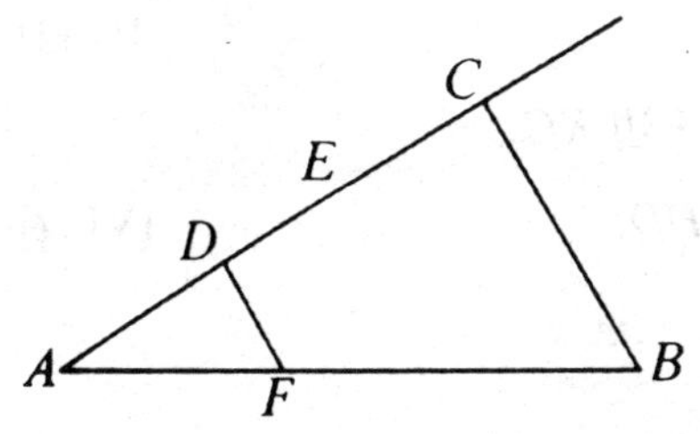

设：已知线段 *AB*。

要求：在 *AB* 上截取线段等于定长。假设那部分是原长的三分之一。从点 *A* 作直线 *AC* 和 *AB* 成任意角，在 *AC* 上任取一点 *D*，让 *DE*、*EC* 等于 *AD*。 [I. 3]

连接 *BC*，过 *D* 作 *DF* 平行于它。 [I. 31]

那么：*FD* 平行于三角形 *ABC* 的一边 *BC*，按比例，*CD* 比 *DA* 如同

BF 比 FA。 [VI. 2]

由于：CD 是 DA 的二倍，

因此：BF 也是 FA 的二倍，

所以：BA 是 AF 的三倍，

因此：在已知线段 AB 上截出了 AF 等于原长的三分之一。

作完。

命题 10

…

分一已知的未分线段使它相似于已分线段。

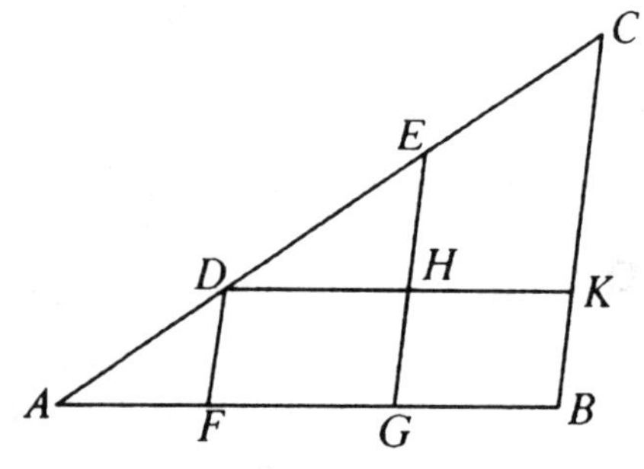

设：已知未分线段 AB，已分线段 AC 被截于点 D、E，它们交成任意角，

连接 CB，过 D、E 作 DF、EG 平行于 BC，过 D 作 DHK 平行于 AB， [I. 31]

因此：图形 FH、HB 的每一个都是平行四边形，

所以：DH 等于 FG，HK 等于 GB。 [I. 34]

因为：线段 HE 平行于三角形 DKC 的一边 KC，

所以：按比例，CE 比 ED 如同 KH 比 HD。 [VI. 2]

又因：KH 等于 BG，HD 等于 GF，

所以：CD 比 ED 如同 BG 比 GF。

因为：FD 平行于三角形 AGE 的一边 GE，

所以：按比例，ED 比 DA 如同 GF 比 FA。 [VI. 2]

由于已经证明，*CE* 比 *ED* 如同 *BG* 比 *GF*，

所以：*CE* 比 *ED* 如同 *BG* 比 *GF*。

又因：*ED* 比 *DA* 如同 *GF* 比 *FA*，

所以：将已知未分线段 *AB* 分成与已知已分线段 *AC* 相似的线段。

作完。

命题 11

…

求作已知二线段的第三比例项。

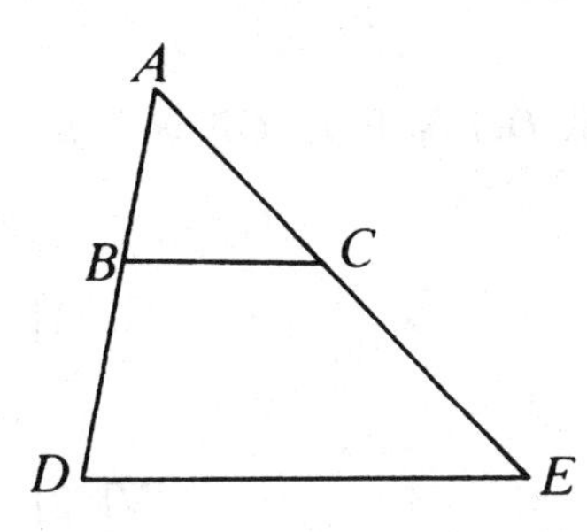

设：已知线段 *BA*、*AC*，且设它们交成任意角。

要求：作 *BA*、*AC* 的第三比例项。

延长它们到点 *D*、*E*，让 *BD* 等于 *AC*； [I. 3]

连接 *BC*，经过 *D* 作 *DE* 平行于 *BC*。 [I. 31]

因为：*BC* 平行于三角形 *ADE* 的一条边 *DE*，

所以：按比例，*AB* 比 *BD* 如同 *AC* 比 *CE*。 [VI. 2]

又因：*BD* 等于 *AC*，

所以：*AB* 比 *AC* 如同 *AC* 比 *CE*，

所以：对给定的二线段 *AB*、*AC* 作了它们的第三比例项 *CE*。

作完。

命题 12

…

求作已知的三线段的第四比例项。

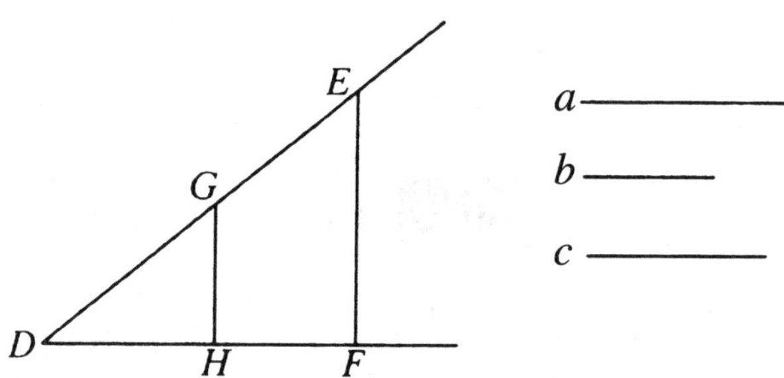

设：给定线段 a、b、c。

要求：作 a、b、c 的第四比例项。

设：两条直线 DE、DF 交成任意角 EDF，取 DG 等于 a，GE 等于 b，DH 等于 c；

连接 GH，并且过 E 作 EF 平行于它。 [I. 31]

因为：GH 平行于三角形 DEF 的一边 EF，

所以：DG 比 GE 如同 DH 比 HF。 [VI. 2]

又因：DG 等于 a，GE 等于 b，并且 DH 等于 c，

所以：a 比 b 如同 c 比 HF，

所以：对已知三条线段 a、b、c 作了第四比例项 HF。

作完。

命题 13

…

求作两条已知线段的比例中项。

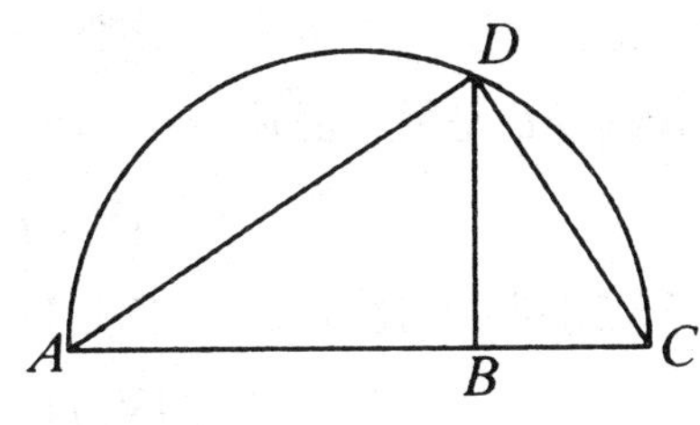

设：已知线段 *AB*、*BC*。

要求：作 *AB*、*BC* 的比例中项。

设：它们在同一直线上，在 *AC* 上作半圆 *ADC*，在点 *B* 处作 *BD* 和直线 *AC* 成直角。

连接 *AD*、*DC*。

因为：角 *ADC* 是半圆上的内接角，

所以：它是直角。 [III. 31]

又因：在直角三角形 *ADC* 中，*DB* 是由直角的顶点作到底边的垂线，

所以：*DB* 是底 *AB*、*BC* 的比例中项， [VI. 8，推论]

所以：对两条已知线段 *AB*、*BC* 作了比例中项 *DB*。

作完。

命题 14

…

在相等且等角的平行四边形中，夹等角的边成互反比例；在等角平行四边形中，若夹等角的边成互反比例，那么它们相等。

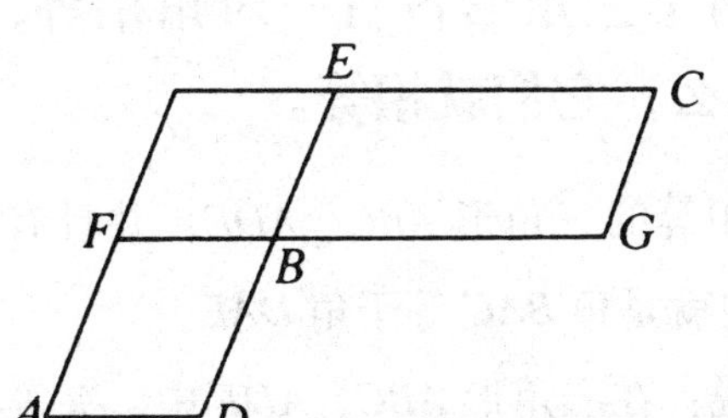

设：*AB*、*BC* 是相等且等角的平行四边形，并且在 *B* 处的角相等，*DB*、*BE* 在同一直线上。

那么：*FB*、*BG* 也在一直线上。 [I. 14]

那么可以说：*AB*、*BC* 中夹等角的边成互反比例，即 *DB* 比 *BE* 如同 *GB* 比 *BF*。

将平行四边形 *FE* 完全画出，

因为：平行四边形 *AB* 等于平行四边形 *BC*、*FE* 是另一面片，

所以：*AB* 比 *FE* 如同 *BC* 比 *FE*， [V. 7]

又因：*AB* 比 *FE* 如同 *DB* 比 *BE*，*BC* 比 *FE* 如同 *GB* 比 *BF*， [VI. 1]

所以：*DB* 比 *BE* 如同 *GB* 比 *BF*， [V. 11]

因此：在平行四边形 *AB*、*BC* 中夹等角的边成互反比例。

又设：*BG* 比 *BF* 如同 *DB* 比 *BE*。

那么可以说：平行四边形 *AB* 等于平行四边形 *BC*。

因为：*DB* 比 *BE* 如同 *GB* 比 *BF*，

则 *DB* 比 *BE* 如同平行四边形 *AB* 比平行四边形 *FE*， [VI. 1]

又因：*BG* 比 *BF* 如同平行四边形 *BC* 比平行四边形 *FE*， [VI. 1]

所以：*AB* 比 *FE* 如同 *BC* 比 *FE*， [V. 11]

因此：平行四边形 *AB* 等于平行四边形 *BC*。 [V. 9]

证完。

命题 15

…

在相等的两个三角形中，各有一个对角相等，那么，夹等角的边成互反比例；反而言之，两个三角形各有一对角相等，并且夹等角的边成互反比例，那么，它们就相等。

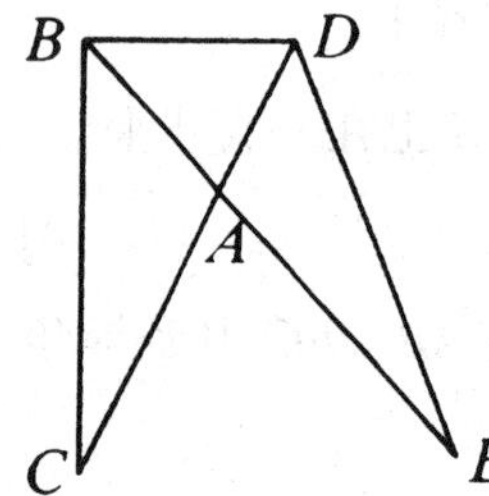

设：两个相等的三角形 *ABC*、*ADE*，并且有一对角相等，也就是角 *BAC* 等于角 *DAE*。

那么可以说：在三角形 *ABC*、*ADE* 中，夹等角的边成互反比例。

也就是，*CA* 比 *AD* 如同 *EA* 比 *AB*。

因为，可以让 *CA* 和 *AD* 在一直线上，因此：*EA* 和 *AB* 也在一条直线上，[I. 14]

连接 *BD*，

因为：三角形 *ABC* 等于三角形 *ADE*，而三角形 *BAD* 是另一个面片，

所以：三角形 *CAB* 比三角形 *BAD* 如同三角形 *EAD* 比三角形 *BAD*。[V. 7]

又因：*CAB* 比 *BAD* 如同 *CA* 比 *AD*，

EAD 比 *BAD* 如同 *EA* 比 *AB*，[VI. 1]

所以：*CA* 比 *AD* 如同 *EA* 比 *AB*，[V. 11]

故：在三角形 *ABC*、*ADE* 中，夹等角的边成互反比例。

又设：三角形 *ABC*、*ADE* 的边成互反比例，即 *EA* 比 *AB* 如同 *CA* 比 *AD*。

那么可以说：三角形 *ABC* 等于三角形 *ADE*。

因为：再连接 *BD*，*CA* 比 *AD* 如同 *EA* 比 *AB*，

故：*CA* 比 *AD* 如同三角形 *ABC* 比三角形 *BAD*。

又因：*EA* 比 *AB* 如同三角形 *EAD* 比三角形 *BAD*，[VI. 1]

所以：三角形 *ABC* 比三角形 *BAD* 如同三角形 *EAD* 比三角形 *BAD*，[V. 11]

因此：三角形 *ABC*、*EAD* 的每一个与三角形 *BAD* 有相同的比。

所以：三角形 *ABC* 等于三角形 *EAD*。[V. 9]

证完。

命题 16

…

若四条线段成比例，那么两外项围成的矩形等于两内项围成

的矩形；若两外项围成的矩形等于两内项围成的矩形，那么四条线段成比例。

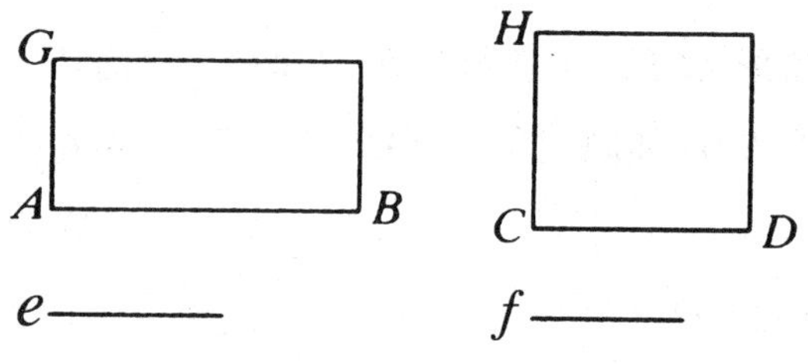

设：四条线段 *AB*、*CD*、*e*、*f* 成比例，*AB* 比 *CD* 如同 *e* 比 *f*。

那么可以说：*AB*、*f* 围成的矩形等于由 *CD*、*e* 围成的矩形。

设：在点 *A*、*C* 处作 *AG*、*CH* 与直线 *AB*、*CD* 成直角，取 *AG* 等于 *f*，取 *CH* 等于 *e*。

作平行四边形 *BG*、*DH* 成补形。

因为：*AB* 比 *CD* 如同 *e* 比 *f*，

且 *e* 等于 *CH*，*f* 等于 *AG*，

因此：*AB* 比 *CD* 如同 *CH* 比 *AG*，

所以：在平行四边形 *BG*、*DH* 中夹等角的边成互反比例。

因为：在这两个等角平行四边形中，当夹等角的边成互反比例时是相等的， [VI. 14]

所以：平行四边形 *BG* 等于平行四边形 *DH*。

又因：*AG* 等于 *f*，

故：*BG* 是矩形 *AB*、*f*。

又因：*e* 等于 *CH*，

故：*DH* 是矩形 *CD*、*e*，

所以：由 *AB*、*f* 围成的矩形等于 *CD*、*e* 围成的矩形。

那么可以说：*AB* 比 *CD* 如同 *e* 比 *f*。

用同样的作图。

因为：矩形 *AB*、*f* 等于矩形 *CD*、*e*，

又矩形 *AB*、*f* 是 *BG*，这是因为 *AG* 等于 *f*，

且矩形 CD、e 是 DH，这是因为 CH 等于 e，

所以：BG 等于 DH，且它们是等角的。

因为：在相等且等角的平行四边形中，夹等角的边成互反比例，

[VI. 14]

所以：AB 比 CD 如同 CH 比 AG。

又因：CH 等于 e，AG 等于 f，

所以：AB 比 CD 如同 e 比 f。

证完。

命题 17

…

假如三条线段成比例，那么两外项围成的矩形等于中项上的正方形；假如两外项围成的矩形等于中项上的正方形，那么这三条线段成比例。

a ——————

b ————

c ———

d ————

设：三条线 a、b、c 成比例，也就是 a 比 b 如同 b 比 c。

那么可以说：a、c 围成的矩形等于 b 上的正方形。

设：取 d 等于 b。

因为：a 比 b 如同 b 比 c，且 b 等于 d，

所以：a 比 b 如同 d 比 c。

假如四条线段成比例，那么两外项围成的矩形等于两中项围成的矩形，

[VI. 16]

所以：矩形 a、c 等于矩形 b、d。

又因：b 等于 d，矩形 b、d 是 b 上的正方形，

所以：a、c 围成的矩形等于 b 上的正方形。

又设：矩形 a、c 等于 b 上的正方形。

那么可以说：a 比 b 如同 b 比 c。

用同一图形。

因为：矩形 a、c 等于 b 上的正方形，

又因：b 等于 d，b 上的正方形是矩形 b、d，

所以：矩形 a、c 等于矩形 b、d。

若两外项围成的矩形等于两中项围成的矩形，那么这四条线段成比例。 [VI. 16]

所以：a 比 b 如同 d 比 c。

又因：b 等于 d，

所以：a 比 b 如同 b 比 c。

证完。

命题 18

• • •

在已知线段上作一个直线形使它与某已知直线形相似且有相似位置。

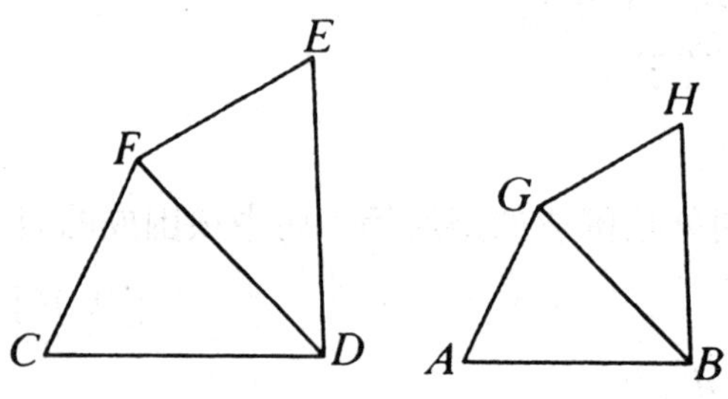

设：已知线段 AB，并且已知直线形 CE。

要求：在线段 AB 上作一个与直线形 CE 相似且有相似位置的直线形。

连接 DF，在线段 AB 上的

点 A、B 处作角 GAB，让它等于点 C 处的角，角 ABG 等于角 CDF。

[I. 23]

那么：余下的角 CFD 等于角 AGB，[I. 32]

所以：三角形 FCD 与三角形 GAB 是等角的，

因此：按比例，FD 比 BG 如同 FC 比 GA，又如同 CD 比 AB。

又因：在线段 BG 上的点 B、G 处，作角 BGH 等于角 DFE，角 GBH 等于角 FDE，[I. 23]

那么：余下的在 E 处的角等于在 H 处的角，[I. 32]

所以：三角形 FDE 与三角形 BGH 是各角分别相等的，

因此：有比例，FD 比 BG 如同 FE 比 GH，又如同 ED 比 HB。

[VI. 4]

又因，已经证明：FD 比 GB 如同 FC 比 GA，又如同 CD 比 AB，

所以：FC 比 AG 如同 CD 比 AB，又如同 FE 比 GH，又如同 ED 比 HB。

又因：角 CFD 等于角 AGB，角 DFE 等于角 BGH，

所以：整体角 CFE 等于整体角 AGH。

同理可证：角 CDE 等于角 ABH。

在 C 处的角等于在 A 处的角，

在 E 处的角等于在 H 处的角，

所以：AH 与 CE 是各角分别相等的。

又因：它们夹等角的边成比例，

所以：直线形 AH 相似于直线形 CE，[VI. 定义 1]

所以：在给定的线段 AB 上作了直线形 AH 相似于已知直线形 CE，并且位置相似。

作完。

命题 19

…

相似三角形互比如同其对应边的二次比。

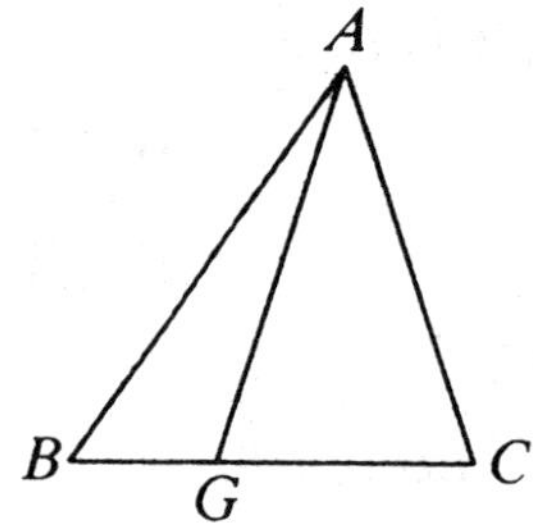

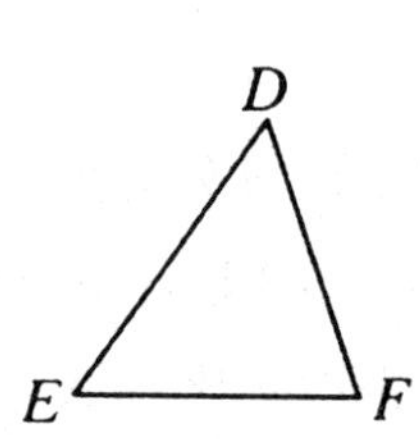

设：有两相似三角形 *ABC*、*DEF*，在 *B* 处的角等于在 *E* 处的角，让 *AB* 比 *BC* 如同 *DE* 比 *EF*。

故：*BC* 对应 *EF*。 [V. 定义 11]

那么可以说：三角形 *ABC* 比三角形 *DEF* 如同 *BC* 与 *EF* 的二次比。

取 *BC*、*EF* 的比例第三项为 *BG*，即 *BC* 比 *EF* 如同 *EF* 比 *BG*。 [VI. 11]

连接 *AG*。

因为：*AB* 比 *BC* 如同 *DE* 比 *EF*，

所以取更比例，*AB* 比 *DE* 如同 *BC* 比 *EF*。 [V. 16]

又因：*BC* 比 *EF* 如同 *EF* 比 *BG*，

因此：*AB* 比 *DE* 如同 *EF* 比 *BG*， [V. 11]

所以：在三角形 *ABG*、*DEF* 中，夹等角的边成互反比例。

因为：这些三角形中各有一个角相等，且夹等角的边成互反比例，它们就是相等的， [VI. 15]

所以：三角形 *ABG* 等于三角形 *DEF*。

又因：*BC* 比 *EF* 如同 *EF* 比 *BG*，

且若三条线段成比例，那么第一条与第三条的比，又如同第一条与第二条的二次比， [V. 定义 9]

所以：*BC* 与 *BG* 的比如同 *BC* 与 *EF* 的二次比。

因为：*BC* 比 *BG* 如同三角形 *ABC* 比三角形 *ABG*， [VI. 1]

所以：三角形 *ABC* 比三角形 *ABG* 是 *BC* 对 *EF* 的二次比。

又因：三角形 *ABG* 等于三角形 *DEF*，

所以：三角形 *ABC* 比三角形 *DEF* 也是 *BC* 对 *EF* 的二次比。

证完。

推论 由此可知，假如三条线段成比例，那么第一条与第三条如同画在第一条上的图形比画在第二条上与它相似且有相似位置的图形。

命题 20

…

将两个相似多边形分成同样多个相似三角形，并且对应三角形的比如同原形的比；原多边形与多边形的比如同对应边与对应边的二次比。

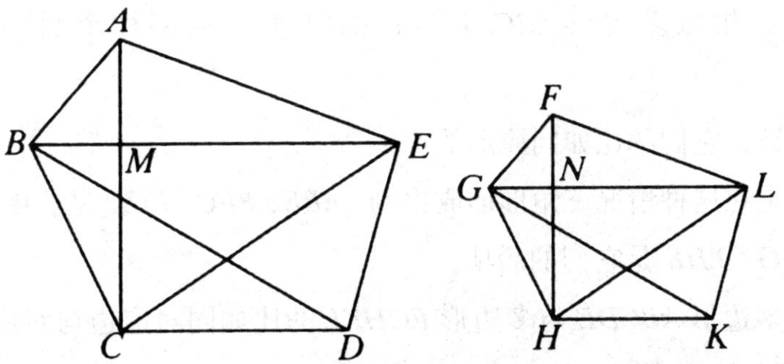

设：有相似多边形 *ABCDE*、*FGHKL*，*AB* 与 *FG* 对应。

那么可以说：多边形 *ABCDE*、*FGHKL* 可分成同样多个相似三角形；

并且相似三角形的比如同原形的比；

多边形 *ABCDE* 与多边形 *FGHKL* 之比如同 *AB* 与 *FG* 的二次比。

连接 *BE*、*EC*、*GL*、*LH*。

因为：多边形 *ABCDE* 相似于多边形 *FGHKL*，角 *BAE* 等于角 *GFL*，

又因：*BA* 比 *AE* 如同 *GF* 比 *FL*，　　[VI. 定义 1]

所以：*ABE*、*FGL* 是具有一个角与一个角相等的两个三角形，并且夹等角的边成比例，则三角形 *ABE* 与三角形 *FGL* 是等角的，　　[VI. 6]

所以：也是相似的。

角 *ABE* 等于角 *FGL*。

因为：多边形是相似的，整个角 *ABC* 等于整个角 *FGH*，

所以：余下的角 *EBC* 等于角 *LGH*。

又因：三角形 *ABE*、*FGL* 是相似的，

所以：*EB* 比 *BA* 如同 *LG* 比 *FG*，

且因多边形是相似的，所以：*AB* 比 *BC* 如同 *FG* 比 *GH*，

所以：有首末比，*EB* 比 *BC* 如同 *LG* 比 *GH*，　　[V. 22]

也就是，夹等角 *EBC*、*LGH* 的边成比例，

所以：三角形 *EBC* 与三角形 *LGH* 的各角相等，　　[VI. 6]

故：三角形 *EBC* 相似于三角形 *LGH*，　　[VI. 4 和定义 1]

同理，三角形 *ECD* 相似于三角形 *LHK*，

所以：相似多边形 *ABCDE* 与 *FGHKL* 被分成同样个数的相似三角形。

又可证，它们的比如同原形的比，

也就是在这种情况三角形形成比例，*ABE*、*EBC*、*ECD* 是前项，此时，*FGL*、*LHG*、*LHK* 是它们的后项；

且，多边形 *ABCDE* 与多边形 *FGHKL* 的比如同对应边与对应边的二次比，也就是 *AB* 与 *FG* 的二次比。

连接 *AC*、*FH*。

因为：多边形是相似的，

所以：角 *ABC* 等于角 *FGH*。

又因：*AB* 比 *BC* 如同 *FG* 比 *GH*，

且三角形 ABC 与三角形 FGH 的各角相等， [VI. 6]

所以：角 BAC 等于角 GFH，角 BCA 等于角 GHF。

因为：角 BAM 等于角 GFN，且角 ABM 等于角 FGN， [I. 32]

所以：余下的角 AMB 等于角 FNG，

故：三角形 ABM 与三角形 FGN 的各角相等。

类似地，可以证明，三角形 BMC 与三角形 GNH 的各角相等。

因此：有比例，AM 比 MB 如同 FN 比 NG，

又有 BM 比 MC 如同 GN 比 NH，

所以：有首末比，AM 比 MC 如同 FN 比 NH。

又因：AM 比 MC 如同三角形 ABM 比 MBC，

且如同 AME 比 EMC，这是因为它们彼此的比如同其底的比， [VI. 1]

所以：前项之一比后项之一如同所有前项的和比所有后项的和，

[V. 12]

所以：三角形 AMB 比 BMC 如同 ABE 比 CBE。

又因：AMB 比 BMC 如同 AM 比 MC，

所以：AM 比 MC 如同三角形 ABE 比三角形 EBC。

同理：FN 比 NH 如同三角形 FGL 比三角形 GLH。

又因：AM 比 MC 如同 FN 比 NH，

所以：三角形 ABE 比三角形 BEC 如同三角形 FGL 比三角形 GLH。

且由更比例，三角形 ABE 比三角形 FGL 如同三角形 BEC 比三角形 GLH。

同理可证：如果连接 BD、GK，那么三角形 BEC 比三角形 LGH 也如同三角形 ECD 比三角形 LHK。

又因：三角形 ABE 比三角形 FGL 如同 EBC 比 LGH，且如同 ECD 比 LHK，

所以：前项之一比后项之一如同所有前项的和比所有后项的和；

[V. 12]

因此：三角形 ABE 比三角形 FGL 如同多边形 $ABCDE$ 比多边形

FGHKL。

又因：三角形 *ABE* 比三角形 *FGL* 的比如同对应边 *AB* 与 *FG* 的二次比，这是因为相似三角形之比如同对应边的二次比， [VI. 19]

所以：多边形 *ABCDE* 比多边形 *FGHKL* 也如同对应边 *AB* 与 *FG* 的二次比。

证完。

推论 类似地，可证：有关四边形的情况，形与形之比如同对应边的二次比；之前已证明三角形的情况。故，在一般情况下，相似直线形之比是其对应边的二次比。

命题 21

…

与同一直线形相似的图形，它们彼此也相似。

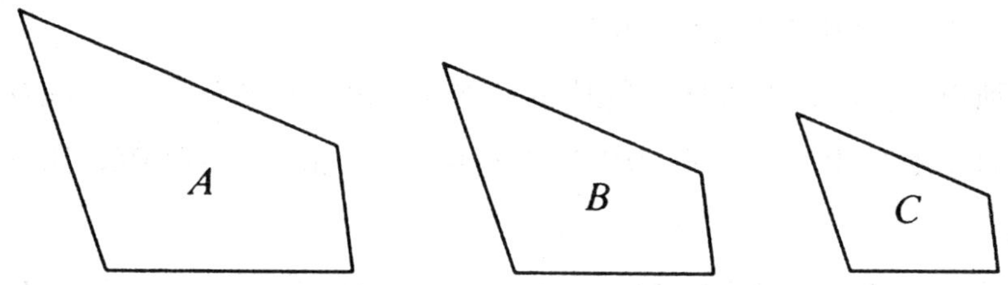

设：直线形 *A*、*B* 的每一个都与 *C* 相似。

那么可以说：*A* 也与 *B* 相似。

因为：*A* 与 *C* 相似，它们各角分别相等且夹等角的边成比例，

[VI. 定义 1]

又因：*B* 与 *C* 相似，它们的各角相等且夹等角的边成比例，

所以：图形 A、B 的每一个角都与 C 的各角分别相等且夹等角的边成比例，

因此：A 与 B 相似。

证完。

命题 22

…

假如四条线段成比例，那么在它们上面作的相似且有相似位置的直线形也成比例；假如在各线段上作的相似且有相似位置的直线形成比例，那么这些线段也成比例。

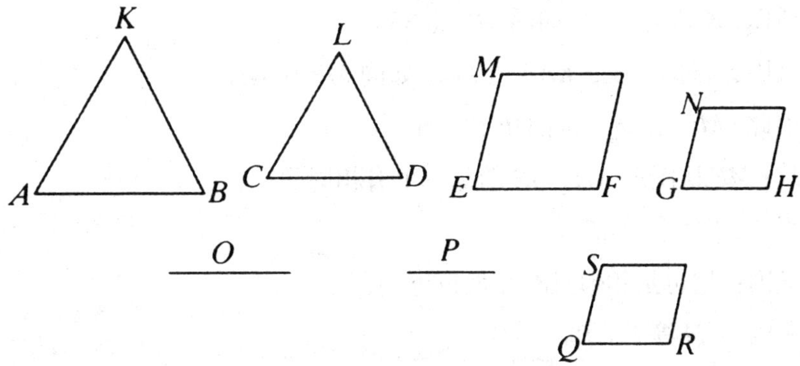

设：四条线段 AB、CD、EF、GH 成比例，那么：AB 比 CD 如同 EF 比 GH。

在 AB、CD 上作相似且有相似位置的直线形 KAB、LCD，又在 EF、GH 上作相似且有相似位置的直线形 MF、NH。

那么可以说：KAB 比 LCD 如同 MF 比 NH。

对 AB、CD 取定其比例第三项 O，

对 EF、GH 取定其比例第三项 P。 [VI. 11]

已知，*AB* 比 *CD* 如同 *EF* 比 *GH*，*CD* 比 *O* 如同 *GH* 比 *P*，

那么：取首末比，*AB* 比 *O* 如同 *EF* 比 *P*。 [V. 22]

因为：*AB* 比 *O* 如同 *KAB* 比 *LCD*， [VI. 19，推论]

又因：*EF* 比 *P* 如同 *MF* 比 *NH*，

所以：*KAB* 比 *LCD* 如同 *MF* 比 *NH*。 [V. 11]

又设：*MF* 比 *NH* 如同 *KAB* 比 *LCD*，

那么可以证明：*EF* 比 *GH* 不同于 *AN* 比 *CD*。

再设：*EF* 比 *QR* 如同 *AB* 比 *CD*， [VI. 12]

并在 *QR* 上作直线形 *SR* 和两个直线形 *MF*、*NH* 的任何一个既相似又有相似位置， [VI. 18]

所以：*AB* 比 *CD* 如同 *EF* 比 *QR*。

在 *AB*、*CD* 上作相似且有相似位置的图形 *KAB*、*LCD*，

且在 *EF*、*QR* 上作相似且有相似位置的图形 *MF*、*SR*，

所以：*KAB* 比 *LCD* 如同 *MF* 比 *SR*。

又因：根据假设，*KAB* 比 *LCD* 如同 *MF* 比 *NH*，

因此：*MF* 比 *SR* 如同 *MF* 比 *NH*， [V. 11]

故：*MF* 比图形 *NH*、*SR* 的每一个有相同的比，

因此：*NH* 等于 *SR*。 [V. 9]

又因：这也是相似且有相似位置的，

所以：*GH* 等于 *QR*。

又因：*AB* 比 *CD* 如同 *EF* 比 *QR*，

且 *QR* 等于 *GH*，

所以：*AB* 比 *CD* 如同 *EF* 比 *GH*。

证完。

命题 23

…

等角的平行四边形之比是其边之比的复比。

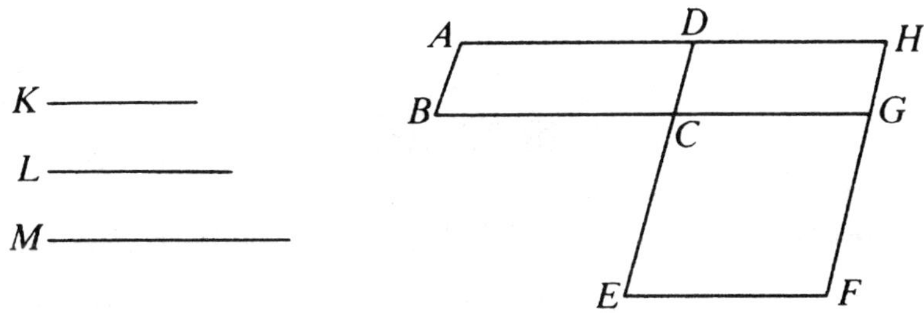

设：等角平行四边形 AC、CF 的角 BCD 等于角 ECG。

那么可以说：平行四边形 AC 比平行四边形 CF 如同其边之比的复比。

因为：可让 BC 和 CG 在一条直线上，

使 DC 和 CE 也在一条直线上，

画出平行四边形 DG，从线段 K 出发，找出线段 BC 比 CG 如同 K 比 L，DC 比 CE 如同 L 比 M， [VI. 12]

所以：K 比 L 与 L 比 M 的比，又如同边与边的比，也就是 BC 比 CG 与 DC 比 CE。

又因：K 比 M 如同 K 比 L 和 L 比 M 的复比，

所以：K 比 M 是边与边的比的复比。

因为：BC 比 CG 如同平行四边形 AC 比平行四边形 CH， [VI. 1]

那么：在这个比例中，BC 比 CG 如同 K 比 L，

因此：K 比 L 如同 AC 比 CH。 [V. 11]

因为：DC 比 CE 如同平行四边形 CH 比 CF， [VI. 1]

又因：DC 比 DE 如同 L 比 M，

所以：L 比 M 如同平行四边形 CH 比平行四边形 CF， [V. 11]

所以：K 比 L 如同平行四边形 AC 比平行四边形 CH。

因为: L 比 M 如同平行四边形 CH 比平行四边形 C,

所以，有首末比: K 比 M 如同平行四边形 AC 比平行四边形 CF。

又因: K 与 M 的比如同边与边的比的复比，

所以: AC 比 CF 也是边与边的比的复比。

证完。

命题 24

…

在任何平行四边形中，与它有共同对角线的平行四边形都相似于原平行四边形，且彼此也相似。

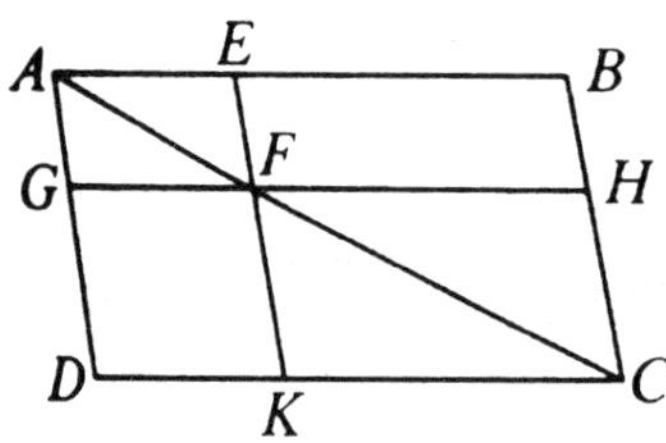

设：在平行四边形 $ABCD$ 中，AC 是其对角线;

让 EG、HK 是跨在 AC 两头的两个小平行四边形。

那么可以说: EG、HK 的每一个都相似于平行四边形 $ABCD$，并且彼此相似。

因为: EF 平行于 BC，是三角形 ABC 的一条边，那么有比例，BE 比 EA 如同 CF 比 FA, [VI. 2]

又因: FG 平行于 CD，是三角形 ACD 的一条边，那么有比例，CF 比 FA 如同 DG 比 GA, [VI. 2]

并且已经证明 CF 比 FA 如同 BE 比 EA,

所以: BE 比 EA 如同 DG 比 GA。

又有，由合比例: BA 比 AE 如同 DA 比 AG, [V. 18]

又有，取更比例: BA 比 AD 如同 EA 比 AG, [V. 16]

所以：在平行四边形 $ABCD$ 与 EG 中，夹公共角 BAD 的四个边成比例。

因为：GF 平行于 DC，角 AFG 等于角 DCA，
且角 DAC 是三角形 ADC 与 AGF 的公共角，
所以：三角形 ADC 与三角形 AGF 的各角相等。
同理可证：三角形 ACB 也与三角形 AFE 的各角相等，
且整体平行四边形 ABCD 和平行四边形 EG 的各角也相等，
所以，有比例：
AD 比 DC 如同 AG 比 GF；
DC 比 CA 如同 GF 比 FA；
AC 比 CB 如同 AF 比 FE；
且有，CB 比 BA 如同 FE 比 EA。
又因，已证明：
DC 比 CA 如同 GF 比 FA，
且 AC 比 CB 如同 AF 比 FE，
所以，有首末比例：DC 比 CB 如同 GF 比 FE， [V. 22]
因此：在平行四边形 ABCD 与 EG 中，夹等角的四个边成比例，
所以：平行四边形 ABCD 相似于平行四边形 EG。 [VI. 定义 1]
同理可证：平行四边形 ABCD 也相似于平行四边形 KH，
因此：平行四边形 EG、HK 的每一个都相似于 ABCD。
又因：相似于同一直线形的图形也彼此相似， [VI. 21]
所以：平行四边形 EG 也相似于平行四边形 HK。

证完。

命题 25

…

求作一个图形相似于一个已知直线形且等于另外一个已知直线形。

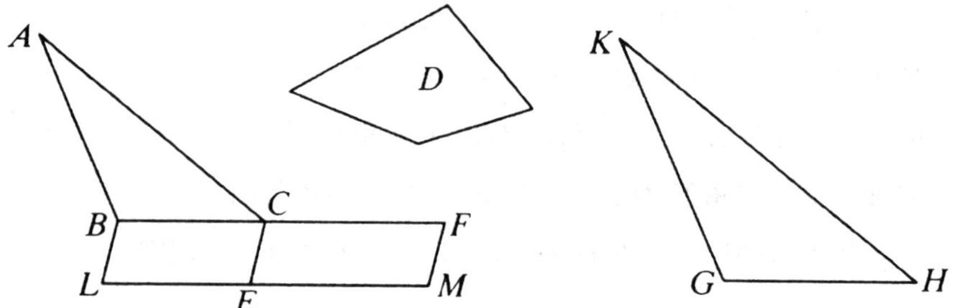

设：已知直线形 *ABC*；

要求：作一个图形与它相似，并且等于另一个图形 *D*，

即，求作一个图形使它相似于 *ABC* 又等于 *D*。

对 *BC* 贴合一个平行四边形 *BE*，使其等于三角形 *ABC*， [I. 44]

对 *CE* 贴合一平行四边形 *CM* 使它等于 *D*，其中角 *FCE* 等于角 *CBL*， [I. 45]

所以：*BC* 与 *CF* 在一条直线上，*LE* 和 *EM* 在一条直线上。

取 *GH* 使它成为 *BC*、*CF* 的比例中项， [VI. 13]

在 *GH* 上作 *KGH* 相似于 *ABC* 且有相似位置， [VI. 18]

所以：*BC* 比 *GH* 如同 *GH* 比 *CF*。

又设：若三条线段成比例，第一个比第三个如同第一个上的图形比在第二个上与它相似且有相似位置的图形， [VI. 19，推论]

所以：*BC* 比 *CF* 如同三角形 *ABC* 比三角形 *KGH*。

又因：*BC* 比 *CF* 也如同平行四边形 *BE* 比平行四边形 *EF*， [VI. 1]

所以：三角形 *ABC* 比三角形 *KGH* 如同平行四边形 *BE* 比平行四边形 *EF*，

所以：取更比例，三角形 *ABC* 比平行四边形 *BE* 如同三角形 *KGH* 比平行四边形 *EF*。 [V. 16]

因为：三角形 *ABC* 等于平行四边形 *BE*，

所以：三角形 *KGH* 等于平行四边形 *EF*。

又因：平行四边形 *EF* 等于 *D*，

所以：*KGH* 等于 *D*。

又因：*KGH* 相似于 *ABC*，

所以：同一个图形 KGH 既相似于已知直线形 ABC，又等于另一个已知图形 D。

证完。

命题 26

…

假如在一个平行四边形中去掉一个与原形相似、有相似位置，且有一个公共角的平行四边形，那么它与原平行四边形有共线的对角线。

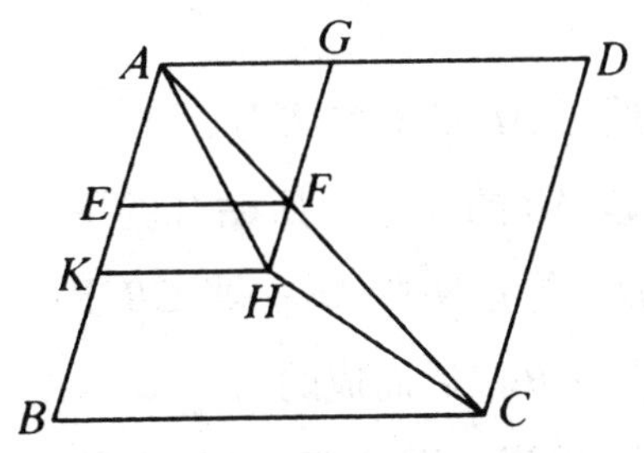

在平行四边形 ABCD 中去掉一个平行四边形 AF，它相似于 ABCD，有相似位置，且还有公共角 DAB。

那么可以说：ABCD 与 AF 有共线的对角线。

因为，如不是这样，那么：

让 AHC 是 <ABCD 的> 对角线，延长 GF 至 H，过 H 作 HK 平行于直线 AD、BC 中的一条， [I. 31]

所以：ABCD 与 KG 有共线的对角线，因此：DA 比 AB 如同 GA 比 AK。 [VI. 24]

又因：ABCD 与 EG 相似，

所以：DA 比 AB 如同 GA 比 AE，

因此：GA 比 AK 如同 GA 比 AE， [V. 11]

因此：GA 与 AK、AE 的每一个相比都有相同的比，

所以：AE 等于 AK。 [V. 9]

较小的等于较大的，这并不符合实际，

所以：*ABCD* 与 *AF* 不能没有共线的对角线，

因此：平行四边形 *ABCD* 与平行四边形 *AF* 有共线的对角线。

证完。

命题 27

…

在任一贴合于同一线段上的所有平行四边形中，亏缺一个与作在原线段一半上的平行四边形相似且有相似位置的图形。那么在所作的图形中，以作在原线段一半上的平行四边形为最大，并且它相似于去掉的图形。

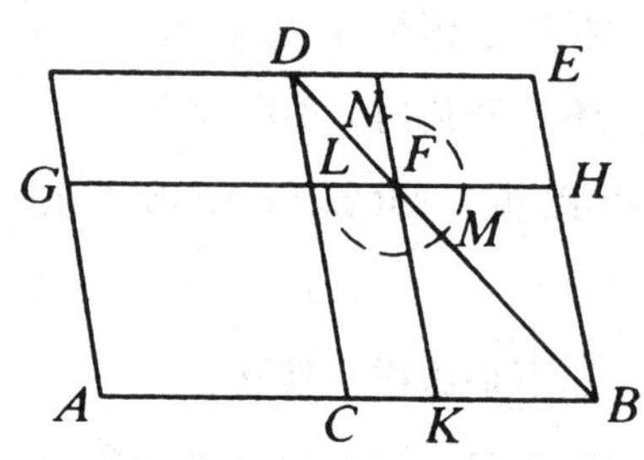

设：线段 *AB* 被 *C* 二等分，

对线段 *AB* 的一半上所贴合的平行四边形 *AD*，是亏缺在 *AB* 一半 *CB* 上的平行四边形 *DB* 以后而成的。

那么可以说：贴合于 *AB* 线上的平行四边形中，以亏缺相似且有相似位置于 *DB* 的平行四边形 *AD* 最大。

又设：在 *AB* 上所贴合的平行四边形 *AF*，是亏缺着相似且有相似位置于 *DB* 的平行四边形的图形 *FB* 而成的。

那么可以说：*AD* 大于 *AF*。

因为：平行四边形 *DB* 相似于平行四边形 *FB*，它们有共线的对角线，

[VI. 26]

设：已经画出了它们的对角线 *DB*，图形已作好。

因为：*CF* 等于 *FE*， [I. 43]

FB 是公共的。

所以：整体 CH 等于整体 KE。

又因：CH 等于 CG，这是因为 AC 等于 CB。 [I. 36]

因此：GC 等于 EK。

将 CF 加在以上各边，

可以得出，整体 AF 等于拐尺形 LMN。

所以：平行四边形 DB，也就是 AD，大于平行四边形 AF。

证完。

命题 28

…

对已知线段上贴合一个等于一已知直线形的平行四边形，并且亏缺一个相似于某个已知图形的平行四边形，这个已知直线形必须不大于在原线段一半上的平行四边形，并且这个平行四边形相似于去掉的图形。

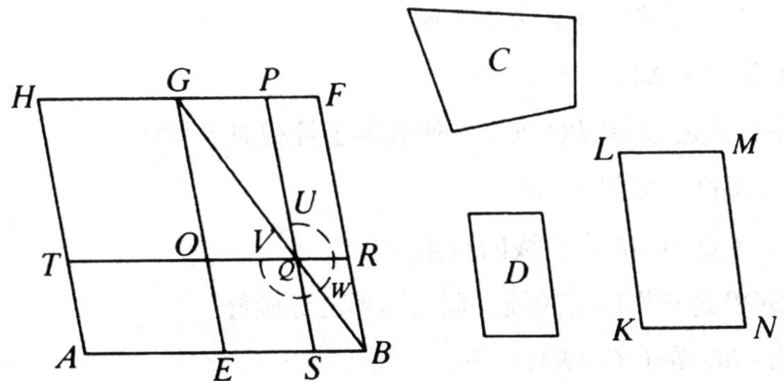

设：已知线段 AB，已知直线形 C，

要求：作贴合于 AB 上一个和 C 相等的平行四边形，C 不大于在 AB 一半上作的平行四边形，这平行四边形又相似于亏缺的图形，而亏缺的图形又相似于已知的平行四边形 *D*；

要求：在已知线段 *AB* 上贴合一个平行四边形等于已知直线形 *C*，且这平行四边形也是亏缺一个相似于 *D* 的平行四边形。

用点 *E* 二等分 *AB*，且在 *EB* 上作相似于 *D* 且有相似位置的 *EBFG*；

[VI. 18]

将平行四边形 *AG* 画出。

假如：*AG* 等于 *C*，那么就完成了作图。

因为：在已知线段 *AB* 上有平行四边形 *AG*，它等于已知直线形 *C*，

并且是由亏缺相似于 *D* 的平行四边形的图形 *BG* 而成，

假设：并非如此，设 *HE* 大于 *C*，

那么：*HE* 等于 *GB*，*GB* 大于 *C*。

作 *KLMN* 等于 *GB* 与 *C* 的差，且相似于 *D*，与 *D* 有相似位置。[VI. 25]

又因：*D* 相似于 *GB*，

所以：*KM* 也相似于 *GB*。 [VI. 21]

让 *KL* 对应于 *GE*，且 *LM* 对应于 *GF*。

因为：*GB* 等于 *C*、*KM* 的和，

因此：*GB* 大于 *KM*，

故：*GE* 大于 *KL*，*GF* 大于 *LM*。

取 *GO* 等于 *KL*，*GP* 等于 *LM*，

将平行四边形 *OGPQ* 画出，使其等于且相似于 *KM*，

因此：*GQ* 也相似于 *GB*， [VI. 21]

所以：*GQ* 与 *GB* 有共线的对角线。 [VI. 26]

让 *GQB* 是它们的对角线，假设图形已经画好。

因为：*BG* 等于 *C*、*KM* 的和，

且在它们中 *GQ* 等于 *KM*，

因此：其余部分，也就是拐尺形 *UWV* 等于其余部分 *C*。

因为：*PR* 等于 *OS*，将 *QB* 加在以上各边，

那么：整体 *PB* 等于整体 *OB*。

又因：OB 等于 TE，这是因为边 AE 等于边 EB，　[I. 36]

所以：TE 等于 PB。

将 OS 加在以上各边，

所以：整体 TS 等于整体拐尺形 VWU。

又因：已经证明拐尺形 VWU 等于 C，

所以：TS 等于 C，

所以：对已知线段 AB 贴合了等于已知直线形 C，并且由亏缺相似于 D 的平行四边形 QB 而成的平行四边形 ST。

作完。

命题 29

…

对已知线段上贴合一个等于已知直线形的平行四边形，且超出一个平行四边形相似于一个已知平行四边形。

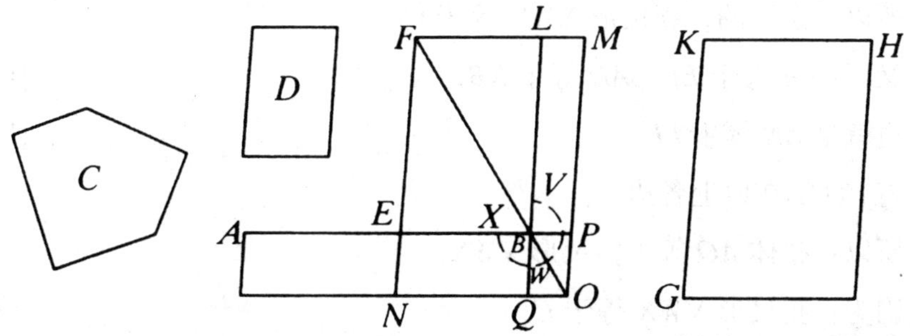

设：已知线段 AB，直线形 C，

在 AB 上贴合一个平行四边形等于 C；

且超出的平行四边形相似于平行四边形 D。

要求：在线段 AB 上贴合一个平行四边形，使它等于直线形 C，且在超出部分上的平行四边形相似于 *D*。

又设：将 *AB* 平分于 *E*。

在 *EB* 上作相似于 *D*，并且与它有相似位置的平行四边形 *BF*；作 *GH* 等于 *BF* 与 *C* 的和，*GH* 与 *D* 相似且有相似位置。 [VI. 25]

让 *KH* 对应 *FL*，*KG* 对应 *FE*。

因为：*GH* 大于 *FB*，

所以：*KH* 大于 *FL*，*KG* 大于 *FE*。

延长 *FL*、*FE*，让 *FLM* 等于 *KH*，*FEN* 等于 *KG*，

画出平行四边形 *MN*，

因此：*MN* 等于且相似于 *GH*。

又因：*GH* 相似于 *EL*，

所以：*MN* 也相似于 *EL*， [VI. 21]

所以：*EL* 与 *MN* 有共线的对角线， [VI. 26]

那么：作了它们的对角线 *FO*，图形也已作出。

因为：*GH* 等于 *EL* 与 *C* 的和，且 *GH* 等于 *MN*，

所以：*MN* 等于 *EL* 与 *C* 的和。

由以上各边减去 *EL*，

所以：余下的，拐尺形 X*W*V 等于 *C*。

又因：*AE* 等于 *EB*，*AN* 等于 *NB*， [I. 36]

也就是 *AN* 等于 *LP*， [I. 43]

将 *EO* 加在以上各边，

所以：整体 *AO* 等于拐尺形 V*W*X。

因为：拐尺形 V*W*X 等于 *C*，

所以：*AO* 等于 *C*。

因此：对已知线段 *AB* 贴合了一个平行四边形 *AO*，等于已知直线形 *C*。且超出一个平行四边形 *QP* 相似于 *D*，这是因为，*PQ* 相似于 *EL*。

[VI. 24]

作完。

命题 30

•••

将一个已知线段分成中外比。

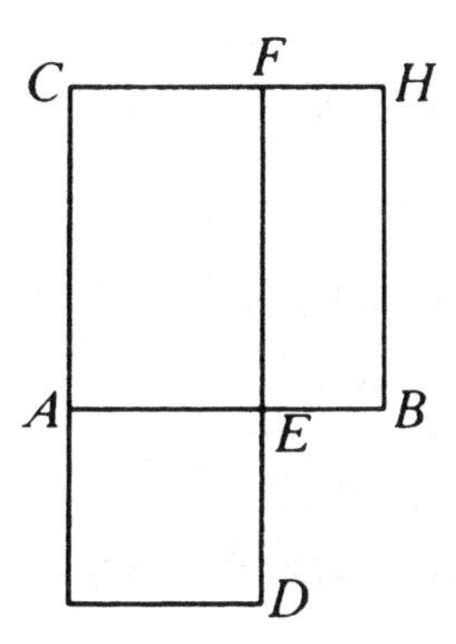

设：已知线段 *AB*。

要求：分 *AB* 成中外比。

在 *AB* 上作正方形 *BC*，在 *AC* 及其延线上作平行四边形 *CD* 等于 *BC*，在延线上的图形 *AD* 相似于 *BC*。 [VI. 29]

此时，*BC* 是正方形，

所以：*AD* 也是正方形。

又因：正方形 *BC* 等于平行四边形 *CD*，由各边减去 *CE*，

那么：余量 *BF* 等于余量 *AD*。

又因：它们各角相等，

所以：在 *BF*、*AD* 中夹等角的边成互反比例， [VI. 14]

因此：*FE* 比 *ED* 如同 *AE* 比 *EB*。

因为：*FE* 等于 *AB*，且 *ED* 等于 *AE*，

所以：*BA* 比 *AE* 如同 *AE* 比 *EB*。

又因：*AB* 大于 *AE*，

所以：*AE* 大于 *EB*，

因此：线段 *AB* 被点 *E* 分成中外比，*AE* 是较大的线段。

作完。

命题 31

…

在直角三角形中，对直角的边上所作的图形等于夹直角边上所作与前图形相似且有相似位置的二图形的和。

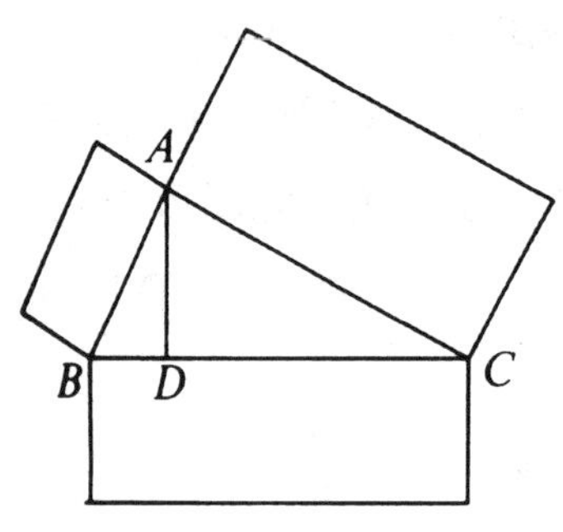

设：在直角三角形 *ABC* 中，*BAC* 为直角。

那么可以说：在 *BC* 上的图形等于在 *BA*、*AC* 上所作与前图形相似，并有相似位置的二图形的和。

又设：在直角三角形 *ABC* 中，*AD* 是从顶点 *A* 到底 *BC* 的垂线。

三角形 *ABD*、*ADC* 在垂线两边，都与 *ABC* 相似，它们也彼此相似。 [VI. 8]

因为：*ABC* 相似于 *ABD*，

所以：*CB* 比 *BA* 如同 *AB* 比 *BD*。 [VI. 定义 1]

又因：三条线段成比例，

且第一条比第三条如同第一条上的图形比作在第二条上与它相似，并有相似位置的图形， [VI. 19，推论]

所以：*CB* 比 *BD* 如同 *CB* 上的图形比作在 *BA* 上与它相似且有相似位置的图形。

同理可证：*BC* 比 *CD* 如同 *BC* 上的图形比 *CA* 上的图形，

因此：有 *BC* 比 *BD*、*DC* 的和如同 *BC* 上的图形比在 *BA*、*AC* 上并且与 *BC* 上图形相似，并有相似位置的图形的和。

又因：*BC* 等于 *BD*、*DC* 的和，

所以：*BC* 上的图形等于 *BA*、*AC* 上与前图形相似且有相似位置的图形的和。

证完。

命题 32

…

假如在两个三角形中，一个三角形中的一个角的两边与另一个三角形的一个角的两边成比例，且对应边平行，那么这两个三角形的第三边在同一条直线上。

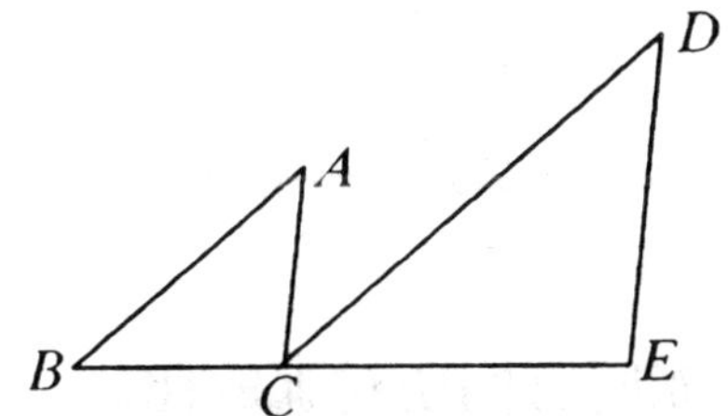

设：*ABC*、*DCE* 是两个三角形，它们的两边 *BA*、*AC* 与两边 *DC*、*DE* 成比例，

也就是，*AB* 比 *AC* 如同 *DC* 比 *DE*，且 *AB* 平行于 *DC*，*AC* 平行于 *DE*；

那么可以说：*BC* 与 *CE* 在同一直线上。

因为：*AB* 平行于 *DC*，且直线 *AC* 与它们相交，

那么：错角 *BAC*、*ACD* 彼此相等。 [I. 29]

同理可证：角 *CDE* 等于角 *ACD*，

所以：角 *BAC* 等于角 *CDE*。

因为：*ABC*、*DCE* 是两个三角形，它们的一个角等于一个角，在 *A* 处的角等于在 *D* 处的角，

并且夹等角的边成比例，

所以：*BA* 比 *AC* 如同 *CD* 比 *DE*，

所以：三角形 *ABC* 与三角形 *DCE* 的各角相等， [VI. 6]

因此：角 *ABC* 等于角 *DCE*。

由于已经证明，角 *ACD* 等于角 *BAC*，

所以：整体角 *ACE* 等于两个角 *ABC*、*BAC* 的和。

将角 *ACB* 加在以上各边，

那么：角 *ACE*、*ACB* 的和等于角 *BAC*、*ACB*、*CBA* 的和。

又因：角 *BAC*、*ABC*、*ACB* 的和等于两直角， [I. 32]

所以：角 *ACE*、*ACB* 的和等于两直角，

所以：在直线 *AC* 上的 *C* 点处，有两直线 *BC*、*CE* 不在 *AC* 的同侧，而成邻角 *ACE* 与 *ACB*，它们的和等于两直角，

因此：*BC* 与 *CE* 在一直线上。 [I. 14]

证完。

命题 33

•••

在等圆中的圆心角或圆周角的比，又如同它们所对弧的比。

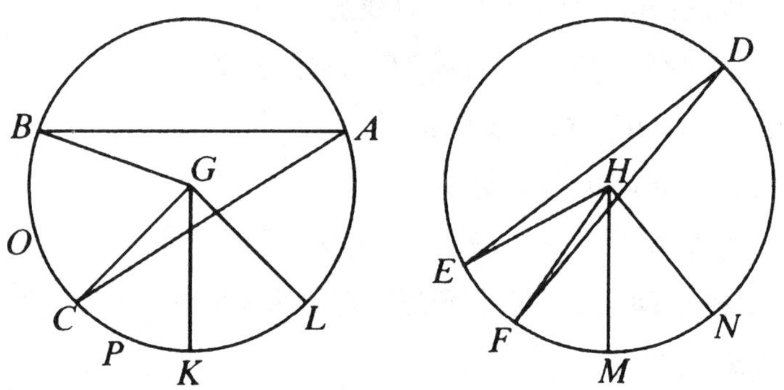

设：*ABC*、*DEF* 是等圆，且角 *BGC*、*EHF* 是圆心 *G*、*H* 处的角，角 *BAC*、*EDF* 是圆周角。

那么可以说：弧 *BC* 比弧 *EF* 如同角 *BGC* 比角 *EHF*，也如同角 *BAC* 比角 *EDF*。

因为：取等于弧 *BC* 的任意多个相邻的弧 *CK*、*KL*，

可取等于弧 *EF* 的任意多个相邻的弧 *FM*、*MN*；

连接：*GK*、*GL*、*HM*、*HN*，

因为：弧 *BC*、*CK*、*KL* 彼此相等，

角 *BGC*、*CGK*、*KGL* 也彼此相等， [III. 27]

所以：无论弧 *BL* 是 *BC* 的几倍，

那么：角 *BGL* 也是角 *BGC* 的同样多倍。

同理可证：无论弧 *NE* 是 *EF* 的几倍，那么角 *NHE* 也是角 *EHF* 的同样几倍。

假如弧 *BL* 等于弧 *EN*，那么角 *BGL* 等于 *EHN*； [III. 27]

假如弧 *BL* 大于弧 *EN*，那么角 *BGL* 大于角 *EHN*；

假如弧 *BL* 小于弧 *EN*，那么角 *BGL* 小于角 *EHN*，

所以：有四个量，两个弧 *BC*、*EF* 及两个角 *BGC*、*EHF*，

取定弧 *BC* 及角 *BGC* 的同倍量，它们是弧 *BL* 及角 *BGL*。

取定弧 *EF* 及角 *EHF* 的同倍量，也就是弧 *EN* 与角 *EHN*。

因为，已经证明：假如弧 *BL* 大于弧 *EN*，那么角 *BGL* 大于角 *EHN*；

假如弧 *BL* 等于弧 *EN*，那么角 *BGL* 等于角 *EHN*；

假如弧 *BL* 小于弧 *EN*，那么角 *BGL* 小于角 *EHN*。

所以：弧 *BC* 比 *EF* 如同角 *BGC* 比角 *EHF*。 [V. 定义 5]

又因：角 *BGC* 比角 *EHF* 如同角 *BAC* 比角 *EDF*，且它们分别是二倍关系，

所以：弧 *BC* 比弧 *EF* 如同角 *BGC* 比角 *EHF*，又如同角 *BAC* 比角 *EDF*。

证完。

卷

定义

01 每一个事物都是作为一个单位而存在。并称之为 1。

02 一个数是由许多单位合成的。

03 一个较小数为一个较大数的一部分，当它能量尽较大者。

04 一个较小数为一个较大数的几部分，当它量不尽较大者。

05 若较大数能被较小数量尽，那么它是较小数的倍数。

06 偶数是能被分成两个相等部分的数。

07 奇数是不能被分成两个相等部分的数，

或者它和一个偶数相差一个单位。

08 偶倍偶数是用一个偶数量尽它得偶数的数。

09 偶倍奇数是用一个偶数量尽它得奇数的数。

10 奇倍奇数是用一个奇数量尽它得奇数的数。

11 素数是只能用单位 1 量尽的数。

12 互素的数是只能被作为公度的一个单位量尽的几个数。

13 合数是能被某数量尽的数。

14 互为合数的数是能被作为公度的某数量尽的几个数。

15 所谓一个数乘一个数，就是被乘数自

身相加多少次而得出的某数，这相加的个数是另一个数中单位的个数。

16 两数相乘得出的数称为面数，其两边就是相乘的两数。

17 三数相乘得出的数称为体数，其三边就是相乘的三数。

18 平方数是两相等数相乘所得之数，或者是由两相等数构成的。

19 立方数是两相等数相乘再乘此等数而得的数，或者是由三相等数构成的。

20 当第一数是第二数的某倍、某一部分或某几部分，与第三数是第四数的同样倍数、同一部分或者相同的几部分，那么这四个数成比例。

21 两相似面数和两相似体数是其边成比例的。

22 完全数是等于其自身所有部分之和的数。

命题

命题 1

…

如果有不相等的两个数，依次从大数中不断地减去小数，假如余数总是量不尽它前面一个数，直到最后的余数为一个单位，那么这两个数互为素数。

设：有不相等的两个数 AB、CD。

从大数中不断地减去小数，如果余数总量不尽它前面一个数，直到最后的余数为一个单位。

那么可以说：AB、CD 是互素的。也就是只有一个单位量尽 AB、CD。

因为：假如 AB、CD 不互素，那么就有某数量尽它们，

设：量尽它们的数为 E。

用 CD 量出 BF，其余数 FA 小于 CD。

又设：AF 量出 DG，其余数 GC 小于 AF，用 GC 量出 FH，

此时，余数为一个单位 HA。

因为：E 量尽 CD，并且 CD 量尽 BF，

所以：E 也量尽 BF。

因为：E 也量尽整体 BA，

所以：它也量尽余数 AF。

又因：AF 量尽 DG，

所以：E 也量尽 DG。

因为：CG 量尽 FH，

所以：E 也量尽 FH。

且已经证明：E 量尽整体 FA，因此它也量尽余数，也就是单位 AH。

又因：E 是一个数，这不符合实际，

所以：没有数可以同时量尽 AB、CD，

因此：AB、CD 是互素的。 [VII. 定义 12]

证完。

命题 2

…

已知两个不互素的数，求它们的最大公度数。

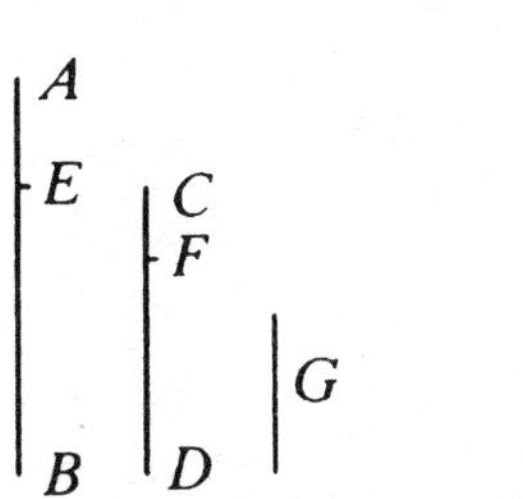

设：两个不互素的数为 AB、CD。

求：AB、CD 的最大公度数。

假如：CD 量尽 AB，此时它也量尽它自己，

因此：CD 就是 CD、AB 的一个公度数。

因为：没有比 CD 更大的数能量尽 CD，

所以：CD 也是最大公度数。

因为：假如 CD 量不尽 AB，则从 AB、CD 中的较大者中不断地减去较小者，

那么：将有某个余数能量尽它前面一个。

这最后的余数不是一个单位，否则 AB、CD 就是互素的， [VII. 1]

这与假设相矛盾，

所以：某数将是量尽它前面的一个余数。

假设：CD 量出 BE，余数 EA 小于 CD，

EA 量出 *DF*，余数 *FC* 小于 *EA*，*CF* 量尽 *AE*。

因为：*CF* 量尽 *AE*，*AE* 量尽 *DE*，

所以：*CF* 也量尽 *DF*。

又因：它也量尽它自己，

所以：它量尽整体 *CD*。

因为：*CD* 量尽 *BE*，

所以：*CF* 也量尽 *BE*。

又因：*CF* 也量尽 *EA*，

所以 *CF* 也量尽整体 *BA*。

因为：*CF* 也量尽 *CD*，

所以：*CF* 量尽 *AB*、*CD*。

因此：*CF* 是 *AB*、*CD* 的一个公度数。

其次可证，它也是最大公度数。

因为：假如 *CF* 不是 *AB*、*CD* 的最大公度数，

则有大于 *CF* 的某数将量尽 *AB*、*CD*。

设：量尽它们的数是 *G*。

因为：*G* 量尽 *CD*，*CD* 量尽 *BE*，

所以：*G* 也量尽 *BE*。

又因：它也量尽整体 *BA*，

所以：它也量尽余数 *AE*。

因为：*AE* 量尽 *DF*，

所以：*G* 也量尽 *DF*。

又因：它也量尽整体 *DC*，

所以：它也量尽余数 *CF*，也就是较大的数量尽较小的数。这不符合实际，

因此：没有大于 *CF* 的数能量尽 *AB*、*CD*，

所以：*CF* 是 *AB*、*CD* 的最大公度数。

证完。

推论　由此很明显，假如一个数量尽两数，则它也量尽两数的最大公度数。

命题 3

…

已知三个不互素的数。求它们的最大公度数。

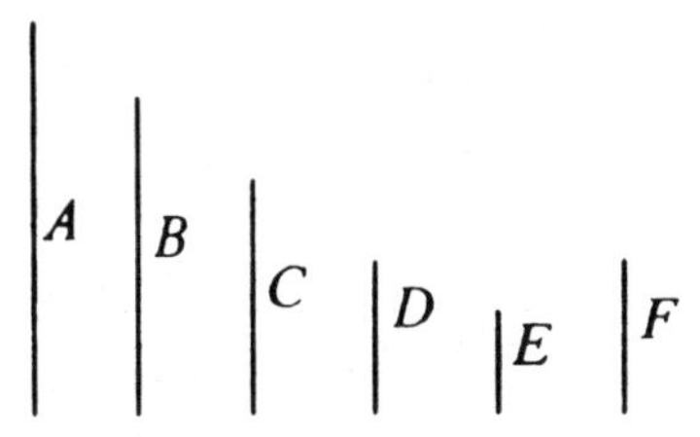

设：A、B、C 是已知三个不互素的数。

求：A、B、C 的最大公度数。

设：D 为两数 A、B 的最大公度数。[VII. 2]

那么：D 要么量尽要么量不尽 C。

先假设：D 量尽 C。

因为：它也量尽 A、B，

所以：D 量尽 A、B、C，也就是 D 是 A、B、C 的一个公度数。

同时：可以证明它还是最大公度数。

假如：D 不是 A、B、C 的最大公度数。

那么：一定有大于 D 的某个数将量尽 A、B、C。

设：量尽它们的数为 E。

因为：E 量尽 A、B、C，

所以：它也量尽 A、B，进而它也量尽 A、B 的最大公度数。

[VII. 2，推论]

又因：A、B 的最大公度数是 D，

所以：E 量尽 D，

较大数量尽较小数。这并不符合实际，

所以：没有大于 D 的数能量尽数 A、B、C，

因此：D 是 A、B、C 的最大公度数。

又设：D 量不尽 C。

先要证明：C、D 不互素。

因为：A、B、C 不互素，就必然有某个数能量尽它们。

能够量尽 A、B、C 的某数也量尽 A、B，

并量尽 A、B 的最大公度数 D。 [VII. 2，推论]

又因：它也量尽 C，

所以：这个数同时量尽数 D、C，

因此：D、C 不互素。

再设：已得到它们的最大公度数 E。 [VII. 2]

因为：E 量尽 D，D 量尽 A、B，

所以：E 也量尽 A、B。

又因：它也量尽 C，

所以：E 量尽 A、B、C。

因此：E 是 A、B、C 的一个公度数。

其次，再次证明：E 也是最大公度数。

因为：假如 E 不是 A、B、C 的最大公度数，

那么：就会有大于 E 的某数 F 量尽数 A、B、C。

假如 F 量尽 A、B、C，那么它也量尽 A、B，

因此：它也量尽 A、B 的最大公度数。 [VII. 2，推论]

因为：A、B 的最大公度数是 D，

所以：F 量尽 D。

又因：它也量尽 C，那么它也量尽 D、C，从而量尽 D、C 的最大公度数， [VII. 2，推论]

又因：D、C 的最大公度数是 E，

所以：F 量尽 E，较大数量尽较小数。这是不符合实际的，

所以：没有大于 E 的数量尽 A、B、C，

因此：E 是 A、B、C 的最大公度数。

证完。

命题 4

• • •

较小的数是较大的数的一部分或几部分。

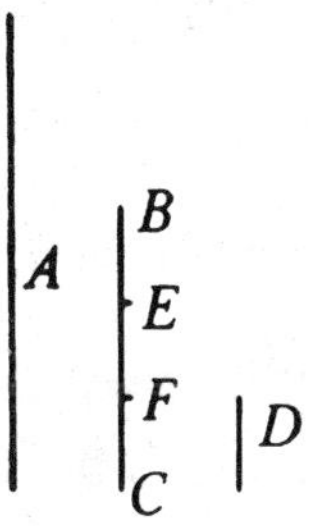

A B E F C D

设：A、BC 是两个数，并且 BC 是较小的数。

那么可以说：BC 是 A 的一部分或几部分。

因为：A、BC 要么互素，要么不互素，

先设：A、BC 是互素的。

假如：分 BC 为若干单位，在 BC 中的每个单位是 A 的一部分，

那么：BC 是 A 的几部分。

再假设：A、BC 不互素，

那么：BC 要么量尽，要么量不尽 A。

假如：BC 量尽 A，

那么：BC 是 A 的一部分。

假如：BC 量不尽 A，

那么：可求得，A、BC 的最大公度数是 D。 [VII. 2]

让 BC 被分为等于 D 的一些数，就是 BE、EF、FC。

因为：D 量尽 A，

所以：D 是 A 的一部分。

又因：D 等于数 BE、EF、FC 的每一个，

所以：BE、EF、FC 的每一个也是 A 的一部分，

因此：BC 是 A 的几部分。

证完。

命题 5

…

如果一小数是一大数的一部分，并且另一小数是另一大数的同样一部分。那么两小数之和也是两大数之和的一部分。并且与小数是大数的部分相同。

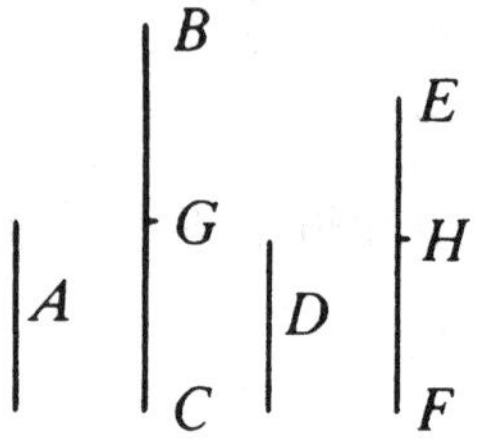

设：数 A 是 BC 的一部分。并且另一数 D 是另一数 EF 的一部分，与 A 是 BC 的部分相同。

那么可以说：A、D 之和也是 BC、EF 之和的一部分，且与 A 是 BC 的部分相同。

因为：不管 A 是 BC 怎样的一部分，D 也是 EF 的同样一部分，

所以：在 BC 中有多少个等于 A 的数，在 FE 中就有同样多少个等于 D 的数。

将 BC 分为等于 A 的数，也就是 BG、GC，

将 EF 分为等于 D 的数，也就是 EH、HF，

因此：BG、GC 的个数等于 EH、HF 的个数。

因为：BG 等于 A，EH 等于 D，

所以：BG、EH 之和等于 A、D 之和。

同理可得：GC、HF 之和等于 A、D 之和，

所以：在 BC 中有多少个等于 A 的数，在 BC、EF 之和中就有同样多少个等于 A、D 之和的数，

因此：不管 BC 是 A 的多少倍，BC 与 EF 之和也是 A 与 D 之和的同样倍数，

所以：无论 A 是 BC 怎样的一部分，也有 A、D 之和是 BC、EF 之和的同样一部分。

证完。

命题 6

• • •

如果一数是另一数的几部分，且另一个数是另一个数的同样几部分，那么它们的和也是另外两数和的几部分，且与一数是一数的几部分相同。

A G B　C　D H E　F

设：数 AB 是数 C 的几部分，另一个数 DE 是另一个数 F 的几部分，且与 AB 是 C 的几部分相同。

那么可以说：AB、DE 之和也是 C、F 之和的几部分，且与 AB 是 C 的几部分相同。

因为：不管 AB 是 C 的怎样的几部分，DE 也是 F 的同样几部分，

所以：在 AB 中有多少个 C 的一部分，在 DE 中就有同样多个 F 的一部分。

将 AB 分为 C 的几个一部分，也就是 AG、GB；

将 DE 分成 F 的几个一部分，也就是 DH、HE，

那么：AG、GB 的个数将等于 DH、HE 的个数。

因为：AG 是 C 无论怎样的一部分，

那么：DH 也是 F 的同样一部分，

因此：AG 是 C 无论怎样的一部分，

那么：AG、DH 之和也是 C、F 之和的同样一部分。　[VII. 5]

同理可证：不管 GB 是 C 怎样的一部分，

那么：GB、HE 之和也是 C、F 之和的同样一部分，

所以：无论 AB 是 C 的怎样几部分，

那么：AB、DE 之和也是 C、F 之和的同样几部分。

证完。

命题 7

•••

假如一个数是另一个数的一部分，与其一减数是另一减数的部分相同，那么余数也是另一余数的一部分，且与整个数是另一整个数的一部分相同。

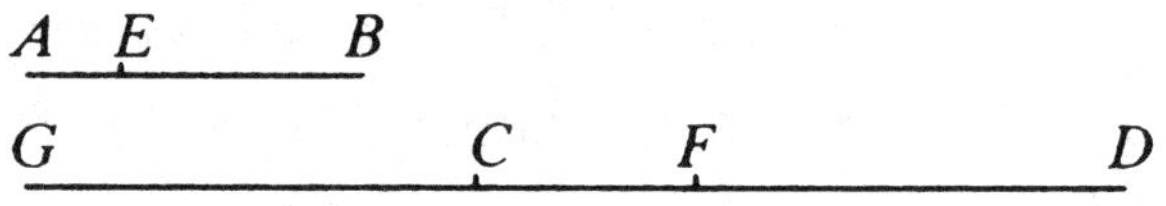

A E B

G C F D

设：数 AB 是 CD 的一部分，这一部分与减数 AE 是减数 CF 的一部分相同。

那么可以说：余数 EB 也是余数 FD 的一部分，与整个数 AB 是整个数 CD 的一部分相同。

因为：不管 AE 是 CF 怎样的一部分，可设 EB 也是 CG 同样的一部分，

因为：不管 AE 是 CF 怎样的一部分，

那么：EB 也是 CG 同样的一部分，

因此：不管 AE 是 CF 怎样的一部分，AB 也是 GF 同样的一部分。

[VII. 5]

又，由于之前假设：不管 AE 是 CF 怎样的一部分，AB 也是 CD 同样的一部分。

所以：不管 AB 是 GF 怎样的一部分，它也是 CD 同样的一部分，

因此：GF 等于 CD。

设：从以上每个中减去 CF，得出余数 GC 等于余数 FD。

因为：不管 AE 是 CF 怎样的一部分，EB 也是 GC 同样的一部分，

又因：GC 等于 FD，

所以：不管 AE 是 CF 怎样的一部分，EB 也是 FD 同样的一部分。

因为：不管 AE 是 CF 怎样的一部分，AB 也是 CD 同样的一部分，

因此：余数 EB 也是余数 FD 的一部分，与整个数 AB 是整个数 CD 的一部分相同。

证完。

命题 8

…

假如一个数是另一个数的几部分，与其一减数是另一减数的几部分相同，那么其余数也是另一余数的几部分，且与整个数是另一个整个数的几部分相同。

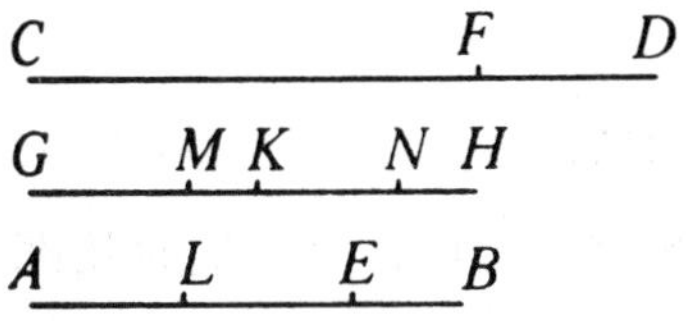

C F D
G M K N H
A L E B

设：数 AB 是 CD 的几部分，与减数 AE 是减数 CF 的几部分相同。

那么可以说：余数 EB 是余数 FD 的几部分，并与整个 AB 是整个 CD 的几部分相同。

取 GH 等于 AB。

那么：不管 GH 是 CD 怎样的几部分，AE 也是 CF 同样的几部分。

设：分 GH 为 CD 的几个部分，也就是 GK、KH；分 AE 为 CF 的几个一部分，也就是 AL、LE，

那么：GK、KH 的个数等于 AL、LE 的个数。

因为：不管 GK 是 CD 怎样的一部分，

那么：AL 也是 CF 同样的一部分。

又因：CD 大于 CF，

所以：GK 大于 AL。

作 GM 等于 AL。

那么：不管 *GK* 是 *CD* 怎样的一部分，*GM* 也是 *CF* 同样的一部分，

所以：余数 *MK* 是余数 *FD* 的一部分，与整个数 *GK* 是整个数 *CD* 的一部分相同。 [VII. 7]

因为：不管 *KH* 是 *CD* 怎样的一部分，*EL* 也是 *CF* 同样的一部分，

又因：*CD* 大于 *CF*，

所以：*KH* 大于 *EL*。

作 *KN* 等于 *EL*，

所以：不管 *KH* 是 *CD* 怎样的一部分，*KN* 也是 *CF* 同样的一部分，

所以：余数 *NH* 是余数 *FD* 的一部分，与整个 *KH* 是整个 *CD* 的一部分相同。 [VII. 7]

又因，已经证明：余数 *MK* 是余数 *FD* 的一部分，与整个 *GK* 是整个 *CD* 的一部分相同，

所以：*MK*、*NH* 之和是 *DF* 的几部分，与整个 *HG* 是整个 *CD* 的几部分相同。

又因：*MK*、*NH* 的和等于 *EB*，而 *HG* 等于 *BA*，

因此：余数 *EB* 是余数 *FD* 的几部分，与整个 *AB* 是整个 *CD* 的几部分相同。

证完。

命题 9

• • •

若一个数是一个数的一部分，另一个数是另一个数的同样一部分，取更比例后，不管第一个数是第三个数怎样的一部分或几部分，第二个数也是第四个数的同样一部分或几部分。

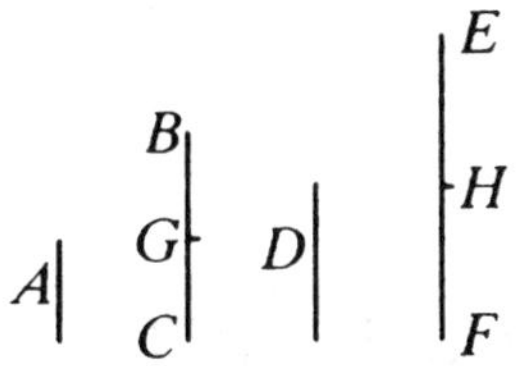

设：数 A 是数 BC 的一部分，并且另一数 D 是另一数 EF 的一部分，与 A 是 BC 的一部分相同。

那么可以说：取更比例后，不管 A 是 D 怎样的一部分或几部分，BC 也是 EF 同样的一部分或者几部分。

因为：不管 A 是 BC 怎样的一部分，D 也是 EF 相同的一部分，

所以：在 BC 中有多少个等于 A 的数，在 EF 中就有多少个等于 D 的数。

设：分 BC 为等于 A 的数，即 BG、GC；

分 EF 为等于 D 的数，即 EH、HF，

所以：BG、GC 的个数等于 EH、HF 的个数。

因为：数 BG、GC 彼此相等，数 EH、HF 也彼此相等，

那么：BG、GC 的个数等于 EH、HF 的个数，

因此：不管 BG 是 EH 怎样的一部分或几部分，GC 也是 HF 同样的一部分或几部分，

因此：不管 BG 是 EH 怎样的一部分或几部分，

那么：和 BC 也是和 EF 同样的一部分或几部分。 [VII. 5，6]

又因：BG 等于 A，EH 等于 D，

所以：不管 A 是 D 怎样的一部分或几部分，BC 也是 EF 同样的一部分或几部分。

证完。

命题 10

…

假如一个数是一个数的几部分，且另一个数是另一个数的同样几部分。那么取更比例后，不管第一个是第三个怎样的几部分或一部分，第二个也是第四个同样的几部分或一部分。

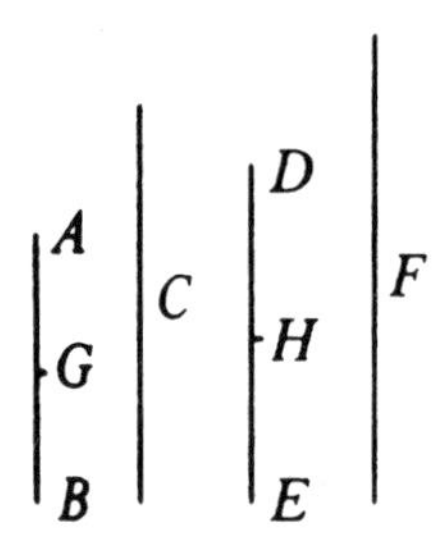

设：数 *AB* 是数 *C* 的几部分，

且另一数 *DE* 是另一数 *F* 同样的几部分。

那么可以说：取更比例，不管 *AB* 是 *DE* 怎样的几部分或一部分，那么 *C* 也是 *F* 同样的几部分或一部分。

因为：不管 *AB* 是 *C* 怎样的几部分，则 *DE* 也是 *F* 同样的几部分，

所以：在 *AB* 中有 *C* 的几个一部分，在 *DE* 中也有 *F* 的几个一部分。

将 *AB* 分为 *C* 的几个一部分，也就是 *AG*、*GB*，

将 *DE* 分为 *F* 的几个一部分，也就是 *DH*、*HE*，

那么：*AG*、*GB* 的个数等于 *DH*、*HE* 的个数。

因为：不管 *AG* 是 *C* 怎样的一部分，

那么：*DH* 也是 *F* 同样的一部分。

变更后：不管 *AG* 是 *DH* 怎样的一部分或几部分，*C* 也是 *F* 同样的一部分或几部分。 [VII. 9]

同理可得：不管 *GB* 是 *HE* 怎样的一部分或几部分，*C* 也是 *F* 同样的一部分或几部分，

所以：不管 *AB* 是 *DE* 怎样的几部分或一部分，*C* 也是 *F* 同样的几部分或一部分。 [VII. 5，6]

证完。

命题 11

…

假如整个数比整个数如同减数比减数，那么余数比余数也如同整个数比整个数。

设：整个数 AB 比整个数 CD 如同减数 AE 比减数 CF。

那么可以说：余数 EB 比余数 FD 也如同整个数 AB 比整个数 CD。

因为：AB 比 CD 如同 AE 比 CF，

所以：不管 AB 是 CD 怎样的一部分或几部分，AE 也是 CF 同样的一部分或几部分。 [VII. 定义 20]

所以：余数 EB 是余数 FD 的一部分或几部分，也与 AB 是 CD 的一部分或几部分相同， [VII. 7，8]

因此：EB 比 FD 如同 AB 比 CD。 [VII. 定义 20]

证完。

命题 12

…

假如有成比例的任意多个数，那么前项之一比后项之一，又如同所有前项的和比所有后项的和。

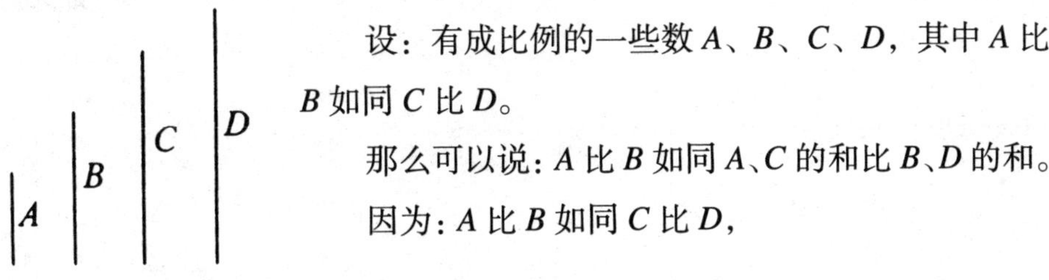

设：有成比例的一些数 A、B、C、D，其中 A 比 B 如同 C 比 D。

那么可以说：A 比 B 如同 A、C 的和比 B、D 的和。

因为：A 比 B 如同 C 比 D，

所以：不管 A 是 B 怎样的一部分或几部分，C 也是 D 同样的一部分或几部分， [VII. 定义 20]

所以：A、C 之和是 B、D 之和的一部分或几部分，与 A 是 B 的一部分或几部分相同， [VII. 5，6]

因此：A 比 B 如同 A、C 之和比 B、D 之和。 [VII. 定义 20]

证完。

命题 13

• • •

假如四个数成比例，那么它们的更比例也成立。

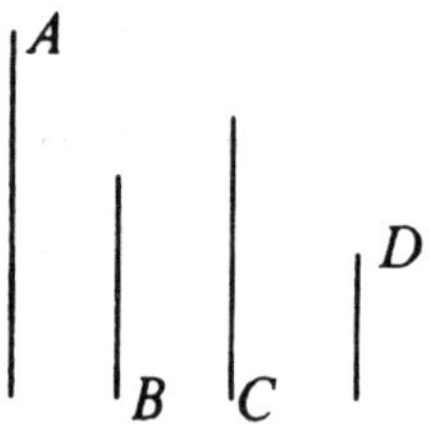

A B C D

设：有四个成比例的数 A、B、C、D，其中 A 比 B 如同 C 比 D。

那么可以说：它们的更比例成立，

也就是 A 比 C 如同 B 比 D。

因为：A 比 B 如同 C 比 D，

因此：不管 A 是 B 怎样的一部分或几部分，C 也是 D 同样的一部分或几部分， [VII. 定义 20]

所以，取更比例：不管 A 是 C 怎样的一部分或几部分，B 也是 D 同样的一部分或几部分， [VII. 10]

因此：A 比 C 如同 B 比 D。 [VII. 定义 20]

证完。

命题 14

…

假如有一些数，以及与它们个数相等的一些数，它们两两成相同的比，那么它们的首末比例也相同。

A D B E C F

假设：有一些数 A、B、C 和与它们个数相等的数 D、E、F，且每组取两个作成相同的比，也就是，A 比 B 如同 D 比 E。

B 比 C 如同 E 比 F。

那么可以说：取首末比例，A 比 C 如同 D 比 F。

因为：A 比 B 如同 D 比 E，

所以，取更比例：A 比 D 如同 B 比 E。 [VII. 13]

又因：B 比 C 如同 E 比 F，

所以，取更比例：B 比 E 如同 C 比 F。 [VII. 13]

因为：B 比 E 如同 A 比 D，

所以：A 比 D 如同 C 比 F，

因此，取更比例：A 比 C 如同 D 比 F。 [VII. 13]

证完。

命题 15

…

假如一个单位量尽任一数与另一数的量尽另外一数的次数相同，那么取更比例后，单位量尽第三数与第二数量尽第四数有相同的次数。

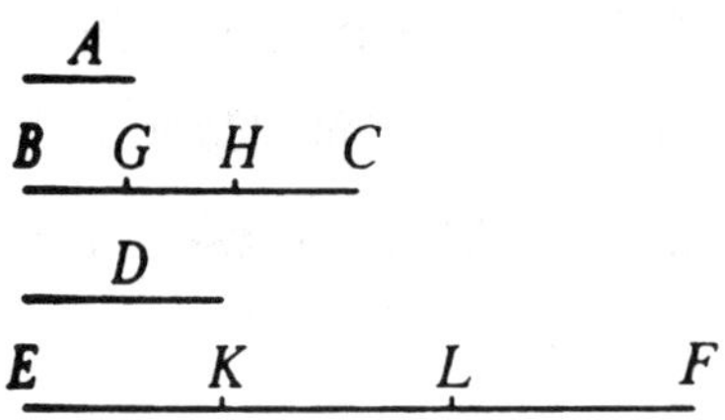

设：单位 A 量尽一数 BC 与另一数 D 量尽另外一数 EF 的次数相同。

那么可以说：单位 A 量尽数 D 与 BC 量尽 EF 的次数相同。

因为：单位 A 量尽数 BC 与 D 量尽 EF 的次数相同，

所以：在 BC 中有多少个单位，在 EF 中也就有同样多少个等于 D 的数。

设：分 BC 为单位 BG、GH、HC，又分 EF 为等于 D 的数 EK、KL、LF。

那么：BG、GH、HC 的个数等于 EK、KL、LF 的个数，

又因：各单位 BG、GH、HC 彼此相等，

各数 EK、KL、LK 彼此相等，

单位 BG、GH、HC 的个数等于数 EK、KL、LF 的个数。

所以：单位 BG 比数 EK 如同单位 GH 比数 KL，

就如同单位 HC 比数 LF，

因此：前项之一比后项之一等于所有前项和比所有后项和， [VII. 12]

所以：单位 BG 比数 EK 如同 BC 比 EF。

又因：单位 BG 等于单位 A，数 EK 等于 D，

所以：单位 A 比数 D 如同 BC 比 EF，

因此：单位 A 量尽 D 与 BC 量尽 EF 的次数相同。

证完。

命题 16

…

假如二数彼此相乘得二数，那么所得二数彼此相等。

A——
B——
C——
D——
E——

设：A、B是两数，A乘B得C且B乘A得D。

那么可以说：C等于D。

因为：A乘B得C，

所以：B依照A中的单位数量尽C。

又因：单位E量尽A，也是依照A中的单位数，

所以：用单位数E量尽A，与用数B量尽C的次数相同，

所以，取更比例：单位E量尽B与A量尽C的次数相同。 [VII. 15]

因为：B乘A得D，

所以：依照B中的单位数，A量尽D。

又因：单位E量尽B也是依照B中的单位数，

所以：用单位E量尽数B与用A量尽D的次数相同。

又因：用单位E量尽数B与用A量尽C的次数相同，

所以：A量尽数C、D的每一个有相同的次数，

因此：C等于D。

证完。

命题 17

…

假如一个数乘以两数得某两数，那么所得两数之比与被乘的

两数之比相同。

A———
B———
C———
D———
E———
——F

设：数 A 乘两数 B、C 得 D、E。

那么可以说：B 比 C 如同 D 比 E。

因为：A 乘 B 得 D，

所以：按照 A 中之单位数，B 量尽 D。

又因：单位 F 量尽数 A 也是按照 A 中的单位数，

所以：用单位 F 量尽数 A 与用 B 量尽 D 有相同的次数，

因此：单位 F 比数 A 如同 B 比 D。 [VII. 定义 20]

同理可得：单位 F 比数 A 如同 C 比 E，

所以：B 比 D 如同 C 比 E，

所以，取更比例：B 比 C 如同 D 比 E。 [VII. 13]

证完。

命题 18

…

假如两数各乘任一数得某两数，那么所得两数之比与两乘数之比相同。

A———
B———
C———
D———
E———

假设：两数 A、B 乘任一数 C 得 D、E。

那么可以说：A 比 B 如同 D 比 E。

因为：A 乘 C 得 D，

所以：C 乘 A 得 D。 [VII. 16]

同理可得：C 乘 B 得 E，

所以：数 C 乘两数 A、B 得 D、E，

因此: A 比 B 如同 D 比 E。 [VII. 17]

证完。

命题 19

…

假如四个数成比例，那么第一个数和第四个数乘得的数，等于第二个数和第三个数乘得的数；假如第一个数和第四个数乘得的数，等于第二个数和第三个数乘得的数，那么这四个数成比例。

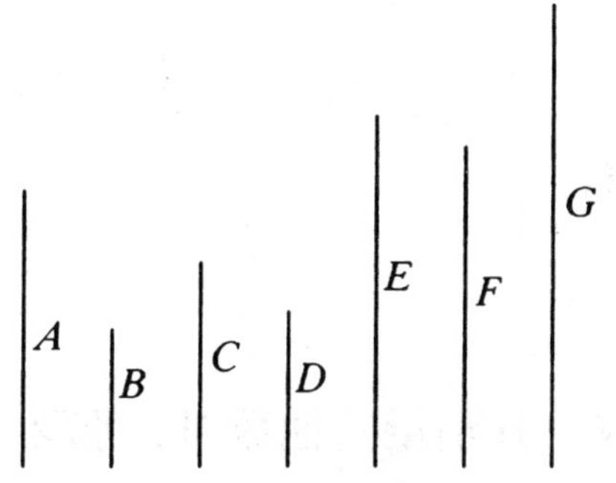

设: A、B、C、D 四个数成比例，也就是 A 比 B 如同 C 比 D，

且 A 乘 D 得 E，B 乘 C 得 F。

那么可以说: E 等于 F。

先设: A 乘 C 得 G。

因 为: A 乘 C 得 G，A 乘 D 得 E，

那么: 数 A 乘两数 C、D 得 G、E，

所以: C 比 D 如同 G 比 E。 [VII. 17]

因为: C 比 D 如同 A 比 B，

所以: A 比 B 如同 G 比 E。

又因: A 乘 C 得 G，

还有 B 乘 C 等于 F，

所以: 两数 A、B 乘以一确定的数 C 得 G、F，

因此: A 比 B 如同 G 比 F。 [VII. 18]

因为: A 比 B 如同 G 比 E，

所以: G 比 E 如同 G 比 F，

所以：G 与两数 E、F 的每一个有相同比，

因此：E 等于 F。 [参看 V. 9]

又设：令 E 等于 F。

那么可以说：A 比 B 如同 C 比 D。

用上述的作图。

因为：E 等于 F，

所以：G 比 E 如同 G 比 F。 [参看 V. 7]

又因：G 比 E 如同 C 比 D， [VII. 17]

G 比 F 如同 A 比 B， [VII. 18]

所以：A 比 B 如同 C 比 D。

证完。

命题 20

…

用有相同比的数对中最小的一对数，分别量其他数对，那么大的量尽大的，小的量尽小的，并且所得的次数相同。

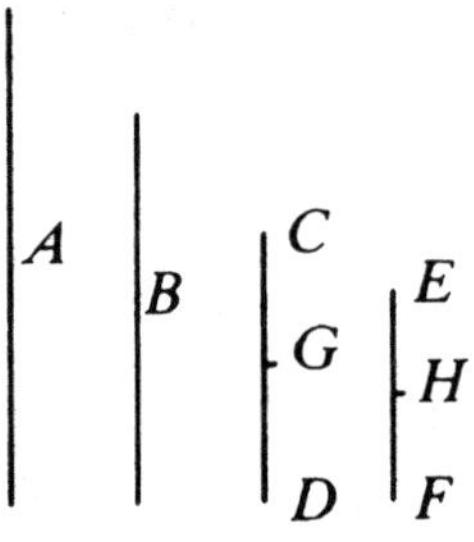

设：CD、EF 是与 A、B 有相同比的数对中最小的一对数。

那么可以说：CD 量尽 A 与 EF 量尽 B 有相同的次数。

此处 CD 不是 A 的几部分。

这是因为，若可能，这样假设：

EF 是 B 的几部分与 CD 是 A 的几部分相同， [V11. 13 和定义 20]

所以：在 CD 中有 A 的多少个一部分，在 EF 中也有 B 的同样多少个一部分。

将 *CD* 分为 *A* 的一部分，也就是 *CG*、*GD*。

将 *EF* 分为 *B* 的一部分，也就是 *EH*、*HF*。

此时：*CG*、*GD* 的个数等于 *EH*、*HF* 的个数。

因为：*CG*、*GD* 彼此相等，*EH*、*HF* 彼此相等，*CG*、*GD* 的个数等于 *EH*、*HF* 的个数，

所以：*CG* 比 *EH* 如同 *GD* 比 *HF*，

因此：前项之一比后项之一如同所有前项之和比所有后项之和，

[VII. 12]

故也有：*CG* 比 *EH* 如同 *CD* 比 *EF*，

因此：*CG*、*EH* 与小于它们的数 *CD*、*EF* 有相同比。这是不符合实际的。

因为：由假设 *CD*、*EF* 是和它们有相同比中的最小两数，

所以：*CD* 不是 *A* 的几部分，

因此：*CD* 是 *A* 的一部分。 [VII. 4]

又因：*EF* 是 *B* 的一部分，与 *CD* 是 *A* 的一部分相同，

[VII. 13 和定义 20]

因此：*CD* 量尽 *A* 与 *EF* 量尽 *B* 有相同的次数。

证完。

命题 21

…

互素的两数是与它们有同比数对中最小的。

A B C D E

设：*A*、*B* 是互素的数。

那么可以说：*A*、*B* 是与它们有相同比的数对中最小的。

因为：若非如此，就会有与 *A*、*B* 同比的

数小于 A、B，并设它们是 C、D，

此时，有相同比的最小一对数，分别量尽与它们有相同比的数对，所得的次数相同，

也就是前项量尽前项与后项量尽后项的次数相同， [VII. 20]

所以：C 量尽 A 的次数与 D 量尽 B 的次数相同。

现在，C 量尽 A 有多少次，就设在 E 中有多少单位，

所以：依照 E 中单位数，D 也量尽 B。

又因：依照 E 中单位数，C 量尽 A，

所以：依照 C 中单位数，E 也量尽 A。 [VII. 16]

同理可得：依照 D 中单位数，E 也量尽 B， [VII. 16]

所以：E 量尽互素的数 A、B。

这并不符合实际。

所以：没有与 A、B 同比且小于 A、B 的数对，

因此：A、B 是与它们有同比的数对中最小的一对。

证完。

命题 22

…

有相同比的数对中的最小一数对是互素的。

A——————

B—————

C————

D———

E——

设：A、B 是与它们有同比的一些数对中最小的数对。

那么可以说：A、B 互素。

因为：它们不互素，就有某个数能量尽它们。

设：能量尽它们的数是 C。

且 C 量尽 A 有多少次，就设在 D 中有多少个单位，

C 量尽 B 有多少次，就设在 E 中有多少个单位。

因为：依照 D 中单位数，C 量尽 A，

所以：C 乘 D 得 A。 [VII. 定义 15]

同理可得：C 乘 E 得 B，

所以：数 C 乘两数 D、E 各得出 A、B，

所以：D 比 E 如同 A 比 B， [VII. 17]

因此：D、E 与 A、B 有相同的比，并且小于它们。

这并不符合实际。

所以：没有一个数能量尽数 A、B，

因此：A、B 互素。

证完。

命题 23

…

假如两数互素，那么能量尽其一的数必与另一数互素。

A B C D

设：A、B 是两互素的数，数 C 量尽 A。

那么可以说：C、B 也是互素的。

这是因为，若 C、B 不互素，那么：就有某个数量尽 C、B。

设：量尽它们的数是 D。

因为：D 量尽 C，并且 C 量尽 A，

所以：D 也量尽 A。

又因：D 也量尽 B，

所以：D 量尽互素的 A、B。这是不符合实际的， [VII. 定义 12]

因此：没有数能量尽数 C、B，

所以：C、B 互素。

证完。

命题 24

•••

假如两数与某数互素，那么它们的乘积与该数也互素。

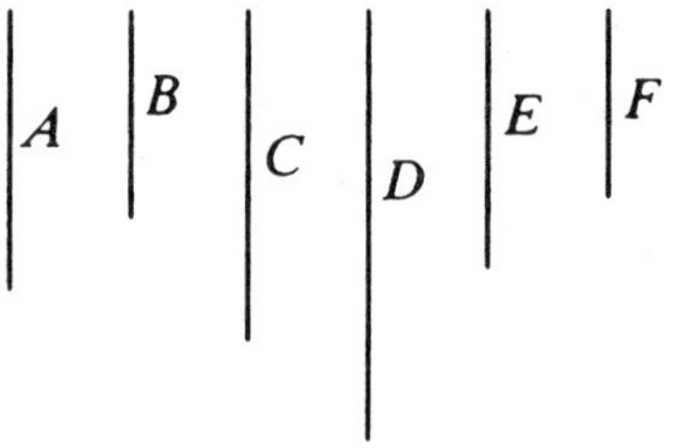

设：两数 A、B 与数 C 互素，A 乘 B 得 D。

那么可以说：C、D 互素。

因为：如果 C、D 不互素，那么就有一个数将量尽 C、D。

设：量尽它们的数是 E。

因为：C、A 互素，并确定了数 E 量尽 C，

所以：A、E 是互素的。 [VII. 23]

此时，E 量尽 D 有多少次，就设在 F 中有多少单位，

故：依照在 E 中有多少单位，F 也量尽 D， [VII. 16]

所以：E 乘 F 得 D。 [VII. 定义 15]

因为：A 乘 B 也得 D，

所以：E、F 的乘积等于 A、B 的乘积。

又因：假如两外项之积等于内项之积，那么这四个数成比例，

[VII. 19]

所以：E 比 A 如同 B 比 F。

又因：A、E 互素，

且互素的两数也是与它们有同比的数对中的最小数对， [VII. 21]

因为：有相同比的一些数对中最小的一对数，其大小两数分别量尽具有同比的大小两数，

所以：所得的次数相同，也就是前项量尽前项和后项量尽后项，

[VII. 20]

因此：E 量尽 B。

又因：E 也量尽 C，

所以：E 量尽互素的二数 B、C，这是不符合实际的， [VII. 定义 12]

因此：没有数能量尽数 C、D，

所以：C、D 互素。

证完。

命题 25

…

假如两数互素，那么其中之一的自乘积与另一个数互素。

A B C D

设：A、B 两数互素，且 A 自乘等于 C。

那么可以说：B、C 互素。

假如：取 D 等于 A。

因为：A、B 互素，A 等于 D，

所以：D、B 也互素，

所以：两数 D、A 的每一个与 B 互素，

因此：D、A 的乘积也与 B 互素。 [VII. 24]

又因：D、A 的乘积是 C，

所以：C、B 互素。

证完。

命题 26

…

假如两数与另两数的每一个都互素，那么两数乘积与另两数的乘积也是互素的。

A——
B——
C——
D——
E——
F——

设：两数 A、B 与两数 C、D 的每一个都互素，且 A 乘 B 得 E，C 乘 D 得 F。

那么可以说：E、F 互素。

因为：数 A、B 的每一个与 C 互素，

所以：A、B 的乘积也与 C 互素。 [VII. 24]

又因：A、B 的乘积是 E，

所以：E、C 互素。

同理可得：E、D 也是互素的，

所以：数 C、D 的每一个与 E 互素，

因此：C、D 的乘积也与 E 互素。 [VII. 24]

又因：C、D 的乘积是 F，

所以：E、F 互素。

证完。

命题 27

…

假如两数互素，每个自乘得一确定的数，那么这些乘积是互素的；用原数乘以乘积得某数，这最后乘积也是互素的 [依此类推]。

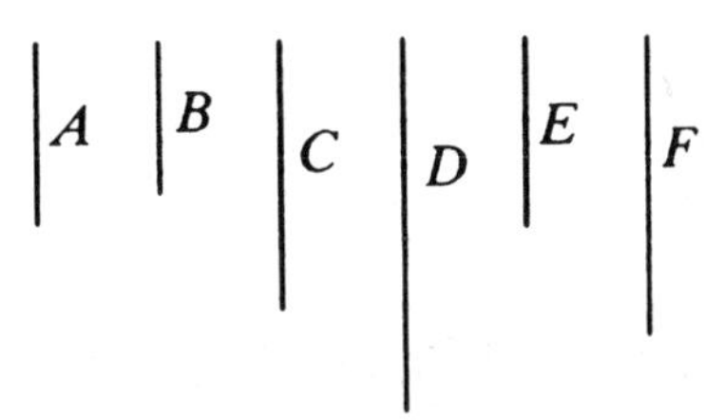

设：*A*、*B* 两数互素，

A 自乘得 *C*，且 *A* 乘 *C* 得 *D*，

B 自乘得 *E*，且 *B* 乘 *E* 得 *F*。

那么可以说：*C* 与 *E* 互素，*D* 与 *F* 互素。

因为：*A*、*B* 互素，且 *A* 自乘得 *C*，

所以：*C*、*B* 互素。

因为：*C*、*B* 互素，且 *B* 自乘得 *E*，

所以：*C*、*E* 互素。　[VII. 25]

又因：*A*、*B* 互素，*B* 自乘得 *E*，

所以：*A*、*E* 互素。　[VII. 25]

此时，两数 *A*、*C* 与两数 *B*、*E* 的每一个互素，

因此：*A*、*C* 之积与 *B*、*E* 之积也互素。　[VII. 26]

并且 *A*、*C* 的乘积是 *D*，*B*、*E* 的乘积是 *F*，

因此：*D*、*F* 互素。

证完。

命题 28

…

假如两数互素，那么其和与它们中的每一个也互素；假如两数之和与它们中的任一个互素，那么原二数也互素。

设：互素的两个数 *AB*、*BC* 相加。

那么可以说：它们的和 *AC* 与数 *AB*、*BC* 每一个都互素。

因为：倘若 *AC*、*AB* 不互素，那么就有某数量尽 *AC*、*AB*，

设：量尽它们的数是 *D*。

因为: D 量尽 AC、AB,

因此: 它也量尽余数 BC。

又因: 它也量尽 AB,

所以: D 量尽互素的二数 AB、BC, 这是不符合实际的, [VII. 定义 12]

所以: 没有数量尽 AC、AB,

因此: AC、AB 互素。

同理可得: AC、BC 也互素,

因此: AC 与数 AB、BC 的每一个互素。

设: AC、AB 互素,

那么可以说: AB、BC 也互素。

因为: 倘若 AB、BC 不互素, 则有某数量尽 AB、BC,

设: 量尽它们的数是 D。

因为: D 量尽数 AB、BC 的每一个,

所以: 它也能量尽整个数 AC。

又因: 它也能量尽 AB,

所以: D 量尽互素二数 AC、AB, 这是不符合实际的, [VII. 定义 12]

所以: 没有数可以量尽 AB、BC,

因此: AB、BC 互素。

证完。

命题 29

• • •

任一素数与用它量不尽的任一数互素。

设: 素数 A 量不尽 B。

那么可以说: A、B 互素。

A——
B——
C——

因为：若 A、B 不互素，

那么：将有某数量尽它们。

设：C 量尽它们。

因为：C 量尽 B，且因 A 量不尽 B，

所以：C 与 A 不相同。

又因：C 量尽 A、B，

所以：C 也量尽与 C 不同的素数 A，这是不符合实际的，

所以：没有数量尽 A、B，

因此：A、B 互素。

证完。

命题 30

…

假如两数相乘得某数，且某一素数量尽该乘积，那么它也量尽原来两数之一。

A——
B——
C——
D——
E——

设：两数 A、B 相乘得 C，且素数 D 量尽 C。

那么可以说：D 量尽 A、B 之一。

设：D 量不尽 A。

因为：D 是素数，

所以：A，D 互素。 [VII. 29]

因为：D 量尽 C 有多少次数，就设在 E 中有同样多少个单位，

又因：依照 E 中单位的个数，D 量尽 C，

因此：D 乘 E 得 C。 [VII. 定义 15]

因为：A 乘 B 也得 C，

所以：D、E 的乘积等于 A、B 的乘积，

所以：D 比 A 如同 B 比 E。 [VII. 19]

因为：D、A 互素，

且互素的二数是具有相同比的数对中最小的一对， [VII. 21]

又因：它的大小两数分别量尽具有同比的大小两数，所得的次数相同，也就是前项量尽前项和后项量尽后项， [VII. 20]

所以：D 量尽 B。

同理可证：假如 D 量不尽 B，那么它将量尽 A，

因此：D 量尽 A、B 之一。

证完。

命题 31

…

任一合数可被某素数量尽。

————————A

——————B

———C

设：A 是一个合数。

那么可以说：A 可被某一素数量尽。

因为：A 是合数，则有某数量尽它，

设：量尽它的数是 B。

若 B 是素数，那么证明完毕。

若 B 是一个合数，那么将有某数量尽它。

设：量尽它的数是 C。

因为：C 量尽 B，B 又量尽 A，

所以：C 也量尽 A。

若 C 是素数，那么证明完毕，

若 C 是合数，那么将有某个数量尽它。

用这种方式类推，就会找到某个素数量尽它前面的数，它也就量尽 A。

因为：如果没有这个数，就会得出一个无穷数列中的数都量尽 A，且其中每一个小于其前面的数，

这是不符合实际的。

所以：可以找出一个素数量尽它前面的数，也可以量尽 A，

因此：任一合数可被某一素数量尽。

证完。

命题 32

•••

任一数要么是素数，要么可被某个素数量尽。

A

设：A 是一个数。

那么可以说：A 要么是素数，要么能够被某素数量尽。

若 A 是素数，那么证明完毕，

若 A 是合数，那么，一定有某个素数能量尽它。 [VII. 31]

所以：任一数或是素数，或者可被某一素数量尽。

证完。

命题 33

…

给定任意几个数，求与它们有同比的数组中最小数组。

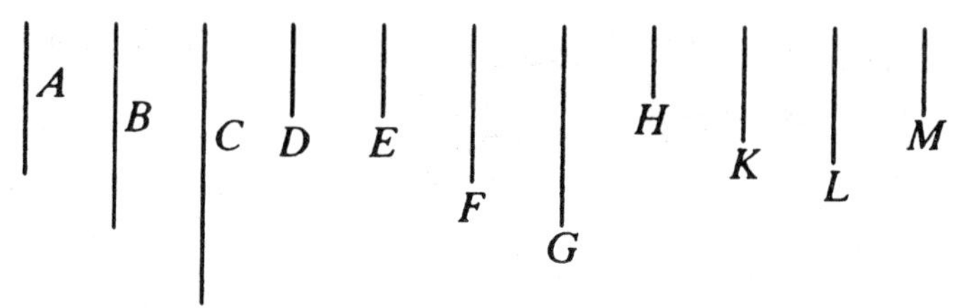

设：已给定数 A、B、C。

要求：找出与 A、B、C 有相同比的数组中最小数组。

A、B、C 要么互素，要么不互素。

假如：A、B、C 互素。

那么：它们是与它们有同比的数组中最小数组。 [VII. 21]

假如：它们不互素。

设：D 是所取 A、B、C 的最大公度数。 [VII. 3]

因为：依照 D 分别量尽 A、B、C 各有多少次，就分别设在 E、F、G 中有同样多少个单位，

所以：按照 D 中的单位数，E、F、G 分别量尽 A、B、C， [VII. 16]

所以：E、F、G 分别量尽 A、B、C 所得的次数相同，

因此：E、F、G 与 A、B、C 有相同比。 [VII. 定义 20]

又可证：它们是具有这些比的最小数组。

假如：E、F、G 不是与 A、B、C 有相同比的数组中最小数组。

那么：就有小于 E、F、G 且与 A、B、C 有相同比的数。

设：它们是 H、K、L，

所以：H 量尽 A，与 K、L 分别量尽数 B、C 有相同的次数。

因为：H 量尽 A 有多少次数，就设在 M 中有同样多少单位，

所以：依照 M 中的单位数，K、L 分别量尽 B、C。

因为：依照 M 中的单位数，H 量尽 A，

所以：依照 H 中的单位数，M 也量尽 A。 [VII. 16]

同理可得：分别依照在数 K、L 中的单位数，M 也量尽数 B、C，

因此：M 量尽 A、B、C。

因为：依照 M 中的单位数，H 量尽 A，

所以：H 乘 M 得 A。 [VII. 定义 15]

同理可得：E 乘 D 得 A，

所以：E、D 的乘积等于 H、M 之乘积，

因此：E 比 H 如同 M 比 D。 [VII. 19]

因为：E 大于 H，

所以：M 大于 D。

又因：它量尽 A、B、C，

且根据假设：D 是 A、B、C 的最大公度数，

这是不符合实际的，

所以：没有任何小于 E、F、G 且与 A、B、C 同比的数组，

因此：E、F、G 是与 A、B、C 有相同比的数组中最小数组。

证完。

命题 34

…

给定两数，求它们能量尽的数中的最小数。

设：A、B 是两给定的数。

要求：找出它们能量尽的数中的最小数。

A、B 要么互素，要么不互素。

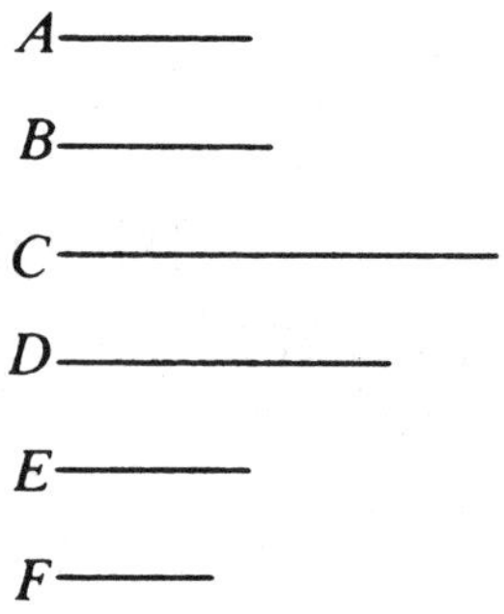

A——
B——
C——
D——
E——
F——

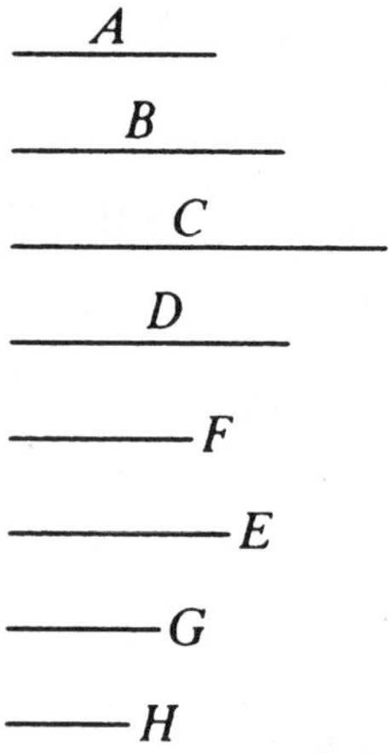

先设：A、B 互素，A 乘 B 得 C，

因此：B 乘 A 也得 C， [VII. 16]

所以：A、B 量尽 C。

现在可以证明它是被 A、B 量尽的最小数。

因为：若不是，A、B 将量尽比 C 小的数，

设：它们量尽 D，

所以：不管 A 量尽 D 有多少次数，就设 E 中有同样多少单位。

不论 B 量尽 D 有多少次数，就设 F 中有同样多少单位，

因此：A 乘 E 得 D，B 乘 F 得 D，

[VII. 定义 15]

因此：A、E 的乘积等于 B、F 的乘积。

所以：A 比 B 如同 F 比 E。 [VII. 19]

又因：A、B 互素，

所以：F、E 也是同比数中的最小数对，

[VII. 21]

因为：最小数对的大小两数分别量尽具有同比的大小两数，所得的次数相同， [VII. 20]

所以：后项 B 量尽后项 E。

又因：A 乘 B、E 分别是 C、D，

所以：B 比 E 如同 C 比 D。 [VII. 17]

因为：B 量尽 E，

所以：C 也量尽 D，也就是大数量尽小数。这是不符合实际的，

因此：A、B 不能量尽小于 C 的任一数，

所以：C 是被 A、B 量尽的最小数。

设：A、B 不互素，

且 F、E 为与 A、B 同比的数对中的最小数对， [VII. 33]

所以：A、E 的乘积等于 B、F 的乘积。 [VII. 19]

又设：A 乘 E 得 C，

因此：B 乘 F 得 C，

所以：A、B 量尽 C，

那么也可以证明，它是被 A、B 量尽的数中的最小数。

因为：倘若不是，A、B 将量尽小于 C 的数，

设：它们量尽 D。

因为：依照 A 量尽 D 有多少次数，就设 G 中有同样多少单位，

依照 B 量尽 D 有多少次数，就设 H 中有同样多少单位，

所以：A 乘 G 得 D，B 乘 H 得 D，

所以：A、G 的乘积等于 B、H 的乘积，

因此：A 比 B 如同 H 比 G。 [VII. 19]

又因：A 比 B 如同 F 比 E，

所以：F 比 E 如同 H 比 G。

因为：F、E 是最小的，而最小数对的大小两数分别量尽有同比的大小两数，所得次数相同， [VII. 20]

所以：E 量尽 G。

又因：A 乘 E、G 各得 C、D，

所以：E 比 G 如同 C 比 D。 [VII. 17]

又因：E 量尽 G，

所以：C 也量尽 D，也就是较大数量尽较小数，

这不符合实际，

因此：A、B 量不尽任何小于 C 的数，

所以：C 是被 A、B 量尽数中的最小数。

证完。

命题 35

…

假如两数量尽某数，那么被它们量尽的最小数也量尽这个数。

A————

B—————

C————F————————D

E—————

设：两数 A、B 量尽一数 CD，且 E 是它们量尽的最小数。

那么可以说：E 也量尽 CD。

假如：E 量不尽 CD，设 E 量出 DF，余数 CF 小于 E。

因为：A、B 量尽 E，E 量尽 DF，

所以：A、B 也量尽 DF。

又因：它们也量尽整个 CD，

所以：它们也量尽小于 E 的余数 CF。

这不符合实际。

因此：E 不可能量不尽 CD，

所以：E 量尽 CD。

证完。

命题 36

…

给定三个数，求被它们量尽的最小数。

设：已给定三个数 A、B、C，

要求：求它们量尽的最小数。

设：二数 A、B 量尽的最小数为 D。 [VII. 34]

那么：C 要么量尽 D，要么量不尽 D。

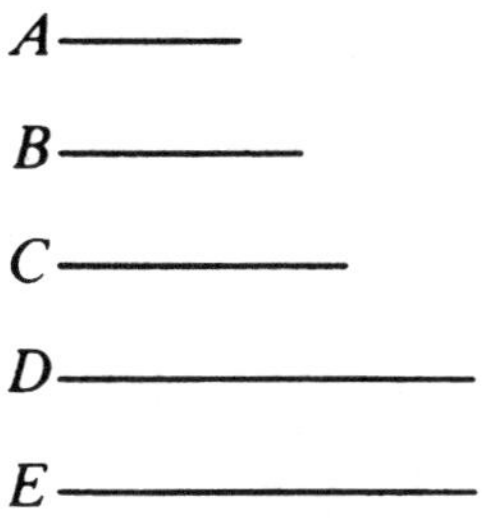

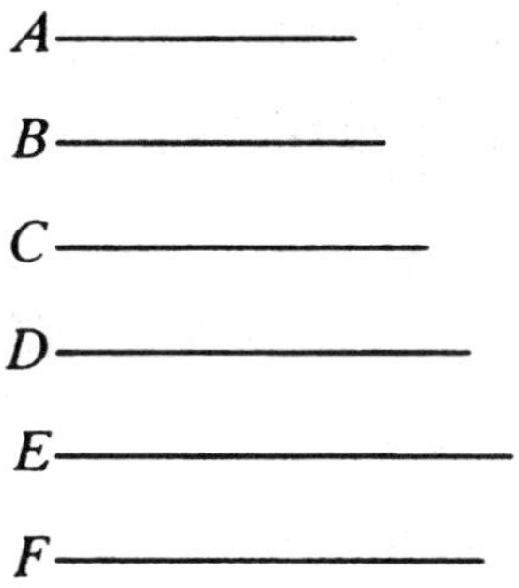

设：C 量尽 D。

因为：A、B 量尽 D，

所以：A、B、C 量尽 D。

可以证明，D 是被它们量尽的最小数。

因为：若非如此，A、B、C 量尽小于 D 的某数，

设：它们量尽 E。

因为：A、B、C 量尽 E，

因此：A、B 量尽 E，

所以：被 A、B 量尽的最小数也量尽 E。 [VII. 35]

又因：D 是被 A、B 量尽的最小数，

所以：D 量尽 E。

较大数量尽较小数，这并不符合实际。

所以：A、B、C 不能量尽小于 D 的数，

因此：D 是 A、B、C 量尽的最小数。

设：C 量不尽 D，并取 E 为被 C、D 量尽的最小数。 [VII. 34]

因为：A、B 量尽 D，并且 D 量尽 E，

所以：A、B 也量尽 E。

又因：C 也量尽 E，

所以：A、B、C 也量尽 E。

可以证明，E 是它们量尽的最小数。

若不然，设：A、B、C 量尽小于 E 的某数，且它们量尽 F。

因为：A、B、C 量尽 F，

所以：A、B 也量尽 F，

因此：被 A、B 量尽的最小数也量尽 F。 [VII. 35]

又因：D 是被 A、B 量尽的最小数，

所以：D 量尽 F。

又因：C 也量尽 F，

所以：D、C 量尽 F。

所以：被 D、C 量尽的最小数也量尽 F。

因为：E 是被 C、D 量尽的最小数，

所以：E 量尽 F。

较大数量尽较小数，这是不符合实际的。

因此：A、B、C 量不尽任一小于 E 的数，

所以：E 是被 A、B、C 量尽的最小数。

证完。

命题 37

• • •

假如一个数被某数量尽，那么被量数有一个称为与量数的一部分同名的一部分。

A——————

B———

C————

D——

设：数 A 被某数 B 量尽。

那么可以说：A 有一个称为与 B 的一部分同名的一部分。

因为：依照 B 量尽 A 有多少次数，就设 C 中有多少个单位，

又因：依照 C 中的单位数，B 量尽 A，

并且依照 C 中单位数，单位 D 量尽数 C，

所以：单位 D 量尽数 C 与 B 量尽 A 有相同的次数。

那么，取更比例：单位 D 量尽数 B 与 C 量尽 A 有相同的次数，

[VII. 15]

所以：不管单位 D 是 B 怎样的一部分，C 也是 A 同样的一部分。

又因：单位 D 是数 B 的被称为 B 的一部分同名的一部分，

所以：C 也是 A 的被称为 B 的一部分同名的一部分，

也就是，A 有一个被称为 B 的一部分同名的一部分 C。

证完。

命题 38

…

假如一个数有任意一部分，那么它将被与该部分同名的一个数量尽。

A————————

————B

———C

——D

设：数 A 有一个一部分 B，且 C 是与一部分 B 同名的一个数。

那么可以说：C 量尽 A。

因为：B 是 A 的被称为与 C 同名的一部分，

且单位 D 也是 C 的被称为与 C 同名的一部分，

因此：不管单位 D 是数 C 怎样的一部分，B 也是 A 同样的一部分，

因此：单位 D 量尽 C 与 B 量尽 A 有相同的次数，

那么，取更比例：单位 D 量尽 B 与 C 量尽 A 有相同的次数，[VII. 15]

因此：C 量尽 A。

证完。

命题 39

…

求有给定的几个一部分的最小数。

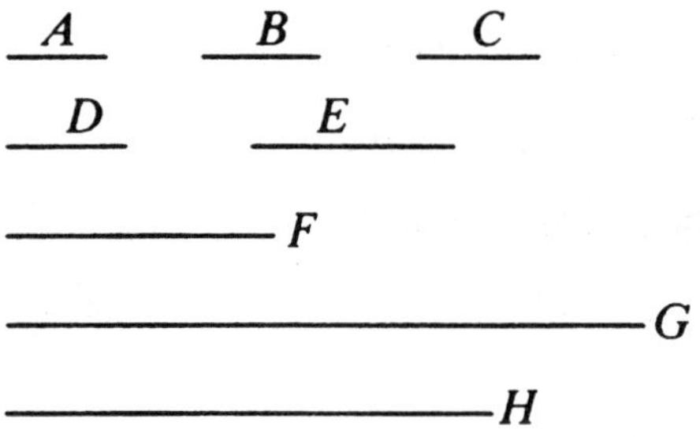

A B C

D E

F

G

H

设：A、B、C 是已给定的几个一部分。

要求：求出有几个一部分 A、B、C 的最小数。

设：D、E、F 是被称为与几个一部分 A、B、C 同名的数。并且取 G 是被 D、E、F 量尽的最小数。 [VII. 36]

所以：G 有被称为与 D、E、F 同名的几个一部分。 [VII. 37]

因为：A、B、C 是被称为与 D、E、F 同名的几个一部分，

所以：G 有几个一部分 A、B、C，

那么，可以证明：G 也是含这几个一部分 A、B、C 的最小数。

假如：并非如此，将有某数 H 有这几个一部分 A、B、C，且小于 G。

因为：H 有着这几个一部分 A、B、C，

所以：H 将被称为与这几个一个部分 A、B、C 同名的数所量尽。

[VII. 38]

又因：D、E、F 是被称为与这几个一部分 A、B、C 同名的数，

因此：D、E、F 量尽 H，

所以：H 小于 G，

这是不符合实际的，

因此：没有一个数有这几个一部分 A、B、C 且小于 G。

证完。

卷

Ⅷ

命题

命题 1

…

假如有任意几个数成连比例，并且它们的两外项互素，那么这些数是与它们有相同比的数组中最小的。

A———— E————

B———— F————

C———— G————

D———— H————

设：数 A、B、C、D 成连比例，且它们的两外项 A、D 互素。

那么可以说：A、B、C、D 是与它们有相同比的数组中最小的数组。

若不然，就设：E、F、G、H 分别小于 A、B、C、D，并且与它们有同比。

因为：A、B、C、D 与 E、F、G、H 有相同比，并且 A、B、C、D 的个数与 E、F、G、H 的个数相等，

那么，取首末比：

A 比 D 如同 E 比 H。 [VII. 14]

又因：A、D 互素，

那么：互素的两数也是与它们有相同比的数对中最小的， [VII. 21]

并有相同比的数中最小一对数分别量其他的数对，大的量大的，小的量小的，并有相同次数。也就是前项量前项，后项量后项，量得的次数相同， [VII. 20]

因此：A 量尽 E。

较大的量尽较小的，这是不符合实际的。

因此：小于 A、B、C、D 的 E、F、G、H 与它们没有相同的比，

所以：A、B、C、D 是与它们有相同比的最小数组。

证完。

命题 2

•••

按照预定的个数，求已知比的成连比例中的最小数组。

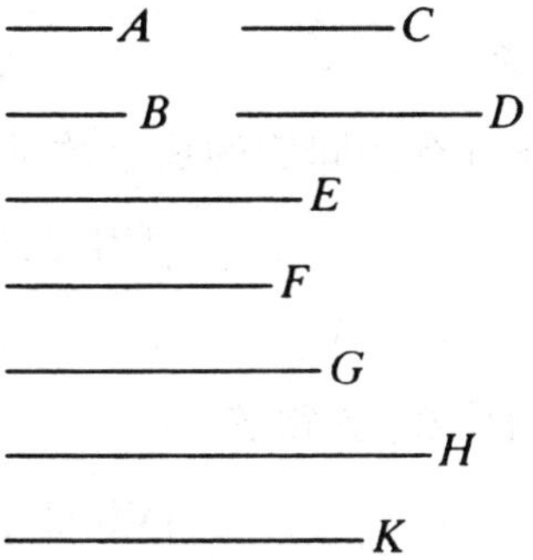

设：有已知比的最小数对 A、B，

要求：按预定个数求出成连比例的最小数组，让它们的比与 A、B 的比相同。

设：预定个数为 4，

且 A 自乘得 C，A 乘以 B 得 D，B 自乘得 E。

又设：A 乘 C、D、E 分别得 F、G、H，且 B 乘 E 得 K。

因为：A 自乘得 C，且 A 乘 B 得 D，

所以：A 比 B 如同 C 比 D。 [VII. 17]

又因：A 乘 B 得 D，而 B 自乘得 E，

所以：数 A、B 乘 B 分别得 D、E，

因此：A 比 B 如同 D 比 E。 [VII. 18]

又因：A 比 B 如同 C 比 D，

所以：C 比 D 如同 D 比 E。

因为：A 乘 C、D 得 F、G，

所以：C 比 D 如同 F 比 G。 [VII. 17]

又因：C 比 D 如同 A 比 B，

所以：A 比 B 如同 F 比 G。

因为：A 乘 D、E 得 G、H，

所以：D 比 E 如同 G 比 H。 [VII. 17]

又因：D 比 E 如同 A 比 B，

所以：A 比 B 如同 G 比 H。

因为：A、B 乘 E 得 H、K，

所以：A 比 B 如同 H 比 K。 [VII. 18]

又因：A 比 B 如同 F 比 G，及 G 比 H，

所以：F 比 G 如同 G 比 H，以及 H 比 K，

因此：C、D、E 以及 F、G、H、K 皆成连比例，而比为 A 比 B。

接下来，可以证明：它们是成已知比的最小者。

因为：A、B 是与它们有相同比的最小者，并且有相同比的最小数是互素的， [VII. 22]

所以：A、B 是互素的。

因为：数 A、B 分别自乘得 C、E，A、B 分别乘 C、E 得 F、K，

所以：C、E 和 F、K 分别互素。 [VII. 27]

又因：若有许多成连比例的数，且它们的两外项互素，那么这些数是与它们有相同比的数组中最小的数组， [VIII. 1]

所以：C、D、E 以及 F、G、H、K 是与 A、B 有相同比数组中最小的数组。

证完。

推论 假如成连比的三个数是与它们有相同比的最小者，那么它们的两外项是平方数；假如成连比的四个数是与它们有相同比的最小者，那么它们的两外项是立方数。

命题 3

…

假如成连比例的几个数是与它们有相同比的数中的最小的，那么它们的两外项互素。

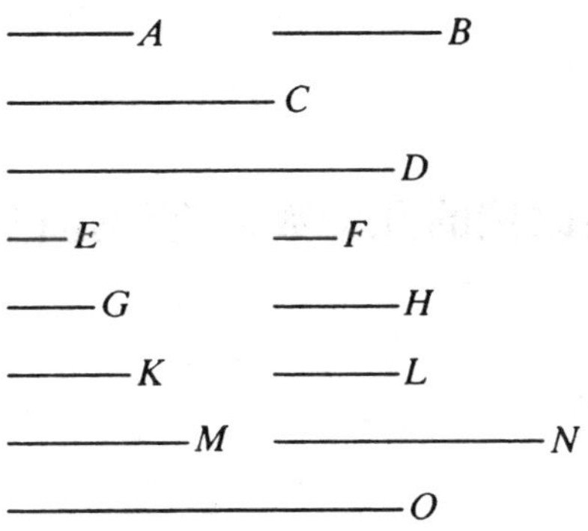

设：A、B、C、D 是成连比例的几个数，并且是与它们有同比的数组中最小的。

那么可以说：它们的两外项 A、D 互素。

设：取数 E、F 是与 A、B、C、D 有相同比的数组中的最小数组。 [VII. 33]

取有相同性质的另三个数 G、H、K；

剩下的逐次多一个，以此类推。 [VIII. 2]

直到个数等于数 A、B、C、D 的个数。

设：所取的数为 L、M、N、O。

因为：E、F 是与它们有相同比中的最小者，

所以：它们互素。 [VII. 22]

又因：数 E、F 分别自乘得数 G、K，

并且 E、F 分别乘以 G、K 得数 L、O， [VIII. 2，推论]

所以：G、K 和 L、O 分别互素。

因为：A、B、C、D 是与它们有相同比的数组中最小者，

并且 L、M、N、O 是与 A、B、C、D 有相同比的数组中的最小者，

且数 A、B、C、D 的个数等于数 L、M、N、O 的个数，

所以：数 A、B、C、D 分别等于 L、M、N、O，

因此：A 等于 L，D 等于 O。

又因：L、O 是互素的，

所以：A、D 也是互素的。

证完。

命题 4

…

已知由最小数给出的多个比，求连比例的几个数，它们是已知比的数中的最小数组。

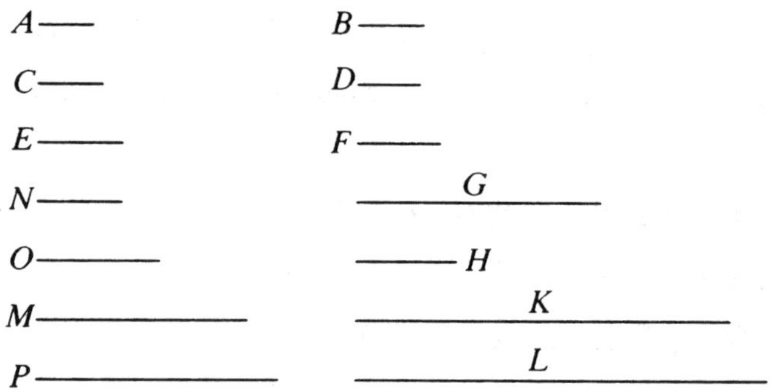

设：由最小数给出的几个比是 A 比 B，C 比 D 和 E 比 F。

要求：求连比例的最小数组，让它们的比是 A 比 B，C 比 D 及 E 比 F。

设：G 是被 B、C 量尽的最小数。 [VII. 34]

且 B 量尽 G 有多少次，就设 A 量尽 H 有多少次；

C 量尽 G 有多少次，就设 D 量尽 K 有多少次。

E 要么量尽 K，要么量不尽 K。

先设：E 量尽 K。

且 E 量尽 K 有多少次，就设 F 量尽 L 也有多少次。

因为：A 量尽 H 与 B 量尽 G 的次数相同，

所以：A 比 B 如同 H 比 G。 [VII. 定义 20，VII. 13]

同理可得：C 比 D 如同 G 比 K，以及 E 比 F 如同 K 比 L，

所以：H、G、K、L 是依 A 比 B，C 比 D 及 E 比 F 为连比例的数组。

其次，可以证明：它们也是有这个性质的最小数组。

假如：H、G、K、L 只是依 A 比 B，C 比 D 和 E 比 F 为连比例的但不是最小数组，

就可设：最小数组是 N、O、M、P。

因为：A 比 B 如同 N 比 O，而 A、B 是最小的，

并且，有相同比的一对最小数分别量尽其他数对，大的量尽大的，小的量尽小的，且有相同的次数，也就是前项量尽前项与后项量尽后项的次数相同，

所以：B 量尽 Q。 [VII. 20]

同理可得：C 也量尽 O，

所以：B、C 量尽 O，

因此：被 B、C 量尽的最小数也量尽 O。 [VII. 35]

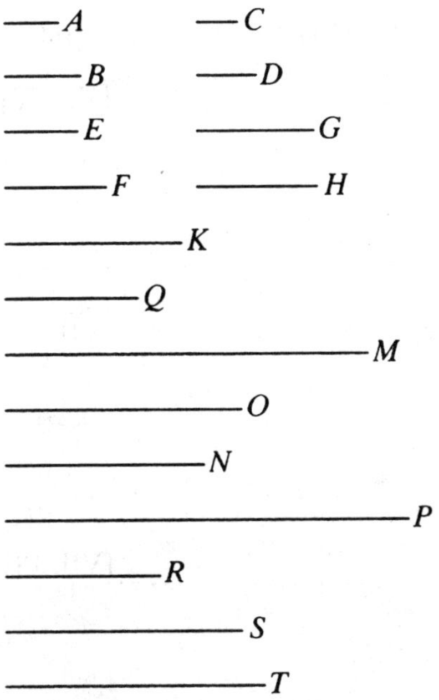

因为：G 是被 B、C 量尽的最小数，

所以：G 量尽 O，较大数量尽较小数。

这是不符合实际的。

因此：没有比 H、G、K、L 还小的数组的连比例能依照 A 比 B，C 比 D，E 比 F。

又可设：E 量不尽 K。

设：M 是被 E、K 量尽的最小数。

且 K 量尽 M 有多少次，就设 H、G 分别量 N、O 有多少次。

E 量尽 M 有多少次，就设 F 量尽 P 也有多少次。

因为：H 量尽 N 与 G 量尽 O 有相同的次数，

所以：H 比 G 如同 N 比 O。 [VII. 13 和定义 20]

又因：H 比 G 如同 A 比 B，

所以：A 比 B 如同 N 比 O。

同理可证：C 比 D 如同 O 比 M。

因为：E 量尽 M 与 F 量尽 P 有相同的次数，

所以：E 比 F 如同 M 比 P， [VII. 13 和定义 20]

所以：N、O、M、P 是依照 A 比 B，C 比 D 和 E 比 F 为连比例。

其次，可以证明：它们也是依照 A 比 B，C 比 D 以及 E 比 F 为连比例的最小数组。

因为：假若不是这样，就会有某些数小于 N、O、M、P 而依照 A 比 B，C 比 D 以及 E 比 F 成连比例。

设：它们是 Q、R、S、T。

因为：Q 比 R 如同 A 比 B，

又因：A、B 是最小的，

并有相同比的一对最小数，分别量其他数对，大的量尽大的，小的量尽小的，量得的次数相同，也就是前项量尽前项与后项量尽后项的次数相同。 [VII. 20]

所以：B 量尽 R。

同理：C 也量尽 R，

所以：B、C 量尽 R。

因此：被 B、C 量尽的最小数也量尽 R。 [VII. 35]

因为：G 是被 B、C 量尽的最小数，

所以：G 量尽 R。

因为：G 比 R 如同 K 比 S，

所以：K 也量尽 S。 [VII. 13]

因为：E 也量尽 S，

所以：E、K 量尽 S。

所以：被 E、K 量尽的最小数也量尽 S。 [VII. 35]

又因：M 是被 E、K 量尽的最小数，

所以：M 量尽 S。

较大数量尽较小数，这是不符合实际的。

因为：没有小于 N、O、M、P，依照 A 比 B，C 比 D 和 E 比 F 成连比例的一些数，

因此：N、O、M、P 是依照 A 比 B，C 比 D 以及 E 比 F 成连比例的最小数组。

证完。

命题 5

…

面数互比是其边之比的复比。

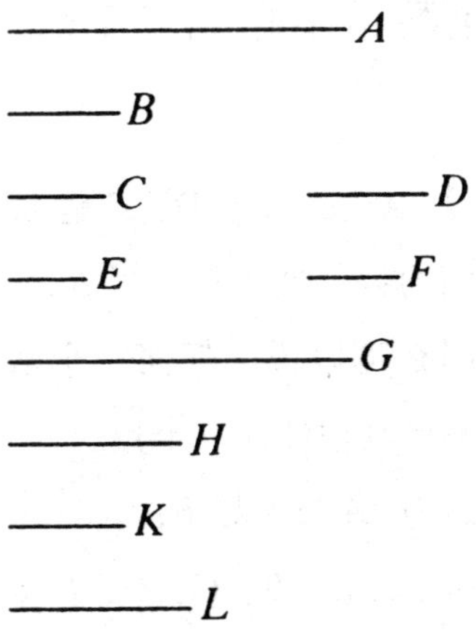

设：A、B 是面数，数 C、D 是 A 的边，数 E、F 是 B 的边。

那么可以说：A 与 B 的比是它们边比的复比。

因为：已知 C 比 E 和 D 比 F，

那么，设：取依照 C 比 E 和 D 比 F 成连比例的最小数为 G、H、K，

也就是：C 比 E 如同 G 比 H，

D 比 F 如同 H 比 K。 [VIII. 4]

又设：D 乘 E 得 L。

因为：D 乘 C 得 A，D 乘 E 得 L，

所以：C 比 E 如同 A 比 L。 [VII. 17]

又因：C 比 E 如同 G 比 H，

所以：G 比 H 如同 A 比 L。

因为：E 乘 D 得 L，E 乘 F 得 B，

所以：D 比 F 如同 L 比 B。 [VII. 17]

又因：D 比 F 如同 H 比 K，

所以：H 比 K 如同 L 比 B。

但已经证明：G 比 H 如同 A 比 L，

那么，取首末比：G 比 K 如同 A 比 B。 [VII. 14]

又因：G 与 K 之比是这些边比的复比，

所以：A 与 B 之比也是这些边比的复比。

证完。

命题 6

…

假如有几个成连比例的数，并且第一个数量不尽第二个数，那么任一其他数也量不尽任一其他数。

———A

————B

——————C

——————————D

———————————————E

——F

———G

————H

设：A、B、C、D、E 是成连比例的数，且 A 量不尽 B。

那么可以说：任何一个数都量不尽其他任何一个数。

因为：A 量不尽 B，

所以：A、B、C、D、E 依次互相量不尽，

由此可证明，任何一个数量不尽其他任何一个数。

如果可能，设：A 量尽 C。

那么：不管有几个数 A、B、C，就取多少个数 F、G、H，且设它们是与 A、B、C 有相同比中的最小数组。 [VII. 33]

因为：F、G、H 与 A、B、C 有相同比，并且数 A、B、C 的个数等于 F、G、H 的个数，

那么，取首末比：A 比 C 如同 F 比 H。 [VII. 14]

又因：A 比 B 如同 F 比 G，

且 A 量不尽 B，

所以：F 也量不尽 G。 [VII. 定义 20]

又因：单位能量尽任何数，

所以：F 不是一个单位。

已知，F、H 是互素的， [VIII. 3]

且 F 比 H 如同 A 比 C，

所以：A 也量不尽 C。

同理可证：任何一个数量不尽其他任何一个数。

证完。

命题 7

• • •

假如有多个成连比例的数，第一个数量尽最后一个数，那么第一个数也量尽第二个数。

A——

B———

C————

D——————

设：数 A、B、C、D 成连比例，A 量尽 D。

那么可以说：A 也量尽 B。

假如：A 量不尽 B，

那么：这些数中任何一个数量不尽其他任何一个数。 [VIII. 6]

又因：A 量尽 D，

因此：A 也量尽 B。

证完。

命题 8

…

假如在两数之间有几个与它们成连比例的数，那么无论在它们之间有多少个成连比例的数，在与原来两数有相同比的两数之间就有多少个成连比例的数。

A——　　E——

C——　　M——

D——　　N——

B——　　F——

G——　　K——

H——　　L——

设：在两数 A、B 之间有数 C、D，与它们成连比例。而 E 比 F 如同 A 比 B。

那么可以说：在 A、B 间插入多少个成比例的数，也就在 E、F 之间能插入同样多少个成连比例的数。

因为：有多少个数 A、B、C、D，就取多少个数 G、H、K、L，让它们为与 A、C、D、B 有相同比的数中最小数组， [VII. 33]

所以：它们的两端 G、L 是互素的。 [VIII. 3]

因为：A、C、D、B 与 G、H、K、L 有相同比，且数 A、C、D、B 的个数等于数 G、H、K、L 的个数，

那么，取首末比：A 比 B 如同 G 比 L。 [VII. 14]

又因：A 比 B 如同 E 比 F，

所以：G 比 L 如同 E 比 F。

因为：G、L 互素，互素的数则是同比中最小者，　[VII. 21]

并且有相同比的数中最小一对，分别量其他各数对，大的量尽大的，小的量尽小的，并有相同的次数，

也就是前项量尽前项与后项量尽后项的次数相同，　[VII. 20]

因此：G 量尽 E 与 L 量尽 F 的次数相同。

接下来，G 量尽 E 有多少次，就设 H、K 分别量尽 M、N 也有多少次，

所以：G、H、K、L 量尽 E、M、N、F 有同样多的次数。

因此：G、H、K、L 与 E、M、N、F 有相同的比。　[VII. 定义 20]

又因：G、H、K、L 与 A、C、D、B 有相同的比，

所以：A、C、D、B 也与 E、M、N、F 有相同的比。

又因：A、C、D、B 成连比例，

所以：E、M、N、F 也成连比例。

因此：在 A、B 之间插入多少个与它们成连比例的数，那么，也在 E、F 之间插入多少成连比例的数。

证完。

命题 9

…

假如两数互素，插在它们之间的一些数成连比例，那么不管这样的一些成连比例的数有多少个，在互素两数的每一个数和单位之间同样有多少个成连比例的数。

设：C、D 是插在互素的两数 A、B 之间的成连比例的数，又设单位为 E。

那么可以说：A、B 之间成连比例的数有多少个，在数 A、B 的每一个

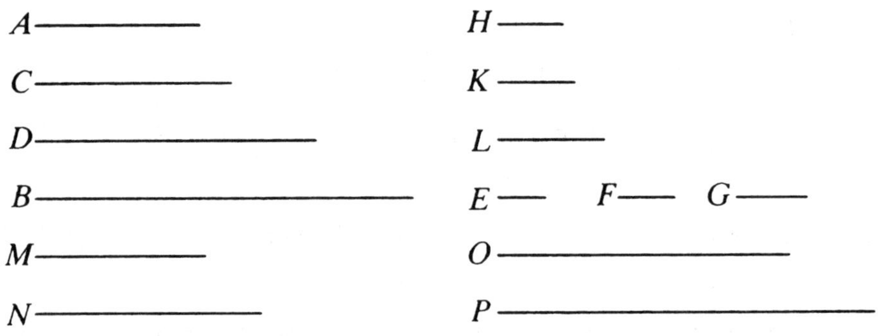

与单位 E 之间成连比例的数就有同样多少个。

设：两数 F、G 是与 A、C、D、B 有相同比中的最小者。取有同样性质的三个数 H、K、L。

依次类推，直至它们的个数等于 A、C、D、B 的个数。 [VIII. 2]

设：已求得的是 M、N、O、P。

F 自乘得 H，且 F 乘 H 得 M，且 G 自乘得 L，而 G 乘 L 得 P。

[VIII. 2，推论]

因为：M、N、O、P 是与 F、G 有相同比中的最小者，

又，A、C、D、B 也是与 F、G 有相同比的最小者， [VIII. 1]

那么：数 M、N、O、P 的个数等于数 A、C、D、B 的个数，

所以：M、N、O、P 分别等于 A、C、D、B 的个数，

因此：M 等于 A，而 P 等于 B。

因为：F 自乘得 H，

所以：依照 F 中的单位数，F 量尽 H。

又因：依照 F 中的单位数，单位 E 量尽 F，

所以：单位 E 量尽数 F 与 F 量尽数 H 的次数相同，

因此：单位 E 比数 F，又如同 F 比 H。 [VII. 定义 20]

因为：F 乘 H 得 M，

所以：依照 F 中的单位个数，H 量尽 M。

又因：依照 F 中的单位个数，单位 E 也量尽数 F，

所以：单位 E 比数 F 如同 H 比 M。

又因，已证明：单位 E 比数 F 如同 F 比 H，

所以：单位 E 比数 F 如同 F 比 H，又如同 H 比 M。

因为：M 等于 A，

所以：单位 E 比数 F 如同 F 比 H，又如同 H 比 A。

同理可得：单位 E 比数 G 如同 G 比 L，也如同 L 比 B，

因此：插在 A、B 之间有多少个成连比例的数，那么插在 A、B 每一个与单位 E 之间成连比例的数也有同样多少个。

证完。

命题 10

…

若插在两数中的每一个与一个单位之间的一些数成连比例，那么无论插在两个数中的每一个与单位之间成连比例的数有多少个，这两数之间就有同样多少个数成连比例。

C —— A ——

D —— B ——

E —— H ——

F —— K ——

G —— L ——

设：D、E 和 F、G 分别是插在 A、B 两数中与单位 C 之间的成连比例的数。

那么可以说：在数 A、B 中的每一个与单位 C 之间有多少成连比例的数，那么在 A、B 之间就有多少个成连比例的数。

设：D 乘 F 得 H，且 D 乘 H 得 K，且 F 乘 H 得 L。

因为：单位 C 比数 D 如同 D 比 E，

所以：单位 C 量尽数 D 与 D 量尽 E 有相同的次数。 [VII. 定义 20]

又因：依照 D 中的单位数，C 量尽 D，

所以：依照 D 中的单位数，数 D 也量尽 E，

因此：D 自乘得 E。

因为：C 比数 D 如同 E 比 A，

所以：单位 C 量尽数 D 与 E 量尽 A 的次数相同。

又因：依照 D 中的单位数，单位 C 量尽数 D，

所以：依照 D 中的单位数，E 也量尽 A，

因此：D 乘 E 得 A。

同理可得：F 自乘得 G，且 F 乘 G 得 B。

因为：D 自乘得 E，且 D 乘 F 得 H，

所以：D 比 F 如同 E 比 H。 [VII. 17]

同理可得：D 比 F 如同 H 比 G， [VII. 18]

因此：E 比 H 如同 H 比 G。

因为：D 乘数 E、H 分别得 A、K，

所以：E 比 H 如同 A 比 K。 [VII. 17]

又因：E 比 H 如同 D 比 F，

所以：D 比 F 如同 A 比 K。

又因：数 D、F 乘 H 分别得 K、L，

所以：D 比 F 如同 K 比 L。 [VII. 18]

因为：D 比 F 如同 A 比 K，

所以：A 比 K 如同 K 比 L。

因为：F 乘数 H、G 分别得 L、B，

所以：H 比 G 如同 L 比 B。 [VII. 17]

又因：H 比 G 如同 D 比 F，

所以：D 比 F 如同 L 比 B。

又因，已证明：D 比 F 如同 A 比 K，也如同 K 比 L，

所以：A 比 K 如同 K 比 L，也如同 L 比 B，

所以：A、K、L、B 成连比例，

因此：插在 A、B 中的每一个与单位 C 之间有多少个成连比例的数，那么在 A、B 之间也有多少个成连比例的数。

证完。

命题 11

…

在两个平方数之间有一个比例中项数，并且两平方数之比如同其边与边的二次比。

A————

B————————

C——

D———

E—————

设：在两平方数 A、B 中，C 是 A 的边，而 D 是 B 的边。

那么可以说：在 A、B 之间有一个比例中项数，且 A 比 B 如同 C 比 D 的二次比。

设：C 乘 D 得 E。

因为：A 是平方数，C 是 A 的边，

所以：C 自乘得 A。

同理可得：D 自乘得 B。

因为：C 乘数 C、D 分别得 A、E，

所以：C 比 D 如同 A 比 E。 [VII. 17]

同理可得：C 比 D 如同 E 比 B， [VII. 18]

所以：A 比 E 如同 E 比 B。

因此：A、B 之间有一个比例中项数，

那么，可以证明：A 比 B 如同 C 与 D 的二次比。

因为：A、E、B 是三个成比例的数，

所以：A 比 B 如同 A 与 E 的二次比。 [V. 定义 9]

又因：A 比 E 如同 C 比 D，

所以：A 比 B 如同 C 与 D 的二次比。

证完。

命题 12

…

在两个立方数之间有两个比例中项数，并且两立方数之比如同其边与边的三次比。

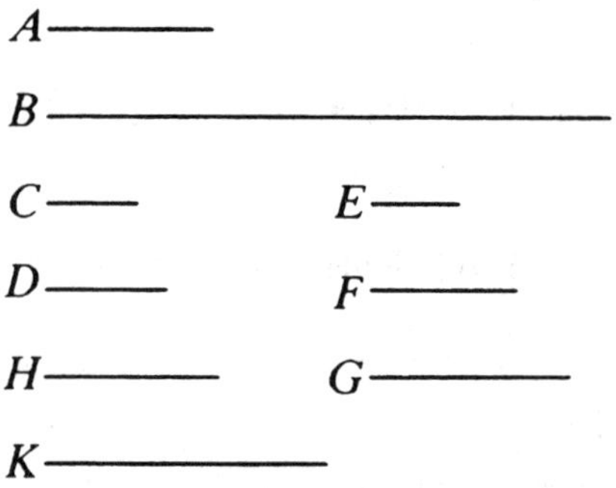

A

B

C E

D F

H G

K

设：在两立方数 A、B 中，C 是 A 的边，且 D 是 B 的边。

那么可以说：在 A、B 之间有两个比例中项数，A 与 B 的比如同 C 与 D 的三次比。

设：C 自乘得 E，且 C 乘 D 得 F。

D 自乘得 G，且数 C、D 乘 F 分别得 H、K。

因为：A 是立方数，C 是它的边，以及 C 自乘得 E，

所以：C 自乘得 E，且 C 乘 E 得 A。

同理可得：D 自乘得 G，且 D 乘 G 得 B。

又因：C 乘数 C、D 分别得 E、F，

所以：C 比 D 如同 E 比 F。 [VII. 17]

同理可得：C 比 D 如同 F 比 G。 [VII. 18]

因为：C 乘数 E、F 分别得 A、H，

所以：E 比 F 如同 A 比 H。 [VII. 17]

又因：E 比 F 如同 C 比 D，

所以：C 比 D 如同 A 比 H。

因为：数 C、D 乘 F 分别得 H、K，

所以：C 比 D 如同 H 比 K。 [VII. 18]

又因：D 乘 F、G 分别得 K、B，

所以：F 比 G 如同 K 比 B。 [VII. 17]

因为：F 比 G 如同 C 比 D，

所以：C 比 D 如同 A 比 H，又如同 H 比 K，也如同 K 比 B，

因此：H、K 是 A、B 之间的两比例中项数。

其次可以证明：A 比 B 如同 C 比 D 的三次比。

因为：A、H、K、B 是四个成连比例的数，

所以：A 比 B 如同 A 比 H 的三次比。 [V. 定义 10]

又因：A 比 H 如同 C 比 D，

因此：A 比 B 如同 C 比 D 的三次比。

证完。

命题 13

…

若有一些数成连比例，且每个数自乘得某数，那么这些乘积成连比例；若原来这些数乘这些乘积得某些数，那么最后这些数也成连比例。

设：数 A、B、C 成连比例，也就是 A 比 B 如同 B 比 C。

而 A、B、C 自乘得 D、E、F，且 A、B、C 分别乘 D、E、F，得 G、H、K。

那么可以说：D、E、F 和 G、H、K 分别成连比例。

设：A 乘 B 得 L，且数 A、B 分别乘 L 得 M、N。

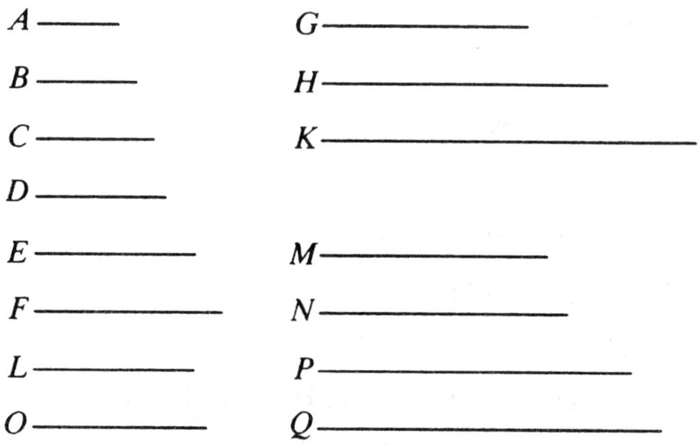

A ——　　G ——
B ——　　H ——
C ——　　K ——
D ——
E ——　　M ——
F ——　　N ——
L ——　　P ——
O ——　　Q ——

又设：B 乘 C 得 O，且数 B、C 乘 O 分别得 P、Q。

由此，可以证明：D、L、E 和 G、M、N、H 都是依照 A 与 B 之比而构成连比例。

并且，E、O、F 和 H、P、Q、K 都是依照 B 与 C 之比而构成连比例。

因为：A 比 B 如同 B 比 C，

所以：D、L、E 与 E、O、F 有相同比，

且 G、M、N、H 与 H、P、Q、K 也有相同比。

又因：D、L、E 的个数等于 E、O、F 的个数，

且 G、M、N、H 的个数等于 H、P、Q、K 的个数，

那么，取首末比：

D 比 E 如同 E 比 F，

G 比 H 如同 H 比 K。　[VII. 14]

证完。

命题14

…

若一个平方数量尽另一个平方数，那么其中一个的边也量尽另一个的边；若两平方数的一个的边量尽另一个的边，那么其一平方数也量尽另一平方数。

A——

B————

C—— D——

E———

设：在平方数 A、B 中，C、D 是它们的边，且 A 量尽 B。

那么可以说：C 也量尽 D。

设：C 乘 D 得 E，

所以：A、E、B 依照 C 与 D 的比成连比例。

[VIII. 11]

因为：A、E、B 成连比例，且 A 量尽 B，

所以：A 也量尽 E。 [VIII. 7]

又因：A 比 E 如同 C 比 D，

所以：C 也量尽 D。 [VII. 定义 20]

假如：C 量尽 D，

那么可以说：A 也量尽 B。

这是因为，用同样的作图，同理可证：A、E、B 依照 C 与 D 之比成连比例。

又因：C 比 D 如同 A 比 E，且 C 量尽 D，

所以：A 也量尽 E。 [VII. 定义 20]

又因：A、E、B 成连比例，

因此：A 也量尽 B。

证完。

命题 15

…

若一个立方数量尽另一个立方数，那么其中一个的边也量尽另一个的边；若两立方数的一个的边量尽另一个的边，那么这个立方数也量尽另一个立方数。

设：立方数 A 量尽立方数 B，且 C 是 A 的边，且 D 是 B 的边。

那么可以说：C 量尽 D。

设：C 自乘得 E，而 D 自乘得 G，

C 乘 D 得 F，且 C、D 分别乘 F 得 H、K，

那么：E、F、G 和 A、H、K、B 都是依照 C 与 D 之比成连比例。

[VIIII. 11，12]

又因：A、H、K、B 成连比例，且 A 量尽 B，

所以：它也量尽 H。 [VIII. 7]

因为：A 比 H 如同 C 比 D，

所以：C 也量尽 D。 [VII. 定义 20]

又设：C 量尽 D，

那么可以说：A 也量尽 B，

因此：用同样作图，同理可证：A、H、K、B 依照 C 与 D 之比成连比例。

因为：C 量尽 D，且 C 比 D 如同 A 比 H。

所以：A 也量尽 H， [VII. 定义 20]

所以：A 也量尽 B。

证完。

命题 16

…

若一平方数量不尽另一平方数，那么其中一个的边也量不尽另一个的边；若两平方数的一个的边量不尽另一个的边，那么其中一平方数也量不尽另一平方数。

A———

B——————

C——

D———

设：在平方数 A、B 中，C、D 是它们的边，且 A 量不尽 B。

那么可以说：C 也量不尽 D。

假如：C 量尽 D，

那么 A 也量尽 B。 [VIII. 14]

又因：A 量不尽 B，

所以：C 也量不尽 D。

又设：C 量不尽 D，

那么可以说：A 也量不尽 B。

假如：A 量尽 B，

那么：C 也量尽 D。 [VIII. 14]

因为：C 量不尽 D，

所以：A 也量不尽 B。

证完。

命题 17

…

若一个立方数量不尽另一个立方数，那么其中一个的边也量不尽另一个的边；若两个立方数的一个边量不尽另一个边，

那么其中一个立方数也量不尽另一个立方数。

A ——

B ——

C ——

D ——

设：在立方数 A、B 中，C 是 A 的边，D 是 B 的边，且 A 量不尽 B。

那么可以说：C 也量不尽 D。

假如：C 量尽 D，

那么：A 也量尽 B。 [VIII. 15]

又因：A 量不尽 B，

所以：C 也量不尽 D。

又设：C 量不尽 D，

那么可以说：A 也量不尽 B。

假如：A 量尽 B，

那么：C 也将量尽 D。 [VIII. 15]

又因：C 量不尽 D，

因此：A 也将量不尽 B。

证完。

命题 18

…

两个相似面数之间必有一个比例中项数，且这两个数之比如同两对应边的二次比。

A —— C ——

B ——

D —— E ——

G —— F ——

设：在两相似面数 A、B 中，数 C、D 是 A 的两边，E、F 是 B 的两边。

因为：相似面数的两边对应成比例， [VII. 定义 21]

所以：C 比 D 如同 E 比 F。

那么可以说：在 A、B 之间必有一个比例中项数，且 A 比 B 如同 C 对 E 的二次比，或如同 D 对 F 的二次比，也就是两对应边的二次比。

因为：C 比 D 如同 E 比 F，

所以，由更比：C 比 E 如同 D 比 F。 [VII. 13]

因为：A 是面数，且 C、D 是 A 的边，

所以：D 乘 C 得 A。

同理可得：E 乘 F 得 B。

设：D 乘 E 得 G。

因为：D 乘 C 得 A，且 D 乘 E 得 G，

所以：C 比 E 如同 A 比 G。 [VII. 17]

又因：C 比 E 如同 D 比 F，

所以：D 比 F 如同 A 比 G。

因为：E 乘 D 得 G，E 乘 F 得 B，

所以：D 比 F 如同 G 比 B。 [VII. 17]

但已证明：D 比 F 如同 A 比 G，

所以：A 比 G 如同 G 比 B，

所以：A、G、B 成连比例。

因此：在 A、B 之间有一个比例中项数。

其次可以证明：A 比 B 如同对应边的二次比，也就是如同 C 与 E 或者 D 与 F 的二次比。

因为：A、G、B 成连比例，

A 比 B 如同 A 比 G 的二次比， [V. 定义 9]

又因：A 比 G 如同 C 比 E，也如同 D 比 F，

因此：A 比 B 如同 C 与 E，或者是 D 与 F 的二次比。

证完。

命题 19

…

在两个相似体数之间，一定有两个比例中项数，且两相似体数之比等于它们对应边的三次比。

A——— C—— D——
B————————————————
E—— F——— N————
G——— H——— O—————————
K—— L———— M———

设：A、B 是两个相似体数，C、D、E 是 A 的边，F、G、H 是 B 的边。

因为：相似体数的边对应成比例，[VII. 定义 21]

所以：C 比 D 如同 F 比 G，

并且 D 比 E 如同 G 比 H，

那么可以说：在 A、B 之间必有两个比例中项数，

且 A 比 B 如同 C 与 F 或者 D 与 G 或者 E 与 H 的三次比。

设：C 乘 D 得 K，且 F 乘 G 得 L。

因为：C、D 与 F、G 有相同比，

且 K 是 C、D 的乘积，L 是 F、G 的乘积，K、L 是相似面数，

[VII. 定义 21]

所以：在 K、L 之间有一个比例中项数。 [VIII. 18]

设：比例中项数是 M，

所以：M 等于 D、F 的乘积，正如在之前的命题中所证明的那样。

[VIII. 18]

因为：D 乘 C 得 K，且 D 乘 F 得 M，

所以：C 比 F 如同 K 比 M。 [VII. 17]

又因：K 比 M 如同 M 比 L，

所以：K、M、L 依照 C 与 F 的比成连比例。

因为：C 比 D 如同 F 比 G，

所以，由更比：C 比 F 如同 D 比 G， [VII. 13]

同理可得：D 比 G 如同 E 比 H。

所以：K、M、L 是依照 C 与 F 的比，D 与 G 的比，和 E 与 H 的比成连比例。

又设：E、H 乘 M 分别得 N、O。

因为：A 是一个体数，C、D、E 是它的边，

所以：E 乘 C、D 的积得 A。

因为：C、D 的积是 K，

所以：E 乘 K 得 A。

同理可得：H 乘 L 得 B。

因为：E 乘 K 得 A，且 E 乘 M 得 N，

所以：K 比 M 如同 A 比 N。 [VII. 17]

又因：K 比 M 如同 C 比 F，D 比 G 也如同 E 比 H，

所以：C 比 F，D 比 G，以及 E 比 H 如同 A 比 N。

因为：E、H 乘 M 分别得 N、O，

所以：E 比 H 如同 N 比 O。 [VII. 18]

因为：E 比 H 如同 C 比 F 和 D 比 G，

所以：C 比 F，D 比 G，以及 E 比 H 如同 A 比 N 和 N 比 O。

又因：H 乘 M 得 O，H 乘 L 得 B，

所以：M 比 L 如同 O 比 B。 [VII. 17]

因为：M 比 L 如同 C 比 F，D 比 G 如同 E 比 H，

所以：C 比 F，D 比 G 和 E 比 H 如同 O 比 B，也如同 A 比 N 和 N 比 O，

因此：A、N、O、B 依前边的比成连比例。

其次，可以证明：A 比 B 如同它们对应边的三次比，

也就是 C 与 F 或者 D 与 G，以及 E 与 H 的三次比。

因为：A、N、O、B 是四个成连比例的数，

所以：A 比 B 如同 A 与 N 的三次比。 [VII. 定义 10]

由于，已经证明：A 比 N 如同 C 比 F，D 比 G，E 比 H，

因此：A 比 B 如同它们对应边的三次比，也就是 C 与 F，D 与 G，以及 E 与 H 的三次比。

证完。

命题 20

…

若在两个数之间有一个比例中项数，那么这两个数是相似面数。

A————

B——————————————

C————————

D——

E————

F——

G————

设：数 A、B 的比例中项数是 C。

那么可以说：A、B 是相似面数。

设：D、E 是与 A、C 有相同比中的最小数对， [VII. 33]

因此：D 量尽 A 与 E 量尽 C 有相同的次数， [VII. 20]

那么：D 量尽 A 有多少次数，就设在 F 中有多少个单位。

所以：F 乘 D 得 A，

因此：A 是面数，而 D、F 是它的边。

因为：D、E 是与 C、B 同比中最小数对，

所以：D 量尽 C 与 E 量尽 B 有相同的次数， [VII. 20]

那么：依照 E 量尽 B 有多少次，就设 G 中有多少单位，

那么：依照 G 中的单位数，E 量尽 B，

所以：G 乘 E 得 B，

因此：B 是一个面数，E、G 是它的边，

所以：A、B 是面数。

其次，可以证明：A、B 是相似的。

因为：F 乘 D 得 A，且 F 乘 E 得 C，

所以：D 比 E 如同 A 比 C，也就是如同 C 比 B。 [VII. 17]

因为：E 乘 F、G 分别得 C、B，

所以：F 比 G 如同 C 比 B。 [VII. 17]

又因：C 比 B 如同 D 比 E，

所以：D 比 E 如同 F 比 G。

那么，由更比：D 比 F 如同 E 比 G。 [VII. 13]

又因：A、B 的边成比例，

因此：A、B 是相似面数。

证完。

命题 21

…

若在两个数之间有两个比例中项数，那么这两个数是相似体数。

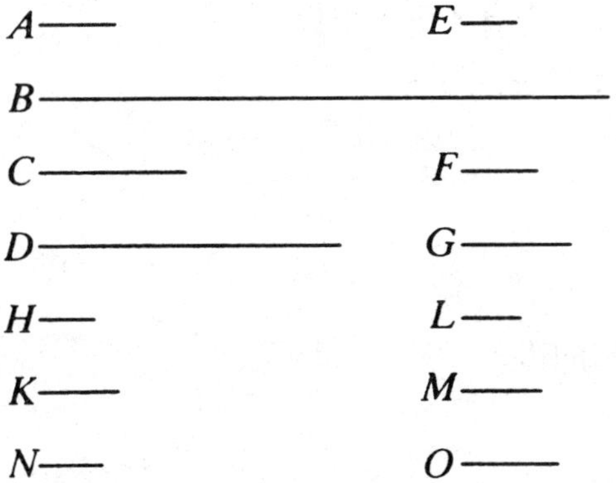

A——　E——
B————————————
C————　F——
D——————　G———
H——　L——
K——　M——
N——　O———

设：数 A、B 之间有两个比例中项数 C、D。

那么可以说：A、B 是相似体数。

设：E、F、G 是 与 A、C、D 有相同比的最小数组。

[VII. 33 或 VIII. 2]

因此：它们的两端 E、G 是

互素的，

并且插在 E、G 之间有一个比例中项数 F，

所以：E、G 是相似面数。

设：H、K 是 E 的边，L、M 是 G 的边。

已知：E、F、G 是以 H 与 L，以及 K 与 M 的比成比例。

因为：E、F、G 是与 A、C、D 有相同比中最小数组，且数 E、F、G 的个数等于数 A、C、D 的个数，

那么，取首末比：E 比 G 如同 A 比 D。 [VII. 14]

又因：E、G 是互素的，互素的数也是同比中最小的， [VII. 21]

所以：有相同比的数对中的最小一对数，能分别量尽其他数对，较大的量尽较大的，较小的量尽较小的，也就是前项量尽前项，后项量尽后项，并且量得的次数相同， [VII. 20]

所以：E 量尽 A 与 G 量尽 D 有相同的次数，

那么：E 量尽 A 有多少次，就设在 N 中有多少个单位，

因此：N 乘 E 得 A。

又因：E 是 H、K 的乘积，

所以：N 乘 H、K 的积得 A，

因此：A 是体数，H、KN 是它的边。

因为：E、F、G 是与 C、D、B 有相同比中的最小数组，

所以：E 量尽 C 与 G 量尽 B 有相同的次数，

那么：E 量尽 C 有多少次，就设 O 中有多少个单位，

所以：依照 O 中的单位数，G 量尽 B，

因此：O 乘 G 得 B。

因为：G 是 L、M 的乘积，

所以：O 乘 L、M 的积得 B，

因此：B 是体数，L、M、O 是它的边，

所以：A、B 是体数。

其次，可以证明：A、B 是相似的。

因为：N、O 乘 E 得 A、C，

所以：N 比 O 如同 A 比 C，也就是 E 比 F。 [VII. 18]

又因：E 比 F 如同 H 比 L 和 K 和 M，

所以：H 比 L 如同 K 比 M 和 N 比 O。

又因：H、K、N 是 A 的边，而 O、L、M 是 B 的边，

所以：A、B 是相似体数。

证完。

命题 22

•••

若三个数成连比例，且第一个是平方数，那么第三个也是平方数。

A———

B————

C——————

设：A、B、C 是三个成连比例的数，且第一个数 A 是平方数。

那么可以说：第三个数 C 也是平方数。

因为：在 A、C 之间有一个比例中项数 B，

所以：A、C 是相似面数。 [VII. 20]

又因：A 是平方数，

所以：C 也是平方数。

证完。

命题 23

…

若四个数成连比例，且第一个是平方数，那么第四个也是平方数。

A——

B——

C——

D——

设：A、B、C、D 是四个成连比例的数，且 A 是立方数。

那么可以说：D 也是立方数。

因为：A、D 之间有两个比例中项数 B、C，

所以：A、D 是相似体数。 [VIII. 21]

又因：A 是立方数，

所以：D 是立方数。

证完。

命题 24

…

若两个数相比如同两个平方数相比，且第一个数是平方数，那么第二个数也是平方数。

A——

B——

C——

D——

设：两个数 A、B 相比如同平方数 C 比平方数 D，且 A 是平方数。

那么可以说：B 也是平方数。

因为：C、D 是平方数，

所以：C、D 是相似面数，

因此：在两数 C、D 之间有一个比例中项数。 [VIII. 18]

又因：C 比 D 如同 A 比 B，

所以：在 A、B 之间也有一个比例中项数。 [VIII. 8]

又因：A 是平方数，

因此：B 也是平方数。 [VIII. 22]

证完。

命题 25

• • •

若两个数相比如同两个立方数相比，且第一个数是立方数，那么第二个数也是立方数。

A————

B————————————————

C————————

D———

E————

F————————

设：两数 A、B 相比如同立方数 C 比立方数 D，且 A 是立方数。

那么可以说：B 也是立方数。

因为：C、D 是立方数，

所以：C、D 是相似体数，

因此：在 C、D 之间有两个比例中项数。 [VIII. 19]

因为：在 C、D 之间有多少个成连比例的数，就在与它们有相同比的数之间也有多少个成连比例的数， [VIII. 18]

因此：A、B 之间也有两个比例中项数。

设：它们是 E、F。

又因：四个数 A、E、F、B 成连比例，A 是立方数，

所以：B 也是立方数。 [VIII. 23]

证完。

命题 26

…

相似面数相比如同平方数相比。

A———

B———————————

C—————

D——

E———

F—————

设：A、B 是相似面数。

那么可以说：A 比 B 如同一个平方数比一个平方数。

因为：A、B 是相似面数，

所以：在 A、B 之间有一个比例中项数。 [VIII. 18]

设：这个数为 C。

取 D、E、F 是与 A、C、B 有相同比中的最小数组，

[VII. 33 或 VIII. 2]

所以：它们的两端 D、F 是平方数。 [VIII. 2，推论]

又因：D 比 F 如同 A 比 B，且 D、F 是平方数，

所以：A 比 B 如同一个平方数比一个平方数。

证完。

命题 27

…

相似体数相比如同立方数相比。

设：A、B 是相似体数。

那么可以说：A 比 B 如同一个立方数比一个立方数。

因为：A、B 是相似体数，

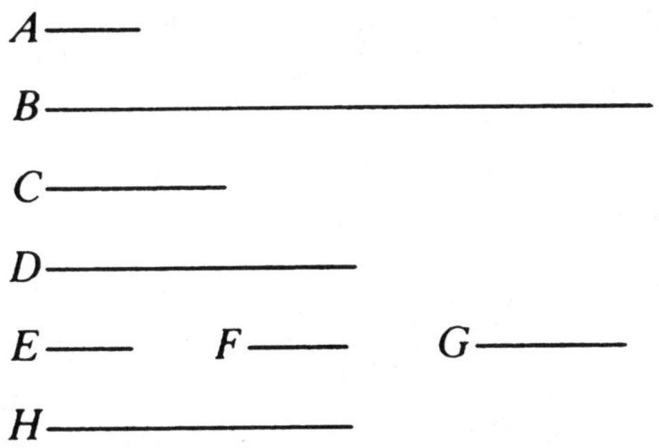

A

B

C

D

E F G

H

所以：在 A、B 之间有两个比例中项数。 [VIII. 19]

设：它们是 C、D。

取 E、F、G、H 是与 A、C、D、B 有相同比中的最小数组，它们的个数相等，

[VII. 33 或 VIII. 2]

那么：它们的两段 E、H 是立方数。 [VIII. 2，推论]

又因：E 比 H 如同 A 比 B，

所以：A 比 B 如同一个立方数比一个立方数。

证完。

卷 IX

命题

命题 1

…

假如两个相似面数相乘得某数，那么这个乘积是平方数。

A———

B————

C————————

D——————

设：两个相似面数为 A、B，并且 A 乘 B 得 C。

那么可以说：C 是平方数。

设：A 自乘得 D，

那么：D 是平方数。

因为：A 自乘得 D，且 A 乘 B 得 C，

所以：A 比 B 如同 D 比 C。 [VII. 17]

因为：A、B 是相似面数，

所以：在 A、B 之间有一个比例中项数。 [VIII. 18]

假如：在两个数之间有多少个数成连比例，就在那些有相同比的数之间也有多少个数成连比例。 [VIII. 8]

所以：在 D、C 之间有一个比例中项数。

又因：D 是平方数，

因此：C 也是平方数。 [VIII. 22]

证完。

命题 2

•••

假如两数相乘得一个平方数，那么它们是相似面数。

A——

B——

C——

D——

设：有两数 A、B，且 A 乘以 B 得平方数 C。

那么可以说：A、B 是相似面数。

设：A 自乘得 D，

因此：D 是平方数。

因为：A 自乘得 D，且 A 乘 B 得 C，

所以：A 比 B 如同 D 比 C。 [VII. 17]

因为：D 是平方数，且 C 也是平方数，

所以：D、C 都是相似面数，

因此：在数 D、C 之间有一个比例中项数。 [VIII. 18]

又因：D 比 C 如同 A 比 B，

所以：在 A、B 之间也有一个比例中项数， [VIII. 8]

因为：假如在两个数之间有一个比例中项数，那么它们是相似面数， [VIII. 20]

所以：A、B 是相似面数。

证完。

命题 3

•••

假如一个立方数自乘得某数，那么乘积是立方数。

A—— B—— C—— D——

设：立方数 A 自乘得 B。

那么可以说：B 是立方数。

设：C 是 A 的边，且 C 自乘得 D。

那么：C 乘 D 得 A。

因为：C 自乘得 D，

所以：C 中的单位数 C 量尽 D。

因为：依照 C 中的单位数，单位也量尽 C，

所以：单位比 C 如同 C 比 D。 [VII. 定义 20]

因为：C 乘以 D 得 A，

所以：依照 C 中的单位数，D 量尽 A。

因为：依照 C 中的单位数，单位量尽 C，

所以：单位比 C 如同 D 比 A。

又因：单位比 C 如同 C 比 D，

所以：单位比 C 如同 C 比 D，又如同 D 比 A，

因此：在单位与数 A 之间有成连比例的两个比例中项数 C、D。

因为：A 自乘得 B，

所以：依照 A 中的单位数，A 量尽 B。

因为：依照 A 中的单位数，单位也量尽 A，

所以：单位比 A 如同 A 比 B。 [VII. 定义 20]

又因：在单位与 A 之间有两个比例中项数，

因此：在 A、B 之间也有两个比例中项数。 [VIII. 8]

假如：在两个数之间有两个比例中项数，并且第一个是立方数，那么第二个也是立方数。 [VIII. 23]

又因：A 是立方数，

所以：B 也是立方数。

证完。

命题 4

…

假如一个立方数乘一个立方数得某数，那么这个乘积也是立方数。

A

B

C

D

设：有立方数 A、B，且 A 乘 B 得 C。

那么可以说：C 是立方数。

设：A 自乘得 D，

因此：D 是立方数。 [IX. 3]

因为：A 自乘得 D，且 A 乘 B 得 C，

所以：A 比 B 如同 D 比 C。 [VII. 17]

因为：A、B 是立方数，

所以：A、B 是相似体数，

因此：在 A、B 之间有两个比例中项数， [VIII. 19]

所以：在 D、C 之间也有两个比例中项数。 [VIII. 8]

已知：D 是立方数，

因此：C 也是立方数。 [VIII. 23]

证完。

命题 5

…

假如一个立方数乘以某数得一个立方数，那么这个被乘数也是立方数。

设：立方数 A 乘以 B 得立方数 C。

A———
B————
C————————
D—————

那么可以说：B 是立方数。

设：A 自乘得 D，

因此：D 是立方数。 [IX. 3]

因为：A 自乘得 D，且 A 乘以 B 得 C，

所以：A 比 B 如同 D 比 C。 [VII. 17]

因为：D、C 是立方数，

所以：它们是相似数体，

因此：在 D、C 之间有两个比例中项数。 [VIII. 19]

又因：D 比 C 如同 A 比 B，

所以：在 A、B 之间也有两个比例中项数。 [VIII. 8]

且已知，A 是立方数，

因此：B 也是立方数。 [VIII. 23]

证完。

命题 6

…

假如一个数自乘得一个立方数，那么它本身就是立方数。

A———
B————
C—————

设：数 A 自乘得立方数 B，

那么可以说：A 本身就是立方数。

设：A 乘以 B 得 C，

因为：A 自乘得 B，且 A 乘 B 得 C，

所以：C 是立方数。

又因：A 自乘得 B，

所以：依照 A 中的单位数，A 量尽 B。

因为：依照 A 中的单位数，单位也量尽 A，

所以：单位比 A 如同 A 比 B。 [VII. 定义 20]

因为：A 乘以 B 得 C，

所以：依照 A 中的单位数，B 量尽 C。

因为：依照 A 中的单位数，单位也量尽 A，

所以：单位比 A 如同 B 比 C。 [VII. 定义 20]

因为：单位比 A 如同 A 比 B，

所以：A 比 B 如同 B 比 C。

因为：B、C 是立方数，

所以：它们是相似体数，

因此：在 B、C 之间有两个比例中项数。 [VIII. 19]

又因：B 比 C 如同 A 比 B，

所以：在 A、B 之间也有两个比例中项数。 [VIII. 8]

已知：B 是立方数，

所以：A 也是立方数。 [VIII. 23]

证完。

命题 7

…

假如一个合数乘一数得某数，那么这个乘积是体数。

A———————

B———

C——————————

D———　　E——————

设：合数 A 乘 B 得 C，

那么可以说：C 是体数。

因为：合数 A 能被某数 D 量尽， [VII. 定义 13]

且设：数 D 量尽 A 的次数为 E，

那么：D 乘 E 得 A，

所以：A 是 D、E 的乘积。

因为：依照 D 量尽 A 有多少次，就设 E 中有同样多少单位，

并且依照 E 中的单位个数，D 量尽 A，

所以：E 乘 D 得 A。 [VII. 定义 15]

因为：A 乘 B 得 C，

且 A 是 D、E 的乘积，

所以：D、E 的乘积乘以 B 得 C，

所以：C 是体数，且 D、E、B 分别是它的边。

证完。

命题 8

…

假如从单位开始，有已给定的任意若干个数成连比例，那么从单位起的第三个是平方数，以后每隔一个也是平方数；第四个是立方数，以后每隔两个也是立方数；第七个是立方数也是平方数，以后每隔五个也都既是立方数也是平方数。

A——

B——

C——

D——

E——

F——

设：由单位开始有数 A、B、C、D、E、F 成连比例。

那么可以说：从单位起的第三个数 B 是平方数，之后每隔一个数就是平方数；

C 是第四个数，是立方数，以后每隔两个数就是立方数；

F 是第七个数，是立方数也是平方数，以后每隔五个数是立方数也是平方数。

因为：单位比 A 如同 A 比 B，

所以：单位量尽 A 与 A 量尽 B 有相同的次数。 [XI. 定义 20]

因为：依照 A 中的单位数，单位量尽 A，

所以：依照 A 中的单位数，A 也量尽 B，

故：A 自乘得 B，

因此：B 是平方数。

因为：B、C、D 成连比例，且 B 是平方数，

所以：D 也是平方数， [VIII. 22]

因此：F 也是平方数。

同理可证：每隔一个数就是一个平方数。

可以证明：C 是由单位起的第四个数，是立方数。以后每隔两个数都是立方数。

因为：单位比 A 如同 B 比 C，

所以：单位量尽数 A 与 B 量尽 C 有相同的次数。

因为：依照 A 中的单位数，单位量尽 A，

所以：依照 A 中的单位数，B 量尽 C，

因此：A 乘以 B 得 C。

因为：A 自乘得 B，且 A 乘 B 得 C，

所以：C 是立方数。

因为：C、D、E、F 成连比例，且 C 是立方数，

所以：F 也是立方数。 [VIII. 23]

又因：它已被证明是平方数，

因此：由单位起第七个数既是立方数也是平方数。

同理可证：所有每隔五个数的数既是平方数也是立方数。

证完。

命题 9

...

假如从单位开始，有已给定的任意若干个数成连比例，并且单位后面的数是平方数，那么所有其余的数也是平方数。假如单位后面的数是立方数，那么所有其余的数也是立方数。

A——
B———
C————
D—————
E——————
F———————

设：由单位起给定连比例的几个数 A、B、C、D、E、F，且单位后面的数 A 是平方数。

那么可以说：所有其余的数也是平方数。

因为：从单位起第三个数 B 是平方数，并且以后每隔一个数也是平方数，[IX. 8]

那么可以说：其余的数都是平方数。

因为：A、B、C 成连比例，且 A 是平方数，

所以：C 也是平方数。[VIII. 22]

又因：B、C、D 成连比例，且 B 是平方数，D 也是平方数，[VIII. 22]

同理可证：所有其余的数也是平方数，

设：A 是立方数，

那么可以说：其余的数也是立方数。

因为：从单位起第四个数 C 是立方数，以后每隔两个都是立方数，

[IX. 8]

那么可以说：所有其余的数也是立方数。

因为：单位比 A 如同 A 比 B，

所以：单位量尽 A 与 A 量尽 B 有相同的次数。

又因：依照 A 中的单位数，单位量尽 A，

所以：依照单位 A 中单位数，A 也量尽 B。

因此：A 自乘得 B。

因为：A 是立方数，

且若一个立方数自乘得某个数，乘积也是立方数，[IX. 3]

所以：B 也是立方数。

因为：A、B、C、D 成连比例，A 是立方数，

所以：D 也是立方数。[VIII. 23]

同理可证：E 也是立方数，所有其余的数都是立方数。

证完。

命题 10

…

假如从单位开始，有已给定的任意若干个数成连比例，并且单位后面的数不是平方数，则除去从单位起的第三个和每隔一个数以外，其余的数都不是平方数。假如单位后面的数不是立方数，那么除去从单位起第四个和每隔两个数以外，其余的数都不是立方数。

A——

B———

C————

D—————

E——————

F———————

设：由单位开始有成连比例的几个数 A、B、C、D、E、F，且单位后的数 A 不是平方数。

那么可以说：除去从单位起第三个数和每隔一个数以外，其余的数都不是平方数。

这是因为，如果可能，设：C 是平方数，B 也是平方数，[IX. 8]

那么：B、C 相比如同一个平方数比一个平方数。

又因：B 比 C 如同 A 比 B，

所以：A、B 相比如同一个平方数比一个平方数，

因此：A、B 是相似平面数。[VIII. 26，逆命题]

因为：B 是平方数，

所以：A 也是平方数，

这与假设不符合，

因此：C 不是平方数。

同理可证：除了由单位起的第三个和每隔一个以外，其余的数都不是平方数。

设：A 不是立方数。

那么可以说：除去由单位起第四个和每隔两个数以外，其余的数都不是立方数。

这是因为，如果可能，设：D 是立方数。

因为：C 是从单位起的第四个，

所以：C 是立方数。 [IX. 8]

因为：C 比 D 如同 B 比 C，

所以：B 比 C 如同一个立方数比一个立方数。

又因：C 是立方数，

所以：B 也是立方数。 [VIII. 25]

因为：单位比 A 如同 A 比 B，且依照 A 中单位数，单位量尽 A，

所以：依照 A 中的单位数，A 量尽 B，

因此：A 自乘得立方数 B。

因为：一个数自乘得一个立方数，它自己也是立方数， [IX. 6]

所以：A 也是立方数，

这与假设不符合，

因此：D 不是立方数。

同理可证：除去由单位起的第四个和每隔两个数以外，其余数都不是立方数。

证完。

命题 11

…

假如从单位开始，有已给定的任意若干个数成连比例，那么依照成连比例中的某一个，较小数量尽较大数。

A——

B——

C——

D——

E——

设：由单位 A 起，数 B、C、D、E 成连比例。

那么可以说：B、C、D、E 中最小数 B 量尽 E，所依照的是数 C、D 中的一个。

由于：单位 A 比 B 如同 D 比 E，

因此：单位 A 量尽数 B 与 D 量尽 E 有相同的次数。

由更比：单位 A 量尽 D 与 B 量尽 E 有相同的次数。

因为：根据 D 中的单位数，A 量尽 D，

故：根据 D 中的若干单位数，B 量尽 E，

所以：依照所给成连比例中某一个数 D，较小数 B 量尽较大数 E。

证完。

推论 由单位开始的成连比例的数，沿着量数前面的数的方向，所按照的数从被量数算起也有相同的位置。

命题 12

…

假如从单位开始，有已给定的任意若干个数成连比例，不管有多少个素数量尽最后一个数，那么同样的素数也量尽单位

之后的那个数。

A——　　E——

B——　　F——

C——　　G——

D——　　H——

设：由单位起有 A、B、C、D 成连比例。

那么可以说：不管有几个量尽 D 的素数，A 也被同样的素数所量尽。

设：D 被某个素数 E 量尽，

那么可以说：E 量尽 A。

设：E 量不尽 A，

因为：E 是素数，

且任何素数与它量不尽的数是互素的，　[VII. 29]

故：E、A 是互素的。

由于：E 量尽 D，

设：按照 F、E 量尽 D，

因此：E 乘以 F 得 D。

因为：按照 C 中的单位数，A 量尽 D，　[IX. 11 和推论]

故：A 乘以 C 得 D。

又有：E 乘以 F 得 D，

因此：A、C 的乘积等于 E、F 的乘积，

故：A 比 E 如同 F 比 C。　[VII. 19]

因为：A、E 是互素的，

且互素的数也是最小的。　[VII. 21]

又因：有相同比的数中的最小者以同样的次数量尽那些数，也就是前项量尽前项，后项量尽后项，　[VII. 20]

那么，设：若按照数 G，那么 E 量尽 C，

故：E 乘以 G 得 C。

根据命题：A 乘以 B 得 C，　[IX. 11 和推论]

所以：A、B 的乘积等于 E、G 的乘积，

因此：A 比 E 如同 G 比 B。 [VII. 19]

又因：A、E 是互素的，

且互素的数也是最小的， [VII. 21]

并且有相同比的数中的最小者，以同样的次数量尽那些数，也就是前项量尽前项，后项量尽后项， [VII. 20]

因此：E 量尽 B。

设：按照 H、E 量尽 B，

故：E 乘以 H 得 B。

由于：A 自乘得 B， [IX. 8]

因此：E、H 的积等于 A 的平方，

故：E 比 A 如同 A 比 H。 [VII. 19]

因为：A、E 是互素的，

且互素的数也是最小的， [VII. 21]

又因：有相同比的数中最小者量那些数时有相同次数，也就是前项量尽前项，后项量尽后项， [VII. 20]

所以：E 量尽 A，也就是前项量尽前项。

由于：已经假设 E 量不尽 A，

这是不符合实际的，

因此：E、A 不是互素的，它们互为合数。

因为：互为合数时可被某一数量尽， [VII. 定义 14]

根据假设：E 是素数，

且素数是除自己外，不被任何数量尽，

所以：E 量尽 A、E，

因此：E 量尽 A。

因为：E 也量尽 D，

故：E 量尽 A、D。

同理可证：不管有几个素数能量尽 D，A 也将被同一素数量尽。

证完。

命题 13

…

假如从单位开始有任意多个成连比例的数，并且单位后面的数是素数，那么除这些成比例的数以外，任何数都量不尽其中最大的数。

A——— E——

B———— F——————

C———————— G———

D—————————— H————

假设：由单位起有数 A、B、C、D 成连比例，其中 A 是素数。

那么可以说：除 A、B、C 以外任何其他的数都量不尽它们中最大的数 D。

设：D 能被 E 量尽，E 不同于 A、B、C 中的任何一个，且 E 不是素数。

由于：若 E 是素数并且量尽 D，

那么：它也就能量尽 A， [IX. 12]

根据假设：E 不同于 A，

因此：E 不是素数。

所以：E 是合数。

由于：任何合数都要被某一个素数量尽， [VII. 31]

故：E 被某一素数量尽。

接下来，可以证明：除了 A 外 E 不被任何另外的素数量尽。

设：E 被另外的素数量尽，且 E 量尽 D，

所以：这个另外的数也将量尽 A，

因此：它也量尽 A， [IX. 12]

但是它不同于 A，这是不符合实际的，

故：A 量尽 E。

因为：E 量尽 D，

设：E 依照 F 量尽 D，

那么可以说：F 不同于数 A、B、C 中任何一个。

设：F 与数 A、B、C 中一个相同，依照 E 量尽 D，

那么：数 A、B、C 中之一也依照 E 量尽 D。

由于：数 A、B、C 中之一依照数 A、B、C 之一量尽 D， [IX. 11]

所以：E 也必须与 A、B、C 中之一相同，

这是不符合实际的，

因此：F 不同于 A、B、C 中任何一个。

同理可证：F 被 A 量尽。

现在需要证明：F 不是素数。

假如：F 是素数，且量尽 D，

那么：F 也量尽素数 A。 [IX. 12]

又因：F 不同于 A，

这是不符合实际的。

因此：F 不是素数，是合数。

因为：任何合数都可被某一个素数量尽， [VII. 31]

故：F 被某一个素数量尽。

可以证明：除 A 外，F 不能被任何另外的素数所量尽。

设：若有其他素数量尽 F，且 F 量尽 D，

那么：这个素数量尽 D，

所以：它也量尽素数 A。 [IX. 12]

因为：它不同于 A，

这是不符合实际的。

所以：A 量尽 F，

所以：依照 F、E 量尽 D，那么 E 乘以 F 得 D。

又因：A 乘 C 得 D， [IX. 11]

所以：A、C 的乘积等于 E、F 的乘积，

因此：有比例，A 比 F 如同 F 比 C。 [VII. 19]

又因：*A* 量尽 *E*，

因此：*F* 也量尽 *C*。

设：依照 *G* 量尽它，

同理可证：*G* 不同于 *A*、*B* 中任何一个，且 *A* 量尽它。

因为：*F* 依照 *G* 量尽 *C*，

所以：*F* 乘以 *G* 得 *C*。

由于：*A* 乘以 *B* 得 *C*， [IX. 11]

故：*A*、*B* 的乘积等于 *F*、*G* 的乘积。

因此：有比例，*A* 比 *F* 如同 *G* 比 *B*。 [VII. 19]

因为：*A* 量尽 *F*，

所以：*G* 也量尽 *B*。

设：它依照 *H* 量尽 *B*。

同理可证：*H* 与 *A* 不同。

由于：*G* 依照 *H* 量尽 *B*，

因此：*G* 乘以 *H* 得 *B*。

又因：*A* 自乘得 *B*， [IX. 8]

所以：*H*、*G* 的乘积等于 *A* 的平方，

因此：*H* 比 *A* 如同 *A* 比 *G*。 [VII. 19]

因为：*A* 量尽 *G*，

因此：*H* 也量尽素数 *A*。

又因：*H* 不同于 *A*，

所以：这是不符合实际的，

因此：除 *A*、*B*、*C* 外任何另外的数量不尽最大的数 *D*。

证完。

命题 14

…

假如一个数是被一些素数能量尽的最小数，那么除之前量尽它的素数以外，任何其他素数都量不尽这个数。

A——————— B———

E————— C—————

F————— D——————

设：数 A 是被素数 B、C、D 量尽的最小数。

那么可以说：除 B、C、D 以外，任何另外的素数都量不尽 A。

设：素数 E 能量尽它，且 E 和 B、C、D 中任何一个都不相同。

因为：E 量尽 A，且设 E 依照 F 量尽 A，

所以：E 乘 F 得 A。

又因：A 被素数 B、C、D 量尽，

且假如两个数相乘得某数，并且任一素数量尽这个乘积，那么它也量尽原来两数中的一个， [VII. 30]

所以：B、C、D 量尽数 E、F 中的一个。

又因：E 是素数，不同于数 B、C、D 中的任何一个，

因此：它们量尽 F。

根据假设：A 是被 B、C、D 量尽最小的数，

而 F 小于 A，是不符合实际的，

所以：除 B、C、D 外没有素数量尽 A。

证完。

命题 15

…

假如成连比例的三个数是那些与它们有相同比的数中最小数组，那么它们中任何两个的和与其余的一个数互素。

A——
B——
C——
D—E—F

设：三个成连比例的数 A、B、C 是与它们有相同比中的最小者。

那么可以说：A、B、C 中任何两个的和与其余一个数互素。

也就是 A、B 之和与 C 互素；B、C 之和与 A 互素；A、C 之和与 B 互素。

设：已知数 DE、EF 是与 A、B、C 有相同比的数中最小者，[VIII. 2]

因为：DE 自乘得 A，且 DE 乘以 EF 得 B，且 EF 自乘得 C，[VIII. 2]

又因：DE、EF 是最小的，它们互素，[VII. 22]

且假如两个素互素，那么它们的和与每一个数都互素，[VII. 28]

所以：DF 与数 DE、EF 每一个互素。

又因：DE 与 EF 互素，

所以：DF、DE 与 EF 互素。

因为：假如两个数与任一数互素，它们的乘积也与该数互素，[VII. 24]

所以：DF、DE 的积与 EF 互素，

所以：FD、DE 的乘积也与 EF 的平方互素。[VII. 25]

因为：FD、DE 的乘积是 DE 的平方与 DE、EF 乘积的和，[II. 3]

所以：DE 的平方与 DE、EF 的乘积的和与 EF 的平方互素。

因为：DE 的平方是 A，DE、EF 的乘积是 B，EF 的平方是 C，

所以：A、B 的和与 C 互素。

同理可证：B、C 的和与 A 互素。

接下来可以证明：A、C 的和与 B 互素，

因为：DF 与 DE、EF 中的每一个互素，

所以：DF 的平方也与 DE、EF 的乘积互素。 [VII. 24, 25]

因为：DE、EF 的平方加上 DE、EF 乘积的二倍等于 DF 的平方， [II. 4]

所以：DE、EF 的平方加上 DE、EF 乘积的二倍与 DE、EF 的乘积互素。

取分比：DE、EF 的平方与 DE、EF 乘积的和与 DE、EF 的乘积互素，

那么，再取分比：DE、EF 的平方和与 DE、EF 的乘积互素。

又因：DE 的平方是 A，而 DE、EF 的乘积是 B，且 EF 的平方是 C，

因此：A、C 的和与 B 互素。

证完。

命题 16

…

假如两数是互素的，那么第一个数比第二个数不同于第二个与任何其他数相比。

A————

B—————

C——————

设：两数 A、B 互素。

那么可以说：A 比 B 不同于 B 比任何其他数。

设：A 比 B 如同 B 比 C，

因为：A、B 互素，

互素的数也是最小的， [VII. 21]

又因：有相同比的数中的最小者以相同的次数量尽其他的数，前项量尽前项，后项量尽后项， [VII. 20]

所以：前项量尽前项，A 量尽 B。

又因：它也量尽自身，

所以：A 量尽互素的数 A、B。

这是不符合实际的。

因此：A 比 B 不同于 B 比 C。

证完。

命题 17

…

假如有任意多个数成连比例，并且它们的两端是互素的，那么第一个比第二个不同于最后一个比任何另外一个数。

A——　　B——

C——

D——

E——

设：有成连比例的数 A、B、C、D，其中 A、D 互素。

那么可以说：A 比 B 不同于 D 比任何另外的数。

设：A 比 B 如同 D 比 E，

由更比：A 比 D 如同 B 比 E。 [VII. 13]

因为：A、D 互素，

互素的数也是最小的， [VII. 21]

且有相同比的数中最小者量其他数有相同的次数，也就是前项量尽前项，后项量尽后项。 [VII. 20]

又因：A 量尽 B，且 A 比 B 如同 B 比 C，

所以：B 也量尽 C，那么 A 也量尽 C。

因为：B 比 C 如同 C 比 D，且 B 量尽 C，

所以：C 也量尽 D。

因为：A 也量尽 C，那么 A 也量尽 D，且 A 也量尽自己，

所以：A 量尽互素的 A、D。

这是不符合实际的。

因此：A 比 B 不同于 D 比任意其他的数。

证完。

命题 18

…

已知两个数，是否能求出第三比例数。

A——— D————

B———— C————————————

设：已知两数 A、B，探寻它们能否求出第三个比例数。

那么：A、B 要么互素，要么不互素。

设：A、B 是互素的，

那么：已经证明不可能找到和它们成比例的第三个数。 [IX. 16]

又设：A、B 不互素，B 自乘得 C，

因此：A 要么量尽 C，要么量不尽 C。

先设：A 依照 D 量尽 C，那么 A 乘 D 得 C。

因为：B 自乘得 C，

所以：A、D 的乘积等于 B 的平方，

所以：A 比 B 如同 B 比 D， [VII. 19]

因此：对 A、B 已经求到了第三个比例数 D。

又设：A 量不尽 C，

那么可以说：A、B 不可能求得第三个比例数。

设：已求到第三个比例数 D，

那么：A、D 的乘积等于 B 的平方。

又因：B 的平方等于 C，

所以：A、D 的乘积等于 C，

所以：A 乘以 D 等于 C，

因此：依照 D、A 量尽 C。

又，根据假设：A 量不尽 C，

这是不合理的。

因此：当 A 量不尽 C 时，对数 A、B 不可能找到第三个比例数。

证完。

命题 19

•••

已知三个数，如何找到第四比例数。

A———
B———
C————
D—————
E————————

设：已知 A、B、C 三个数，

要求：如何找到第四比例数。

因为：要么 A、B、C 不成连比例，两端是互素的；

要么成连比例，两端不是互素的；

要么不成连比例，两端也不互素；

要么成连比例，两端也互素。

若 A、B、C 成连比例，且两端 A、C 互素。

那么：已经证明它们不可能找到第四比例数。 [IX. 17]

又设：A、B、C 不成连比例，而两端 A、C 仍然互素。

那么可以说：不可能找到第四比例数。

这是因为，如果可能，设：D 是第四比例数，

其中 A 比 B 如同 C 比 D，且存在数 E，令 B 比 C 如同 D 比 E。

因为：A 比 B 如同 C 比 D，且 B 比 C 如同 D 比 E，

因此，取首末比：A 比 C 如同 C 比 E。 [VII. 14]

因为：A、C 是互素的，互素的数也是最小的， [VII. 21]

且有相同比的数中的最小者，以相同倍数量尽其余的数，也就是前项量尽前项，后项量尽后项， [VII. 20]

所以：作为前项量尽前项，A 量尽 C。

又因：A 也量尽自己，

所以：A 量尽互素的数 A、C。

这是不符合实际的。

因此：A、B、C 不可能找到第四比例数。

又设：A、B、C 成连比例，而 A、C 不互素，

那么可以说：它们可能找到第四比例数。

设：B 乘以 C 得 D，

因此：A 要么量尽 D，要么量不尽 D。

设：A 依照 E 量尽 D，

因此：A 乘 E 得 D。

因为：B 乘以 C 得 D，

所以：A、E 的乘积等于 B、C 的乘积，

因此：A 比 B 如同 C 比 E， [VII. 19]

因此：对 A、B、C 已经找到第四比例数 E。

设：A 量不尽 D。

那么可以说：A、B、C 不可能找到第四比例数。

设：E 为第四比例数，

因此：A、E 乘积等于 B、C 乘积。 [VII. 19]

因为：B、C 的乘积是 D，

所以：A、E 的乘积等于 D，

因此：A 乘以 E 得 D，也就是 A 依照 E 量尽 D。

因此：A 量尽 D。

又，根据假设：A 量不尽 D，

这是不符合实际的。

所以：当 *A* 量不尽 *D* 时，对 *A*、*B*、*C* 不可能找到第四比例数。

设：*A*、*B*、*C* 既不成连比例，*A*、*C* 不互素，

再设：*B* 乘 *C* 得 *D*，

同理可证：当 *A* 量尽 *D* 时，它们能找到第四比例数，

当 *A* 量不尽 *D* 时，就不可能找到第四比例数。

证完。

命题 20

•••

已知任意多个素数，那么有比它们更多的素数。

A——

B—— *G*————

C———

E————————*D*——*F*

设：已知素数 *A*、*B*、*C*，

那么可以说：有比 *A*、*B*、*C* 更多的素数。

设：能被 *A*、*B*、*C* 量尽的最小数为 *DE*，且 *DE* 的单位是 *DF*。

那么：*EF* 要么是素数，要么不是素数。

先设：*EF* 是素数，

那么：已经找到多于 *A*、*B*、*C* 的素数 *A*、*B*、*C*、*EF*。

又设：*EF* 不是素数，那么 *EF* 能被某个素数量尽。 [VII. 31]

设：*EF* 能被素数 *G* 量尽，

那么可以说：*G* 与数 *A*、*B*、*C* 任何一个都不相同。

这是因为，如果可能，设：它是这样。

因为：*A*、*B*、*C* 能量尽 *DE*，

所以：*G* 也量尽 *DE*。

又因：它也量尽 EF，

所以：G 作为一个数，将量尽剩余的数，也就是量尽单位 DF。

这是不符合实际的。

因此：G 与数 A、B、C 任何一个数都不同。

又，根据假设：G 是素数，

因此：已经找到素数 A、B、C、G，它们的个数多于已知的 A、B、C 的个数。

证完。

命题 21

•••

假如把任意多的偶数相加，那么总和是偶数。

设：将偶数 AB、BC、CD、DE 相加。

那么可以说：总和 AE 是偶数。

因为：数 AB、BC、CD、DE 的每一个都是偶数，它们有一个半部分， [VII. 定义 6]

所以：总和 AE 也有一个半部分。

又因：可以被分成相等的两部分的数是偶数， [VII. 定义 6]

因此：AE 是偶数。

证完。

命题 22

…

假如把任何多个奇数相加，并且它们的个数是偶数，那么总和将是偶数。

设：有偶数个奇数 AB、BC、CD、DE 相加，

那么可以说：总和 AE 是偶数。

因为：数 AB、BC、CD、DE 每一个都是奇数，假如从每一个减去一个单位，所得的余数是偶数，[VII. 定义 7]

所以：它们的总和是偶数。[IX. 21]

又因：单位的个数也是偶数个，

因此：总和 AE 也是偶数。

证完。

命题 23

…

假如把一些奇数相加，并且它们的个数是奇数，那么所得的数也是奇数。

设：奇数 AB、BC、CD 相加，它们的个数是奇数，

那么可以说：总和 AD 是奇数。

设：从 CD 中减去单位 DE，

那么：余数 CE 是偶数。[VII. 定义 7]

因为：CA 也是偶数， [IX. 22]

所以：总和 AE 也是偶数。 [IX. 21]

又因：DE 是一个单位，

所以：AD 是奇数。 [VII. 定义 7]

证完。

命题 24

…

假如从偶数中减去偶数，那么余数也是偶数。

A————————C——B

设：从偶数 AB 中减去偶数 BC。

那么可以说：余数 CA 也是偶数。

因为：AB 是偶数，它有一个半部分， [VII. 定义 6]

同理可证：BC 也有一个半部分，

所以：余数 CA 也有一个半部分，

因此：余数 AC 也是偶数。

证完。

命题 25

…

假如从一个偶数减去一个奇数，那么余数也是奇数。

A————————C——D——B

设：从偶数 AB 减去奇数 BC。

那么可以说：余数 CA 也是奇数。

设：从 *BC* 减去单位 *CD*，

那么：*DB* 是偶数。 [VII. 定义 7]

因为：*AB* 是偶数，

所以：余数 *AD* 也是偶数。 [IX. 24]

又因：*CD* 是一个单位，

因此：*CA* 也是奇数。 [VII. 定义 7]

证完。

命题 26

…

假如从一个奇数减去一个奇数，那么余数是偶数。

A——————C—D—B

设：从奇数 *AB* 中减去奇数 *BC*，

那么可以说：*CA* 是偶数。

设：从奇数 *AB* 中减去单位 *BD*，

那么：余数 *AD* 是偶数。 [VII. 定义 7]

同理可证：*CD* 也是偶数。 [VII. 定义 7]

所以：余数 *CA* 是偶数。 [IX. 24]

证完。

命题 27

…

假如从一个奇数减去一个偶数，那么余数是奇数。

A D C B

设：从奇数 AB 减去偶数 BC。

那么可以说：余数 CA 是奇数。

设：从奇数 AB 减去单位 AD，

那么：DB 是偶数。 [VII. 定义 7]

因为：BC 是偶数，

所以：余数 CD 是偶素， [IX. 24]

因此：CA 是奇数。 [VII. 定义 7]

证完。

命题 28

…

假如一个奇数乘一个偶数，那么此乘积是偶数。

A——

B———

C————————

设：奇数 A 乘以偶数 B 得 C。

那么可以说：C 是偶数。

因为：A 乘以 B 得 C，

所以：在 A 中有多少单位，C 中就有多少个等于 B 的数相加。 [VII. 定义 15]

因为：B 是偶数，

所以：C 是一些偶数的和。

又因：假如一些偶数加在一起，那么总和也是偶数， [IX. 21]

因此：C 是偶数。

证完。

命题 29

…

假如一个奇数乘一个奇数，那么乘积仍是奇数。

A——
B———
C——————

设：奇数 *A* 乘奇数 *B* 得 *C*。

那么可以说：*C* 是奇数。

因为：*A* 乘以 *B* 得 *C*，

所以：在 *A* 中有多少个单位，*C* 中就有多少个等于 *B* 的数相加。 [VII. 定义 15]

又因：数 *A*、*B* 的每一个是奇数，

所以：*C* 是奇数个奇数的和，

因此：*C* 是奇数。 [XI. 23]

证完。

命题 30

…

假如一个奇数量尽一个偶数，那么这个奇数也量尽这个偶数的一半。

A——
B——————
C———

设：奇数 *A* 量尽偶数 *B*。

那么可以说：*A* 也量尽 *B* 的一半。

因为：*A* 量尽 *B*，

设：*A* 量尽 *B* 得 *C*，

那么可以说：*C* 不是奇数，

这是因为，如果可能，设：*C* 是奇数。

因为：A 量尽 B 得 C，

所以：A 乘以 C 得 B，

所以：B 是奇数个奇数的和，

因此：B 是奇数。

这是不符合实际的。 [IX. 23]

又，根据假设：它是偶数，

所以：C 不是奇数，是偶数，

那么：A 偶数次量尽 B，

因此：A 也量尽 B 的一半。

证完。

命题 31

…

假如一个奇数与某数互素，那么这个奇数与此数的二倍互素。

A——

B————

C————————

D—

设：奇数 A 与数 B 互素，且 C 是 B 的二倍。

那么可以说：A 与 C 互素。

设：若 A 与 C 不互素，那么有 D 量尽它们。

因为：A 是奇数，

所以：D 也是奇数。

因为：D 是量尽 C 的奇数，且 C 是偶数，

所以：D 也量尽 C 的一半。 [IX. 30]

又因：B 是 C 的一半，

所以：D 量尽 B。

因为：D 也量尽 A，

所以：D 量尽互素的数 A、B，

这是不符合实际的。

所以：A 不得不与 C 互素，

因此：A、C 是互素的。

证完。

命题 32

• • •

从二开始，连续二倍起来的数列中的每一个数仅是偶倍偶数。

A ——

B ————

C ————————

D ————————————————

设：B、C、D 是从 A 为二开始连续二倍起来的数。

那么可以说：B、C、D 仅是偶倍偶数。

因为：B、C、D 从二开始被加倍，

所以：B、C、D 的每一个是偶倍偶数。

可以证明：它们中的每一个也仅是偶倍偶数。

设：从一个单位开始，

因为：从单位开始的几个成连比例的数，单位后面的一个数 A 是素数，

所以：数 A、B、C、D 中最大者 D，除 A、B、C 外没有任何数量尽它。 [IX. 13]

因为：数 A、B、C 的每一个是偶数，

所以：D 仅是偶倍偶数。 [VII. 定义 8]

同理可证：B、C 中的每一个也仅是偶倍偶数。

证完。

命题 33

…

假如一个数的一半是奇数，那么它仅是偶数奇数。

A

设：数 A 的一半是奇数。

那么可以说：A 仅是偶倍奇数。

因为：A 的一半是奇数，此奇数量尽原数的次数为偶数，[VII. 定义 9]

所以：A 是偶倍奇数。

可以证明：它仅是偶倍奇数。

因为：若 A 也是偶倍偶数，

那么：它被一个偶数量尽的次数是偶数， [VII. 定义 8]

所以：它的一半是奇数，它的一半也将被一个偶数量尽。

这是不符合实际的。

因此：A 仅是偶倍奇数。

证完。

命题 34

…

假如一个数既不是从二开始连续二倍起来的数，它的一半也不是奇数，那么它是偶倍偶数，也是偶倍奇数。

A

设：数 A 既不是从二开始连续二倍起来的数，它的一半也不是奇数。

那么可以说：A 既是偶倍偶数，也是偶倍奇数。

因为：A 的一半不是奇数，[VII. 定义 8]

所以：A 是偶倍偶数。

可以证明：它也是偶倍奇数。

设：平分 A，再平分它的一半，并且一直这样平分下去，

那么：就会得到某个奇数，它量尽 A 的次数是偶数。

因为：如果不是这样，就会得到二，

因此：A 是从二开始连续二倍起来的数中的数。

这与假设矛盾。

所以：A 是偶倍奇数。

又因：已经证明了 A 也是偶倍偶数，

所以：A 是偶倍偶数，也是偶倍奇数。

证完。

命题 35

• • •

假如已知有任意多个数成连比例，又从第二个与最后一个数中减去等于第一个的数，那么从第二个数得的余数比第一个数如同从最后一个数得的余数比最后一个数以前各项之和。

A——

B—G—C

D————

E————L—K—H—F

设：从最小的 A 开始的一些数 A、BC、D、EF 成连比例，

且从 BC 和 EF 中减去等于 A 的数 BG、FH。

那么可以说：*GC* 比 *A* 如同 *EH* 比 *A*、*BC*、*D* 之和。

那么，设：*FK* 等于 *BC*，且 *FL* 等于 *D*。

因为：*FK* 等于 *BC*，其中部分 *FH* 等于部分 *BG*，

所以：余数 *HK* 等于余数 *GC*。

因为：*EF* 比 *D* 如同 *D* 比 *BC*，且如同 *BC* 比 *A*，

而 *D* 等于 *FL*，且 *BC* 等于 *FK*，且 *A* 等于 *FH*，

所以：*EF* 比 *FL* 如同 *LF* 比 *FK*，也如同 *FK* 比 *FH*。

又，由分比：*EF* 比 *LF* 如同 *LK* 比 *FK*，又如同 *KH* 比 *FH*，

[VII. 11, 13]

所以：前项之一比后项之一，如同所有前项的和比所有后项的和，

[VII. 12]

因此：*KH* 比 *FH* 如同 *EL*、*LK*、*KH* 之和比 *LF*、*FK*、*HF* 之和。

因为：*KH* 等于 *CG*，且 *FH* 等于 *A*，而 *LF*、*FK*、*HF* 之和等于 *D*、*BC*、*A* 之和，

所以：*CG* 比 *A* 如同 *EH* 比 *D*、*BC*、*A* 的和，

因此：从第二个数得的余数比第一个数如同从最后一个数得的余数比最后一个数以前各项之和。

证完。

命题 36

…

假设从单位起有多个连续二倍起来的连比例数，如果所有数的和是素数，那么这个和乘最后一个数的乘积是一个完全数。

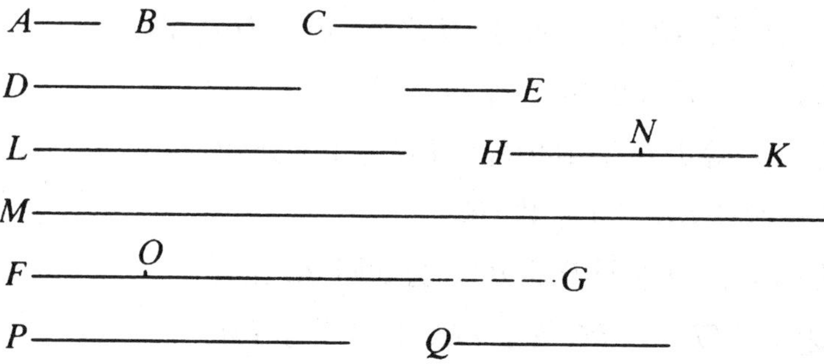

设：从单位起 A、B、C、D 是连续二倍起来的连比例数，其所有的和是素数，且 E 等于其和，E 乘 D 得 FG。

那么可以说：FG 是完全数。

因为：不管 A、B、C、D 有多少个，就设有同样多个数 E、HK、L、M，是从 E 开始连续二倍起来的连比例数，

那么，取首末比：A 比 D 如同 E 比 M， [VII. 14]

因此：E、D 得乘积等于 A、M 的乘积。 [VII. 19]

因为：E、D 的乘积是 FG，

所以：A、M 的乘积也是 FG。

因为：A 乘 M 得 FG，

所以：依照 A 中单位数，M 量尽 FG。

因为：A 是二，

所以：FG 是 M 的二倍。

因为：M、L、HK、E 是彼此连续二倍起来的数，

所以：E、HK、L、M、FG 是连续二倍起来的连比例数。

设：从第二个 HK 和最后一个 FG 减去等于第一个 E 的数 HN、FO，

那么：从第二个得的余数比第一个如同从最后一个数得的余数比最后一个数以前各项之和， [IX. 35]

因此：NK 比 E 如同 OG 比 M、L、HK、E 之和。

因为：NK 等于 E，

所以：OG 等于 M、L、HK、E 之和。

因为：FO 等于 E，且 E 等于 A、B、C、D 与单位之和，

所以：整体 FG 等于 E、HK、L、M 与 A、B、C、D 以及单位之和，FG 被它们所量尽。

又，可以证明：除 A、B、C、D、E、HK、L、M 以及单位以外，其他的数都量不尽 FG。

这是因为，如果可能，设：某数 P 可以量尽 FG，

且 P 与数 A、B、C、D、E、HK、L、M 中任何一个都不相同，

并且，不管 P 量尽 FG 有多少次，就设在 Q 中有多少个单位，故 Q 乘 P 得 FG。

因为：E 乘 D 得 FG，

所以：E 比 Q 如同 P 比 D。 [VII. 19]

因为：A、B、C、D 是由单位起的连比例数，

所以：除 A、B、C 外，任何其他的数量不尽 D。 [IX. 13]

又，根据假设：P 不同于数 A、B、C 任何一个，

因此：P 量不尽 D。

因为：P 比 D 如同 E 比 Q，

所以：E 也量不尽 Q。 [VII. 定义 20]

因为：E 是素数，

任一素数与它量不尽的数互素， [VII. 29]

所以：E、Q 互素。

因为：互素的数也是最小的， [VII. 21]

且有相同比的最小数，以相同的次数量尽其他的数，也就是前项量尽前项，后项量尽后项， [VII. 20]

又因：E 比 Q 如同 P 比 D，

所以：E 量尽 P 与 Q 量尽 D 有相同的次数。

因为：除 A、B、C 外，任何其他的数都量不尽 D，

所以：Q 与 A、B、C 中的一个相同。

设：Q 与 B 相同，

因为：无论有多少个 B、C、D，都设从 E 开始也取同样多个数 E、HK、L，

且 E、HK、L 与 B、C、D 有相同比，

那么，取首末比：B 比 D 如同 E 比 L， [VII. 14]

因此：B、L 的乘积等于 D、E 的乘积。

因为：D、E 的乘积等于 Q、P 的乘积， [VII. 19]

所以：Q、P 的乘积等于 B、L 的乘积。

因此：Q 比 B 如同 L 比 P， [VII. 19]

又因：Q 与 B 相同，

所以：L 与 P 相同，

这是不符合实际的，

因此：由假设 P 与给定的数中任何一个都不相同，

因此：除 A、B、C、D、E、HK、L、M 和单位外，没有数量尽 FG。

且已经证明：FG 等于 A、B、C、D、E、HK、L、M 以及单位的和，

因为：一个完全数是等于它自己所有部分的和的数， [VII. 定义 22]

所以：FG 是完全数。

证完。

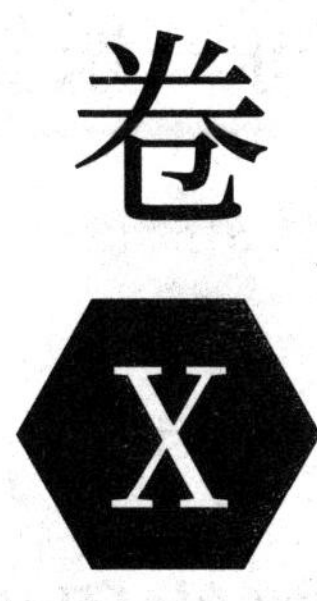
卷
X

定义 I

01 能被同一量量尽的那些量叫作可公度的量，不能被同一量量尽的那些量叫作不可公度的量。

02 当一些线段上的正方形能被同一面所量尽时，这些线段叫作正方可公度的。当一些线段上的正方形不能被同一面量尽时，这些线段叫作正方不可公度的。

03 由这些定义，可以证明，给定的线段分别存在无穷多个可公度的线段与无穷多个不可公度的线段。一些仅是长度不可公度，而另外一些也是正方不可公度。此时把给定的线段叫作有理线段，凡与此线段不仅是长度，也是正方可公度或仅是正方可公度的线段，都叫作有理线段。而凡与此线段在长度和正方形都不可公度的线段叫作无理线段。

04 又设把给定一线段上的正方形叫作有理的，凡与此面可公度的叫作有理的；凡与此面不可公度的叫作无理的，并且构成这些无理面的线段叫作无理线段，也就是说，当这些面为正方形时即指其边，当这些面为其他直线形时，则指与面相等的正方形的边。

命题

命题 1

…

已知两个不相等的量，如果从较大的量中减去一个大于它的一半的量，再从所得的余量中减去大于这个余量一半的量，并且持续这样进行下去，那么必得一个余量小于较小的量。

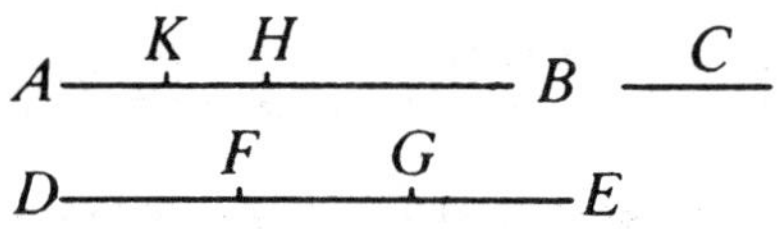

设：有两个不相等的量 *AB*、*C*，其中 *AB* 较大。

那么可以说：如果从 *AB* 减去一个大于它的一半的量，再从余量中减去大于这个余量的一半的量，以此连续下去必得一个余量，比量 *C* 更小。

因为：*C* 的若干倍总可以大于 *AB*。 [V. 定义 4]

设：*DE* 是 *C* 的若干倍，*DE* 大于 *AB*；

将 *DE* 分成等于 *C* 的几部分 *DF*、*FG*、*GE*，

从 *AB* 中减去大于它一半的 *BH*，又从 *AH* 减去大于它一半的 *HK*，

继续这个过程，直到分 *AB* 的个数等于 *DE* 的个数。

又设：被分得的 *AK*、*KH*、*HB* 的个数等于 *DF*、*FG*、*GE* 的个数。

因为：*DE* 大于 *AB*，从 *DE* 减去小于它一半的 *EG*，再从 *AB* 中减去大于它一半的 *BH*，

所以：余量 *GD* 大于余量 *HA*。

因为：*GD* 大于 *HA*，从 *DG* 减去了它的一半 *GF*，又从 *HA* 减去大于

它一半的 HK，

那么：余量 DF 大于余量 AK。

因为：DF 等于 C，

所以：C 大于 AK，

所以：AK 小于 C，

因此：量 AB 的余量 AK 小于原来给定的较小量 C。

证完。

命题 2

•••

假如从两不等量的大量连续减去小量，直到余量小于小量，再从小量中连续减去余量直到小于余量，这样一直进行下去，继续到当所余的量总不能量尽它前面的量时，那么称两个量不可公度。

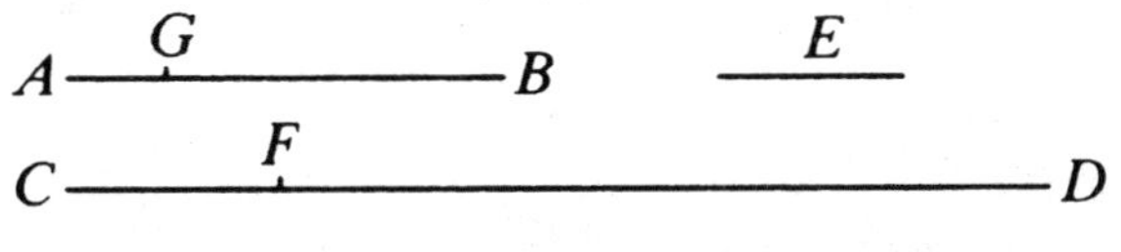

设：AB、CD 是两个不相等的量，其中 AB 较小。

从较大量中连续减去较小的量，直到余量小于小量，再从小量中连续减去余量直到小于余量。这样一直进行下去，所余的量不能量尽它前面的量。

那么可以说：AB、CD 是不可公度的。

这是因为，如果是可公度的，就有某个量能量尽它们。

设：AB、CD 可以公度，E 能量尽它们。

则 AB 量 CD 得 FD，余下的 CF 小于 AB。

且 CF 量 AB 得 BG，余下的 AG 小于 CF。持续到直到余下量小于 E。

那么：余量 AG 小于 E。

因为：E 能量尽 AB，且 AB 能量尽 DF，

所以：E 也能量尽 FD。

因为：它也能量尽整个 CD，

所以：它也能量尽余量 CF。

因为：CF 能量尽 BG，

所以：E 也能量尽 BG。

因为：它也能量尽整个 AB，

所以：它也能量尽余量 AG。

较大的量量尽较小的量，这是不符合实际的。

所以：没有一个量能量尽 AB、CD，

因此：量 AB、CD 是不可公度的。 [X. 定义 1]

证完。

命题 3

•••

已知两个可公度的量，求它们的最大公度量。

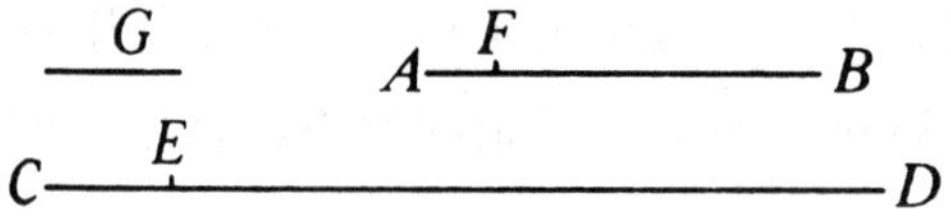

设：已知 AB、CD 是两个可公度的量，其中 AB 是较小的，

要求：找出 AB、CD 的最大公度量。

那么：量 AB 要么能量尽 CD，要么量不尽 CD。

设：AB 能量尽 CD，

因为：AB 也能量尽自己，

所以: AB 是 AB、CD 的一个公度量。

因为：大于 AB 的不能量尽 AB,

所以: AB 是 AB、CD 公度量中最大的。

设: AB 量不尽 CD,

因为: AB、CD 不是不可公度的。

所以：倘若连续从大量中减去小量直到余量小于小量，再从小量中连续减去余量直到小于余量，继续到有一余量能量尽它前面一个。

[参看 X. 2]

设: AB 量 CD 得 ED，余下的 EC 小于 AB；

且 EC 量 AB 得 FB，余下的 AF 小于 CE；AF 能量尽 CE。

因为: AF 能量尽 CE，CE 能量尽 FB,

所以: AF 能量尽 FB。

因为: AF 也能量尽自己,

所以: AF 也将量尽整体 AB。

因为: AB 量尽 DE,

所以: AF 也量尽 ED。

因为：它也量尽 CE,

所以：它也量尽整体 CD,

因此: AF 是 AB、CD 的公度量。

那么，可以证明: AF 也是最大的。

这是因为，如果不是如此，有量尽 AB、CD 的某个量大于 AF，设它为 G,

因为: G 量尽 AB，AB 量尽 ED,

因此: G 也量尽 ED。

因为：它也量尽整体 CD,

所以: G 也量尽余量 CE,

所以: G 也量尽整体 CD,

因此: G 也量尽余量 CE。

因为：CE 量尽 FB，

所以：G 也量尽 FB。

因为：G 也量尽整个 AB，

所以：G 也量尽余量 AF。

较大的量尽较小的，这是不符合实际的。

因此：没有大于 AF 的量能量尽 AB、CD，

所以：AF 是 AB、CD 的最大公度量。

因此：求出了两个已知可公度的量 AB、CD 的最大公度量。

证完。

推论 假如一个量能量尽两个量，那么它也量尽它们的最大公度量。

命题 4

…

已知三个可公度的量，求它们的最大公度量。

A———————

B—————

C————

D——— E—— F———

设：已知可公度的量 A、B、C，

要求：求出 A、B、C 的最大公度量。

设：A，B 的最大公度量是 D。 [X. 3]

那么：D 要么量尽 C，要么量不尽 C。

先设：D 可以量尽 C。

因为：D 量尽 C，且它也量尽 A、B，

所以：D 是 A、B、C 的一个公度量。

因为：任何大于 D 的量都不能量尽 A、B，

所以：D 也是最大公度量。

又设: D 量不尽 C。

可以证明: C、D 是可公度的。

因为: A、B、C 是可公度的，必然有个量可以量尽它们，也量尽 A、B，

所以：它也将量尽 A、B 的最大公度量 D。 [X. 3，推论]

因为：它也量尽 C，

所以：也能量尽 C、D，

所以: C、D 是可公度的。

设: C、D 的最大公度量是 E。 [X. 3]

因为: E 量尽 D，且 D 量尽 A、B，

所以: E 也将量尽 A、B，

又因：它也量尽 C，

所以: E 量尽 A、B、C，

因此: E 是 A、B、C 的一个公度量。

其次，可以证明: E 也是最大公度量。

这是因为，如果可能，设：有大于 E 的量 F，可以量尽 A、B、C。

因为: F 量尽 A、B、C，也量尽 A、B，

因此: F 量尽 A、B 的最大公度量。 [X. 3，推论]

因为: A、B 的最大公度量是 D，

所以: F 量尽 D。

因为: F 也量尽 C，

那么: F 量尽 C、D，

所以: F 也量尽 C、D 的最大公度量 E， [X. 3，推论]

较大的量能量尽较小的量，这是不符合实际的，

所以：没有一个大于 E 的量能量尽 A、B、C，

因此：假如 D 量不尽 C，那么 E 是 A、B、C 的最大公度量。

假如 D 量尽 C，那么 D 就是最大公度量，

因此：求出了已知的三个可公度的最大公度量。

证完。

推论 若一个量能量尽三个量，那么它也量尽它们的最大公度量。

同理，可以求出更多个可公度量的最大公度量。

同理可证：任何多个量的公度量也能量尽它们的最大公度量。

命题 5

…

两个可公度量的比如同一个数与一个数的比。

A B

C D E

设：有可公度的两个量 A、B。

那么可以说：A 与 B 的比如同一数与另一数的比。

设：C 是可以公度 A、B 的量。

且 C 量尽 A 有多少次，就设在 D 中有多少个单位；

C 量尽 B 有多少次，就设在数 E 中有多少个单位。

因为：依照 D 中若干单位，C 量尽 A；按照 D 中的若干单位，单位也量尽 D，

所以：单位量尽数 D 的次数与 C 量尽 A 的次数相同，

因此：C 比 A 如同单位比 D，　[VII. 定义 20]

所以，由反比：A 比 C 如同 D 比单位。　[参看 V. 7，推论]

因为：按照 E 中若干单位，C 量尽 B；按照 E 中若干单位，单位也量尽 E，

所以：单位量尽 E 的次数与 C 量尽 B 的次数相同，

因此：C 比 B 如同单位比 E。

又，已经证明：A 比 C 如同数 D 比单位，

那么：取首末比，A 比 B 如同数 D 比数 E， [V. 22]

因此：两个可公度的量 A 比 B 如同数 D 比另一个数 E。

证完。

命题 6

• • •

假如两个量的比如同一个数比一个数，那么这两个量将是可公度的。

A　　B
C　　D
E　　F

设：两个量 A 比 B 如同数 D 比数 E。

那么可以说：A、B 是可公度的。

设：在 D 中有若干单位把 A 分成若干相等的部分，设 C 等于其中一个。

且数 E 中有若干单位，取 F 为若干个等于 C 的量。

因为：在 D 中有多少单位，

所以：A 中就有多少个等于 C，

那么：不管单位是 D 怎样的一部分，C 也是 A 的一部分，

因此：C 比 A 如同单位比 D。 [VII. 定义 20]

因为：单位量尽数 D，

所以：C 也量尽 A。

因为：C 比 A 如同单位比 D，

因此，由反比：A 比 C 如同数 D 比单位。 [参看 V. 7，推论]

因为：E 中有多少个单位，在 F 中就有多少个等于 C 的量，

所以：C 比 F 如同单位比 E。 [VII. 定义 20]

又，已证明：A 比 C 如同 D 比单位，

因此，取首末比：A 比 F 如同 D 比 E。 [V. 22]

因为：D 比 E 如同 A 比 B，

所以：A 比 B 如同 A 比 F。 [V. 11]

因为：A 与量 B、F 的每一个有相同的比，

所以：B 等于 F。 [V. 9]

因为：C 量尽 F，

所以：它也量尽 B。

因为：它也量尽 A，

因此：C 量尽 A、B，

所以：A 与 B 是可公度的。

证完。

推论 假如有两数 D、E 和一条线段 A，那么可以作出一线段 F 使得已知线段 A 比 F 如同数 D 比数 E。

若取 A、F 的比例中项为 B，那么 A 比 F 如同 A 上的正方形比 B 上的正方形，那么第一线段比第三线段将如同第一线段上的图形比第二线段上与之相似的图形。 [VI. 19，推论]

因为：A 比 F 如同数 D 比数 E，

因此：作了数 D 与数 E 之比如同线段 A 上图形与线段 B 上图形之比。

证完。

命题 7

…

不可公度的两个量的比不同于一个数比另一个数。

A

B

设：有不可公度的两个量 A、B。

那么可以说：A 与 B 的比不同于一个数比另一个数。

假如：A 比 B 如同一个数比另一个数，

那么：A 与 B 是可公度的。 [X. 6]

但这并不符合实际。

因此：A 比 B 不同于一个数比另一个数。

证完。

命题 8

…

假如两个量的比不可能如同于一个数比另一个数，那么这两个量不可公度。

A

B

设：两个量 A 与 B 之比不可能如同一个数比另一个数。

那么可以说：两个量 A、B 不可公度。

设：A、B 是可公度的。

那么：A 比 B 如同一个数比另一个数。 [X. 5]

但这并不符合实际。

因此：量 A、B 是不可公度的。

证完。

命题 9

…

两长度可公度的线段上的正方形之比如同一个平方数比一个平方数；假如两正方形的比如同一个平方数比一个平方数，那么两正方形的边长长度是可公度的。但两长度不可公度的线段上的正方形的比不同于一个平方数比一个平方数；假如两个正方形之比不同于一个平方数比一个平方数，那么它们的边的长度也不是可公度的。

设：有两个长度可公度的线段 A、B。

那么可以说：A 上的正方形比 B 上的正方形如同一个平方数比一个平方数。

因为：A 与 B 长度是可公度的，

所以：A 与 B 之比如同一个数比另一个数。

设：两个数之比是 C 比 D，

所以：A 比 B 如同 C 比 D，且 A 上的正方形与 B 上的正方形的比如同 A 与 B 的二次比。

因为：相似图形之比如同它们对应边的二次比，　[IV. 20，推论]

且 C 的平方与 D 的平方之比如同 C 与 D 的二次比，

又因：在两个平方数之间有一个比例中项数，平方数比平方数如同它们边与边的二次比，　[VIII. 11]

所以：A 上的正方形比 B 上的正方形如同 C 的平方数与 D 的平方数之比。

又设：A 上的正方形比 B 上的正方形如同 C 的平方数比 D 的平方数。

那么可以说：A 与 B 是长度可公度的。

因为：A 上的正方形比 B 上的正方形如同 C 的平方数比 D 的平方数，

A 上的正方形比 B 上的正方形如同 A 与 B 的二次比，且 C 的平方数

与 D 的平方数的比如同 C 与 D 的二次比，

所以：A 比 B 如同 C 比 D，

那么：A 与 B 之比如同数 C 与数 D，

所以：A 与 B 是长度可公度的。 [X. 6]

设：A 与 B 是长度不可公度的。

那么可以说：A 上的正方形与 B 上的正方形之比不同于一个平方数比一个平方数。

因为：假如 A 上的正方形与 B 上的正方形之比如同一个平方数比一个平方数，

那么：A 与 B 是可公度的。

但这并不符合实际。

因此：A 上的正方形与 B 上的正方形之比不同于一个平方数比一个平方数。

再设：A 上的正方形与 B 上的正方形之比不同于一个平方数比一个平方数。

那么可以说：A 比 B 是长度不可公度的。

因为：假如 A 与 B 是可以公度的，

那么：A 上的正方形与 B 上的正方形之比如同一个平方数比一个平方数。

但这并不符合实际。

因此：A 与 B 不是长度可公度的。

证完。

推论 从证明中可得，长度可公度的两线段也总是正方形可公度的，但是正方形可公度的线段不一定是长度可公度的。

引理 两相似面数之比如同一个平方数比一个平方数。

[VIII. 26]

倘若两数之比如同一个平方数比一个平方数，那么它们是相似面数。

[VII. 26 的逆命题]

如果数不是相似面数，那么这些不与它们的边成比例的数，它们之比不同于一个平方数比一个平方数。

因为，假如它们有这样的比，它们就是相似面数，这与假设矛盾。

因此：不是相似面数的数之比不同于一个平方数比一个平方数。

命题 10

…

求一个给定的线段不可公度的两条线段，一个是仅长度不可公度，另一个也在正方形上与之不可公度。

A————

D——————

E—————

B———

C————

设：已给定线段 A，

要求：找出与 A 不可公度的两线段，一个是仅长度不可公度，一个是也在正方形上与之不可公度。

取两数 B、C，让它们的比不同于一个平方数比一个平方数，也就是它们不是相似面数。

设：B 比 C 如同 A 上的正方形比 D 上的正方形，

[X. 6，推论]

因此：A 上的正方形与 D 上的正方形可公度。 [X. 6]

因为：B 与 C 的比不同于一个平方数比一个平方数，

所以：A 上的正方形比 D 上的正方形也不同于一个平方数比一个平方数，

因此：A 与 D 的长度不可公度。 [X. 9]

设：E 是 A、D 的比例中项，

因此：A 比 D 如同 A 上的正方形比 E 上的正方形。 [V. 定义 9]

因为：A 与 D 是长度不可公度，

那么：A 上的正方形与 E 上的正方形也是不可公度的，　[X. 8]

因此：A 与 E 是正方形上与之不可公度的，

因此：求出了与指定线段 A 不可公度的两线段 D，E，

D 是仅长度上不可公度，E 是在长度与正方形上都不可公度。

证完。

命题 11

…

假如四个量成比例，且第一量与第二量是可公度的，那么第三量与第四量也是可公度的。假如第一量与第二量是不可公度的，那么第三量与第四量也是不可公度的。

A——————
B————
C—————
D———

设：有四个成比例的量 A、B、C、D。

其中 A 比 B 如同 C 比 D。

设：A 与 B 是可公度的。

那么可以说：C 与 D 也是可公度的。

因为：A 与 B 是可公度的，

所以：A 与 B 之比如同一个数比一个数。　[X. 5]

因为：A 比 B 如同 C 比 D，

所以：C 与 D 之比如同一个数比另一个数，

因此：C 与 D 是可公度的。　[X. 6]

设：A 与 B 是不可公度的。

那么可以说：C 与 D 也是不可公度的。

因为：A 与 B 不可公度，

所以：A 与 B 之比不同于一个数比另一个数。　[X. 7]

因为：*A* 比 *B* 如同 *C* 比 *D*，

所以：*C* 与 *D* 之比不同于一个数比一个数，

因此：*C* 与 *D* 不可公度。 [X. 8]

证完。

命题 12

…

与同一量可公度的两量，彼此也可公度。

A———— *B*————————

C————— *D*————

E———— *H*————

F—— *K*—————

G——— *L*—————

设：量 *A*、*B* 的每一个与 *C* 可公度。

那么可以说：*A* 与 *B* 也是可公度的。

因为：*A* 与 *C* 可公度。

因此：*A* 与 *C* 之比如同一个数比一个数。 [X. 5]

设：这个比是 *D* 比 *E*。

又因：*C* 与 *B* 可公度，

那么：*C* 与 *B* 之比如同一个数比一个数， [X. 5]

设：这个比是 *F* 比 *G*，

那么：对已知一些相比中的数，也就是 *D* 比 *E* 及 *F* 比 *G*。

取数 *H*、*K*、*L*，使它们成为已知比成连比例， [参看 VIII. 4]

也就是 *D* 比 *E* 如同 *H* 比 *K*，且 *F* 比 *G* 如同 *K* 比 *L*。

因为：*A* 比 *C* 如同 *D* 比 *E*，

且 *D* 比 *E* 如同 *H* 比 *K*，

又因：*C* 比 *B* 如同 *F* 比 *G*，且 *F* 比 *G* 如同 *K* 比 *L*，

且 A 比 C 如同 H 比 K，

因此，取首末比：A 比 B 如同 H 比 L，

那么：A 与 B 之比如同一个数比一个数，

因此：A 与 B 是可公度的。

命题 13

•••

如果两个量是可公度的，若其中一量与某量不可公度，则另一量也与此不可公度。

A

C

B

设：有两个可公度的量 A、B，且其中的一量 A 与另一量 C 是不可公度的。

那么可以说：B 与 C 也不可公度。

因为：若 B 与 C 是可公度的，且 A 与 B 也是可公度的，

那么：A 与 C 也是可公度的。 [X. 12]

又因：A 与 C 也是不可公度的，

这是不符合实际的，

因此：B 与 C 不是可公度的，

所以：B 与 C 是不可公度的。

证完。

引理

…

求作一线段，使得这线段上的正方形等于给定的大小不等的两线段上的正方形的差。

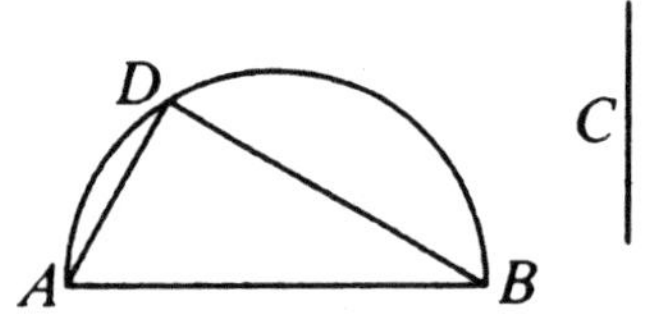

设：已知有两条不等线段 *AB*、*C*，而 *AB* 是大线段。

要求：作一正方形，使得等于 *AB* 上的正方形超过 *C* 上的正方形所得之差。

设：以 *AB* 为直径作半圆，在半圆上作弦 *AD* 等于 *C*，连接 *DB*。

[IV. 1]

因为：角 *ADE* 是直角， [III. 31]

所以：*AB* 上的正方形与 *AD* 上的正方形之差为 *DB* 上的正方形。

[I. 47]

同理：假如已知两线段，可以用同样的方法求出一条线段，使得这线段上的正方形等于两已知线段上的正方形的和。

设：*AD*、*BD* 是两条已知线段，

要求：作一线段，使它上的正方形等于 *AD* 与 *BD* 上两正方形的和。

设：用 *AD*、*DB* 组成一个直角，连接 *AB*。

那么：*AB* 上的正方形等于 *AD*、*DB* 上两正方形的和。

证完。

命题 14

…

若有四条线段成比例，第一条线段上的正方形比第二条线段

上的正方形超过一条线段上的正方形，这条线段与第一条线段是可公度的，那么第三条线段上的正方形也比第四条线段上的正方形超过一条线段上的正方形，这条线段与第三条线段也可公度。

若第一条上的正方形比第二条上的正方形超过一条线段上的正方形，这条线段与第一条线段是不可公度的，那么第三条上的正方形也比第四条上的正方形超过一条线段上的正方形，这条线段与第三条也不可公度。

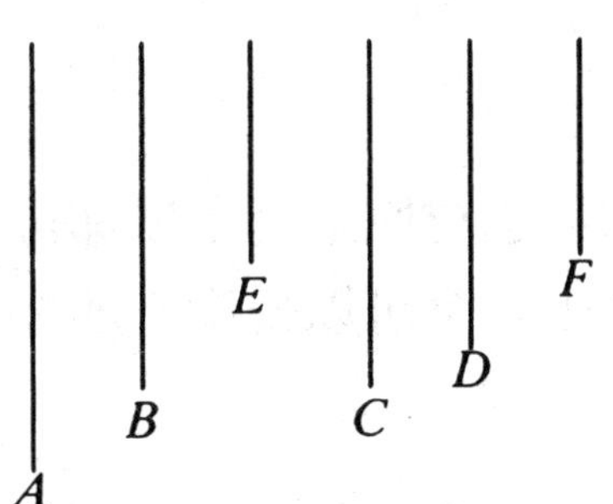

设：有四条成比例的线段 A、B、C、D。

其中，A 比 B 如同 C 比 D，且 A 上的正方形与 B 上的正方形之差等于 E 上的正方形；而 C 上的正方形与 D 上的正方形之差等于 F 上的正方形。

那么可以说：如果 A 与 E 可公度，那么 C 与 F 也可以公度；

如果 A 与 E 不可公度，那么 C 与 F 也不可公度。

因为：A 比 B 如同 C 比 D，

所以：A 上的正方形比 B 上的正方形如同 C 上的正方形比 D 上的正方形。　[VI. 22]

因为：E、B 上的正方形之和等于 A 上的正方形，

而 D、F 上的正方形之和等于 C 上的正方形，

所以：E、B 上的正方形之和比 B 上的正方形如同 D、F 上的正方形之和比 D 上的正方形。

那么，由分比：E 上的正方形比 B 上的正方形如同 F 上的正方形比 D 上的正方形，　[V. 17]

因此：E 比 B 如同 F 比 D，　[VI. 22]

所以，由反比：B 比 E 如同 D 比 F。

因为：A 比 B 如同 C 比 D，

那么，取首末比例：A 比 E 如同 C 比 F， [V. 22]

因此：若 A 与 E 可公度，那么 C 与 F 也可公度，

若 A 与 E 不可公度，那么 C 与 F 也不可公度。

证完。

命题 15

…

假如把两个可公度的量相加，它们的和也与原来两个量都可公度；倘若两个量的和与两个量的其中一个可以公度，那么原来两个量也可以公度。

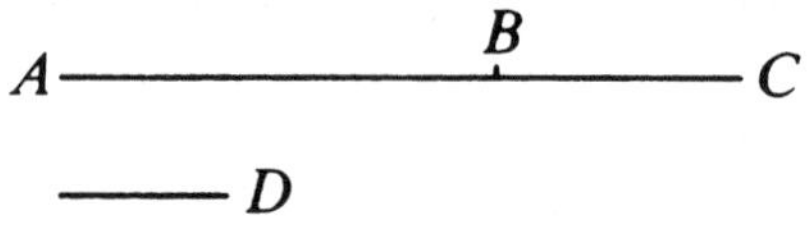

设：AB、BC 是两个可公度的量，将 AB、BC 相加。

那么可以说：整体 AC 也与 AB、BC 每一个可公度。

因为：AB、BC 是可公度的，

所以：一定有个量能量尽它们。

设：D 可以量尽 AB、BC。

因为：D 量尽 AB、BC，

所以：它也量尽整体 AC。

因为：它也量尽 AB、BC，

所以：D 量尽 AB、BC、AC，

因此：AC 与 AB、BC 的每一个是可公度的。 [X. 定义 1]

又设：AC 与 AB 是可公度的。

那么可以说：AB、BC 也是可公度的。

因为：AC、AB 是可公度的，

那么：有一个量能量尽它们，设 D 可以量尽它们。

因为：D 量尽 CA、AB，

所以：它也能量尽余量 BC。

又因：它也量尽 AB，

所以：D 也量尽 AB、BC，

因此：AB、BC 是可公度的。　[X. 定义 1]

证完。

命题 16

…

若把两个不可公度的量相加，它们的和一定与原来两个量都不可公度；若两个量之和与两个量之一不可公度，那么两个量也不可公度。

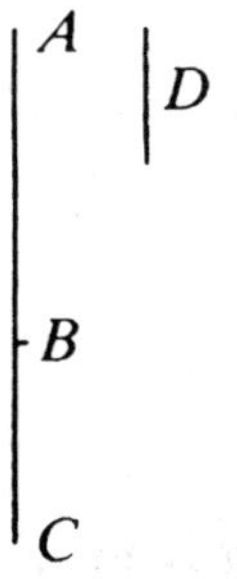

设：AB、BC 是不可公度的两个量，将它们相加。

那么可以说：AC 与 AB、BC 都不可公度。

设：CA、AB 可以公度，D 可以量尽它们。

因为：D 量尽 CA、AB，

所以：它也量尽其他的量 BC。

因为：它量尽 AB，

所以：D 量尽 AB、BC，

因此：AB、BC 是可公度的。

又，根据假设：AB、BC 是不可公度的。

这并不符合假设。

所以：没有一个量能量尽 CA、AB，

因此：CA、AB 是不可公度的。 [X. 定义 1]

同理可证：AC、CB 也是不可公度的，

所以：AC 与 AB、BC 的每一个不可公度。

又设：AC 与两量 AB、BC 之一不可公度。

先设：AC 与 AB 不可公度。

那么可以说：AB、BC 也不可公度。

设：它们是公度的，D 能量尽它们。

因为：D 量尽 AB、BC，

所以：D 也量尽整体 AC。

因为：它也量尽 AB，

所以：D 量尽 CA、AB，

所以：CA、AB 是可公度的。

又，根据假设：它们是不可公度的。

这与假设不符。

因此：没有一个量能量尽 AB、BC，

所以：AB、BC 是不可公度的。 [X. 定义 1]

证完。

引理

…

假如在一条线段上贴合上一个缺少正方形的矩形，那么这个矩形等于因作图而把原线段分成两段围成的矩形。

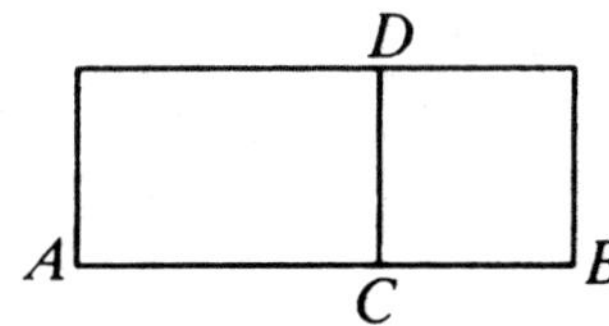

设：在线段 AB 上贴合一个缺少正方形 DB 的矩形 AD。

那么可以说：AD 等于以 AC、CB 为边的

矩形。

因为：DB 是正方形，DC 等于 CB，且 AD 是矩形 AC、CD，也就是矩形 AC、CB。

命题 17

•••

假如有两条不相等的线段，在大线段贴合上一个矩形等于小线段上的正方形的四分之一而缺少一个正方形，而大线段被分成长度可公度的两部分，那么原来大线段上的正方形比小线段上的正方形大一个与大线段是可公度的线段上的正方形。

假如大线段上的正方形比小线段上的正方形大一个与大线段是可公度的线段上的正方形，并在大线段贴合上一个矩形等于小线段上的正方形的四分之一，且缺少一个正方形，那么大线段被分成的两部分是长度可公度的。

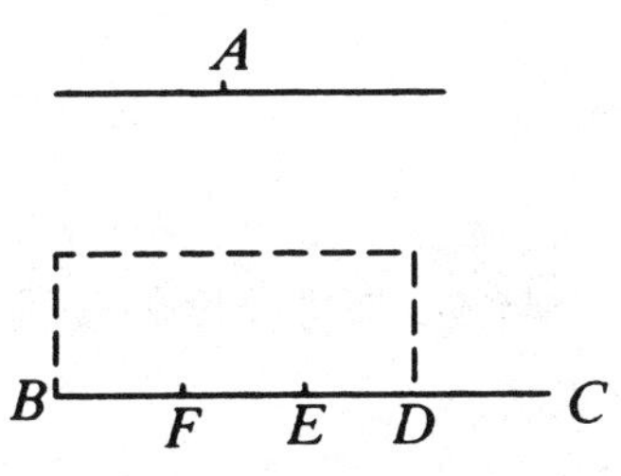

设：有两个不相等的线段 A、BC，其中 BC 是较大者。

在 BC 上贴合一个矩形等于 A 上的正方形的四分之一，也就是等于 A 的一半上的正方形，并缺少一个正方形。

设：所缺少的正方形是 BD、CD，并且 BD 与 CD 的长度可公度。

那么可以说：BC 上的正方形比 A 上的正方形大一个与 BC 是可公度的线段上的正方形。

那么：平分 BC 于点 E，取 EF 等于 DE。

因此：余量 *DC* 等于 *BF*。

因为：线段 *BC* 被点 *E* 分成相等的两部分，被 *D* 分为不相等的两部分，

所以：由 *BD*、*CD* 围成的矩形与 *ED* 上的正方形的和等于 *EC* 上的正方形。 [II. 5]

因为：把它们四倍后同样如此，

因此：四倍矩形 *BD*、*DC* 与四倍 *DE* 上的正方形的和等于 *EC* 上的正方形的四倍。

因为：*A* 上的正方形等于四倍的矩形 *BD*、*CD*，

且 *DF* 上的正方形等于四倍的 *DE* 上的正方形，*DF* 是 *DE* 的二倍，

又因：*BC* 上的正方形等于四倍 *EC* 上的正方形，这是因为 *BC* 是 *CE* 的二倍，

所以：*A*、*DF* 上的正方形的和等于 *BC* 上的正方形，

因此：*BC* 上的正方形比 *A* 上的正方形大一个 *DF* 上的正方形。

接下来可以证明：*BC* 与 *DF* 也是可公度的。

因为：*BD* 与 *DC* 是长度可公度的，

所以：*BC* 与 *CD* 也是长度可公度的。 [X. 15]

又因：*CD* 等于 *BF*， [X. 6]

所以：*CD* 与 *BF* 的和是长度可公度的，

所以：*BC* 与 *BF*、*CD* 的和也是长度可公度的， [X. 12]

因此：*BC* 与余量 *FD* 也是长度可公度的， [X. 15]

因而：*BC* 上的正方形比 *A* 上的正方形大一个与 *BC* 是可公度的线段上的正方形。

设：*BC* 上的正方形比 *A* 上的正方形大一个与 *BC* 是可公度的线段上的正方形，在线段 *BC* 上贴合一个矩形，等于 *A* 上的正方形的四分之一，并缺少一个正方形，设它是矩形 *BD*、*DC*。

那么可以说：*BD* 与 *DC* 是长度可公度的。

同理可证：*BC* 上的正方形比 *A* 上的正方形大一个 *FD* 上的正方形。

因为：BC 上的正方形比 A 上的正方形大一个与 BC 是可公度的线段上的正方形，

所以：BC 与 FD 是长度可公度的，

因此：BC 与余量 BF、DC 的和也是长度可公度的。　[X. 5]

因为：BF、DC 之和与 DC 可公度，　[X. 6]

所以：BC 与 CD 也是长度可公度的，　[X. 12]

那么，由分比：BD 与 DC 是长度可公度的。　[X. 15]

证完。

命题 18

…

如果有两条不相等的线段，在大线段贴合上一个等于小线段上的正方形四分之一并缺少一个正方形的矩形，假如分大线段为不可公度的两部分，那么原来大线段上的正方形比小线段上的正方形大一个与大线段不可公度的线段上的正方形。假如大线段上的正方形比小线段上的正方形大一个与线段不可公度的线段上的正方形，而在大线段贴合上等于小线段上的正方形的四分之一，并缺少一个正方形的矩形，那么大线段被分为不可公度的两部分。

B F E D C　A

设：有两条不相等的线段 A、BC，其中 BC 是较大者；

在 BC 贴合上等于 A 上的正方形的四分之一，并缺少一个正方形的矩形，设矩形是 BD、DC。　[参看 X. 17 前引理]

并且 BD 与 DC 的长度不可公度。

那么可以说：BC 上的正方形较 A 上的正方形大一个与 BC 是不可公度的线段上的正方形。

用前面的作图，同理可证：*BC* 上的正方形比 *A* 上的正方形大一个 *FD* 上的正方形，

求证：*BC* 与 *DF* 是长度不可公度的。

因为：*BD* 与 *DC* 是长度不可公度的，

所以：*BC* 与 *CD* 在长度上是不可公度的。 [X. 16]

因为：*DC* 与 *BF*、*DC* 的和是可公度的， [X. 6]

因此：*BC* 与 *BF*、*DC* 的和是不可公度的， [X. 13]

所以：*BC* 与余量 *FD* 在长度上也是不可公度的。 [X. 16]

因为：*BC* 上的正方形比 *A* 上的正方形大一个 *FD* 上的正方形，

所以：*BC* 上的正方形比 *A* 上的正方形大一个与 *BC* 是不可公度的线段上的正方形。

设：*BC* 上的正方形比 *A* 上的正方形大一个与 *BC* 是不可公度的线段上的正方形；

且对 *BC* 贴合上等于 *A* 上的正方形的四分之一，并缺少一个正方形的矩形，

它就是矩形 *BD*、*DC*。

求证：*BD* 与 *DC* 是长度不可公度的。

用前作图，同理可证：*BC* 上的正方形较 *A* 上的正方形大一个 *FD* 上的正方形。

因为：*BC* 上的正方形比 *A* 上的正方形大一个与 *BC* 是不可公度的线段上的正方形，

所以：*BC* 与 *FD* 是长度不可公度的，

因此：*BC* 与余量，也就是 *BF*、*DC* 的和是不可公度的。 [X. 16]

又因：*BF*、*DC* 的和与 *DC* 是长度可公度的， [X. 6]

因此：*BC* 与 *DC* 也是长度可公度的， [X. 13]

所以，由分比：*BD* 与 *DC* 是长度不可公度的。 [X. 16]

证完。

引理 已经证明，长度可公度的线段也总是正方可公度的。然而，因为正方可公度的线段不一定是长度可公度的，那么它必然是长度可公度的，要么是不可公度的。假如一条线段与一个已知有理线段是长度可公度的，那么称它为有理的。并且与已知有理线段不仅是长度也是正方可公度，因为凡线段长度可公度，也必然是正方形可公度的。

因为任一线段与已知的有理线段是正方可公度的，也是长度可公度的，在这种情况下也可以称它为有理的。并且是长度和正方两者都可以公度的；然而，若任一线段与一有理线段是正方可公度的，并且是长度不可公度的，在这种情况下也称它是有理的，但是仅正方可公度。

命题19

• • •

由长度可公度的两条有理线段围成的矩形是有理的。

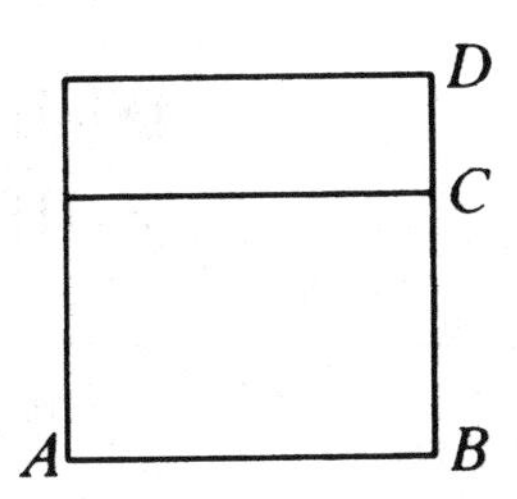

设：矩形 *AC* 是以长度可公度的有理线段 *AB*、*BC* 围成的，

那么可以说：*AC* 是有理的。

因为：可以在 *AB* 上作一个正方形 *AD*，

所以：*AD* 是有理的。 [X. 定义4]

因为：*AB* 与 *BC* 是长度可公度的，而 *AB* 等于 *BD*，

所以：*BD* 与 *BC* 是长度可公度的。

因为：*BD* 比 *BC* 如同 *DA* 比 *AC*， [VI. 1]

所以：*DA* 与 *AC* 是可公度的。 [X. 11]

因为：*DA* 是有理的，

所以：*AC* 也是有理的。 [X. 定义 4]

证完。

命题 20

…

假如在一条有理线段贴合上一个有理面，那么产生作为宽的线段是有理的，并与原线段是长度可公度的。

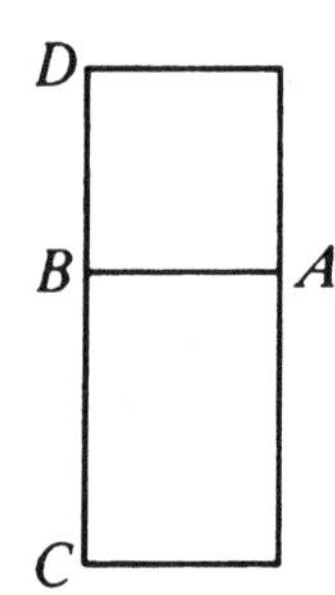

假如：用前面的方法，在有理线段 *AB* 贴合上一个有理矩形 *AC*，产生的 *BC* 为宽。

那么可以说：*BC* 是有理的，并且与 *BA* 是长度可公度的。

因为：在 *AB* 上画出一个正方形 *AD*，

所以：*AD* 是有理的。 [X. 定义 4]

因为：*AC* 也是有理的，

所以：*DA* 与 *AC* 是可公度的。

因为：*DA* 比 *AC* 如同 *DB* 比 *BC*， [VI. 1]

所以：*DB* 与 *BC* 也是公度的。 [X. 11]

因为：*DB* 等于 *BA*，

所以：*AB* 与 *BC* 也是可公度的。

因为：*AB* 是有理的，

所以：*BC* 也是有理的，与 *AB* 是长度可公度的。

证完。

命题 21

…

由仅是正方可公度的两条有理线段围成的矩形是无理的，并于此矩形相等的正方形的边也是无理的，那么称后者为中项线。

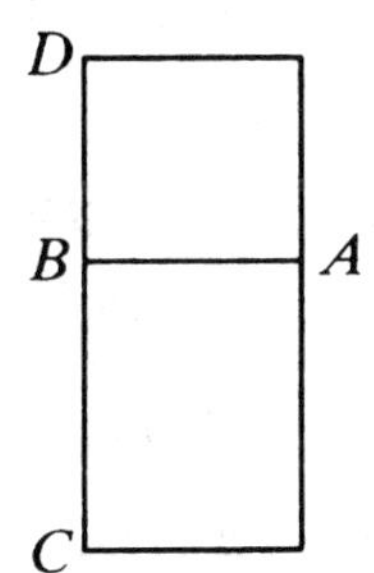

设：矩形 *AC* 是由仅正方可公度的两有理线段 *AB*、*BC* 围成的。

那么可以说：矩形 *AC* 是无理的，并与 *AC* 相等的正方形也是无理的，我们把后者称为中项线。

在 *AB* 上作正方形 *AD*，　[X. 定义 4]

那么：*AD* 是有理的。

由已知，设：*AB*、*BC* 仅是正方可公度，

所以：*AB* 与 *BC* 是长度不可公度的。

因为：*AB* 等于 *BD*，

所以：*DB* 与 *BC* 也是长度不可公度的。

因为：*DB* 比 *BC* 如同 *AD* 比 *AC*，　[VI. 1]

所以：*DA* 与 *AC* 是不可公度的。　[X. 11]

因为：*DA* 是有理的，

所以：*AC* 是无理的，

因此：等于 *AC* 的正方形的边也是无理的，　[X. 定义 4]

所以：称后者为中项线。

证完。

引理

…

假如有两条线段，第一线段比第二线段如同第一条线段上的正方形比以这两条线段围成的矩形。

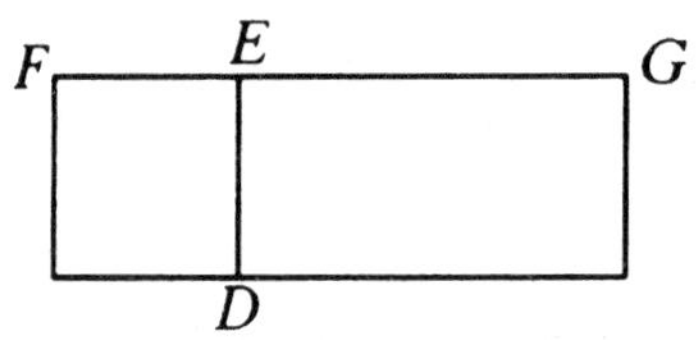

设：有两条线段 FE、EG。

那么可以说：FE 比 EG 如同 FE 上的正方形比矩形 FE、EG。

设：在 FE 上画正方形 DF，作矩形 GD。

因为：FE 比 EG 如同 FD 比 DG，　[VI. 1]

并且 FD 是 FE 上的正方形，DG 是矩形 DE、EG，也就是矩形 FE、EG，

所以：FE 比 EG 如同 FE 上的正方形比矩形 FE、EG。

同理：矩形 GE、EF 比 EF 上的正方形，也就是 GD 比 FD 如同 GE 比 EF。

证完。

命题 22

…

假如对一条有理线段贴合上一个与中项线上的正方形相等的矩形，那么产生出作为宽的线段是有理的，并于原有理线段是长度不可公度的。

设：有中项线 A，有理线段 CB，又在 BC 上贴合一矩形 BD 等于 A 上的正方形，产生出作为宽的 CD。

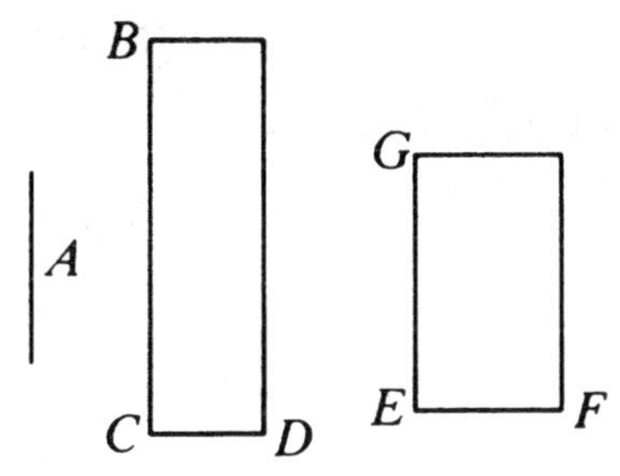

那么可以说：CD 是有理的，并与 CB 是长度不可公度的。

因为：A 是中项线，

所以：A 上的正方形等于仅是正方可公度的两条有理线段围成的矩形。 [X. 21]

设：A 上的正方形等于矩形 GF。

因为：A 上的正方形等于 BD，

所以：BD 等于 GF。

因为：BD 与 GF 也是等角的，在相等且等角的两个矩形中，夹等角的两边成反比例， [VI. 14]

那么，有比例：BC 与 EG 如同 EF 比 CD，

所以：BC 上的正方形比 EG 上的正方形如同 EF 上的正方形比 CD 上的正方形。 [VI. 22]

因为：CB、EC 的每一个是有理的，

所以：CB 上的正方形与 EG 上的正方形是可公度的，

因此：EF 上的正方形与 CD 上的正方形也是可公度的。 [X. 11]

因为：EF 上的正方形是有理的，

所以：CD 上的正方形也是有理的， [X. 定义 4]

因此：CD 是有理的。

因为：EF 与 FG 是仅正方可公度的，也就是它们的长度不可公度，

且 EF 比 EG 如同 EF 上的正方形比矩形 FE、EG， [引理]

因此：EF 上的正方形与矩形 FE、EG 是不可公度的。 [X. 11]

又因：CD、EF 在正方形上是有理的，

所以：CD 上的正方形与 EF 上的正方形是可公度的，

那么：矩形 DC、CB 与矩形 FE、EG 都等于 A 上的正方形，

因此：它们是可公度的，

因此：CD 上的正方形与矩形 DC、CB 也是不可公度的。 [X. 13]

因为：CD 上的正方形比矩形 DC、CB 如同 DC 比 CB， [引理]

所以: DC 与 CB 是长度不可公度的， [X. 11]

因此: CD 是有理的，与 CB 是长度不可公度的。

证完。

命题 23

…

与中项线可公度的线段也是中项线。

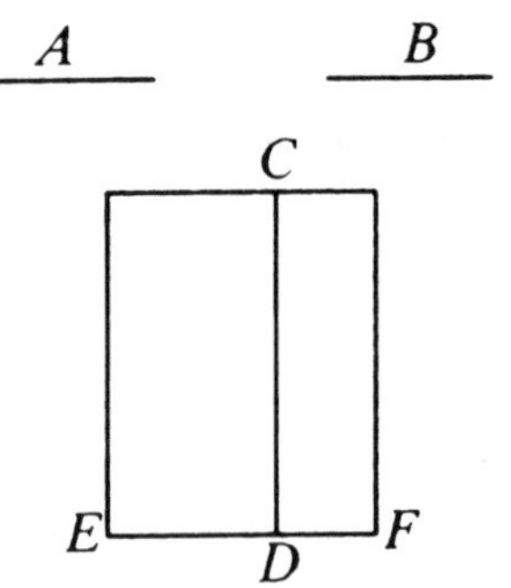

设: A 是中项线，且 A 与 B 是可公度的。

那么可以说: B 也是中项线。

设: 给定有理线段 CD，在 CD 贴合一个矩形 CE，使它等于 A 上的正方形，产生出 ED 作为宽，

因此: ED 是有理的，且与 CD 长度不可公度。

在 CD 贴合上一个矩形 CF，使它等于 B 上的正方形，产生出 DF 作为宽。

因为: A 与 B 是可公度的，

所以: A 上的正方形与 B 上的正方形也是可公度的。

又因: EC 等于 A 上的正方形，CF 等于 B 上的正方形，

所以: 两矩形 EC 与 CF 是可公度的。

因为: EC 比 CF 如同 ED 比 DF； [VI. 1]

所以: ED 与 DF 是长度可公度的。 [X. 11]

因为: ED 是有理的，与 DC 是长度不可公度的，

所以: DF 也是有理的。 [X. 定义 3]

因为: 与 DC 是长度不可公度的， [X. 13]

所以：*CD*、*DF* 都是有理的，仅正方可公度。

因为：一条线段上的正方形等于以仅正方可公度的两条有理线段围成的矩形，那么此线段是中项线， [X. 21]

所以：与矩形 *CD*、*DF* 相等的正方形边是中项线。

因为：*B* 是与矩形 *CD*、*DF* 相等的正方形的边，

所以：*B* 是中项线。

证完。

推论 由此可见，与中项面可公度的面是中项面。

关于中项面，在有理的情况下，用同样的方法可以解释如下 [X. 18 之后的引理]，与一中项线是长度可公度的线段称为中项线，不仅是长度也是正方可公度的，因为，在一般情况下，线段是长度可公度必然是正方可公度。

但是，假如一些线段与中项线是正方可公度的，也是长度可公度的，那么称这些线段是长度且正方可公度的中项线。但是假如是仅正方可公度，那么称它们是仅正方可公度的中项线。

命题 24

•••

由长度可公度的两中项线围成的矩形是中项面。

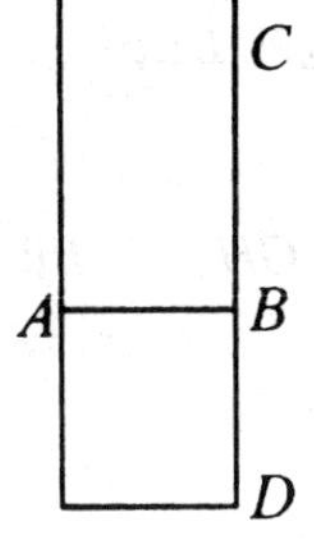

设：长度可公度的两中项线 *AB*、*BC* 围成了矩形 *AC*。

那么可以说：*AC* 是中项面。

设：在 *AB* 上作一正方形 *AD*，那么 *AD* 是中项面。

因为：*AB* 与 *BC* 是长度可公度的，那么 *AB* 等于 *BD*，

所以：*DB* 与 *BC* 是长度可公度的，

因此：DA 与 AC 也是可公度的面。 [VI. I，X. 11]

又因：DA 是中项面，

因此：AC 也是中项面。 [X. 23，推论]

证完。

命题 25

…

由仅正方可公度的两中项线围成的矩形或者是有理面或者是中项面。

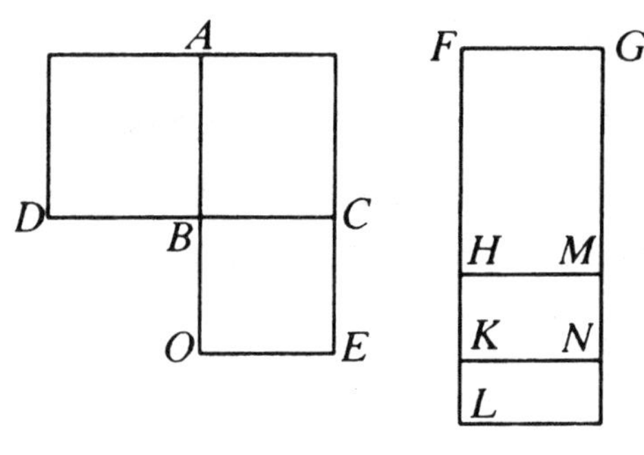

设：矩形 AC 是由仅正方可公度的两中项线 AB、BC 围成的矩形。

那么可以说：AC 是有理面或者是中项面。

假如：在 AB、BC 上分别作出正方形 AD、BE，

因此：两正方形 AD、BE 都是中项面。

设：FG 是一个已给定的有理线段，在 FG 贴合上一个矩形 GH 等于 AD，产生出作为宽的 FH，

在 HM 上贴合一个矩形 MK 等于 AC，产生出作为宽的 HK，

同理，在 KN 上贴合一个矩形 NL 等于 BE，产生出作为宽的 KL，

所以：FH、HK、KL 在一直线上。

因为：正方形 AD、BE 每一个都是中项面，且 AD 等于 GH，而 BE 等于 NL，

因此：矩形 GH、NL 的每一个也是中项面。

因为：它们都是贴合于有理线段 *FG* 上的，

因此：线段 *FH*、*KL* 每一个都是有理的，与 *FG* 是长度不可公度的。 [X. 22]

因为：*AD* 与 *BE* 是可公度的，

所以：*GH* 与 *NL* 也是可公度的。

因为：*GH* 比 *NL* 如同 *FH* 比 *KL*， [VI. 1]

因此：*FH* 与 *KL* 是长度可公度的， [X. 11]

因此：*FH*、*KL* 是长度可公度的两有理线段，

因而：矩形 *FH*、*KL* 是有理的。 [X. 19]

因为：*DE* 等于 *BA*，*OB* 等于 *BC*，

所以：*DB* 比 *BC* 如同 *AB* 比 *BO*。

因为：*DB* 比 *BC* 如同 *DA* 比 *AC*， [VI. 1]

且 *AB* 比 *BO* 如同 *AC* 比 *CO*，

因此：*DA* 比 *AC* 如同 *AC* 比 *CO*。

因为：*AD* 等于 *GH*，*AC* 等于 *MK* 以及 *CO* 等于 *NL*，

所以：*GH* 比 *MK* 如同 *MK* 比 *NL*，

因此：*FH* 比 *HK* 如同 *HK* 比 *KL*， [VI. 1，V. 11]

因此：矩形 *FH*、*KL* 等于 *HK* 上的正方形。 [VI. 17]

因为：矩形 *FH*、*KL* 是有理的。

因此：*HK* 上的正方形也是有理的，

所以：*HK* 是有理的。

设：*HK* 与 *FG* 是长度可公度的，

因此：*HN* 是有理的。 [X. 19]

设：*HK* 与 *FG* 是长度不可公度的，

那么：*KH*、*HM* 是仅正方可公度的两有理线段，

所以：*HN* 是中项面， [X. 21]

因此：*HN* 是有理面或者是中项面。

因为：*HN* 等于 *AC*，

因此：AC 是有理面或者是中项面。

证完。

命题 26

•••

一个中项面不会比一个中项面大一个有理面。

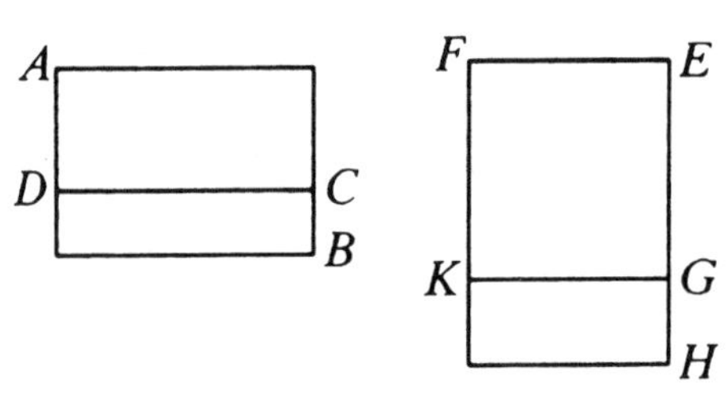

设：中项面 AB 比中项面 AC 大一个有理面 DB。

已知有理线段 EF，在 EF 上贴合一个矩形 FH 等于 AB，产生出 EH 作为宽。

截出等于 AC 的矩形 FG，

那么：余量 BD 等于余量 KH。

因为：DB 是有理的，

所以：HK 也是有理的。

因为：矩形 AB、AC 每一个都是中项面，且 AB 等于 FH，且 AC 等于 FC，

因此：两矩形 FH、FG 每一个也都是中项面。

因为：它们都是贴合于有理线段 EF 上，

因此：每条线段 HE、EG 都是有理的，且与 EF 是长度不可公度的。

[X. 22]

因为：DB 是有理面且等于 KH，

所以：KH 也是有理面，且贴合于有理线段 EF 上，

因此：GH 是有理的，并与 EF 是长度可公度的。 [X. 20]

又因：EG 也是有理的，它与 EF 是长度不可公度的，

因此：*EG* 与 *GH* 是长度不可公度的。 [X. 13]

因为：*EG* 比 *GH* 如同 *EG* 上的正方形比矩形 *EG*、*GH*，

所以：*EG* 上的正方形与矩形 *EG*、*GH* 是不可公度的。 [X. 11]

因为：*EG*、*GH* 上两正方形的和与 *EG* 上的正方形都是有理的，

因此：它们是可公度的。

因为：二倍矩形 *EG*、*GH* 是矩形 *EG*、*GH* 的二倍，

所以：它们是可公度的。 [X. 6]

因为：*EG*、*GH* 上两正方形与二倍矩形 *EG*、*GH* 是不可公度的，
[X. 13]

因此：*EG*、*GH* 上两正方形之和加二倍矩形 *EG*、*GH*，也就是 *EH* 上的正方形与 *EG*、*GH* 上两正方形是不可公度的。 [X. 16]

因为：*EG*、*GH* 上两正方形都是有理面， [X. 定义 4]

所以：*EH* 上的正方形是无理的。

根据设：它是有理的。

这是互相矛盾的。

因此：一个中项面不会比一个中项面大一个有理面。

证完。

命题 27

• • •

求仅正方可公度的两种项线，使它们夹一个有理矩形。

设：给定仅正方可公度的两有理线段 *A* 和 *B*，取 *C* 为 *A*、*B* 的比例中项。 [VI. 13]

再设：*A* 比 *B* 如同 *C* 比 *D*。 [VI. 12]

因为：*A*、*B* 是仅正方可公度的两有理线段，

因此：矩形 A、B，也就是 C 上的正方形， [VI. 17]

是中项面， [X. 21]

因此：C 是中项线。 [X. 21]

因为：A 比 B 如同 C 比 D、A、B 是仅正方可公度的，

所以：C、D 也是仅正方可公度的。 [X. 11]

因为：C 是中项线，

因此：D 也是中项线。 [X. 23，附注]

因为：C、D 是仅正方可公度的两中项线。

可以证明：它们围成的矩形是一个有理面。

因为：A 比 B 如同 C 比 D，

由更比：A 比 C 如同 B 比 D。 [V. 16]

因为：A 比 C 如同 C 比 B，

所以：C 比 B 如同 B 比 D，

因此：矩形 C、D 等于 B 上的正方形。

因为：B 上的正方形是有理的，

因此：矩形 C、D 也是有理的，

所以：求出了仅正方可公度的两中项线，它们所夹的是有理矩形。

证完。

命题 28

• • •

求仅正方可公度的两中项线，使它们围成的矩形为中项面。

设：A、B、C 是给定的仅正方可公度的三条有理线段，

A

B D

C E

其中 D 是 A、B 的比例中项。 [VI. 13]

要求作出：线段 E，使得 B 比 C 如同 D 比 E。 [VI. 12]

因为：A、B 是仅正方可公度的有理线段，

因此：A、B 也就是 D 上的正方形， [VI. 17]

是中项面， [X. 21]

所以：D 是中项线。 [X. 21]

因为：B、C 是仅正方可公度的，B 比 C 如同 D 比 E，

因此：D、E 也是仅正方可公度的。 [X. 11]

因为：D 是中项线，

因此：E 也是中项线， [X. 23 附注]

所以：D、E 是仅正方可公度的两中项线。

可以证明：它们围成的矩形是一个中项面。

因为：B 比 C 如同 D 比 E，

因此，由更比：B 比 D 如同 C 比 E。 [V. 16]

因为：B 比 D 如同 D 比 A，

所以：D 比 A 如同 C 比 E，

因此：矩形 A、C 等于矩形 D、E。

又因：矩形 A、C 是中项面，

所以：矩形 D、E 也是中项面，

所以：求出了仅正方可公度的两中项线，并且它们围成的矩形是中项面。

证完。

引理 1

…

试着求出二平方数，让它们的和也是平方数。

A——D——C——B

设：已知两数 AB、BC，它们要么都是偶数，要么都是奇数。

因为：无论从偶数减去偶数，还是从奇数减去奇数，它们的余数都是偶数， [IX. 24. 26]

所以：余数 AC 是偶数。

设：AC 被 D 平分，

且由于平方数本身是相似面数，所以 AB、BC 要么都是相似面数，要么都是平方数。

因为：AB、BC 的乘积与 CD 的平方相加等于 BD 的平方， [II. 6]

且 AB、BC 的乘积是一个平方数，

又，已经证明：两相似面数的乘积是平方数， [IX. 1]

所以：两个平方数，也就是 AB、BC 的乘积和 CD 的平方被求出，当它们相加时，得到 BD 的平方。

因为：已经同时求出两个平方数，也就是 BD 上的正方形和 CD 上的正方形，

并且它们的差，也就是 AB、BC 的乘积是一个平方数，

所以：不管 AB、BC 是什么样的相似面数，但当它们不是相似面数时，已经求出的两个平方数，也就是 BD 的平方与 BC 的平方，它们的差 AB、BC 的乘积不是平方数。

证完。

引理 2

…

求二平方数，使其和不是平方数。

设：AB、BC 的乘积是一个平方数，CA 是偶数，D 平分 CA。

此时：AB、BC 的乘积加 CD 的平方等于 BD 的平方。　[引理 1]

在 BD 上减去单位 DE。

那么：AB、BC 的乘积加 CE 的平方小于 BD 的平方，

那么可以说：AB、BC 的乘积加 CE 的平方不是平方数。

设：它是平方数。

因为：单位不能再分，

因此：它要么等于 BE 的平方，要么不小于 BE 的平方。

先设：AB、BC 的乘积与 CE 的平方的和等于 BE 的平方，且 GA 是单位 DE 的二倍。

因为：AC 是 CD 的二倍，AG 是 DE 的二倍，

所以：余数 GC 也是余数 EC 的二倍，

因此：GC 被 E 平分，

所以：GB、BC 的乘积加 CE 的平方等于 BE 的平方。　[II. 6]

根据假设：AB、BC 的乘积与 CE 的平方的和等于 BE 的平方，

所以：GB、BC 的乘积加 CE 的平方等于 AB、BC 的乘积与 CE 的平方的和。

因为：倘若减去共同的 CE 的平方，就得到 AB 等于 GB，

这是不符合实际的，

因此：AB、BC 的乘积与 CE 的平方的和不等于 BE 的平方。

接下来可以证明：它不小于 BE 的平方，

设：它等于 BE 的平方，且 HA 是 DF 的二倍。

因此：HC 是 CF 的二倍，也就是 CH 在 F 点被平分。

同理：HB、BC 的乘积加 FC 的平方等于 BF 的平方。 [II. 6]

根据假设：AB、BC 的乘积与 CE 的平方的和等于 BF 的平方，

所以：HB、BC 的乘积加 CF 的平方等于 AB、BC 的乘积加 CE 的平方。

这是不符合实际的。

所以：AB、BC 的乘积加 CE 的平方不小于 BE 的平方。

由于已经证明：它不等于 BE 的平方，

因此：AB、BC 的乘积加 CE 的平方不是平方数。

证完。

命题 29

…

求仅正方可公度的二有理线段，并且使大线段上的正方形比小线段上的正方形大一个与大线段是长度可公度的线段上的正方形。

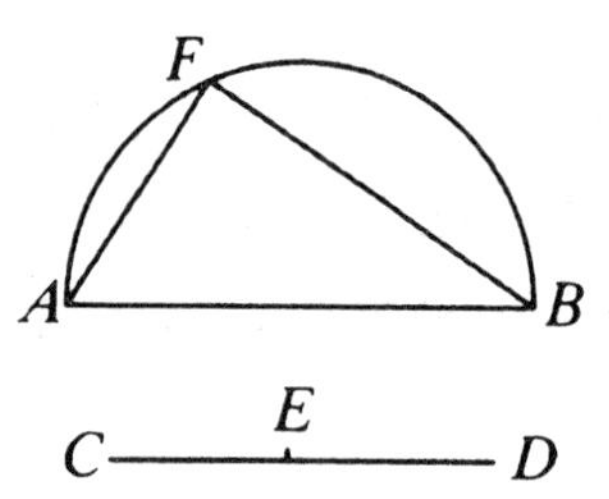

设：有理线段 AB 及两平方数 CD、DE，使得它们的差 CE 不是平方数。 [引理 1]

在 AB 上画出半圆 AFB，并找出圆弧上的点 F，使 DC 比 CE 如同 BA 上的正方形比 AF 上的正方形。 [X. 6，推论]

连接 FB。

因为：BA 上的正方形比 AF 上的正方形如同 DC 比 CE，

所以：BA 上的正方形与 AF 上的正方形的比如同数 DC 与数 CE 的比，

因此：BA 上的正方形与 AF 上的正方形是可公度的。 [X. 6]

因为：*AB* 上的正方形是有理的，　[X. 定义 4]

所以：*AF* 上的正方形也是有理的，　[X. 定义 4]

因此：*AF* 也是有理的。

因为：*DC* 与 *CE* 的比不同于一个平方数与另一个平方数的比，

所以：*BA* 上的正方形与 *AF* 上的正方形的比也不同于一个平方数与另一个平方数的比，

因此：*AB* 与 *AF* 是长度不可公度的，　[X. 9]

因此：*BA*、*AF* 是仅正方可公度的两有理线段。

因为：*DC* 比 *CE* 如同 *BA* 上的正方形比 *AF* 上的正方形，

因此，由换比：*CD* 比 *DE* 如同 *AB* 上的正方形比 *BF* 上的正方形。

[V. 19，推论，III. 31，I. 47]

因为：*CD* 比 *DE* 如同两平方数之比，

所以：*AB* 上的正方形与 *BF* 上的正方形的比如同一个平方数与另一个平方数之比，

因此：*AB* 与 *BF* 是长度可公度的。　[X. 9]

因为：*AB* 上的正方形等于 *AF*、*FB* 上的正方形的和，

因此：*AB* 上的正方形比 *AF* 上的正方形大一个与 *AB* 是可公度的线段 *BF* 上的正方形，

所以：找出了仅正方形可公度的两条有理线段 *BA*、*AF*，

并且大线段 *AB* 上的正方形比小线段 *AF* 上的正方形大一个与 *AB* 是长度可公度的 *BF* 上的正方形。

证完。

命题 30

• • •

求仅是正方可公度的两有理线段，并且大线段上的正方形比

小线段上的正方形大一个与大线段是长度不可公度的线段上的正方形。

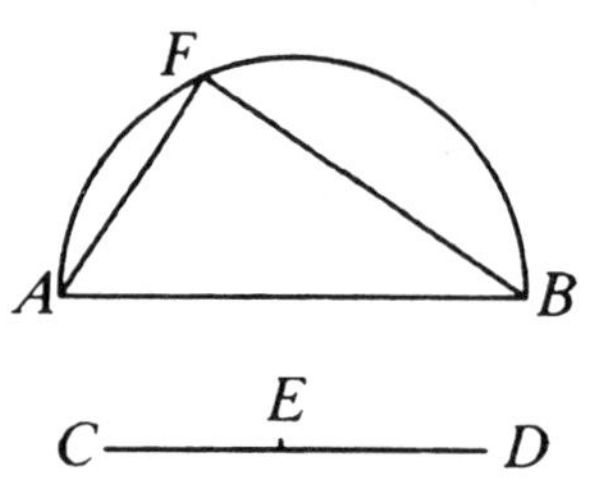

设：已知有理线段 *AB* 及两个平方数 *CE*、*ED*，

要求证明：它们的和 *CD* 不是平方数。

[引理 2]

设：在 *AB* 上画出半圆 *AFB*，并在圆弧上找出点 *F*，使得 *DC* 比 *CE* 如同 *AB* 上的正方形比 *AF* 上的正方形。 [X. 6，推论]

连接 *FB*。

同命题 29 可以证明：*BA*、*AF* 是仅正方可公度的两有理线段。

因为：*DC* 比 *CE* 如同 *BA* 上的正方形比 *AF* 上的正方形，

因此，由换比：*CD* 比 *DE* 如同 *AB* 上的正方形比 *BF* 上的正方形。

[V. 19，推论，III. 31，I. 47]

因为：*CD* 与 *DE* 的比不同于一个平方数比另一个平方数，

所以：*AB* 上的正方形与 *BF* 上的正方形的比也不同于一个平方数比另一个平方数，

因此：*AB* 与 *BF* 是长度不可公度的。 [X. 9]

因为：*AB* 上的正方形比 *AF* 上的正方形大一个与 *AB* 是不可公度的 *FB* 上的正方形，

因此：*AB*、*AF* 是仅正方可公度的两有理线段，

并且 *AB* 上的正方形比 *AF* 上的正方形大一个与 *AB* 是不可公度的 *FB* 上的正方形。

证完。

命题 31

…

求仅正方可公度的两种项线围成一个有理矩形，使得大线段上的正方形比小线段上正方大一个与大线段是长度可公度的一条线段上的正方形。

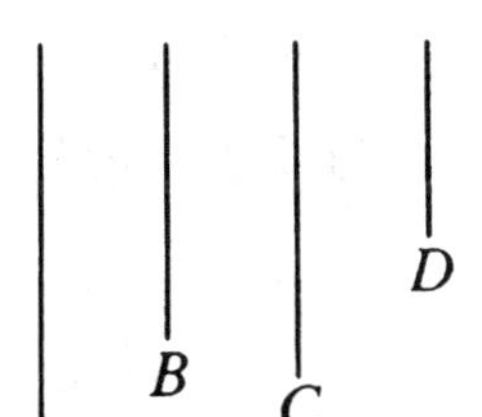

设：*A*、*B* 是已知仅正方可公度的两条有理线段，

使得大线段 *A* 上的正方形比 *B* 上的正方形大一个与 *A* 是长度可公度的一条线段上的正方形。

[X. 29]

设：*C* 上的正方形等于矩形 *A*、*B*，

因此：矩形 *A*、*B* 是中项面，　[X. 21]

所以：*C* 上的正方形也是中项面，

因此：*C* 也是中项线。

设：矩形 *C*、*D* 等于 *B* 上的正方形。

因为：*B* 上的正方形是有理的，

所以：矩形 *C*、*D* 也是有理的。

因为：*A* 比 *B* 如同矩形 *A*、*B* 比 *B* 上的正方形，

且 *C* 上的正方形等于矩形 *A*、*B*；矩形 *C*、*D* 等于 *B* 上的正方形，

所以：*A* 比 *B* 如同 *C* 上的正方形比矩形 *C*、*D*。

因为：*C* 上的正方形比矩形 *C*、*D* 如同 *C* 比 *D*，

因此：*A* 比 *B* 如同 *C* 比 *D*。

因为：*A* 与 *B* 是仅正方可公度的，

因此：*C* 与 *D* 也是仅正方可公度的。　[X. 11]

因为：*C* 是中项线，

所以：*D* 也是中项线。　[X. 23，附注]

因为：*A* 比 *B* 如同 *C* 比 *D*，

且 A 上的正方形比 B 上的正方形大一个与 A 是可公度的线段上的正方形，

因此：C 上的正方形比 D 上的正方形大一个与 C 是可公度的线段上的正方形，[X. 14]

因此：已经找出仅正方可公度的两中项线 C、D。

因为它们围成的矩形是有理的，并且 C 上的正方形比 D 上的正方形大一个与 C 是长度可公度的线段上的正方形。

同理可证：当 A 上的正方形比 B 上的正方形大一个与 A 是不可公度线段上的正方形时，那么 C 上的正方形比 D 上正方大一个与 C 也不可公度的线段上的正方形。

证完。

命题 32

• • •

求仅正反可公度的两中项线，它们围成一个中项矩形，并且大线段上的正方形比小线段上的正方形大一个与大线段是可公度的线段上的正方形。

A——————
B—————
C————
D——————
E————

设：A、B、C 是仅正方可公度的三条有理线段。

使 A 上的正方形比 C 上的正方形大一个与 A 是可公度的线段上的正方形。[X. 29]

又设：D 上的正方形等于矩形 A、B。

因为：D 上的正方形是中项面，

所以：D 也是中项线；[X. 21]

设：矩形 D、E 等于矩形 B、C。

因为：矩形 A、B 比矩形 B、C 如同 A 比 C，

且 D 上的正方形等于矩形 A、B，矩形 D、E 等于矩形 B、C，

所以：A 比 C 如同 D 上的正方形比矩形 D、E。

因为：D 上的正方形比矩形 D、E 如同 D 比 E，

所以：A 比 C 如同 D 比 E。

因为：A 与 C 是仅正方可公度的，

所以：D 与 E 也是仅正方公度的。　[X. 11]

因为：D 是中项线，

所以：E 也是中项线。　[X. 23，附注]

因为：A 比 C 如同 D 比 E，

且 A 上的正方形比 C 上的正方形大一个与 A 是可公度的线段上的正方形，

所以：D 上的正方形比 E 上的正方形大一个与 D 是可公度的线段上的正方形。　[X. 14]

接下来可以证明：矩形 D、E 也是中项面。

因为：矩形 B、C 等于矩形 D、E，矩形 B、C 是中项面，

所以：矩形 D、E 是中项面，　[X. 21]

因此：已经求出了仅在正方可公度的两中项线 D、E，并且矩形 D、E 是中项面，以及大线段上的正方形比小线段上的正方形大一个与大线段是可公度的线段上的正方形。

同理可证：当 A 上的正方形比 C 上的正方形大一个与 A 不可公度的线段上的正方形时，那么 D 上的正方形比 E 上的正方形大一个与 D 也是不可公度的线段上的正方形。　[X. 30]

证完。

引理

• • •

设在直角三角形 ABC 中，A 是直角，AD 是垂线。

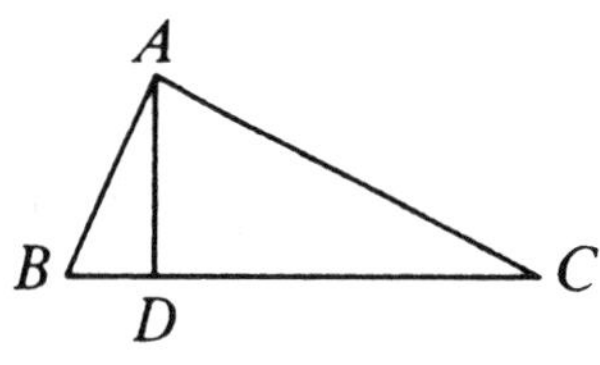

那么可以说：*CB*、*BD* 等于 *BA* 上的正方形，矩形 *BC*、*CD* 等于 *CA* 上的正方形，矩形 *BD*、*DC* 等于 *AD* 上的正方形，更有矩形 *BC*、*AD* 等于矩形 *BA*、*AC*。

首先证明：矩形 *CB*、*BD* 等于 *BA* 上的正方形。

因为：在直角三角形中，*AD* 是从直角顶向底边引的垂线，

因此：两三角形 *ABD*、*ADC* 都相似于三角形 *ABC*。 [VI. 8]

因为：三角形 *ABC* 相似于三角形 *ABD*，

所以：*CB* 比 *BA* 如同 *BA* 比 *BD*， [VI. 4]

因此：矩形 *CB*、*BD* 等于 *AB* 上的正方形。 [VI. 17]

同理：矩形 *BC*、*CD* 等于 *AC* 上的正方形。

因为：倘若在一个直角三角形中，从直角顶向底边作垂线，那么垂线是所分底边两段的比例中项， [VI. 8，推论]

因此：*BD* 比 *DA* 如同 *DA* 比 *DC*，

因此：矩形 *BD*、*DC* 等于 *AD* 上的正方形。 [VI. 17]

其次可以证明：*BC*、*AD* 等于矩形 *BA*、*AC*。

因为：*ABC* 相似于 *ABD*，

所以：*BC* 比 *CA* 如同 *BA* 比 *AD*， [VI. 4]

因此：矩形 *BC*、*AD* 等于矩形 *BA*、*AC*。 [VI. 16]

证完。

命题 33

…

求正方不可公度的两线段，使得在它们上的正方形的和是有理的，而它们围成的矩形是中项面。

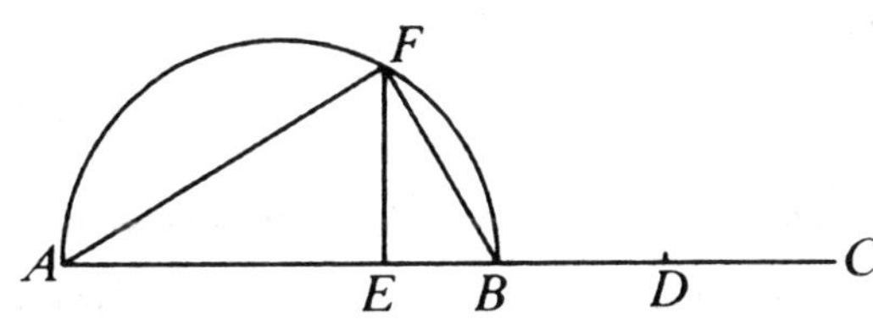

已知：*AB*、*BC* 是仅正方可公度的两有理线段，使大线段 *AB* 上的正方形较小线段 *BC* 上的正方形大一个与 *AB* 是不可公度的线段上的正方形。 [X. 30]

设：*D* 平分 *BC*。

在 *AB* 上贴合一个等于 *BD*、*DC* 之一上的正方形的矩形且缺少一个正方形，且设它是矩形 *AE*、*EB*。 [VI. 28]

在 *AB* 上画出半圆 *AFB*，作 *EF* 与 *AB* 成直角，连接 *AF*、*FB*。

因为：*AB*、*BC* 不相等，且 *AB* 上的正方形比 *BC* 上的正方形大一个与 *AB* 不可公度的线段上的正方形，

根据假设：在 *AB* 上贴合一个等于 *BC* 上的正方形的四分之一，也就是 *AB* 一半上的正方形的矩形，

设：矩形为 *AE*、*EB*。

因此：*AE* 与 *EB* 是不可公度的。 [X. 18]

因为：*AE* 比 *EB* 如同矩形 *BA*、*AE* 比矩形 *AB*、*BE*，

因为：矩形 *BA*、*AE* 等于 *AF* 上的正方形，矩形 *AB*、*BE* 等于 *BF* 上的正方形，

所以：*AF* 上的正方形与 *FB* 上的正方形是不可公度的，

因此：*AF*、*FB* 是正方不可公度的。

因为：*AB* 是有理的，

因此：*AB* 上的正方形也是有理的，

所以：*AF*、*FB* 上的正方形的和也是有理的。 [I. 47]

因为：矩形 *AE*、*EB* 等于 *EF* 上的正方形，

根据假设：矩形 *AE*、*EB* 等于 *BD* 上的正方形，

因此：*FE* 等于 *BD*，

因此：*BC* 是 *FE* 的二倍，

所以：矩形 *AB*、*BC* 与矩形 *AB*、*EF* 也是可公度的。

因为：矩形 *AB*、*BC* 是中项面， [X. 21]

因此：矩形 *AB*、*EF* 也是中项面。 [X. 23，推论]

因为：矩形 *AB*、*EF* 等于矩形 *AF*、*FB*， [引理]

因此：矩形 *AF*、*FB* 也是中项面。

又因，已经证明：这些线段上的正方形的和是有理的，

所以：求出了正方形不可公度的两线段 *AF*、*FB*，使得它们上的正方形的和是有理的，由它们围成的矩形是中项面。

证完。

命题 34

•••

求正方不可公度的两线段，使其上的正方形的和是中项面，由它们围成的矩形是有理面。

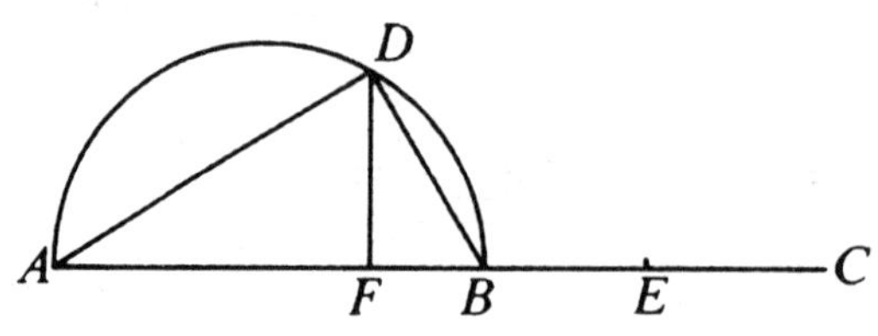

设：*AB*、*BC* 是仅正方可公度的两中项线，由它们围成的矩形是有理的，且 *AB* 上的正方形比 *BC* 上的正方形大一个与 *AB* 是不可公度

的线段上的正方形， [X. 31]

在 AB 上画出半圆 ADB，且 BC 被 E 平分，

在 AB 贴合上一个等于 BE 上的正方形的矩形且缺少一个正方形，也就是矩形 AF、FB， [VI. 28]

因此：AF 与 FB 是长度不可公度的。 [X. 18]

又：从点 F 作 FD 和 AB 成直角，D 在 AB 的半圆上，连接 AD、DB，

因为：AF 与 FB 是长度不可公度的，

所以：矩形 BA、AF 与矩形 AB、BF 也是不可公度的。 [X. 11]

因为：矩形 AB、AF 等于 AD 上的正方形，矩形 AB、BF 等于 DB 上的正方形，

因此：AD 上的正方形与 DB 上的正方形也是不可公度的。

因为：AB 上的正方形是中项面，

因此：AD、DB 上的正方形之和也是中项面。 [III. 31，1. 47]

因为：BC 是 DF 的二倍，

所以：矩形 AB、BC 也是矩形 AB、FD 的二倍。

因为：矩形 AB、BC 是有理的，

因此：矩形 AB、FD 也是有理的。 [X. 6]

因为：矩形 AB、FD 等于矩形 AD、DB， [引理]

因此：矩形 AD、DB 也是有理的。

所以：已经求出了正方不可公度的两线段 AD、DB，使得在它们上的正方形之和是中项面，但由它们围成的矩形是有理面。

证完。

命题 35

•••

求正方不可公度的两线段，使其上的正方形的和为中项面，

且由它们围成的矩形为中项面，并且此矩形与上述两正方形的和不可公度。

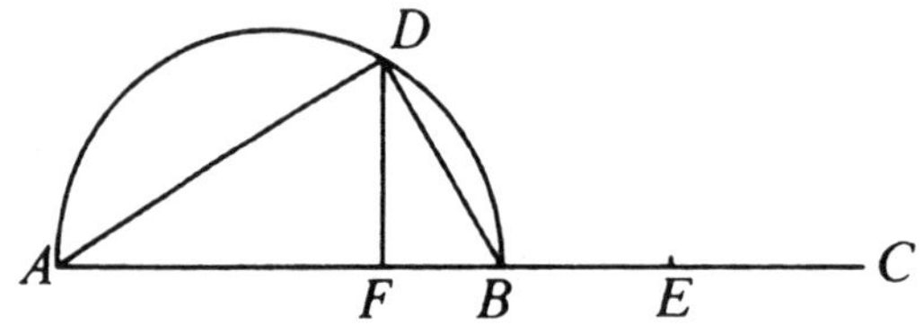

设：AB、BC 是仅正方可公度的两中项线，并且由它们围成的矩形是中项面，

以及 AB 上的正方形比 BC 上的正方形大一个与 AB 不可公度的线段上的正方形。 [X. 32]

在 AB 上画出半圆 ADB，并如前作出图的其余部分，

因此：AF 与 FB 是长度不可公度的， [X. 18]

且 AD 与 DB 在正方形上也是不可公度的。 [X. 11]

因为：AB 上的正方形是中项面，

所以：AD、DB 上的正方形的和也是中项面。 [III. 31，I. 17]

因为：矩形 AF、FB 等于线段 BE、DF 之一上的正方形，

因此：BE 等于 DF，

所以：BC 是 FD 的二倍，

因此：矩形 AB、BC 也是矩形 AB、FD 的二倍。

因为：矩形 AB、BC 是中项面，

因此：矩形 AB、FD 也是中项面。 [X. 32]

又因：它等于矩形 AD、DB， [X. 32 后引理]

因此：矩形 AD、DB 也是中项面。

因为：AB 与 BC 是长度不可公度的，CB 与 BE 是可公度的，

所以：AB 与 BE 也是长度不可公度的， [X. 13]

因此：AB 上的正方形与矩形 AB、BE 也是不可公度的。 [X. 11]

因为：AD、DB 上的正方形的和等于 AB 上的正方形， [I. 47]

且矩形 AB、FD，也就是矩形 AD、DB 等于矩形 AB、BE，

因此：AD、DB 上的正方形的和与矩形 AD、DB 是不可公度的。

所以：已经求出了是正方不可共度的两线段 AD、DB，使得它们上的正方形的和是中项面，它们围成的矩形是中项面，以及该矩形与它们上的正方形的和是不可公度的。

证完。

命题 36

…

假如把仅正方可公度的两有理线段相加，那么它们的和是无理的。称此线段为二项线。

A———B———C

设：AB、BC 是仅正方可公度的两有理线段，

那么可以说：整体 AC 是无理的。

因为：AB 与 BC 是仅正方可公度的，

所以：它们的长度不可公度。

因为：AB 比 BC 如同矩形 AB、BC 比 BC 上的正方形，

所以：矩形 AB、BC 与 BC 上的正方形是不可公度的。 [X. 11]

因为：二倍的 AB、BC 与矩形 AB、BC 是可公度的， [X. 6]

且根据假设：AB、BC 是仅正方可公度的两有理线段，

所以：AB、BC 上的正方形之和与 BC 上的正方形是可公度的，[X. 15]

因此：二倍矩形 AB、BC 与 AB、BC 上的正方形的和是不可公度的。 [X. 13]

又因，由合比：二倍矩形 AB、BC 与 AB、BC 上的正方形相加，

也就是 AC 上的正方形 [II. 4] 与 AB、BC 上的正方形的和是不可公度的， [X. 16]

并且 AB、BC 上的正方形的和是有理的，

所以：*AC* 上的正方形是无理的，

因此：*AC* 也是无理的。 [X. 定义 4]

那么：称 *AC* 为二项线。

证完。

命题 37

…

假如以两个仅正方可公度的中项线围成的矩形是有理的，那么两中项线的和是无理的，称此线段为第一双中项线。

A——————B——————C

设：*AB*、*BC* 是正方可公度的中项线，由它们围成的矩形是有理面，将两线段相加。

那么可以说：整个 *AC* 是无理的。

因为：*AB* 与 *BC* 是长度不可公度的，

所以：*AB*、*BC* 上的正方形之和与二倍的矩形 *AB*、*BC* 也是不可公度的， [参看 X. 36]

且由合比：*AB*、*BC* 上的正方形与二倍的矩形 *AB*、*BC* 的和，

也就是 *AC* 上的正方形 [II. 4]，与矩形 *AB*、*BC* 是不可公度的。

[X. 16]。

但根据假设：由于 *AB*、*BC* 是围成有理矩形的两线段，

所以：矩形 *AB*、*BC* 是有理的，

因此：*AC* 上的正方形是无理的，

因此：*AC* 是无理的， [X. 定义 4]

那么：称此线段为第一双中项线。

证完。

命题 38

…

假如以两个仅正方可公度的中项线围成的矩形是中项面，那么两中项线的和是无理的，就称此线段为第二中项线。

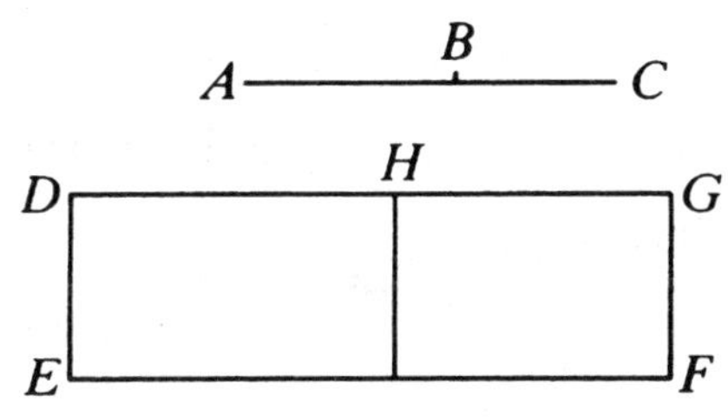

设：*AB*、*BC* 是仅正方可公度的两中项线，由它们围成的矩形是中项面，将两线段相加。

那么可以说：*AC* 是无理的。

已知有理线段 *DE*，在 *DE* 上贴合一个等于 *AC* 上的正方形的矩形 *DF*，产生出 *DG* 作为宽。 [I. 44]

因为：*AC* 上的正方形等于 *AB*、*BC* 上的正方形与二倍矩形 *AB*、*BC* 的和，

设：*EH* 为在 *DE* 上贴合一个等于 *AB*、*BC* 上的正方形的和； [II. 4]

因此：余量 *HF* 等于二倍的矩形 *AB*、*BC*。

因为：*AB*、*BC* 每一个都是中项线，

所以：*AB*、*BC* 上的正方形是中项面。

根据假设：二倍矩形 *AB*、*BC* 也是中项面，

且 *EH* 等于 *AB*、*BC* 上的正方形的和，而 *FH* 等于二倍矩形 *AB*、*BC*，

所以：矩形 *EH*、*HF* 都是中项面。

因为：它们是贴合于有理线段 *DE* 上，

所以：线段 *DH*、*HG* 都是有理的，并与 *DE* 是长度不可公度的。 [X. 22]

因为：*AB* 与 *BC* 是长度不可公度的，

且 *AB* 比 *BC* 如同 *AB* 上的正方形比矩形 *AB*、*BC*，

所以：*AB* 上的正方形与矩形 *AB*、*BC* 是不可公度的。 [X. 11]

因为：*AB*、*BC* 上的正方形的和与 *AB* 上的正方形是可公度的，[X. 15]

且二倍矩形 *AB*、*BC* 与矩形 *AB*、*BC* 是可公度的，[X. 6]

所以：*AB*、*BC* 上的正方形的和与二倍矩形 *AB*、*BC* 是不可公度的。[X. 13]

因为：*EH* 等于 *AB*、*BC* 上的正方形的和，

HF 等于二倍矩形 *AB*、*BC*，

所以：*EH* 与 *HF* 是不可公度的，

所以：*DH* 与 *HG* 也是长度不可公度的，[VI. 1，X. 11]

因此：*DH*、*HG* 是仅正方可公度的两有理线段，

所以：面 *DG* 是无理的。[X. 36]

因为：*DE* 是有理的，

并且由一条无理线段和一条有理线段围成的矩形是无理面，[X. 20]

所以：面 *DF* 是无理的，

那么：与 *DF* 相等的正方形的边是无理的。[X. 定义 4]

因为：*AC* 是等于 *DF* 的正方形的边，

所以：*AC* 是无理线段，

因此：此线段为第二双中项线。

证完。

命题 39

…

假如正方不可公度的二线段上的正方形的和是有理的，并由它们围成的矩形是中项面，那么由它们相加所得到的整条线段是无理的，称此线段为主线。

A———B———C

设：*AB*、*BC* 是正方不可公度的两线

段，满足 [X. 33] 中的条件，把两线段相加。

那么可以说：*AC* 是无理线段。

因为：矩形 *AB*、*BC* 是中项面，

所以：二倍的矩形 *AB*、*BC* 也是中项面。　[X. 6 和 23，推论]

因为：*AB*、*BC* 上的正方形的和是有理的，

所以：二倍矩形 *AB*、*BC* 与 *AB*、*AC* 上的正方形的和是不可公度的，

因此：*AB*、*BC* 上的正方形与二倍矩形 *AB*、*BC* 相加，

也就是 *AC* 上的正方形与 *AB*、*BC* 上的正方形的和也是不可公度的，

[X. 16]

那么：*AC* 上的正方形是无理的，

所以：*AC* 也是无理的，　[X. 定义 4]

因此：此线段为主线。

证完。

命题 40

…

假如正方不可公度的二线段上的正方形的和是中项面，并且由它们围成的矩形是有理的，那么二线段的和是无理的。因此称此线为中项面有理面和的边。

A———B———C

设：正方形不可公度的两线段 *AB*、*BC* 满足 [X. 34] 中的条件，将两线段相加。

那么可以说：*AC* 是无理的。

因为：*AB*、*BC* 上的正方形的和是中项面，二倍矩形 *AB*、*BC* 是有理面，

所以：*AB*、*BC* 上的正方形的和与二倍矩形 *AB*、*BC* 是不可公度的，

因此：AC 上的正方形与二倍矩形 AB、BC 也是不可公度的。 [X. 16]

因为：二倍矩形 AB、AC 是有理的，

所以：AC 上的正方形是无理的，

所以：AC 是无理的， [X. 定义 4]

因此：称此线段为中项面有理面和的边。

证完。

命题 41

…

假如正方不可公度的二线段上的正方形的和是中项面，由它们围成的矩形也是中项面，并且它与二线段上的正方形的和不可公度，那么二线段和是无理的。称它为两中项面和的边。

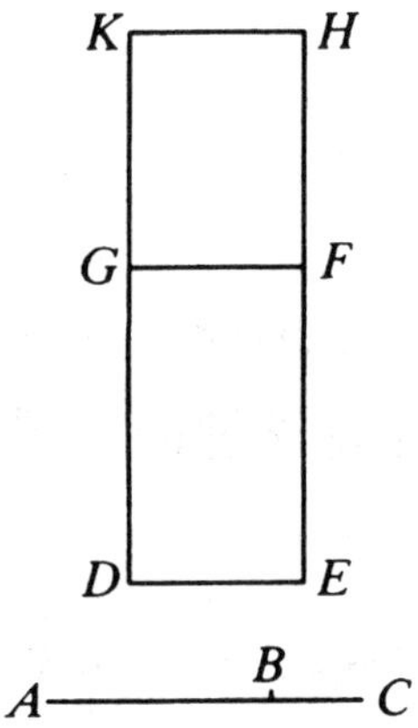

K H G F D E A B C

设：正方不可公度的两线段 AB、BC 满足 [X. 35] 中的条件，将两线段相加。

那么可以说：AC 是无理的。

已知：有理线段 DE，

那么：在 DE 上贴合一个矩形 DF 等于 AB、BC 上的正方形的和，且作矩形 GH 等于二倍矩形 AB、BC，

因此：DH 等于 AC 上的正方形。 [II. 4]

因为：AB、BC 上的正方形的和是中项面，且等于 DF，

所以：DF 也是中项面。

因为：它是贴合于有理线段 DE 上的，

所以：DG 是有理的，并与 DE 是长度不可公度的。 [X. 22]

同理：*GK* 也是有理的，且与 *GF*，也就是 *DE*，是长度不可公度的。

因为：*AB*、*BC* 上的正方形的和与二倍矩形 *AB*、*BC* 是不可公度的，也就是 *DF* 与 *GH* 是不可公度的，

所以：*DG* 与 *GK* 也是不可公度的。 [VI. 1，X. 11]

又因：它们是有理的，

因此：*DG*、*GK* 是仅正方可公度的两有理线段，

因此：*DK* 是称为二项线的无理线段。 [X. 36]

又因：*DE* 是有理的，

所以：*DH* 是无理的，且与它相等的正方形边是无理的。 [X. 定义 4]

因为：*AC* 是等于 *HD* 上的正方形的边，

因此：*AC* 是无理的，

所以：称此线段为两中项面的和的边。

证完。

引理

前面命题所说的无理线段都只有一种方法被分为两条线段。它是它们的和，这种划分方式也产生出问题的各个类型，现将叙述如下的引理作为前提之后作出证明。

已知：线段 *AB*，由两点 *C*、*D* 的每一个分 *AB* 为不等的两部分，

A——D—E—C——B

设：*AC* 大于 *DB*。

那么可以说：*AC*、*CB* 上的正方形的和大于 *AD*、*DB* 上的正方形的和，

因此，设：*AB* 被 *E* 平分。

因为：*AC* 大于 *DB*，如果从它们中减去 *DC*，那么余量 *AD* 大于余量 *CB*，

又因：*AE* 等于 *EB*，

所以：*DE* 小于 *EC*，也就是 *C*、*D* 两点与中点距离不等。

因为：矩形 *AC*、*CD* 连同 *EC* 上的正方形等于 *EB* 上的正方形，[II. 5]

且矩形 *AD*、*DB* 连同 *DE* 上的正方形等于 *EB* 上的正方形，[II. 5]

所以：矩形 *AC*、*CB* 连同 *EC* 上的正方形等于矩形 *AD*、*DB* 连同 *DE* 上的正方形。

因为：*DE* 上的正方形小于 *EC* 上的正方形，

所以：余量，也就是矩形 *AC*、*CB* 小于矩形 *AD*、*DB*，

因此：二倍矩形 *AC*、*CB* 小于二倍矩形 *AD*、*DB*，

因此：余量，也就是 *AC*、*CB* 上的正方形的和大于 *AD*、*DB* 上的正方形的和。

证完。

命题 42

•••

一个二项线仅在一点被分为它的两段。

A——————D—C——B

设：*AB* 是二项线，并在 *C* 点被分为两段，

那么：*AC*、*CB* 是仅正方可公度的两有理线段。[X. 36]

那么可以说：*AB* 在另外的点不能被分为仅正方可公度的两有理线段。

设：它在 *D* 点被分，

AB、*DB* 也是仅正方可公度的两有理线段。

因为：*AC* 与 *DB* 不相同，

否则：*AD* 也与 *CB* 相同，

所以：*AC* 比 *CB* 将如同 *BD* 比 *DA*，

因此：点 *D* 分 *AB* 与点 *C* 分 *AB* 的方法相同，

这与假设矛盾，

因此：*AC* 与 *DB* 不相同，

所以：点 *C*、*D* 离中点不相等。

由于：*AC*、*CB* 上的正方形加二倍矩形 *AC*、*CB* 与 *AD*、*DB* 上的正方形加二倍矩形 *AD*、*DB* 都等于 *AB* 上的正方形， [II. 4]

所以：*AC*、*CB* 上的正方形之和与 *AD*、*DB* 上的正方形之和的差，也就是二倍矩形 *AD*、*DB* 与二倍矩形 *AC*、*CB* 的差。

因为：*AC*、*CB* 上的正方形的和与 *AD*、*DB* 上的正方形的和的差是有理面；这是因为两者都是有理面，

因此：二倍矩形 *AD*、*DB* 与二倍矩形 *AC*、*CB* 的差也是有理矩形，

然而它们是中项面， [X. 21]

这并不符合实际，

因为：一个中项面不会比一个中项面大一个有理面， [X. 26]

因此：一个二项线不可能在不同点被分为它的两段，因此它只能被一点分为它的两段。

证完。

命题 43

…

一个第一双中项线，仅在一点被分为它的两段。

A——D——C——B

设：一个第一双中项线 *AB* 在 *C* 点被分，使得 *AC*、*CB* 是仅正方可公度的

两中项线，并且由它们围成的矩形是有理的。 [X. 37]

那么可以说：再无另外的点分 *AB* 为如此二段。

设：它在 *D* 点也被分为两段，使得 *AD*、*DB* 也是仅正方可公度的两中项线，由它们围成的矩形是有理的矩形。

因为：二倍矩形 *AD*、*DB* 与二倍矩形 *AC*、*CB* 的差等于 *AC*、*CB* 上的正方形的和与 *AD*、*DB* 上的正方形和的差，

且二倍矩形 *AD*、*DB* 与二倍矩形 *AC*、*CB* 的和是有理面，这是因为它们都是有理面，

因此：它们的差也是有理面，

所以：*AC*、*BC* 上的正方形的和与 *AD*、*DB* 上的正方形的和的差也是有理面，

但是，它们是中项面，

这是不符合实际的， [X. 26]

所以：第一双中项线在不同的点不能被分为它的两段，

因此：它仅在一点被分为它的两段。

证完。

命题 44

…

一个第二双中项线仅在一点被分为它的两段。

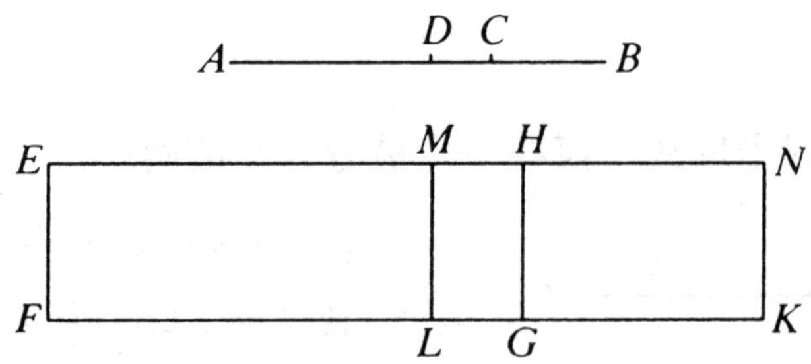

设：一个第二双中项线 *AB* 在 *C* 点被分，使得 *AC*、*CB* 是仅正方可公度的两中项线，并由它们围成的矩形是中项面， [X. 38]

所以：*C* 不是 *AB* 的平分点，这是因为它们不是长度可公度的。

那么可以说：没有其他的点分 *AB* 为如此的两段。

设：*D* 点也分 *AB* 为它的两段，

那么：*AC* 与 *DB* 不相同，且 *AC* 是较大的。

按照上面 [引理] 已证明的：*AD*、*DB* 上的正方形的和小于 *AC*、*CB* 上的正方形的和，

设：*AD*、*DB* 是仅正方可公度的两中项线，

并且由它围成的矩形是中项面。

已知：一条有理线段 *EF*，在 *EF* 上贴合一矩形 *EK* 等于 *AB* 上的正方形，并减去等于 *AC*、*CB* 上的正方形的和的 *EG*，

因此：余量 *HK* 等于二倍的矩形 *AC*、*CB*。 [II. 4]

设：减去等于 *AD*、*DB* 上的正方形的和的 *EL*，

已经证明：它小于 *AC*、*CB* 上的正方形的和， [引理]

所以：余量 *MK* 等于二倍矩形 *AD*、*DB*。

因为：*AC*、*CB* 上的正方形都是中项面，

所以：*EG* 是中项面，

因为：它是贴合在有理线段 *EF* 上的，

所以：*EH* 与 *EF* 是长度不可公度的有理线段。 [X. 22]

同理：*HN* 也是与 *EF* 长度不可公度的有理线段。

因为：*AC*、*CB* 是仅正方可公度的中项线，

所以：*AC* 与 *CB* 是长度不可公度的。

因为：*AC* 比 *CB* 如同 *AC* 上的正方形比矩形 *AC*、*CB*，

所以：*AC* 上的正方形与矩形 *AC*、*CB* 是不可公度的。 [X. 11]

因为：*AC*、*CB* 上的正方形之和与 *AC* 上的正方形是可公度的，

且 *AC*、*CB* 是正方可公度的， [X. 15]

又因：二倍矩形 *AC*、*CB* 与矩形 *AC*、*CB* 是可公度的， [X. 6]

所以：*AC*、*CB* 上的正方形也与二倍矩形 *AC*、*CB* 是不可公度的。

[X. 13]

因为：*EG* 等于 *AC*、*CB* 上的正方形的和，且 *HK* 等于二倍的矩形 *AC*、*CB*，

所以：*EG* 与 *HK* 不可公度，

因此：*EH* 与 *HN* 也是长度不可公度的。 [VI. 1，X. 11]

因为：它们是有理的，

所以：*EH*、*HN* 是仅正方可公度的两有理线段。

因为：正方可公度的两有理线段的和是称为二项线的无理线段，

[X. 36]

所以：*EN* 是点 *H* 被分的二项线。

同理可证：*EM*、*MN* 也是仅正方可公度的两有理线段，

且 *EN* 是在不同的点 *H* 和 *M* 所分的二项线，

因为：*EH* 与 *MN* 不相同，

且 *AC*、*CB* 上的正方形的和大于 *AD*、*DB* 上的正方形的和，

又因：*AD*、*DB* 上的正方形的和大于二倍矩形 *AD*、*DB*，

且 *AC*、*CB* 上的正方形的和，也就是 *EG*，更大于二倍矩形 *AD*、*DB*，也就是 *MK*，

因此：*EH* 大于 *MN*，

因此：*EH* 与 *MN* 不相同。

证完。

命题 45

•••

一条主线仅在一点被分为它的两段。

A———D—C———B

设：一条主线 AB 在 C 点被分，使得 AC、CB 是正方不可公度的，

并且 AC、CB 上的正方形的和是有理面，而它们围成的矩形是中项面。

那么可以说：没有另外的点分 AB 为如此的两段。

设：它在 D 点被分，

那么：AD、DB 也是正方不可公度的，且 AD、DB 上的正方形的和是有理面。

又因：它们围成的矩形是中项面，

并且，因为：AC、CB 上的正方形的和与 AD、DB 上的正方形的和的差等于二倍矩形 AD、DB 与二倍矩形 AC、CB 的差，

且 AC、CB 上的正方形的和与 AD、DB 上的正方形的和的差是有理面，这是因为二者都是有理的，

所以：二倍矩形 AD、DB 与二倍矩形 AC、CB 的差是有理面，

但是它们是中项面，

这是不符合实际的， [X. 26]

因此：一条主线在不同点不能被分为它的两段，

所以：一条主线仅在一点被分为它的两段。

证完。

命题 46

…

一个中项面有理面和的边仅在一点被分为它的两段。

A——D——C——B

设：AB 是中项面有理面和的边在 C 点被划分为它的两段，使得 AC、CB 是正方不可公度的。并且 AC、CB 上的正方形的和是中项面，二倍的矩形 AC、CB 是有理的。 [X. 40]

那么可以说：没有另外的点分 AB 为如此的两段。

设：它也在 D 点被分为两段，使得 AD、DB 也是正方不可公度的，并且 AD、DB 上的正方形的和是中项面，而二倍矩形 AD、DB 是有理面。

因为：二倍矩形 AC、CB 与二倍矩形 AD、DB 的差等于 AD、DB 上的正方形的和与 AC、CB 上的正方形和的差，

且二倍矩形 AC、CB 与二倍矩形 AD、DB 的差是有理面，

所以：AD、DB 上的正方形的和与 AC、CB 上的正方形的和的差是有理面，

又因：它们是中项面，

这并不符合实际， [X. 26]

因此：中项面有理面和的边在不同的点不能被分为它的两段，

因此：它仅在一点被分为它的两段。

证完。

命题 47

...

一个两中项面和的边仅在一点被分为它的两段。

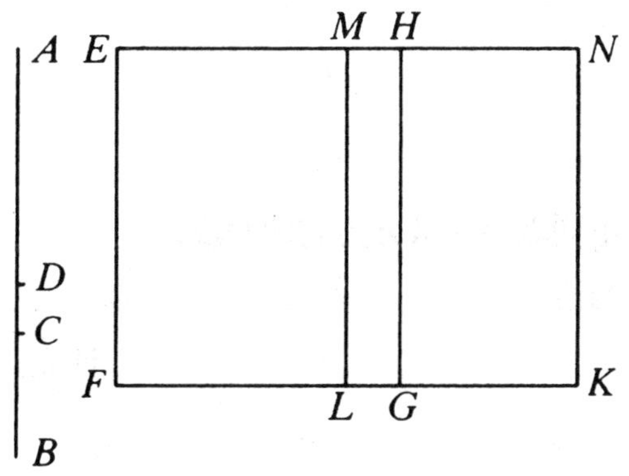

设：AB 分于 C 点，使得 AC、CB 是正方不可公度的，

且 AC、CB 上的正方形的和是中项面，矩形 AC、CB 是中项面，并且此矩形与 AC、CB 上的正方形的和也是不可公度的。

那么可以说：没有另外的点分 AB 为两段，适合给定的条件。

设：它在点 D 被分，并且 AC 不同于 BD，其中 AC 是较大者。

已知：EF 是有理线段，

在 EF 上贴合一个矩形 EG 等于 AC、CB 上的正方形的和，作矩形 HK 等于二倍的矩形 AC、CB。

因此：EK 等于 AB 上的正方形。　[II. 4]

在 EF 上贴合一个 EL 等于 AD、DB 上的正方形的和，

所以：余量，也就是二倍矩形 AD、DB 等于余量 MK。

根据假设：AC、CB 上的正方形的和是中项面，

因此：EG 也是中项面。

因为：它是贴合于有理线段 EF 上，

所以：HE 是有理的，并且与 EF 是长度不可公度的。　[X. 22]

同理：HN 也是有理的，并且与 EF 是长度不可公度的。

因为：AC、CB 上的正方形的和与二倍矩形 AC、CB 是不可公度的，

所以：EG 与 GN 也是不可公度的，

所以：EH 与 HN 也是不可公度的。 [VI. 1，X. 11]

又因：它们是有理的，

所以：EH、HN 是仅正方可公度的两有理线段，

因此：EN 是被分于 H 点的二项线。 [X. 36]

同理可证：EN 是被分于 M 点的二项线。

因为：EH 不同于 MN，

所以：一个二项线有不同分点，

这是不符合实际的，

所以：一个两中项面和的边在不同点不能被分为它的两段，

因此：它仅在一点被分为它的两段。

证完。

定义 II

01　给定一条有理线段和一个二项线，并把二项线分为它的两段，使长线段上的正方形比短线段上的正方形大一个与长线段是长度可公度的线段上的正方形，如果长线段与给定的有理线段为长度可公度的，则把原二项线称为第一二项线。

02　但若短线段与所给的有理线段是长度可公度的，则称原二项线为第二二项线。

03　若二线段与所给的有理线段都不是长度可公度的，则称原二项线为第三二项线。

04　若长线段上的正方形比短线段上的正方形大一个与长线段为长度不可公度的线

段上的正方形。如果长线段与给定的有理线段为长度可公度，那么称原二项线为第四二项线。

05 如果短线段与给定的有理线段是长度可公度的，那么称此二项线为第五二项线。

06 如果两线段与给定的有理线段都不是长度可公度的，那么称此二项线为第六二项线。

命题

命题 48

…

求第一二项线。

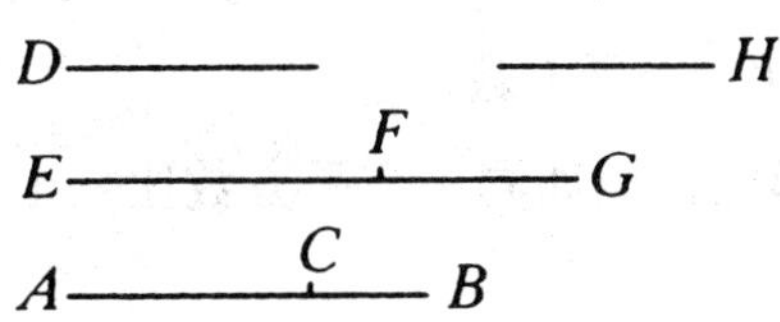

已知：两数 *AC*、*CB* 的和 *AB* 与 *BC* 之比如同一个平方数比一个平方数，但它们的和与 *AC* 之比不同于一个平方数比一个平方数。　[X. 28 后之引理 1]

已知：有理线段 *D*、*EF* 与 *D* 是长度可公度的，

因此：*EF* 也是有理的。

设：作出以下比例使得数 *BA* 比 *AC* 如同 *EF* 上的正方形比 *FG* 上的正方形。　[X. 6，推论]

因为：*AB* 与 *AC* 之比如同一个数比另一个数，

所以：*EF* 上的正方形与 *FG* 上的正方形之比也如同一个数比另一个数，

所以：*EF* 上的正方形与 *FG* 上的正方形是可公度的。　[X. 6]

因为：*EF* 是有理的，

因此：*FG* 也是有理的。

因为：*BA* 与 *AC* 之比不同于一个平方数比一个平方数，

所以：*EF* 上的正方形与 *FG* 上的正方形之比不同于一个平方数比一个平方数，

所以：*EF* 与 *FG* 是长度不可公度的， [X. 9]

因此：*EF*、*FG* 是仅正方形可公度的两有理线段，

因而：*EG* 是二项线。

接下来可以证明：*EG* 是第一二项线。

因为：数 *BA* 比 *AC* 如同 *EF* 上的正方形比 *FG* 上的正方形，*BA* 大于 *AC*，

所以：*EF* 上的正方形大于 *FG* 上的正方形。

设：*FG*、*H* 上的正方形之和等于 *EF* 上的正方形。

因为：*AB* 比 *AC* 如同 *EF* 上的正方形比 *FG* 上的正方形，

由换比：*AB* 比 *BC* 如同 *EF* 上的正方形比 *H* 上的正方形，

[V. 19，推论]

因为：*AB* 与 *BC* 之比如同一个平方数比一个平方数，

所以：*EF* 上的正方形与 *H* 上的正方形之比也如同一个平方数比一个平方数，

所以：*EF* 与 *H* 是长度可公度的， [X. 9]

因此：*EF* 上的正方形比 *FG* 上的正方形大一个与 *EF* 是可公度的线段上的正方形。

因为：*EF*、*FG* 都是有理的，*EF* 与 *D* 是长度可公度的，

所以：*EG* 是一个第一二项线。

证完。

命题 49

•••

求第二二项线。

已知：数 *AC*、*CB* 的和 *AB* 与 *BC* 之比如同一个平方数比一个平方数，

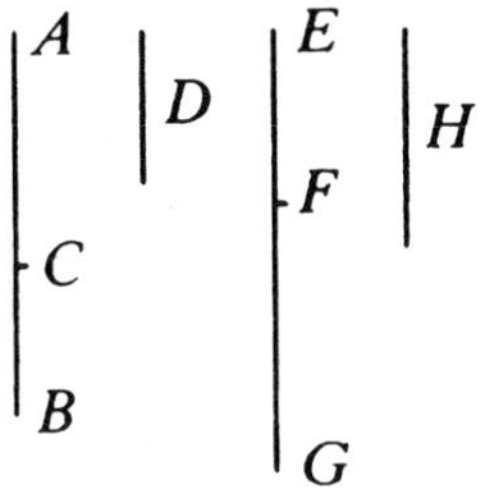

AB 与 AC 之比不同于一个平方数比一个平方数。有理线段 D 与线段 EF 是长度可公度的，EF 是有理的。

设：作出以下比例使得数 CA 比 AB 如同 EF 上的正方形比 FG 上的正方形， [X. 6，推论]

因此：EF 上的正方形与 FG 上的正方形是可公度的， [X. 6]

所以：FG 也是有理的。

因为：数 CA 与 AB 之比不同于一个平方数比一个平方数，

所以：EF 上的正方形与 FG 上的正方形之比不同于一个平方数比一个平方数，

因此：EF 与 FG 是长度不可公度的， [X. 9]

所以：EF、FG 是仅正方可公度的两有理线段，

所以：EG 是二项线。 [X. 36]

接下来可以证明：EG 是第二二项线。

由反比：数 BA 比 AC 如同 GF 上的正方形比 FE 上的正方形，BA 大于 AC，

所以：GF 上的正方形大于 FE 上的正方形。

设：EF、H 上的正方形之和等于 GF 上的正方形，

由换比：AB 比 BC 如同 FG 上的正方形比 H 上的正方形。

[X. 19，推论]

因为：AB 比 BC 之比如同一个平方数比一个平方数，

因此：FG 上的正方形与 H 上的正方形之比如同一个平方数比一个平方数，

所以：FG 与 H 是长度可公度的， [X. 9]

所以：FG 上的正方形比 FE 上的正方形大一个与 FG 是可公度的线段上的正方形。

因为：FG、FE 是仅正方公度的两有线段，短线段 EF 与所给有理线

段 *D* 是长度可公度的，

因此：*EG* 是第二二项线。

证完。

命题 50

…

求第三二项线。

已知有两数 *AC*、*CB*，使它们的和 *AB* 与 *BC* 的比如同一个平方数比一个平方数，但 *AB* 与 *AC* 之比不同于一个平方数比一个平方数。

设：另一个非平方数为 *D*，且 *D* 与 *BA*、*AC* 的每一个的比不同于一个平方数比一个平方数。

已知有理线段 *E*，作出比例，

使得 *D* 比 *AB* 如同 *E* 上的正方形比 *FG* 上的正方形， [X. 6，推论]

因此：*E* 上的正方形与 *FG* 上的正方形是可公度的。 [X. 6]

因为：*E* 是有理的，

所以：*FG* 也是有理的。

因为：*D* 与 *AB* 之比不同于一个平方数比一个平方数，

因此：*E* 上的正方形与 *FG* 上的正方形之比不同于一个平方数比一个平方数，

因此：*E* 与 *FG* 是长度不可公度的。 [X. 9]

又设：作出比例，

使得 *BA* 比 *AC* 如同 *FG* 上的正方形比 *GH* 上的正方形， [X. 6，推论]

所以：*FG* 上的正方形与 *GH* 上的正方形是可公度的。 [X. 6]

因为：FG 是有理的，

因此：GH 也是有理的。

因为：BA 与 AC 之比不同于一个平方数比一个平方数，

所以：FG 上的正方形与 HG 上的正方形之比不同于一个平方数比一个平方数，

因此：FG 与 GH 是长度不可公度的，　[X. 9]

因此：FG、GH 是仅正方可公度的两有理线段，

那么：FH 是二项线。　[X. 36]

接下来可以证明：它也是第三二项线。

因为：D 比 AB 如同 E 上的正方形比 FG 上的正方形，

且 BA 比 AC 如同 FG 上的正方形比 GH 上的正方形，

因此，取首末比：D 比 AC 如同 E 上的正方形比 GH 上的正方形。　[V. 22]

因为：D 与 AC 之比不同于一个平方数比一个平方数，

所以：E 上的正方形与 GH 上的正方形之比不同于一个平方数比一个平方数，

因此：E 与 GH 是长度不可公度的。　[X. 9]

因为：BA 比 AC 如同 FG 上的正方形比 GH 上的正方形，

因此，由换比：AB 比 BC 如同 FG 上的正方形比 K 上的正方形。　[V. 19，推论]

因为：AB 与 BC 之比如同一个平方数比一个平方数，

因此：FG 上的正方形与 K 上的正方形的比如同一个平方数比一个平方数，

所以：FG 与 K 是长度可公度的，　[X. 9]

所以：FG 上的正方形比 GH 上的正方形大一个与 FG 是可公度的线段 K 上的正方形。

因为：FG、GH 是仅正方可公度的两有理线段，

且它们的每一个与 E 是长度不可公度的，

因此：*FH* 是第三二项线。

证完。

命题 51

…

求第四二项线。

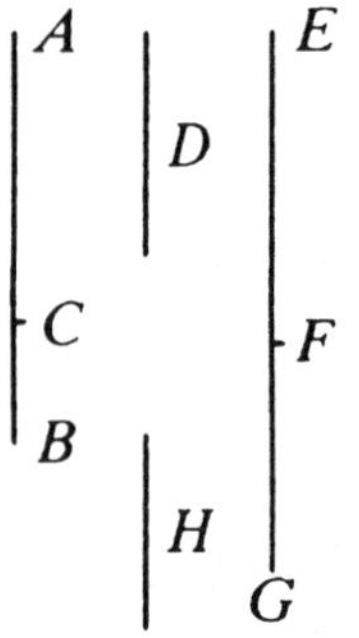

已知两数 *AC*、*CB*，而它们的和 *AB* 与 *BC* 及与 *AC* 的比都不同于一个平方数比一个平方数。

设：已知有理线段 *D*，而 *D* 与 *EF* 是长度可公度的，

那么：*EF* 是有理的。

设：作出比例，使得数 *BA* 比 *AC* 如同 *EF* 上的正方形比 *FG* 上的正方形， [X. 6，推论]

那么：*EF* 上的正方形与 *FG* 上的正方形是可公度的， [X. 6]

所以：*FG* 也是有理的。

因为：*BA* 与 *AC* 之比不同于一个平方数比一个平方数，

所以：*EF* 上的正方形与 *FG* 上的正方形之比不同于一个平方数比一个平方数，

因此：*EF* 与 *FG* 是长度不可公度的， [X. 9]

所以：*EF*、*FG* 是仅正方可公度的两有理线段，

因此：*EG* 是二项线。

接下来可以证明：*EG* 是一个第四二项线。

因为：*BA* 比 *AC* 如同 *EF* 上的正方形比 *FG* 上的正方形，

因此：*EF* 上的正方形大于 *FG* 上的正方形。

设：*FG*、*H* 上的正方形的和等于 *EF* 上的正方形；

因此，由换比：数 AB 比 BC 如同 EF 上的正方形比 H 上的正方形。

[V. 19，推论]

因为：AB 与 BC 之比不同于一个平方数比一个平方数，

所以：EF 上的正方形与 H 上的正方形之比不同于一个平方数比一个平方数，

因此：EF 与 H 是长度不可公度的， [X. 9]

因此：EF 上的正方形比 GF 上的正方形大于一个与 EF 是不可公度的线段 H 上的正方形。

因为：EF，FG 是仅正方形可公度的两有理线段，

且 EF 与 D 是长度可公度的，

所以：EG 是一个第四二项线。

证完。

命题 52

…

求第五二项线。

A D E C F B H G

已知两数 AC、CB，且 AB 与它们每一个的比不同于一个平方数比一个平方数。

设：已知有理线段 D，且 D 与 EF 是可公度的，

那么：EF 是有理的。

设：作出比例，

使得 CA 比 AB 如同 EF 上的正方形比 FG 上的正方形。 [X. 6，推论]

因为：CA 与 AB 之比不同于一个平方数比一个平方数，

所以：EF 上的正方形与 FG 上的正方形的比也不同于一个平方数比

一个平方数，

因此：*EF*、*FG* 是仅正方可公度的两有理线段， [X. 9]

因此：*EG* 是二项线。 [X. 36]

接下来可以证明：*EG* 是第五二项线。

因为：*CA* 比 *AB* 如同 *EF* 上的正方形比 *FG* 上的正方形，

由反比：*BA* 比 *AC* 如同 *FG* 上的正方形比 *FE* 上的正方形，

所以：*GF* 上的正方形大于 *EF* 上的正方形。

设：*EF*、*H* 上的正方形的和等于 *GF* 上的正方形，

因此，由换比：数 *AB* 比 *BC* 如同 *GF* 上的正方形比 *H* 上的正方形。

[V. 19，推论]

因为：*AB* 与 *BC* 的比不同于一个平方数比一个平方数，

所以：*FG* 上的正方形与 *H* 上的正方形的比也不同于一个平方数比一个平方数，

因此：*FG* 与 *H* 是长度不可公度的， [X. 9]

所以：*FG* 上的正方形比 *FE* 上的正方形大一个与 *FG* 是不可公度的线段 *H* 上的正方形。

因为：*GF*、*FE* 是仅正方可公度的两有理线段，

且短线段 *EF* 与所给有理线段 *D* 是长度可公度的，

所以：*EG* 是一个第五二项线。

证完。

命题 53

• • •

求第六二项线。

已知两数 *AC*、*CB*，且它们的和 *AB* 与它们每一个的比都不同于一个

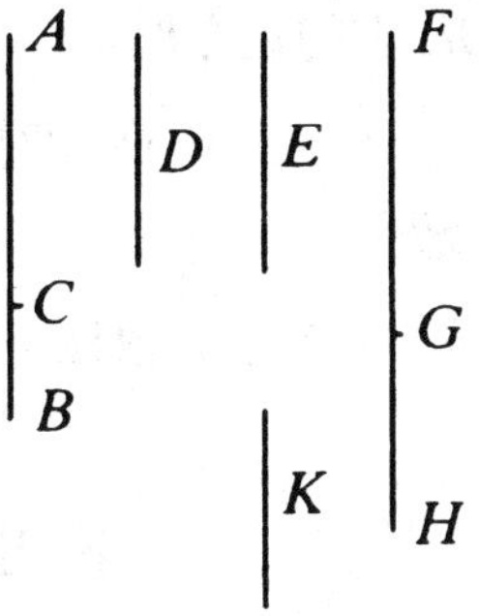

平方数比一个平方数。并且已知非平方数 D，且 D 与数 BA、AC 每一个的比都不同于一个平方数比一个平方数。

又已知有理线段 E，

那么，作出比例：使得 D 比 AB 如同 E 上的正方形比 FG 上的正方形； [X. 6，推论]

因此：E 上的正方形与 FG 上的正方形是可公度的。 [X. 6]

因为：E 是有理的，

所以：FG 是有理的。

因为：D 与 AB 的比不同于一个平方数比一个平方数，

所以：E 上的正方形与 FG 上的正方形的比也不同于一个平方数比一个平方数，

因此：E 与 FG 是长度不可公度的。 [X. 9]

作出比例：BA 比 AC 如同 FG 上的正方形比 GH 上的正方形，

[X. 6，推论]

所以：FG 上的正方形与 HG 上的正方形是可公度的， [X. 6]

因此：HG 上的正方形是有理的，

所以：HG 是有理的。

因为：BA 与 AC 的比不同于一个平方数比一个平方数，

所以：FG 上的正方形与 GH 上的正方形的比也不同于一个平方数比一个平方数，

因此：FG 与 GH 是长度不可公度的， [X. 9]

所以：FG、GH 是仅正方可公度的两有理线段，

因此：FH 是二项线。 [X. 36]

接下来可以证明：FH 也是一个第六二项线。

因为：D 比 AB 如同 E 上的正方形比 FG 上的正方形，

且 BA 比 AC 如同 FG 上的正方形比 GH 上的正方形，

因此，取首末比：D 比 AC 如同 E 上的正方形比 GH 上的正方形。

[V. 22]

因为：D 与 AC 的比不同于一个平方数比一个平方数，

所以：E 上的正方形与 GH 上的正方形的比也不同于一个平方数比一个平方数，

所以：E 与 GH 是长度不可公度的。 [X. 9]

又因，已知证明：E 与 FG 不可公度，

因此：两线段 FG、GH 的每一个与 E 是长度不可公度的。

因为：BA 比 AC 如同 FG 上的正方形比 GH 上的正方形，

所以：FG 上的正方形大于 GH 上的正方形。

那么，设：GH、K 上的正方形的和等于 FG 上的正方形，

由换比：AB 比 BC 如同 FG 上的正方形比 K 上的正方形。

[V. 19，推论]

因为：AB 与 BC 的比不同于一个平方数比一个平方数，

所以：FG 上的正方形与 K 上的正方形的比也不同于一个平方数比一个平方数，

因此：FG 与 K 是长度不可公度的， [X. 9]

所以：FG 上的正方形比 GH 上的正方形大于一个与 FG 是不可公度的线段 K 上的正方形。

因为：FG、GH 是仅正方可公度的两有理线段，

并且它们每一个与给定的有理线段 E 是长度不可公度的，

因此：FH 是一个第六二项线。

证完。

引理

…

设有两个正方形AB、BC，使它们的边DB与边BE在同一直线上，因而FB与BG也在同一直线上。

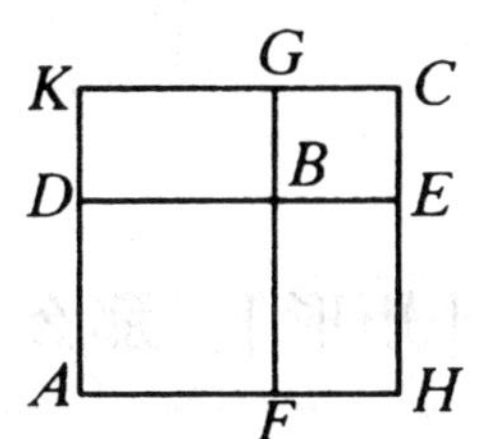

已知有平行四边形*AC*。

那么可以说：*AC*是正方形，且*DC*是*AC*、*BC*的比例中项，且*DC*是*AC*、*CB*的比例中项。

因为：*DB*等于*BF*，且*BE*等于*BG*，

因此：整体*DE*等于整体*FG*。

因为：*DE*等于线段*AH*、*KC*的每一个，

*FG*等于线段*AK*、*HC*的每一个，　[I. 34]

所以：线段*AH*、*KC*每一个等于线段*AK*、*HC*每一个，

所以：*AC*是一个等边的平行四边形，也是一个直角的，

因此：*AC*是一个正方形。

因为：*FB*比*BG*如同*DB*比*BE*，

因为：*FB*比*BG*如同*AB*比*DG*，

且*DB*比*BE*如同*DG*比*BC*，　[VI. 1]

所以：*AB*比*DG*如同*DG*比*BC*，　[V. 11]

所以：*DG*是*AB*、*BC*的比例中项。

接下来可以证明：*DC*也是*AC*、*BC*的比例中项。

因为：*AD*比*DK*如同*KG*比*GC*，

且它们分别相等，

因此，由合比：*AK*比*KD*如同*KC*比*CG*。　[V. 18]

因为：*AK*比*KD*如同*AC*比*CD*，

且*KC*比*CG*如同*DC*比*CB*，　[VI. 1]

所以：*AC*比*DC*如同*DC*比*BC*，　[V. 11]

所以：DC 是 AC、CB 的比例中项，

这就是所要求证明的。

证完。

命题 54

…

假如一条有理线段与第一二项线围成一个面［矩形］，那么这个面的边是称为二项线的无理线段。

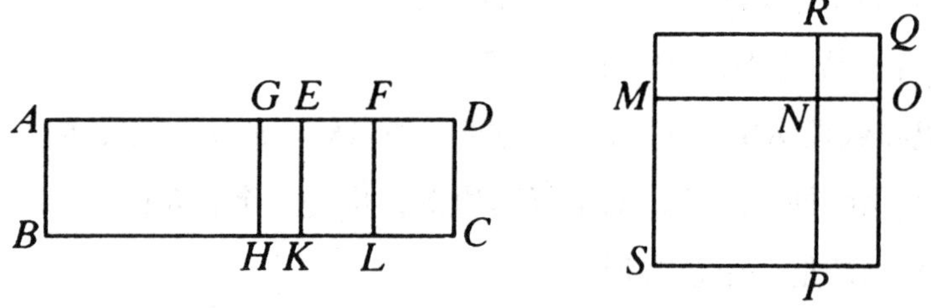

设：有理线段 AB 和第一二项线 AD 围成一个面 AC。

那么可以说：面 AC 的边是被称为二项线的无理线段。

因为：AD 是一个第一二项线，

那么，设：点 E 将 AD 分为两段，其中 AE 是长段。

因为：AE、ED 是仅正方可公度的两有理线段，

并且 AE 上的正方形比 ED 上的正方形大一个与 AE 是可公度的线段上的正方形，

而 AE 与给出的有理线段 AB 是长度可公度的。 [X. 定义 II. 1]

又设：ED 被点 F 平分。

因为：AE 上的正方形比 ED 上的正方形大一个与 AE 是可公度的线段上的正方形，

倘若在大线段 *AE* 上贴合一个等于 *ED* 上的正方形的四分之一，也就是等于 *EF* 上的正方形，且缺少一个正方形的矩形，

那么: *AE* 被分为长度可公度的两段。 [X. 17]

因为：在 *AE* 上贴合一个矩形 *AG*、*GE* 等于 *EF* 上的正方形，

所以: *AG* 与 *EG* 是长度可公度的。

设：从 *G*、*E*、*F* 分别画出平行于 *AB*、*CD* 的线段 *GH*、*EK*、*FL*，

且作出正方形 *SN* 等于矩形 *AH*，和正方形 *NQ* 等于 *GK*， [II. 14]

又设: *MN* 与 *NO* 在一条直线上，

因此: *RN* 与 *NP* 也在一条直线上。

因为：完全画出平行四边形，

所以: *SQ* 是正方形。 [引理]

因为：矩形 *AG*、*GE* 等于 *EF* 上的正方形，

所以: *AG* 比 *EF* 如同 *FE* 比 *EG*， [VI. 17]

因此: *AH* 比 *EL* 如同 *EL* 比 *KG*， [VI. 1]

所以: *EL* 是 *AH*、*GK* 的比例中项。

因为: *AH* 等于 *SN*，*GK* 等于 *NQ*，

所以: *EL* 是 *SN*、*NQ* 的比例中项。

因为: *MR* 同样是相同的 *SN*、*NQ* 的比例中项， [引理]

所以: *EL* 等于 *MR*，

因此：它等于 *PO*。

因为: *AH*、*GK* 分别等于 *SN*、*NQ*。

所以：整体 *AC* 等于整体 *SQ*，也就是 *MO* 上的正方形，

因此: *MO* 是 *AC* 的边。

接下来可以证明: *MO* 是二项线。

因为: *AG* 与 *GE* 是可公度的。

因此: *AE* 与线段 *AG*、*GE* 每一个也是可公度的。 [X. 15]

根据设: *AE* 与 *AB* 也是可公度的，

所以: *AG*、*GE* 与 *AB* 也是可公度的。 [X. 12]

因为: AB 是有理的,

因此: 线段 AG、GE 的每一个也是有理的,

所以: 矩形 AH、GK 每一个是有理的, [X. 19]

所以: AH 与 GK 是可公度的。

因为: AH 等于 SN, 而 GK 等于 NQ,

因此: SN、NQ, 也就是 MN、NO 上的正方形都是有理的, 并且是可公度的。

因为: AE 与 ED 是长度不可公度的,

且 AE 与 AG 是可公度的, DE 与 EF 是可公度的,

所以: AG 与 EF 也是不可公度的, [X. 13]

因此: AH 与 EL 也是不可公度的。 [VI. 1, X. 11]

因为: AH 等于 SN, 且 EL 等于 MR,

所以: SN 与 MR 也是不可公度的。

因为: SN 比 MR 如同 PN 比 NR, [VI. 1]

所以: PN 与 NR 是不可公度的。

因为: PN 等于 MN, 且 NR 等于 NO,

所以: MN 与 NO 是不可公度的。

因为: MN 上的正方形与 NO 上的正方形是可公度的,

且每一个都是有理的。

所以: MN、NO 是仅正方可公度的有理线段,

因此: MO 是二项线 [X. 36], 且它是 AC 的"边"。

证完。

命题 55

• • •

假如有一条有理线段与第二二项线围成一个面, 那么这个面

的边是被称为第一双中项线的无理线段。

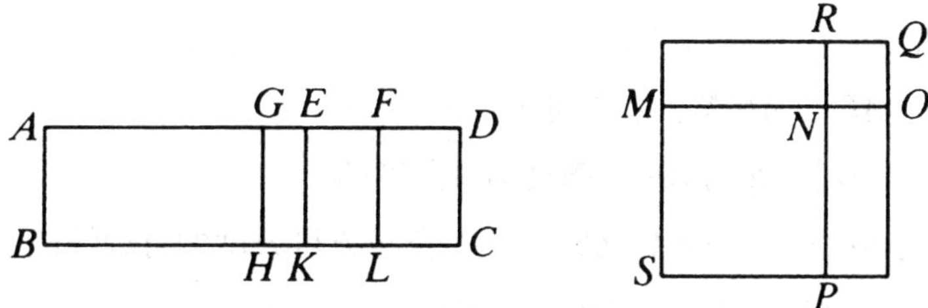

设：有理线段 AB 和第二二项线 AD 围成面 ABCD。

那么可以说：AC 的边是一个第一双中项线。

因为：AD 是一个第二二项线，

那么，设：点 E 分 AD 为它的两段，其中 AE 是长段。

因为：AE、ED 是仅正方可公度的两有理线段，

且 AE 上的正方形比 ED 上的正方形大一个与 AE 是可公度的线段上的正方形，

而短线段 ED 与 AB 是长度可公度的，　[X. 定义 II. 2]

设：点 F 平分 ED，并在 AE 上贴合缺少一个正方形的矩形 AG、GE，使其等于 EF 上的正方形，

所以：AG 与 GE 是长度不可公度的。　[X. 17]

设：通过 G、E、F 引 GH、EK、FL 平行于 AB、CD，

画出正方形 SN 等于平行四边形 AH，正方形 NQ 等于 GK，

并且 MN 与 NO 在一直线上，因此 RN 与 NP 也在一直线上。

完全画出正方形 SQ。

由于已经证明：MR 是 SN、NQ 的比例中项，且等于 EL，而 MO 是面 AC 的边。

现在证明：MO 是第一双中项线。

因为：AE 与 ED 是长度不可公度的，

ED 与 AB 是不可公度的，

因此：AE 与 AB 也是不可公度的。 [X. 13]

因为：AG 与 EG 是可公度的，

所以：AE 与两线段 AG、GE 每一个也是可公度的。 [X. 15]

因为：AE 与 AB 是长度不可公度的，

因此：AG、GE 与 AB 也都是不可公度的， [X. 13]

所以：BA、AG 和 BA、GE 是两对仅正方可公度的有理线段，

因此：两矩形 AH、GK 都是中项面， [X. 21]

所以：两正方形 SN、NQ 也都是中项面，

因此：MN、NO 都是中项线。

因为：AG 与 GE 是长度可公度的，

所以：AH 与 GK 也是可公度的， [VI. 1，X. 11]，

也就是 SN 与 NQ 是可公度的，

那么 MN 上的正方形与 NO 上的正方形可公度。

因为：AE 与 ED 是长度不可公度的，

且 AE 与 AG 是可公度的，ED 与 EF 是可公度的，

所以：AG 与 EF 是不可公度的， [X. 13]

所以：AH 与 EL 是不可公度的，

也就是 SN 与 MR 不可公度，即 PN 与 NR 不可公度， [VI. 1，X. 11]

也就是 MN 与 NO 是长度不可公度的。

又因，已经证明：MN、NO 是两中项线，并且是正方可公度的，

因此：MN、NO 是仅正方可公度的两中项线。

接下来可以证明：由 MN、NO 围成的矩形是有理面。

根据假设：DE 与两线段 AB、EF 每一个是可公度的，

所以：EF 与 EK 也是可公度的。 [X. 12]

因为：它们都是有理的，

所以：EL，也就是 MR 也是有理的， [X. 19]

因此：MR 是矩形 MN、NO。

因为：当以两个仅正方可公度的中项线围成的矩形是有理的，那么

两中项线的和是无理的，称此线为第一双中项线， [X. 37]

所以：*MO* 是一个第一双中项线。

证完。

命题 56

…

假如由一条有理线段和第三二项线围成一个面，那么这个面的边是一个称为第二双中项线的无理线段。

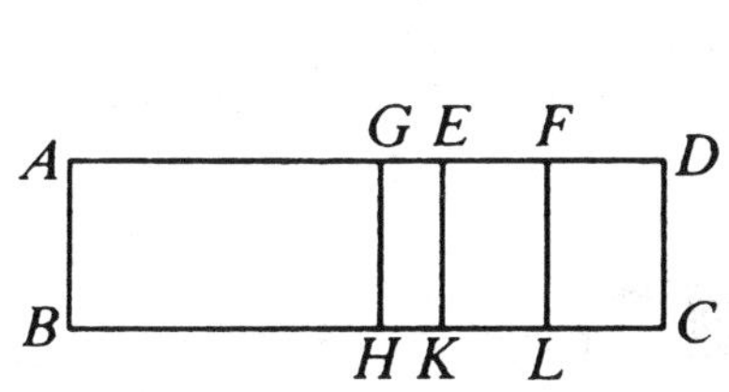

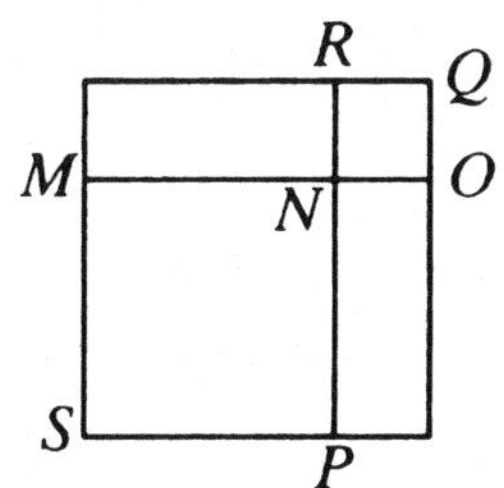

设：有理线段 *AB* 和第三二项线 *AD* 围成面 *ABCD*，

E 分 *AD* 为它的两段，其中 *AE* 是大段。

那么可以说：面 *AC* 的边是一个被称为第二双中项线的无理线段。

同前面作图。

因为：*AD* 是一个第三二项线，

因此：*AE*、*ED* 是仅正方可公度的两有理线段，

且 *AE* 上的正方形比 *ED* 上的正方形大一个与 *AE* 是可公度的线段上的正方形，

且 *AE*、*ED* 每一个与 *AB* 是长度不可公度的。 [X. 定义 II. 3]

同理可证：*MO* 是面 *AC* 的边，而 *MN*、*NO* 是仅正方可公度的两中项线，

因此: *MO* 是一个双中项线。

接下来可以证明: *MO* 是一个第二双中项线。

因为: *DE* 与 *AB*, 也就是 *DE* 与 *EK* 是长度不可公度的,

且 *DE* 与 *EF* 是可公度的,

所以: *EF* 与 *EK* 是长度不可公度的。 [X. 13]

因为: 它们都是有理的,

因此: *FE*、*EK* 是仅正方可公度的两有理线段,

所以: *EL* 也就是 *MR* 是中项面。 [X. 21]

因为: 它是由 *MN*、*NO* 所围成的,

所以: 矩形 *MN*、*NO* 是中项面,

因此: *MO* 是一个第二双中项线。 [X. 38]

证完。

命题 57

假如由一条有理线段与第四二项线围成一个面，那么这个面的边是被称为主线的无理线段。

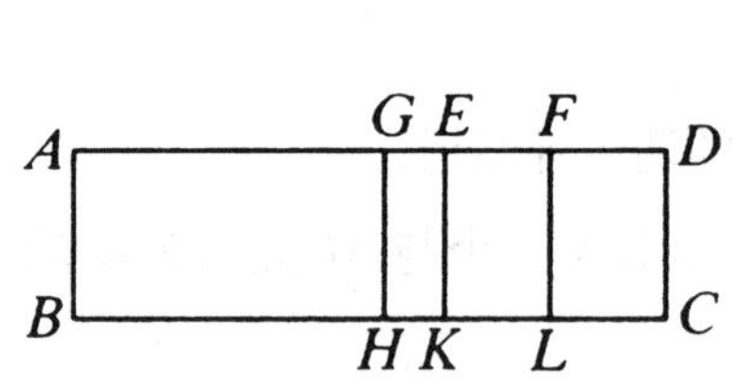

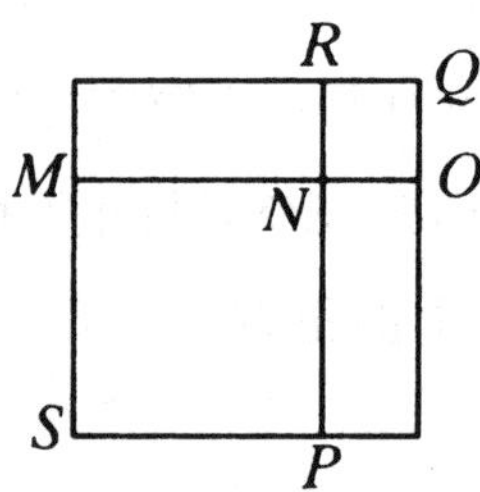

设: 由有理线段 *AB* 和第四二项线 *AD* 围成面 *AC*,

并且 *E* 将 *AD* 分为两段, 其中 *AE* 是大段。

那么可以说：AC 的边是被称为主线的无理线段。

因为：AD 是一个第四二项线，

所以：AE、ED 是仅正方可公度的两有理线段，

并且 AE 上的正方形比 ED 上的正方形大一个与 AE 是不可公度的线段上的正方形。

因为：AE 与 AB 是长度可公度的，[X. 定义 II. 4]

设：F 平分 DE，

在 AE 上贴合矩形 AG、GE 等于 EF 上的正方形，

因此：AG 与 GE 是长度不可公度的。[X. 18]

引 GH、EK、FL 平行于 AB，

作图如前，

所以：显然 MO 是 AC 的边。

接下来可以证明：MO 是被称为主线的无理线段。

因为：AG 与 EG 是不可公度的，

所以：AH 与 GK 也是不可公度的，也就是 SN 与 NQ 不可公度，

[VI. 1，X. 11]

因此：MN、NO 是正方不可公度的。

因为：AE 与 AB 是可公度的，

所以：AK 是有理面。[X. 19]

又因：它等于 MO、NO 上的正方形的和，

因此：MN、NO 上的正方形的和也是有理的。

因为：DE 与 AB，也就是 DE 与 EK 是长度不可公度的，

且 DE 与 EF 可公度，

所以：EF 与 EK 是长度不可公度的，[X. 13]

所以：EK、EF 是仅正方不可公度的两有理线段，

因此：LE 也就是 MR 是中项面。[X. 21]

又因：它是由 MN、NO 围成的，

所以：矩形 MN、NO 是中项面。

又 MN、NO 上的正方形的和是有理面，且 MN、NO 是正方不可公度，

因为：倘若正方不可公度的两线段上的正方形的和是有理的，并且由它们围成的矩形是中项面，

那么：这二线段的和是无理的，称此线为主线， [X. 39]

因此：MO 是被称为主线的无理线段，且它是面 AC 的“边”。

证完。

命题 58

…

倘若由一有理线段与第五二项线围成一个面，那么这个面的边是一个称为中项面有理面和的边的无理线段。

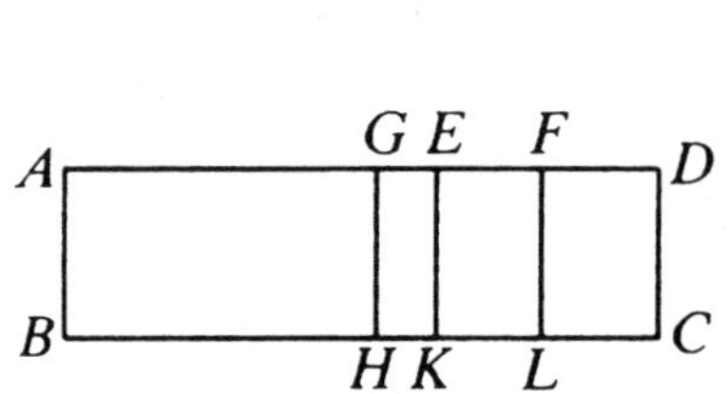

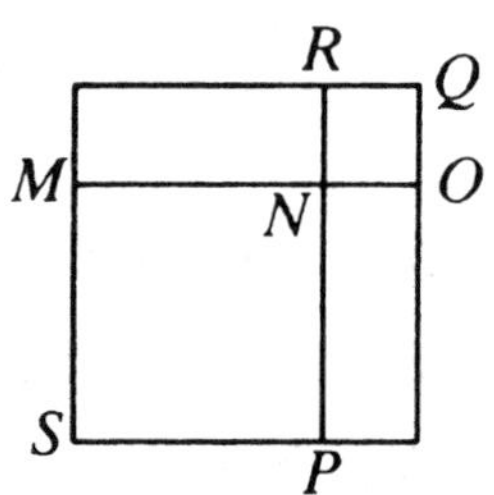

设：由有理线段 AB 和第五二项线 AD 围成面 AC，并且 E 将 AD 分为两段，其中 AE 是大段。

那么可以说：AC 的边是称为中项面有理面和的边的无理线段，

同上作图：MO 是面 AC 的边。

要求证明：MO 是一个中项面有理面和的边。

因为：AG 与 GE 是不可公度的， [X. 18]

所以：AH 与 HE 也是不可公度的， [VI. 1，X. 11]

也就是 MN 上的正方形与 NO 上的正方形是不可公度的，

因此：*MN*、*NO* 是正方不可公度的。

因为：*AD* 是一个第五二项线，其中 *ED* 是小段，

所以：*ED* 与 *AB* 是长度不可公度的。 [X. 定义 II. 5]

因为：*AE* 与 *ED* 不可公度，

所以：*AB* 与 *AE* 也是长度不可公度的， [X. 13]

因此：*AK*，也就是 *MN*、*NO* 上的正方形的和是中项面。 [X. 21]

因为：*DE* 与 *AB*，也就是与 *EK*，是长度不可公度的，

而 *DE* 与 *EF* 是可公度的，

所以：*EF* 与 *EK* 也是可公度的。 [X. 12]

因为：*EK* 是有理的，

因此：*EL*，也就是 *MR*，也就是矩形 *MN*、*NO* 也是有理的， [X. 19]

因此：*MN*、*NO* 是正方不可公度的线段，

它们上的正方形的和是中项面，但它们围成的矩形是有理面，

所以：*MO* 是中项面有理面和的边， [X. 40]

它们是面 *AC* 的边。

证完。

命题 59

…

假如由一有理线段与第六二项线围成一个面，那么这个面的边是称为两中项面和的边的无理线段。

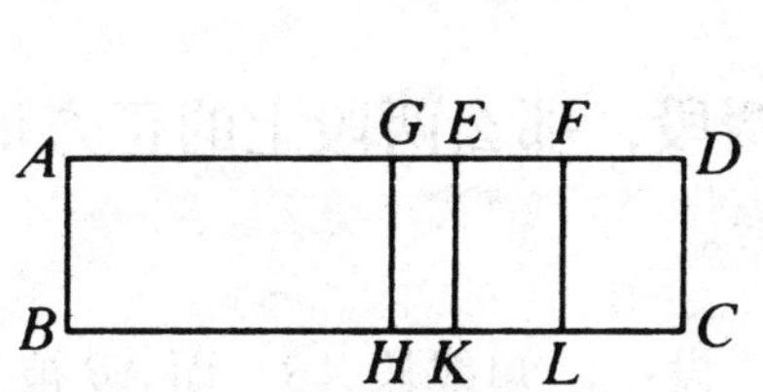

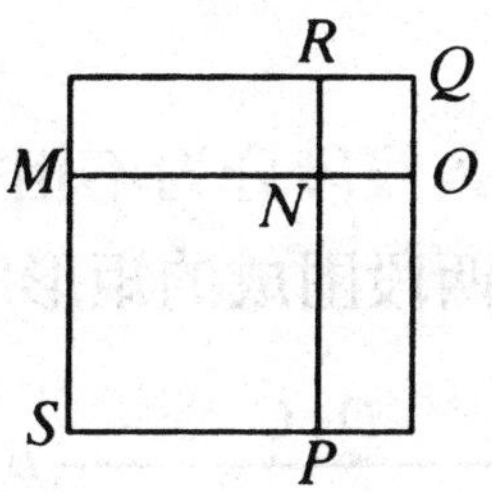

设：有理线段 *AB* 和第六二项线 *AD* 围成面 *ABCD*，

且点 *E* 将 *AD* 分为两段，其中 *AE* 是大段。

那么可以说：*AC* 的边是两中项面和的边。

同上作图：*MO* 是 *AC* 的边，且 *MN* 与 *NO* 是正方不可公度的。

因为：*EA* 与 *AB* 是长度不可公度的，

所以：*EA*、*AB* 是仅正方可公度的两有理线段，

因此：*AK* 也就是 *MN*、*NO* 上的正方形的和是中项面。 [X. 21]

因为：*ED* 与 *AB* 是长度不可公度的，

所以：*FE* 与 *EK* 也是不可公度的， [X. 13]

所以：*FE*、*EK* 是仅正方可公度的两有理线段，

因此：*EL* 也就是 *MR*，也就是矩形 *MN*、*NO* 是中项面。 [X. 21]

因为：*AE* 与 *EF* 是不可公度的，

所以：*AK* 与 *EL* 也是不可公度的。 [VI. 1，X. 11]

因为：*AK* 是 *MN*、*NO* 上的正方形的和，且 *EL* 是矩形 *MN*、*NO*，

所以：*MN*、*NO* 上的正方形的和与矩形 *MN*、*NO* 是不可公度的。

又因：它们都是中项面，且 *MN*、*NO* 是正方不可公度的，

因此：*MO* 是两中项面和的边， [X. 41]

且它是 *AC* 的边。

证完。

引理

• • •

假如一条线段分为不相等的两段，那么两段上的正方形的和大于由两段围成的矩形的二倍。

A——D—C——B

设：已知线段 *AB*，而 *AB* 被点 *C* 分

为两不等线段，其中 AC 是大段。

那么可以说：AC、CB 上的正方形的和大于二倍的矩形 AC、CB。

那么：令 AB 被 D 平分。

因为：一线段在点 D 被分为相等的两段，在点 C 被分为不相等的两段，

那么：矩形 AC、CB 加 CD 上的正方形等于 AD 上的正方形，　[II. 5]

所以：矩形 AC、CB 小于 AD 上的正方形，

因此：二倍的矩形 AC、CB 小于 AD 上的正方形的二倍。

因为：AC、CB 上的正方形的和等于 AD、DC 上的正方形的和的二倍，

所以：AC、CB 上的正方形的和大于二倍的矩形 AC、CB。　[II. 9]

证完。

命题 60

• • •

假如对一条有理线段上贴合一矩形，使其与一个二项线上的正方形相等，那么所产生的宽是第一二项线。

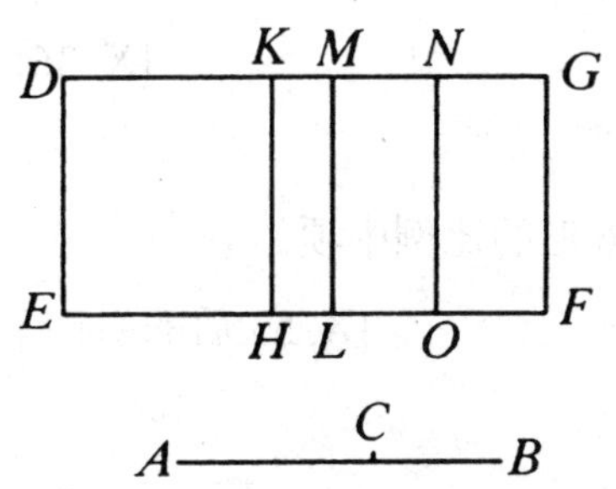

设：已知 AB 是一个二项线，而 C 将 AB 分为两段，其中 AC 是大段。

并在有理线段 DE 上贴合一矩形 DEFG 等于 AB 上的正方形，产生出 DG 为宽。

那么可以说：DG 是第一二项线。

因为：假如在 DE 上贴合矩形 DH，使其等于 AC 上的正方形，且 KL 等于 BC 上的正方形，

那么：余量，也就是二倍矩形 AC、CB 等于 MF。

设：*MG* 被 *N* 平分，且 *NO* 平行于 *ML* 或者 *GF*，

因此：两矩形 *MO*、*NF* 的每一个等于矩形 *AC*、*CB*。

因为：*AB* 是二项线，且 *C* 分 *AB* 为它的两段，

所以：*AC*、*CB* 是仅正方可公度的两有理线段，[X. 36]

因此：*AC*、*CB* 上的正方形都是有理的，并且可以彼此公度，

因此：*AC*、*CB* 上的正方形的和也是有理的。[X. 15]

因为：这个和等于 *DL*，

所以：*DL* 是有理的。

又因：它是贴合于有理线段 *DE* 上的，

所以：*DM* 是有理的，且与 *DE* 是长度可公度的。[X. 20]

因为：*AC*、*CB* 是仅正方可公度的两有理线段，

因此：二倍的矩形 *AC*、*CB*，也就是 *MF*，是中项面。[X. 21]

因为：它贴合于有理线段 *ML* 上，

所以：*MG* 也是有理的，并且与 *ML*，也就是 *DE* 是长度不可公度的。[X. 22]

因为：*MD* 是有理的，与 *DE* 是长度可公度的，

所以：*DM* 与 *MG* 是长度不可公度的。[X. 13]

因为：它们都是有理的，

因此：*DM*、*MG* 是仅正方可公度的两有理线段，

所以：*DG* 是二项线。[X. 36]

接下来可以证明：*DG* 也是第一二项线。

因为：矩形 *AC*、*CB* 是 *AC*、*CB* 上两正方形的比例中项，[X. 53 后的引理]

因此：*MO* 也是 *DH*、*KL* 的比例中项，

所以：*DH* 比 *MO* 如同 *MO* 比 *KL*，

也就是 *DK* 比 *MN* 如同 *MN* 比 *MK*，[VI. 1]

所以：矩形 *DK*、*KM* 等于 *MN* 上的正方形。[VI. 17]

因为：*AC*、*CB* 上的两正方形是可公度的，

因此：*DH* 与 *KL* 也是可公度的，

所以：*DK* 与 *KM* 也是可公度的。 [VI. 1，X. 11]

因为：*AC*、*CB* 上的正方形的和大于二倍矩形 *AC*、*CB*， [引理]

所以：*DL* 大于 *MF*，

因此：*DM* 大于 *MG*。 [VI. 1]

因为：矩形 *DK*、*KM* 等于 *MN* 上的正方形，

也就是等于 *MG* 上的正方形的四分之一，并且 *DK* 与 *KM* 是可公度的，

因为：假如有两不等线段，在大线段上贴合一个缺少一正方形且等于小线段上的正方形的四分之一的矩形，如果分大线段之两部分是长度可公度的，那么大线段上的正方形比小线段上的正方形大一个与大线段是可公度的线段上的正方形， [X. 17]

因此：*DM* 上的正方形比 *MG* 上的正方形大一个与 *DM* 是可公度的线段上的正方形。

又因：*DM*、*MG* 都是有理的，

且大线段 *DM* 与已给的有理线段 *DE* 是长度可公度的，

所以：*DG* 是一个第一二项线。 [X. 定义 II. 1]

证完。

命题 61

…

假如对一条有理线段贴合一矩形与一个第一双中项线上的正方形相等，那么所产生的宽是第二二项线。

设：*AB* 是第一双中项线，并于点 *C* 分为两段，其中 *AC* 是大段，

又给出有理线段 *DE*，并在 *DE* 上贴合矩形 *DF* 等于 *AB* 上的正方形，将产生出的 *DG* 作为宽。

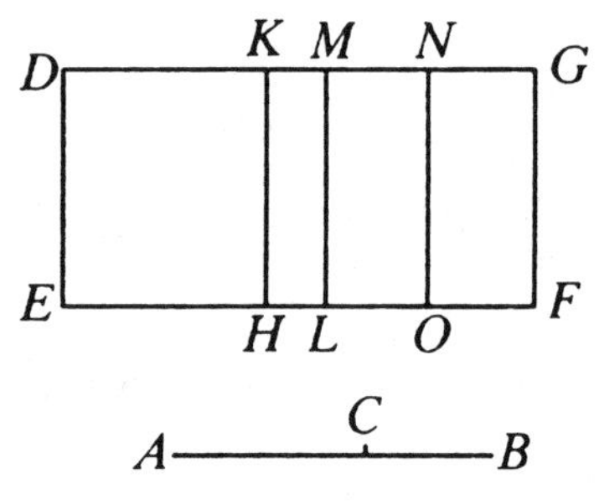

那么可以说：*DG* 是一个第二二项线。

同上作图。

因为：*AB* 是分于点 *C* 的一个第一双中项线，

因此：*AC*、*CB* 是仅正方形可公度的二中项线，

且它们构成一个有理矩形， [X. 37]

所以：*AC*、*CB* 上的正方形也是中项面， [X. 21]

所以：*DL* 是中项面。 [X. 15 和 23，推论]

又因：它被贴合于有理线段 *DE* 上，

因此：*MD* 是有理的，并且与 *DE* 是长度不可公度的。 [X. 22]

因为：二倍的矩形 *AC*、*CB* 是有理的，

所以：*MF* 也是有理的。

又因：它是作在有理线段 *ML* 上，

所以：*MG* 也是有理的，并与 *ML*，也就是 *DE* 是长度可公度的，

[X. 20]

因此：*DM* 与 *MG* 是长度不可公度的。 [X. 13]

因为：它们是有理的，

所以：*DM*、*MG* 是仅正方可公度的有理线段，

所以：*DG* 是二项线。 [X. 36]

接下来可以证明：*DG* 是一个第二二项线。

因为：*AC*、*CB* 上的正方形的和大于二倍的矩形 *AC*、*CB*，

所以：*DL* 大于 *MF*，

因此：*DM* 大于 *MG*。 [VI. 1]

因为：*AC* 上的正方形与 *CB* 上的正方形是可公度的，*DH* 与 *KL* 也是可公度的，

所以：*DK* 与 *KM* 也是可公度的。 [VI. 1，X. 11]

因为：矩形 *DK*、*KM* 等于 *MN* 上的正方形，

因此：*DM* 上的正方形比 *MG* 上的正方形大一个与 *DM* 是可公度的线段上的正方形。 [X. 17]

因为：*MG* 与 *DE* 是长度可公度的，

所以：*DG* 是一个第二二项线。 [X. 定义 II. 2]

证完。

命题 62

…

假如对一条有理线段贴合一矩形与一个第二双中项线上的正方形相等，那么所产生的宽是第三二项线。

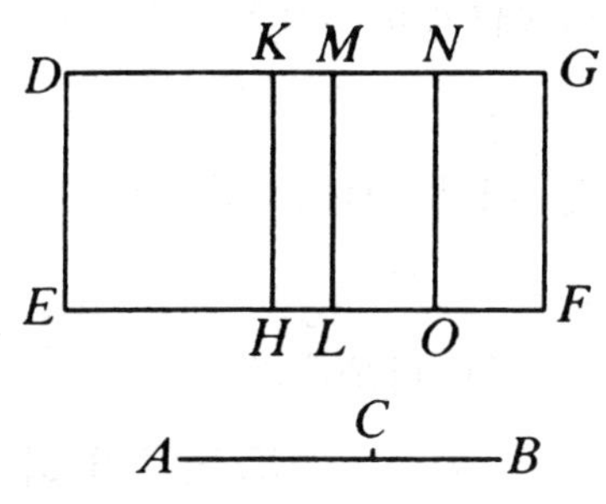

设：已知 *AB* 是第二双中项线，且被点 *C* 分为两段，其中 *AC* 是大段，

并且，已知 *DE* 是有理线段，并在 *DE* 上贴合矩形 *DF* 等于 *AB* 上的正方形，将产生出的 *DG* 作为宽。

那么可以说：*DG* 是一个第三二项线。

由上作图。

因为：*AB* 是分于点 *C* 的第二双中项线，

所以：*AC*、*CB* 是仅正方可公度的二中项线，

并且它们围成的矩形是中项面， [X. 38]

所以：*AC*、*CB* 上的正方形的和也是中项面。 [X. 15 和 23，推论]

因为：它等于 *DL*，

所以：*DL* 也是中项面。

又因：它是作在有理线段 *DE* 上，

所以：*MD* 也是有理的，且与 *DE* 是长度不可公度的。 [X. 22]

同理：*MG* 也是有理的，并且与 *ML*，也就是 *DE* 是长度不可公度的。

因此：线段 *DM*、*MG* 的每一个都是有理的，且与 *DE* 是长度不可公度的。

因为：*AC* 与 *CB* 是长度不可公度的，

且 *AC* 比 *CB* 如同 *AC* 上的正方形比矩形 *AC*、*CB*，

所以：*AC* 上的正方形与矩形 *AC*、*CB* 也是不可公度的，　[X. 11]

所以：*AC*、*CB* 上的正方形的和与二倍的矩形 *AC*、*CB* 是不可公度的，　[X. 12，13]

因此：*DL* 与 *MF* 是不可公度的，

所以：*DM* 与 *MG* 也是不可公度的。　[VI. 1，X. 11]

因为：它们是有理的，

因此：*DG* 是二项线。

接下来可以证明：它也是第三二项线。

类似前述，可断定 *DM* 大于 *MG*，且 *DK* 与 *KM* 是可公度的。

因为：矩形 *DK*、*KM* 等于 *MN* 上的正方形，

因此：*DM* 上的正方形比 *MG* 上的正方形大一个与 *DM* 是可公度的线段上的正方形。

因为：线段 *DM*、*MG* 的每一个与 *DE* 都不是长度可公度的，

所以：*DG* 是一个第三二项线。　[X. 定义 II. 3]

证完。

命题 63

…

假如对一条有理线段上贴合一矩形与一条主线上的正方形相等，那么所产生的宽是第四二项线。

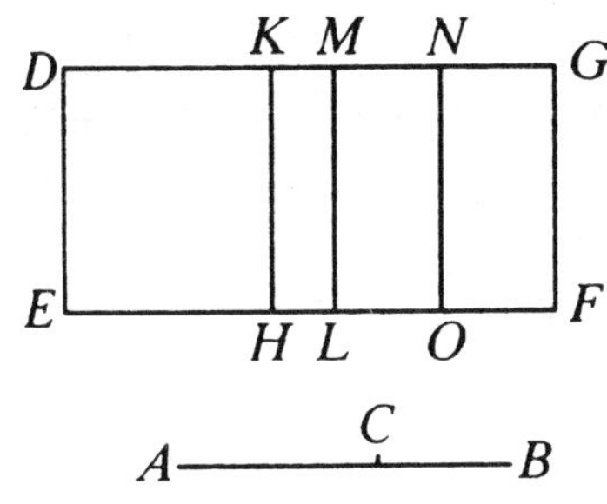

设：AB 是一条主线，且被点 C 分为两段，其中 AC 大于 CB，

并且已知 DE 是有理线段，在 DE 上贴合一矩形 DF，等于 AB 上的正方形，产生出的 DG 为宽。

那么可以说：DG 是第四二项线。

同上作图。

因为：AB 是主线，并被点 C 分为两段，

所以：AC、CB 是正方不可公度的两线段，且它们上的正方形的和是有理的，由它们围成的矩形是中项面。 [X. 39]

因为：AC、CB 上的正方形的和是有理的，

所以：DL 是有理的，

因此：DM 也是有理的，并且与 DE 是长度可公度的。 [X. 20]

又因：二倍的矩形 AC、CB，也就是 MF 是中项面，

且它贴合于有理线段 ML 上，

所以：MG 也是有理的，并与 DE 是长度不可公度的， [X. 22]

因此：DM 与 MG 是长度不可公度的， [X. 13]

因此：DM、MG 是仅正方可公度的有理线段，

所以：DG 是二项线。 [X. 36]

接下来可以证明：DG 也是一个第四二项线。

同理可证：DM 大于 MG，矩形 DK、KM 等于 MN 上的正方形。

因为：AC 上的正方形与 CB 上的正方形是不可公度的，

因此：DH 与 KL 也是不可公度的，

所以：DK 与 KM 也是不可公度的。 [VI. 1，X. 11]

因为：假如有两个不相等的线段，在线段贴合一缺少一个正方形且等于小线段上的正方形的四分之一的矩形，并且分它为不可公度的两部分，

那么大线段上的正方形比小线段上的正方形大一个与大线段不可公

度的线段上的正方形，[X. 18]

因此：*DM* 上的正方形比 *MG* 上的正方形大一个与 *DM* 是不可公度的线段上的正方形。

因为：*DM*、*MG* 是仅正方可公度的两有理线段，

且 *DM* 与所给定的有理线段 *DE* 是可公度的，

所以：*DG* 是一个第四二项线。[X. 定义 II. 4]

证完。

命题 64

…

假如对一条有理线段贴合一矩形，与一个中项面有理面和的边上的正方形相等，那么所产生的宽是第五二项线。

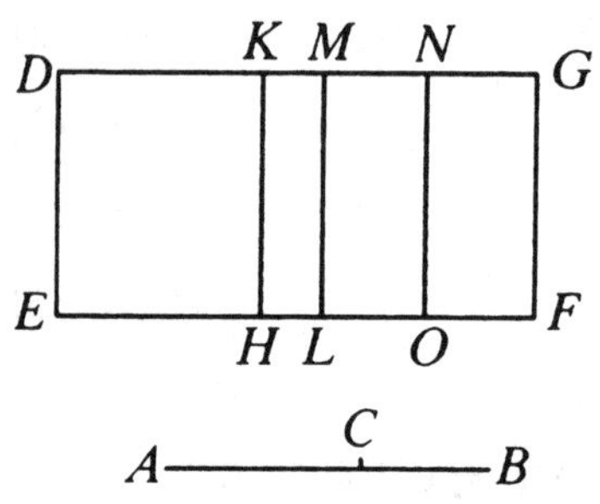

设：已知 *AB* 是中项面有理面和的边，并被点 *C* 分为两段，其中 *AC* 大于 *CB*。

且已知 *DE* 是有理线段，在 *DE* 上贴合矩形 *DF* 等于 *AB* 上的正方形；产生出的 *DG* 为宽。

那么可以说：*DG* 是一个第五二项线。

由上作图。

因为：*AB* 是分于点 *C* 点的中项有理面的边，

因此：*AC*、*CB* 是正方形不可公度的两线段，它们上的正方形的和是中线面，而由它们围成的矩形是有理的。[X. 40]

因为：*AC*、*CB* 上的正方形的和是中项面，

所以：*DL* 是中项面，

因此：*DM* 是有理的，并与 *DE* 是长度不可公度的。[X. 22]

因为：二倍的矩形 *AC*、*CB*，也就是 *MF* 是有理的，

因此：*MG* 是有理的，并与 *DE* 可公度，　[X. 20]

所以：*DM* 与 *MG* 是不可公度的，　[X. 13]

所以：*DM*、*MG* 是仅正方可公度的两有理线段，

因此：*DG* 是二项线。　[X. 36]

接下来可以证明：它也是一个第五二项线。

同理可证：矩形 *DK*、*KM* 等于 *MN* 上的正方形，而 *DK* 与 *KM* 是长度不可公度的。

因此：*DM* 上的正方形比 *MG* 上的正方形大一个与 *DM* 是不可公度的线段上的正方形，　[X. 18]

所以：*DM*、*MG* 是仅正方可公度的，而小线段 *MG* 与 *DE* 是长度可公度的，

所以：*DG* 是一个第五二项线。　[X. 定义 II. 5]

证完。

命题 65

…

假如对一条有理线段贴合一矩形与一个两中项面和的边上的正方形相等，那么所产生的宽是第六二项线。

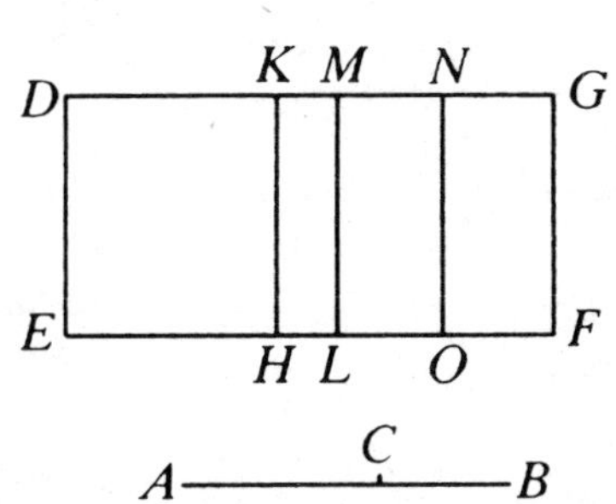

设：已知 *AB* 是一个两中项面和的边，并被点 *C* 分为两段，

且已知有理线段 *DE*，在 *DE* 上贴合矩形 *DF* 等于 *AB* 上的正方形，产生出的 *DG* 为宽。

那么可以说：*DG* 是第六二项线。

由上作图。

因为：*AB* 是被分于点 *C* 的两中项面和的边，

因此：*AC*、*CB* 是正方不可公度的两线段，它们上的正方形的和是中项面，由它们围成的矩形是中项面，并且它们上的正方形的和与以它们围成的矩形是不可公度的。 [X. 41]

同上可证：两矩形 *DL*、*MF* 都是中项面。

又因：它们贴合于有理线段 *DE*，

所以：每一条线段 *DM*、*MG* 是有理的，并且与 *DE* 是长度不可公度的。 [X. 22]

因为：*AC*、*CB* 上的正方形的和与二倍的矩形 *AC*、*CB* 是不可公度的，

所以：*DL* 与 *MF* 是不可公度的，

因此：*DM* 与 *MG* 也是不可公度的， [VI. 1，X. 11]

因此：*DM*、*MG* 是仅正方可公度的两有理线段，

所以：*DG* 是二项线。 [X. 36]

接下来可以证明：它也是一个第六二项线。

同理可证：矩形 *DK*、*KM* 等于 *MN* 上的正方形，且 *DK* 与 *KM* 是长度不可公度的。

同理：*DM* 上的正方形比 *MG* 上的正方形大一个与 *DM* 是长度不可公度的线段上的正方形。

又因：线段 *DM*、*MG* 两者与所给定的有理线段 *DE* 都不是长度可公度的，

所以：*DG* 是一个第六二项线。 [X. 定义 II. 6]

证完。

命题 66

• • •

与一个二项线是长度可公度的线段本身也是二项线，且是同级的。

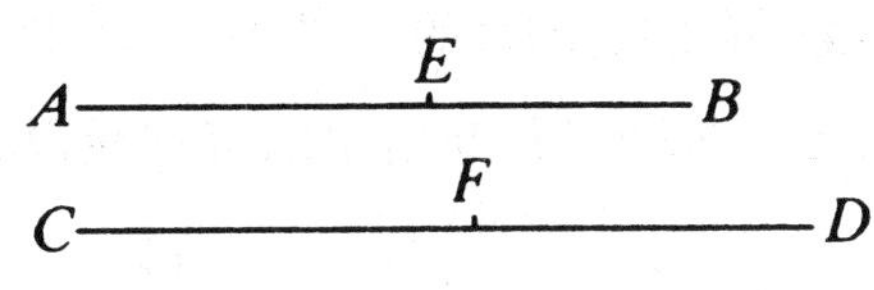

设：已知 *AB* 是二项线，且与 *CD* 是长度可公度的。

那么可以说：*CD* 是二项线，并与 *AB* 同级。

因为：*AB* 是二项线，

那么，设：点 *E* 将 *AB* 分为两段，其中 *AE* 是大段，

因此：*AE*、*EB* 是仅正方可公度的两有理线段。 [X. 36]

作比例：*AB* 比 *CD* 如同 *AE* 比 *CF*， [VI. 12]

所以：余量 *EB* 比余量 *FD* 如同 *AB* 比 *CD*。 [V. 19]

因为：*AB* 与 *CD* 是长度可公度的，

所以：*AE* 与 *CF*，且 *EB* 与 *FD* 都是长度可公度的。 [X. 11]

因为：*AE*、*EB* 是有理的，

因此：*CF*、*FD* 也是有理的。

因为：*AE* 比 *CF* 如同 *EB* 比 *FD*， [V. 11]

那么，由更比：*AB* 比 *EB* 如同 *CF* 比 *FD*。 [V. 16]

因为：*AE*、*EB* 是仅正方可公度的，

所以：*CF*、*FD* 也是仅正方可公度的。 [X. 11]

因为：它们是有理的，

所以：*CD* 是二项线。 [X. 36]

接下来可以证明：*CD* 与 *AB* 是同级的。

因为：*AE* 上的正方形比 *EB* 上的正方形大一个与 *AE* 要么可公度，要么不可公度的线段上的正方形，

设：此时 *AE* 上的正方形比 *EB* 上的正方形大一个与 *AE* 是可公度的线段上的正方形，

那么：*CF* 上的正方形也将比 *FD* 上的正方形大一个与 *CF* 也是可公度的线段上的正方形。 [X. 14]

设：*AE* 与给定的有理线段是可公度的，

那么：*CF* 与给定的有理线段也是可公度的， [X. 12]

所以：线段 *AB*、*CD* 都是第一二项线，它们是同级的。[X. 定义 II. 1]

设：*EB* 与给定的有理线段是可公度的，那么 *FD* 与给定的有理线段也是可公度的， [X. 12]

所以：*CD* 与 *AB* 同级，

都是第二二项线。 [X. 定义 II. 2]

设：线段 *AE*、*EB* 的每一个与所设有理线段都不是可公度的，那么线段 *CF*、*FD* 每一个与所设有理线段也是不可公度的， [X. 13]

因此：*AB*、*CD* 都是第三二项线。 [X. 定义 II. 3]

设：*AE* 上的正方形比 *EB* 上的正方形大一个与 *AE* 是不可公度的线段上的正方形，

那么：*CF* 上的正方形比 *FD* 上的正方形也大一个与 *CF* 是不可公度的线段上的正方形。 [X. 14]

假如：*AE* 与所设有理线段是可公度的，那么 *CF* 与所设有理线段也是可公度的，

因此：*AB*、*CD* 都是第四二项线。 [X. 定义 II. 4]

设：*EB* 与所设有理线段是可公度的，那么 *FD* 也是如此，

因此：两线段 *AB*、*CD* 都是第五二项线， [X. 定义 II. 5]

所以：与二项线是长度可公度的线段是同级的二项线。

证完。

命题 67

…

与一个双中项是长度可公度的线段本身也是双中项线，并且是同级的。

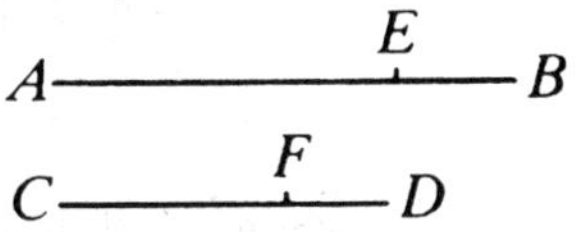

设：已知 *AB* 是双中项线，且与线 *CD* 是长度可公度的。

那么可以说：*CD* 也是双中项线，并与 *AB* 同级。

因为：*AB* 是双中项线，

那么，设：*AB* 被点 *E* 分为两个中项线，

因此：*AE*、*EB* 是仅正方可公度的两中项线。 [X. 37. 38]

作比例：使得 *AB* 比 *CD* 如同 *AE* 比 *CF*，

因此：有余量 *EB* 比余量 *FD* 如同 *AB* 比 *CD*。 [V. 19]

因为：*AB* 与 *CD* 是长度可公度的，

所以：*AE*、*EB* 分别与 *CF*、*FD* 是可公度的。 [X. 11]

因为：*AE*、*EB* 是中项线，

所以：*CF*、*FD* 也是中项线。 [X. 23]

因为：*AE* 比 *EB* 如同 *CF* 比 *FD*， [V. 11]

且 *AE*、*EB* 是仅正方可公度的，

因此：*CF*、*FD* 也是仅正方可公度的。 [X. 11]

又因，已经证明：它们是中项线，

因此：*CD* 是双中项线。

接下来可以证明：*CD* 与 *AB* 是同级的。

因为：*AE* 比 *EB* 如同 *CF* 比 *FD*，

所以：*AE* 上的正方形比矩形 *AE*、*EB* 如同 *CF* 上的正方形比矩形 *CF*、*FD*，

由更比：有 *AE* 上的正方形比 *CF* 上的正方形如同矩形 *AE*、*EB* 比矩形 *CF*、*FD*。 [V. 16]

因为：*AE* 上的正方形与 *CF* 上的正方形是可公度的，

所以：矩形 *AE*、*EB* 与矩形 *CF*、*FD* 也是可公度的。

设：矩形 *AE*、*EB* 是有理的，

那么：矩形 *CF*、*FD* 也是有理的。

因为：*CD* 是第一个第一中项线， [X. 37]

设：矩形 *AE*、*EB* 是中项面，

那么：矩形 *CF*、*FD* 也是中项面， [X. 23，推论]

所以：*AC*、*CD* 都是第二中项线， [X. 38]

因此：*AB* 与 *CD* 是同级的双中项线。

证完。

命题 68

•••

与一主线可公度的线段本身也是主线。

A *C* *F* *E* *D* *B*

设：已知 *AB* 是主线，而 *AB* 与 *CD* 是可公度的。

那么可以说：*CD* 是主线。

设：*E* 将 *AB* 分为两段，

因此：*AE*、*EB* 是正方不可公度的两线段，它们上的正方形的和是有理的，但是由它们围成的矩形是中项面。 [X. 39]

如上作图。

因为：*AB* 比 *CD* 如同 *AE* 比 *CF*，且如同 *EB* 比 *FD*，

因此：*AE* 比 *CF* 如同 *EB* 比 *FD*。 [V. 11]

因为：*AB* 与 *CD* 是可公度的，

所以：AE、EB 分别与 CF、FD 也是可公度的。 [X. 11]

因为：AE 比 CF 如同 EB 比 FD，

由更比：有 AE 比 EB 如同 CF 比 FD， [V. 16]

由合比：有 AB 比 BE 如同 CD 比 FD， [V. 18]

因此：AB 上的正方形比 BE 上的正方形如同 CD 上的正方形比 DF 上的正方形。 [VI. 20]

同理可证：AB 上的正方形比 AE 上的正方形也如同 CD 上的正方形比 CF 上的正方形。

所以：AB 上的正方形比 AE、EB 上的正方形的和如同 CD 上的正方形比 CF、FD 上的正方形的和。

由更比：有 AB 上的正方形比 CD 上的正方形如同 AE、EB 上的正方形的和比 CF、FD 上的正方形的和。 [V. 16]

因为：AB 上的正方形与 CD 上的正方形是可公度的，

因此：AE、EB 上的正方形的和与 CF、FD 上的正方形的和也是可公度的。

因为：AE、EB 上的正方形的和是有理的， [X. 39]

所以：CF、FD 上的正方形的和是有理的。

同理：有二倍的矩形 AE、EB 与二倍的矩形 CF、FD 是可公度的。

因为：二倍的矩形 AE、EB 是中项面，

所以：二倍的矩形 CF、FD 也是中项面， [X. 23，推论]

所以：CF、FD 是正方不可公度的两线段，它们上的正方形的和是有理的，由它们围成的矩形是中项面，

因此：整体 CD 是被称为主线的无理线段， [X. 39]

因此：与主线可公度的线段是主线。

证完。

命题 69

…

与一中项面有理面和的边可公度的线段也是中项面有理面和的边。

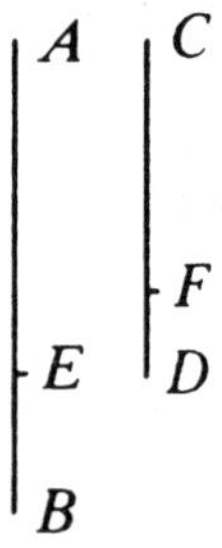

设：AB 是中项面有理面和的边，且 AB 与 CD 可公度。

那么可以说：CD 也是中项面有理面和的边。

设：点 E 将 AB 分为两线段，

所以：AE、EB 是正方不可公度的线段，且它们上的正方形的和是中项面，

但是由它们围成的矩形是有理面。 [X. 40]

由上作图。

同理可证：CF、FD 是正方不可公度的，

且 AE、EB 上的正方形的和与 CF、FD 上的正方形的和是可公度的，

而矩形 AE、EB 与矩形 CF、FD 是可公度的，

因此：CF、FD 上的正方形的和也是中项面，且矩形 CF、FD 是有理的，

所以：CD 是一个中项面有理面和的边。

证完。

命题 70

…

与一两中项面和的边可公度的线段也是两中项面和的边。

设：已知 AB 是两中项面和的边，且 AB 与 CD 是可公度的。

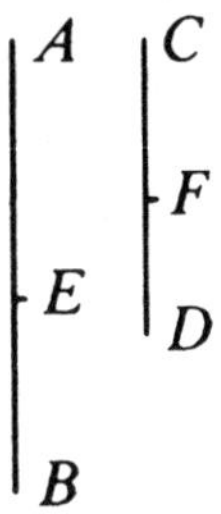

那么可以说：CD 也是一个两中项面和的边。

因为：AB 是两中项面和的边，

那么，设：点 E 将 AB 分为两段，

因此：AE、EB 是正方不可公度的两线段，

并且它们上的正方形的和是中项面，它们围成的矩形是中项面，

所以：AE、EB 上的正方形的和与矩形 AE、EB 是不可公度的。[X. 41]

由上作图。

同理可证：CF、FD 也是正方不可公度的，而 AE、EB 上的正方形的和与 CF、FD 上的正方形的和是可公度的。

因为：矩形 AE、EB 与矩形 CF、FD 是可公度的，

所以：CF、FD 上的正方形的和及矩形 CF、FD 都是中项面。

又因：CF、FD 上的正方形的和与矩形 CF、FD 是不可公度的，

因此：CD 是一个两中项面和的边。

证完。

命题 71

…

假如一有理面和一中项面相加，那么可以产生四个无理线段，也就是一个二项线或者一个第一双中项线，或者一条主线或者一个中项面有理面和的边。

设：AB 是有理面，CD 是中项面。

那么可以说：AD 面的边是一个二项线，或者是第一双中项线，或者是一条主线，或者是一个中项面有理面和的边。

因为：AB 要么大于 CD，要么小于 CD。

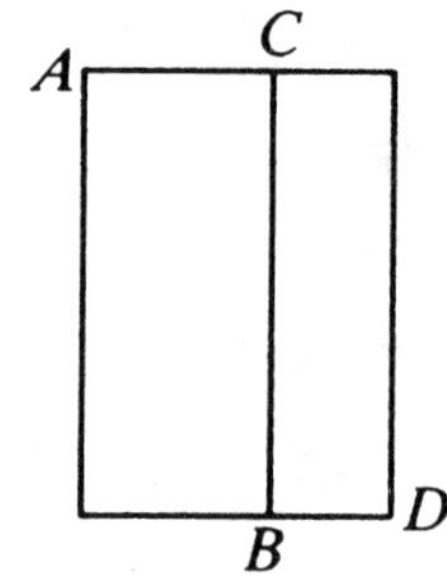

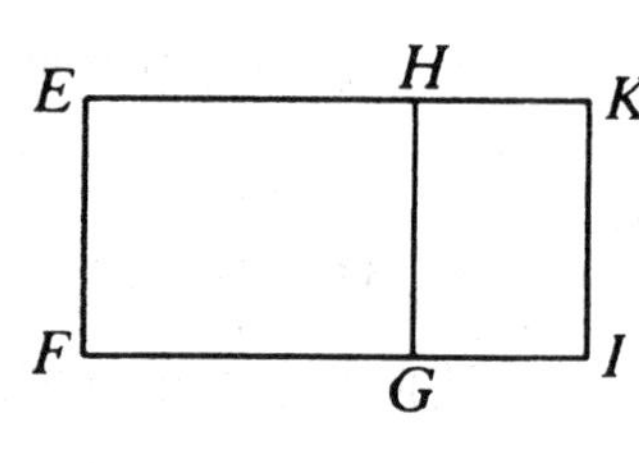

先设：*AB* 大于 *CD*。

已知有理线段 *EF*，在 *EF* 上贴合一个矩形 *EG* 等于 *AB*，产生出作为宽的 *EH*；

并在 *EF* 上贴合一个矩形 *HI* 等于 *DC*，产生出作为宽的 *HK*。

因为：*AB* 是有理面，等于 *EG*，

所以：*EG* 也是有理面。

因为：它是贴合于 *EF* 上的，产生出作为宽的 *EH*，

所以：*EH* 是有理的，且与 *EF* 是长度可公度的。 [X. 20]

因为：*CD* 是中项面，等于 *HI*，

因此：*HI* 是中项面。

并且它是贴合在有理线段 *EF* 上，产生出作为宽的 *HK*，

所以：*HK* 是有理的，且与 *EF* 是长度不可公度的。 [X. 22]

因为：*CD* 是中项面，且 *AB* 是有理面，

所以：*AB* 与 *CD* 是不可公度的，

因此：*EG* 与 *HI* 也是不可公度的。

因为：*EG* 与 *HI* 如同 *EH* 比 *HK*， [VI. 1]

所以：*EH* 与 *HK* 也是长度不可公度的。 [X. 11]

又因：二者都是有理的，

所以：*EH*、*HK* 是仅正方可公度的两有理线段，

因此：*EK* 是一个被分于点 *H* 的二项线。 [X. 36]

因为：*AB* 大于 *CD*，而 *AB* 等于 *EG*，*CD* 等于 *HI*，

那么：*EG* 大于 *HI*，

所以：*EH* 大于 *HK*，

因此：*EH* 上的正方形比 *HK* 上的正方形大一个与 *EH* 要么是长度可公度的，要么是不可公度的线段上的正方形。

先设：*EH* 上的正方形比 *HK* 上的正方形大一个与 *EH* 是长度可公度的线段上的正方形，

因为：大线段 *HE* 与给定有理线段 *EF* 是长度可公度的，

所以：*EK* 是一个第一二项线。 [X. 定义 II. 1]

因为：*EF* 是有理的，

且倘若由一条有理线段与第一二项线围成一个矩形面，那么此面的边是二项线， [X. 54]

所以：*EI* 的边是二项线，

因此：*AD* 的边也是二项线。

再设：*EH* 上的正方形比 *HK* 上的正方形大一个与 *EH* 是不可公度的线段上的正方形。

因为：大线段 *EH* 与给出的有理线段 *EF* 是长度可公度的，

因此：*EK* 是一个第四二项线。 [X. 定义 II. 4]

又因：*EF* 是有理的，

且倘若由有理线段和第四二项线围成一个矩形面，那么此面的边是被称为主线的无理线段， [X. 57]

因此：面 *EI* 的边是主线，

所以：面 *AD* 的边也是主线。

再设：*AB* 小于 *CD*，

那么：*EG* 小于 *HI*，因此 *EH* 小于 *HK*。

因为：此时 *HK* 上的正方形比 *EH* 上的正方形大一个与 *HK* 要么是可公度的，要么是不可公度的线段上的正方形，

先设：*HK* 上的正方形比 *EH* 上的正方形大一个与 *HK* 是长度可公度的线段上的正方形，

因为：小线段 *EH* 与给出的有理线段 *EF* 是长度可公度的，

所以：*EK* 是一个第二二项线。 [X. 定义 II. 2]

因为：*EF* 是有理的，

且倘若由有理线段和第二二项线围成一个矩形面，

那么此面的边是一个第一双中项线， [X. 55]

因此：面 *EI* 的边是一个第一双中项线，

所以：面 *AD* 的边也是一个第一双中项线。

再假设：*HK* 上的正方形比 *HE* 上的正方形大一个与 *HK* 是不可公度的线段上的正方形。

因为：小线段 *EH* 与给出的有理线段 *EF* 是可公度的，

所以：*EK* 是一个第五二项线。 [X. 定义 II. 5]

又因：*EF* 是有理的，

且倘若由有理线段和第五二项线围成一个矩形面，那么这个面的边是一个中项面有理面和的边， [X. 58]

所以：面 *EI* 的边是一个中项面有理面和的边，

所以：面 *AD* 的边也是中项面有理面和的边。

以上就是所要证明的。

证完。

命题 72

…

假如把两个彼此不可公度的中项面相加，那么可产生两个无理线段，也就是要么是一个第二双中项线，要么是一个两中项面和的边。

设：*AB* 与 *CD* 是两个彼此不可公度的中项面，令 *AB* 与 *CD* 相加。

那么可以说：*AD* 的边要么是一个第二双中项线，要么是一个两中项

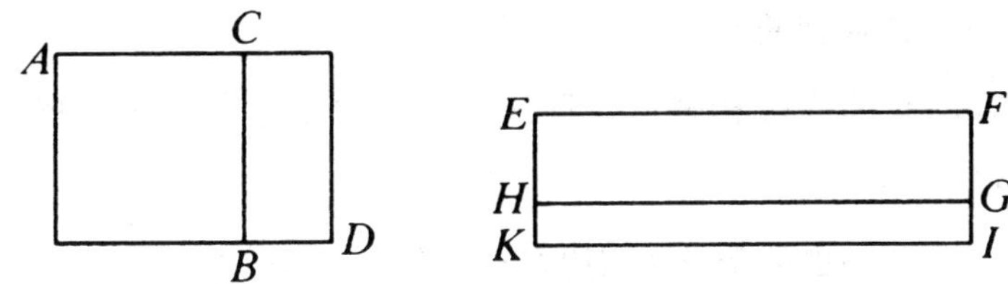

面和的边。

因为：AB 大于或者小于 CD，

先设：AB 大于 CD，

已知：有理线段 EF，并在 EF 上贴合一个矩形 EG 等于 AB，产生出作为宽的 EH，且矩形 HI 等于 CD，产生出作为宽的 HK，

因为：面 AB、CD 都是中项面，

因此：面 EG、HI 也都是中项面，

并且它们都是贴合于有理线段 FE 上的矩形，产生出作为宽的 EH、HK，

所以：线段 EH、HK 的每一个是有理的，并与 EF 是长度不可公度的。

[X. 22]

因为：AB 与 CD 不可公度，并且 AB 等于 EG，且 CD 等于 HI，

所以：EG 与 HI 也是不可公度的。

因为：EG 比 HI 如同 EH 比 HK，　[VI. 1]

因此：EH 与 HK 是长度不可公度的，　[X. 11]

所以：EH、HK 是仅正方可公度的两有理线段，

因此：EK 是二项线。　[X. 36]

因为：EH 上的正方形比 HK 上的正方形大一个与 EH 要么是可公度的，要么是不可公度的线段上的正方形，

设：EH 上的正方形比 HK 上的正方形大一个与 EH 是长度可公度的线段上的正方形，

因为：线段 EH、HK 的每一个与所给出的有理线段 EF 是长度不可公度的，

因此：EK 是一个第三二项线。　[X. 定义 II. 3]

又因：*EF* 是有理的，

且倘若由有理线段和第三二项线围成一个矩形面，那么此面的边是一个第二双中项线， [X. 56]

所以：与 *EI*，也就是 *AD* 的边是一个第二双中项线。

又设：*EH* 上的正方形比 *HK* 上的正方形大一个与 *EH* 是不可公度的线段上的正方形。

因为：线段 *EH*、*HK* 每一个与 *EF* 是长度不可公度的，

所以：*EK* 是一个第六二项线。 [X. 定义 II. 6]

又因：倘若由有理线段和第六二项线围成一个矩形面，

那么该面的边是一个两中项面和的边， [X. 59]

所以：面 *AD* 的边也是一个两中项面和的边。

证完。

二项线和它以后的无理线段既不同于中项线，又彼此不相同。

因为如果在一条有理线段上贴合一个与中项线上的正方形相等的矩形，那么产生出的宽是有理的，并与原有理线段是长度不可公度的。

[X. 22]

但是，假如在一条有理线段上贴合一个与二项线上的正方形相等的矩形，那么产生出的宽是第一二项线。 [X. 60]

假如在有理线段上贴合一个与第一双中项线上的正方形相等的矩形，那么产生出作为宽的线段是第二二项线。 [X. 61]

假如在有理线段上贴合一个与第二双中项线上的正方形相等的矩形，那么产生作为宽的线段是第三二项线。 [X. 62]

假如在有理线段上贴合一个与主线上的正方形相等的矩形，那么产生出作为宽的线段是第四二项线。 [X. 63]

假如在有理线段上贴合一个与中项面有理面和的边上的正方形相等的矩形，那么矩形另一边是第五二项线。 [X. 64]

假如在有理线段上贴合一个与两中项面和的边上的正方形相等的矩形，那么产生出作为宽的线段是第六二项线。 [X. 65]

同时上面所述的那些产生出作为宽的线段，既与第一条有理线段不同，并且又彼此不同。与第一条有理线段不同，是因为它是有理的；且又彼此不同，是因为它们不同级，因此所得的这些无理线段是彼此不同的。

命题 73

• • •

假如从一有理线段减去一与此线仅正方可公度的有理线段，那么余线段为无理线段，称为余线。

A——C————————B

设：从有理线段 *AB* 减去与 *AB* 仅正方可公度的有理线段 *BC*。

那么可以说：余量 *AC* 是被称为余线的无理线段。

因为：*AB* 与 *BC* 是长度不可公度的，

并且 *AB* 比 *BC* 如同 *AB* 上的正方形比矩形 *AB*、*BC*，

所以：*AB* 上的正方形与矩形 *AB*、*BC* 是不可公度的。 [X. 11]

因为：*AB*、*BC* 上的正方形的和与 *AB* 上的正方形是可公度的， [X. 15]

并且二倍的矩形 *AB*、*BC* 与矩形 *AB*、*BC* 是可公度的。 [X. 6]

又因：*AB*、*BC* 上的正方形的和等于二倍矩形 *AB*、*BC* 连同 *CA* 上的正方形的和， [II. 7]

所以：*AB*、*BC* 上的正方形的和与余量 *AC* 上的正方形是不可公度的。 [X. 13，16]

因为：*AB*、*BC* 上的正方形的和是有理的，

因此：AC 是无理的。 [X. 定义 4]

它被称为余线。

证完。

命题 74

…

假如从一中项线减去与此线仅正方可公度的中项线，并且以这两中项线围成的矩形是有理面，那么所得余量是无理的，被称为第一中项余线。

A——C——B

从中项线 AB 减去与 AB 仅正方可公度的中项线 BC，并且矩形 AB、BC 是有理的。

那么可以说：余量 AC 是无理的，并称其为第一中项余线。

因为：AB、BC 是中项线，

所以：AB、BC 上的正方形也都是中项面。

因为：二倍的矩形 AB、BC 是有理的，

所以：AB、BC 上的正方形的和与二倍矩形 AB、BC 是不可公度的，

因此：二倍矩形 AB、BC 与余量 AC 上的正方形也是不可公度的。

[参看 II. 7]

因为：倘若整个的和与二量之一不可公度，那么原来二量是不可公度的， [X. 16]

并且二倍矩形 AB、BC 是有理的，

所以：AC 上的正方形是无理的，

因此：AC 是无理的， [X. 定义 4]

它被称为第一中项余线。

证完。

命题 75

…

假如从一个中项线减去一个与此中项线仅正方可公度又与原中项线围成的矩形为中项面的中项线，那么所得余量是无理的，称为第二中项余线。

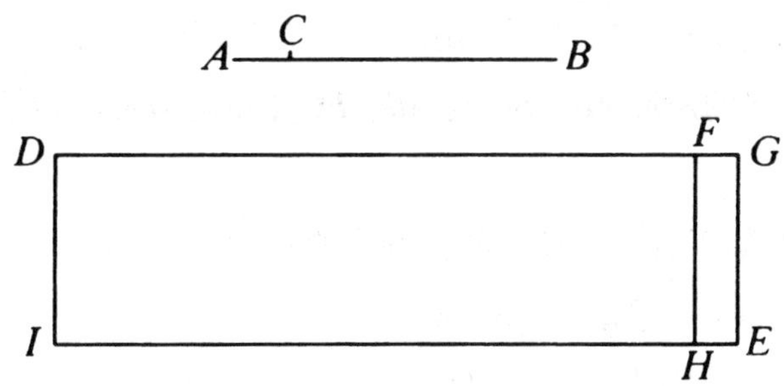

从中项线 *AB* 减去一个与 *AB* 仅正方可公度的中项线 *CB*，且矩形 *AB*、*BC* 是中项面， [X. 28]

那么可以说：余量 *AC* 是无理的，并称其为第二中项余线，

那么：给定一条有理线段 *DI*，并在 *DI* 上贴合一矩形 *DE* 等于 *AB*、*BC* 上的正方形的和，产生出作为宽的 *DG*。

又在 *DI* 上贴合 *DH* 等于二倍的矩形 *AB*、*BC*，产生作为宽的 *DF*，

所以：余量 *FE* 等于 *AC* 上的正方形， [II. 7]

因为：*AB*、*BC* 上的正方形都是中项面并且是可公度的，

所以：*DE* 也是中项面。 [X. 15 和 23，推论]

因为：它是贴合于有理线段 *DI* 上的矩形，产生出作为宽的 *DG*，

因此：*DG* 是有理的，并且与 *DI* 是长度不可公度的。 [X. 22]

因为：矩形 *AB*、*BC* 是中项面，

所以：二倍的矩形 *AB*、*BC* 也是中项面。 [X. 23，推论]

又因：它等于 *DH*，

所以：*DH* 也是中项面。

因为：它是贴合于有理线段 *DI* 上，产生出作为宽的 *DF*，

因此：*DF* 是有理的，并且与 *DI* 是长度不可公度的。 [X. 22]

因为：*AB*、*BC* 是仅正方可公度的，

所以：*AB* 与 *BC* 是长度不可公度的，

因此：*AB* 上的正方形与矩形 *AB*、*BC* 也是不可公度的。 [X. 11]

因为：*AB*、*BC* 上的正方形的和与 *AB* 上的正方形是可公度的，[X. 15]

并且二倍的矩形 *AB*、*BC* 与矩形 *AB*、*BC* 是可公度的， [X. 6]

因此：二倍的矩形 *AB*、*BC* 与 *AB*、*BC* 上的正方形的和是不可公度的。 [X. 13]

因为：*DE* 等于 *AB*、*BC* 上的正方形的和，

并且 *DH* 等于二倍矩形 *AB*、*BC*，

所以：*DE* 与 *DH* 是不可公度的。

因为：*DE* 比 *DH* 如同 *GD* 比 *DF*， [VI. 1]

所以：*GD* 与 *DF* 是不可公度的。 [X. 11]

因为：*GD*、*DF* 都是有理的，

所以：*GD*、*DF* 是仅正方可公度的两有理线段，

因此：*FG* 是一条余线。 [X. 73]

因为：*DI* 是有理的，

且由有理线段和无理线段围成的矩形是无理的， [从 X. 20 推出]

它的边是无限的。

又因：*AC* 是 *FE* 的边

所以：*AC* 是无理的。

AC 被称为第二中项余线。

证完。

命题 76

…

假如从一条线段上减去一个与它是正方不可公度的线段，并且它们上的正方形的和是有理的，但是以它们围成的矩形是中项面，那么所得余量是无理的，称为次线。

A————C————B

从线段 *AB* 减去与 *AB* 是正方不可公度的线段 *BC*，且满足假定条件。 [X. 33]

那么可以说：余量 *AC* 是称作次线的无理线段。

因为：*AB*、*BC* 上的正方形的和是有理的，且二倍矩形 *AB*、*BC* 是中项面，

所以：*AB*、*BC* 上的正方形的和与二倍矩形 *AB*、*BC* 是不可公度的。

又因，变更后：*AB*、*BC* 上的正方形的和与余量，

也就是 *AC* 上的正方形是不可公度的， [II. 7，X. 16]

因为：*AB*、*BC* 上的正方形都是有理的，

所以：*AC* 上的正方形是无理的，

因此：余量 *AC* 是无理的，

它被称为次线。

证完。

命题 77

…

假如从一条线段上减去一个与此线段正方不可公度的线段，且该线段与原线段上的正方形的和是中项面，但以它们围成

的矩形的二倍是有理的，那么余量是无理的，称其为中项面有理面差的边。

A

C

B

从线段 AB 上减去一个与 AB 是正方不可公度的线段 BC，并满足所给的条件。 [X. 34]

那么可以说：AC 是上述的无理线段。

因为：AB、BC 上的正方形的和是中项面，且二倍矩形 AB、BC 是有理的，

因此：AB、BC 上的正方形的和与二倍的矩形 AB、BC 是不可公度的，

所以：余量，也就是 AC 上的正方形，与二倍的矩形 AB、AC 也是不可公度的。 [II. 7，X. 16]

又因：二倍的矩形 AB、BC 是有理的，

所以：AC 上的正方形是无理的，

因此：AC 是无理的，

故把 AC 称为中项面有理面差的边。

证完。

命题 78

• • •

假如从一条线段减去与此线段是正方不可公度的线段，并且该线段与原线段上的正方形的和是中项面，又由它们围成的矩形的二倍也是中项面，且它们上的正方形的和与由它们围成的矩形的二倍是不可公度的，那么余量是无理的，称为两中项面差的边。

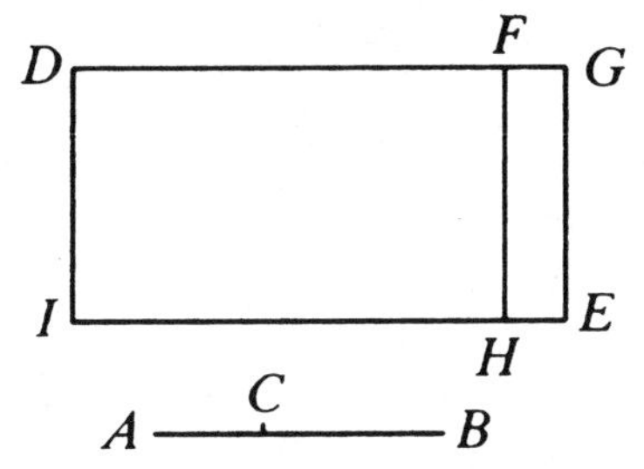

从线段 AB 减去与 AB 是正方不可公度的线段 BC，并满足所给的条件。

[X. 35]

那么可以说：余量 AC 称为两中项面差的边的无理线段。

已知一条有理线段 DI，并在 DI 上贴合一 DE 等于 AB、BC 上的正方形的和，产生出作为宽的 DG，

且矩形 DH 等于二倍矩形 AB、BC，

因此：余量 FE 等于 AC 上的正方形，　[II. 7]

所以：AC 是等于 EF 的正方形的边。

因为：AB、AC 上的正方形的和是中项面且等于 DE，

所以：DE 是中项面。

因为：它是贴合于有理线段 DI 上，产生出作为宽的 DG，

因此：DG 是有理的，并与 DI 是长度不可公度的。　[X. 22]

因为：二倍的矩形 AB、BC 是中项面且等于 DH，

所以：DH 是中项面。

又因：它是贴合于有理线段 DI 上的，产生出作为宽的 DF，

因此：DF 也是有理的，且与 DI 是长度不可公度的。　[X. 22]

因为：AB、BC 上的正方形的和与二倍矩形 AB、BC 是不可公度的，

因此：DE 与 DH 也是不可公度的。

因为：DE 比 DH 也如同 DG 比 DF，　[VI. 1]

所以：DG 与 DF 是不可公度的。　[X. 11]

因为：两者都是有理的，

所以：GD、DF 是仅正方可公度的两有理线段，

因此：FG 是一条余线。　[X. 73]

因为：FH 是有理的，

但是由一条有理线段和一条余线围成的矩形是无理的，

[从 X. 20，推出]，

并且它的边是无理的，

又因：AC 是 FE 的边，

所以：AC 是无理线段，

故 AC 被称为两中项面差的边。

证完。

命题 79

•••

仅有一条有理线段可以附加到一条余线上，能使此有理线段与全线段是仅正方可公度的。

A——B——C——D

设：AB 是一条余线，而 BC 是加到 AB 上的附加线段；

因此：AC、CB 是仅正方可公度的两有理线段。 [X. 73]

那么可以说：没有别的有理线段可以附加到 AB 上，使得此有理线段与全线段仅正方可公度。

设：BD 是附加线段，

因此：AD、DB 是仅正方可公度的两有理线段。 [X. 73]

因为：AD、DB 上的正方形的和比二倍矩形 AD、DB 所超过的量，

也是 AC、CB 上的正方形之和比二倍矩形 AC、CB 所超过的量，

因为：二者都超出 AB 上的正方形，

因此，变更后：AD、DB 上的正方形的和比 AC、CB 上的正方形的和所超过的量是二倍的矩形 AD、DB 比二倍的矩形 AC、CB 所超过的量。

又因：AD、DB 上的正方形的和比 AC、CB 上的正方形的和超出一个有理面，这是因为两者都是有理面，

所以：二倍矩形 AD、DB 比二倍矩形 AC、CB 所超过的量也为一个

有理面。

这是不符合实际的。

因为：两者都是中项面， [X. 21]

且一个中项面与一个中项面之差不是有理面， [X. 26]

因此：没有另外有理线段附加到 AB 上，使得此有理线段与全线段是仅正方可公度的，

因此：仅有一条有理线段附加到一条余线上，能使得此有理线段与全线段是仅正方可公度的。

证完。

命题 80

•••

仅有一个中项线可以附加到一个中项线的第一余线上，能使此中项线与全线段是仅正方可公度的，并且它们围成的矩形是有理的。

A——B————C——D

设：AB 是一个中项线的第一余线，BC 是加到 AB 上的附加线段，

因此：AC、CB 是仅正方可公度的两中项线，并且矩形 AC、CB 是有理面。 [X. 74]

那么可以说：没有另外的中项线加到 AB 上，能使得中项线与全线段是仅正方可公度的，并且它们围成的矩形是有理面。

设：DB 也是这样附加上的线段，

那么：AD、DB 也是仅正方可公度的中项线，矩形 AD、DB 是有理面。 [X. 74]

因为：AD、DB 上的正方形的和比二倍的矩形 AD、DB 所超过的量也

是 *AC*、*CB* 上的正方形的和比二倍的矩形 *AC*、*CB* 所超过的量，

因为：它们超过同一个量，也就是 *AB* 上的正方形， [II. 7]

因此，变更后：*AD*、*DB* 上的正方形的和比 *AC*、*CB* 上的正方形的和所超过的量也是二倍的矩形 *AD*、*DB* 比二倍的矩形 *AC*、*CB* 所超过的量。

因为：二倍矩形 *AD*、*DB* 比二倍矩形 *AC*、*CB* 超出一个有理面，

又因：两者都是有理面，

因此：*AD*、*DB* 上的正方形的和比 *AC*、*CB* 上的正方形的和也超过一个有理面。

这是不符合实际的。

因为：两者都是中项面， [X. 15 和 23，推论]

并且一个中项面不会一个中项面大一个有理面， [X. 26]

因此证明了命题。

证完。

命题 81

•••

仅有一个中项线附加到一个中项线第二余线上，能使此中项线和全线段是仅正方可公度，并且它们围成的矩形是一个中项面。

设：*AB* 是一个中项线的第二余线，*BC* 是加到 *AB* 上的附加线段，

因此：*AC*、*CB* 是仅正方可公度的两中项线，矩形 *AC*、*CB* 是一个中项面。 [X. 75]

那么可以说：没有另外的中项线附加到 *AB* 上，使得此中项线与全线段是仅正方可公度的，并且由它们围成的矩形是一个中项面。

设：*BD* 也是这样附加上去的线段，

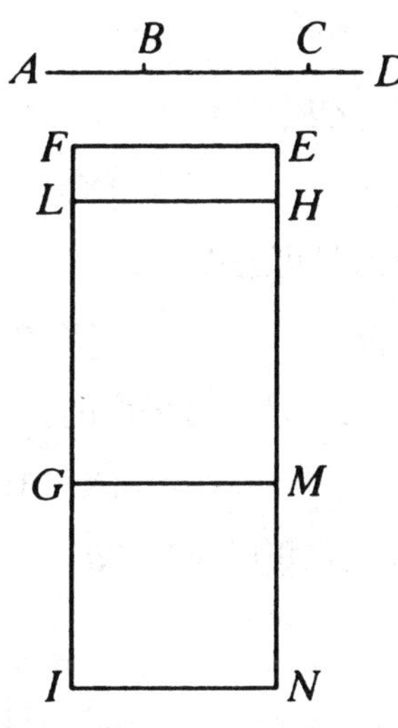

那么：AD、DB 也是仅正方可公度的两中项线，

因此：矩形 AD、DB 是中项面。 [X. 75]

又已知 EF 是有理线段，并在 EF 上贴合一个等于 AC、CB 上的正方形的和的矩形 EG，产生出作为宽的 EM，

并从中减去 HG 等于二倍矩形 AC、CB，产生出作为宽的 HM，

因此：余量 EL 等于 AB 上的正方形。 [II. 7]

因为：AB 是 EL 的边。

又设：在 EF 上贴合一个 EI 等于 AD、DB 上的正方形的和，产生出作为宽的 EN，

又因：EL 等于 AB 上的正方形，

所以：余量 HI 等于二倍矩形 AD、DB。 [II. 7]

因为：AC、CB 都是中项线，

因此：AC、CB 上的正方形也都是中项面，

它们的和等于 EG，

所以：EG 也是中项面。 [X. 15 和 23，推论]

因为：它是贴合于有理线段 EF 上，产生出作为宽的 EM，

所以：EM 是有理的，并且与 EF 是长度不可公度的。 [X. 22]

因为：矩形 AC、CB 是中项面，

二倍的矩形 AC、CB 也是中项面， [X. 23，推论]

且它等于 HG，

所以：HG 也是中项面。

因为：它是贴合于有理线段 EF 上，产生出作为宽的 HM，

所以：HM 也是理的，与 EF 是长度不可公度的。 [X. 22]

因为：AC、CB 是仅正方可公度的，

因此：AC 与 CB 是长度不可公度的。

因为：AC 比 CB 如同 AC 上的正方形比矩形 AC、CB，

所以：AC 上的正方形与矩形 AC、CB 是不可公度的。 [X. 11]

因为：AC、CB 上的正方形的和与 AC 上的正方形是可公度的，

二倍的矩形 AC、CB 与矩形 AC、CB 是可公度的， [X. 6]

因此：AC、CB 上的正方形的和与二倍矩形 AC、CB 是不可公度的。

[X. 13]

因为：EG 等于 AC、CB 上的正方形的和，GH 等于二倍矩形 AC、CB，

所以：EG 与 HG 是不可公度的。

又因：EG 比 HG 如同 EM 比 HM， [VI. 1]

所以：EM 与 MH 是长度不可公度的， [X. 11]

并且两者都是有理的，

因此：EM、MH 是仅正方可公度的两有理线段，

因此：EH 是一条余线，并且 HM 是附加在其上的线段。 [X. 73]

同理可证：HN 也是附加在 EH 上的线段。

所以：有不同的线段附加在一条余线上，并且它们的与所得的全线段是仅正方可公度的。

这是不符合实际的。

证完。

命题 82

…

仅有一条线段附加到一个次线上，能使此线与全线段是正方不可公度的，并且它们上的正方形的和是有理的，而以它们围成的矩形的二倍是中项面。

A———B———————C———D

设：AB 是一条次线，BC 则附加到 AB 上，

因此：AC、CB 是正方不可公度的，它们上的正方形的和是有理的，并且以它们围成的矩形的二倍是中项面。 [X. 76]

那么可以说：没有另外的线段附加到 AB 上，能满足同样的条件。

设：BD 是这样附加的线段，

因此：AD、DB 也是满足上述条件的正方不可公度的两线段。 [X. 76]

因为：AD、DB 上的正方形的和比 AC、CB 上的正方形的和所超过的量也是二倍矩形 AD、DB 比二倍矩形 AC、CB 所超过的量，

并且 AD、DB 上的正方形的和比 AC、CB 上的正方形之和超过的量为一个有理面，

又因：两者都是有理面，

因此：二倍矩形 AD、DB 也超过二倍矩形 AC、CB 的量为一个有理面。

因为：两者都是中项面， [X. 26]

所以：这是不符合实际的，

因此：仅有一条线段附加到一条次线上，能使此线段与全线段是正方不可公度的，并且它们上的正方形的和是有理的，而以它们围成的矩形的二倍是中项面。

证完。

命题 83

…

仅有一条线段附加到一个中项面有理面差的边上，能使该线段与全线段是正方不可公度的，并且在它们上的正方形的和是中项面，那么以它们围成的矩形的二倍是有理面。

A——B——C——D

设：AB 是一个中项面有理面差的边，

BC 是附加到 AB 上的线段，

因此：AC、CB 是正方不可公度的两线段，并且满足前述条件。

[X. 77]

那么可以说：没有另外的线段能附加到 AB 上，并且满足同样的条件。

设：如果 BD 是这样附加上的线段，

那么：AD、DB 是正方不可公度的，且满足已知条件。 [X. 77]

因此：如前所述，AD、DB 上的正方形的和比 AC、CB 上的正方形的和所超过的量也是二倍矩形 AD、DB 比二倍矩形 AC、CB 所超过的量。

又因：二倍矩形 AD、DB 比二倍矩形 AC、CB 是有理的，

且二者都是有理的，

因此：AD、DB 上的正方形的和比 AC、CB 上的正方形的和的超过的量也是一个有理面。

又因：二者都是中项面， [X. 26]

所以：这是不符合实际的，

因此：没有别的线段附加到 AB 上，且该线段与全线段是正方不可公度的，且它与整条线段满足前述的条件，

所以：仅有一条线段能这样附加上去。

证完。

命题 84

…

仅有一条线段能附加到一条两个中项面差的边上，能使该线段与全线段是正方不可公度的，并且它们上的正方形的和是

中项面，以它们围成的矩形的二倍既是中项面，又与它们上的正方形的和不可公度。

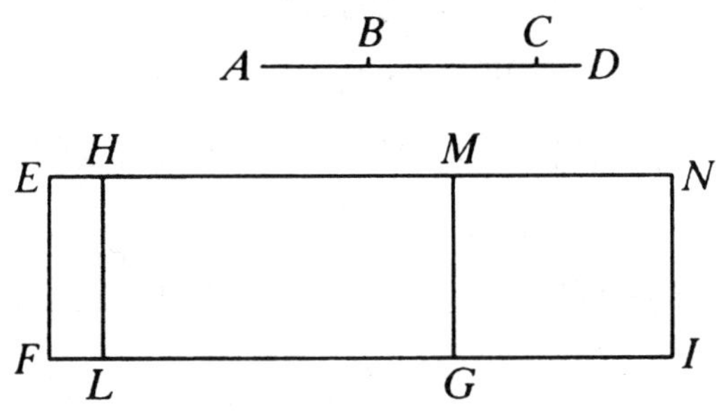

设：AB 是一个两中项面差的边，BC 是附加到 AB 上的线段，

因此：AC、CB 是正方不可公度的两线段，且满足前述的条件。 [X. 78]

那么可以说：没有另外的线段附加到 AB 上，且满足上述条件。

设：BD 是这样附加上的线段，

因此：AD、DB 也是正方不可公度的，

并且 AD、DB 上的正方形的和是中项面，二倍的矩形 AD、DB 是中项面，又 AD、DB 上的正方形的和与二倍的矩形 AD、DB 也是不可公度的。 [X. 78]

已知一条有理线段 EF，并在 EF 上贴合 EG 等于 AC、CB 上的正方形的和，产生出作为宽的 EM，

在 EM 上贴合于 HG 等于二倍的矩形 AC、CB，产生出作为宽的 HM，

所以：余量，也就是 AB 上的正方形 [II. 7]，等于 FL，

因此：AB 是与 LE 相等的正方形的边，

因为：在 EF 上贴合于 EI 等于 AD、DB 上的正方形的和，产生出作为宽的 EN，

因为：AB 上的正方形等于 EL，

因此：余量，也就是二倍的矩形 AD、DB[II. 7]，等于 HI。

因为：AC、CB 上的正方形的和是中项面，等于 EG，

所以：EG 也是中项面。

因为：它是贴合于有理线段 EF 上的，产生出作为宽的 EM，

所以：EM 是有理的，且与 EF 是长度不可公度的。 [X. 22]

因为：二倍的矩形 AC、CB 是中项面，且等于 HG，

因此：HG 也是中项面。

因为：它是贴合于有理线段 EF 上，产生作为宽的 HM，

所以：HM 是有理的，且与 EF 是长度不可公度的。 [X. 22]

因为：AC、CB 上的正方形的和与二倍的矩形 AC、CB 是不可公度的，且 EG 与 HG 也是不可公度的，

所以：EM 与 MH 也是长度不可公度的。 [VI. 1，X. 11]

因为：二者都是有理的，

所以：EM、MH 是仅正方可公度的有理线段，

因此：EH 是一条余线，HM 是附加到它上的线段。 [X. 73]

同理可证：EH 也是一条余线，HN 是附加到它上的，

所以：有不同的有理线附加到一条余线上，与全线段是仅正方可公度的，

这是不切实际的。 [X. 79]

所以：没有线段能附加到 AB 上。

因此：仅有一条线段能附加到 AB 上，该线段与全线段是正方不可公度的，并且它们上的正方形的和是中项面，以它们围成的矩形的二倍是中项面，它们上的正方形的和与由它们围成的矩形的二倍是不可公度的。

证完。

定义 III

01 给定一条有理线段和一条余线，如果全线段上的正方形比附加上去的线段上的正方形大一个与全线段是长度可公度的一条线段上的正方形，且全线段与给定的有理线段是长度可公度的，那么把此余线称为第一余线。

02 但若附加线段与给定的有理线段是长度可公度的，而全线段上的正方形比附加线段上的正方形大一个与全线段可公度的一条线段上的正方形，那么把此余线称为第二余线。

03 但若全线段及附加线段两者与给定的有理线段都是长度不可公度的，且全线段上的正方形比附加线段上的正方形大一个与全线段可公度的一条线段上的正方形，那么把此余线称为第三余线。

04 又若全线段上的正方形比附加线段上的正方形大一个与全线段不可公度的一条线段上的正方形，此外，如果全线段与给定的有理线段是长度可公度的，那么把此余线称为第四余线。

05 若附加线段与已知有理线段是长度可公度的，那么把此余线称为第五余线。

06 若全线段及附加线段两者与给定有理线段都是长度不可公度的，那么把此余线称为第六余线。

命题

命题 85

…

求第一余线。

设：已知有理线段 A，而 BG 与 A 是与长度可公度的，

因此：BG 也是有理线段。

已知 DE、EF 是两个平方数，而它们的差 FD 不是平方数，

那么：ED 与 DF 的比不同于一个平方数比一个平方数。

设已作出比例：ED 比 DF 如同 BG 上的正方形比 GC 上的正方形，

[X. 6，推论]

因此：BG 上的正方形与 GC 上的正方形是可公度的。 [X. 6]

因为：BG 上的正方形是有理的，

因此：GC 上的正方形也是有理的，

所以：GC 也是有理的。

因为：ED 比 DF 不同于一个平方数比一个平方数，

因此：BG 上的正方形与 GC 上的正方形的比也不同于一个平方数比一个平方数，

所以：BG 与 GC 是长度不可公度的。 [X. 9]

又因：两者都是有理的，

所以：*BG*、*GC* 是仅正方可公度的两有理线段，

因此：*BC* 是一条余线。 [X. 73]

接下来可以证明：它也是一个第一余线。

那么，设：*H* 上的正方形是 *BG* 上的正方形与 *GC* 上的正方形的差。

因为：*ED* 比 *FD* 如同 *BG* 上的正方形比 *GC* 上的正方形，

因此，由换比：*DE* 与 *EF* 如同 *GB* 上的正方形比 *H* 上的正方形。

因为：*DE* 与 *EF* 的比如同一个平方数比一个平方数，

且每一个都是平方数，

因此：*GB* 上的正方形与 *H* 上的正方形之比如同一个平方数比一个平方数，

所以：*BG* 与 *H* 是长度可公度的。 [X. 9]

因为：*BG* 上的正方形比 *GC* 上的正方形大一个与 *BG* 是长度可公度的线段上的正方形，

且全线段 *BG* 与给定的有理线段 *A* 是长度可公度的，

所以：*BC* 是第一余线， [X. 定义 III. 1]

因此：第一余线已求出。

证完。

命题 86

…

求第二余线。

设：已知一条有理线段 *A*，且 *GC* 与 *A* 是长度可公度的。

因此：*GC* 是有理的。

已知 *DE*、*EF* 是两个平方数，而它们的差 *DF* 不是平方数。

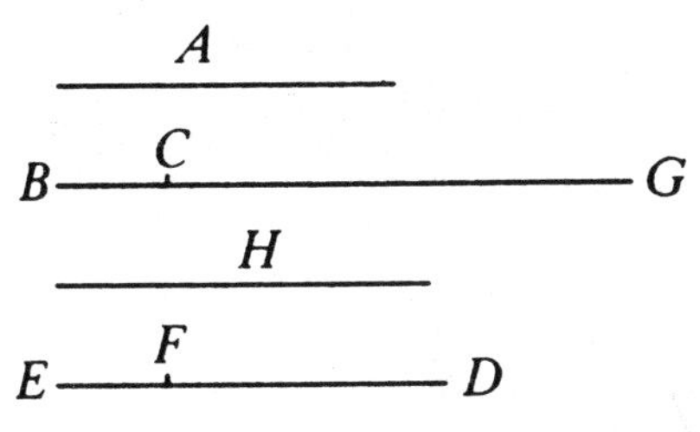

设已作出比例：*FD* 比 *DE* 如同 *CG* 上的正方形比 *GB* 上的正方形。 [X. 6，推论]

因此：*CG* 上的正方形与 *GB* 上的正方形是可公度的。 [X. 6]

因为：*CG* 上的正方形是有理的，

所以：*GB* 上的正方形也是有理的，

因此：*BG* 也是有理线段。

因为：*GC* 上的正方形与 *GB* 上的正方形的比不同于一个平方数比一个平方数，

因此：*CG* 与 *GB* 是长度不可公度的。 [X. 9]

又因：两者都是有理的，

所以：*CG*、*GB* 是仅正方可公度的两有理线段，

所以：*BC* 是一条余线。 [X. 73]

接下来可以证明：它是一个第二余线。

设：*H* 上的正方形是 *BG* 上的正方形比 *GC* 上的正方形所超过的量。

因为：*BG* 上的正方形比 *GC* 上的正方形如同数 *ED* 比数 *DF*，

因此，由换比：*BG* 上的正方形比 *H* 上的正方形如同 *DE* 比 *EF*。 [V. 19，推论]

又因：两数 *DE*、*EF* 都是平方数，

所以：*BG* 上的正方形与 *H* 上的正方形的比如同一个平方数比一个平方数，

所以：*BG* 与 *H* 是长度可公度的。 [X. 9]

因为：*BG* 上的正方形比 *GC* 上的正方形大一个 *H* 上的正方形，

所以：*BG* 上的正方形比 *GC* 上的正方形大一个与 *BG* 是长度可公度的线段上的正方形。

又因：附加线段 *CG* 与给定的有理线段 *A* 是可公度的，

所以：*BC* 是一个第二余线， [X. 定义 III. 2]

因此：第二余线 BC 已求出。

证完。

命题 87

•••

求第三余线。

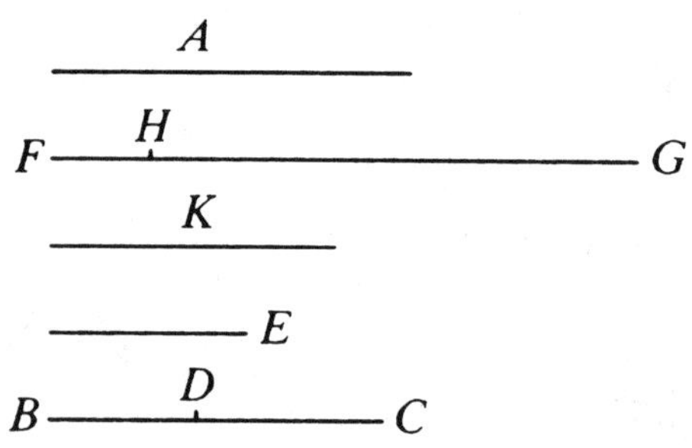

A

F H G

K

E

B D C

设：A 是有理线段，数 E、BC、CD 任两者的比不同于一个平方数比一个平方数。

但 CB 与 BD 的比如同一个平方数比一个平方数。

设作出比例：E 比 BC 如同 A 上的正方形比 FG 上的正方形。

令 BC 比 CD 如同 FG 上的正方形比 GH 上的正方形。 [X. 6，推论]

因为：E 比 BC 如同 A 上的正方形比 FG 上的正方形，

因此：A 上的正方形与 FG 上的正方形是可公度的。 [X. 6]

因为：A 上的正方形是有理的，

所以：FG 上的正方形也是有理的，

因此：FG 是有理的。

因为：E 与 BC 的比不同于一个平方数比一个平方数，

所以：A 上的正方形与 FG 上的正方形的比也不同于一个平方数比一个平方数，

因此：A 与 FG 是长度不可公度的。 [X. 9]

因为：BC 比 CD 如同 FG 上的正方形比 GH 上的正方形，

因此：FG 上的正方形与 GH 上的正方形是可公度的。 [X. 6]

因为：*FG* 上的正方形是有理的，

所以：*GH* 上的正方形也是有理的，

因此：*GH* 是有理的。

因为：*BC* 与 *CD* 的比不同于一个平方数比一个平方数，

因此：*FG* 上的正方形比 *GH* 上的正方形也不同于一个平方数比一个平方数，

所以：*FG* 与 *GH* 是长度不可公度的。　[X. 9]

又因：两者都是有理的，

所以：*FG*、*GH* 是仅正方可公度的两有理线段，

因此：*FH* 是一条余线。　[X. 73]

接下来可以证明：它也是一个第三余线。

因为：*E* 比 *BC* 如同 *A* 上的正方形比 *FG* 上的正方形，

且 *BC* 比 *CD* 如同 *FG* 上的正方形比 *HG* 上的正方形，

因此，取首末比：*E* 比 *CD* 如同 *A* 上的正方形比 *HG* 上的正方形。　[V. 22]

因为：*E* 与 *CD* 的比不同于一个平方数比一个平方数，

所以：*A* 上的正方形与 *GH* 上的正方形的比不同于一个平方数比一个平方数，

所以：*A* 与 *GH* 是长度不可公度的，　[X. 9]

因此：线段 *FG*、*GH* 都与给定的有理线段 *A* 不是长度可公度的。

设：*K* 上的正方形是 *FG* 上的正方形比 *GH* 上的正方形所超过的量。

因为：*BC* 比 *CD* 如同 *FG* 上的正方形比 *GH* 上的正方形，

因此，由换比：*BC* 比 *BD* 如同 *FG* 上的正方形比 *K* 上的正方形。　[V. 19，推论]

因为：*BC* 与 *BD* 的比如同一个平方数比一个平方数，

因此：*FG* 上的正方形与 *K* 上的正方形的比也如同一个平方数比一个平方数，

所以：*FG* 与 *K* 是长度可公度的，　[X. 9]

并且 FG 上的正方形比 GH 上的正方形大一个与 FG 是可公度的线段上的正方形。

又因：FG、GH 都与所给定的有理线段 A 不是长度可公度的，

所以：FH 是一个第三余线， [X. 定义 III. 3]

因此：第三余线 FH 已作出。

证完。

命题 88

• • •

求第四余线。

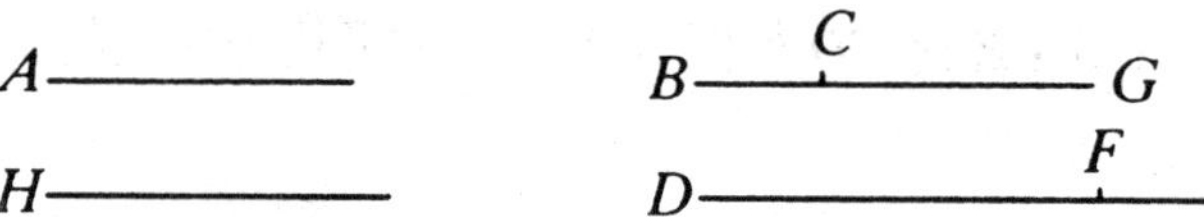

已知 A 是一条有理线段，并与 BG 是长度可公度的；

因此：BG 也是有理线段。

设：已知两个数 DF、FE，使它们的和 DE 与数 DF、EF 每一个的比不同于一个平方数比一个平方数。

设作出比例：DE 比 EF 如同 BG 上的正方形比 GC 上的正方形，

[X. 6，推论]

因此：BG 上的正方形与 GC 上的正方形是可公度的。 [X. 6]

因为：BG 上的正方形是有理的，

所以：GC 上的正方形也是有理的，

因此：GC 是有理的。

因为：DE 与 EF 的比不同于一个平方数比一个平方数，

所以：BG 上的正方形与 GC 上的正方形的比也不同于一个平方数比

一个平方数，

因此：BG 与 GC 是长度不可公度的。 [X. 9]

又因：两者都是有理的，

所以：BG、GC 是仅正方可公度的两有理线段，

所以：BC 是一条余线。 [X. 73]

设：H 上的正方形是 BG 上的正方形比 GC 上的正方形所超过的量，

因为：DE 比 EF 如同 BG 上的正方形比 GC 上的正方形，

因此，由换比：ED 比 DF 如同 GB 上的正方形比 H 上的正方形。

[V. 19，推论]

因为：ED 与 DF 的比不同于一个平方数比一个平方数，

所以：GB 上的正方形与 H 上的正方形的比不同于一个平方数比一个平方数，

因此：BG 与 H 是长度不可公度的。 [X. 9]

因为：BG 上的正方形比 GC 上的正方形大一个 H 上的正方形，

因此：BG 上的正方形比 GC 上的正方形大一个与 BG 是不可公度的线段上的正方形。

因为：整体 BG 与所给定的有理线段 A 是长度可公度的，

所以：BC 是一个第四余线， [X. 定义 III. 4]

因此：第四余线 BC 已求出。

证完。

命题 89

…

求第五余线。

已知 A 是一条有理线段，且 A 与 CG 是长度可公度的，

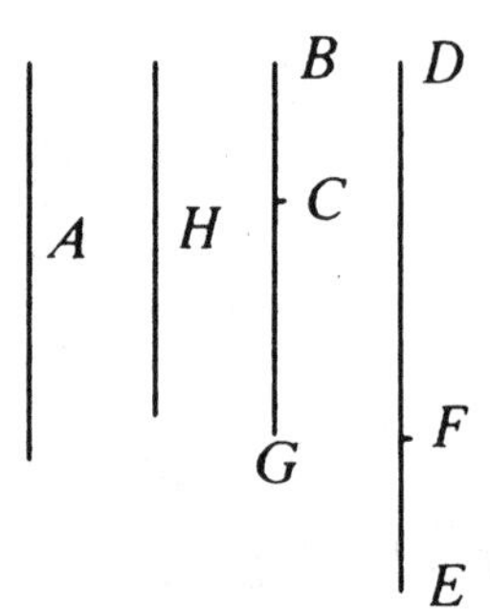

因此：*GC* 是有理的。

已知两数 *DF*、*FE*，并且令 *DE* 与线段 *DF*、*FE* 的每一个的比不同于一个平方数比一个平方数，

设作出比例：*FE* 比 *ED* 如同 *CG* 上的正方形比 *GB* 上的正方形，

因此：*GB* 上的正方形也是有理的， [X. 6]

所以：*BG* 也是有理的。

因为：*DE* 比 *EF* 如同 *BG* 上的正方形比 *GC* 上的正方形，

且 *DE* 与 *EF* 的比不同于一个平方数比一个平方数，

所以：*BG* 上的正方形与 *GC* 上的正方形的比不同于一个平方数比一个平方数，

因此：*BG* 与 *GC* 是长度不可公度的。 [X. 9]

因为：两者都是有理的，

因此：*BG*、*GC* 是仅正方可公度的两有理线段，

所以：*BC* 是一条余线。 [X. 73]

接下来可以证明：它是一个第五余线。

因为：设 *H* 上的正方形是 *BG* 上的正方形比 *GC* 上的正方形所超过的，

并且 *BG* 上的正方形比 *GC* 上的正方形如同 *DE* 比 *EF*，

因此，由换比：*ED* 比 *DF* 如同 *BG* 上的正方形比 *H* 上的正方形。

[V. 19，推论]

因为：*ED* 与 *DF* 的比不同于一个平方数比一个平方数，

所以：*BG* 上的正方形与 *H* 上的正方形的比不同于一个平方数比一个平方数，

因此：*BG* 与 *H* 是长度不可公度的。 [X. 9]

因为：*BG* 上的正方形比 *GC* 上的正方形大一个 *H* 上的正方形，

因此：*GB* 上的正方形比 *GC* 上的正方形大一个与 *GB* 是长度不可公度的线段上的正方形。

因为：附加线段 *CG* 与所给定的有理线段 *A* 是长度可公度的，

所以: BC 是一个第五余线， [X. 定义 III. 5]

因此: 第五余线 BC 已作出。

证完。

命题 90

• • •

求第六余线。

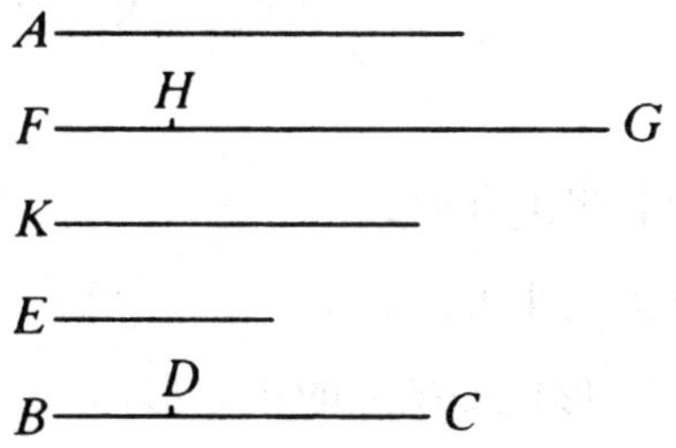

A——————

F———H———————G

K——————

E————

B———D———————C

已知一条有理线段 A，且三个数 E、BC、CD 两两之比不同于一个平方数比一个平方数。

并且 CB 与 BD 的比也不同于一个平方数比一个平方数。

设作出比例: E 比 BC 如同 A 上的正方形比 FG 上的正方形，

且 BC 比 CD 如同 FG 上的正方形比 GH 上的正方形。 [X. 6，推论]

因为: E 比 BC 如同 A 上的正方形比 FG 上的正方形，

因此: A 上的正方形与 FG 上的正方形是可公度的。 [X. 6]

又因: A 上的正方形是有理的，

所以: FG 上的正方形也是有理的，

因此: FG 也是有理的。

因为: E 与 BC 的比不同于一个平方数比一个平方数，

因此: A 上的正方形与 FG 上的正方形的比不同于一个平方数比一个平方数，

所以: A 与 FG 是长度不可公度的。 [X. 9]

因为: BC 比 CD 如同 FG 上的正方形比 GH 上的正方形，

因此：*FG* 上的正方形与 *GH* 上的正方形是可公度的。 [X. 6]

因为：*FG* 上的正方形是有理的，

因此：*GH* 上的正方形也是有理的，

所以：*GH* 也是有理的。

因为：*BC* 与 *CD* 的比不同于一个平方数比一个平方数，

所以：*FG* 上的正方形与 *GH* 上的正方形的比不同于一个平方数比一个平方数，

因此：*FG* 与 *GH* 是长度不可公度的。 [X. 6]

又因：两者都是有理的，

所以：*FG*、*GH* 是仅正方可公度的有理线段，

因此：*FH* 是一条余线。 [X. 73]

接下来可以证明：它也是一个第六余线。

因为：*E* 比 *BC* 如同 *A* 上的正方形比 *FG* 上的正方形，

且 *BC* 比 *CD* 如同 *FG* 上的正方形比 *GH* 上的正方形，

因此，取首末比：*E* 比 *CD* 如同 *A* 上的正方形比 *GH* 上的正方形。 [V. 22]

因为：*E* 与 *CD* 的比不同于一个平方数比一个平方数，

所以：*A* 上的正方形与 *GH* 上的正方形的比也不同于一个平方数比一个平方数，

因此：*A* 与 *GH* 是长度不可公度的， [X. 9]

所以：线段 *FG*、*GH* 的每一个与有理线段 *A* 不是长度可公度的。

设：*K* 上的正方形是 *FG* 上的正方形比 *GH* 上的正方形所超过的，

因为：*BC* 比 *CD* 如同 *FG* 上的正方形比 *GH* 上的正方形，

因此，由换比：*CB* 比 *BD* 如同 *FG* 上的正方形比 *K* 上的正方形。 [V. 19，推论]

因为：*CB* 与 *BD* 的比不同于一个平方数比一个平方数，

所以：*FG* 上的正方形与 *K* 上的正方形的比不同于一个平方数比一个平方数，

所以：*FG*与*K*是长度不可公度的。 [X. 9]

又因：*FG*上的正方形比*GH*上的正方形大一个*K*上的正方形，

因此：*FG*上的正方形比*GH*上的正方形大一个与*FG*是长度不可公度的线段上的正方形。

因为：线段*FG*、*GH*的每一个与所给出的有理线段*A*不是可公度的，

所以：*FH*是一个第六余线， [X. 定义 III. 6]

因此：第六余线*FH*已作出。

证完。

命题 91

…

倘若一个面是由一条有理线段与一个第一余线围成的矩形，那么这个面的边是一条余线。

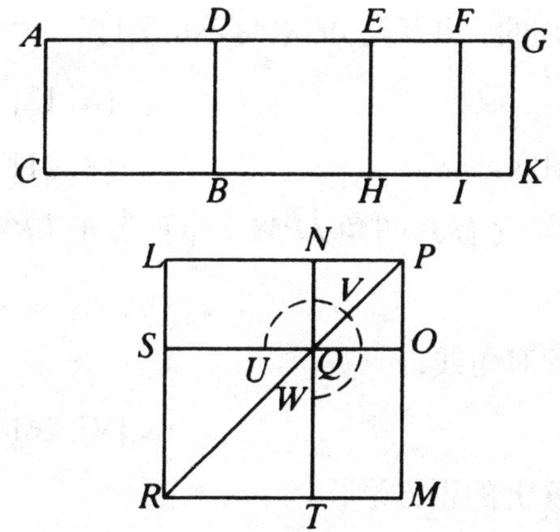

设：面*AB*是由有理线段*AC*与第一余线*AD*围成的矩形。

那么可以说：*AB*面的边是一条余线。

因为：*AD*是第一余线，

那么，设：*DG*是*AD*的附加线段，

因此：*AG*、*GD*是仅正方可公度的两有理线段。 [X. 73]

因为：全线段*AG*与所给出的有理线段*AC*是可公度的，并且*AG*上的正方形比*GD*上的正方形大一个与*AG*是长度可公度的线段上的正方形。 [X. 定义 III. 1]

所以：倘若在 AG 上贴合一个等于 DG 上的正方形的四分之一且缺少一正方形的矩形，那么它被分为可公度的两段。 [X. 17]

设：DG 被 E 平分，在 AG 上贴合一个等于 EG 上的正方形且缺少一个正方形的矩形 AF、FG，

因此：AF 与 FG 是可公度的。

又过点 E、F、G 引 EH、HI、GK 平行于 AC。

因为：AF 与 FG 是长度可公度的，

所以：AG 与线段 AF、FG 的每一个也是长度可公度的。 [X. 15]

因为：AG 与 AC 是可公度的，

因此：每一条线段 AF、FG 与 AC 是长度可公度的。 [X. 12]

又因：AC 是有理的，

因此：AF、FG 也是有理的，

所以：每一条线段 AI、FK 也是有理的。 [X. 19]

因为：DE 与 EG 是长度可公度的，

因此：DG 与每一条线段 DE、EG 也是长度可公度的。 [X. 15]

因为：DG 是有理的，并且与 AC 是长度不可公度的，

所以：每一条线段 DE、EG 也是有理的，并且与 AC 长度不可公度， [X. 13]

所以：每一个矩形 DH、EK 是中项面。 [X. 21]

作正方形 LM 等于 AI，从中减去与它有共同角 LPM，并且等于 FK 的正方形 NO，

因此：两正方形 LM、NO 有共同的对角线，

PR 是它们的对角线，并作图。 [VI. 26]

因为：AF、FG 围成的矩形等于 EG 上的正方形，

因此：AF 比 EG 如同 EG 比 FG。 [VI. 17]

因为：AF 比 EG 如同 AI 比 EK，

且 EG 比 FG 如同 EK 比 KF， [VI. 1]

所以：EK 是 AI、KF 的比例中项。 [V. 11]

又因，已经证明：*MN* 也是 *LM*、*NO* 的比例中项， [X. 53 后引理]

并且 *AI* 等于正方形 *LM*，而 *KF* 等于 *NO*，

因此：*MN* 等于 *EK*。

因为：*EK* 等于 *DH*，且 *MN* 等于 *LO*，

所以：*DK* 等于折尺形 *UVW* 与 *NO* 的和。

因为：*AK* 等于正方形 *LM*、*NO* 之和，

所以：余量 *AB* 等于 *ST*。

因为：*ST* 等于 *LN*，

因此：*LN* 上的正方形等于 *AB*，

所以：*LN* 是 *AB* 的边。

接下来可以证明：*LN* 是一条余线。

因为：每一个矩形 *AI*、*FK* 是有理的，且它们分别等于 *LM*、*NO*，

因此：每个正方形 *LM*、*NO*，也就是分别为 *LP*、*PN* 上的正方形也是有理的，

所以：每一条线段 *LP*、*PN* 也是有理的。

因为：*DH* 是中项面，并且等于 *LO*，

所以：*LO* 也是中项面。

因为：*LO* 是中项面，且 *NO* 是有理的，

因此：*LO* 与 *NO* 不可公度。

因为：*LO* 比 *NO* 如同 *LP* 比 *PN*， [VI. 1]

所以：*LP* 比 *PN* 是长度不可公度的， [X. 11]

并且二者都是有理的，

因此：*LP*、*PN* 是仅正方可公度的两有理线段，

所以：*LN* 是一条余线， [X. 73]

并且它是面 *AB* 的边，因此面 *AB* 的边是一条余线。

证完。

命题 92

…

假如一个面是由一条有理线段与一个第二余线围成的矩形，那么这个面的边是一个第一中项余线。

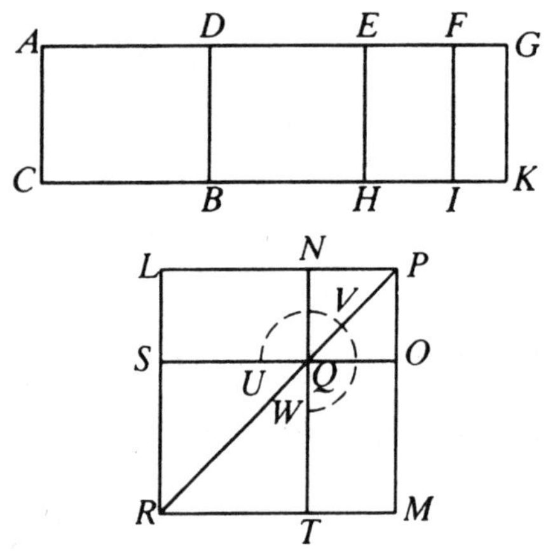

设：面 *AB* 是由有理线段 *AC* 和第二余线 *AD* 围成的矩形。

那么可以说：面 *AB* 的边是一个中项线的第一余线。

那么，设：*DG* 是加到 *AD* 上的附加线段，

因此：*AG*、*GD* 是仅正方可公度的有理线段。 [X. 73]

又设：附加线段 *DG* 与所给出的有理线段 *AC* 是可公度的，

并且全线段 *AG* 上的正方形比附加线段 *GD* 上的正方形大一个与 *AG* 是长度可公度的线段上的正方形， [X. 定义 III. 2]

因此：*AG* 上的正方形比 *GD* 上的正方形大一个与 *AG* 可公度的线段上的正方形，

因此：倘若在 *AG* 上贴合一个等于 *GD* 上的正方形的四分之一且缺少一正方形的矩形，那么它分 *AG* 为可公度的两段。 [X. 17]

设：*DG* 被点 *E* 平分，在 *AG* 上贴合一个等于 *EG* 上的正方形并且缺少一正方形的矩形 *AF*、*FG*，令 *AF* 与 *FG* 是长度可公度的，

因此：*AG* 与每一条线段 *AF*、*FG* 也是长度可公度的。 [X. 15]

因为：*AG* 是有理的且与 *AC* 是长度不可公度的，

因此：每一条线段 *AF*、*FG* 也是有理的且与 *AC* 是长度不可公度的，

[X. 13]

所以：每一个矩形 AI、FK 是中项面。 [X. 21]

因为：DE 与 EG 是可公度的，

所以：DG 与每一条线段 DE、EG 也是可公度的。 [X. 15]

因为：DG 与 AC 是长度可公度的，

所以：每一个矩形 DH、EK 是有理的。 [X. 19]

作正方形 LM 等于 AI，再减去等于 FK 且与 LM 有公共角 LPM 的正方形 NO，

因此：LM、NO 的对角线相同。

设：PR 是它们的对角线，并作图， [VI. 26]

因为：AI、FK 都是中项面并且分别等于 LP、PN 上的正方形，

所以：LP、PN 上的正方形也都是中项面，

因此：LP、PN 也是仅正方可公度的两中项线。

因为：矩形 AF、FG 等于 EG 上的正方形，

因此：AF 比 EG 如同 EG 比 FG。 [VI. 17]

因为：AF 比 EG 如同 AI 比 EK，

并且 EG 比 FG 如同 EK 比 FK， [VI. 1]

因此：EK 是 AI、FK 的比例中项。 [V. 11]

又因：MN 也是两正方形 LM、NO 的比例中项，

且 AI 等于 LM，而 FK 等于 NO，

所以：MN 等于 EK。

因为：DH 等于 EK，且 LO 等于 MN，

所以：整体 DK 等于折尺形 UVW 与 NO 的和。

因为：整体 AK 等于 LM、NO 的和，

且 DK 等于折尺形 UVW 与 NO 的和，

因此：余量 AB 等于 TS。

又因：TS 等于 LN 上的正方形，

因此：LN 上的正方形等于面 AB，

所以：LN 等于面 AB 的边。

接下来可以证明：*LN* 是一个中项线的第一余线。

因为：*EK* 是有理线段，且 *EK* 等于 *LO*，

因此：*LO*，也就是矩形 *LP*、*PN* 是有理的。

又因，已经证明：*NO* 是一个中项面，

所以：*LO* 与 *NO* 是不可公度的。

因为：*LO* 比 *NO* 如同 *LP* 比 *PN*， [VI. 1]

因此：*LP*、*PN* 是长度不可公度的， [X. 11]

因此：*LP*、*PN* 是仅正方可公度的两中项线，

并且由它们围成的矩形 *LO* 是有理的，

所以：*LN* 是一个中项线的第一余线。 [X. 74]

又因：它等于面 *AB* 的边，

所以：面 *AB* 的边是一个第一中项余线。

证完。

命题 93

…

假如一个面是由一条有理线段与一个第三余线围成的矩形，那么这个面的边是一个中项线的第二余线。

设：*AB* 是由有理线段 *AC* 和第三余线 *AD* 围成的矩形。

那么可以说：面 *AB* 的边是一个中项线的第二余线。

设：*DG* 是加到 *AD* 上的附加线段，

因此：*AG*、*GD* 是仅正方可公度的两有理线段，且每一条线段 *AG*、*GD* 与所给出的有理线段 *AC* 不是长度可公度的，

全线段 *AG* 上的正方形比附加线段 *DG* 上的正方形大一个与 *AG* 是可公度的线段上的正方形。 [X. 定义 III. 3]

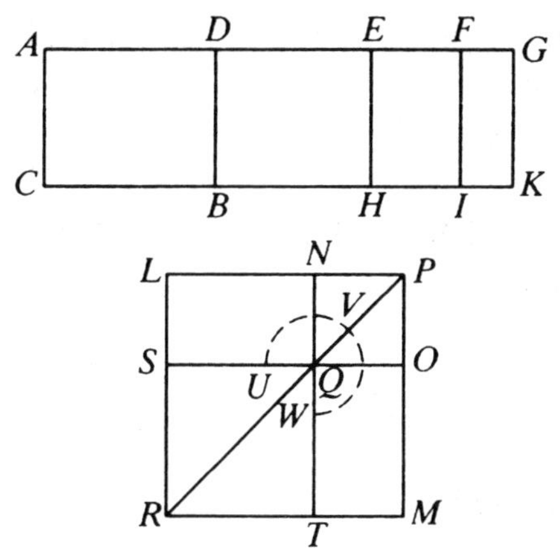

因为：AG 上的正方形比 GD 上的正方形大一个与 AG 是可公度的线段上的正方形，

因此：倘若在 AG 上贴合一个等于 DG 上的正方形的四分之一并且缺少一正方形的矩形，那么它分 AG 为可公度的两段。 [X. 17]

设：DG 被点 E 平分，在 AG 上贴合一个等于 EG 上的正方形且缺少一正方形的矩形，令其为矩形 AF、FG，

过点 E、F、G 作 EH、FI、GK 平行于 AC，

那么：AF、FG 是可公度的，

所以：AI 与 FK 也是可公度的。 [VI. 1，X. 11]

因为：AF、FG 是长度可公度的，

因此：AG 与每一条线段 AF、FG 也是长度可公度的。 [X. 15]

因为：DG 是有理的且与 AC 是长度不可公度的，

因此：AF、FG 也都是有理的且与 AC 是长度不可公度的， [X. 13]

所以：两矩形 AI、FK 都是中项面。 [X. 21]

因为：DE 与 EG 是长度可公度的，

所以：DG 与每一条线段 DE、EG 也是长度可公度的。 [X. 15]

因为：GD 是有理的且与 AC 是长度不可公度的，

所以：每一条线段 DE、EG 也是有理的，

并且与 AC 是长度不可公度的， [X. 13]

因此：两矩形 DH、HK 都是中项面。 [X. 21]

因为：AG、GD 是仅正方可公度的，

所以：AG 与 GD 是长度不可公度的。

因为：AG 与 AF 是长度可公度的，

且 DG 与 EG 是长度可公度的，

因此：*AF* 与 *EG* 是长度不可公度的。 [X. 13]

因为：*AF* 比 *EG* 如同 *AI* 比 *EK*， [VI. 1]

因此：*AI* 与 *EK* 是不可公度的。 [X. 11]

作正方形 *LM* 等于 *AI*，从中减去正方形 *NO* 等于 *FK*，使它与 *LM* 有相同的角 *LPM*，

因此：*LM*、*NO* 有共线的对角线。

设：*PR* 是它们的对角线，作图。 [VI. 26]

因为：矩形 *AF*、*FG* 等于 *EG* 上的正方形，

因此：*AF* 比 *EG* 如同 *EG* 比 *FG*。 [VI. 17]

又因：*AF* 比 *EG* 如同 *AI* 比 *FK*，

且 *EG* 比 *FG* 如同 *EK* 比 *FK*， [V. 1]

所以：*AI* 比 *EK* 如同 *EK* 比 *FK*， [V. 11]

因此：*EK* 是 *AI*、*FK* 的比例中项。

因为：*MN* 也是两正方形 *LM*、*NON* 的比例中项，

而 *AI* 等于 *LM*，*FK* 等于 *NO*，

因此：*EK* 等于 *MN*。

因为：*MN* 等于 *LO*，且 *EK* 等于 *DH*。

所以：整体 *DK* 等于折尺形 *UVW* 与 *NO* 的和。

因为：*AK* 等于 *LM*、*NO* 的和，

所以：余量 *AB* 等于 *ST*，也就是 *LN* 上的正方形，

因此：*LN* 等于面 *AB* 的边。

接下来可以证明：*LN* 是一个中项线的第二余线。

由于已经证明：*AI*、*FK* 是中项面，分别等于 *LP*、*PN* 上的正方形，

所以：*LP*、*PN* 上的正方形也都是中项面，

因此：每条线段 *LP*、*PN* 是中项线。

因为：*AI* 与 *FK* 是可公度的， [VI. 1，X. 11]

所以：*LP* 上的正方形与 *PN* 上的正方形也是可公度的。

又因，已经证明：*AI* 与 *EK* 不可公度，

所以：LM 与 MN 也不可公度，

也就是 LP 上的正方形与矩形 LP、PN 不可公度，

所以：LP 与 PN 也是长度不可公度，　[VI. 1，X. 11]

因此：LP、PN 是仅正方可公度的两中项线。

接下来可以证明：它们也围成一个中项面。

由于已经证明：EK 是一个中项面，并且等于矩形 LP、PN，

因此：矩形 LP、PN 也是中项面，

所以：LP、PN 是仅正方可公度的两中项线，并且它们也围成一个中项面，

因此：LN 是一个中项线的第二余线，　[X. 75]

且它等于 AB 的边，

因此：面 AB 的边是一个中项线的第二余线。

证完。

命题 94

…

假如一个面是由一条有理线段与一个第四余线围成的，那么这个面的边是次线。

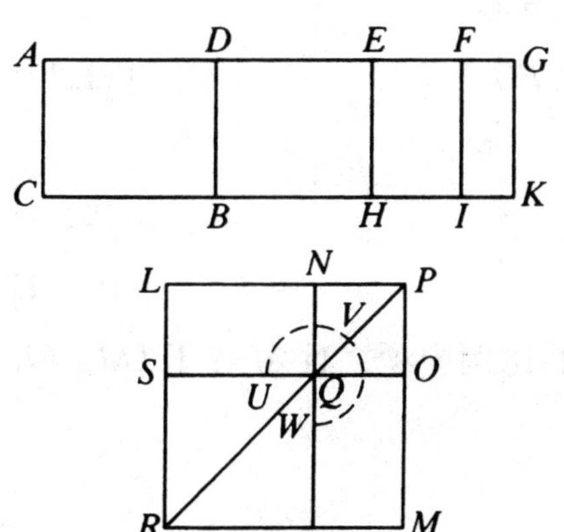

设：AB 是由一条有理线段 AC 与一个第四余线 AD 围成的矩形。

那么可以说：面 AB 的边是次线。

设：DG 是对 AD 的附加线段；

因此：AG、GD 是仅正方可公度的两有理线段，AG 与所给出的有理线段 AC 是长度可公度的，且全线段

AG 上的正方形比附加线段 *DG* 上的正方形大一个与 *AG* 是长度不可公度的线段上的正方形。 [X. 定义 III. 4]

因为：*AG* 上的正方形比 *GD* 上的正方形大一个与 *AG* 是长度不可公度的线段上的正方形，

因此：倘若在 *AG* 上贴合一个等于 *DG* 上的正方形的四分之一且缺少一正方形的矩形，它把 *AG* 分为不可公度的两段。 [X. 18]

设：*DG* 被点 *E* 平分，在 *AG* 上贴合一个等于 *EG* 上的正方形且缺少一正方形的矩形，是矩形 *AF*、*FG*，

因此：*AF* 与 *FG* 是长度不可公度的。

过点 *E*、*F*、*G* 引 *EH*、*FI*、*GK* 平行于 *AC*、*BD*。

因为：*AG* 是有理的，且与 *AC* 是长度可公度的，

因此：整体 *AK* 是有理的。 [X. 19]

因为：*DG* 与 *AC* 是长度不可公度的，且两者都是有理的，

所以：*DK* 是中项面。 [X. 21]

因为：*AF* 与 *FG* 是长度不可公度的，

所以：*AI* 与 *FK* 也是不可公度的。 [VI. 1，X. 11]

作正方形 *LM* 等于 *AI*，从中减去正方形 *NO* 等于 *FK*，它与 *LM* 有相同角 *LPM*，

因此：*LM*、*NO* 的对角线相同。 [VI. 26]

设：对角线是 *PR*，并作图。

因为：矩形 *AF*、*FG* 等于 *EG* 上的正方形，

因此，按比例：*AF* 比 *EG* 如同 *EG* 比 *FG*。 [VI. 17]

因为：*AF* 比 *EG* 如同 *AI* 比 *EK*，

且 *EG* 比 *FG* 如同 *EK* 比 *FK*， [VI. 1]

因此：*EK* 是 *AI*、*FK* 的比例中项。 [V. 11]

因为：*MN* 也是两正方形 *LM*、*NO* 的比例中项，且 *AI* 等于 *LM*，*FK* 等于 *NO*，

因此：*EK* 等于 *MN*。

因为：*DH* 等于 *EK*，而 *LO* 等于 *MN*，

因此：整体 *DK* 等于折尺形 *UVW* 与 *NO* 的和。

因为：整体 *AK* 等于正方形 *LM*、*NO* 的和，

DK 等于折尺形 *UVW* 与正方形 *NO* 的和，

所以：余量 *AB* 等于 *ST*，也就是 *LN* 上的正方形，

因此：*LN* 等于面 *AB* 的边。

接下来可以证明：*LN* 是所谓次线的无理线段。

因为：*AK* 是有理的，并且等于 *LP*、*PN* 上的正方形的和，

因此：*LP*、*PN* 上的正方形的和是有理的。

又因：*DK* 是中项面，且 *DK* 等于二倍的矩形 *LP*、*PN*，

因此：二倍的矩形 *LP*、*PN* 是中项面。

又因，已经证明：*AI* 与 *FK* 是不可公度的，

所以：*LP* 上的正方形与 *PN* 上的正方形也是不可公度的，

因此：*LP*、*PN* 是正方形不可公度的两线段，并且它们上的正方形的和是有理的。

因为：由它们围成的矩形的二倍是中项面，

因此：*LN* 是所谓次线的无理线段， [X. 76]

并且 *LN* 等于面 *AB* 的边，

所以：面 *AB* 的边是次线。

证完。

命题 95

…

假如一个面是由一条有理线段与一个第五余线围成的，那么这个面的边是一个中项面有理面差的边。

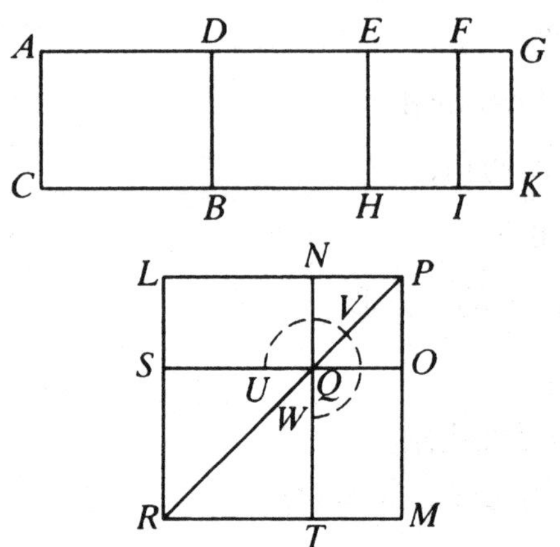

设：面 *AB* 是由有理线段 *AC* 和第五余线 *AD* 围成的矩形。

那么可以说：面 *AB* 的边是一个中项面有理面差的边。

设：*DG* 是对 *AD* 上的附加线段，

因此：*AG*、*GD* 是仅正方可公度的两有理线段，

附加线段 *GD* 与所给定的有理线段 *AC* 是长度可公度的，全线段 *AG* 上的正方形比附加线段 *DG* 上的正方形大一个与 *AG* 是不可公度的线段上的正方形，　[X. 定义 III. 5]

因此：假如在 *AG* 上贴合一个等于 *DG* 上的正方形的四分之一且缺少一正方形的矩形，那么它分 *AG* 为不可公度的两段。　[X. 18]

设：*DG* 被点 *E* 平分，在 *AG* 贴合一个等于 *EG* 上的正方形且缺少一正方形的矩形。

设：它为矩形 *AF*、*FG*，

因此：*AF* 与 *FG* 是长度不可公度的。

因为：*AG* 与 *CA* 是长度不可公度的，且两者都是有理的，

所以：*AK* 是中项面。　[X. 21]

因为：*DG* 是有理的，并且与 *AC* 是长度可公度的，

因此：*DK* 是有理的，　[X. 19]

作正方形 *LM* 等于 *AI*，减去正方形 *NO* 等于 *FK*，且它与 *LM* 有相同角 *LPM*，

因此：*LM*、*NO* 的对角线相同。　[VI. 26]

设：*PR* 是它们的对角线，并作图。

同理可证：*LN* 与面 *AB* 的边相等。

接下来可以证明：*LN* 是一个中项面有理面差的边。

已经证明：*AK* 是中项面且等于 *LP*、*PN* 上的正方形的和，

因此：LP、PN 上的正方形的和是中项面。

因为：DK 是有理的且等于二倍的矩形 LP、PN，

所以：后者也是有理的。

因为：AI 与 FK 是不可公度的，

所以：LP 上的正方形与 PN 上的正方形也是不可公度的，

因此：LP、PN 是正方形不可公度的两条线段，

且它们上的正方形的和是中项面，由它们围成的矩形的二倍是有理的，

所以：余量 LN 是称为中项面有理面差的边的无理线段， [X. 77]

并且等于面 AB 的边，

因此：面 AB 的边是一个中项面有理面差的边。

证完。

命题 96

…

假如一个面是由一条有理线段与一个第六余线围成的，那么这个面的边是一个两中项面差的边。

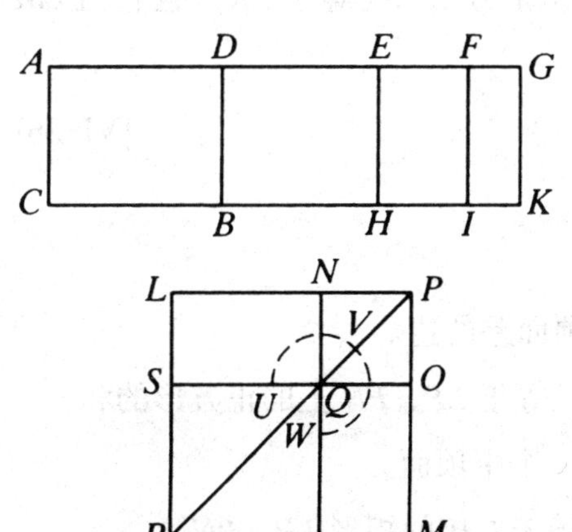

设：面 AB 是由有理线段 AC 和第六余线 AD 围成的矩形。

那么可以说：面 AB 的边是一个两中项面差的边。

设：DG 是 AD 上的附加线段，

因此：AG、GD 是仅正方可公度的两有理线段，它们的每一个与所给定的有理线段 AC 不是长度可

公度的，且全线段 AG 上的正方形比附加线段 DG 上的正方形大一个与 AG 是长度不可公度的线段上的正方形。 [X. 定义 III]

因为：AG 上的正方形比 GD 上的正方形大一个与 AG 是长度不可公度的线段上的正方形，

因此：倘若在 AG 上贴合一个等于 DG 上的正方形的四分之一且缺少一正方形的矩形，那么它分 AG 为不可公度的两段。 [X. 18]

设：DG 被点 E 平分，对 AG 贴合一个等于 EG 上的正方形且缺少一正方形的矩形，矩形是 AF、FG，

所以：AF 与 FG 是长度不可公度的。

因为：AF 比 FG 如同 AI 比 FK， [VI. 1]

所以：AI 与 FK 是不可公度的。 [X. 11]

因为：AG、AC 是仅正方可公度的两有理线段，

因此：AK 是中项面。 [X. 21]

因为：AC、DG 是长度不可公度的有理线段，

所以：DK 是中项面。 [X. 21]

因为：AG、GD 是仅正方可公度的，

所以：AG 与 GD 是长度不可公度的。

因为：AG 比 GD 如同 AK 比 KD， [VI. 1]

因此：AK 与 KD 是不可公度的。 [X. 11]

作正方形 LM 等于 AI，并在其内作正方形 NO 等于 FK，且它与 LM 有相同角 LPM，

所以：LM、NO 的对角线相同。 [VI. 26]

设：PR 是它们的对角线，并作图。

同理可证：LN 与面 AB 的边相等。

接下来可以证明：LN 是一个两中项面差的边。

由于已经证明：AK 是一个中项面且等于 LP、PN 上的正方形的和，

所以：LP、PN 上的正方形的和是一个中项面。

又因，已经证明：DK 是中项面且等于二倍的矩形 LP、PN，

因此：二倍矩形 LP、PN 也是中项面。

又因，已经证明：AK 与 DK 是不可公度的，LP、LN 上的正方形的和与二倍的矩形 LP、PN 也是不可公度的，

因为：AI 与 FK 是不可公度的，

所以：LP 上的正方形与 PN 上的正方形也是不可公度的，

因此：LP、PN 是正方不可公度的线段，

并且使它们上的正方形的和是中项面。

因为：它们围成的矩形的二倍是中项面，并且它们上的正方形的和与由它们围成的矩形的二倍是不可公度的。

因此：LN 是一个被称之为两中项面差的边的无理线段， [X. 78]

并且它等于面 AB 的边，

所以：面 AB 的边是一个两中项面差的边。

证完。

命题 97

…

对有理线段贴合一个矩形，使它等于一条余线上的正方形，所产生的宽是一个第一余线。

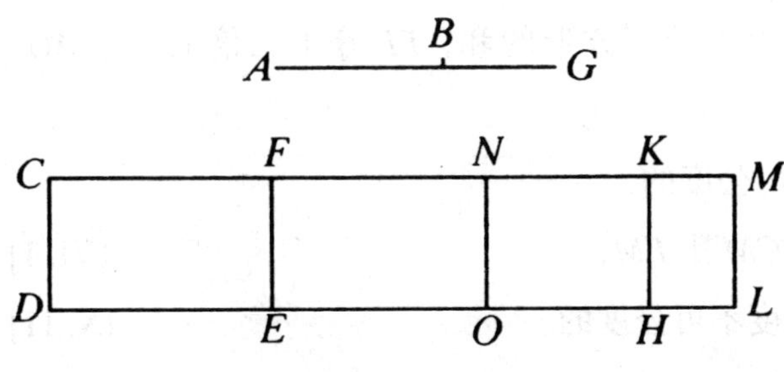

设：已知余线 AB，有理线段 CD，现对 CD 贴合等于 AB 上的正方形的矩形 CE，产生出作为宽的 CF。

那么可以说：CF 是一个第一余线。

设: *BG* 是对 *AB* 的附加线段，

因此: *AG*、*GB* 是仅正方可公度的两有理线段。 [X. 73]

对 *CD* 贴合矩形 *CH*，使它等于 *AG* 上的正方形，

作 *KL*，使它等于 *BG* 上的正方形，

所以: *CL* 等于 *AG*、*GB* 上的正方形的和，*CE* 等于 *AB* 上的正方形，

因此：余下的 *FL* 等于二倍的矩形 *AG*、*GB*。 [II. 7]

设: *FM* 被点 *N* 平分，过 *N* 引 *NO* 平行于 *CD*，

因此：每一个矩形 *FO*、*LN* 等于矩形 *AG*、*GB*。

因为: *AG*、*GB* 上的正方形都是有理的，且 *DM* 等于 *AG*、*GB* 上的正方形的和，

因此: *DM* 是有理的。

因为: *DM* 是贴合于有理线段 *CD* 上，产生出作为宽的 *CM*，

所以: *CM* 是有理的，且与 *CD* 是长度可公度的。 [X. 20]

因为：二倍的矩形 *AG*、*GB* 是中项面，且 *FL* 等于二倍的矩形 *AG*、*GB*，

所以: *FL* 是中项面。

又因: *FL* 是贴合于有理线段 *CD* 上，产生出作为宽的 *FM*，

因此: *FM* 是有理的，并且与 *CD* 是长度不可公度的。 [X. 22]

因为: *AG*、*GB* 上的正方形都是有理的，

而二倍的矩形 *AG*、*GB* 是中项面，

因此: *AG*、*GB* 上的正方形和与二倍矩形 *AG*、*GB* 不可公度。

因为: *CL* 等于 *AG*、*GB* 上的正方形的和，*FL* 等于二倍的矩形 *AG*、*GB*，

所以: *DM* 与 *FL* 是不可公度的。

又因: *DM* 比 *FL* 如同 *CM* 比 *FM*， [VI. 1]

因此: *CM* 与 *FM* 是长度不可公度的。 [X. 11]

因为：两者都是有理的，

所以: *CM*、*MF* 是仅正方可公度的两有理线段，

所以：*CF* 是一条余线。 [X. 73]

接下来可以证明：*CF* 也是一个第一余线。

因为：矩形 *AG*、*GB* 是 *AG*、*GB* 上的正方形的比例中项，且 *CH* 等于 *AG* 上的正方形，*KL* 等于 *BG* 上的正方形，*NL* 等于矩形 *AG*、*GB*，

因此：*NL* 也是 *CH*、*KL* 的比例中项，

所以：*CH* 比 *NL* 如同 *NL* 比 *KL*。

因为：*CH* 比 *NL* 如同 *CK* 比 *NM*， [VI. 1]

并且 *NL* 比 *KL* 如同 *NM* 比 *KM*，

所以：矩形 *CK*、*KM* 等于 *NM* 上的正方形， [VI. 17]

也就是 *FM* 上的正方形的四分之一。

因为：*AG* 上的正方形与 *GB* 上的正方形是可公度的，

所以：*CH* 与 *KL* 也是可公度的。

因为：*CH* 比 *KL* 如同 *CK* 比 *KM*， [VI. 1]

因此：*CK* 与 *KM* 是可公度的。 [X. 11]

因为：*CM*、*MF* 是两个不相等的线段，

并且对 *CM* 贴合等于 *FM* 上的正方形的四分之一且缺少一正方形的矩形 *CK*、*KM*，

又因：*CK* 与 *KM* 是可公度的，

所以：*CM* 上的正方形比 *MF* 上的正方形大一个与 *CM* 是长度可公度的线段上的正方形。 [X. 17]

因为：*CM* 与所给定的有理线段 *CD* 是长度可公度的，

因此：*CF* 是一个第一余线。 [X. 定义 III. 1]

证完。

命题 98

…

对有理线段贴合一矩形，使其等于中项线第一余线上的正方形，那么所产生的宽是一个第二余线。

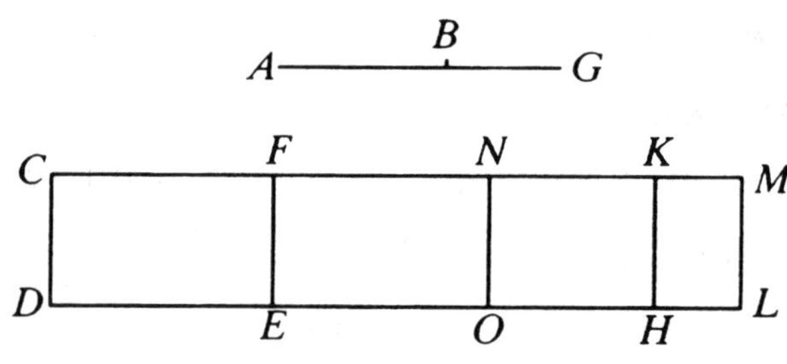

设：AB 是一个中项线的第一余线，CD 是一条有理线段，对 CD 贴合一矩形 CE，使其等于 AB 上的正方形，所产生出的宽是 CF。

那么可以说：CF 是一个第二余线。

设：BG 是对 AB 的附加线段，

因此：AG、GB 是仅正方可公度的两中项线，且由它们围成一个有理矩形。 [X. 74]

设：在 CD 上贴合矩形 CH 等于 AG 上的正方形，所产生的宽是 CK，并且 KL 等于 GB 上的正方形，所产生的宽是 KM，

所以：整体 CL 等于 AG、GB 上的正方形的和，

因此：CL 也是中项面， [X. 15 和 23，推论]，

并且它是贴合于有理线段 CD 上，所产生的宽是 CM，

因此：CM 是有理的，并且与 CD 是长度不可公度的。 [X. 22]

因为：CL 等于 AG、GB 上的正方形的和，且 AB 上的正方形等于 CE，

所以：余下的二倍矩形 AG、GB 等于 FL。 [II. 7]

因为：二倍的矩形 AG、GB 是有理的，

因此：FL 是有理的。

因为：它是贴合于有理线段 *FE* 上，所产生的宽是 *FM*，

因此：*FM* 也是有理的，并且与 *CD* 是长度可公度的。 [X. 20]

因为：*AG*、*GB* 上的正方形的和，也就是 *CL* 是中项面，

且二倍的矩形 *AG*、*GB*，也就是 *FL* 是有理的，

因此：*CL* 与 *FL* 是不可公度的。

又因：*CL* 比 *FL* 如同 *CM* 比 *FM*， [VI. 1]

因此：*CM* 与 *FM* 是长度不可公度的， [X. 11]

并且两者都是有理的，

因此：*CM*、*MF* 是仅正方可公度的两有理线段，

所以：*CF* 是一条余线。 [X. 73]

接下来可以证明：*CF* 也是一个第二余线。

设：*FM* 被点 *N* 平分，过 *N* 引 *NO* 平行于 *CD*，

那么：每一个矩形 *FO*、*NL* 等于矩形 *AG*、*GB*。

因为：矩形 *AG*、*GB* 是 *AG*、*GB* 上的正方形的比例中项，

并且 *AG* 上的正方形等于 *CH*，矩形 *AG*、*GB* 等于 *NL*，以及 *BG* 上的正方形等于 *KL*，

因此：*NL* 也是 *CH*、*KL* 的比例中项，

所以：*CH* 比 *NL* 如同 *NL* 比 *KL*。

因为：*CH* 比 *NL* 如同 *CK* 比 *NM*，

且 *NL* 比 *KL* 如同 *NM* 比 *MK*， [VI. 1]

所以：*CK* 比 *NM* 如同 *NM* 比 *KM*， [VI. 11]

所以：矩形 *CK*、*KM* 等于 *NM* 上的正方形。 [VI. 17]

也就是 *FM* 上的正方形的四分之一。

因为：*CM*、*FM* 是两个不相等的线段，

且矩形 *CK*、*KM* 是贴合于大线段 *CM* 上等于 *MF* 上的正方形的四分之一并且缺少一正方形，

又分 *CM* 为可公度的两段，

所以：*CM* 上的正方形比 *MF* 上的正方形大一个与 *CM* 是长度可公度

的线段上的正方形， [X. 17]

并且附加线段 *FM* 与所给定的有理线段 *CD* 是长度可公度的，

因此：*CF* 是一个第二余线。 [X. 定义 III. 2]

证完。

命题 99

• • •

对一条有理线段贴合一矩形，等于中项线第二余线上的正方形，那么所产生的宽是第三余线。

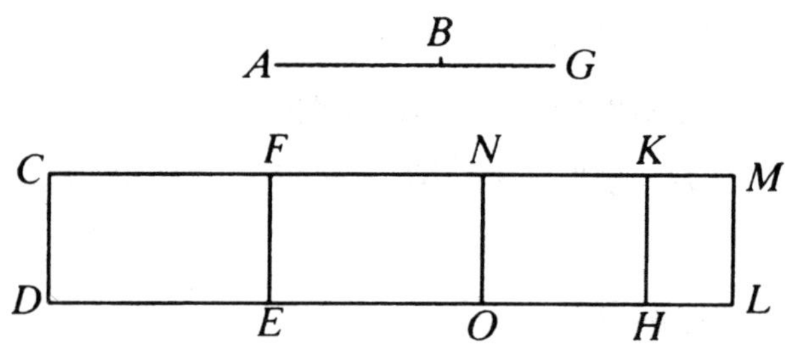

设：*AB* 是一个中项线的第二余线，*CD* 是有理线段，

在 *CD* 上贴合一矩形 *CE*，等于 *AB* 上的正方形，所产生的宽是 *CF*。

那么可以说：*CF* 是一个第三余线。

设：*BG* 是 *AB* 上的附加线段，

因此：*AG*、*GB* 是仅正方可公度的两中项线，由它们围成一个矩形为中项面。 [X. 75]

设：*CH* 是贴合于 *CD* 上，并且等于 *AG* 上的正方形的矩形，所产生的宽是 *CK*，

且 *KL* 是贴合于 *KH* 上且等于 *BG* 上的正方形的矩形，所产生的宽是 *KM*，

所以：*CL* 等于 *AG*、*GB* 上的正方形的和，

因此: *CL* 也是中项面。 [X. 15 和 23，推论]

因为：它是贴合于有理线段 *CD* 上，所产生的宽是 *CM*,

所以: *CM* 是有理的，且与 *CD* 是长度不可公度的。 [X. 22]

因为: *CL* 等于 *AG*、*GB* 上的正方形的和，*CE* 等于 *AB* 上的正方形，

因此：余下的 *LF* 等于二倍的矩形 *AG*、*GB*。 [II. 7]

设: *FM* 被点 *N* 平分，作 *NO* 平行于 *CD*,

所以：每一个矩形 *FO*、*NL* 等于矩形 *AG*、*GB*。

因为：矩形 *AG*、*GB* 是中项面，

所以: *FL* 也是中项面。

又因：它是贴合于有理线段 *EF* 上的，所产生的宽是 *FM*,

因此: *FM* 也是有理的，且与 *CD* 是长度不可公度的。 [X. 22]

因为: *AG*、*GB* 是仅正方可公度的，

所以: *AG* 与 *GB* 是长度不可公度的，

所以: *AG* 上的正方形与矩形 *AG*、*GB* 也是不可公度的。 [VI. 1，X. 11]

因为: *AG*、*GB* 上的正方形的和与 *AG* 上的正方形是可公度的，

二倍的矩形 *AG*、*GB* 与矩形 *AG*、*GB* 是可公度的，

因此: *AG*、*GB* 上的正方形的和与二倍矩形 *AG*、*GB* 是不可公度的。

[X. 13]

因为: *CL* 等于 *AG*、*GB* 上的正方形的和，

FL 等于二倍的矩形 *AG*、*GB*,

所以: *CL* 与 *FL* 也是不可公度的。

因为: *CL* 比 *FL* 如同 *CM* 比 *FM*, [VI. 1]

所以: *CM* 与 *FM* 是长度不可公度的。 [X. 11]

并且两者都是有理的，

因此: *CM*、*MF* 是仅正方可公度的两有理线段，

所以: *CF* 是一条余线。 [X. 73]

接下来可以证明：它也是一个第三余线。

因为: *AG* 上的正方形与 *GB* 上的正方形是可公度的，

所以：CH 与 KL 也是可公度的，

因此：CK 与 KM 也是可公度的。 [VI. 1，X. 11]

因为：矩形 AG、GB 是 AG、GB 上的正方形的比例中项，

CH 等于 AG 上的正方形，KL 等于 GB 上的正方形，NL 等于矩形 AG、GB，

所以：NL 也是 CH、KL 的比例中项，

所以：CH 比 NL 如同 NL 比 KL。

因为：CH 比 NL 如同 CK 比 NM，

且 NL 比 KL 如同 NM 比 KM， [VI. 1]

因此：CK 比 MN 如同 MN 比 KM， [V. 11]

所以：矩形 CK、KM 等于 MN 上的正方形，也就是等于 FM 上的正方形的四分之一。

因为：CM、MF 是不相等的两条线段，

在 CM 上贴合一等于 FM 上的正方形的四分之一并且缺少一正方形的矩形，

分 CM 为可公度的两段，

所以：CM 上的正方形比 MF 上的正方形大一个与 CM 是可公度的线段上的正方形。 [X. 17]

又因：每一条线段 CM、MF 与所给定的有理线段 CD 是长度不可公度的，

所以：CF 是一个第三余线。 [X. 定义 III. 3]

证完。

命题 100

…

对一条有理线段贴合一矩形等于次线上的正方形，那么所产生的宽是一个第四余线。

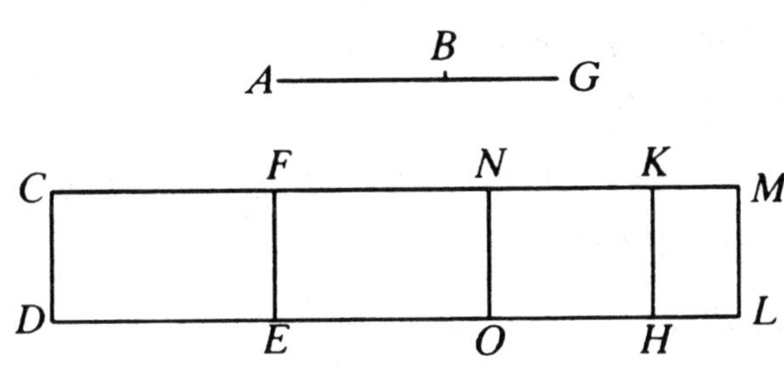

设：AB 是一个次线，CD 是一条有理线段。

在有理线段 CD 上贴合一矩形 CE 等于 AB 上的正方形，产生出作为宽的 CF。

那么可以说：CF 是一个第四余线。

设：BG 是 AB 上的附加线段，

因此：AG、GB 是正方不可公度的两线段，

并且 AG、GB 上的正方形的和是有理的，二倍的矩形 AG、GB 是中项面。　[X. 76]

设：在 CD 上贴合一矩形 CH 等于 AG 上的正方形，产生出作为宽的 CK，作矩形 KL 等于 BG 上的正方形，产生出作为宽的 KM，

因此：整体 CL 等于 AG、GB 上的正方形的和。

因为：AG、GB 上的正方形的和是有理的，

因此：CL 也是有理的，

并且是贴合一有理线段 CD 上的，产生出作为宽的 CM，

所以：CM 也是有理的，与 CD 是长度可公度的。　[X. 20]

因为：整体 CL 等于 AG、GB 上的正方形的和，其中 CE 等于 AB 上的正方形，

因此：余下的 FL 等于二倍的矩形 AG、GB。　[II. 7]

设：*FM* 被点 *N* 平分，过点 *N* 引 *NO* 平行于直线 *CD*、*ML*，

所以：每一个矩形 *FO*、*NL* 等于矩形 *AG*、*GB*。

因为：二倍的矩形 *AG*、*GB* 是中项面且等于 *FL*，

因此：*FL* 也是中项面。

因为：它是贴合一有理线段 *FE* 上，产生出作为宽的 *FM*，

因此：*FM* 是有理的，并且与 *CD* 是长度不可公度的。 [X. 22]

因为：*AG*、*GB* 上的正方形的和是有理的，

而二倍的矩形 *AG*、*GB* 是中项面，

因此：*AG*、*GB* 上的正方形的和与二倍矩形 *AG*、*GB* 是不可公度的。

因为：*CL* 等于 *AG*、*GB* 上的正方形的和，

FL 等于二倍的矩形 *AG*、*BG*，

所以：*CL* 与 *FL* 是不可公度的。

因为：*CL* 比 *FL* 如同 *CM* 比 *MF*， [VI. 1]

因此：*CM* 与 *MF* 是长度不可公度的。 [X. 11]

又因：二者都是有理的，

因此：*CM*、*MF* 是仅正方可公度的有理线段，

所以：*CF* 是一条余线。 [X. 73]

接下来可以证明：*CF* 也是一个第四余线。

因为：*AG*、*GB* 是正方不可公度的，

因此：*AG* 上的正方形与 *GB* 上的正方形也是不可公度的。

又因：*CH* 等于 *AG* 上的正方形，*KL* 等于 *GB* 上的正方形，

所以：*CH* 与 *KL* 是不可公度的。

因为：*CH* 比 *KL* 如同 *CK* 比 *KM*， [VI. 1]

所以：*CK* 与 *KM* 是长度不可公度的。 [X. 11]

因为：矩形 *AG*、*GB* 是 *AG*、*GB* 上的正方形的比例中项，

且 *AG* 上的正方形等于 *CH*、*GB* 上的正方形且等于 *KL*，又有矩形 *AG*、*GB* 等于 *NL*，

因此：*NL* 是 *CH*、*KL* 的比例中项，

所以：*CH* 比 *NL* 如同 *NL* 比 *KL*，

又因：*CH* 比 *NL* 如同 *CK* 比 *NM*，

并且 *NL* 比 *KL* 如同 *NM* 比 *KM*，　[VI. 1]

因此：*CK* 比 *MN* 如同 *MN* 比 *KM*，　[VI. 11]

因此：矩形 *CK*、*KM* 等于 *MN* 上的正方形，　[VI. 17]

也就是等于 *FM* 上的正方形的四分之一。

因为：*CM*、*MF* 是不相等的线段，矩形 *CK*、*KM* 是贴合于 *CM* 上等于 *MF* 上的正方形的四分之一并且缺少一正方形，

它分 *CM* 为不可公度的两段，

因此：*CM* 上的正方形比 *MF* 上的正方形大一个与 *CM* 不可公度的线段上的正方形，　[X. 18]

并且全线段 *CM* 与所给定的有理线段 *CD* 是长度可公度的，

因此：*CF* 是一个第四余线。　[X. 定义 III. 4]

证完。

命题 101

…

在一条有理线段上贴合一矩形等于中项面有理面差的边的正方形，那么所产生的宽是一个第五余线。

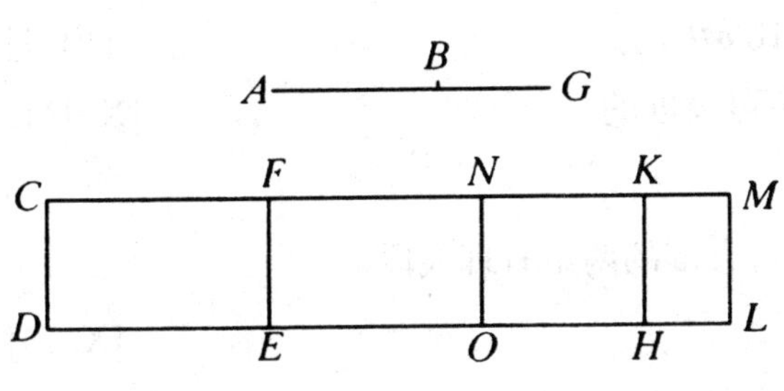

设：*AB* 是一个中项面有理面差的边，*CD* 是一条有理线段，并在 *CD* 上贴合一个等于 *AB* 上的正方形的矩形 *CE*，产生出作为宽的 *CF*。

那么可以说：*CF* 是一个第五余线。

设：*BG* 是 *AB* 上的附加线段，

因此：*AG*、*GB* 是正方不可公度的两条线段，它们上的正方形的和是中项面，

而二倍矩形 *AG*、*GB* 是有理面。 [X. 77]

设：*CH* 是在 *CD* 上贴合一个等于 *AG* 上的正方形的矩形，

KL 等于 *GB* 上的正方形，

因此：*CL* 等于 *AG*、*GB* 上的正方形的和。

因为：*AG*、*GB* 上的正方形的和是中项面，

因此：*CL* 是中项面，

并且它是贴合于有理线段 *CD* 上的，产生出作为宽的 *CM*，

因此：*CM* 是有理的，并且与 *CD* 是不可公度的。 [X. 22]

因为：*CL* 等于 *AG*、*GB* 上的正方形的和，而 *CE* 等于 *AB* 上的正方形，

所以：余下的 *FL* 等于二倍的矩形 *AG*、*GB*。 [II. 7]

设：*FM* 被点 *N* 平分，过点 *N* 引 *NO* 平行于每一条线段 *CD*、*ML*，

因此：每一个矩形 *FO*、*NL* 等于矩形 *AG*、*GB*。

因为：二倍的矩形 *AG*、*GB* 是有理的，并且等于 *FL*，

所以：*FL* 是有理的。

因为：它是贴合于有理线段 *EF* 上，产生出作为宽的 *FM*，

因此：*FM* 是有理的，与 *CD* 是长度可公度的。 [X. 20]

因为：*CL* 是中项面，*FL* 是有理面，

所以：*CL* 与 *FL* 是不可公度的。

又因：*CL* 比 *FL* 如同 *CM* 比 *MF*， [VI. 1]

因此：*CM* 与 *MF* 是长度不可公度的， [X. 11]，

并且两者都是有理的，

因此：*CM*、*MF* 是仅正方可公度的两条有理线段，

所以：*CF* 是一条余线。 [X. 73]

接下来可以证明：*CF* 也是一个第五余线。

同理可证：矩形 CK、KM 等于 NM 上的正方形，

也就是等于 FM 上的正方形的四分之一。

因为：AG 上的正方形与 GB 上的正方形是不可公度的，

AG 上的正方形等于 CH，并且 GB 上的正方形等于 KL，

因此：CH 与 KL 是不可公度的，

所以：CH 比 KL 如同 CK 比 KM，　[VI. 1]

因此：CK 与 KM 是长度不可公度的。　[X. 11]

因为：CM、MF 是两条不相等的线段，在 CM 上贴合一等于 FM 上的正方形的四分之一且缺少一正方形的矩形，

它分 CM 为不可公度的两段，

因此：CM 上的正方形较 MF 上的正方形大一个与 CM 是不可公度的线段上的正方形。　[X. 18]

因为：附加线段 FM 与所给定的有理线段 CD 是可公度的，

因此：CF 是一个第五余线。　[X. 定义 III. 5]

证完。

命题 102

…

在一条有理线段上贴合一矩形，使其等于两中项面差的边的正方形，那么所产生的宽是一个第六余线。

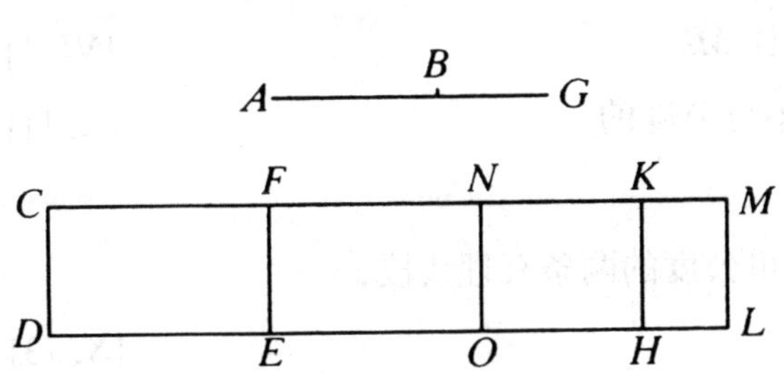

设：AB 是一个两中项面差的边，CD 是一条有理线段，

对 CD 贴合一矩形 CE 等于 AB 上的正方形，产生

出作为宽的 *CF*。

那么可以说：*CF* 是一个第六余线。

设：*BG* 是对 *AB* 的附加线段，

那么：*AG*、*GB* 是正方不可公度的，

并且它们上的正方形的和是中项面，以及二倍矩形 *AG*、*GB* 是中项面，

而 *AG*、*GB* 上的正方形的和与二倍矩形 *AG*、*GB* 是不可公度的。

[X. 78]

在 *CD* 上贴合一矩形 *CH* 等于 *AG* 上的正方形，产生出作为宽的 *CK*，

并且 *KL* 等于 *BG* 上的正方形，

因此：整体 *CL* 等于 *AG*、*GB* 上的正方形的和，

所以：*CL* 也是中项面。

又因：它是贴合在有理线段 *CD* 上，产生出作为宽的 *CM*，

所以：*CM* 是有理的，并且与 *CD* 是长度不可公度的。 [X. 22]

因为：*CL* 等于 *AG*、*GB* 上的正方形的和，其中 *CE* 等于 *AB* 上的正方形，

因此：余下的 *FL* 等于二倍矩形 *AG*、*GB*。 [II. 7]

因为：二倍的矩形 *AG*、*GB* 是中项面，

因此：*FL* 也是中项面。

又因：它是贴合于有理线段 *FE* 上，产生出作为宽的 *FM*，

所以：*FM* 是有理的，且与 *CD* 是长度不可公度的。 [X. 22]

因为：*AG*、*GB* 上的正方形的和与二倍矩形 *AG*、*GB* 是不可公度的，

并且 *CL* 等于 *AG*、*GB* 上的正方形的和，而 *FL* 等于二倍的矩形 *AG*、*GB*，

所以：*CL* 与 *FL* 是不可公度的。

因为：*CL* 比 *FL* 如同 *CM* 比 *MF*。 [VI. 1]

所以：*CM* 与 *MF* 是长度不可公度的。 [X. 11]

并且两者都是有理的。

因此：*CM*、*MF* 是仅正方可公度的两条有理线段，

所以：*CF* 是一条余线。 [X. 73]

接下来可以证明：*CF* 也是一个第六余线。

因为：*FL* 等于二倍的矩形 *AG*、*GB*，

设：*FM* 被点 *N* 平分，过点 *N* 引 *NO* 平行于 *CD*，

因此：每一个矩形 *FO*、*NL* 等于矩形 *AG*、*GB*。

因为：*AG*、*GB* 是正方不可公度的，

所以：*AG* 上的正方形与 *GB* 上的正方形是不可公度的。

因为：*CH* 等于 *AG* 上的正方形，*KL* 等于 *GB* 上的正方形，

所以：*CH* 与 *KL* 也是不可公度的。

又因：*CH* 比 *KL* 如同 *CK* 比 *KM*， [VI. 1]

因此：*CK* 与 *KM* 是不可公度的。 [X. 11]

因为：矩形 *AG*、*GB* 是 *AG*、*GB* 上的正方形的比例中项，且 *CH* 等于 *AG* 上的正方形，*KL* 等于 *GB* 上的正方形，还有 *NL* 等于矩形 *AG*、*GB*，

因此：*NL* 也是 *CH*、*KL* 的比例中项，

所以：*CH* 比 *NL* 如同 *NL* 比 *KL*。

同理：*CM* 上的正方形比 *MF* 上的正方形大一个与 *CM* 是不可公度的线段上的正方形， [X. 18]

并且它们与所给定的有理线段 *CD* 是不可公度的，

因此：*CF* 是一个第六余线。 [X. 定义 III. 6]

证完。

命题 103

…

与一条余线是长度可公度的线段仍是一条余线，并且有相同的等级。

设：*AB* 是一条余线，而 *CD* 与 *AB* 是长度可公度的。

那么可以说：CD 也是一条余线，并且与 AB 是同级的。

那么，设：BE 是余线 AB 的附加线段，

因此：AE、EB 是仅正方可公度的有理线段。 [X. 73]

作 BE 与 DF 的比如同 AB 比 CD， [VI. 12]

因此：一个比一个如同前项和比后项和， [V. 12]

所以：整体 AE 比整体 CF 如同 AB 比 CD。

因为：AB 与 CD 是长度可公度的，

因此：AE 与 CF 也是可公度的，BE 与 DF 也是可公度的。 [X. 11]

因为：AE、EB 是仅正方可公度的有理线段，

因此：CF、FD 也是仅正方可公度的有理线段。 [X. 13]

因为：AE 比 CF 如同 BE 比 DF，

因此，由更比：AE 比 EB 如同 CF 比 FD。 [V. 16]

因为：AE 上的正方形比 EB 上的正方形大一个与 AE 可公度线段上的正方形或大一个与它不可公度线段上的正方形，

假如：AE 上的正方形比 EB 上的正方形大一个与 AE 是可公度的线段上的正方形，

那么：CF 上的正方形比 FD 上的正方形大一个与 CF 也是可公度线段上的正方形。 [X. 14]

假如：AE 与所给定的有理线段是长度可公度的，

那么：CF 与所给定的有理线段也是长度可公度的。 [X. 12]

假如：BE 与所给定的有理线段是长度可公度的，

那么：DF 与所给定的有理线段也是长度可公度的。 [X. 12]

假如：每一条线段 AE、EB 与所给定的有理线段不可公度，

那么：每一条线段 CF、FD 与所给定的有理线段也不可公度。 [X. 13]

假如：AE 上的正方形比 EB 上的正方形大一个与 AE 是不可公度的线段上的正方形，

那么：CF 上的正方形比 FD 上的正方形大一个与 CF 不可公度的线段

上的正方形。 [X. 14]

假如：*AE* 与所给定的有理线段是长度可公度的，

那么：*CF* 与所给定的有理线段也是长度可公度的。

假如：*BE* 与所给定的有理线段是长度可公度的，

那么：*DF* 与所给定的有理线段也是长度可公度的。 [X. 12]

假如：每条线段 *AE*、*EB* 与所给定的有理线段是不可公度的，

那么：每条线段 *CF*、*FD* 与所给定的有理线段也是不可公度的，

[X. 13]

因此：*CD* 是一条余线，并且与 *AB* 同级。

证完。

命题 104

…

与一个中项余线是长度可公度的线段仍是一个中项线的余线，并且有相同的级。

A——B——E
C——D——F

设：已知一个中项余线 *AB*，而 *CD* 与 *AB* 是长度可公度的。

那么可以说：*CD* 也是一个中项余线，并且与 *AB* 是同级的。

因为：*AB* 是一个中项线的余线，

那么，设：*EB* 是对它的附加线段。

因此：*AE*、*EB* 是仅正方可公度的两条中项线。 [X. 74，75]

作比例：*AB* 比 *CD* 如同 *BE* 比 *DF*， [VI. 12]

因此：*AE* 与 *CF* 也是可公度的，*BE* 与 *DF* 也是可公度的。

[V. 12，X. 11]

因为：*AE*、*EB* 是仅正方可公度的两中项线，

因此：*CF*、*FD* 也是仅正方可公度的两中项线， [X. 23，13]

所以：*CD* 是一个中项线的余线。 [X. 74，75]

接下来可以证明：*CD* 与 *AB* 也是同级的。

因为：*AE* 比 *EB* 如同 *CF* 比 *FD*，

所以：*AE* 上的正方形比矩形 *AE*、*EB* 如同 *CF* 上的正方形比矩形 *CF*、*FD*。

因为：*AE* 上的正方形与 *CF* 上的正方形是可公度的，

所以：矩形 *AE*、*EB* 与矩形 *CF*、*FD* 也是可公度的。 [V. 16，X. 11]

设：矩形 *AE*、*EB* 是有理的，

那么：矩形 *CF*、*FD* 也是有理的。 [X. 定义 4]

假如：矩形 *AE*、*EB* 是中项面，

那么：矩形 *CF*、*FD* 也是中项面， [X. 23，推论]

因此：*CD* 是一个中项余线，与 *AB* 同级。 [X. 74，75]

证完。

命题 105

…

与一个次线可公度的线段仍是一个次线。

A——B——E

C——D——F

设：已知 *AB* 是一个次线，且 *CD* 与 *AB* 可公度。

那么可以说：*CD* 也是一个次线。

同上作图。

因为：*AE*、*EB* 是正方不可公度的， [X. 76]

因此：*CF*、*FD* 也是正方不可公度的。 [X. 13]

因为：*AE* 比 *EB* 如同 *CF* 比 *FD*， [V. 12，V. 16]

因此：*AE* 上的正方形比 *EB* 上的正方形如同 *CF* 上的正方形比 *FD* 上的正方形， [VI. 22]

因此：由合比：*AE*、*EB* 上的正方形的和比 *EB* 上的正方形如同 *CF*、*FD* 上的正方形的和比 *FD* 上的正方形。 [V. 18]

因为：*BE* 上的正方形与 *DF* 上的正方形是可公度的，

所以：*AE*、*EB* 上的正方形的和与 *CF*、*FD* 上的正方形的和也是可公度的。 [V. 16，X. 11]

因为：*AE*、*EB* 上的正方形的和是有理的， [X. 76]

因此：*CF*、*FD* 上的正方形的和也是有理的。 [X. 定义 4]

因为：*AE* 上的正方形比矩形 *AE*、*EB* 如同 *CF* 上的正方形比矩形 *CF*、*FD*，而 *AE* 上的正方形与 *CF* 上的正方形是可公度的，

因此：矩形 *AE*、*EB* 与矩形 *CF*、*FD* 也是可公度的。

又因：矩形 *AE*、*EB* 是中项面， [X. 76]

所以：矩形 *CF*、*FD* 也是中项面， [X. 23，推论]

所以：*CF*、*FD* 是正方不可公度的，并且它们上的正方形的和是有理的，由它们围成的矩形是中项面，

因而：*CD* 是次线。 [X. 76]

证完。

命题 106

…

与一个中项面有理面差的边可公度的线段仍是一个中项面有理面差的边。

设：已知一个中项面有理面差的边 *AB*，而 *CD* 与 *AB* 是可公度的。

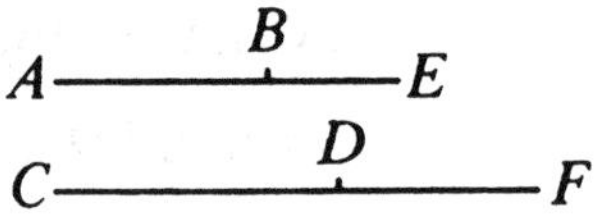

那么可以说：CD 也是一个中项面有理面差的边。

设：BE 是 AB 上的附加线段，

那么：AE、EB 是正方不可公度的两条线段，并且 AE、EB 上的正方形的和是中项面，由它们围成的矩形是有理的。 [X. 77]

同上作图。

同理可证：CF 与 FD 的比如同 AE 比 EB；

AE、EB 上的正方形的和与 CF、FD 上的正方形的和是可公度的；

且矩形 AE、EB 与矩形 CF、FD 是可公度的，

所以：CF、FD 是正方不可公度的两线段，并且 CF、FD 上的正方形的和是中项面，而由它们围成的矩形是有理的，

因此：CD 是中项面有理面差的边。 [X. 77]

证完。

命题 107

• • •

与一个两中项面差的边可公度的线段仍是一个两中项面差的边。

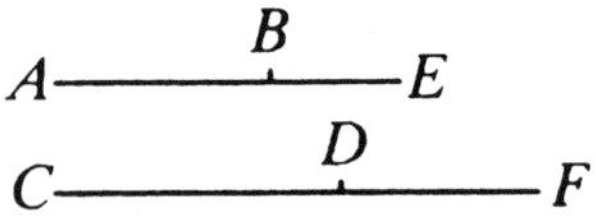

设：已知一个两中项面差的边 AB，而 CD 与 AB 是可公度的。

那么可以说：CD 也是一个两中项面差的边。

设：BE 是 AB 上的附加线段，同上作图，

那么：AE、EB 是正方不可公度的，并且它们上的正方形的和是中项面，由它们围成的矩形是中项面，并且有它们上的正方形的和与由它们

围成的矩形是不可公度的。 [X. 78]

同理可证：*AE*、*EB* 分别与 *CF*、*FD* 是可公度的，并且 *AE*、*EB* 上的正方形的和与 *CF*、*FD* 上的正方形的和是可公度的，而矩形 *AE*、*EB* 与矩形 *CF*、*FD* 是可公度的。

因此：*CF*、*FD* 也是正方不可公度的，

并且它们上的正方形的和是中项面，由它们围成的矩形是中项面，

并且它们上的正方形的和与由它们围成的矩形是不可公度的，

因此：*CD* 是一个两中项面差的边。 [X. 78]

证完。

命题 108

…

假如从一个有理面减去一个中项面，那么余面的边是二条无理线段之一，要么是一条余线，要么是一条次线。

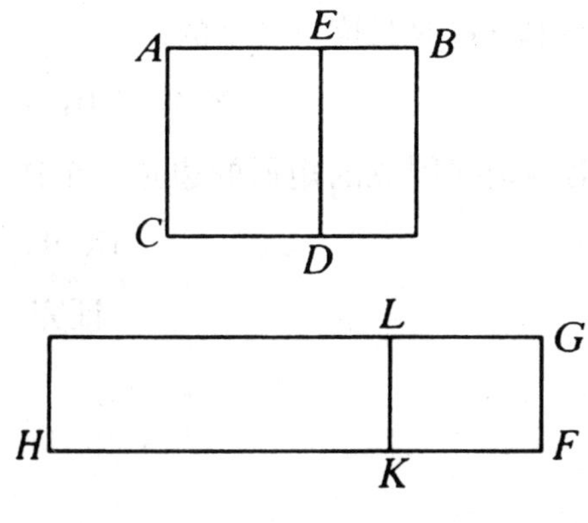

设：从有理面 *BC* 减去一个中项面 *BD*。

那么可以说：*EC* 的边是二无理线段之一，要么是一条余线，要么是一条次线。

设：在有理线段 *FG* 上贴合一个矩形 *GH* 等于 *BC*，

作 *GK* 等于减去的 *DB*，余量 *EC* 等于 *LH*。

因为：*BC* 是有理面，*BD* 是中项面，且 *BC* 等于 *GH*，而 *BD* 等于 *GK*，

因此：*GH* 是有理面，而 *GK* 是中项面。

因为：它们都是贴合于有理线段 *FG* 上，

所以：*FH* 是有理的，并且与 *FG* 是长度可公度的。 [X. 20]

因为：*FK* 是有理的，并且与 *FG* 是长度不可公度的， [X. 22]

因此：*FH* 与 *FK* 是长度不可公度的， [X. 13]

所以：*FH*、*FK* 是仅正方可公度的有理线段，

因此：*KH* 是一条余线 [X. 73]，*KF* 是它上的附加线段。

因为：*HF* 上的正方形比 *FK* 上的正方形大一个与 *HF* 可公度，或者是不可公度线段上的正方形的情况，

先设：*HF* 上的正方形比 *FK* 上的正方形大一个与它可公度线段上的正方形。

因为：全线段 *HF* 与所给定的有理线段 *FG* 是长度可公度的，

因此：*KH* 是一个第一余线。 [X. 定义 III. 1]

因为：与一个由有理线段和一个第一余线围成的矩形的边是一条余线， [X. 91]

所以：*LH* 的边，也就是 *EC* 的边是一条余线。

又设：*HF* 上的正方形比 *FK* 上的正方形大一个与 *HF* 是不可公度线段上的正方形。

因为：全线段 *FH* 与所给定的有理线段 *FG* 是长度可公度的，

因此：*KH* 是一个第四余线， [X. 定义 III. 4]

所以：与一个由有理线段和一个第四余线围成的矩形的边是一个次线。 [X. 94]

证完。

命题 109

…

假如从一个中项面减去一个有理面，那么余面的边是二无理线段之一，要么是一个第一中项余线，要么是一个中项面有理面差的边。

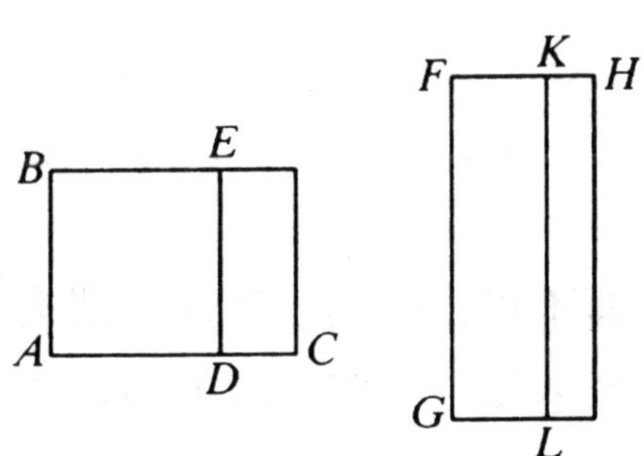

设：从中项面 *BC* 减去有理面 *BD*。

那么可以说：余面 *EC* 的边是两个无理线段之一，要么是一个中项线的第一余线，要么是一个中项面有理面差的边。

设：已知有理线段 *FG*，令各面类似地贴合上去，

那么：*FH* 是有理的，并且与 *FG* 是长度不可公度的。

又因：*KF* 是有理的，并且与 *FG* 是长度可公度的，

所以：*FH*、*FK* 是仅正方可公度的两条有理线段， [X. 13]

因此：*KH* 是一条余线，而 *FK* 是它上的附加线段。 [X. 73]

因为：倘若 *HF* 上的正方形比 *FK* 上的正方形大一个要么与 *HF* 是可公度的线段上的正方形，要么与 *HF* 是不可公度的线段上的正方形，

先设：*HF* 上的正方形比 *FK* 上的正方形大一个与 *HF* 是可公度的线段上的正方形，

那么：附加线段 *FK* 与所给定的有理线段 *FG* 是长度可公度的，

因此：*KH* 是一个第二余线。 [X. 定义 III. 2]

又因：*FG* 是有理的，

所以：*LH* 的边，也就是 *EC* 的边是一个中项线的第一余线。 [X. 92]

又设：*HF* 上的正方形比 *FK* 上的正方形大一个与 *HF* 不可公度的线段

上的正方形，

因为：附加线段 *FK* 与所给定的有理线段 *FG* 是长度可公度的，

那么：*HK* 是一个第五余线， [X. 定义 III. 5]

因此：*EC* 的边是一个中项面有理面差的边。 [X. 95]

证完。

命题 110

…

假如从一个中项面减去一个与此面不可公度的中项面，那么与余面的边是二无理线段之一，要么是一个中项线的第二余线，要么是一个两中项面差的边。

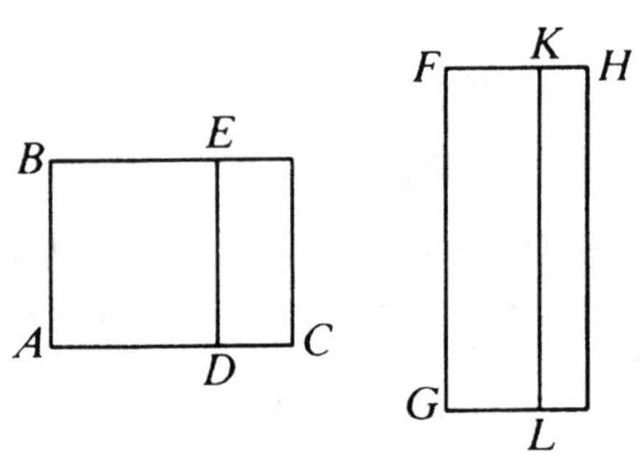

同前作图。

设：从中项面 *BC* 减去一个与 *BC* 不可公度的中项面 *BD*。

那么可以说：*EC* 的边是两无理线段之一，要么是第二中项余线，要么是一个两中项面差的边。

因为：矩形 *BC* 和矩形 *BD* 都是中项面，并且 *BC* 与 *BD* 是不可公度的，

因此：线段 *FH*、*FK* 每一个都是有理的，并且与 *FG* 是长度不可公度的。 [X. 22]

因为：*BC* 与 *BD* 是不可公度的，也就是 *GH* 与 *GK* 是不可公度的，

所以：*HF* 与 *FK* 也是不可公度的， [VI. 1，X. 11]

所以：*FH*、*FK* 是仅正方可公度的两有理线段，

因此：*KH* 是一条余线。 [X. 73]

先设：*FH* 上的正方形比 *FK* 上的正方形大一个与 *FH* 可公度的线段上的正方形，

线段 *FH*、*FK* 的每一个与所给定的有理线段 *FG* 不是长度可公度的，

那么：*KH* 是一个第三余线。 [X. 定义 III. 3]

因为：*KL* 是一条有理线段，由一条有理线段和一个第三余线围成的矩形是无理的，

那么：它的边是无理的，即一个所谓的中项线的第二余线， [X. 93]

所以：*LH* 的边，也就是 *EC* 的边是一个中项线的第二余线。

又设：*FH* 上的正方形比 *FK* 上的正方形大一个与 *FH* 是不可公度的线段上的正方形，

且线段 *HF*、*FK* 的每一个与 *FG* 不是长度可公度的，

那么：*KH* 是一个第六余线。 [X. 定义 III. 6]

因为：由一条有理线段和一个第六余线围成的矩形的边是一个两中项面差的边， [X. 96]

因此：与 *LH*，也就是 *EC* 的边是一个两中项面差的边。

证完。

命题 111

…

余线与二项线是不同类的。

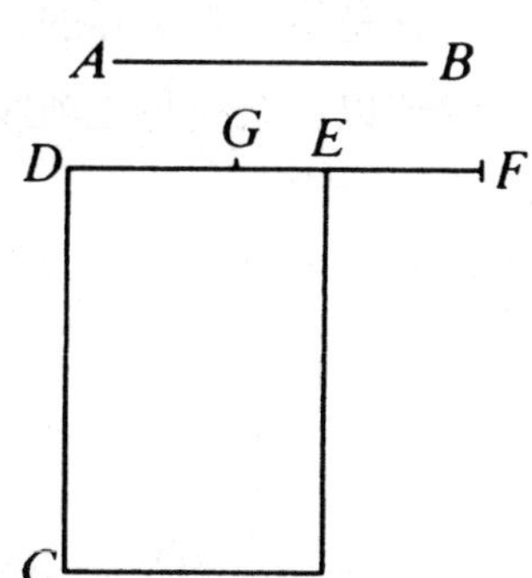

设：*AB* 是一条余线。

那么可以说：*AB* 与二项线是不同类的。

先设：是同类的，

那么：已知 *DC* 是一条有理线段，并对 *DC* 贴合一矩形 *CE* 等于 *AB* 上的正方形，产

生出作为宽的 *DE*。

因为：*AB* 是一条余线，

因此：*DE* 是一个第一余线。 [X. 97]

设：*EF* 是对 *DE* 的附加线段，

因此：*DF*、*FE* 是仅正方可公度的有理线段，并且 *DF* 上的正方形比 *FE* 上的正方形大一个与 *DF* 是可公度的线段上的正方形，并且 *DF* 与给定的有理线段 *DC* 是长度可公度的。 [X. 定义 III. 1]

又根据设：*AB* 是第二项线，

所以：*DE* 是一个第一二项线。 [X. 60]

再设：*DE* 在点 *G* 被分为它的两段，其中 *DG* 是大段，

因此：*DG*、*GE* 是仅正方可公度的两条有理线段，

并且 *DG* 上的正方形比 *GE* 上的正方形大一个与 *DG* 是可公度的线段上的正方形，

而大段 *DG* 与所给定的有理线段 *DC* 是长度可公度的， [X. 定义 II. 1]

因此：*DF* 与 *DG* 是长度可公度的， [X. 12]

所以：余量 *GF* 与 *DF* 也是长度可公度的。 [X. 15]

因为：*DF* 与 *EF* 是长度不可公度的，

因此：*FG* 与 *EF* 也是长度不可公度的， [X. 13]

所以：*GF*、*FE* 是仅正方可公度的有理线段，

因此：*EG* 是一条余线。 [X. 73]

又因：*EG* 也是有理的，

这是不符合实际的，

所以：余线与二项线是不同类的。

证完。

小结

余线以及它以后的无理线段既不同于中项线，也彼此不相同。

倘若在一条有理线段上贴合一与中项线上的正方形相等的矩形，那么产生的作为宽的线段是有理的，

并且与原有理线段是长度不可公度的。 [X. 22]

倘若在一条有理线段上贴合出一个矩形等于余线上的正方形，那么产生的作为宽的线段为第一余线。 [X. 97]

在一条有理线段上贴合出一个矩形，等于中项线的第一余线上的正方形，那么产生的宽是第二余线。 [X. 98]

在一条有理线段上贴合出一个矩形，等于中项线的第二余线上的正方形，那么产生的宽是第三余线。 [X. 99]

在一条有理线段上贴合出一个矩形，等于次线上的正方形相等的矩形，那么产生的宽为第四余线。 [X. 100]

在一条有理线段上贴合出一个矩形，等于中项面有理面差的边上的正方形，那么产生的宽为第五余线。 [X. 101]

在一条有理线段上贴合出一个矩形，等于两中项面差的边的正方形，那么产生的宽为第六余线。 [X. 102]

因为：上面说到的宽与第一条线段不同，并且彼此不同，与第一个直线不同是因为它是有理的，彼此不同是因为它们不同级。

所以：显然，这些无理线段本身也互不相同。

又因，已经证明：余线与二项线是不同类的。 [X. 111]

但如果在有理线段上贴合出一个矩形，等于余线以后的线段上的正方形，那么产生的宽依次为相应级的余线，

同理：在有理线段上贴合出一个矩形，等于二项线以后的线段上的正方形，那么产生的宽依次为相应级的二项线。

所以：这样的余线以后的无理线段不同，二项线以后的无理线段也不同。

因此：共有十三类无理线段，分别是：

中项线，

二项线，

第一双中项线，

第二双中项线，

主线，

中项面有理面和的边，

两中项面和的边，

余线，

第一中项余线，

第二中项余线，

次线，

中项面有理面差的边，

两中项面差的边。

命题 112

…

在二项线上贴合一矩形等于一条有理线段上的正方形，那么产生作为宽的线段是一条余线，这条余线的两段与二项线的两段是可公度的，并且有同比，并且余线与二项线有相同的等级。

设：已知一条有理线段 A，一个二项线 BC，而 DC 是它的大段，矩形 BC、EF 等于 A 上的正方形。

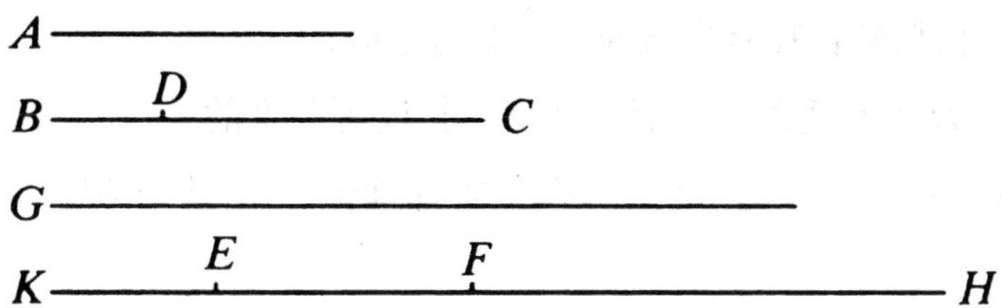

那么可以说：*EF* 是一条余线，它的两段与 *CD*、*DB* 是可公度的，并且有相同的比，且 *EF* 与 *BC* 有相同的等级。

设：矩形 *BD*、*G* 等于 *A* 上的正方形。

因为：矩形 *BC*、*EF* 等于矩形 *BD*、*G*，

因此：*CD* 比 *BD* 如同 *G* 比 *EF*。 [VI. 16]

又因：*CB* 大于 *BD*，

所以：*G* 大于 *EF*。 [V. 16，V. 14]

设：*EH* 等于 *G*，

因此：*CB* 比 *BD* 如同 *HE* 比 *EF*，

所以，由分比：*CD* 比 *BD* 如同 *HF* 比 *FE*。 [V. 17]

设作出比例：*HF* 比 *EF* 如同 *FK* 比 *KE*，

因此：整体 *HK* 比整体 *KF* 如同 *FK* 比 *KE*。

因为：前项之一比后项之一如同所有前项和比所有后项和， [V. 12]

又因：*FK* 比 *KE* 如同 *CD* 比 *DB*， [V. 11]

因此：*HK* 比 *KF* 如同 *CD* 比 *DB*。 [V. 11]

因为：*CD* 上的正方形与 *DB* 上的正方形是可公度的， [X. 36]

所以：*HK* 上的正方形与 *KF* 上的正方形是可公度的。 [VI. 22，X. 11]

因为：三条线段 *HK*、*KF*、*KE* 是成比例的， [V. 定义 9]

所以：*HK* 上的正方形比 *KF* 上的正方形如同 *KH* 比 *KE*，

因此：*HK* 与 *KE* 是长度可公度的，

所以：*HE* 与 *EK* 也是长度可公度的。 [X. 15]

因为：*A* 上的正方形等于矩形 *EH*、*BD*，且 *A* 上的正方形是有理的，

因此：矩形 *EH*、*BD* 也是有理的。

又因：它是贴合在有理线段 *BD* 上的矩形，

所以：*EH* 是有理的，并且与 *BD* 是长度可公度的， [X. 20]

因此：与 *EH* 是可公度的 *EK* 也是有理的，并且与 *BD* 是长度可公度的。

因为：*CD* 比 *DB* 如同 *FK* 比 *KE*，

CD、*DB* 是仅正方可公度的两线段，

因此：*FK*、*KE* 也是仅正方可公度的。 [X. 11]

因为：*KE* 是有理的，

那么：*FK* 也是有理的，

因此：*FK*、*KE* 是仅正方可公度的两有理线段，

所以：*EF* 是一条余线。 [X. 73]

因为：*CD* 上的正方形比 *DB* 上的正方形大一个要么与 *CD* 是可公度的线段上的正方形，要么与 *CD* 是不可公度的线段上的正方形，

倘若 *CD* 上的正方形比 *DB* 上的正方形大一个与 *CD* 是可公度的线段上的正方形，

那么：*FK* 上的正方形比 *KE* 上的正方形大一个与 *FK* 是可公度的线段上的正方形。 [X. 14]

倘若 *CD* 与所给定的有理线段是长度可公度的，

那么：*FK* 与所给定的有理线段也是长度可公度的。 [X. 11，12]

倘若 *BD* 与所给定的有理线段是可公度的，

那么：*KE* 也是这样。 [X. 12]

倘若两线段 *CD*、*DB* 每一个与所给定的有理线段是不可公度的，

那么：两线段 *FK*、*KE* 每一个与所给定的有理线段也不是可公度的。

倘若 *CD* 上的正方形比 *DB* 上的正方形大一个与 *CD* 是不可公度的线段上的正方形，

那么：*FK* 上的正方形比 *KE* 上的正方形大一个与 *FK* 是不可公度的线段上的正方形。 [X. 14]

倘若 *CD* 与所给定的有理线段是可公度的，

那么：FK 也与所给定的有理线段是可公度。

倘若 BD 与所给定的有理线段是可公度的，

那么：KE 也与所给定的有理线段是可公度的。

倘若两线段 CD、DB 每一个与所给定的有理线段不是可公度的，

那么：两线段 FK、KE 与所给定的有理线段也不是可公度的，

因此：FE 是一条余线，它的两段 FK、KE 与二项线的两段 CD、DB 是可公度的，它们的比相同，且 EF 与 BC 有相同的等级。

证完。

命题 113

…

在余线上贴合一个等于一条有理线段上的正方形的矩形，那么产生作为宽的是一个二项线，并且二项的两段与余线的两段是可公度的，它们的比相同，并且二项线与余线有相同的等级。

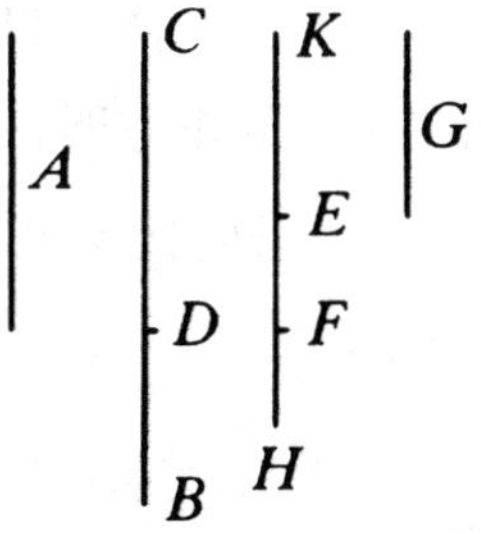

A　C　D　B　K　E　F　H　G

设：已知一条有理线段 A，一条余线 B，并在 BD 上贴合一个矩形，等于 A 上的正方形，并产生出作为宽的 KH。

那么可以说：KH 是一个二项线，它的两段与余线 BD 的两段是可公度的，并且有相同的比，KH 与 BD 也有相同的等级。

设：DC 是对 BD 的附加线段，

因此：BC、CD 是仅正方可公度的两有理线段。　[X. 73]

设：矩形 BC、G 等于 A 上的正方形。

因为：A 上的正方形是有理的，

因此：矩形 *BC*、*G* 是有理的。

又因：它是贴合于有理线段 *BC* 上的，

所以: *G* 是有理的且与 *BC* 是长度可公度的。 [X. 20]

因为：矩形 *BC*、*G* 等于矩形 *BD*、*KH*，

因此，有比例: *CB* 比 *BD* 如同 *KH* 比 *G*。 [VI. 16]

因为: *BC* 大于 *BD*，

所以: *KH* 大于 *G*。 [V. 16，V. 14]

设: *KE* 等于 *G*，

因此: *KE* 与 *BC* 是长度可公度的。

因为: *CB* 比 *BD* 如同 *KH* 比 *KE*，

因此，由换比: *BC* 比 *CD* 如同 *KH* 比 *HE*。 [V. 19，推论]

设作出比例: *KH* 比 *HE* 如同 *HF* 比 *FE*，

因此：余量 *KF* 比 *FH* 如同 *KH* 比 *HE*，也就是如同 *BC* 比 *CD*。

[V. 19]

因为: *BC*、*CD* 是仅正方可公度的，

所以: *KF*、*FH* 也是仅正方可公度的。 [X. 11]

因为: *KH* 比 *HE* 如同 *KF* 比 *FH*，

KH 比 *HE* 如同 *HF* 比 *FE*，

所以: *KF* 比 *FH* 如同 *FH* 比 *FE*， [V. 11]

因此：第一个比第三个如同第一个上的正方形比第二个上的正方形，

[V. 定义 9]

所以: *KF* 比 *FE* 如同 *KF* 上的正方形比 *KH* 上的正方形。

因为: *KF*、*FH* 是正方可公度的，

所以: *KF* 上的正方形与 *FH* 上的正方形是可公度的，

因此: *KF* 与 *FE* 也是长度可公度的， [X. 11]

所以: *KF* 与 *KE* 也是长度可公度的。 [X. 15]

因为: *KE* 是有理的，并且与 *BC* 是长度可公度的，

所以: *KF* 也是有理的，并且与 *BC* 是长度可公度的。 [X. 12]

因为: *BC* 比 *CD* 如同 *KF* 比 *FH*,

所以，由更比: *BC* 比 *KF* 如同 *DC* 比 *FH*。 [V. 16]

因为: *BC* 与 *KF* 是长度可公度的,

因此: *FH* 与 *CD* 也是长度可公度的。 [X. 11]

因为: *BC*、*CD* 是仅正方可公度的两有理线段,

所以: *KF*、*FH* 也是仅正方可公度的两有理线段,

所以: *KH* 是二项线。 [X. 36]

倘若 *BC* 上的正方形比 *CD* 上的正方形大一个与 *BC* 是可公度的线段上的正方形,

那么: *KF* 上的正方形比 *FH* 上的正方形也大一个与 *KF* 是可公度的线段上的正方形。 [X. 14]

倘若 *BC* 与所给定的有理线段是长度可公度的,

那么: *KF* 与所给定的有理线段也是长度可公度的。

倘若 *CD* 与所给定的有理线段是长度可公度的,

那么: *FH* 与所给定的有理线段也是长度可公度的。

倘若两线段 *BC*、*CD* 的每一个与给定的有理线段不是长度可公度的,

那么：两线段 *KF*、*FH* 的每一个与给定的有理线段也不是长度可公度的。

又因：倘若 *BC* 上的正方形比 *CD* 上的正方形大一个与 *BC* 是不可公度的线段上的正方形,

那么: *KF* 上的正方形比 *FH* 上的正方形也大一个与 *KF* 是不可公度的线段上的正方形。 [X. 14]

倘若 *BC* 与给定的有理线段是长度可公度的,

那么: *KF* 与给定的有理线段也是长度可公度的。

倘若 *CD* 与给定的有理线段是长度可公度的,

那么: *FH* 与给定的有理线段也是长度可公度的。

倘若两线段 *BC*、*CD* 的每一个与所给定的有理线段不是长度可公度的,

那么：两线段 *KF*、*FH* 的每一个与所给定的有理线段也不是长度可公度的,

因此：*KH* 是一个二项线，并且它的两段 *KF*、*FH* 与余线的两段 *BC*、*CD* 是可公度的，它们的比也相同，并且 *KH* 与 *BD* 有相同的等级。

证完。

命题 114

…

假如一条余线和一个二项线围成一个矩形，并且此余线的两段与二项线的两段是可公度的，并且有相同的比，那么这个面的边是一条有理线段。

A B F
C E D
G
H
K L M

设：矩形 *AB*、*CD* 由余线 *AB* 和二项线 *CD* 围成，*CE* 是 *CD* 的大段，假设二项线的两段 *CE*、*ED* 与余线的两段 *AF*、*FB* 是可公度的，并且有相同的比，且矩形 *AB*、*CD* 的边是 *G*。

那么可以说：*G* 是有理的。

已知 *H* 是一条有理线段，并在 *CD* 上贴合一矩形，等于 *H* 上的正方形，产生出作为宽的 *KL*，

因此：*KL* 是一条余线。

设：*KL* 的两段 *KM*、*ML* 与二项线 *CD* 的两段 *CE*、*ED* 是可公度的，并且它们的比相同。 [X. 112]

因为：*CE*、*ED* 与 *AF*、*FB* 也是可公度的，且它们的比相同，

所以：*AF* 比 *FB* 如同 *KM* 比 *ML*。

由更比：*AF* 比 *KM* 如同 *BF* 比 *LM*，

因此：余量 *AB* 比余量 *KL* 如同 *AF* 比 *KM*。 [V. 19]

因为：*AF* 与 *KM* 是可公度的， [X. 12]

因此：*AB* 与 *KL* 也是可公度的。 [X. 17]

因为：*AB* 比 *KL* 如同矩形 *CD*、*AB* 比矩形 *CD*、*KL*， [VI. 1]

因此：矩形 *CD*、*AB* 与矩形 *CD*、*KL* 也是可公度的。 [X. 11]

因为：矩形 *CD*、*KL* 等于 *H* 上的正方形，

所以：矩形 *CD*、*AB* 与 *H* 上的正方形是可公度的。

因为：*G* 上的正方形等于矩形 *CD*、*AB*，

所以：*G* 上的正方形与 *H* 上的正方形是可公度的。

因为：*H* 上的正方形是有理的，

因此：*G* 上的正方形也是有理的，

所以：*G* 是有理线段。

又因：它是矩形 *CD*、*AB* 的“边”，

因此：已证明命题。

证完。

推论　由两无理线段围成的矩形也可以是一个有理面。

命题 115

•••

从一个中项线产生的无穷多个无理线段，没有任何一个与之前的任一无理线段相同。

A————

B————

C————

D————

设：已知有一个中项线 *A*。

那么可以说：由 *A* 产生的无穷多个无理线段，没有一个与之前的任何一个相同。

已知有理线段 *B*，作一条线段 *C*，

使其上的正方形等于矩形 B、A，

那么：C 是一条无理线段。 [X. 定义 4]

因为：由无理线段和有理线段围成的矩形是无理的， [X. 20，推论]

又因：它与之前任何一条不相同，因为之前没有任意一条无理线段上的正方形贴合一条有理线段得的矩形，产生出作为宽的线段是中项线，

设：D 上的正方形等于矩形 B、C，

因此：D 上的正方形是无理的， [X. 20，推论]

所以：D 是无理的。 [X. 定义 4]

因为：它与之前任一无理线段不同，

这是因为在有理线段上贴合一等于之前任一无理线段上的正方形的矩形，

由此产生出作为宽的不是 C，

同理：假如将这种排列无线继续下去，

那么从一个中项线能产生无穷多个无理线段，

并且没有一个与之前任一无理线段相同。

证完。

卷 XI

定义

01 体有长、宽和高。

02 体的边界是面。

03 一直线和一平面内所有与它相交的直线都成直角时，就称这个直线与这个平面成直角。

04 在两个相交平面之一内作直线与它们的交线成直角，并且这些直线也与另一平面成直角时，那么称这两平面相交成直角。

05 从一条和平面相交的直线上任一点向平面作垂线，那么该直线与连接交点和垂直的连线所成的角称为该直线与平面的倾角。

06 从两个相交平面交线上的同一点，分别在两平面内各作交线的垂线，那么这两条垂线所夹的锐角叫作该两平面的倾角。

07 一对平面的倾角等于另外一对平面的倾角时，就称它们有相似的倾角。

08 两平面总不相交，那么称它们是平行平面。

09 凡由个数相等的相似面构成的所有立方图形称为相似立体图形。

10 凡由个数相等的相似且相等的面构成的立体图形，称为相似且相等的立体图形。

11 由不在同一平面内多于两条且交于一

点的直线全体构成的图形称为立体角。换句话说，由不在同一平面内且多于两个而又交于一点的平面角所构成的图形称为一个立体角。

12 几个交于一点的面及另外一个面构成的图形，在此面与交点之间的部分称为棱锥。

13 一个棱柱是一个立体图形，它是由一些平面构成的，其中有两个面是相对且相等，相似且平行的，其他各面都是平行四边形。

14 固定一个半圆的直径，旋转半圆到开始位置，所形成的图形称为一个球。

15 球的轴是半圆绕成球时的不动直径。

16 球心是半圆的圆心。

17 过球心的任意直线被球面从两方截出的线段称为球的直径。

18 固定直角三角形的一条直角边，旋转直角三角形到开始位置，所形成的图形称为圆锥。倘若固定的一直角边等于另一直角边时，那么所形成的圆锥称为直角圆锥；倘若小于另一边，就称为钝角圆锥；倘若大于另一边，就称为锐角圆锥。

19 直角三角形绕成圆锥时，不动的那条直角边称为圆锥的轴。

20 三角形的另一边经旋转后所形成的圆面，称为圆锥的底。

21 固定矩形的一边，绕此边旋转矩形到开始位置，所成的图形称为圆柱。

22 矩形绕成圆柱时的不动边，称为圆柱的轴。

23 矩形绕成圆柱时，相对的两边旋转成的两个圆面叫作圆柱的底。

24 凡圆锥或圆柱其轴与底的直径成比例时，就称这些圆锥或圆柱为相似圆锥或相似圆柱。

25 六个相等的正方形围成的立方图形，称为正立方体。

26 八个全等的等边三角形围成的立体图形，称为正八面体。

27 二十个全等的等边三角形围成的立体图形，称为正二十面体。

28 十二个相等的等边且等角的五边形围成的立体图形，称为正十二面体。

命题

命题 1

…

一条直线不可能一部分在平面内，另一部分在平面外。

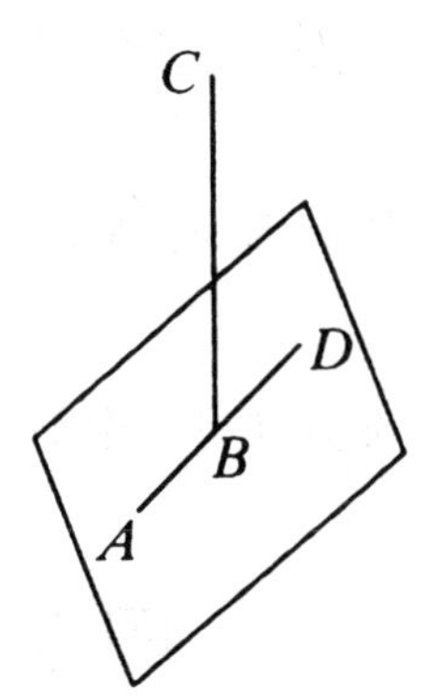

设：已知直线 ABC，且 AB 和 BC 都是 ABC 的一部分，而 AB 在平面内，BC 在此平面外。

那么：在这个平面上就有一条直线与 AB 连接成同一条直线，

设：这条直线是 BD。

那么：两条直线 ABC、ABD 有共同部分 AB，

这是不符合实际的。

这是因为，倘若以 B 为心，以 AB 为距离画圆，那么直径将截出不相等的圆弧，

因此：一条直线不可能一部分在平面内，另一部分在平面外。

证完。

命题 2

…

假如二条直线彼此相交，那么它们在同一平面内，并且每个

三角形也各在同一平面内。

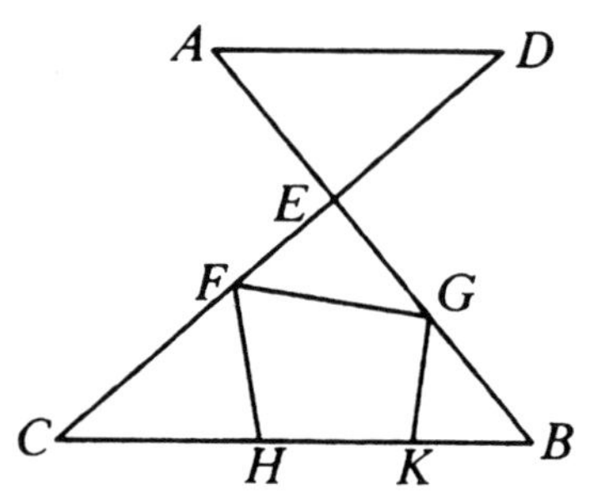

设：两直线 *AB*、*CD* 交于点 *E*。

那么可以说：*AB*、*CD* 在同一个平面内，并且每个三角形也在这个平面内。

设：在 *EC*、*EB* 上分别取得点 *F*、*G*。

连接 *CB*、*FG*，并引 *FH*、*GK*，

先证明：三角形 *ECB* 在同一个平面内。

倘若三角形 *ECB* 的一部分 *FHC* 或 *GBK* 在一个平面内，而余下的在另一个平面内，

那么：直线 *EC*、*EB* 之一的一部分在一个平面内，另一部分在另一个平面内。

因为：设三角形 *ECB* 的一部分 *FCBG* 在原平面内，其余部分在另一个平面内，

因此：两直线 *EC*、*EB* 的一部分也在原平面内，另一部分在另一个平面内，

已经证明了这是不合理的，　[XI. 1]

所以：三角形 *ECB* 在一个平面内。

又因：三角形 *ECB* 所在的平面也是 *EC*、*EB* 所在的平面，

且 *EC*、*EB* 所在的平面也是 *AB*、*CD* 所在的平面，　[XI. 1]

因此：直线 *AB*、*CD* 在一个平面内，并且每个三角形也在这个平面内。

证完。

命题 3

…

假如两个平面相交，那么它们的共同截线是一条直线。

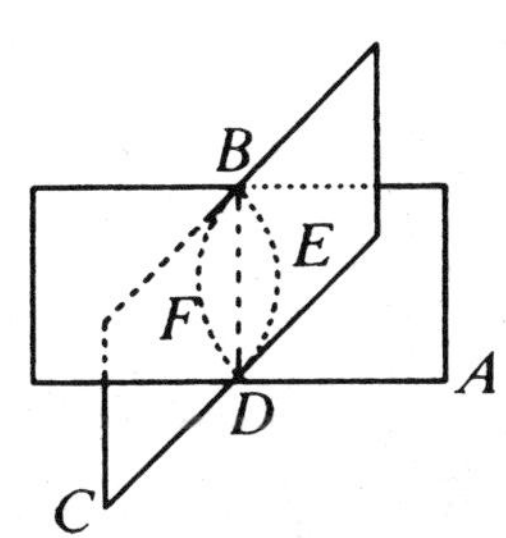

设：两平面 *AB*、*BC* 相交，*DB* 是它们的共同截线。

那么可以说：*DB* 是一条直线。

先设：*DB* 不是直线，

从 *D* 到 *B* 在平面 *AB* 上连接的直线为 *DEB*；在平面 *BC* 上连接的直线为 *DFB*，

因此：两条直线 *DEB*、*DFB* 有相同的端点，它们围成一个面片，这是不符合实际的。

因此：*DEB*、*DFB* 都不是直线。

同理可证：除平面 *AB*、*BC* 的交线之外再没有连接从 *D* 到 *B* 的任何其他直线。

证完。

命题 4

…

倘若一直线在另两条直线交点处都和它们成直角，那么这条直线与两直线所在平面成直角。

设：已知直线 *EF* 在二直线 *AB*、*CD* 的交点 *E* 与它们成直角。

那么可以说：*EF* 也与 *AB*、*CD* 所在的平面成直角。

设：取 *AE*、*EB*、*CE*、*ED* 彼此相等，过点 *E* 任意引一条直线 *GEH*。

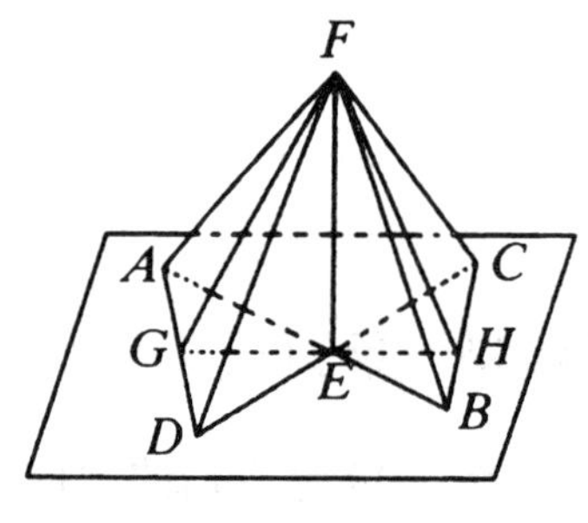

连接 AD、CB。

在 EF 上任取一点 F，连接 FA、FG、FD、FC、FH、FB。

因为：两线段 AE、ED 分别等于线段 CE、EB，并且夹角也相等， [I. 15]

因此：底 AD 等于底 CB，

并且三角形 AED 等于三角形 CEB， [I. 4]

所以：角 DAE 等于角 EBC。

因为：角 AEC 等于角 BEH， [I. 15]

因此：三角形 AGE 和 BEH 有两角及夹边 AE、EB 分别相等，

因此：其余的边也相等， [I. 26]

所以：GE 等于 EH，且 AG 等于 BH。

因为：AE 等于 EB，并且 FE 是两直角处的公共边，

所以：底 FA 等于底 FB。 [I. 4]

同理：FC 等于 FD。

因为：AD 等于 CB，且 FA 等于 FB，两边 FA、AD 分别等于两边 FB、BC，

又因，已经证明：底 FD 等于底 FC，

因此：角 FAD 等于角 FBC。 [I. 8]

又因，已经证明：AG 等于 BH，且 FA 等于 FB，

两边 FA、AG 等于两边 FB、BH，

因为：角 FAG 等于角 FBH，

因此：底 FG 等于底 FH。 [I. 4]

因为已经证明：GE 等于 EH，

并且 EF 是公共的，两边 GE、EF 等于两边 HE、EF，

又因：底 FG 等于底 FH，

因此：角 GEF 等于角 HEF， [I. 8]

所以：角 GEF、HEF 都是直角，

因此：FE 过 E 和直线 GH 成直角。

同理可证：FE 和已知平面上与它相交的所有直线都成直角。

因为：当一直线和一平面上相交的所有直线都成直角时，那么这条直线与这个平面成直角， [XI. 定义 3]

因此：FE 与平面成直角，

又因：平面经过直线 AB、CD，

所以：FE 和经过 AB、CD 的平面成直角。

证完。

命题 5

…

倘若一直线过三直线的交点且与三直线交成直角，那么此三直线在同一平面内。

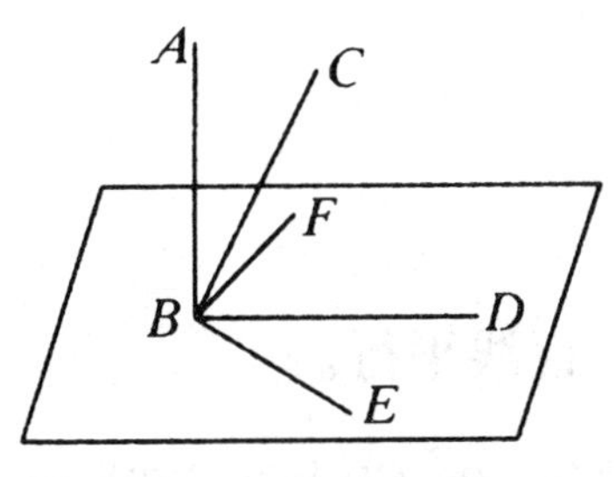

设：直线 AB 过三直线 BC、BD、BE 的交点 B，并且与它们成直角。

那么可以说：BC、BD、BE 在同一个平面内。

设：它们不在同一平面内，

若可能，就设：BD、BE 在同一平面内，BC 不在该平面内，过 AB 和 BC 作一平面，它与原平面有一条交线。 [XI. 3]

设：它是 BF，

那么：三直线 AB、BC、BF 在同一平面内，也就是经过 AB、BC 的平面。

因为：AB 和直线 BD、BE 的每一条都成直角，

那么：*AB* 也和 *BD*、*BE* 所在的平面成直角。 [XI. 4]

因为：通过 *BD*、*BE* 的平面是原平面，

因此：*AB* 和原平面成直角，

所以：*AB* 也和原平面内过 *B* 点的所有直线成直角。 [XI. 定义 3]

因为：在原平面内的 *BF* 与 *AB* 相交，

因此：角 *ABF* 是直角，

已知：角 *ABC* 是直角。

因此：角 *ABF* 等于角 *ABC*，并且它们在一个平面内，

这是不符合实际的，

那么：直线 *BC* 不在平面外，

因此：三直线 *BC*、*BD*、*BE* 在同一平面内，

所以：假如一直线过三直线的交点且与三直线交成直角，

那么这三直线在同一平面内。

证完。

命题 6

• • •

假如两直线和同一平面成直角，那么二直线平行。

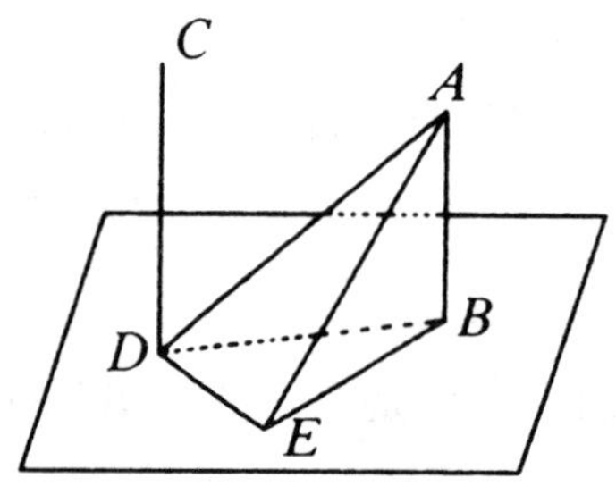

设：两条直线 *AB*、*CD* 都和已知平面成直角。

那么可以说：*AB* 平行于 *CD*。

设：它们交已知平面于点 *B*、*D*，

连接 *B*、*D*，

在已知平面内作 *DE* 和 *BD* 成直角，又取 *DE* 等于 *AB*，连接 *BE*、*AE* 及 *AD*。

因为: *AB* 和已知平面成直角，它也和该平面内与此直线相交的一切直线成直角， [XI. 定义 3]

又已知：平面内两直线 *BD*、*BE* 都和 *AB* 相交，

因此：角 *ABD* 和 *ABE* 都是直角。

同理：角 *CDB*、*CDE* 也都是直角。

因为: *AB* 等于 *DE*，并且 *BD* 是公共的，

所以：两边 *AB*、*BD* 等于两边 *ED*、*DB*，并且它们各自交成直角，

因此：底 *AD* 等于底 *BE*。 [I. 4]

因为: *AB* 等于 *DE*，而 *AD* 等于 *BE*，两边 *AB*、*BE* 等于两边 *ED*、*DA*，并且 *AE* 为公共底，

因此：角 *ABE* 等于角 *EDA*。 [I. 8]

因为：角 *ABE* 是直角，

因此：角 *EDA* 也是直角，

所以: *ED* 和 *DA* 成直角。

又因：它也和直线 *BD*、*DC* 的每一条都成直角，

因此: *ED* 和三直线 *BD*、*DA*、*DC* 在它们的交点处成直角，

所以：三直线 *BD*、*DA*、*DC* 在同一平面内。 [XI. 5]

因为：不论 *DB*、*DA* 在哪个平面内，*AB* 也在这个平面内，又因任意三角形都在一个平面内， [XI. 2]

因此：直线 *AB*、*BD*、*DC* 在一个平面内。

又因：角 *ABD*、*BDC* 都是直角，

所以: *AB* 平行于 *CD*。 [I. 28]

证完。

命题 7

…

倘若两条直线平行，那么在这两直线上各任意取一点，那么连接两点的直线和两条平行线在同一平面内。

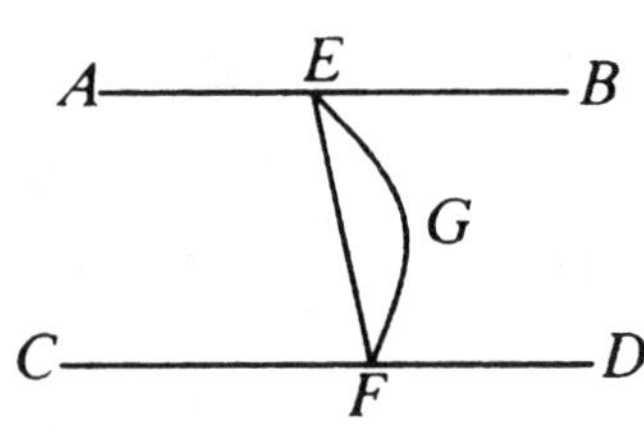

设：*AB*、*CD* 是两条平行直线，分别在每条上各取一点 *E*、*F*。

那么可以说：连接点 *E*、*F* 的直线与两条平行直线在同一平面内。

设：不在一个平面如果是可行的，那么两点 *E*、*F* 的连线 *EGF* 在平面外。

过 *EGF* 作一平面，与二平行直线所在的平面相交于一条直线，[XI. 3]

设：它是 *EF*，

因此：两条直线 *EGF*、*EF* 围成一个面片，

这是不符合实际的，

所以：从 *E* 到 *F* 连接的直线不在平面外，

因此：从 *E* 到 *F* 连接的直线在两平行线 *AB*、*CD* 所在的平面内。

证完。

命题 8

…

假如两条直线平行，其中一条和一个平面成直角，那么另一条也和这个平面成直角。

设：已知 *AB*、*CD* 是两条平行线，并且它们之一 *AB* 与已知平面成直角。

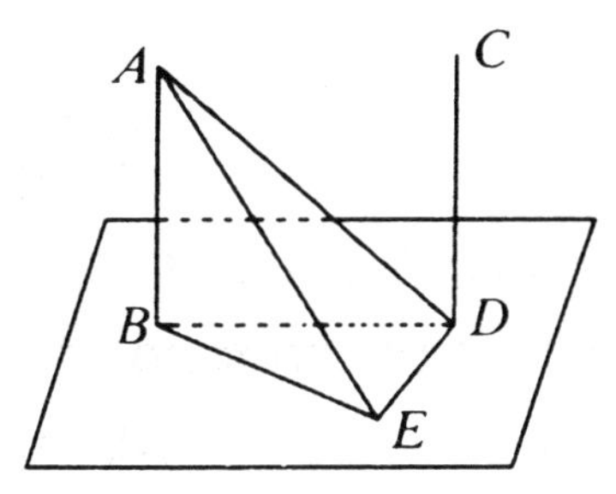

那么可以说：另一条直线 CD 也与同一平面成直角。

设：AB、CD 与已知平面相交于点 B、D，

连接 B、D，

因此：AB、CD、BD 在一个平面内。 [XI. 7]

设：在已知平面上作 DE 和 BD 成直角，并且取 DE 等于 AB。

连接 BE、AE、AD。

因为：AB 和已知平面成直角，

因此：AB 和平面上与它相交的一切直线成直角， [XI. 定义 3]

所以：角 ABD、ABE 都是直角。

因为：直线 BD 和平行线 AB、CD 相交，

所以：角 ABD、CDB 的和等于两直角。 [I. 29]

又因：角 ABD 是直角，

因此：角 CDB 也是直角，

所以：CD 和 BD 成直角。

因为：AB 等于 DE，并且 BD 是公共的，

所以：两边 AB、BD 等于两边 ED、DB。

因为：角 ABD 和角 EDB 都是直角，

所以：它们相等，

因此：底 AD 等于底 BE。

因为：AB 等于 DE，且 BE 等于 AD，

所以：两边 AB、BE 分别等于两边 ED、DA。

又因：AE 是公共的底，

所以：角 ABE 等于角 EDA。

因为：角 ABE 是直角，

所以：角 EDA 也是直角，

因此：*ED* 和 *AD* 成直角。

因为：它与 *DB* 成直角，

因此：*ED* 也和经过 *BD*、*DA* 的平面成直角， [XI. 4]

所以：*ED* 也和经过 *BD*、*DA* 的平面内与它相交的直线都成直角。

又因：*DC* 在 *BD*、*DA* 经过的平面内，这是因为 *AB*、*BD* 在 *BD*、*DA* 经过的平面内， [XI. 2]

且 *DC* 也在 *AB*、*BD* 经过的平面内，

因此：*ED* 和 *DC* 成直角，也就是 *CD* 和 *DE* 成直角。

因为：*CD* 也和 *BD* 成直角，

那么：*CD* 在两条直线 *DE*、*DB* 交点 *D* 处和二直线成直角，

也就是 *CD* 也与过 *DE*、*DB* 的平面成直角。 [XI. 4]

又因：通过 *DE*、*DB* 的平面就是所讨论的平面，

因此：*CD* 和已知平面成直角。

证完。

命题 9

•••

两条直线平行于和它们不共面的同一直线时，这两条直线平行。

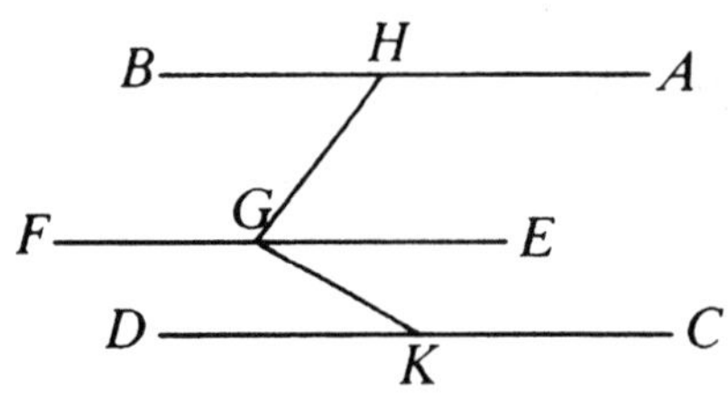

设：两条直线 *AB*、*CD* 都平行于和它们不共面的直线 *EF*。

那么可以说：*AB* 平行于 *CD*。

在 *EF* 上任取一点 *G*，由它在 *EF*、*AB* 所在的平面内作 *GH* 与 *EF* 成直角，

在 *EF*、*CD* 所在的平面内作 *GK* 与 *EF* 成直角。

因为：*EF* 和直线 *GH*、*GK* 的每一条都成直角，

因此：*EF* 也和经过 *GH*、*GK* 的平面成直角。 [XI. 4]

因为：*EF* 平行于 *AB*，

所以：*AB* 也和经过 *HG*、*GK* 的平面成直角。 [XI. 8]

同理：*CD* 也和经过 *HG*、*GK* 的平面成直角，

因此：直线 *AB*、*CD* 都和经过 *HG*、*GK* 的平面成直角。

又因：假如两条直线都和同一平面垂直，那么它们平行， [XI. 6]

因此：*AB* 平行 *CD*。

证完。

命题 10

…

倘若相交的两条直线平行于不在同一平面内两条相交的直线，那么它们的夹角相等。

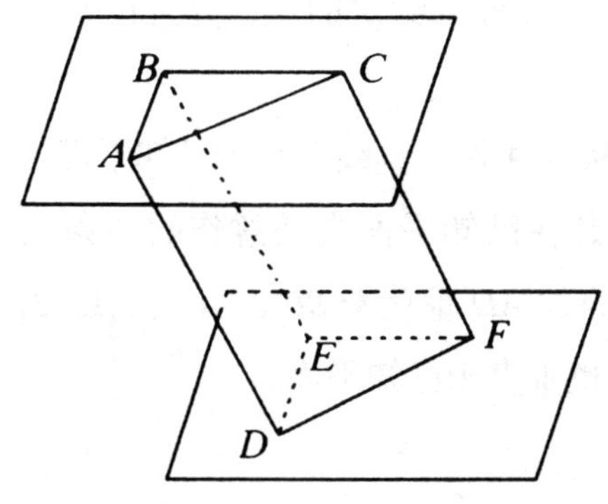

设：两条直线 *AB*、*BC* 相交，并且平行于不在同一平面内相交的两直线 *DE*、*EF*。

那么可以说：角 *ABC* 等于角 *DEF*。

设：截取 *BA*、*BC*、*ED*、*EF* 彼此相等，又连接 *AD*、*CF*、*BE*、*AC*、*DF*。

因为：*BA* 等于且平行于 *ED*，

所以：*AD* 等于且平行于 *BE*， [I. 33]

同理: *CF* 等于且平行于 *BE*,

所以: 两直线 *AD*、*CF* 都等于且平行于 *BE*。

又因: 两直线平行于和它们不共面的一直线，那么两直线平行，

[XI. 9]

因此: *AD* 平行且等于 *CF*。

因为: *AC*、*DF* 连接着它们,

所以: *AC* 等于且平行于 *DF*。 [I. 33]

因为: 两边 *AB*、*BC* 等于两边 *DE*、*EF*,

又因: 底 *AC* 等于底 *DF*,

因此: 角 *ABC* 等于角 *DEF*。 [I. 8]

证完。

命题 11

•••

从平面外一个给定的点作一直线垂直于已知平面。

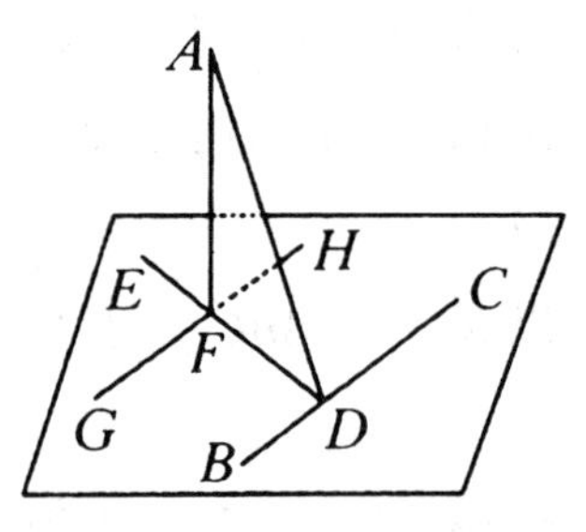

设: *A* 是平面外一给定的点，并且已知有一平面。

要求: 从点 *A* 作一直线垂直于已知平面。

设: *BC* 是在已知平面内任意作的一条直线，从 *A* 作直线 *AD* 垂直于 *BC*。 [I. 12]

设: *AD* 也垂直于已知平面。

那么: 所求的直线已经作出。

设: 倘若不是这样，从点 *D* 在已知平面内作 *DE* 和 *BC* 成直角。

[I. 11]

从 *A* 作 *AF* 垂直于 *DE*。 [I. 12]

过点 F 作 GH 平行于 BC。 [I. 31]

因为：BC 和直线 DA、DE 都成直角，

因此：BC 也和经过 ED、DA 的平面成直角。 [XI. 4]

因为：GH 平行于它，

并且倘若两平行线之一和某一平面成直角，

那么另一直线也和同一平面成直角， [XI. 8]

因此：GH 也和经过 ED、DA 的平面成直角，

所以：GH 也和经过 ED、DA 的平面内和 GH 相交的一切直线成直角。 [XI. 定义 3]

因为：AF 在 ED、DA 所在的平面内且和 GH 相交，

因此：GH 和 FA 成直角。

因为：AF 也和 DE 成直角，

所以：AF 和直线 GH、DE 都成直角。

又因：假如一条直线在两条直线交点处和这两条直线成直角，那么它也和经过两条直线的平面成直角， [XI. 4]

所以：FA 和经过 ED、GH 的平面成直角。

因为：经过 ED、GH 的平面就是已知平面，

因此：AF 和已知平面成直角，

所以：由平面外已知点作了直线 AF 垂直于已知平面。

作完。

命题 12

…

在所给定的平面内的已知点作一直线和该平面成直角。

设：已知平面和它上面的点 A。

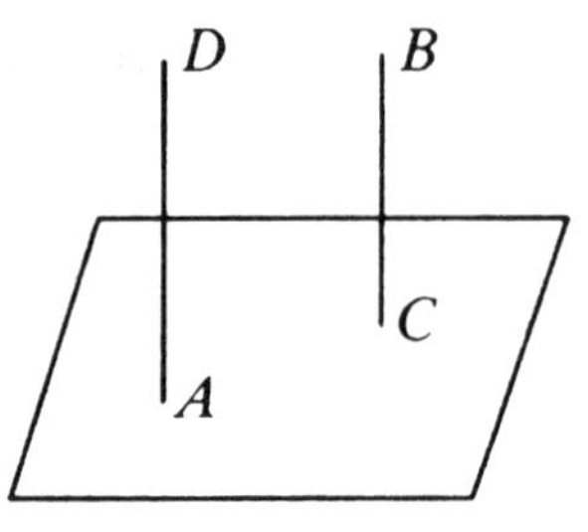

要求：由点 A 作一直线和它成直角。

设：在平面外任取一点 B，从点 B 作 BC 垂直于已知平面。 [XI. 11]

过 A 作 AD 平行于 BC。 [I. 31]

因为：AD、CB 是两条平行线，它们中的一条 BC 和该平面成直角，那么其余的一条 AD 也与已知平面成直角，

因此：在所给定平面内一点 A 作了直线 AD 与该平面成直角。

作完。

命题 13

…

从平面内同一点在平面同侧，不可能作两条直线都和这个平面垂直。

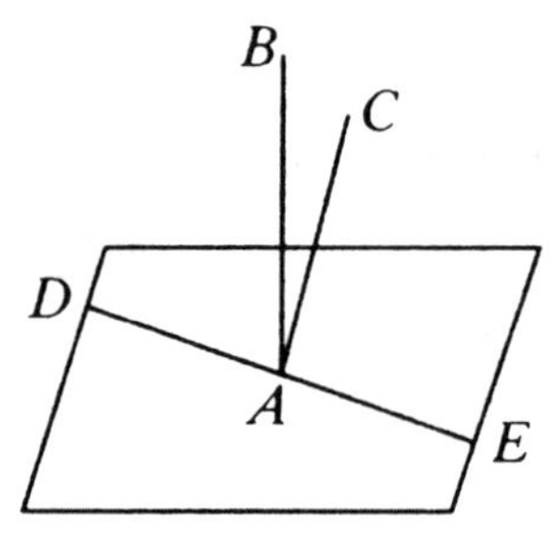

如果可能，从平面内找一点 A，在平面同侧作出两条直线 AB、AC，和这平面垂直。

过 BA、AC 作一平面，

平面经过点 A 与已知平面交于一直线 DAE， [XI. 3]

因此：直线 AB、AC、DAE 在同一平面上。

因为：CA 和已知平面成直角，

那么和已知平面内和它相交的所有直线成直角， [XI. 定义 3]

又因：DAE 和 CA 相交，且角 DAE 在已知平面内，

因此：角 CAE 是直角。

同理：角 BAE 也是直角，

所以：角 CAE 等于角 BAE。

又因：它们在同一平面内，

这是不符合实际的。

证完。

命题 14

…

和同一直线成直角的两个平面是平行的。

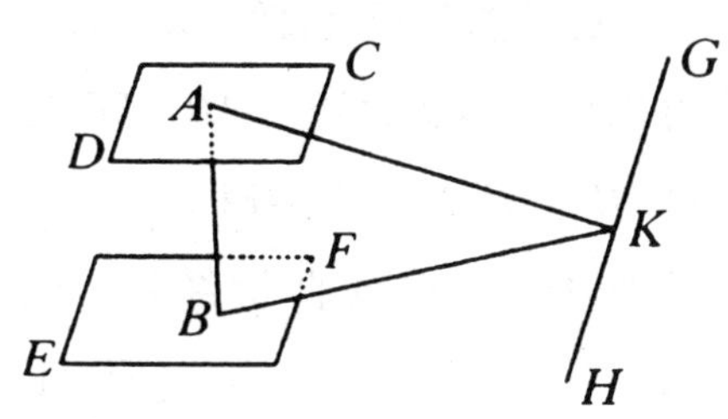

设：一直线 AB 和平面 CD、EF 都成直角。

那么可以说：这两个平面是平行的。

倘若它们不平行，延长后它们将会相交。

设：它们相交于一条直线 GH。 [XI. 3]

在 GH 上任取一点 K，连接 AK、BK。

因为：AB 和平面 EF 成直角，

因此：AB 和 BK 成直角，它是平面 EF 延展后上面的一条直线，

[XI. 定义 3]

因此：角 ABK 是直角。

同理：BAK 也是直角，

所以：在三角形 ABK 中，两个角 ABK、BAK 都是直角。

这是不符合实际的， [I. 17]

因此：两平面 CD、EF 延展后不相交，

因此：平面 CD、EF 是平行的， [XI. 定义 8]

所以：和同一直线成直角的两个平面是平行的。

证完。

命题 15

…

假如两条相交直线平行于不在同一平面上的另外两条相交直线，那么两对相交直线所在的平面平行。

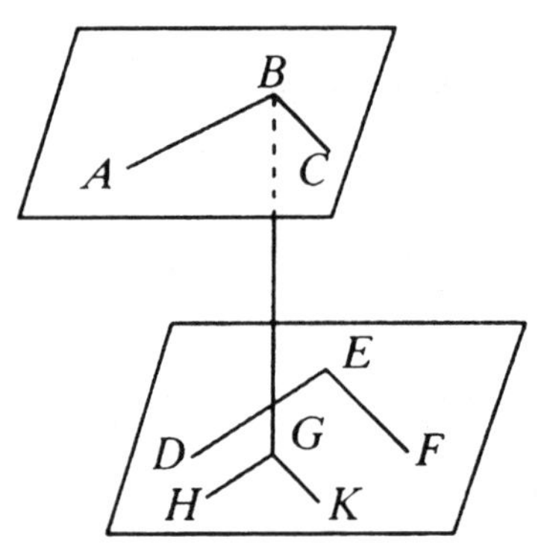

设：两条相交直线 *AB*、*BC* 平行于不在同一平面上的另两条相交直线 *DE*、*EF*。

那么可以说：延展后经过 *AB*、*BC* 的平面和经过 *DE*、*EF* 的平面不相交。

从点 *B* 作直线 *BG* 垂直于经过 *DE*、*EF* 的平面。 [XI. 11]

设：它交平面于点 *G*。

过 *G* 作 *GH* 平行于 *ED*，作 *GK* 平行于 *EF*。 [I. 31]

因为：*BG* 和经过 *DE*、*EF* 的平面成直角，

因此：它也和经过 *DE*、*EF* 的平面内且和它相交的所有直线成直角。

[XI. 定义 3]

因为：在经过 *DE*、*EF* 的平面内两条直线 *GH*、*GK* 都和 *BG* 相交，

所以：角 *BGH* 和角 *BGK* 都是直角。

因为：*BA* 平行于 *GH*， [XI. 9]

所以：角 *GBA*、*BGH* 的和是两直角。 [I. 29]

因为：角 *BGH* 是直角，

因此：角 *BGA* 也是直角，

所以：*GB* 和 *BA* 成直角。

同理：*GB* 也和 *BC* 成直角。

因为：直线 *GB* 和两相交的直线 *BA*、*BC* 成直角，

因此：*GB* 也和经过 *BA*、*BC* 的平面成直角。 [XI. 4]

又因：和同一直线成直角的两平面是平行的， [IX. 14]

所以：经过 *AB*、*BC* 的平面平行于经过 *DE*、*EF* 的平面，

因此：如果两条相交直线平行于不在同一平面内的另两条相交直线，那么两对相交直线所在的平面平行。

证完。

命题 16

…

倘若两平行平面被另一个平面所截，那么截得的交线是平行的。

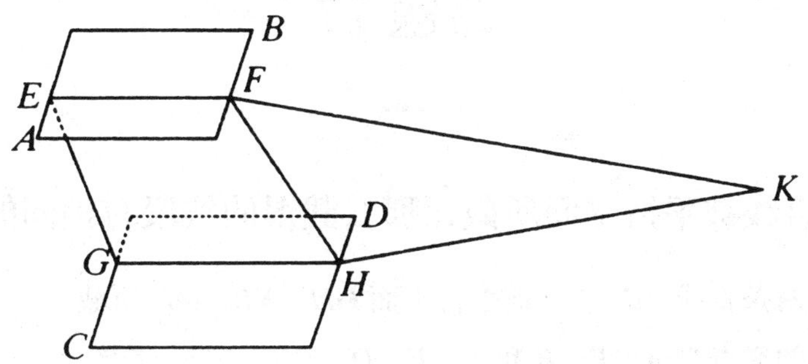

设：两个平行平面 *AB*、*CD* 被平面 *EFHG* 所截，而 *EF*、*GH* 是它们的交线。

那么可以说：*EF* 平行于 *GH*。

倘若两条直线不平行，则延长两条直线 *EF*、*GH* 之后在 *F*、*H* 一方或 *E*、*G* 一方必相交。

设：两条直线延长后在 *F*、*H* 一侧首先相交于 *K*。

因为：*EFK* 在平面 *AB* 内，

因此：*EFK* 上所有点也都在平面 *AB* 内。 [XI. 1]

又因：*K* 是直线 *EFK* 上的一个点，

因此：*K* 在平面 *AB* 内。

同理：*K* 也在平面 *CD* 内，

所以：两平面 *AB*、*CD* 延长后相交。

但是根据假设：它们是平行，不是相交，

所以：直线 *EF*、*GH* 延长后在 *F*、*H* 一方不相交。

同理可证：直线 *EF*、*GH* 在 *E*、*G* 一方延长后也不相交，

又因：在两方都不相交的直线是平行的， [I. 定义 23]

因此：*EF* 平行于 *GH*。

证完。

命题 17

…

倘若两直线被平行平面所截，那么截得的线段有相同的比。

设：两条直线 *AB*、*CD* 被平行平面 *GH*、*KL*、*MN* 所截，

它们的交点为 *A*、*E*、*B* 和 *C*、*F*、*D*。

那么可以说：*AE* 比 *EB* 如同 *CF* 比 *FD*。

连接 *AC*、*BD*、*AD*。

设：*AD* 和平面 *KL* 相交于点 *O*。

连接 *EO*、*OF*。

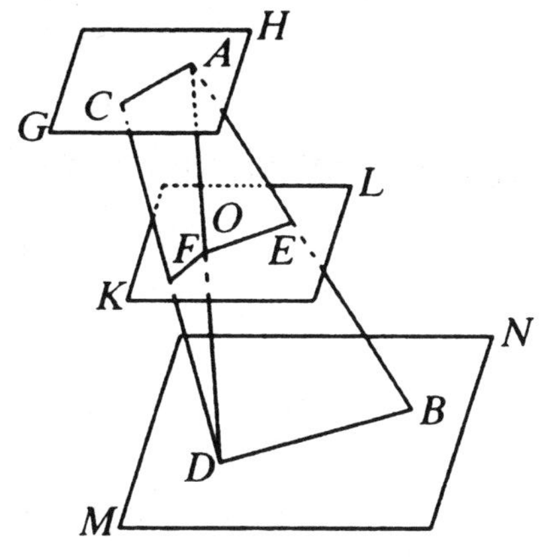

因为：两个平行平面 *KL*、*MN* 被平面 *EBDO* 所截，

它们的交线 *EO*、*BD* 是平行的，[XI. 16]

同理：两平行平面 *GH*、*KL* 被平面 *AOFC* 所截，它们的交线 *AC*、*OF* 是平行的。[XI. 16]

因为：线段 *EO* 平行于三角形 *ABD* 的一边 *BD*，

因此，有比例：*AE* 比 *EB* 如同 *AO* 比 *OD*。[VI. 2]

因为：直线 *OF* 平行于三角形 *ADC* 的一边 *AC*，

因此，有比例：*AO* 比 *OD* 如同 *CF* 比 *FD*。[VI. 2]

又因，已经证明：*AO* 比 *OD* 如同 *AE* 比 *EB*，

因此：*AE* 比 *EB* 如同 *CF* 比 *FD*。[V. 11]

证完。

命题 18

…

假如一条直线和某一平面成直角，那么经过此直线的所有平面都和这个平面成直角。

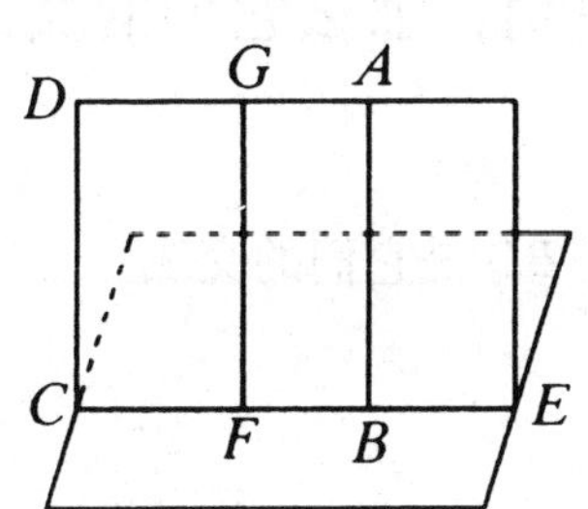

设：一条直线 *AB* 和已知平面成直角。

那么可以说：所有经过 *AB* 的平面也和此平面成直角。

作经过 *AB* 的平面 *DE*。

设：*CE* 是平面 *DE* 与已知平面的交线，在

CE 上任取一点 *F*。

在平面 *DE* 内由 *F* 作 *FG* 与 *CE* 成直角。 [I. 11]

因为：*AB* 和已知平面成直角，且 *AB* 也和已知平面内和它相交的所有直线成直角， [XI. 定义 3]

所以：*AB* 也和 *CE* 成直角，

因此：角 *ABF* 是直角。

因为：角 *GFB* 也是直角，

所以：*AB* 平行于 *FG*。 [I. 28]

因为：*AB* 和已知平面成直角，

所以：*FG* 也和已知平面成直角。 [XI. 8]

因为：当从两平面之一上引直线和它们的交线成直角时，那么两平面成直角， [XI. 定义 4]

又因：在平面 *DE* 内的直线 *FG* 和交线 *CE* 成直角，

且已经证明，和已知平面成直角，

平面 *DE* 和已知平面成直角。

同理可证：经过 *AB* 的所有平面和已知平面成直角。

证完。

命题 19

…

倘若两个相交的平面同时和一个平面成直角，那么它们的交线也和这个平面垂直。

设：两平面 *AB*、*BC* 与已知平面成直角，并且 *BD* 是它们的交线。

那么可以说：*BD* 和已知平面成直角。

设：如果不成直角，

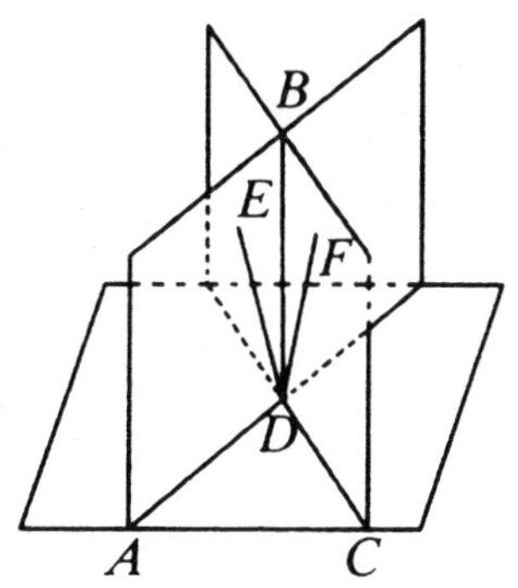

那么：由 *D* 在平面 *AB* 内作 *DE* 和直线 *AD* 成直角，

在平面 *BC* 内作 *DF* 和 *CD* 成直角。

因为：平面 *AB* 和已知平面成直角，

又在平面 *AB* 内所作的 *DE* 和它们的交线 *AD* 成直角，

所以：*DE* 和已知平面垂直。　[XI. 定义 4]

同理可证：*DF* 也和已知平面成直角，

因此：从同一点 *D* 在平面那一侧有两条直线和已知平面成直角，

[XI. 13]

这是不符合实际的，

因此：除了平面 *AB*、*BC* 的交线 *DB* 外，从点 *D* 再作不出直线和已知平面成直角。

证完。

命题 20

•••

假如由三个平面角构成一个立体角，那么任何两个平面角的和大于第三个平面角。

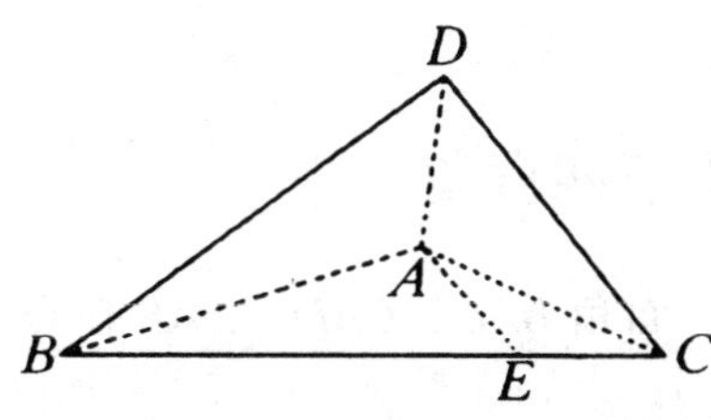

设：由三个平面角 *BAC*、*CAD*、*DAB* 在点 *A* 围成立体角。

那么可以说：角 *BAC*、*CAD*、*DAB* 中的任何两个的和大于第三个。

设：角 *BAC*、*CAD*、*DAB* 彼此相等。

那么：任何两角之和大于第三个。

如果不是这样，就设：角 BAC 是较大的，

在经过 BA、AC 的平面内直线 AB 上点 A 处作角 BAE 等于角 DAB；

让 AE 等于 AD，并过点 E 引一直线 BEC 和直线 AB、AC 相交于 B、C；

连接 DB、DC。

因为：AD 等于 AE、AB 是公共的，两边等于两边，

且角 DAB 等于角 BAE，

因此：底 DB 等于底 BE。 [I. 4]

因为：两边 BD、DC 的和大于 BC， [I. 20]

又已经证明：DB 等于 BE，

因此：余下的 DC 大于余下的 EC。

因为：DA 等于 AE，而 AC 是公共的，并且底 DC 大于底 EC，

因此：角 DAC 大于角 EAC。 [I. 25]

又因，已经证明：角 DAB 等于角 BAE，

因此：角 DAB、DAC 的和大于角 BAC。

同理可证：其余的角也是如此，任取两个面角的和大于其他的一个面角。

证完。

命题 21

•••

构成一个立体角的所有平面角的和小于四直角。

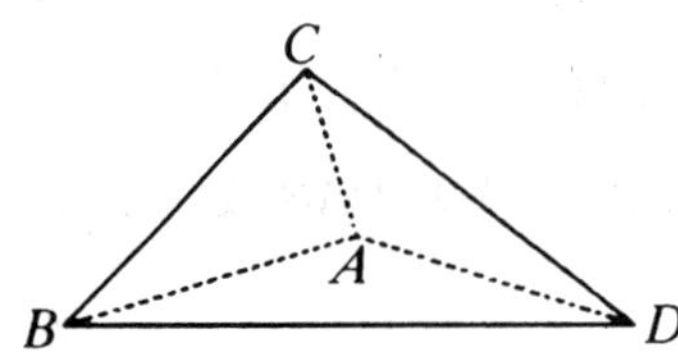

设：由平面角 BAC、CAD、DAB 在点 A 构成一个立体角。

那么可以说：角 BAC、CAD、DAB 的

和小于四直角。

设：在直线 *AB*、*AC*、*AD* 上分别取一点 *B*、*C*、*D*，

连接 *BC*、*CD*、*DB*。

因为：在点 *B* 处的三个平面角 *CBA*、*ABD*、*CBD* 构成一个立体角，其中任何两个的和大于其余一个， [XI. 20]

因此：角 *CBA*、*ABD* 的和大于角 *CBD*。

同理：角 *BCA*、*ACD* 的和大于角 *BCD*，

并且角 *CDA*、*ADB* 的和大于角 *CDB*，

因此：六个角 *CBA*、*ABD*、*BCA*、*ACD*、*CDA*、*ADB* 的和大于三个角 *CBD*、*BCD*、*CDB*。

又因：三个角 *CBD*、*BDC*、*BCD* 的和等于两直角， [I. 32]

因此：六个角 *CBA*、*ABD*、*BCA*、*ACD*、*CDA*、*ADB* 的和大于二直角。

因为：三角形 *ABC*、*ACD*、*ADB* 的每一个的三个角的和等于两直角，

因此：这三个三角形的九个角 *CBA*、*ACB*、*BAC*、*ACD*、*CDA*、*CAD*、*ADB*、*DBA*、*BAD* 的和等于六个直角。

又因：它们中六个角 *ABC*、*BCA*、*ACD*、*CDA*、*ADB*、*DBA* 的和大于两直角，

因此：其余的三个角 *BAC*、*CAD*、*DAB* 构成的立体角其面角的和小于四直角。

证完。

命题 22

…

倘若有三个平面角，不论怎样选取，其中任意两个角的和大于第三个角，并且夹这些角的两边都相等，那么连接相等线

段的端点的三条线段构成一个三角形。

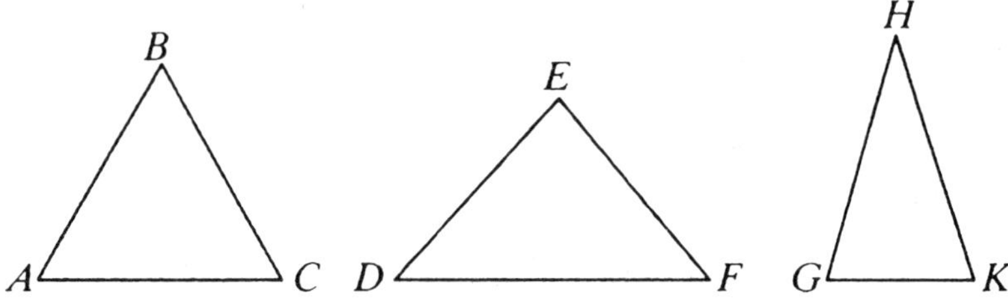

设：有三个平面角 *ABC*、*DEF*、*GHK*，不论怎样选取其中任何两角的和大于第三个角。

也就是角 *ABC*、*DEF* 的和大于角 *GHK*；

角 *DEF*、*GHK* 的和大于角 *ABC*。

并且角 *GHK*、*ABC* 的和大于角 *DEF*。

设：线段 *AB*、*BC*、*DE*、*EF*、*GH*、*HK* 是相等的，连接 *AC*、*DF*、*GK*。

那么可以说：能作一个三边等于 *AC*、*DF*、*GK* 的三角形，也就是线段 *AC*，*DF*，*GK* 中任意两条的和大于第三条。

倘若角 *ABC*、*DEF*、*GHK* 彼此相等，可以得到 *AC*、*DF*、*GK* 也相等。

那么：可以作出三边等于 *AC*、*DF*、*GK* 的三角形。

设：它们不相等，在线段 *HK* 上的点 *H* 处作角 *KHL* 等于角 *ABC*，

使 *HL* 等于线段 *AB*、*BC*、*DE*、*EF*、*GH*、*HK* 中的一条，

连接 *KL*、*GL*。

因为：两边 *AB*、*BC* 等于两边 *HK*、*HL*，

在 *B* 的角等于角 *KHL*，

因此：底 *AC* 等于底 *KL*。 [I. 4]

因为：角 *ABC*、*GHK* 的和大于角 *DEF*，

此时角 *ABC* 等于角 *KHL*，

因此：角 *GHL* 大于角 *DEF*。

因为：两边 *GH*、*HL* 等于两边 *DE*、*EF*，并且角 *GHL* 大于角 *DEF*，

因此：底 *GL* 大于底 *DF*。 [I. 24]

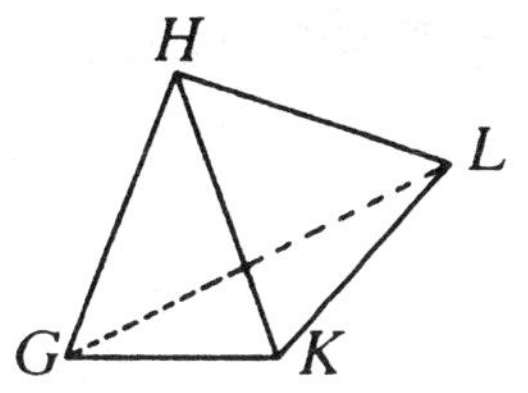

又因：GK、KL 的和大于 GL，

所以：GK、KL 的和大于 DF。

因为：KL 等于 AC，

所以：AC、GK 的和大于其余的 DF。

同理可证：AC、DF 的和大于 GK，

以及 DF、GK 的和大于 AC，

因此：可以作出三边等于 AC、DF、GK 的三角形。

证完。

命题 23

…

已知在三个平面角中无论怎样选取任意两角的和都大于第三个角，并且三个角的和必小于四直角，求作由此三个平面角构成的立体角。

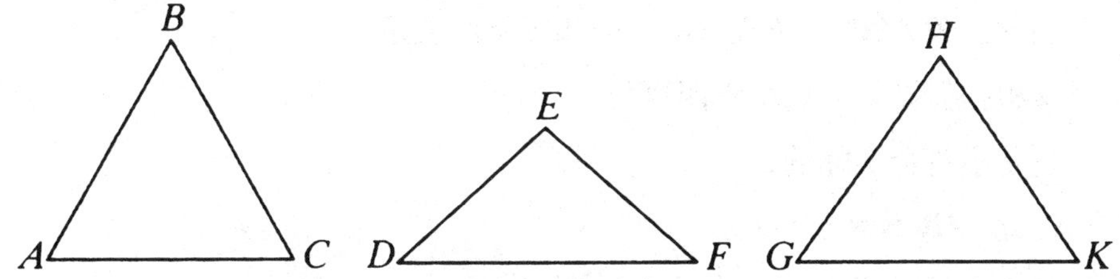

设：角 ABC、DEF、GHK 是三个已知的平面角，选取其中任意两个角的和大于余下的一个角，并且三个角的和小于四直角。

要求：作出面角等于角 ABC、DEF、GHK 的立体角。

截取彼此相等的线段 AB、BC、DE、EF、GH、HK，连接 AC、DF、GK。

由此，可以作出：一个三条边等于 AC、DF、GK 的三角形。[XI. 22]

设：作出三角形 *LMN*，使 *AC* 等于 *LM*，使 *DF* 等于 *MN*，以及 *GK* 等于 *NL*；

作出三角形 *LMN* 的外接圆 *LMN*。

设：外接圆 *LMN* 的圆心为 *O*，

连接 *LO*、*MO*、*NO*。

那么可以说：*AB* 大于 *LO*。

如果不是这样，就设：*AB* 或等于或小于 *LO*。

先设：它们是相等的。

因为：*AB* 等于 *LO*，且 *AB* 等于 *BC*，而 *OL* 等于 *OM*，

两边 *AB*、*BC* 分别等于两边 *LO*、*OM*，

根据假设：底 *AC* 等于底 *LM*，

因此：角 *ABC* 等于角 *LOM*。 [I. 8]

同理：角 *DEF* 等于角 *MON*，

角 *GHK* 等于角 *NOL*，

因此：三个角 *ABC*、*DEF*、*GHK* 的和等于三个角 *LOM*、*MON*、*NOL* 的和。

又因：三个角 *LOM*、*MON*、*NOL* 的和等于四直角，

因此：角 *ABC*、*DEF*、*GHK* 的和等于四直角。

又根据假设：它们小于四直角，

这是不符合实际的，

因此：*AB* 不等于 *LO*。

接下来可以证明：*AB* 小于 *LO* 也不成立。

倘若可以成立，

作 *OP* 等于 *AB*，且 *OQ* 等于 *BC*，又连接 *PQ*。

因为：*AB* 等于 *BC*，*OP* 等于 *OQ*，

所以：余量 *LP* 等于 *QM*，

因此：*LM* 平行于 *PQ*， [VI. 2]

并且 *LMO* 与 *PQO* 是等角的， [I. 29]

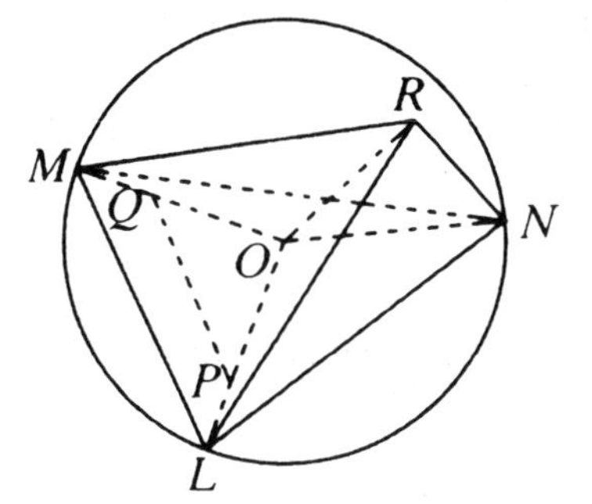

因此：*OL* 比 *LM* 如同 *OP* 比 *PQ*。 [VI. 4]

由更比：得 *LO* 比 *OP* 如同 *LM* 比 *PQ*， [V. 16]

因为：*LO* 大于 *OP*，

所以：*LM* 大于 *PQ*。

又因，已知：*LM* 等于 *AC*，

因此：*AC* 大于 *PQ*。

因为：两边 *AB*、*BC* 等于两边 *OP*、*OQ*，

且底 *AC* 大于底 *PQ*，

所以：角 *ABC* 大于角 *POQ*。 [I. 25]

同理可证：角 *DEF* 大于角 *MON*，以及角 *GHK* 大于角 *NOL*，

因此：三个角 *ABC*、*DEF*、*GHK* 的和大于三个角 *LOM*、*MON*、*NOL* 的和。

又根据假设：角 *ABC*、*DEF*、*GHK* 的和小于四直角，

因此：角 *LOM*、*MON*、*NOL* 的和小于四直角。

又因：它们的和等于四直角，

这是不符合实际的，

因此：*AB* 不小于 *LO*。

又因，已经证明：*AB* 与 *LO* 是不相等的，

所以：*AB* 大于 *LO*。

从点 *O* 作 *OR* 使它同圆 *LMN* 所在的平面成直角。 [XI. 12]

令 *OR* 上的正方形等于一个面积，而这个面积是 *AB* 上的正方形比 *OL* 上的正方形所大的那部分。 [引理]

连接 *RL*、*RM*、*RN*。

因为：*RO* 同圆 *LMN* 所在的平面成直角，

因此：*RO* 也和线段 *LO*、*MO*、*NO* 的每一个成直角。

因为：*LO* 等于 *OM*，

并且 *OR* 是公共的，又和 *LO*、*ON* 都成直角，

所以：底 *RL* 等于底 *RM*。 [I. 4]

同理：*RN* 等于线段 *RL*、*RM* 的每一个，

因此：三线段 *RL*、*RM*、*RN* 彼此相等。

又，根据假设：*OR* 上的正方形等于 *AB* 上的正方形较 *OL* 上的正方形大的那部分，

所以：*AB* 上的正方形等于 *LO*、*OR* 上的正方形的和。

又因：*LR* 上的正方形等于 *LO*、*OR* 上的正方形的和，这是因为角 *LOR* 是直角， [I. 47]

因此：*AB* 上的正方形等于 *RL* 上的正方形，

因此：*AB* 等于 *RL*。

因为：线段 *BC*、*DE*、*EF*、*GH*、*HK* 都等于 *AB*，

此时线段 *RM*、*RN* 都等于 *RL*，

那么：线段 *AB*、*BC*、*DE*、*EF*、*GH*、*HK* 中每一条都等于线段 *RL*、*RM*、*RN* 中的每一条。

因为：两边 *LR*、*RM* 等于两边 *AB*、*BC*，

又根据假设：底 *LM* 等于底 *AC*，

因此：角 *LRM* 等于角 *ABC*。 [I. 8]

同理：角 *MRN* 等于角 *DEF*，角 *LRN* 等于角 *GHK*，

所以：作了由三个平面角 *LRM*、*MRN*、*LRN* 在点 *R* 构成的立体角，

并且角 *LRM*、*MRN*、*LRN* 等于已知角 *ABC*、*DEF*、*GHK*。

作完。

引理

…

如何作出 OR 上的正方形等于 AB 上的正方形与 LO 上的正方形差的面积。

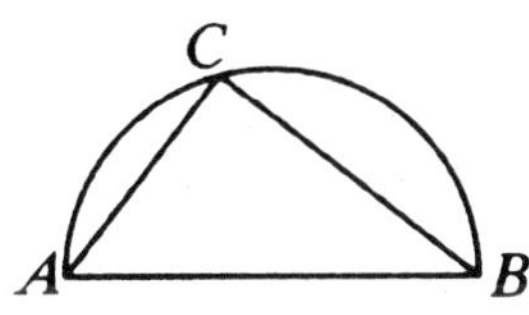

设：取两线段 *AB*、*LO*，其中 *AB* 是较大的。

在 *AB* 上作半圆 *ABC*，在半圆 *ABC* 内作拟合线段 *AC* 等于线段 *LO*，它不大于直径 *AB*。[IV. 1]

连接 *C*、*B*。

因为：角 *ACB* 是半圆 *ABC* 上弓形角，

因此：角 *ACB* 是直角，　[III. 31]

所以：*AB* 上的正方形等于 *AC* 上的正方形与 *CB* 上的正方形的和，

因此：在 *AB* 上的正方形大于 *AC* 上的正方形，大出的部分是 *CB* 上的正方形。

又因：*AC* 等于 *LO*，

因此：*AB* 上的正方形大于 *LO* 上的正方形，大出的部分是 *CB* 上的正方形。

设：截取 *OR* 等于 *BC*，

那么：*AB* 上的正方形大于 *LO* 上的正方形，大出的部分是 *OR* 上的正方形。

作完。

命题 24

…

倘若由一些平行平面围成一个立体，那么它们相对面相等，

并且是平行四边形。

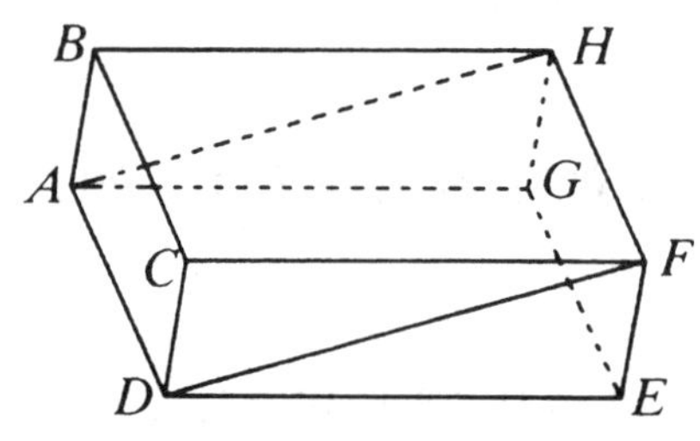

设：平行平面 *AC*、*GF*、*AH*、*DF*、*BF*、*AE* 围成一个立体 *CDHG*。

那么可以说：它们对面相等，并且是平行四边形。

因为：两平行平面 *BG*、*CE* 被平面 *AC* 所截，

因此：它们的交线是平行的， [XI. 16]

所以：*AB* 平行于 *DC*。

因为：两平行平面 *BF*、*AE* 被平面 *AC* 所截，它们的交线平行，[XI. 16]

所以：*BC* 平行于 *AD*。

又因，已经证明：*AB* 平行于 *DC*，

因此：*AC* 是平行四边形。

同理可证：平面 *DF*、*FG*、*GB*、*BF*、*AE* 的每一个都是平行四边形。

连接 *AH*、*DF*，

因为：*AB* 平行于 *DC*，且 *BH* 平行于 *CF*，

且相交两直线 *AB*、*BH* 平行于和它们不在同一平面上的两条直线 *DC*、*CF*，

因此：它们的夹角相等， [XI. 10]

所以：角 *ABH* 等于角 *DCF*。

因为：两边 *AB*、*BH* 等于两边 *DC*、*CF*， [I. 34]

并且角 *ABH* 等于角 *DCF*，

所以：底 *AH* 等于底 *DF*，三角形 *ABH* 等于三角形 *DCF*。 [I. 4]

因为：平行四边形 *BG* 是三角形 *ABH* 的二倍，平行四边形 *CE* 是三角形 *DCF* 的二倍， [I. 34]

因此：平行四边形 *BG* 全等于平行四边形 *CE*。

同理可证：*AC* 等于 *GF*，且 *AE* 等于 *BF*。

证完。

命题 25

…

倘若一个平行六面体被一个平行于一双相对面的平面所截，那么底比底如同立体比立体。

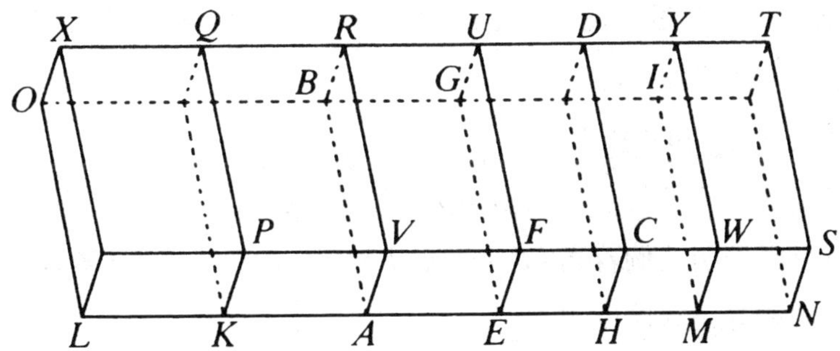

设：平行六面体 *ABCD* 被平行于两相对面 *RA*、*DH* 的平面 *FG* 所截。

那么可以说：*AEFV* 比底 *EHCF* 如同立体 *ABFU* 比立体 *EGCD*。

设：向两端延长 *AH*，并取若干线段 *AK*、*KL* 等于 *AE*。

又取若干线段 *HM*、*MN* 等于 *EH*。

并完成平行四边形 *LP*、*KV*、*HW*、*MS* 和立体 *LQ*、*KR*、*DM*、*MT*。

因为：线段 *LK*、*KA*、*AE* 彼此相等，平行四边形 *LP*、*KV*、*AF* 也彼此相等，

平行四边形 *KO*、*KB*、*AG* 彼此相等，且 *LX*、*KQ*、*AR* 是相对的面，也彼此相等。　[XI. 24]

同理：平行四边形 *EC*、*HW*、*MS* 也彼此相等，

HG、*HI*、*IN* 彼此相等；*DH*、*MY*、*NT* 彼此相等，

所以：在立体 *LQ*、*KR*、*AU* 中彼此有三个平面相等。

又因：三个面等于三个相对的面，

所以：三个立体 *LQ*、*KR*、*AU* 彼此相等。

同理：三个立体 *ED*、*DM*、*MT* 也彼此相等，

因此：无论底 LF 是底 AF 的多少倍，立体 LU 也是立体 AU 的多少倍。

同理：底 NF 是底 FH 的多少倍，立体 LU 也是立体 AU 的多少倍，

倘若底 LF 等于底 NF，立体 LU 等于立体 NU；

倘若底 LF 大于底 NF，立体 LU 大于立体 NU；

倘若底 LF 小于底 NF，立体 LU 小于立体 NU，

所以：有四个量，两个底 AF、FH 和两个立体 AU、UH，已给定底 AF 和立体 AU 的同倍量，

也就是底 LF 和立体 LU。

已知：底 HF 和立体 HU 的同倍量，也就是底 NF 和立体 NU，

并且已经证明：倘若底 LF 大于底 FN，立体 LU 大于立体 NU，

倘若底相等，立体也相等，

倘若底 LF 小于底 FN，立体 LU 小于立体 NU，

因此：底 AF 比底 FH 如同立体 AU 比立体 UH。 [V. 定义 5]

证完。

命题 26

…

在已知直线上一已知点，作一个立体角等于已知的立体角。

设：已知直线 AB 上有一点 A，在 D 点处由角 EDC、EDF、FDC 构成一个等于已知的立体角。

要求：在 AB 上一点 A 作立体角等于在 D 点的立体角。

设：在 DF 上任取一点 F，从 F 处 FG 垂直于经过 ED、DC 的平面，并且和此面相交于 G。 [XI. 11]

连接 DG，在直线 AB 上的点 A 处作角 BAL 等于角 EDC，再作角

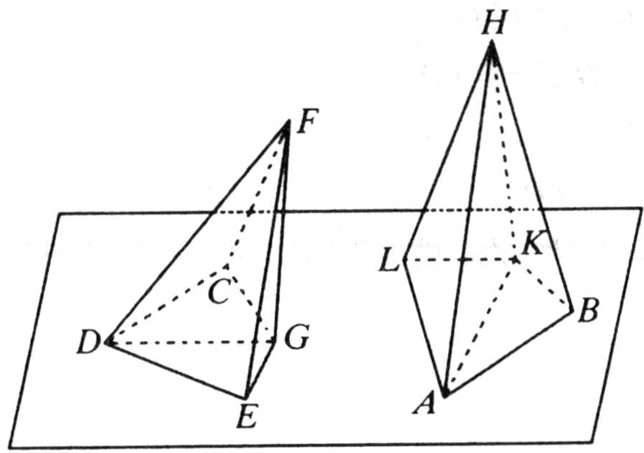

BAK 等于角 EDG。 [I. 23]

使 AK 等于 DG。

从点 K 作 KH 使它和经过 BA、AL 的平面成直角。 [XI. 12]

设: KH 等于 GF，连接 H、A。

那么可以说：在 A 处由角 BAL、BAH、HAL 围成的立体角等于在 D 处的角 EDC、EDF、FDC 围成的立体角。

设：截 DE 等于 AB，连接 HB、KB、FE、GE。

因为: FG 与已知平面成直角，

那么：它与平面上和它相交的一切直线成直角， [XI. 定义 3]

因此：角 FGD、FGE 都是直角。

同理：角 HKA、HKB 每一个也都是直角。

又因：两边 KA、AB 分别等于两边 GD、DE，并且它们夹着相等的角，

因此：底 KB 等于底 GE。 [I. 4]

因为: KH 等于 GF，且它们成直角，

由此: HB 等于 FE。 [I. 4]

因为：两边 AK、KH 分别等于 DG、GF，并且它们成直角，

所以：底 AH 等于底 FD。 [I. 4]

又因: AB 等于 DE,

因此：两边 HA、AB 等于两边 DF、DE。

因为：底 *HB* 等于底 *FE*，

所以：角 *BAH* 等于角 *EDF*，[I. 8]

同理：角 *HAL* 等于角 *FDC*，

角 *BAL* 等于角 *EDC*，

因此：在直线 *AB* 的点 *A* 处作出的立体角等于已知点 *D* 处的立体角。

作完。

命题 27

…

在已知线段上作已知平行六面体的相似且有相似位置的平行六面体。

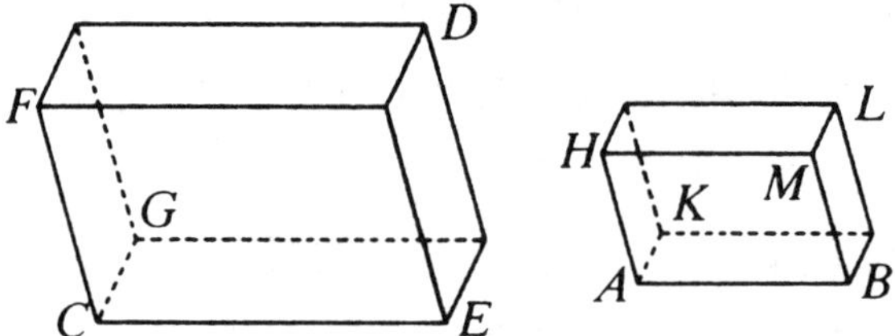

设：已知线段 *AB*，以及平行六面体 *CD*。

那么：要在已知线段 *AB* 上作已知平行六面体 *CD* 的相似且有相似位置的平行六面体。

设：在线段 *AB* 上的点 *A* 处作一个由角 *BAH*、*HAK*、*KAB* 构成的立体角等于在点 *C* 处的立体角，

也就是角 *BAH* 等于角 *ECF*，角 *BAK* 等于角 *ECG*，以及角 *KAH* 等于角 *GCF*，

并且已经取定了 *EC* 比 *CG* 如同 *BA* 比 *AK*，

GC 比 *CF* 如同 *KA* 比 *AH*。[VI. 12]

因此，有首末比：*EC* 比 *CF* 如同 *BA* 比 *AH*。 [V. 22]

设：已经作出了平行四边形 *HB* 和补形立体 *AL*。

因为：*EC* 比 *CG* 如同 *BA* 比 *AK*，

并且夹相等角 *ECG*、*BAK* 的边成比例，

所以：平行四边形 *GE* 相似于平行四边形 *KB*。

同理：平行四边形 *KH* 也相似于平行四边形 *GF*，且 *EF* 相似于 *HB*，

因此：立体 *CD* 的三个平行四边形相似于立体 *AL* 的三个平行四边形。

因为：前面三个与它们相对面的平行四边形是相等且相似的，并且后面三个和它们相对面的平行四边形是相等且相似的，

所以：整体立体 *CD* 相似于整体立体 *AL*， [XI. 定义 9]

因此：在已知线段 *AB* 上作了已知平行六面体 *CD* 的相似且有相似位置的立体 *AL*。

作完。

命题 28

• • •

假如一个平行六面体被相对面上对角线所在的平面所截，那么此立体被平面二等分。

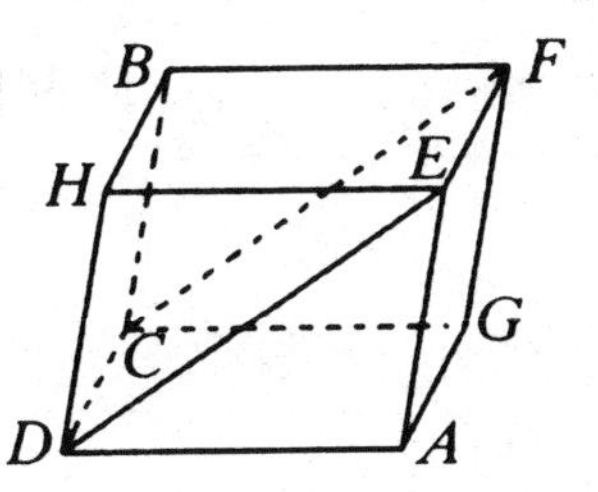

设：平行六面体 *AB* 被相对面上对角线 *CF*、*DE* 所在的平面 *CDEF* 所截。

那么可以说：*AB* 被平面 *CDEF* 平分。

因为：三角形 *CGF* 等于三角 *CFB*， [I. 34]

且 *ADE* 全等于 *DEH*，平行四边形 *CA* 等于平行四边形 *EB*，

又因：它们是相对的面，且 *GE* 等于 *CH*，

因此：两个三角形 *CGF*、*ADE* 和三个平行四边形 *GE*、*AC*、*CE* 围成的棱柱等于由两个三角形 *CFB*、*DEH* 和三个平行四边形 *CH*、*BE*、*CE* 围成的棱柱。

又因：两棱柱是由同样多个两两相等的面所组成的， [XI. 定义 10]

因此：整体立体 *AB* 被平面 *CDEF* 平分。

证完。

命题 29

• • •

具有同底同高的两个平行六面体，并且它们立于底上的侧棱的端点在同一直线上，那么它们是彼此相等的。

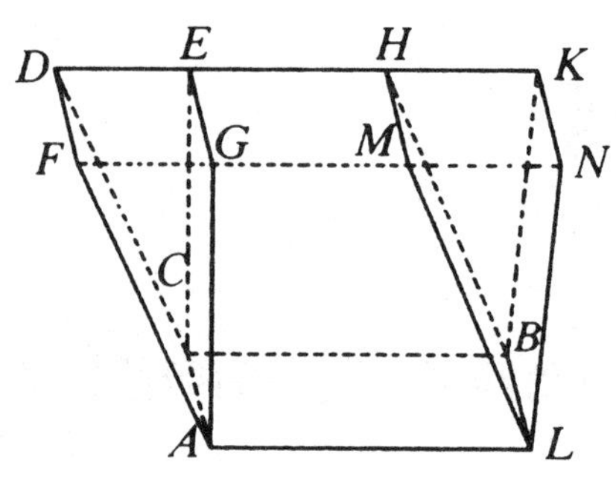

设：*CM*、*CN* 是有同底 *AB* 和同高的两个平行六面体，且它们立于底上的侧棱 *AG*、*AF*、*LM*、*LN*、*CD*、*CE*、*BH*、*BK* 的端点分别在两条直线 *FN*、*DK* 上。

那么可以说：立体 *CM* 等于立体 *CN*。

因为：图形 *CH*、*CK* 的每一个都是平行四边形，*CB* 等于线段 *DH*、*EK* 的每一个， [I. 34]

所以：*DH* 等于 *EK*。

设：从以上各边减去 *EH*，

那么：余下的 *DE* 等于余下的 *HK*，

所以：三角形 *DCE* 等于三角形 *HBK*， [I. 8，4]

并且平行四边形 *DG* 等于平行四边形 *HN*。　　[I. 36]

同理：三角形 *AFG* 等于三角形 *MLN*。

又因：平行四边形 *CF* 等于平行四边形 *BM*，且 *CG* 和 *BN* 是相对的面，也就是 *CG* 等于 *BN*，

所以：由两个三角形 *AFG*、*DCE* 和三个平行四边形 *AD*、*DG*、*CG* 围成的棱柱等于由两个三角形 *MLN*、*HBK* 和三个平行四边形 *BM*、*HN*、*BN* 组成的棱柱，

又以平行四边形 *AB* 为底，对面是 *GEHM* 的立体加到每一个棱柱上，

因此：整体平行六面体 *CM* 等于整体平行六面体 *CN*。

证完。

命题 30

…

具有同底同高的二平行六面体，它们立于底上的侧棱的端点不在相同的直线上，那么它们是彼此相等的。

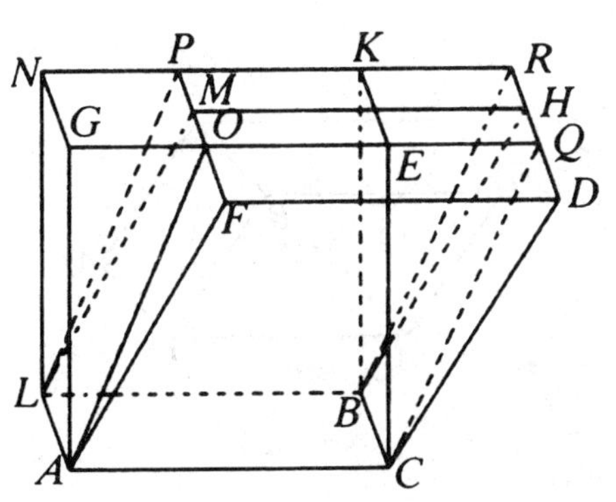

设：*CM*、*CN* 是具有同底 *AB* 和同高的二平行六面体。

它们立于底上的侧棱，也就是 *AF*、*AG*、*LM*、*LN*、*CD*、*CE*、*BH*、*BK* 的端点不在相同直线上。

那么可以说：立体 *CM* 等于立体 *CN*。

延长 *NK*、*DH* 相交于 *R*，又延长 *FM*、*GE* 至 *P*、*Q*，

连接 *AO*、*LP*、*CQ*、*BR*，

因此：以平行四边形 *ACBL* 为底，且对面为 *FDHM* 的立体 *CM*，等于以平行四边形 *ACBL* 为底，对面为 *OQRP* 的立体 *CP*。

因为：它们同底 *ACBL*，并且同高。并且它立于底上的侧棱 *AF*、*AO*、*LM*、*LP*、*CD*、*CQ*、*BH*、*BR* 的端点分别在两条直线 *FP*、*DR* 上，[XI. 29]

又因：以平行四边形 *ACBL* 为底，且对面为 *OQRP* 的立体 *CP*，等于以平行四边形 *ACBL* 为底，且对面为 *GEKN* 的立体 *CN*，

又因：它们同底 *ACBL*，并且同高，

并且它们立于底上的侧棱 *AG*、*AO*、*CE*、*CQ*、*LN*、*LP*、*BK*、*BR* 的端点分别在两条直线 *GQ*、*NR* 上，

所以：立体 *CM* 等于立体 *CN*。

证完。

命题 31

…

等底同高的平行六面体彼此相等。

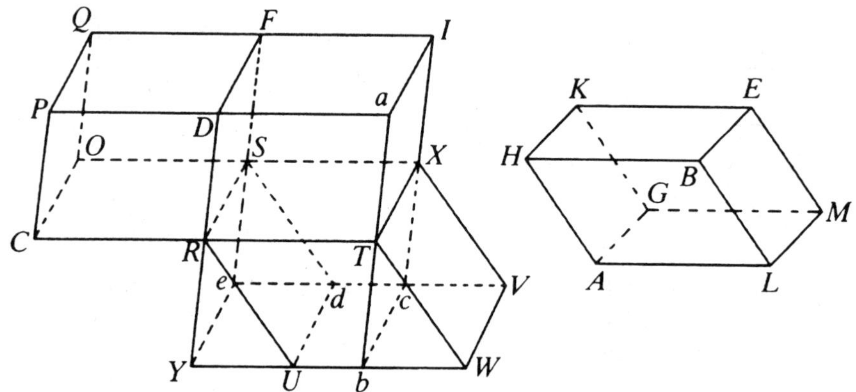

设：二平行六面体 *AE*、*CF* 有相同的高和相等的底 *AB*、*CD*。

那么可以说：立体 *AE* 等于立体 *CF*。

先设：两个平行六边形的侧棱 *HK*、*BE*、*AG*、*LM*、*PQ*、*DF*、*CO*、*RS* 与底 *AB*、*CD* 成直角。

延长线段 *CR* 得线段 *RT*，

在线段 *RT* 上的点 *R* 作一个角 *TRU* 等于角 *ALB*。 [I. 23]

使 *RT* 等于 *AL*，且 *RU* 等于 *LB*，

又在底 *RW* 上作立体 *XU*。

因为：两边 *TR*、*RU* 等于两边 *AL*、*LB*，并且夹角相等，

所以：平行四边形 *RW* 与平行四边形 *HL* 相等且相似。

因为：*AL* 等于 *RT*，且 *LM* 等于 *RS*，并且它们交成直角，

所以：平行四边形 *R*X 等于且相似于平行四边形 *AM*。

同理：*LE* 等于且相似于 *SU*，

因此：立体 *AE* 的三个平行四边形相等且相似于立体 *XU* 的三个平行四边形。

因为：前面的三个相等且相似于三个对面的平行四边形，后面的三个相等且相似于它们对面的平行四边形， [XI. 24]

因此：整体平行六面体 *AE* 等于整体平行六面体 *XU*。 [XI. 定义 10]

延长 *DR*、*WU* 交于点 *Y*，过 *T* 作 *aTb* 平行于 *DY*，将 *PD* 延长至 *a*，

作出补形立体 *Y*X、*RI*，

因此：以平行四边形 *R*X 为底和 *Yc* 为对面的立体 X*Y* 等于以平行四边形 *R*X 为底和以 *UV* 为对面的立体 *XU*。

因为：它们在同一个底 *R*X 上且有相同的高，

且它们侧棱 *RY*、*RU*、*Tb*、*TW*、*Se*、*Sd*、X*c*、XV 的端点在两条直线 *YW*、*e*V 上， [XI. 29]

又因：立体 *XU* 等于立体 *AE*，

所以：立体 X*Y* 等于立体 *AE*。

因为：平行四边形 *RUWT* 等于平行四边形 *YT*，

且它们在同一个底 *RT* 上，且在相同的平行线 *RT*、*YW* 之间， [I. 35]

又因：平行四边形 *RUWT* 等于平行四边形 *CD*，这是因为它等于 *AB*，

因此：平行四边形 *YT* 等于 *CD*。

因为：*DT* 是另一个平行四边形，

因此：*CD* 比 *DT* 如同 *YT* 比 *DT*。 [V. 7]

因为：平行六面体 *C*I 被平行于二对面的平面 *RF* 所截，

因此：底 *CD* 比 *DT* 如同立体 *CF* 比立体 *RI*。 [XI. 25]

同理，因为：平行六面体 *YI* 被平行于二对面的平面 *R*X 所截，

所以：底 *YT* 比底 *TD* 如同立体 *Y*X 比立体 *RI*。 [XI. 25]

因为：底 *CD* 比 *DT* 如同 *YT* 比 *DT*，

所以：立体 *CF* 比立体 *RI* 如同立体 *Y*X 比立体 *RI*， [V. 11]

因此：立体 *CF*、*Y*X 中每一个与 *RI* 有相同的比，

所以：立体 *CF* 等于立体 *Y*X。 [V. 9]

又因，已经证明：立体 *Y*X 等于立体 *AE*，

所以：立体 *AE* 等于立体 *CF*。

又设：两立体的侧棱 *AG*、*HK*、*BE*、*LM*、*CN*、*PQ*、*DF*、*RS* 与底面 *AB*、*CD* 不成直角，

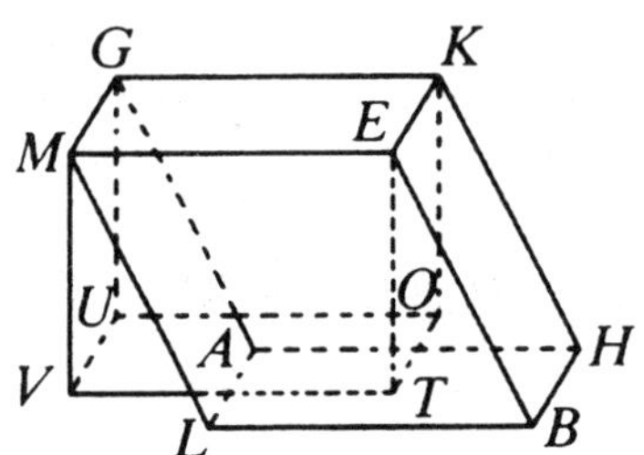

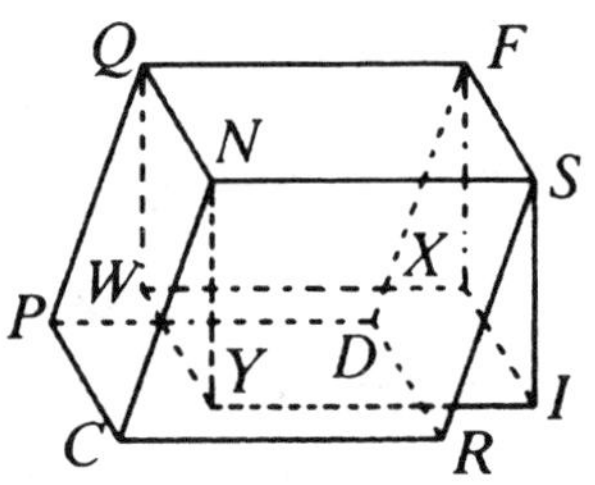

那么可以证明：*AE* 等于立体 *CF*。

从点 *K*、*E*、*G*、*M*、*Q*、*F*、*N*、*S* 作 *KO*、*ET*、*GU*、*M*V、*QW*、*F*X、*NY*、*SI* 垂直于原来的平面，并且它们交此平面于点 *O*、*T*、*U*、V、*W*、X、*Y*、*I*。

连接 *OT*、*OU*、*UV*、*TV*、*W*X、*WY*、*YI*、IX。

因为：立体 *KV* 和立体 *QI* 有同底 *KM*、*QS* 和相同的高，

并且它们的侧棱和它们的底成直角，

因此：立体 *KV* 等于立体 *QI*。 [本命题第一部分]

又因：立体 *KV* 等于立体 *AE*，且 *QI* 等于 *CF*，这是因为它们同底等高，且侧棱的端点不在同一直线上，

因此：立体 *AE* 等于立体 *CF*。 [XI. 30]

证完。

命题 32

…

等高的两个平行六面体的比如同两底的比。

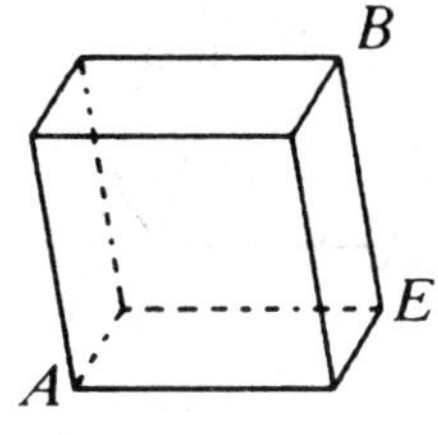

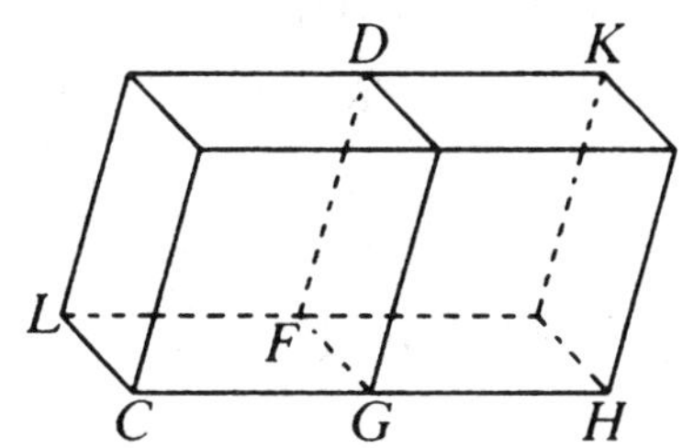

设：*AB*、*CD* 是等高的两个平行六面体。

那么可以说：平行六面体 *AB*、*CD* 的比如同两底的比，

也就是底 *AE* 比底 *CF* 如同立体 *AB* 比立体 *CD*。

在 *FG* 处作 *FH* 等于 *AE*， [I. 45]

以 *FH* 为底，以 *CD* 的高为高，完成一个平行六面体 *GK*，

所以：立体 *AB* 等于立体 *GK*。

因为：它们有等底 *AE*、*FH*，且与 *CD* 有相等的高， [XI. 31]

并且平行六面体 *CK* 被平行于二对面的平面 *DG* 所截，

因此：底 *CF* 比底 *FH* 如同立体 *CD* 比立体 *DH*。 [XI. 25]

又因：底 *FH* 等于底 *AK*，并且立体 *GK* 等于立体 *AB*，

因此：底 *AE* 比底 *CF* 如同立体 *AB* 比立体 *CD*。

证完。

命题 33

• • •

两相似平行六面体的比如同对应边的三次比。

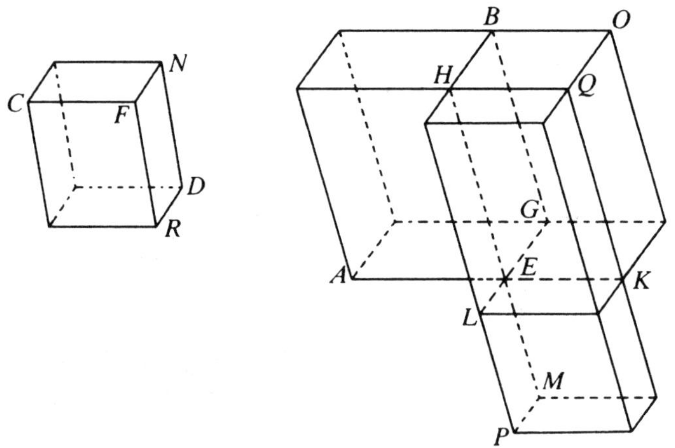

设：*AB*、*CD* 是两个相似平行六面体，并且边 *AE* 对应边 *CF*。

那么可以说：立体 *AB* 比立体 *CD* 如同 *AE* 与 *CF* 的三次比。

设：在 *AE*、*GE*、*HE* 延长线上作 *EK*、*EL*、*EM*，

并且使 *EK* 等于 *CF*，使 *EL* 等于 *FN*，以及 *EM* 等于 *FR*。

作平行四边形 *KL* 和补形平行六面体 *KP*。

因为：两边 *KE*、*EL* 等于两边 *CF*、*FN*，

此时，角 *KEL* 等于角 *CFN*，

又因：*AB*、*CD* 两立体相似，

所以：角 *AEG* 等于角 *CFN*，

因此：平行四边形 *KL* 相等且相似于平行四边形 *CN*。

同理：平行四边形 *KM* 等于且相似于 *CR*，以及 *EP* 相等且相似于 *DF*，

因此：立体 *KP* 的三个平行四边形相等且相似于立体 *CD* 的三个平行四边形。

因为：前面的三个平行四边形与它们的对面相等且相似，后面的三个平行四边形与它们的对面相等且相似，　[XI. 24]

由此：整体立体 *KP* 相等且相似于整体立体 *CD*，　[XI. 定义 10]

作平行四边形 *GK*，并且以平行四边形 *GK*、*KL* 为底，

以 *AB* 的高为高，作立体 *EO*、*LQ*。

因为：立体 *AB*、*CD* 相似，

因此：*AE* 比 *CF* 如同 *EG* 比 *FN*，又如同 *EH* 比 *FR*。

因为：*CF* 等于 *EK*，且 *FN* 等于 *EL*，并且 *FR* 等于 *EM*，

因此：*AE* 比 *EK* 如同 *GE* 比 *EL*，又如同 *HE* 比 *EM*。

因为：*AE* 比 *EK* 如同 *AG* 比平行四边形 *GK*，

而 *GE* 比 *EL* 如同 *GK* 比 *KL*，

又因：*HE* 比 *EM* 如同 *QE* 比 *KM*，　[VI. 1]

所以：平行四边形 *AG* 比 *GK* 如同 *GK* 比 *KL*，

如同 *QE* 比 *KM*。

因为：*AG* 比 *GK* 如同立体 *AB* 比立体 *EO*；

GK 比 *KL* 如同立体 *OE* 比立体 *QL*；

QE 比 *KM* 如同立体 *QL* 比立体 *KP*，　[XI. 32]

因此：立体 *AB* 比 *EO* 如同 *EO* 比 *QL*，也如同 *QL* 比 *KP*。

又因：假如四个量成连比例，那么第一与第四量的比如同第一与第二量比的三次比，　[V. 定义 10]

因此：立体 *AB* 比 *KP* 如同 *AB* 比 *EO* 的三次比。

又因：*AB* 比 *EO* 如同平行四边形 *AG* 比 *GK*，也如同线段 *AE* 比 *EK*，

并且立体 *AB* 与 *KP* 的比如同 *AE* 与 *EK* 的三次比，

又因：立体 *KP* 等于立体 *CD*，线段 *EK* 等于 *CF*，

因此：立体 *AB* 比立体 *CD* 也如同对应边 *AE* 与 *CF* 的三次比。

证完。

推论 由此得出，倘若四条线段成连比例，那么，第一与第四线段的比如同第一线段上的平行六面体比第二线段上与之相似且有相似位置的平行六面体的比，因为第一与第四项的比如同第一与第二项比的三次比。

命题 34

…

相等的平行六面体，它们的底和高成互反比例。并且，底和高成互反比例的平面六面体相等。

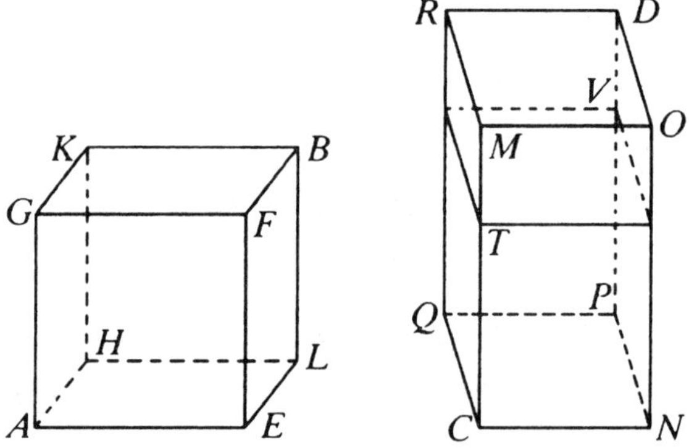

设：*AB*、*CD* 是相等的平行六面体。

那么可以说：在平行六面体 *AB*，*CD* 中，底与高成互反比例，

也就是底 *EH* 比底 *NQ* 如同立体 *CD* 的高比立体 *AB* 的高。

先设：侧棱 *AG*、*EF*、*LB*、*HK*、*CM*、*NO*、*PD*、*QR* 和它们的底成直角，

那么可以说：底 *EH* 比底 *NQ* 如同 *CM* 比 *AG*。

倘若底 EH 等于底 NQ，

那么：立体 AB 等于立体 CD，

所以：CM 等于 AG。

因为：等高的两个平行六面体相比如同两底的比， [XI. 32]

所以：底 EH 比 NQ 如同 CM 比 AG，

那么：在平行六面体 AB、CD 中，它们的底与高成互反比例。

又设：底 EH 不等于底 NQ，且 EH 较大，

因为：立体 AB 等于立体 CD，

因此：CM 大于 AG，

作 CT 等于 AG，并且以 NQ 为底，在其上作补形平行六面体 VC，它的高是 CT。

因为：立体 AB 等于立体 CD，并且 CV 是和它们不同的立体，等量与同一量的比也相同， [V. 7]

因此：立体 AB 比立体 CV 如同立体 CD 比立体 CV。

因为：立体 AB 比立体 CV 如同底 EH 比底 NQ，

且立体 AB、CV 等高， [XI. 32]

又因：立体 CD 比立体 CV 如同底 MQ 比底 TQ， [XI. 25]

等于 CM 比 CT， [VI. 1]

因此：底 EH 比底 NQ 如同 MC 比 CT。

因为：CT 等于 AG，

因此：底 EH 比底 NQ 如同 MC 比 AG，

所以：在平行六面体 AB、CD 中，它们的底与高成互反比例。

再设：在平行六面体 AB、CD 中，它们的底与高成互反比例，

也就是底 EH 比底 NQ 如同立体 CD 的高比立体 AB 的高，

那么可以说：立体 AB 等于立体 CD。

设：侧棱与底面成直角。

倘若，底 EH 等于底 NQ，

底 EH 比底 NQ 如同立体 CD 的高比立体 AB 的高，

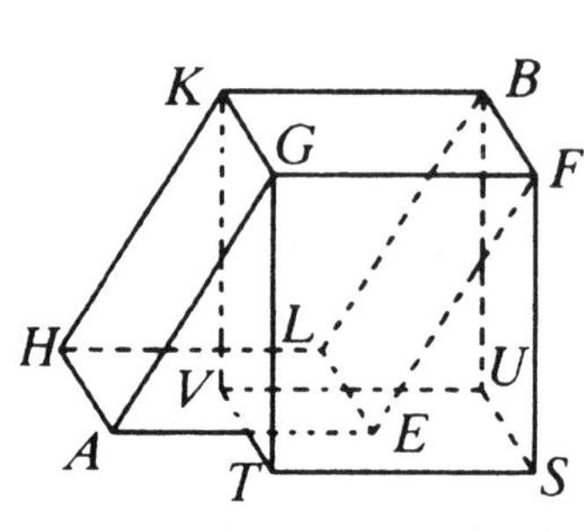

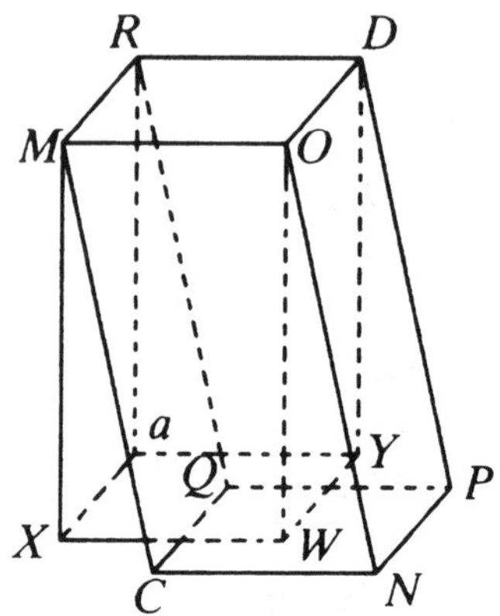

因此：立体 *CD* 的高等于立体 *AB* 的高。

又因：等底等高的平行六面体相等， [XI. 31]

因此：立体 *AB* 等于立体 *CD*。

再设：底 *EH* 不等于底面 *NQ*，而 *EH* 是较大的，

由此：立体 *CD* 的高大于立体 *AB* 的高，也就是 *CM* 大于 *AG*。

又取 *CT* 等于 *AG*，类似地完成平行六面体 *CV*，

因为：底 *EH* 比底 *NQ* 如同 *MC* 比 *AG*，且 *AG* 等于 *CT*，

所以：底 *EH* 比底 *NQ* 如同 *CM* 比 *CT*。

又因：底 *EH* 比底 *NQ* 如同立体 *AB* 比立体 *CV*，

因为：立体 *AB*、*CV* 等高， [XI. 32]

又：底 *CM* 比底 *CT* 如同 *MQ* 比 *QT*， [VI. 1]

也如同立体 *CD* 比立体 *CV*， [XI. 25]

因此：立体 *AB* 比立体 *CV* 如同立体 *CD* 比立体 *CV*，

所以：立体 *AB*、*CD* 与 *CV* 有相同的比，

因此：立体 *AB* 等于立体 *CD*。 [V. 9]

设：侧棱 *FE*、*BL*、*GA*、*HK*、*ON*、*DP*、*MC*、*RQ* 和它们的底不垂直。

从点 *F*、*G*、*B*、*K*、*O*、*M*、*D*、*R* 向经过 *EH*、*NQ* 的平面作垂线交平面于 *S*、*T*、*U*、V、*W*、X、*Y*、*a*。

完成立体 *F*V 于 *Oa*。

那么可以说：倘若立体 *AB*、*CD* 相等，

那么：它们的底和高成互反比例，也就是底 *EH* 比 *NQ* 如同立体 *CD* 的高比立体 *AB* 的高。

因为：立体 *AB* 等于立体 *CD*，且 *AB* 等于 *BT*，

并且它们有相同的底 *FK* 和相等的高，[XI. 29，30]

又因：立体 *CD* 等于 *DX*，这是因为它们有相同的底 *RO* 和相等的高，[XI. 29，30]

所以：立体 *BT* 等于立体 *DX*，

因此：底 *FK* 比底 *OR* 如同立体 *DX* 的高比立体 *BT* 的高。[部分 1]

因为：底 *FK* 等于底 *EH*，

底 *OR* 等于底 *NQ*，

所以：底 *EH* 比底 *NQ* 如同立体 *DX* 的高比立体 *BT* 的高。

因为：立体 *DX*、*BT* 分别和立体 *DC*、*BA* 同高，

所以：底 *EH* 比 *NQ* 如同立体 *DC* 的高比立体 *AB* 的高，

因此：在平行六面体 *AB*、*CD* 中，底与它们的高成互反比例。

设：在平行六面体 *AB*、*CD* 中，底与高成互反比例，也就是底 *EH* 比底 *NQ* 如同立体 *CD* 的高比立体 *AB* 的高。

那么可以说：立体 *AB* 等于立体 *CD*。

用同一图形。

因为：底 *EH* 比底 *NQ* 如同立体 *CD* 的高比立体 *AB* 的高，底 *EH* 等于底 *FK*，而 *NQ* 等于 *OR*，

所以：底 *FK* 比底 *OR* 如同立体 *CD* 的高比立体 *AB* 的高。

因为：立体 *AB*、*CD* 和立体 *BT*、*DX* 分别有相同的高，

因此：底 *FK* 比底 *OR* 如同立体 *DX* 的高比立体 *BT* 的高，

所以：在平行六面体 *BT*、*DX* 中，底与高成互反比例，

所以：立体 *BT* 等于立体 *DX*。[部分 1]

又因：*BE* 与 *BA* 有相同的底 *FK*，并且等高，

因此：*BT* 等于 *BA*。[XI. 29，30]

又因：立体 *DX* 等于立体 *DC*，[XI. 29，30]

因此：立体 AB 等于立体 CD。

证完。

命题 35

…

倘若有两个相等的平面角，过它们的顶点分别在平面外作直线，与原直线分别成等角。假如在所作面外二直线上各任取一点，由此点向原来角所在的平面作垂线，那么垂线与平面的交点和角顶点的连线与面外直线交成等角。

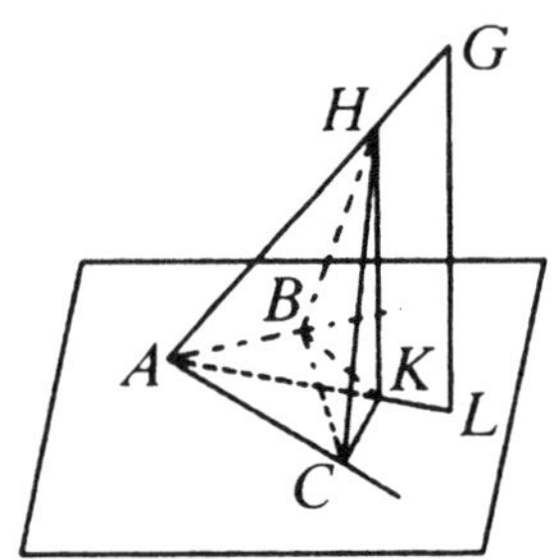

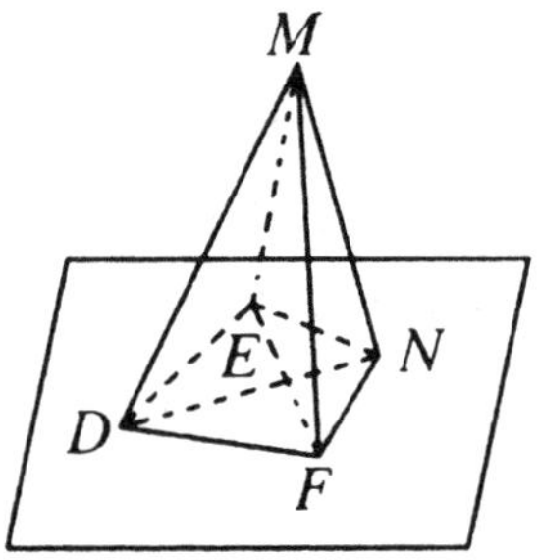

设：BAC、EDF 是两个相等的直线角，

由点 A、D 各作面外直线 AG、DM，它们分别和原直线所成的角两两相等，也就是角 MDE 等于角 GAB，角 MDF 等于角 GAC。

在 AG、DM 上各取一点 G 与点 M。由点 G、M 分别作经过 BA、AC 的平面和经过 ED、DF 的平面的垂线 GL、MN，并且和两平面各交于 L、N。

连接 LA、ND。

那么可以说：角 GAL 等于角 MDN。

截取 AH 等于 DM，

过点 H 作平行于 GL 的直线 HK。

因为：*GL* 垂线经过 *BA*、*AC* 的平面，

因此：*HK* 垂直于经过 *BA*、*AC* 的平面。 [XI. 8]

设：由点 *K*、*N* 作直线 *KC*、*NF*、*KB*、*NE* 分别垂直于直线 *AC*、*DF*、*AB*、*DE*，

并且连接 *HC*、*CB*、*MF*、*FE*。

因为：*HA* 上的正方形等于 *HK* 与 *KA* 上的正方形的和，

并且和 *KC*、*CA* 上的正方形的和等于 *KA* 上的正方形， [I. 47]

因此：*HA* 上的正方形等于 *HK*、*KC*、*CA* 上的正方形的和。

因为：*HC* 上的长方形等于 *HK*、*KC* 上的正方形的和， [I. 47]

因此：*HA* 上的正方形等于 *HC*、*CA* 上的正方形的和，

因此：角 *HCA* 是直角。 [I. 48]

同理：角 *DFM* 是直角，

由此：角 *ACH* 等于角 *DFM*。

又因：角 *HAC* 等于角 *MDF*，

所以：两三角形 *MDF* 和 *HAC* 有两个角分别等于两个角，一条边等于另一条边，也就是等角所对的边 *HA* 等于 *MD*，

因此：其余的边等于其余的边， [I. 26]

所以：*AC* 等于 *DF*。

同理可证：*AB* 等于 *DE*。

因为：*AC* 等于 *DF*，且 *AB* 等于 *DE*，也就是两边 *CA*、*AB* 分别等于两边 *FD*、*DE*，

又因：角 *CAB* 等于角 *FDE*，

所以：底 *BC* 等于底 *EF*，三角形全等于三角形，其余的角等于其余的角， [I. 4]

因此：角 *ACB* 等于 *DFE*。

又因：直角 *ACK* 等于直角 *DFN*，

因此：其余的角 *BCK* 等于其余的角 *EFN*。

同理：角 *CBK* 等于角 *FEN*，

所以：两三角形 *BCK*、*EFN* 有两角及其夹边分别相等，也就是 *BC* 等于 *EF*，

因此：其余的边也分别等于其余的边， [I. 26]

因此：*CK* 等于 *FN*。

因为：*AC* 等于 *DF*，

所以：两边 *AC*、*CK* 等于两边 *DF*、*FN*，并且夹角都是直角，

所以：底 *AK* 等于底 *DN*。 [I. 4]

因为：*AH* 等于 *DM*，并且 *AH* 上的正方形等于 *DM* 上的正方形，

又因：*AKH* 是直角，

因此：*AK*、*KH* 上的正方形的和等于 *AH* 上的正方形。 [I. 47]

因为：*DNM* 是直角，

所以：*DN*、*NM* 上的正方形的和等于 *DM* 上的正方形，

因此：*AK*、*KH* 上的正方形的和等于 *DN*、*NM* 上的正方形的和。

因为：*AK* 上的正方形等于 *DN* 上的正方形，

因此：其余的在 *KH* 上的正方形等于 *NM* 上的正方形，

由此：*HK* 等于 *MN*。

因为：两边 *HA*、*AK* 分别等于 *MD*、*DN*，

并且已经证明：底 *HK* 等于底 *MN*，

因此：角 *HAK* 等于角 *MDN*。 [I. 8]

证完。

推论 假如有两个相等的平面角，从角顶分别作面外的相等线段，并且此线段和原角两边夹角分别相等。那么，从面外线段端点向角所在的平面所作的垂线相等。

命题 36

…

假如有三条线段成比例，那么以这三条线段作成的平行六面体等于中项上所作的等边且与前面作成的立体等角的平行六面体。

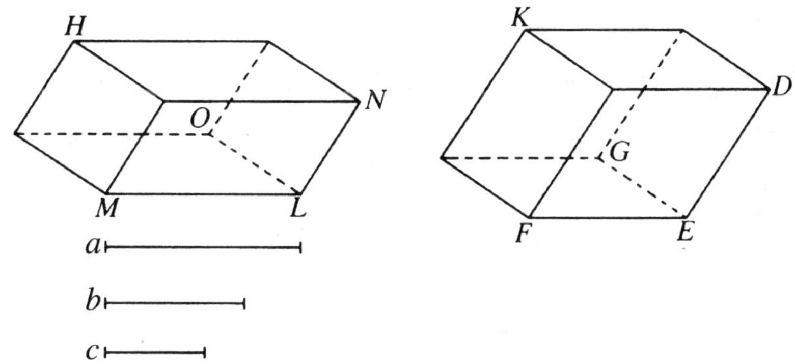

设：已知三条成比例的线段 a、b、c。

也就是 a 比 b 如同 b 比 c。

那么可以说：由 a、b、c 所作成的立体等于在 b 上作出的等边且与前面的立体等角的立体。

在点 E 的立体角由三个角 DEG、GEF、FED 围成，

取三线段 DE、GE、EF 等于 b，作出补形平行六面体 EK，

让 LM 等于 a，在直线 LM 的点 L 处作一个立体角等于在点 E 的立体角，也就是由 NLO、OLM、MLN 构成的角，让 LO 等于 b，让 LN 等于 c。

因为：a 比 b 如同 b 比 c，

且 a 等于 LM，b 等于线段 LO、ED 的每一个，c 等于 LN，

因此：LM 比 EF 如同 DE 比 LN，

所以：夹两等角 NLM、DEF 的边成互反比例，

因此：平行四边形 MN 等于平行四边形 DF。　[VI. 14]

因为：角 *DEF*、*NLM* 是两个平面直线角且两个平面外的线段 *LO*、*EG* 彼此相等，

它们和原平面角两边的夹角分别相等，

因此：从点 *G*、*O* 向经过 *NL*、*LM* 和 *DE*、*EF* 的平面所作的垂线相等，　[XI. 35，推论]

因此：两个立体 *LH*、*EK* 有相同的高。

又因：等底等高的平行六面体是相等的，　[XI. 31]

所以：立体 *HL* 等于立体 *EK*。

因为：*LH* 是由 *a*、*b*、*c* 构成的立体，*EK* 是由 *b* 构成的立体，

因此：由 *a*、*b*、*c* 构成的平行六面体等于在 *b* 上作的等边且与前面的立体等角的立体。

证完。

命题 37

…

倘若四条线段成比例，那么在它们上作的相似且有相似位置的平行六面体也成比例。倘若在每一线段上所作相似且有相似位置的平行六面体成比例，那么此四线段也成比例。

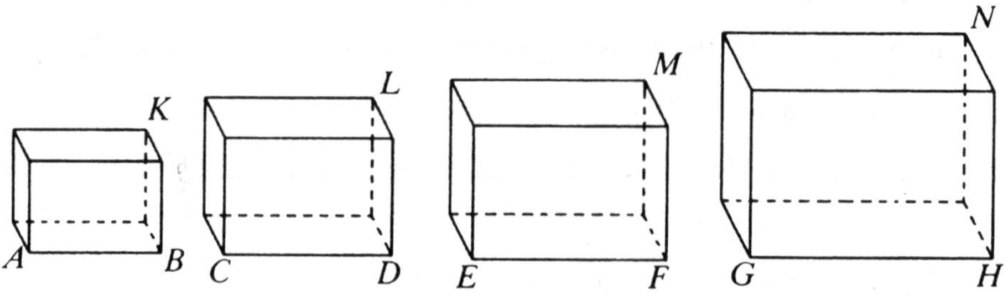

设：*AB*、*CD*、*EF*、*GH* 四线段成比例，也就是 *AB* 比 *CD* 如同 *EF* 比 *GH*；

在 *AB*、*CD*、*EF*、*GH* 上作相似且有相似位置的平行六面体 *KA*、*LC*、*ME*、*NG*，

那么可以说：*KA* 比 *LC* 如同 *ME* 比 *NG*。

因为：平行六面体 *KA* 与 *LC* 相似，

因此：*KA* 与 *LC* 的比如同 *AB* 与 *CD* 的三次比。 [XI. 33]

同理：*ME* 比 *NG* 如同 *EF* 与 *GH* 的三次比。 [XI. 33]

因为：*AB* 比 *CD* 如同 *EF* 比 *GH*，

所以：*AK* 比 *LC* 如同 *ME* 比 *NG*。

设：立体 *AK* 比立体 *LC* 如同立体 *ME* 比立体 *NG*，

那么可以说：*AB* 比 *CD* 又如同 *EF* 比 *GH*。

因为：*KA* 与 *LC* 的比如同 *AB* 与 *CD* 的三次比， [XI. 33]

并且 *ME* 与 *NG* 的比如同 *EF* 与 *GH* 的三次比， [XI. 33]

又因：*KA* 比 *LC* 如同 *ME* 比 *NG*，

所以：*AB* 比 *CD* 如同 *EF* 比 *GH*。

证完。

命题 38

…

假如一个立方体相对面的边被平分，经过分点作平面，那么这些平面的交线和立方体的对角线互相平分。

设：立体 *AF* 的两个对面 *CF*、*AH* 的各边被点 *K*、*L*、*M*、*N*、*O*、*Q*、*P*、*R* 所平分，通过分点作平面 *KN*、*OR*。*US* 是两面的交线，*DG* 是立方体 *AF* 的对角线。

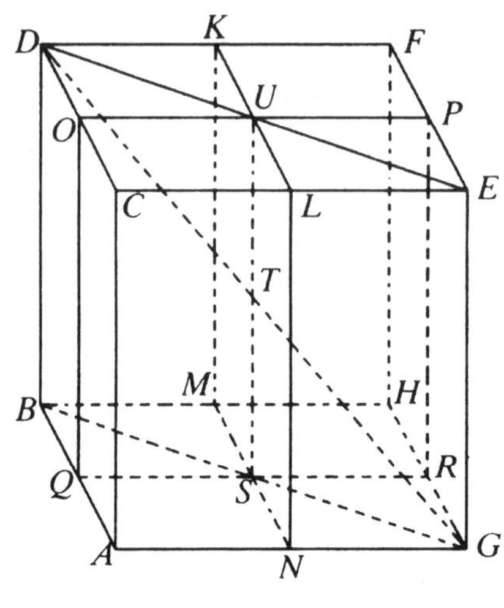

那么可以说：UT 等于 TS，DT 等于 TG。

设：连接 DU、UE、BS、SG。

那么：DO 平行于 PE，

所以：内错角 DOU、UPE 彼此相等。 [I. 29]

因为：DO 等于 PE，OU 等于 UP，且两边所夹的角相等，

所以：底 DU 等于底 UE，三角形 DOU 全等于三角形 PUE，其余的角等于其余的角， [I. 4]

因此：角 OUD 等于角 PUE，

所以：DUE 是一条直线。 [I. 14]

同理：BSG 也是一条直线，BS 等于 SG。

因为：CA 等于且平行于 DB，面 CA 等于且平行于 EG，

所以：DB 等于且平行于 EG。 [XI. 9]

设：连接它们端点的直线 DE、BG，

因此：DE 平行于 BG。 [I. 33]

因为：角 EDT 和角 BGT 都是内错角，

所以：角 EDT 等于角 BGT。 [I. 29]

因为：DTU 等于角 GTS， [I. 15]

所以：两三角形 DTU 和 GTS 有两角分别等于两角，有一边等于一边，也就是等角所对的一边。

因为：它们分别是 DE、BG 的一半，

因此：DU 等于 GS， [I. 26]

所以：DT 等于 TG，UT 等于 TS。

证完。

命题 39

…

假如有两个等高的棱柱，分别以平行四边形和三角形为底，假如平行四边形是三角形的二倍，那么二棱柱相等。

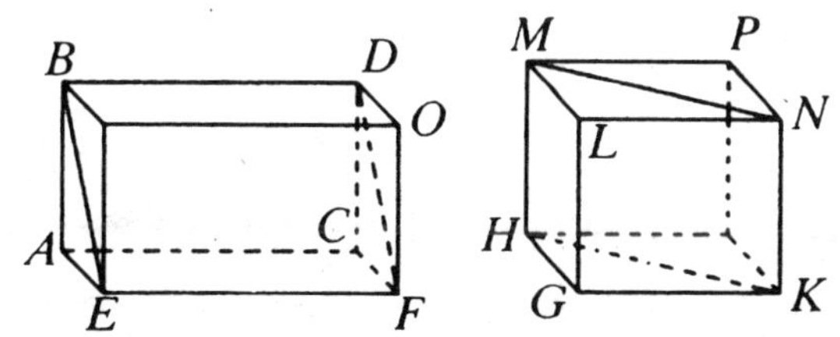

设：*ABCDEF*、*GHKLMN* 是两个等高的棱柱，一个底是平行四边形 *AF*，另一底为三角形 *GHK*，并且平行四边形 *AF* 等于三角形 *GHK* 的二倍。

那么可以说：棱柱 *ABCDEF* 等于棱柱 *GHKLMN*。

完成立体 *AO*、*GP*。

因为：平行四边形 *AF* 等于三角形 *GHK* 的二倍，平行四边形 *HK* 等于三角形 *GHK* 的二倍，[I. 34]

所以：平行四边形 *AF* 等于平行四边形 *HK*。

因为：等底等高的二个平行六面体彼此相等，[XI. 31]

所以：立体 *AO* 等于立体 *GP*。

因为：棱柱 *ABCDEF* 是立体 *AO* 的一半，棱柱 *GHKLMN* 是立体 *GP* 的一半，[XI. 28]

因此：棱柱 *ABCDEF* 等于棱柱 *GHKLMN*。

证完。

卷 XII

命题

命题 1

…

圆内接相似多边形之比如同圆直径上的正方形之比。

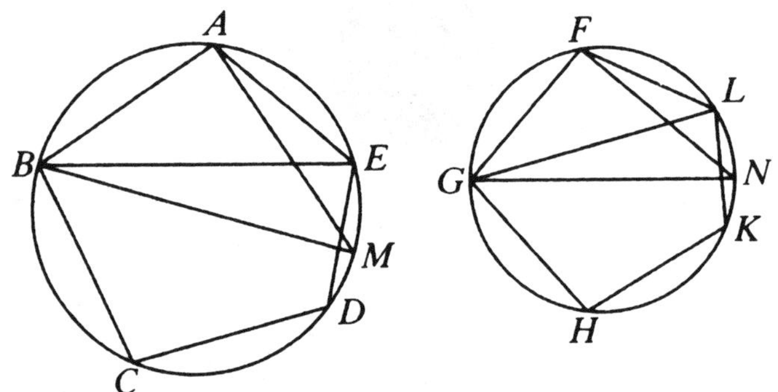

设：*ABC*、*FGH* 是两个圆，

ABCDE 和 *FGHKL* 是内接于圆的相似多边形，

并且 *BM*、*GN* 为圆的直径。

那么可以说：*BM* 上的正方形比 *GN* 上的正方形如同多边形 *ABCDE* 比多边形 *FGHKL*。

连接 *BE*、*AM*、*GL*、*FN*。

因为：多边形 *ABCDE* 相似于多边形 *FGHKL*，

所以：角 *BAE* 等于角 *GFL*，并且 *BA* 比 *AE* 如同 *GF* 比 *FL*，[VI. 定义 1]

因此：两个三角形 *BAE*、*GFL* 有一个角等于另一个角，

也就是 *BAE* 等于角 *GFL*，并且夹等角的边成比例，

所以：三角形 *ABE* 与三角形 *FGL* 是等角的，[VI. 6]

因此：角 *AEB* 等于角 *FLG*。

因为：角 *AEB* 与角 *AMB* 在同一圆弧上，它们相等，[III. 27]

并且角 *FLG* 等于角 *FNG*，

因此：角 *AMB* 等于角 *FNG*。

因为：直角 *BAM* 等于直角 *GFN*，[III. 31]

所以：其余的角等于其余的角，[I. 32]

因此：三角形 *ABM* 与三角形 *FGN* 是等角的，

那么，按比例：*BM* 比 *GN* 如同 *BA* 比 *GF*。[VI. 4]

因为：*BM* 上的正方形与 *GN* 上的正方形的比如同 *BM* 与 *GN* 的二次比，并且多边形 *ABCDE* 比多边形 *FGHKL* 如同 *BA* 与 *GF* 的二次比，[VI. 20]

所以：*BM* 上的正方形比 *GN* 上的正方形如同多边形 *ABCDE* 比多边形 *FGHKL*。

证完。

命题 2

…

圆与圆之比如同直径上的正方形之比。

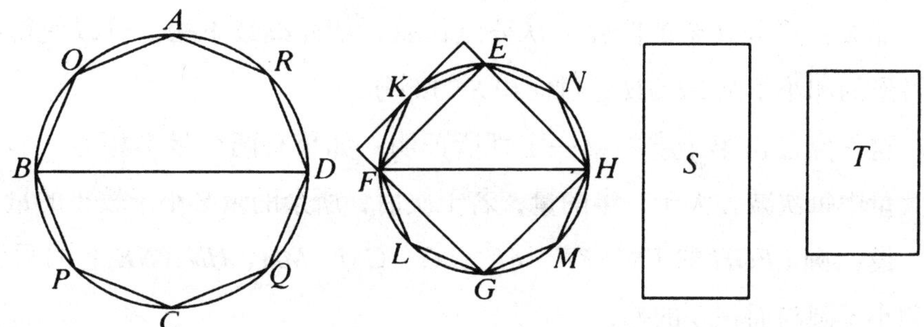

设: *ABCD*、*EFGH* 是两圆，并且 *BD*、*FH* 是它们的直径。

那么可以说：圆 *ABCD* 比圆 *EFGH* 如同 *BD* 上的正方形比 *FH* 上的正方形。

设: *BD* 上的正方形比 *FH* 上的正方形不同于圆 *ABCD* 比圆 *EFGH*。

那么: *BD* 上的正方形比 *FH* 上的正方形等于圆 *ABCD* 比要么小于圆 *EFGH* 的面积，要么大于圆 *EFGH* 的面积。

先设：成比例的面积 *S* 小于圆 *EFGH*。

而正方形 *EFGH* 内接于圆 *EFGH*，内接正方形大于圆 *EFGH* 面积的一半，

所以：假如过点 *E*、*F*、*G*、*H* 作圆的切线，那么正方形 *EFGH* 等于圆外切正方形的一半，

并且圆小于外切正方形，

所以：内接正方形 *EFGH* 大于圆 *EFGH* 的一半。

设：二等分圆弧 *EF*、*FG*、*GH*、*HE*，它们的分点为 *K*、*L*、*M*、*N*，

连接 *EK*、*KF*、*FL*、*LG*、*GM*、*MH*、*HN*、*NE*，

因此：三角形 *EKF*、*FLG*、*GMN*、*HNE* 的每一个大于三角形所在的弓形的一半，

所以：过点 *K*、*L*、*M*、*N* 作圆的切线且在线段 *EF*、*FG*、*GH*、*HE* 上作平行四边形，

三角形 *EKF*、*FLG*、*GMH*、*HNE* 的每一个是所在平行四边形的一半。

又因：包含它的弓形小于它所在的平行四边形，

所以：三角形 *EKF*、*FLG*、*GMH*、*HNE* 大于它们所在弓形的一半，

那么：平分其余的圆弧，从分点作弦，如此继续下去，可以使得到的弓形的和小于圆 *EFGH* 超过面积 *S* 的部分，

这一点已由第十卷的第一定理所证明：如果有两个量不相等，那么从大量中每次减去大于一半的量，若干次后，所余的量必小于较小的量。

设：圆 *EFGH* 的 *EK*、*KF*、*FL*、*LG*、*GM*、*MH*、*HN*、*NE* 上的弓形的和小于圆与面积 *S* 的差，

因此：余下的多边形 *EKFLGMHN* 大于面积 *S*。

设：有内接于圆 *ABCD* 的多边形 *AOBPCQDR* 相似于多边形 *EKFLGMHN*，

因此：*BD* 上的正方形比 *FH* 上的正方形如同多边形 *AOBPCQDR* 比多边形 *EKFLGMHN*。 [XII. 1]

因为：*BD* 上的正方形比 *FH* 上的正方形也如同圆 *ABCD* 比面积 *S*，

所以：圆 *ABCD* 比面积 *S* 如同多边形 *AOBPCQDR* 比多边形 *EKFLGMHN*。 [XII. 1]

因为：*BD* 上的正方形比 *FH* 上的正方形也如同圆 *ABCD* 比面积 *S*，

因此：圆 *ABCD* 比面积 *S* 如同多边形 *AOBPCQDR* 比多边形 *EKFLGMHN*， [V. 11]

因此，由更比：圆 *ABCD* 比内接多边形如同面积 *S* 比多边形 *EKFLGMHN*， [V. 16]

因为：圆 *ABCD* 大于内接于它的多边形，

所以：面积 *S* 大于多边形 *EKFLGMHN*。

又因：它小于多边形 *EKFLGMHN*，

这是不符合实际的，

因此：*BD* 上的正方形比 *FH* 上的正方形不同于圆 *ABCD* 比圆 *EFGH* 较小的面积。

同理可证：圆 *EFGH* 与一个小于圆 *ABCD* 的面积之比也不同于 *FH* 上的正方形与 *BD* 上的正方形之比。

接下来可以证明：圆 *ABCD* 与一个大于圆 *EFGH* 的面积之比也不同于 *BD* 上的正方形与 *FH* 上的正方形之比。

设：比例较大的面积是 *S*。

由互反比例：*FH* 上的正方形比 *DB* 上的正方形如同面积 *S* 比圆 *ABCD*。

因为：面积 *S* 比圆 *ABCD* 如同圆 *EFGH* 比小于圆 *ABCD* 的某个面积，

因此：*FH* 上的正方形比 *BD* 上的正方形如同圆 *EFGH* 比小于圆

ABCD 的某个面积， [V. 11]

已经证明：这是不符合实际的，

因此：*BD* 上的正方形比 *FH* 上的正方形不同于圆 *ABCD* 比大于圆 *EFGH* 的某个面积。

又因，已经证明：成比例的小于圆 *EFGH* 的面积是不存在的，

因此：*BD* 上的正方形比 *FH* 上的正方形如同圆 *ABCD* 比圆 *EFGH*。

证完。

引理

…

假如面积 *S* 大于圆 *EFGH*，那么可以说面积 *S* 比圆 *ABCD* 如同圆 *EFGH* 比小于圆 *ABCD* 的某个面积。

设：已知面积 *S* 比圆 *ABCD* 如同圆 *EFGH* 比面积 *T*。

那么可以说：面积 *T* 小于圆 *ABCD*。

因为：面积 *S* 比圆 *ABCD* 如同圆 *EFGH* 比面积 *T*，

由更比：面积 *S* 比圆 *EFGH* 等于圆 *ABCD* 比面积 *T*。 [V. 16]

因为：面积 *S* 大于圆 *EFGH*，

因此：圆 *ABCD* 大于面积 *T*，

所以：面积 *S* 比圆 *ABCD* 如同圆 *EFGH* 比小于圆 *ABCD* 的某个面积。

证完。

命题 3

…

任何一个以三角形为底的棱锥可以被分为两个相等且与原棱锥相似又以三角形为底的三棱锥，以及其和大于原棱锥一半的两个相等的棱柱。

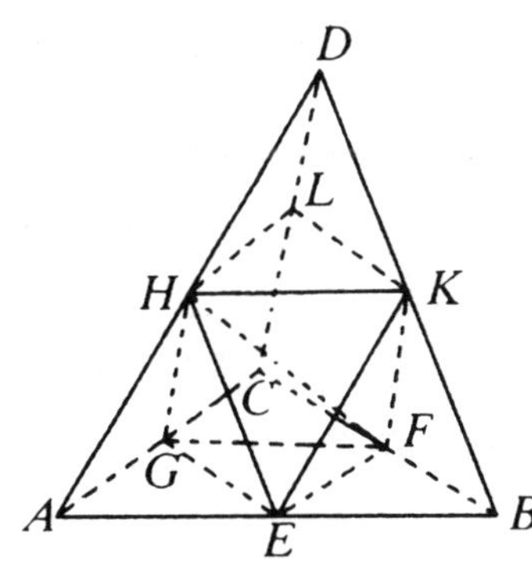

设：有一个以三角形 *ABC* 为底且以点 *D* 为顶点的棱锥。

那么可以说：棱锥 *ABCD* 可被分为相等且相似的以三角形为底的棱锥，并与原棱锥相似，它们的和大于原棱锥一半的两个相等的棱柱。

设：平分 *AB*、*BC*、*CA*、*AD*、*DB*、*DC*，它们的分点为 *E*、*F*、*G*、*H*、*K*、*L*，

连接 *HE*、*EG*、*GH*、*HK*、*KL*、*LH*、*KF*、*FG*。

因为: *AE* 等于 *EB*，并且 *AH* 等于 *DH*，

因此: *EH* 平行于 *DB*。　[VI. 2]

同理: *HE* 平行于 *AB*，

所以: *HEBK* 为平行四边形，而 *HK* 等于 *EB*。　[I. 34]

因为: *EB* 等于 *EA*，

因此: *AE* 等于 *HK*。

因为: *AH* 等于 *HD*，

所以：两边 *EA*、*AH* 分别等于两边 *KH*、*HD*，角 *EAH* 等于角 *KHD*，

所以：底 *EH* 等于底 *KD*，　[I. 4]

因此：三角形 *AEH* 等于且相似于三角形 *HKD*。

同理：三角形 *AHG* 等于且相似于三角形 *HLD*。

因为：彼此相交的两直线 *EH*、*HG* 平行于彼此相交的两直线 *KD*、

DL，且不在同一平面上，那么它们所夹的角相等，[XI. 10]

所以：角 *EHG* 等于角 *KDL*。

因为：两线段 *EH*、*HG* 分别等于 *KD*、*DL*，角 *EHG* 等于角 *KDL*，

所以：底 *EG* 等于底 *KL*，[I. 4]

因此：三角形 *EHG* 相等且相似于三角形 *KDL*。

同理：三角形 *AEG* 也相等且相似于三角形 *HEL*，

那么：以三角形 *AEG* 为底，以点 *H* 为顶点的棱锥等于且相似于以三角形 *HKL* 为底且以 *D* 为顶点的棱锥。[XI. 定义 10]

因为：*HK* 平行于三角形 *ADB* 的一边 *AB*，

所以：三角形 *ADB* 与三角形 *DHK* 是等角的。[I. 29]

因为：它们的边成比例，

因此：三角形 *ADB* 相似于三角形 *DHK*。[VI. 定义 1]

同理：三角形 *DBC* 相似于三角形 *DKL*，以及三角形 *ADC* 相似于三角形 *DLH*。

因为：彼此相交的两直线 *BA*、*AC* 分别平行于彼此相交的两直线 *KH*、*HL*，

并且它们不在同一平面上，

所以：它们所夹的角相等，[XI. 10]

因此：角 *BAC* 等于角 *KHL*。

因为：*BA* 比 *AC* 如同 *KH* 比 *HL*，

因此：三角形 *ABC* 相似于三角形 *HKL*，

所以：以三角形 *ABC* 为底且以点 *D* 为顶点的棱锥相似于以三角形 *HKL* 为底且以点 *D* 为顶点的棱锥。

又因，已经证明：以三角形 *HKL* 为底且以点 *D* 为顶点的棱锥相似于以三角形 *AEG* 为底且以点 *H* 为顶点的棱锥，

因此：棱锥 *AEGH*、*HKLD* 的每一个都相似于棱锥 *ABCD*。

因为：*BF* 等于 *FC*，平行四边形 *EBFG* 等于二倍的三角形 *GFC*，

且倘若分别有平行四边形和三角形为底的两个等高的棱柱，并且平

行四边形是三角形的二倍，那么二棱柱相等，　[XI. 39]

所以：由三角形 *BKF*、*EHG* 及三个平行四边形 *EBFG*、*EBKH*、*HKFG* 围成的棱柱等于由三角形 *GFC*、*HKL* 和三个平行四边形 *KFCL*、*LCGH*、*HKFG* 围成的棱柱，

所以：棱柱的每一个，也就是以平行四边形 *EBFG* 为底且以线段 *HK* 为对棱的棱柱与以三角形 *GFC* 为底且以三角形 *HKL* 为对面的棱柱都大于以三角形 *AEG*、*HKL* 为底且以 *H*、*D* 为顶点的棱锥。

因为：倘若连接线段 *EF*、*EK*，那么以平行四边形 *EBFG* 为底且以 *HK* 为对棱的棱柱大于以三角形 *EBF* 为底且以 *K* 为顶点的棱锥，

因为：以三角形 *EBF* 为底且以点 *K* 为顶点的棱锥与以三角形 *AEG* 为底且以 *H* 为顶点的棱锥，是由相似且相等的面组成，

所以：它们相等，

所以：以平行四边形 *EBFG* 为底且以线段 *HK* 为棱的棱柱大于以三角形 *AEG* 为底且以点 *H* 为顶点的棱锥。

因为：以平行四边形 *EBFG* 为底，以线段 *HK* 为对棱的棱柱等于以三角形 *GFC* 为底且以三角形 *HKL* 为对面的棱柱，以三角形 *AEG* 为底且以点 *H* 为顶点的棱锥等于以三角形 *HKL* 为底且以点 *D* 为顶点的棱锥，

因此：两个棱柱的和大于分别以三角形 *AEG*、*HKL* 为底且以 *H*、*D* 为顶点的棱锥的和，

因此：以三角形 *ABC* 为底且以点 *D* 为顶点的整体棱锥已被分为两个彼此相等的棱锥和两个相等的棱柱，并且两个棱柱的和大于整个棱锥的一半。

证完。

命题 4

…

假如有以三角形为底且有等高的两个棱锥，又各分为相似于原棱锥的两个相等的棱锥和两个相等的棱柱，那么一个棱锥的底比另一个棱锥的底如同一个棱锥内所有棱柱的和比另一个棱锥内同样个数的所有棱柱的和。

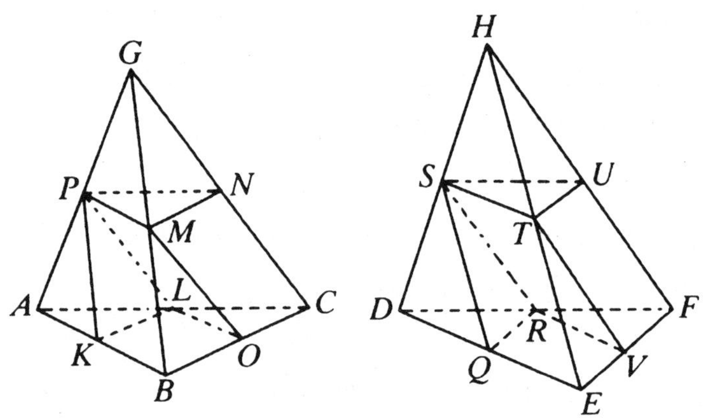

设：有等高且以三角形 *ABC*、*DEF* 为底，以 *G*、*H* 为顶点的两棱锥，

并且它们都被分为两个相似于原棱锥的两个相等的棱锥和两个相等的棱柱。 [XII. 3]

那么可以说：底 *ABC* 比底 *DEF* 如同棱锥 *ABCG* 内所有棱柱的和比棱锥 *DEFH* 内同样个数的棱柱的和。

因为：*BO* 等于 *OC*，且 *AL* 等于 *LC*，

因此：*LO* 平行于 *AB*，三角形 *ABC* 相似于三角形 *LOC*。

同理：三角形 *DEF* 相似于三角形 *RVF*。

因为：*BC* 等于 *CO* 的二倍，*EF* 等于 *FV* 的二倍，

因此：*BC* 比 *CO* 如同 *EF* 比 *FV*。

在 *BC*、*CO* 上作两个相似且有相似位置的直线形 *ABC*、*LOC*；

在 *EF*、*F*V 上作两个相似且有相似位置的直线形 *DEF*、*RVF*，

因此：三角形 *ABC* 比三角形 *LOC* 如同三角形 *DEF* 比三角形 *RVF*，

[VI. 22]

那么，由更比：三角形 *ABC* 比三角形 *DEF* 如同三角形 *LOC* 比三角形 *RVF*。 [V. 16]

又因：三角形 *LOC* 比三角形 *RVF* 如同以三角形 *LOC* 为底且以三角形 *PMN* 为对面的棱柱比以三角形 *RVF* 为底且以 *STU* 为对面的棱柱，

[后面的引理]

因此：三角形 *ABC* 比三角形 *DEF* 如同以三角形 *LOC* 为底且以 *PMN* 为对面的棱柱比以三角形 *RVF* 为底以 *STU* 为对面的棱柱。

因为：棱柱之比如同以平行四边形 *KBOL* 为底且以线段 *PM* 为对棱的棱柱比以平行四边形 *QEVR* 为底且以线段 *ST* 为对棱的棱柱，

[XI. 39，参看 XII. 3]

因此：这两个棱柱相比，以平行四边形 *KBOL* 为底且以 *PM* 为对棱的棱柱及以三角形 *LOC* 为底且以 *PMN* 为对面的棱柱的和，与以 *QEVR* 为底且以线段 *ST* 为对棱的棱柱及以三角形 *RVF* 为底且以 *STU* 为对面的棱柱的和的比相同， [V. 12]

因此：底 *ABC* 比底 *DEF* 如同上述两个棱柱的和比两个棱柱的和。

同理：假如两棱柱 *PMNG*、*STUH* 被分为两个棱柱和两个棱锥，

那么：底 *PMN* 比底 *STU* 如同棱锥 *PMNG* 内两棱柱的和比棱锥 *STUH* 内两棱柱的和。

因为：三角形 *PMN*、*STU* 分别等于三角形 *LOC* 和 *RVF*，

所以：底 *PMN* 比底 *STU* 如同底 *ABC* 比底 *DEF*，

因此：底 *ABC* 比底 *DEF* 如同四个棱柱比四个棱柱。

同理：假如再分余下的棱锥为两个棱锥和两个棱柱，

那么：底 *ABC* 比底 *DEF* 如同棱锥 *ABCG* 内所有棱柱的和比棱锥 *DEFH* 内所有个数相同的棱柱的和。

证完。

引理

• • •

三角形 *LOC* 比三角形 *RVF* 如同以三角形 *LOC* 为底且以 *PMN* 为对面的棱柱比以三角形 *RVF* 为底，并且以 *STU* 为对面的棱柱。 [XI. 17]

在上图中，从点 *G*、*H* 向平面 *ABC*、*DEF* 作垂线，并且两垂线相等，

根据假设：两棱锥有相等的高。

因为：线段 *GC* 和从 *G* 点所作垂线被两平行平面 *ABC*、*PMN* 所截，

它们被截成有相同比的线段。 [XI. 17]

因为：平面 *PMN* 平分 *CG* 于点 *N*，

所以：从 *G* 到平面 *ABC* 的垂线也被平面 *PMN* 所平分。

同理：从点 *H* 到平面 *DEF* 的垂线也被平面 *STU* 所平分。

因为：从点 *G*、*H* 到平面 *ABC*、*DEF* 的垂线相等，

因此：从三角形 *PMN*、*STU* 到平面 *ABC*、*DEF* 的垂线也相等，

所以：以三角形 *LOC*、*RVF* 为底且以 *PMN*、*STU* 为对面的两棱柱等高，

所以：由上述两棱柱构成的等高的两平行六面体的比如同它们的底的比， [X. 32]

因此：它们的一半，也就是上述两棱柱互比，如同底 *LOC* 比底 *RVF*。

证完。

命题 5

• • •

以三角形为底且有等高的两个棱锥的比如同两底的比。

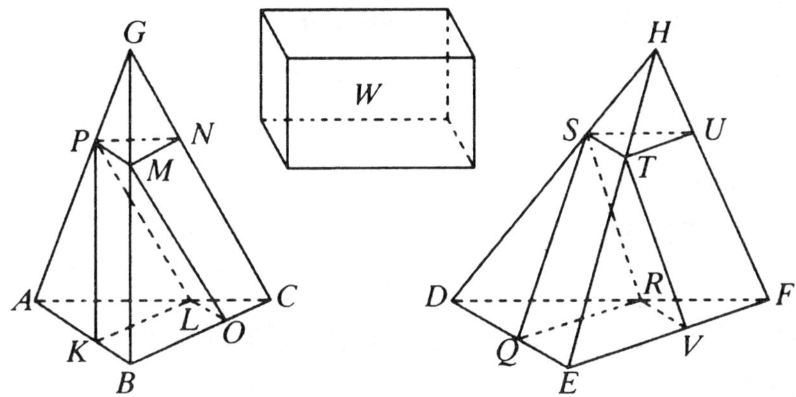

设：已知以三角形 ABC、DEF 为底，以点 G、H 为顶点的等高的棱锥。

那么可以说：底 ABC 比底 DEF 如同棱锥 ABCG 比棱锥 DEFH。

因为：倘若棱锥 ABCG 比棱锥 DEFH 不同于底 ABC 比底 DEF，

那么：底 ABC 比底 DEF 如同棱锥 ABCG 比某个小于或大于棱锥 DEFH 的立体。

先设：按照第一种情况，成比例的是一个较小的立体 W，将棱锥 DEFH 分为两个相似于原棱锥的相等棱锥和两个相等的棱柱，

并且两棱柱的和大于原棱锥的一半。 [XII. 3]

同理：再分所得的棱锥，如此下去，直至棱锥 DEFH 得到某些小于棱锥 DEFH 与立体 W 的差的棱锥。 [X. 1]

设：所要得到的棱锥是 DQRS、STUH，

因此：在棱锥 DEFH 内剩下的棱柱的和大于立体 W。

同理：也和分棱锥 DEFH 的次数相仿去分棱锥 ABCG，

因此：底 ABC 比底 DEF 也如同棱锥 ABCG 内棱柱的和比棱锥 DEFH 中棱柱的和。 [XII. 4]

因为：底 ABC 比底 DEF 也如同棱锥 ABCG 比立体 W，

所以：棱锥 ABCG 比立体 W 如同棱锥 ABCG 中棱柱的和比棱锥 DEFH 中棱柱的和， [V. 11]

因此，由更比：棱锥 ABCG 比它中棱柱的和如同立体 W 比棱锥 DEFH 中棱柱的和。 [V. 16]

因为：棱锥 *ABCG* 大于它中所有棱柱的和，

因此：立体 *W* 大于棱锥 *DEFH* 中所有棱柱的和。

但是它小于，

这是不符合实际的，

因此：棱锥 *ABCG* 比小于棱锥 *DEFH* 的立体不同于底 *ABC* 比底 *DEF*。

同理可证：棱锥 *DEFH* 比小于棱柱 *ABCG* 的任何立体不同于底 *DEF* 比底 *ABC*。

接下来可以证明：不可能有，棱锥 *ABCG* 比一个大于棱锥 *DEFH* 的立体如同底 *ABC* 比底 *DEF*。

这是因为，倘若可能，设：它与较大的立体 *W* 有这样的比，

因此，由反比：底 *DEF* 比底 *ABC* 如同立体 *W* 比棱锥 *ABCG*。

又因，已经证明：立体 *W* 比立体 *ABCG* 如同棱锥 *DEFH* 比小于棱锥 *ABCG* 的某个立体，　[XII. 2，引理]

因此：底 *DEF* 比底 *ABC* 也如同棱锥 *DEFH* 比小于棱锥 *ABCG* 的某个立体。　[V. 11]

已经证明：这是不符合实际的，

因此：棱锥 *ABCG* 比大于棱锥 *DEFH* 的某个立体不同于底 *ABC* 比底 *DEF*。

又因，已经证明：比小于的某个立体也是不行的，

因此：底 *ABC* 比底 *DEF* 如同棱锥 *ABCG* 比棱锥 *DEFH*。

证完。

命题 6

•••

以多边形为底且有等高的两个棱锥的比如同两底的比。

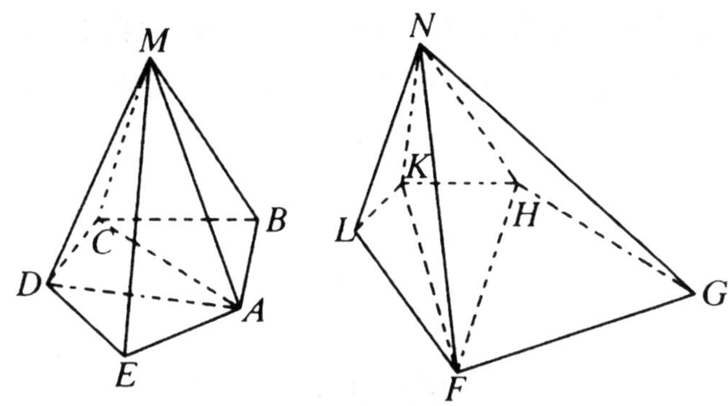

设：等高的两棱锥以多边形 *ABCDE*、*FGHKL* 为底且以点 *M*、*N* 为顶点。

那么可以说：底 *ABCDE* 比底 *FGHKL*，又如同棱锥 *ABCDEM* 比棱锥 *FGHKLN*。

连接 *AC*、*AD*、*FH*、*FK*。

因为：*ABCM*、*ACDM* 是以三角形为底且有等高的两个棱锥，它们的比如同两底之比， [XII. 5]

因此：底 *ABC* 比底 *ACD* 如同棱锥 *ABCM* 比棱锥 *ACDM*，

由合比：底 *ABCD* 比底 *ACD* 如同棱锥 *ABCDM* 比棱锥 *ACDM*。[V. 18]

因为：底 *ACD* 比底 *ADE* 如同棱锥 *ACDM* 比棱锥 *ADEM*， [XII. 5]

因此，由首末比：底 *ABCD* 比底 *ADE* 如同棱锥 *ABCDM* 比棱锥 *ADEM*， [V. 22]

由合比：底 *ABCDE* 比底 *ADE* 如同棱锥 *ABCDEM* 比棱锥 *ADEM*。 [V. 18]

同理可证：底 *FGHKL* 比底 *FGH* 如同棱锥 *FGHKLN* 比棱锥 *FGHN*。

因为：*ADEM*、*FGHN* 是以三角形为底且有等高的两个棱锥，

所以：底 *ADE* 比底 *FGH* 又如同棱锥 *ADEM* 比棱锥 *FGHN*。 [XII. 5]

因为：底 *ADE* 比底 *ABCDE* 如同棱锥 *ADEM* 比棱锥 *ABCDEM*，

因此，由首末比：底 *ABCDE* 比底 *FGH* 如同棱锥 *ABCDEM* 比棱锥 *FGHN*。 [V. 22]

又因：底 *FGH* 比底 *FGHKL* 也如同棱锥 *FGHN* 比棱锥 *FGHKLN*，

因此，由首末比：底 *ABCDE* 比底 *FGHKL* 如同棱锥 *ABCDEM* 比棱锥 *FGHKLN*。 [V. 22]

证完。

命题 7

…

任何一个以三角形为底的棱柱可以被分为以三角形为底的三个彼此相等的棱锥。

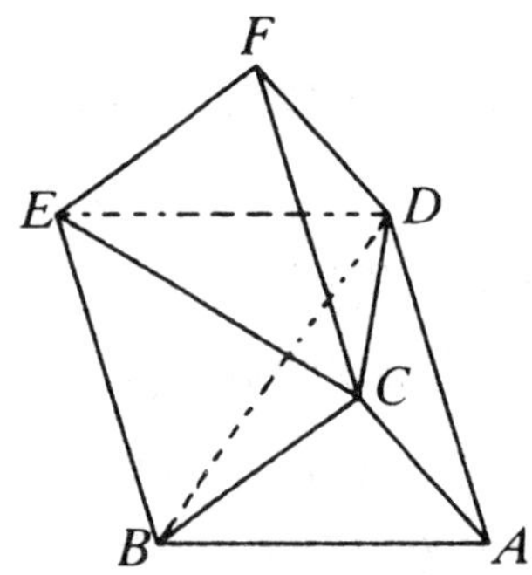

设：有一个以三角形 *ABC* 为底且其对面为三角形 *DEF* 的棱柱。

那么可以说：棱柱 *ABCDEF* 可被分为三个彼此相等的以三角形为底的棱锥。

连接 *BD*、*EC*、*CD*。

因为：*ABED* 是平行四边形，*BD* 是它的对角线，

因此：三角形 *ABD* 全等于三角形 *EBD*。 [I. 34]

那么：以三角形 *ABD* 为底且以 *C* 为顶点的棱锥等于以三角形 *DEB* 为底且以 *C* 为顶点的棱锥。 [XII. 5]

因为：以三角形 *DEB* 为底且以 *C* 为顶点的棱锥与以三角形 *EBC* 为底且以 *D* 为顶点的棱锥是由相同面围成的，

因此：它们是一样的，

所以：以三角形 *ABD* 为底且以 *C* 为顶点的棱锥等于以三角形 *EBC* 为底且以 *D* 为顶点的棱锥。

因为：*FCBE* 是平行四边形，*CE* 是它的对角线，三角形 *CEF* 全等于

三角形 *CBE*，[I. 34]

所以：以三角形 *BCE* 为底且以 *D* 为顶点的棱锥等于以 *ECF* 为底且以 *D* 为顶点的棱锥。[XII. 5]

又因，已经证明：以三角形 *BCE* 为底且以 *D* 为顶点的棱锥等于以三角形 *ABD* 为底以 *C* 为顶点的棱锥，

因此：以三角形 *CEF* 为底以 *D* 为顶点的棱锥等于以三角形 *ABD* 为底且以 *C* 为顶点的棱锥，

所以：棱柱 *ABCDEF* 已被分成三个相等的以三角形为底的棱锥。

因为：以三角形 *ABD* 为底且以 *C* 为顶点的棱锥与以三角形 *CAB* 为底且以 *D* 为顶点的棱锥是由相同平面围成的，

因此：它们是相同的。

又因，已经证明：以三角形 *ABD* 为底，以 *C* 为顶点的棱锥等于以三角形 *ABC* 为底且以 *DEF* 为对面的棱柱的三分之一，

因此：以 *ABC* 为底以 *D* 为顶点的棱锥等于以相同的三角形 *ABC* 为底且以 *DEF* 为对面的棱柱的三分之一。

证完。

推论　任何棱锥都等于和它同底等高的棱柱的三分之一。

命题 8

•••

以三角形为底的相似棱锥的比如同它们对应边的三次比。

设：有分别以 *ABC*、*DEF* 为底，以点 *G*、*H* 为顶点的两个相似且有相似位置的棱锥。

那么可以说：*ABCG* 与 *DEFH* 的比如同 *BC* 与 *EF* 的三次比。

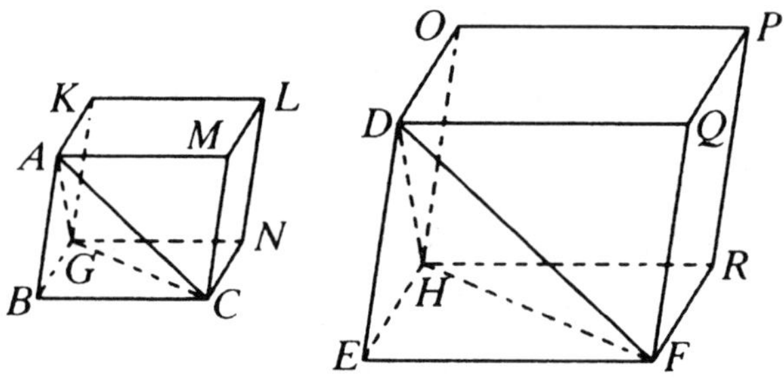

设：有平行六面体 *BGML* 与 *EHQP*，

因为：棱锥 *ABCG* 相似于棱锥 *DEFH*，

所以：角 *ABC* 等于角 *DEF*，角 *GBC* 等于角 *HEF*，并且角 *ABG* 等于角 *DEH*。

因为：*AB* 比 *DE* 如同 *BC* 比 *EF*，又如同 *BG* 比 *EH*，

且 *AB* 比 *DF* 如同 *BC* 比 *EF*，并且夹等角的边成比例，

所以：平行四边形 *BM* 相似于平行四边形 *EQ*。

同理：*BN* 相似于 *ER*，而 *BK* 相似于 *EO*，

所以：三个平行四边形 *MB*、*BK*、*BN* 相似于三个平行四边形 *EQ*、*EO*、*ER*。

因为：三个平行四边形 *MB*、*BK*、*BN* 等于且相似于它们的三个对面，并且三个面 *EQ*、*EO*、*ER* 相等且相似于它们的对面， [XI. 24]

因此：立体 *BGML*、*EHQP* 由同样多的相似面围成，

所以：立体 *BGML* 相似于立体 *EHQP*。

因为：相似平行六面体的比如同对应边的三次比， [XI. 33]

因此：立体 *BGML* 与立体 *EHQP* 的比如同对应边 *BC* 与边 *EF* 的三次比。

又因：棱锥是平行六面体的六分之一，棱柱是平行六面体的一半，

因此：立体 *BGML* 比立体 *EHQP* 如同棱锥 *ABCG* 比棱锥 *DEFH*。

[XI. 28]

因为：它又是棱锥的三倍，

因此：棱锥 *ABCG* 与棱锥 *DEFH* 的比如同它们对应边 *BC* 与 *EF* 的三次比。

证完。

推论 由以上表明，以多边形为底的棱锥与以相似多边形为底的棱锥的比如同它们对应边的三次比。

因为：假如把它们分为以三角形为底的棱锥，把以相似多边形为底的也分为同样个数彼此相似的三角形，各对应三角形之比如同整体之比，[VI. 20]

因此：两棱锥内各对应的以三角形为底的棱锥的比如同二棱锥内以三角形为底的所有棱锥和的比，[V. 12]

也就是以原多边形为底的棱锥之比。

又因：以三角形为底的棱锥比以三角形为底的棱锥如同它们对应边的三次比，

所以：以多边形为底的棱锥与以相似多边形为底的棱锥的比如同它们对应边的三次比。

证完。

命题 9

• • •

以三角形为底且相等的棱锥，它的底和高成反比例；或者底和高成反比例的棱锥是相等的。

设：有以三角形 *ABC*、*DEF* 为底，以 *G*、*H* 为顶点的两个相等的棱锥。

那么可以说：在棱锥 *ABCG*、*DEFH* 中两底与高成反比例，

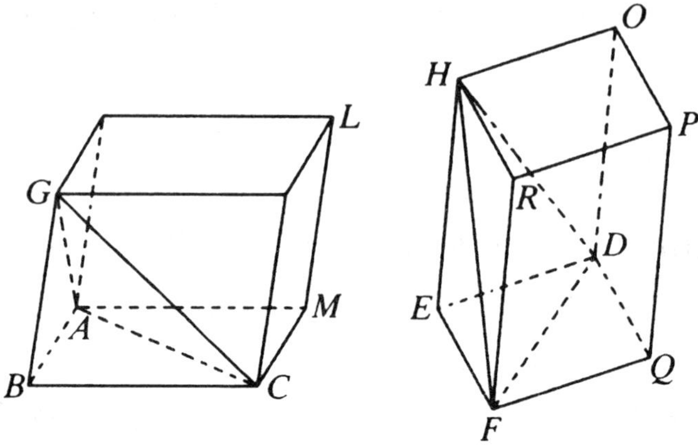

也就是底 *ABC* 比底 *DEF* 如同棱锥 *DEFH* 的高比棱锥 *ABCG* 的高。

作出平行六面体 *BGML*、*EHQP*。

因为：棱锥 *ABCG* 等于棱锥 *DEFH*，立体 *BGML* 等于六倍的棱锥 *ABCG*，立体 *EHQP* 等于六倍的棱锥 *DEFH*，

因此：立体 *BGML* 等于立体 *EHQP*。

因为：在相等的平行六面体中，它们的底和高成反比例， [XI. 34]

所以：底 *BM* 比底 *EQ* 如同立体 *EHQP* 的高比立体 *BGML* 的高。

因为：底 *BM* 比 *EQ* 如同三角形 *ABC* 比三角形 *DEF*， [I. 34]

所以：三角形 *ABC* 比三角形 *DEF* 如同立体 *EHQP* 的高比立体 *BGML* 的高。 [V. 11]

因为：立体 *EHQP* 的高与棱锥 *DEFH* 的高相等，并且立体 *BGML* 的高与棱锥 *ABCG* 的高相等，

因此：底 *ABC* 比底 *DEF* 如同棱锥 *DEFH* 的高比棱锥 *ABCG* 的高，

所以：棱锥 *ABCG* 与 *DEFH* 的底与高成反比例。

又设：棱锥 *ABCG* 与 *DEFH* 的底和高成反比例，也就是底 *ABC* 比底 *DEF* 如同棱锥 *DEFH* 的高比棱锥 *ABCG* 的高，

那么可以说：*ABCG* 等于棱锥 *DEFH*。

用相同的构图。

因为：底 *ABC* 比底 *DEF* 如同棱锥 *DEFH* 的高比棱锥 *ABCG* 的高，

且底 *ABC* 比底 *DEF* 如同平行四边形 *BM* 比平行四边形 *EQ*，

所以：平行四边形 *BM* 比平行四边形 *EQ* 如同棱锥 *DEFH* 的高比棱锥 *ABCG* 的高。 [V. 11]

因为：棱锥 *DEFH* 的高与平行六面体 *EHQP* 的高相等，棱锥 *ABCG* 的高与平行六面体 *BGML* 的高相等，

所以：底 *BM* 比底 *EQ* 如同平行六面体 *EHQP* 的高比平行六面体 *BGML* 的高。

因为：在底和高成反比例时，平行六面体相等， [XI. 34]

所以：平行六面体 *BGML* 等于平行六面体 *EHQP*。

因为：棱锥 *ABCG* 等于 *BGML* 的六分之一，棱锥 *DEFH* 等于平行六面体 *EHQP* 的六分之一，

因此：棱锥 *ABCG* 等于棱锥 *DEFH*。

证完。

命题 10

•••

任一圆锥是与它同底等高的圆柱的三分之一。

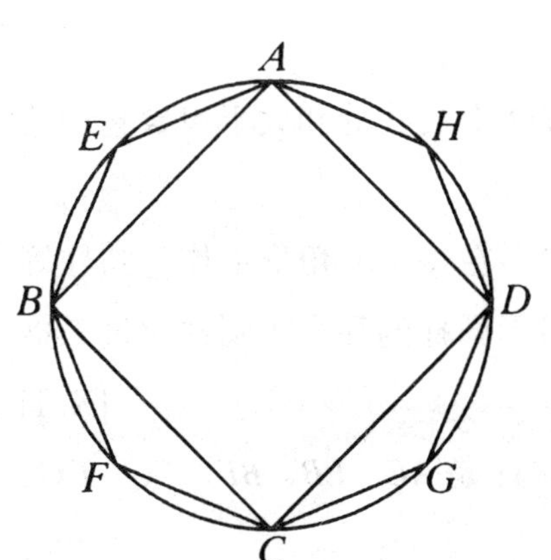

设：一个圆锥和圆柱同底，也就是圆 *ABCD*，它们有相等的高。

那么可以说：圆锥为圆柱的三分之一，也就是圆柱为圆锥的三倍。

假如：圆柱不是圆锥的三倍，那么圆柱要么大于圆锥的三倍，要么小于圆锥的三倍。

先设：它大于圆锥的三倍，正方

形 *ABCD* 内接于圆 *ABCD*。 [IV. 6]

那么：正方形 *ABCD* 大于圆 *ABCD* 的一半，

在正方形 *ABCD* 上作一个和圆柱等高的棱柱，

因为：假如作圆 *ABCD* 的外切正方形，那么圆 *ABCD* 的内接正方形是圆外切正方形的一半，与在它们上作的平行六面体的棱柱等高，

因此：这个棱柱大于圆柱的一半。 [IV. 7]

因为：等高的平行六面体之比如同它们底之比， [XI. 32]

所以：正方形 *ABCD* 上的棱柱是圆 *ABCD* 外切正方形上棱柱的一半。

[参阅 XI. 28. 或 XII. 6 和 7. 推论]

因为：圆柱小于圆 *ABCD* 外切正方形上的棱柱，

所以：同圆柱等高的正方形 *ABCD* 上的棱柱大于圆柱的一半。

二等分弧 *AB*、*BC*、*CD*、*DA* 于 *E*、*F*、*G*、*H*，且连接 *AE*、*EB*、*BF*、*FC*、*CG*、*GD*、*DH*、*HA*。

已经证明：三角形 *AEB*、*BFC*、*CGD*、*DHA* 的每一个都大于圆 *ABCD* 的弓形的一半， [XII. 2]

在三角形 *AEB*、*BFC*、*CGD*、*DHA* 每一个上作与圆柱等高的棱柱，

那么：棱柱的每一个大于包含它的弓形柱的一半。

因为：假如过点 *E*、*F*、*G*、*H* 作 *AB*、*BC*、*CD*、*DA* 的平行线，

又由它们作平行四边形，在其上作与圆柱等高的平行六面体，在三角形 *AEB*、*BFC*、*CGD*、*DHA* 上的棱柱是各个立体的一半，并且弓形圆柱的和小于平行六面体的和，

因此：三角形 *AEB*、*BFC*、*CGD*、*DHA* 上棱柱的和大于包含它们的弓形柱的和的一半，

所以：二等分余下的弧，连接其分点，在每个三角形上作与圆柱等高的棱柱，继续作下去，从而得到一些弓形圆柱的和小于圆柱超过三倍圆锥的部分。 [X. 1]

又设：得到一些弓形柱，这些弓形柱是 *AE*、*EB*、*BF*、*FC*、*CG*、*GD*、*DH*、*HA*，

所以：以多边形 *AEBFCGDH* 为底且其高与圆柱的高相等的棱柱大于圆锥的三倍。

因为：与圆柱高相同且以多边形 *AEBFCGDH* 为底的棱柱三倍于以多边形 *AEBFCGDH* 为底且和圆锥有同一顶点的棱锥， [XII. 7，推论]

因此：以多边形 *AEBFCGDH* 为底且和圆锥有同一顶点的棱锥大于以圆 *ABCD* 为底的圆锥。

又因：它小于此圆锥，

并且圆锥包含棱锥，

这是不符合实际的，

因此：圆柱不大于圆锥的三倍。

接下来可以证明：圆柱也不小于圆锥的三倍。

设：圆柱小于圆锥的三倍，

因此：反之，圆锥大于圆柱的三分之一。

设：正方形 *ABCD* 内接于圆 *ABCD*，

那么：正方形 *ABCD* 大于圆 *ABCD* 一半。

设：在正方形 *ABCD* 上作一个顶点和圆锥顶点相同的棱锥，

因此：此棱锥大于圆锥的一半。

已经证明：假如作圆的外切正方形，

那么：正方形 *ABCD* 是圆外切正方形的一半，

并且，倘若从正方形上作与圆锥等高的平行六面体，也叫作棱柱，

所以：正方形 *ABCD* 上的棱柱与圆外切正方形上的棱柱的比如同它们底的比，

因此：正方形 *ABCD* 上的棱柱是圆外切正方形上棱柱的一半，[XI. 32]

所以：它们的三分之一相比也如同这个比，

因而：以正方形 *ABCD* 为底的棱锥是圆外切正方形上棱锥的一半。

因为：圆外切正方形上的棱锥大于圆锥，

且圆外切正方形上的棱锥包含圆锥，

因此：正方形 *ABCD* 上的棱锥大于具有同一顶点的圆锥的一半。

设：用点 *E*、*F*、*G*、*H* 平分 *AB*、*BC*、*CD*、*DA* 弧，连接 *AE*、*EB*、*BF*、*FC*、*CG*、*GD*、*DH*、*HA*，

所以：三角形 *AEB*、*BFC*、*CGD*，*DHA* 的每一个大于圆 *ABCD* 上包含它的弓形的一半。

因为：在三角形 *AEB*、*BFC*、*CGD*、*DHA* 每一个上作与圆锥有同一顶点的棱锥，

所以：每一个棱锥大于包含它的弓形圆锥的一半。

设：再平分圆弧，连接分点，在每一个三角形上作与圆锥有相同顶点的棱锥，继续作下去，

那么：可以得到一些弓形圆锥之和小于圆锥超过圆柱三分之一的部分。 [X. 1]

设：已知 *AE*、*EB*、*BF*、*FC*、*CG*、*GD*、*DH*、*HA* 上的弓形柱，

那么：以多边形 *AEBFCGDH* 为底且与圆锥的顶点相同的棱锥大于圆柱的三分之一。

因为：以多边形 *AEBFCGDH* 为底与圆锥顶点相同的棱锥是以多边形 *AEBFCGDH* 为底且与圆柱同高的棱柱的三分之一，

所以：以多边形 *AEBFCGDH* 为底且与圆柱等高的棱柱大于以圆 *ABCD* 为底的圆柱。

因为：圆柱包含棱柱，

所以：棱柱小于圆柱，

这是不符合实际的，

因此：圆柱不小于圆锥的三倍。

又已经证明：圆柱不大于圆锥的三倍，

因此：圆柱是圆锥的三倍，

所以：圆锥是圆柱的三分之一。

证完。

命题 11

…

等高的圆锥或等高的圆柱之比如同它们底的比。

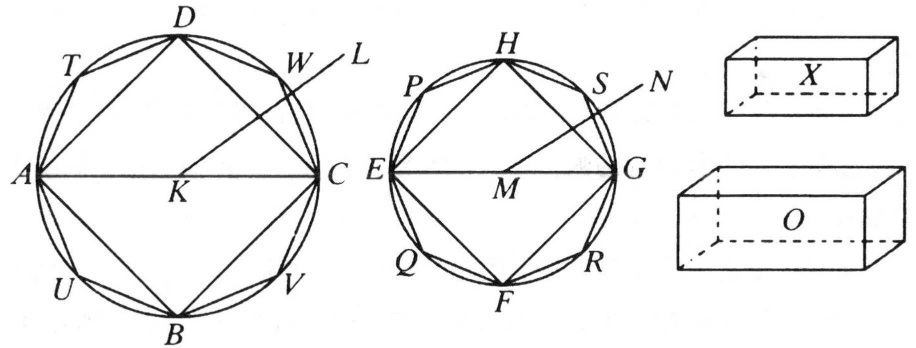

设：已知等高的圆锥和圆柱，以圆 *ABCD*、*EFGH* 为它们的底，*KL*、*MN* 是它们的轴，且 *AC*、*EG* 是它们底的直径。

那么可以说：圆 *ABCD* 比圆 *EFGH* 如同圆锥 *AL* 比圆锥 *EN*。

设：如果不是这样，那么圆 *ABCD* 比圆 *EFGH* 如同圆锥 *AL* 与小于圆锥 *EN* 的某一立体之比或是大于圆锥 *EN* 的某一立体之比。

设：符合此比的是一个较小的立体 *O*，立体 X 等于圆锥 *EN* 与较小的立体 *O* 的差，

因此：圆锥 *EN* 等于立体 *O* 与 X 的和。

设：正方形 *EFGH* 内接于圆 *EFGH*，

因此：正方形大于圆的一半。

设：在正方形 *EFGH* 上作与圆锥等高的棱锥，

因此：这棱锥大于圆锥的一半。

因为：假如作圆的外切正方形，在它上作与圆锥等高的棱锥，

且内接棱锥与外接棱锥的比如同它们底的比，

因此：内接棱锥是外切棱锥的一半， [XII. 6]

所以：此圆锥小于外切棱锥。

用点 *P*、*Q*、*R*、*S* 等分圆弧 *HE*、*EF*、*FG*、*GH*，

连接 *HP*、*PE*、*EQ*、*QF*、*FR*、*RG*、*GS*、*SH*，

所以：三角形 *HPE*、*EQF*、*FRG*、*GSH* 的每一个都大于包含它的弓形的一半。

设：在三角形 *HPE*、*EQF*、*FRG*、*GSH* 的每一个上作与圆锥等高的棱锥，

因此：所作棱锥的每一个都大于包含它的相应的弓形上圆锥的一半，

所以：二等分得到的弧，用线段连接，在每个三角形上作与圆锥等高的棱锥。

如此作下去，就得到一些弓形圆锥的和小于立体 X。 [X. 1]

设：得到的是 *HP*、*PE*、*EQ*、*QF*、*FR*、*RG*、*GS*、*SH* 上的弓形圆锥，

因此：剩下的以多边形 *HPEQFRGS* 为底，并且和圆锥等高的棱锥大于立体 *O*。

设：内接于圆 *ABCD* 的多边形 *DTAUBVCW* 与多边形 *HPEQFRGS* 相似且有相似位置，

在它上面作与圆锥 *AL* 等高的棱锥，

所以：*AC* 上的正方形比 *EG* 上的正方形如同多边形 *DTAUBVCW* 比多边形 *HPEQFRGS*， [XII. 1]

所以：*AC* 上的正方形比 *EG* 上的正方形如同圆 *ABCD* 比圆 *EFGH*， [XII. 2]

因此：圆 *ABCD* 比圆 *EFGH* 如同多边形 *DTAUBVCW* 比多边形 *HPEQFRGS*。

因为：圆 *ABCD* 比圆 *EFGH* 如同圆锥 *AL* 比立体 *O*，多边形 *DTAUBVCW* 比多边形 *HPEQFRGS* 如同以多边形 *DTAUBVCW* 为底且以 *L* 为顶点的棱锥，比以多边形 *HPEQFRGS* 为底且以 *N* 为顶点的棱锥， [XII. 6]

因此：圆锥 *AL* 比立体 *O* 如同以多边形 *DTAUBVCW* 为底以 *L* 为顶点

的棱锥，比以多边形 *HPEQFRGS* 为底以 *N* 为顶点的棱锥， [V. 11]

所以，由更比：圆锥 *AL* 比它内的棱锥如同立体 *O* 比圆锥 *EN* 内的棱锥。 [V. 16]

因为：圆锥 *AL* 大于它的内接棱锥，

所以：立体 *O* 大于圆锥 *EN* 内的棱锥。

又因：它小于圆锥 *EN* 内的棱锥，

这是不符合实际的，

因此：圆锥 *AL* 比小于圆锥 *EN* 的任何立体都不同于圆 *ABCD* 比圆 *EFGH*。

同理可证：圆锥 *EN* 比任何小于圆锥 *AL* 的立体都不同于圆 *EFGH* 比圆 *ABCD*。

接下来可以证明：圆锥 *AL* 比大于圆锥 *EN* 的某一立体不同于圆 *ABCD* 比圆 *EFGH*。

设：如果相等，符合这个比的是较大的立体 *O*，

由反比：圆 *CFGH* 比圆 *ABCD* 如同立体 *O* 比圆锥 *AL*。

又因：立体 *O* 比圆锥 *AL* 如同圆锥 *EN* 比某个小于圆锥 *AL* 的立体，

因此：圆 *EFGH* 比圆 *ABCD* 如同圆锥 *EN* 比小于圆锥 *AL* 的某个立体，

又已经证明：这是不符合实际的，

所以：圆锥 *AL* 比大于圆锥 *EN* 的某个立体不同于圆 *ABCD* 比圆 *EFGH*。

已经证明：符合这个比而小于立体 *EN* 的立体是没有的，

因此：圆 *ABCD* 比圆 *EFGH* 如同圆锥 *AL* 比圆锥 *EN*。

因为：圆柱三倍于圆锥，

所以：圆锥比圆锥等于圆柱比圆柱， [XII. 10]

因此：圆 *ABCD* 比圆 *EFGH* 如同在它们上等高的圆柱的比。

证完。

命题 12

• • •

相似圆锥或相似圆柱之比如同它们底的直径的三次比。

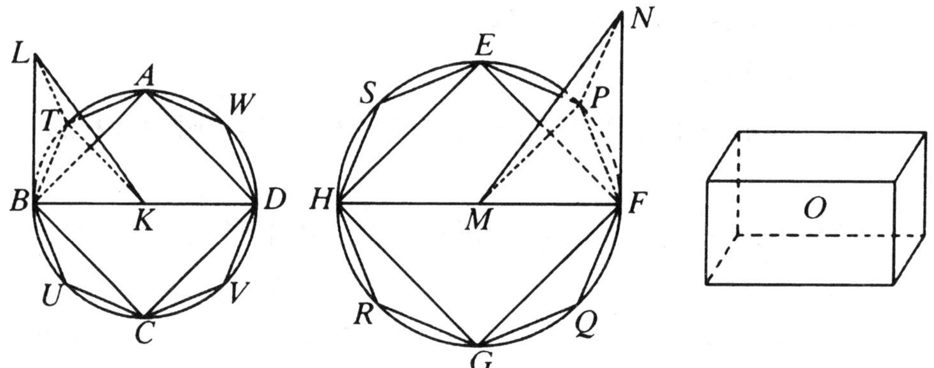

设：有相似圆锥和相似圆柱，

且圆 *ABCD*、*EFGH* 是它们的底，*BD* 与 *FH* 是底的直径，并且 *KL*、*MN* 是圆锥及圆柱的轴。

那么可以说：以圆 *ABCD* 为底且以 *L* 为顶点的圆锥与以圆 *EFGH* 为底且以 *N* 为顶点的圆锥的比如同 *BD* 与 *FH* 的二次比。

设：圆锥 *ABCDL* 与圆锥 *EFGHN* 的比不同于 *BD* 与 *FH* 的三次比。

那么：圆锥 *ABCDL* 与某一小于或大于圆锥 *EFGHN* 的立体的比如同 *BD* 与 *FH* 的三次比。

设：它与较小的立体 *O* 有着三次比，

正方形 *EFGH* 内接于圆 *EFGH*，　　[IV. 6]

所以：正方形 *EFGH* 大于圆 *EFGH* 的一半。

设：正方形 *EFGH* 上有一个和圆锥同顶点的棱锥，

因此：此棱锥大于圆锥的一半。

设：点 *P*、*Q*、*R*、*S* 二等分圆弧 *EF*、*FG*、*GH*、*HE*，

连接 *EP*、*PF*、*FQ*、*QG*、*GR*、*RH*、*HS*、*SE*，

因此：每个三角形 *EPF*、*FQG*、*GRH*、*HSE* 大于圆 *EFGH* 中包含它的弓形的一半。

设：在每个三角形 *EPF*、*FQG*、*GRH*、*HSE* 上作一个和圆锥同顶点的棱锥，

因此：这样的每个棱锥大于包含它们的弓形圆锥上锥体的一半，

那么：以二等分得到的圆弧作弦，在每个三角形上作与圆锥有相同顶点的棱锥，如此作下去可以得到，某些弓形圆锥的和小于圆锥 *EFGHN* 超过立体 *O* 的部分。 [X. 1]

设：这样得到 *EP*、*PF*、*FQ*、*QG*、*GR*、*RH*、*HS*、*SE* 上的弓形圆锥，

所以：剩下的以多边形 *EPFQGRHS* 为底，以点 *N* 为顶点的棱锥大于立体 *O*。

设：圆 *ABCD* 的内接多边形 *ATBUCVDW* 与多边形 *EPFQGRHS* 相似且有相似位置，

在多边形 *ATBUCVDW* 上作与圆锥同顶点的棱锥；

以多边形 *ATBUCVDW* 为底，以 *L* 为顶点；

由许多三角形围成一个棱锥，*LBT* 为其三角形之一；

以多边形 *EPFQGRHS* 为底且以点 *N* 为顶点；

由许多三角形围成一个棱锥，*NFP* 为其三角形之一，

接连 *KT*、*MP*。

因为：圆锥 *ABCDL* 相似于圆锥 *EFGHN*，

所以：*BD* 比 *FH* 如同轴 *KL* 比轴 *MN*。 [XI. 定义 24]

因为：*BD* 比 *FH* 如同 *BK* 比 *FM*，

所以：*BK* 比 *FM* 如同 *FL* 比 *MN*，

由更比：*BK* 比 *KL* 如同 *FM* 比 *MN*， [V. 16]

因此：夹等角的边成比例，也就是夹角 *BKL*、*FMN*，

所以：三角形 *BKL* 与三角形 *FMN* 相似。 [VI. 6]

因为：*BK* 比 *KT* 如同 *FM* 比 *MP*，

它们是夹等角的，也就是角 *BKT*、*FMP*，

因为：无论角 *BKT* 在圆心 *K* 的四个直角占多少部分，

角 *FMP* 也在圆心 *M* 的四个直角占同样多部分，

又因：夹等角的边成比例，

所以：三角形 *BKT* 与三角形 *FMP* 相似。 [VI. 6]

已经证明：*BK* 比 *KL* 如同 *FM* 比 *MN*，

因此：*BK* 等于 *KT*，且 *FM* 等于 *PM*，

因此：*TK* 比 *KL* 如同 *PM* 比 *MN*。

因为：*TKL*、*PMN* 是直角，

所以：夹等角的边成比例，也就是等角 *TKL*、*PMN*，

因此：三角形 *LKT* 与三角形 *NMP* 相似。 [VI. 6]

因为：三角形 *LKB* 与 *NMF* 相似，

LB 比 *BK* 如同 *NF* 比 *FM*，

且三角形 *BKT* 与 *FMP* 相似，

KB 比 *BT* 如同 *MF* 比 *FP*，

因此，由首末比：*LB* 比 *BT* 如同 *NF* 比 *FP*。 [V. 22]

因为：三角形 *LTK* 与 *NPM* 相似，

LT 比 *TK* 如同 *NP* 比 *PM*，

因为：三角形 *TKB* 与 *PMF* 相似，

KT 比 *TB* 如同 *MP* 比 *PF*，

因此，由首末比：*LT* 比 *TB* 如同 *NP* 比 *PF*。 [V. 22]

又因，已经证明：*TB* 比 *BL* 如同 *PF* 比 *FN*，

因此，由首末比：*TL* 比 *LB* 如同 *PN* 比 *NF*。 [V. 22]

已经证明：*TB* 比 *BL* 如同 *PF* 比 *FN*，

由首末比：*TL* 比 *LB* 如同 *PN* 比 *NF*， [V. 22]

所以：在三角形 *LTB* 与 *NPF* 中它们的边成比例，

因此：三角形 *LTB* 与 *NPF* 是等角的， [VI. 5]

所以：它们也相似， [VI. 定义 I]

因而：以三角形 *BKT* 为底且以点 *L* 为顶点的棱锥也相似于以三角形

FMP 为底且以点 *N* 为顶点的棱锥。

因为：围成它们的面数相等且各面相似， [XI. 定义 9]

又因：两个以三角形为底的相似棱锥之比如同对应边的三次比，

[XII. 8]

所以：棱锥 *BKTL* 比棱锥 *FMPN* 如同 *BK* 与 *FM* 的三次比。

同理：由 *A*、*W*、*D*、*V*、*C*、*U* 到 *K* 连线段，从 *E*、*S*、*H*、*R*、*G*、*Q* 到 *M* 连线段，在每个三角形上作与圆锥有相同顶点的棱锥。

可以证明：每对相似棱锥的比如同对应边 *BK* 与对应边 *FM* 的三次比，

也就是 *BD* 与 *FH* 的三次比，

前项之一比后项之一如同所有前项之和比所有后项之和， [V. 12]

因此：棱锥 *BKTL* 比棱锥 *FMPN* 如同以多边形 *ATBUCVDW* 为底且以点 *L* 为顶点的整体棱锥比以多边形 *EPFQGRHS* 为底且以点 *N* 为顶点的整体棱锥，

所以：得到以 *ATBUCVDW* 为底且以点 *L* 为顶点的棱锥比以多边形 *EPFQGRHS* 为底且以点 *N* 为顶点的棱锥如同 *BD* 与 *FH* 的三次比。

设：以圆 *ABCD* 为底以点 *L* 为顶点的圆锥比立体 *O* 如同 *BD* 与 *FH* 的三次比，

因此：以圆 *ABCD* 为底以点 *L* 为顶点的圆锥比立体 *O* 如同以多边形 *ATBUCVDW* 为底且以 *L* 为顶点的棱锥比以多边形 *EPFQGRHS* 为底且以点 *N* 为顶点的棱锥，

因此，由更比：以圆 *ABCD* 为底且以 *L* 为顶点的圆锥比包含在它内的以多边形 *ATBUCVDW* 为底且以 *L* 为顶点的棱锥如同立体 *O* 比以多边形 *EPFQGRHS* 为底且以 *N* 为顶点的棱锥。 [V. 16]

因为：圆锥包含着棱锥，

所以：此处圆锥大于它内的棱锥，

因此：立体 *O* 大于以多边形 *EPFQGRHS* 为底且以 *N* 为顶点的棱锥。

但是它也小于它，

这是不符合实际的，

因此：以圆 *ABCD* 为底且以 *L* 为顶点的圆锥比任何小于以圆 *EFGH* 为底且以点 *N* 为顶点的圆锥的立体都不同于 *BD* 与 *FH* 的三次比。

同理可证：圆锥 *EFGHN* 与任何小于圆锥 *ABCDL* 的立体的比不同于 *FH* 与 *BD* 的三次比。

接下来可以证明：圆锥 *ABCDL* 比任何大于圆锥 *EFGHN* 的立体不同于 *BD* 与 *FH* 的三次比。

这是因为，如果可能，设：和一个较大的立体 *O* 有这样的比，

因此，由反比：立体 *O* 与圆锥 *ABCDL* 的比如同 *FH* 与 *BD* 的三次比。

因为：立体 *O* 比圆锥 *ABCDL* 如同圆锥 *EFGHN* 比某个小于圆锥 *ABCDL* 的立体，

所以：圆锥 *EFGHN* 与某一小于圆锥 *ABCDL* 的立体的比如同 *FH* 与 *BD* 的三次比，

已经证明：这是不符合实际的，

因此：圆锥 *ABCDL* 与任何大于圆锥 *EFGHN* 的立体的比不同于 *BD* 与 *FH* 的三次比。

又因，已经证明：与一个小于圆锥 *EFGHN* 的立体的比不同于这个比，

因此：圆锥 *ABCD* 与圆锥 *EFGHN* 的比如同 *BD* 与 *FH* 的三次比。

因为：圆锥比圆锥如同圆柱比圆柱，

且同底等高的圆柱是圆锥的三倍，　　[XII. 10]

因此：圆柱与圆柱之比也如同 *BD* 与 *FH* 的三次比。

证完。

命题 13

…

假如一个圆柱被平行于它的底面的平面所截，那么截得的圆柱比圆柱如同轴比轴。

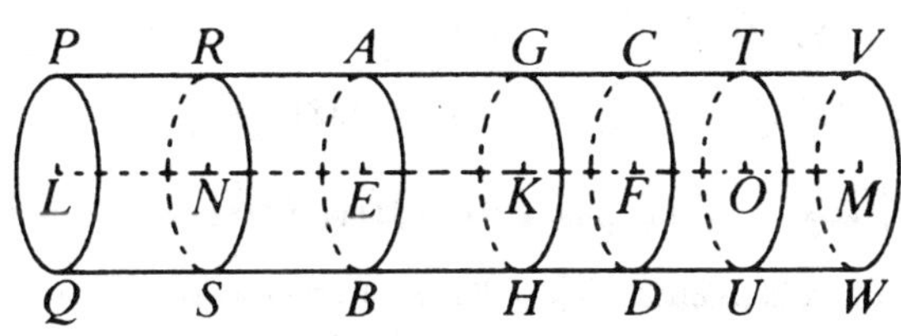

设：圆柱 *AD* 被平行于底面 *AB*、*CD* 的平面 *GH* 所截，

平面 *GH* 交轴于 *K* 点。

那么可以说：圆柱 *BG* 比圆柱 *GD* 如同轴 *EK* 比轴 *KF*。

设：向两方延长轴 *EF* 至 *L*、*M*，

任取轴 *EN*、*NL* 等于轴 *EK*，取 *FO*、*OM* 等于 *FK*，

以 *LM* 为轴的圆柱 *PW* 其底为圆 *PQ*、VW。

过点 *N*、*O* 作平行于 *AB*、*CD* 的平面且平行于圆柱 *PW* 的底，

以 *N*、*O* 为圆心而得出的圆为 *RS*、*TU*。

因为：轴 *LN*、*NE*、*EK* 彼此相等，

所以：圆柱 *QR*、*RB*、*BG* 彼此之比如同它们的底之比。 [XII. 11]

因为：它们的底是相等的，

所以：圆柱 *QR*、*RB*、*BG* 也彼此相等。

因为：轴 *LN*、*NE*、*EK* 彼此相等，

圆柱 *QR*、*RB*、*BG* 也彼此相等，

前者的个数等于后者的个数，

因此：轴 *KL* 是轴 *EK* 的无论多少倍数，圆柱 *QG* 也是圆柱 *GB* 的同样倍数。

同理：轴 *MK* 是轴 *KF* 的无论多少倍数，圆柱 *WG* 也是圆柱 *GD* 的同样倍数。

设：轴 KL 等于轴 KM，

那么：圆柱 QG 等于圆柱 GW。

设：轴 KL 大于轴 KM，

那么：圆柱 QG 大于圆柱 GW。

设：轴 KL 小于轴 KM，

那么：圆柱 QG 小于圆柱 GW，

所以：存在四个量，轴 EK、KF 和圆柱 BG、GD。

已知：轴 EK 和圆柱 BG 的同倍量，也就是轴 LK 和圆柱 QG。

取定轴 KF 和圆柱 GD 的同倍量，也就是轴 KM 及圆柱 GW。

已经证明：假如轴 KL 大于轴 KM，那么圆柱 QG 大于圆柱 GW。

设：轴 KL 等于轴 KM，

那么：圆柱 QG 等于圆柱 GW。

设：轴 KL 小于 KM，

那么：圆柱 QG 小于圆柱 GW，

因此：轴 EK 比轴 KF 如同圆柱 BG 比圆柱 GD。 [V. 定义 5]

证完。

命题 14

•••

有等底的圆锥或圆柱之比如同它们的高之比。

设：EB、FD 是等底的两个圆柱，底为圆 AB、CD。

那么可以说：圆柱 EB 比圆柱 FD 如同高 GH 比高 KL。

设：延长轴 KL 到点 N，使 LN 等于轴 GH，而 CM 是以 LN 为轴的圆柱。

因为：圆柱 EB、CM 等高，

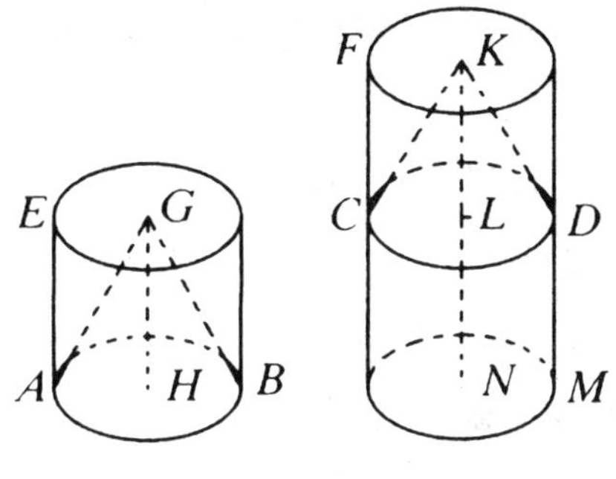

所以：它们的比等于它们的底之比。 [XII. 11]

因为：它们的底彼此相等，

因此：圆柱 *EB* 与圆柱 *CM* 也相等。

因为：圆柱 *FM* 被平行于它的底面的平面 *CD* 所截，

因此：圆柱 *CM* 比圆柱 *FD* 如同轴 *LN* 比轴 *KL*。 [XII. 13]

因为：圆柱 *CM* 等于圆柱 *EB*，轴 *LN* 等于轴 *GH*，

所以：圆柱 *EB* 比圆柱 *FD* 如同轴 *GH* 比轴 *KL*。

因为：圆柱 *EB* 比圆柱 *FD* 如同圆锥 *ABG* 比圆锥 *CDK*， [XII. 10]

因此：轴 *GH* 比轴 *KL* 如同圆锥 *ABG* 比圆锥 *CDK*，又如同圆柱 *EB* 比圆柱 *FD*。

证完。

命题 15

…

在相等的圆锥或圆柱中，它们底与高成互反比例；如果圆锥或圆柱的底与高成互反比例，那么二者相等。

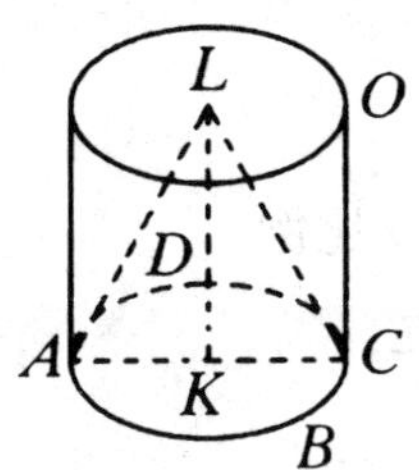

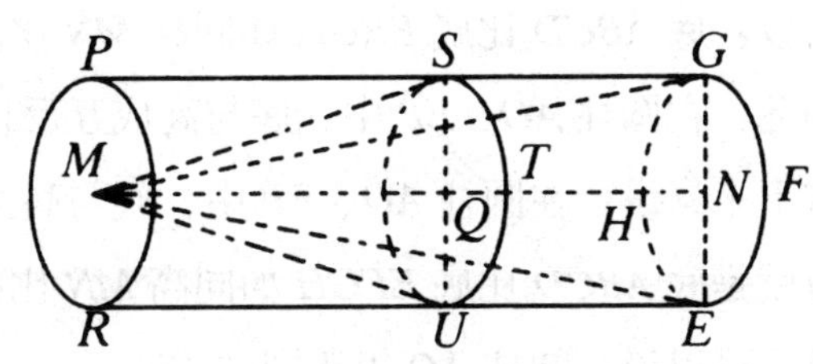

设：有以圆 *ABCD*、*EFGH* 为底的两个相等的圆锥或圆柱，则 *AC*、*EG* 为底的直径。

KL、*MN* 是轴，也是圆锥或圆柱的高，且已经作出圆柱 *AO*、*EP*。

那么可以说：圆柱 *AO*、*EP* 的底与高成互反比例，

也就是底 *ABCD* 比底 *EFGH* 如同高 *MN* 比高 *KL*。

因为：高 *LK* 要么等于高 *MN*，要么不等于高 *MN*，

先设：高 *LK* 等于高 *MN*，

因为：圆柱 *AO* 等于圆柱 *EP*，

并且圆锥或圆柱等高，它们的比如同它们底的比，　[XII. 11]

因此：底 *ABCD* 等于底 *EFGH*。

由互反比例：底 *ABCD* 比底 *EFGH* 如同高 *MN* 比高 *KL*。

设：高 *LK* 不等于 *MN*，而 *MN* 较大。

设：从高 *MN* 截取 *QN* 等于 *KL*，过点 *Q* 作平面 *TUS* 截圆柱 *EP* 而平行于圆 *EFGH*、*RP* 所在的平面，圆柱 *ES* 以圆 *EFGH* 为底，*NQ* 为高。

因为：圆柱 *AO* 等于圆柱 *EP*，

因此：圆柱 *AO* 比圆柱 *ES* 如同圆柱 *EP* 比圆柱 *ES*。　[V. 7]

因为：圆柱 *AO*、*ES* 是等高的，

所以：圆柱 *AO* 比圆柱 *ES* 如同底 *ABCD* 比底 *EFGH*。　[XII. 11]

因为：圆柱 *EP* 比圆柱 *ES* 如同高 *MN* 比高 *QN*，

并且圆柱 *E* 被一个平面所截而此平面又平行于相对二底面，　[XII. 13]

因此：底 *ABCD* 比底 *EFGH* 如同高 *MN* 比高 *QN*。　[V. 11]

因为：高 *QN* 等于高 *KL*，

所以：底 *ABCD* 比底 *EFGH* 如同高 *MN* 比高 *KL*，

因此：在圆柱 *AO*、*EP* 中，底与高成互反比例。

接下来，设：在圆柱 *AO*、*EP* 中，底与高互成反比例，

也就是底 *ABCD* 比底 *EFGH* 如同高 *MN* 比高 *KL*，

那么可以说：圆柱 *AO* 等于圆柱 *EP*。

作同一图。

因为：底 $ABCD$ 比底 $EFGH$ 如同高 MN 比高 KL，

因此：高 KL 等于高 QN，

那么：底 $ABCD$ 比底 $EFGH$ 如同高 MN 比高 QN。

因为：底 $ABCD$ 与底 $EFGH$ 同高，

所以：底 $ABCD$ 比底 $EFGH$ 如同圆柱 AO 比圆柱 ES。 [XII. 11]

因为：高 MN 比 QN 如同圆柱 EP 比圆柱 ES， [XII. 13]

因此：圆柱 AO 比圆柱 ES 如同圆柱 EP 比圆柱 ES。 [V. 11]

因为：圆柱 AO 等于圆柱 EP， [V. 9]

所以：对圆锥来说也同样是正确的。

证完。

命题 16

…

已知两个同心圆，求作内接于大圆的偶数条边的等边多边形，使它与小圆不相切。

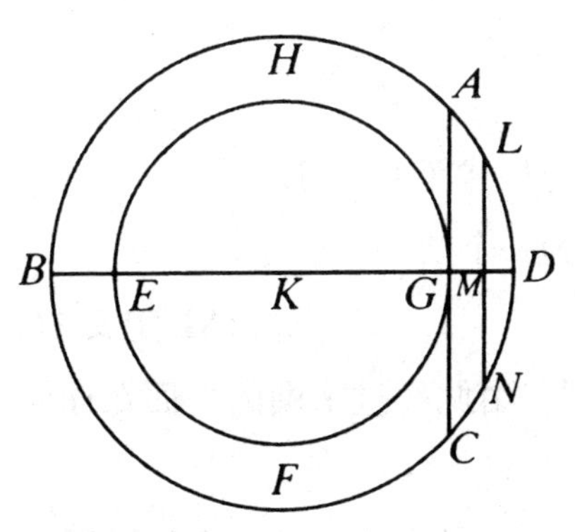

设：有同心于 K 的两个给定圆 $ABCD$、$EFGH$。

要求：作内接于大圆 $ABCD$ 的偶数条边的等边多边形，它与小圆 $EFGH$ 不相切。

设：经过圆心 K 作直径 BKD，从点 G 作 GA 与直径 BD 成直角，并且延长至点 C。

所以：AC 切圆 $EFGH$。 [III. 16，推论]

设：平分弧 BAD，将所分的一半再平分，如此下去得到一条比 AD

小的弧 *LD*。 [X. 1]

从 *L* 作 *LM* 垂直于 *BD* 并且延长至 *N*，

连接 *LD*、*DN*，

所以：*LD* 等于 *DN*。 [III. 3，I. 4]

因为：*LN* 平行于 *AC*，并且 *AC* 切于圆 *EFGH*，

因此：*LN* 与圆 *EFGH* 不相切，

因此：*LD*、*DN* 更与圆 *EFGH* 不相切。

设：在圆 *ABCD* 内连续作等于 *LD* 的弦，

那么：将得到内接于 *ABCD* 的偶数边的等边多边形，它与小圆 *EFGH* 不相切。

作完。

命题 17

• • •

已知两个同心球，在大球内作内接多面体，使它与小球面不相切。

设：有同心于点 *A* 的两球，

要求：在大球内作内接多面体，使它与小球面不相切，

而球被过球心的任一平面所截，截迹为一个圆，

因为：球是半圆绕直径旋转而成的， [XI. 定义 14]

所以：在任何位置我们都可得到半圆，由此经过半圆的平面在球面上截出一个圆。

因为：球的直径，也是半圆和这个圆的直径，它大于所有经过圆内或者球内的线段，

所以：这个圆是最大的，

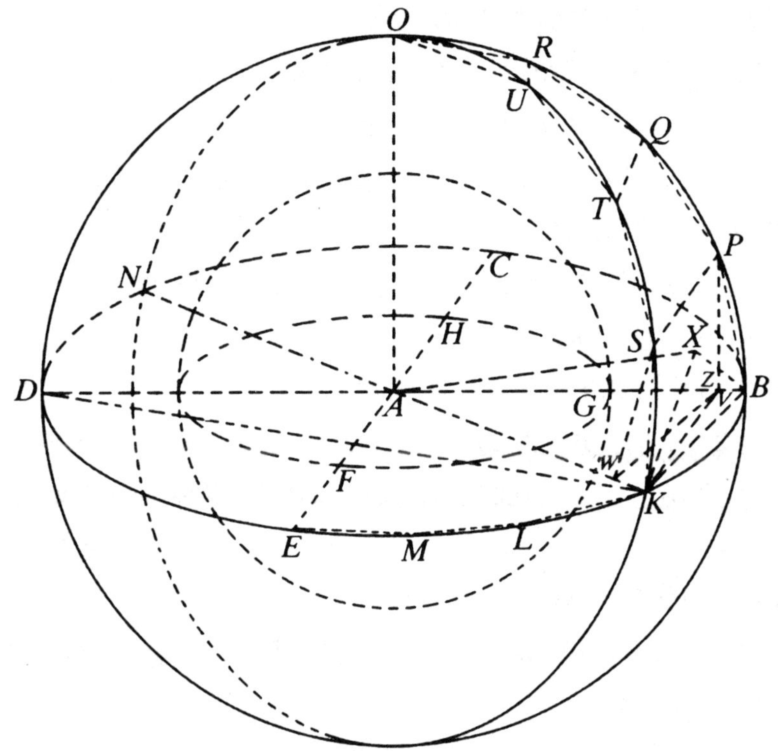

设：*BCDE* 是大球内的一个圆，并且 *FGH* 是小球内的一个圆。

设：在它们中有成直角的两条直径 *BD*、*CE*。

那么：给定的圆 *BCDE*、*FGH* 是同心圆。在大圆 *BCDE* 中有一个内接偶数条边的等边多边形，它和小圆 *EGH* 不相切。

设：*BK*、*KL*、*LM*、*ME* 是象限 *BE* 内的边，

连接 *KA* 延长至 *N*。

从点 *A* 作直线 *AO* 与圆 *BCDE* 所在的平面成直角，交球面于点 *O*。

过 *AO* 与直径 *BD*、*KN* 作平面，它们和球面截出最大圆。这是符合实际的。

设：已经作出它们，并且 *BOD*、*KON* 是 *BD*、*KN* 上的半圆。

因为：*OA* 和圆 *BCDE* 所在的平面成直角，

因此：经过 *OA* 的平面都和圆 *BCDE* 所在的平面成直角， [XI. 18]

所以：半圆 *BOD*、*KON* 也和圆 *BCDE* 所在的平面成直角。

因为：它们在相等的直径 *BD*、*KN* 上，

所以：半圆 *BED*、*BOD*、*KON* 是相等的，

因此：象限 *BE*、*BO*、*KO* 也彼此相等，

那么：在象限 *BO*、*KO* 上有多少条弦等于弦 *BK*、*KL*、*LM*、*ME*，就在象限 *BE* 上有多边形的多少条边。

设：它们是内接的，为 *BP*、*PQ*、*QR*、*RO* 以及 *KS*、*ST*、*TU*、*UO*。

连接 *SP*、*TQ*、*UR*，

由 *P*、*S* 作圆 *BCDE* 所在的平面的垂线， [XI. 11]

它们交平面的公共交线 *BD*、*KN* 上。

因为：*BOD*、*KON* 所在的平面与圆 *BCDE* 所在的平面成直角，

[参见 XI. 定义 4]

设：它们是 *PV*、*SW*，连接 *WV*，

因为：在相等的半圆 *BOD*、*KON* 内已经截出了相等的弦 *BP*、*KS*，已经作出垂线 *PV*、*SW*，

因此：*PV* 等于 *SW*，而 *BV* 等于 *KW*。 [III. 27，I. 26]

因为：整体 *BA* 等于整体 *KA*，

因此：余下的 *VA* 等于余下的 *WA*，

因此：*BV* 比 *VA* 如同 *KW* 比 *WA*，

所以：*WV* 平行于 *KB*。 [VI. 2]

因为：线段 *PV*、*SW* 每条都与圆 *BCDE* 所在平面成直角，

因此：*PV* 和 *SW* 平行。 [XI. 6]

又因，已经证明：*WV* 与 *SP* 也是相等的。

因此：*WV*、*SP* 既相等又平行。 [I. 33]

因为：*WV* 平行于 *SP*，

且 *WV* 平行于 *KB*，

因此：*SP* 也平行于 *KB*。 [XI. 9]

接下来，连接 *BP*、*KS* 的端点，

那么：四边形 *KBPS* 在同一平面上，

因为：假如两条直线是平行的，在它们每一条上任意取点，连接这些点的线与该二平行线在同一平面上，[XI. 7]

同理：四边形 *SPQT*、*TQRU* 的每一个都在同一平面上，

因为：三角形 *URO* 也在同一平面上，[XI. 2]

设：由点 *P*、*S*、*Q*、*T*、*R*、*U* 到 *A* 连接直线，作出在弧 *BO*、*KO* 之间的一个多面体，包含了四边形 *KBPS*、*SPQT*、*TQRU* 以及三角形 *URO* 为底且以 *A* 为顶点的棱锥，

设：在边 *KL*、*LM*、*ME* 的每一个上像在 *BK* 上一样给出同样的作图，

更进一步在其余三个象限内也给出同样的作图，

因此：得到一个由棱锥构成的内接于球的多面体，是由前述的四边形和三角形 *URO* 以及它们对应的其他一些四边形和三角形为底且以 *A* 为顶点的棱锥构成，

那么可以说：前面所说的多面体不切于由圆 *FGH* 生成的球面。

设：*A*X 是由点 *A* 所作的四边形 *KBPS* 所在平面的垂线，与平面交于点 X，[XI. 11]

连接 X*B*、X*K*，

那么：*A*X 与四边形 *KBPS* 所在平面成直角，

由此：它也和四边形所在平面上所有和它相交的直线成直角，

[XI. 定义 3]

因此：*A*X 和直线 *B*X、X*K* 的每一条成直角。

因为：*AB* 等于 *AK*、*AB* 上的正方形等于 *AK* 上的正方形，

并且：*A*X、X*B* 上的正方形的和等于 *AB* 上的正方形，这是因为 X 处的是直角，[I. 47]

所以：*A*X、X*K* 上的正方形的和等于 *AK* 上的正方形，

因此：*A*X、X*B* 上的正方形的和等于 *A*X、X*K* 上的正方形的和。

设：从它们中各减去 *A*X 上的正方形，

那么：余下的 *B*X 上的正方形等于余下的 X*K* 上的正方形，

因此：*B*X 等于 X*K*。

同理可证：X 到 P、S 连接的线段等于线段 BX、XK 的每一个，

所以：以 X 为圆心，并以 XB 或 XK 为距离的圆通过 P、S，且 $KBPS$ 是圆内接四边形。

因为：KB 大于 WV，且 WV 等于 SP，

因此：KB 大于 SP。

因为：KB 等于线段 KS 及 BP 的每一个，

因此：线段 KS、BP 的每一个大于 SP，

因为：$KBPS$ 是圆内的四边形，并且 KB、BP、KS 相等，又 PS 小于它们，BX 是圆的半径，

所以：KB 上的正方形大于 BX 上的正方形的二倍。

设：从 K 作 KZ 垂直于 BV，

那么：BD 小于 DZ 的二倍。

因为：BD 比 DZ 如同矩形 DB、BZ 比矩形 DZ、ZB，

设：在 BZ 上作一个正方形，把 ZD 上的平行四边形画出来，

那么：矩形 DB、BZ 小于矩形 DZ、ZB 的二倍。

设：连接 KD，矩形 DB、BZ 等于 BK 上的正方形，矩形 DZ、ZB 等于 KZ 上的正方形， [III. 31，VI. 8，推论]

所以：KB 上的正方形小于 KZ 上的正方形的二倍。

因为：KB 上的正方形大于 BX 上的正方形的二倍，

因此：KZ 上的正方形大于 BX 上的正方形。

因为：BA 等于 KA，而 BA 上的正方形等于 AK 上的正方形，

因为：BX、XA 上的正方形的和等于 BA 上的正方形，并且 KZ、ZA 上的正方形的和等于 KA 上的正方形， [I. 47]

所以：BX、XA 上的正方形的和等于 KZ、ZA 上的正方形的和，并且其中 KZ 上的正方形大于 BX 上的正方形，

因此：余下的 ZA 上的正方形小于 XA 上的正方形，

因此：AX 大于 AZ，

所以：AX 更大于 AG。

因为：*AX* 是多面体一个底上的垂线，*AG* 在小球的球面上，从而多面体与小球的球面不相切，

所以：对已知二同心球作了一个多面体，内接于大球面而不与小球的球面相切。

作完。

推论　假如另外一个球的内接多面体相似于球 BCDE 的内接多面体。那么，球 BCDE 的内接多面体比另一球的内接多面体如同球 BCDE 的直径与另一球的直径的三次比。

因为：这两个立体按顺序可分成同样个数的相似的棱锥，

又因：相似棱锥之比如同对应边的三次比，　[XII. 8，推论]

因此：以四边形 *KBPS* 为底且以 *A* 为顶点的棱锥与另一球内按顺序相似的棱锥之比如同对应边与对应边的三次比。也就是，以 *A* 为心的球的半径与另一球的半径的三次比。

同理：在以 *A* 为心的球中的每个棱锥比另一球中按顺序相似的棱锥如同 *AB* 与另一球的半径的三次比。

因为：前项之一比后项之一等于所有前项之和比所有后项之和，

[V. 12]

因此：在以 *A* 为心的球内的整体多面体比另一球内的整体多面体如同 *AB* 与另一球半径的三次比，

也就是直径 *BD* 与另一球直径的三次比。

证完。

命题 18

…

球与球的比如同它们直径的三次比。

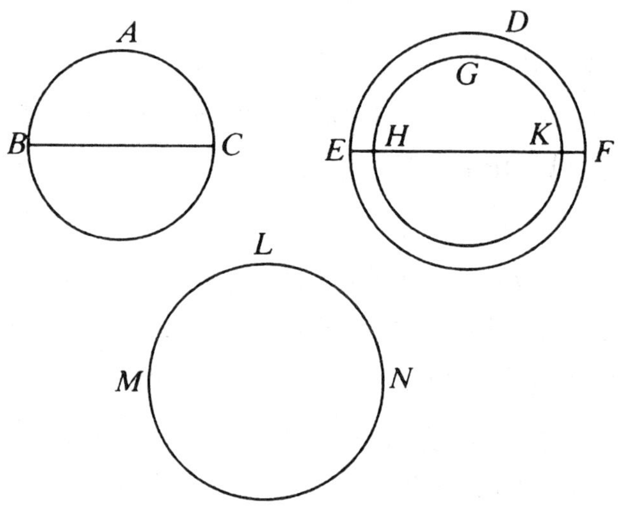

设：所论的两球为 *ABC*、*DEF*，且 *BC*、*EF* 为它们的直径。

那么可以说：球 *ABC* 比球 *DEF* 如同 *BC* 比 *EF* 的三次比。

设：球 *ABC* 比球 *DEF* 不同于 *BC* 与 *EF* 的三次比，那么球 *ABC* 比某一个小于或大于球 *DEF* 的球如同 *BC* 与 *EF* 的三次比。

设：等于此比的是一个小球 *GHK*，球 *DEF* 与球 *GHK* 同心，

在大球 *DEF* 内有一个内接多面体，它与小球 *GHK* 不相切， [XII. 17]

在球 *ABC* 内有一个内接多面体相似于球 *DEF* 内的内接多面体，

因此：*ABC* 中多面体比 *DEF* 中的多面体如同 *BC* 与 *EF* 的三次比。

[XII. 17，推论]

因为：球 *ABC* 比球 *GHK* 也如同 *BC* 与 *EF* 的三次比，

所以：球 *ABC* 比球 *GHK* 如同在球 *ABC* 中的多面体比球 *DEF* 中的多面体，

由更比：球 *ABC* 比它中的多面体如同球 *GHK* 比球 *DEF* 中的多面体。

[V. 16]

因为：球 *ABC* 大于它中的多面体，

因此：球 *GHK* 大于球 *DEF* 中的多面体。

因为：它被 *DEF* 中的多面体包含着，

所以：它小于球 *DEF* 中的多面体，

所以：球 *ABC* 与一个小于球 *DEF* 的球之比不同于直径 *BC* 与直径 *EF* 的三次比。

同理可证：球 *DEF* 与一个小于球 *ABC* 的球之比也不同于 *EF* 与 *BC* 的三次比。

接下来可以证明：*ABC* 与一个大于球 *DEF* 的球之比不同于 *BC* 与 *EF* 的三次比。

设：如果相同，能有这个比的一个大球为 *LMN*，

由反比：球 *LMN* 与球 *ABC* 之比如同直径 *EF* 与 *BC* 的三次比。

因为：*LMN* 大于 *DEF*，

所以：球 *LMN* 比球 *ABC* 如同球 *DEF* 比某一个小于球 *ABC* 的球，

前面已证明过，　[XII. 2，引理]

因此：球 *DEF* 也与一个小于球 *ABC* 的球之比如同 *EF* 与 *BC* 的三次比。

已经证明：这是不符合实际的，

所以：球 *ABC* 与一个大于球 *DEF* 的球之比不同于 *BC* 与 *EF* 的三次比。

已经证明：球 *ABC* 与小于球 *DEF* 的球之比也不同于 *BC* 与 *EF* 的三次比，

因此：球 *ABC* 比球 *DEF* 如同 *BC* 与 *EF* 的三次比。

证完。

卷 XIII

命题

命题 1

…

假如把一线段分为中外比，那么大线段与原线段一半的和上的正方形等于原线段一半上的正方形的五倍。

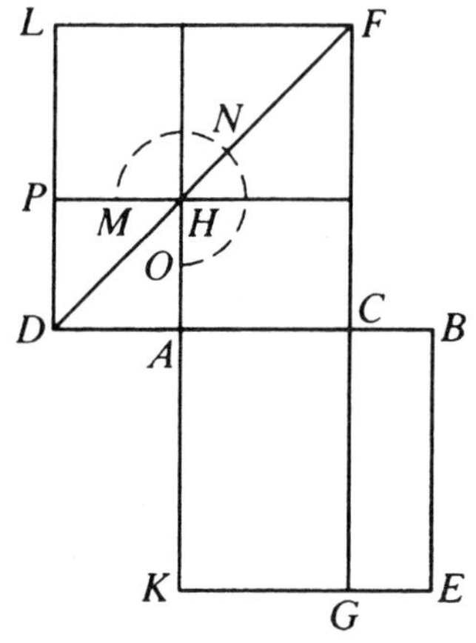

设：线段 *AB* 被点 *C* 分为中外比，并且 *AB* 是较大线段。延长 *CA* 到 *D*，使 *AD* 等于 *AB* 的一半。

那么可以说：*CD* 上的正方形是 *AD* 上的正方形的五倍。

设：在 *AB*、*DC* 上作正方形 *AE*、*DF*，

在 *DF* 上的图形已经作成，并且 *FC* 经过点 *G*。

因为：点 *C* 分 *AB* 为中外比，

所以：矩形 *AB*、*BC* 等于 *AC* 上的正方形。 [VI. 定义 3，VI. 17]

因为：*CE* 是矩形 *AB*、*BC*，并且 *FH* 是 *AC* 上的正方形，

因此：*CE* 等于 *FH*。

因为：*BA* 是 *AD* 的二倍，

并且 *BA* 等于 *KA*，而 *AD* 等于 *AH*，

因此：*KA* 也是 *AH* 的二倍。

因为：*KA* 比 *AH* 如同 *CK* 比 *CH*， [VI. 1]

所以：*CK* 是 *CH* 的二倍。

因为：*LH*、*HC* 的和也是 *CH* 的二倍，

因此：*KC* 等于 *LH*、*HC* 的和。

又因，已经证明：*CE* 等于 *HF*，

因此：整体正方形 *AE* 等于拐尺形 *MNO*。

因为：*BA* 是 *AD* 的二倍，

BA 上的正方形是 *AD* 上的正方形的四倍，

也就是 *AE* 是 *DH* 的四倍，

并且 *AE* 等于拐尺形 *MNO*，

所以：拐尺形 *MNO* 等于 *AP* 的四倍，

因此：整体 *DF* 等于 *AP* 的五倍。

因为：*DF* 是 *DC* 上的正方形，*AP* 是 *DA* 上的正方形，

因此：*CD* 上的正方形是 *DA* 上的正方形的五倍。

证完。

命题 2

…

假如一线段上的正方形是它的部分线段上的正方形的五倍，那么，当这部分线段的二倍被分为中外比时，它较长线段是原来线段的所余部分。

设：线段 *AB* 上的正方形是它的部分线段 *AC* 上的正方形的五倍，*CD* 是 *AC* 的二倍。

那么可以说：*CD* 被分为中外比时，大线段是 *CB*。

设：*AF*、*CG* 分别是 *AB*、*CD* 上的正方形，

而在 *AF* 中的图形已经作出，画出 *BE*。

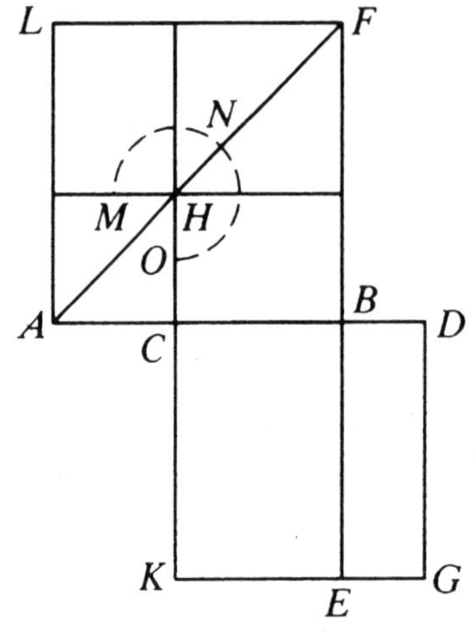

因为：BA 上的正方形是 AC 上的正方形的五倍，AF 是 AH 的五倍，

因此：拐尺形 MNO 是 AH 的四倍。

因为：DC 是 CA 的二倍，

所以：DC 上的正方形是 CA 上的正方形的四倍，也就是 CG 是 AH 的四倍。

因为：已经证明了拐尺形 MNO 是 AH 的四倍，

因此：拐尺形 MNO 等于 CG。

因为：DC 是 CA 的二倍，且 DC 等于 CK，而 AC 等于 CH，

因此：KB 也是 BH 的二倍。 [VI. 1]

因为：LH、HB 的和也是 HB 的二倍，

所以：KB 等于 LH、HB 的和，

又因，已经证明：整体拐尺形 MNO 等于整体 CG，

因此：余量 HF 等于 BG，

因为：BG 是矩形 CD、DB，

并且 CD 等于 DG，并且 HF 是 CB 上的正方形，

因此：矩形 CD、DB 等于 CB 上的正方形，

所以：DC 比 CB 如同 CB 比 BD。

因为：DC 大于 CB，

因此：CB 大于 BD，

所以：当线段 CD 被分为中外比时，CB 是较大的部分。

证完。

引理

…

在如上命题中，证明 AC 的二倍大于 BC。

倘若不是这样，但如果可能，设：BC 是 CA 的二倍，

因此：BC 上的正方形是 CA 上的正方形的四倍，

所以：BC、CA 上的正方形的和是 CA 上的正方形的五倍。

又因，根据假设：BA 上的正方形也是 CA 上的正方形的五倍，

因此：BA 上的正方形等于 BC、CA 上的正方形的和，

这是不符合实际的， [II. 4]

因此：CB 不等于 AC 的二倍。

同理可证：线段 CA 的二倍不小于 CB，

这是不符合实际的，

所以：AC 的二倍大于 CB。

证完。

命题 3

…

假如将一线段分成中外比，那么小线段与大线段一半的和上的正方形是大线段一半上的正方形的五倍。

设：点 C 分一线段 AB 成中外比，其中 AC 是较大的一段，而 D 平分 AC。

那么可以说：BD 上的正方形是 DC 上的正方形的五倍。

设：正方形 AE 是作在 AB 上的，并已经作出此图形。

因为：AC 是 DC 的二倍，

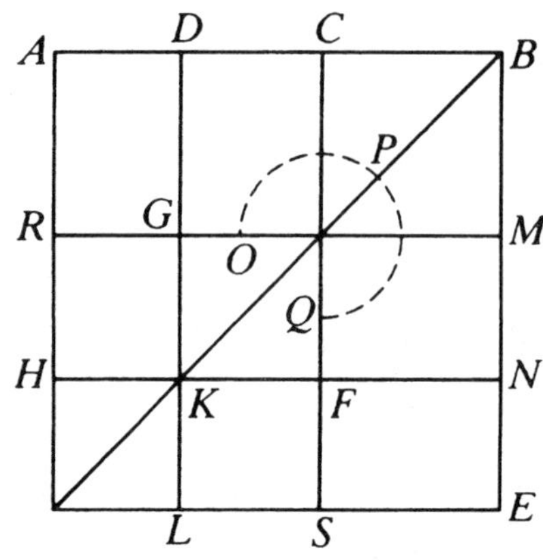

因此：AC 上的正方形是 DC 上的正方形的四倍，

也就是 RS 是 FG 的四倍。

因为：矩形 AB、BC 等于 AC 上的正方形，并且 CE 是矩形 AB、BC，

因此：CE 等于 RS。

因为：RS 是 FG 的四倍，

因此：CE 也是 FG 的四倍。

因为：AD 等于 DC，且 HK 等于 KF，

所以：正方形 GF 等于正方形 HL，

因此：GK 等于 KL，也就是 MN 等于 NE，

所以：MF 等于 FE。

因为：MF 等于 CG，

所以：CG 等于 FE。

设：将 CN 加在以上两边，

因此：拐尺形 OPQ 等于 CE。

又因，已经证明：CE 是 GF 的四倍，

所以：拐尺形 OPQ 也是正方形 FG 的四倍，

因此：拐尺形 OPQ 与正方形 FG 的和是 FG 的五倍。

因为：拐尺形 OPQ 与正方形 FG 的和是正方形 DN，

并且 DN 是 DB 上的正方形，GF 是 DC 上的正方形，

因此：DB 上的正方形是 DC 上的正方形的五倍。

证完。

命题4

…

假如一条线段被分为中外比，那么整体线段上的正方形与小线段上的正方形的和是大线段上的正方形的三倍。

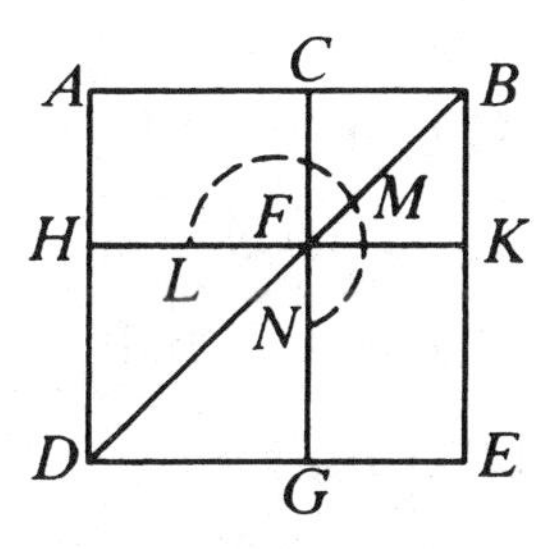

设：点C将线段AB分为中外比，其中AC是大线段，

那么可以说：AB、BC上的正方形的和是CA上的正方形的三倍。

设：AB上的正方形是ADEB，并且图形已作成。

因为：AB被C分成中外比，并且AC是大线段，

因此：AB、BC等于AC上的正方形。　[VI. 定义3，VI. 17]

因为：AK是矩形AB、BC，并且HG是AC上的正方形，

因此：AK等于HG。

因为：AF等于FE，

将CK加在以上两边，

那么：整体AK等于整体CE，

所以：AK、CE的和是AK的二倍。

又因：AK、CE的和是拐尺形LMN与正方形CK的和，

因此：拐尺形LMN与正方形CK的和是AK的二倍。

又因，已经证明：AK等于HG，

所以：拐尺形LMN与正方形CK、HG的和是正方形HG的三倍。

因为：拐尺形LMN与正方形CK、HG的和是整体正方形AE与CK的和，

也就是AB、BC上的正方形的和，并且HG是AC上的正方形，

因此：AB、BC上的正方形的和是AC上正方形的三倍。

证完。

命题 5

…

假如一线段被分为中外比，并且在此线段上加一条等于大线段的线段，那么整体线段被分为中外比，并且原线段是较大的线段。

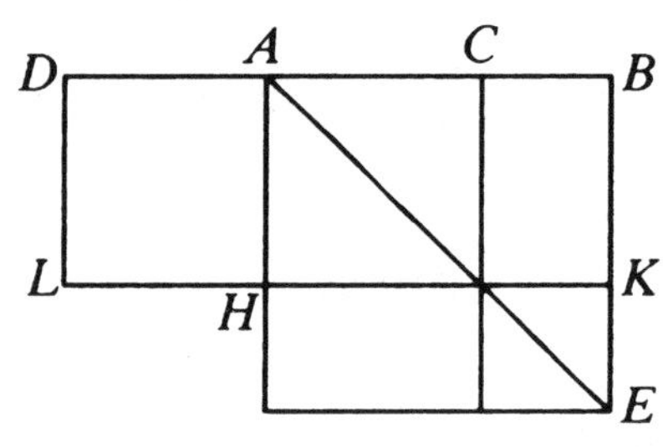

设：线段 *AB* 被 *C* 分为中外比，并且 *AC* 是大的线段，且 *AD* 等于 *AC*。

那么可以说：*DB* 被 *A* 分为中外比，原线段 *AB* 是较大的线段。

设：作在 *AB* 上的正方形是 *AE*，且此图已经作成。

因为：*AB* 被 *C* 分为中外比，

因此：矩形 *AB*、*BC* 等于 *AC* 上的正方形。 [VI. 定义 3，VI. 17]

因为：*CE* 是矩形 *AB*、*BC*，并且 *CH* 是 *AC* 上的正方形，

所以：*CE* 等于 *HC*。

因为：*HE* 等于 *CE*，并且 *DH* 等于 *HC*，

因此：*DH* 等于 *HE*，

因此：整体 *DK* 等于整体 *AE*。

又因：*AD* 等于 *DL*，并且 *AE* 是 *AB* 上的正方形，

所以：*DK* 是矩形 *BD*、*DA*，

因此：矩形 *BD*、*DA* 等于 *AB* 上的正方形，

因此：*DB* 比 *BA* 如同 *BA* 比 *AD*。 [VI. 17]

因为：*DB* 大于 *BA*，

所以：*BA* 大于 *AD*， [V. 14]

因此：*DB* 被点 *A* 分成中外比，并且 *AB* 是较大线段。

证完。

命题6

• • •

假如一条有理线段被分成中外比，那么两部分线段的每一条线段是被称作余线的无理线段。

设：C 把有理线段 AB 分成中外比，其中 AC 是较大的一段，

那么可以说：线段 AC、CB 是被称为余线的无理线段。

设：延长 BA，使 AD 等于 BA 的一半。

因为：线段 AB 被分为中外比，把 AB 的一半 AD 加到大线段 AC 上，

因此：CD 上的正方形是 DA 上的正方形的五倍。 [XIII. 1]

因此：CD 上的正方形与 DA 上的正方形之比是一个数与另一个数的比，

所以：CD 上的正方形与 DA 上的正方形是可公度的。 [X. 6]

又因：DA 上的正方形是有理的，

并且：DA 是有理的，AB 的一半是有理的，

因此：CD 上的正方形也是有理的， [X. 定义 4]

所以：CD 也是有理的。

因为：CD 上的正方形比 DA 上的正方形不同于一个平方数与另一个平方数之比，

所以：CD 与 DA 是长度不可公度的， [X. 9]

因此：CD、DA 是仅正方可公度的有理线段，

因此：AC 是一条余线。 [X. 73]

因为：AB 被分为中外比，并且 AC 是大线段，

所以：矩形 AB、BC 等于 AC 上的正方形， [VI. 定义 3，VI. 17]

因此：余线 AC 上的正方形，倘若贴合在有理线段 AB 上，会产生

BC 为宽。

设：在有理线段上作一个矩形等于一条余线上的正方形，它的另一边是第一余线，[X. 97]

所以：CB 是第一余线，并且已经证明 CA 也是一条余线。

证完。

命题 7

…

假如一个等边五边形有三个相邻或不相邻的角相等，那么它是等角五边形。

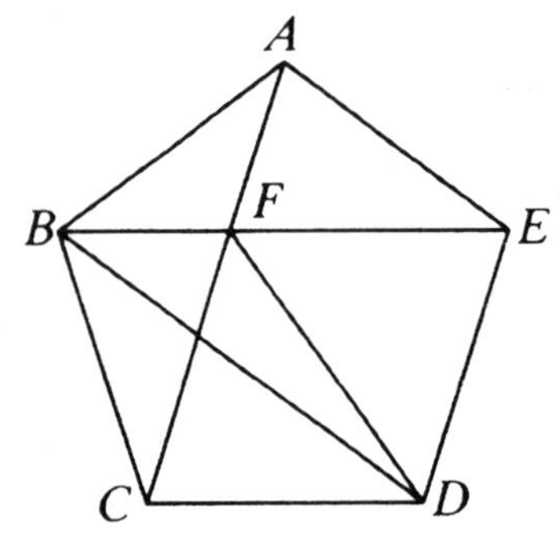

设：在等边五边形 ABCDE 中有相邻的三个角 A、B、C 彼此相等。

那么可以说：五边形 ABCDE 是等角的，

连接 AC、BE、FD。

因为：两边 CB、BA 分别等于两边 AB、AE，

并且角 CBA 等于角 BAE，

因此：底 AC 等于底 BE，三角形 ABC 全等于三角形 ABE，并且其余的角等于其余的角，它们都对着等边的角，[I. 4]

也就是，角 BCA 等于角 BEA，角 ABE 等于角 CAB，

因此：边 AF 等于边 BF。

又因，已经证明：整体 AC 等于整体 BE，

所以：其余的 FC 等于其余的 FE。

因为：CD 等于 DE，

因此：两边 *FC*、*CD* 等于两边 *FE*、*ED*，并且底 *FD* 是公共的，

因此：角 *FCD* 等于角 *FED*。 [I. 8]

又因，已经证明：角 *BCA* 等于角 *AEB*，

因此：整体角 *BCD* 等于整体角 *AED*。

根据假设：角 *BCD* 等于在 *A*、*B* 处的角，

因此：角 *AED* 等于在 *A*、*B* 处的角。

同理可证：角 *CDE* 等于在 *A*、*B*、*C* 处的角，

因此：五边形 *ABCDE* 是等角的。

又设：已知等角不是相邻的，也就是在 *A*、*C*、*D* 处的角是等角，

那么可以说：在这种情况下五边形 *ABCDE* 也是等角的。

连接 *BD*。

因为：两边 *BA*、*AE* 等于两边 *BC*、*CD*，它们夹着等角，

因此：底 *BE* 等于底 *BD*，三角形 *ABE* 全等于三角形 *BCD*，并且其余的角等于其余的角，

也就是等边所对的角， [I. 4]

因此：角 *AEB* 等于角 *CDB*。

因为：角 *BED* 等于角 *BDE*，

并且边 *BE* 等于边 *BD*。 [I. 5]

因此：整体角 *AED* 等于整体角 *CDE*。

根据假设：角 *CDE* 等于在 *A*、*C* 处的角，

因此：角 *AED* 等于在 *A*、*C* 处的角。

同理：角 *ABC* 等于在 *A*、*C*、*D* 处的角，

因此：五边形 *ABCDE* 是等角的。

证完。

命题 8

…

假如在一个等边且等角的五边形中，用线段顺次连接相对两角，那么连线交成中外比，并且大线段等于五边形的边。

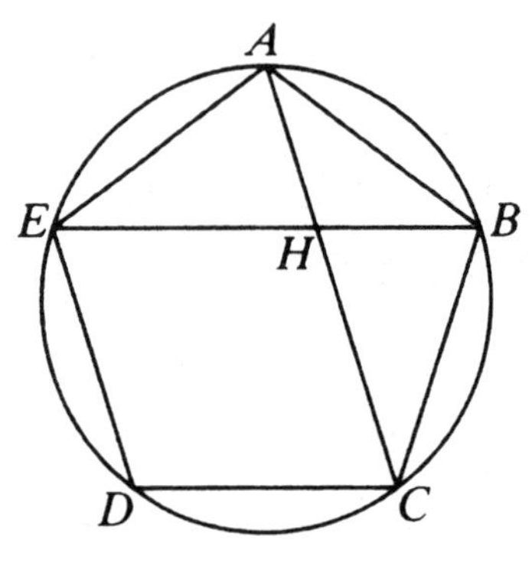

设：在等边且等角的五边形 *ABCDE* 中，在 *A*、*B* 处的角按顺序作对角线 *AC*、*BE* 交于点 *H*。

那么可以说：两线段的每一条都被点 *H* 分为中外比，并且每条的大线段等于五边形的边。

设：圆 *ABCDE* 外接于五边形 *ABCDE*。 [IV. 14]

因为：两线段 *EA*、*AB* 等于两线段 *AB*、*BC*，它们所夹的角相等，

因此：底 *BE* 等于底 *AC*，

所以：三角形 *ABE* 全等于三角形 *ABC*，其余的角也分别等于其余的角，也就是等边所对的角， [I. 4]

所以：角 *BAC* 等于角 *ABE*，角 *AHE* 是角 *BAH* 的二倍。 [I. 32]

因为：弧 *EDC* 是弧 *CB* 的二倍，

因此：角 *EAC* 是角 *BAC* 的二倍， [III. 28，VI. 33]

所以：角 *HAE* 等于角 *AHE*，

因此：线段 *HE* 等于 *EA*，也就是 *AB*。 [I. 6]

因为：线段 *BA* 等于 *AE*，角 *ABE* 等于角 *AEB*， [I. 5]

又因，已经证明：角 *ABE* 等于角 *BAH*，

因此：角 *BEA* 等于角 *BAH*。

因为：角 *ABE* 是三角形 *ABE* 与三角形 *ABH* 的公共角，

因此：其余的角 *BAE* 等于其余的角 *AHB*， [I. 32]

因此：三角形 *ABE* 与三角形 *ABH* 是等角的，

所以，有比例：*EB* 比 *BA* 如同 *AB* 比 *BH*。 [VI. 4]

又因：*BA* 等于 *EH*，

因此：*BE* 比 *EH* 如同 *EH* 比 *HB*。

因为：*BE* 大于 *EH*，

因此：*EH* 大于 *HB*， [V. 14]

所以：*BE* 被 *H* 分为中外比，其大线段 *HE* 等于五边形的边。

同理可证：*AC* 被点 *H* 分为中外比，它的大线段 *CH* 等于五边形的边。

证完。

命题 9

…

假如在同圆内把内接正六边形的一边与内接正十边形的一边加在一起，那么可将此两边的和分成中外比，并且它的大线段是正六边形的一边。

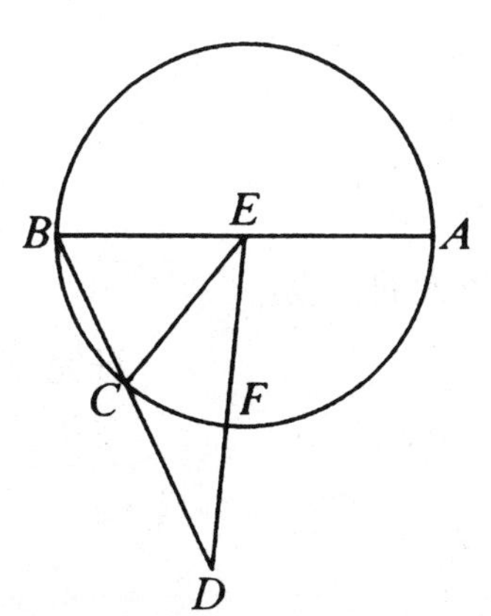

设：已知圆 *ABC*，而 *BC* 是内接于圆 *ABC* 的正十边形的边，*CD* 是内接正六边形的边，

假设它们在同一直线上。

那么可以说：分 *BD* 成中外比，*CD* 是它的较大线段。

设：圆心为 *E*，连接 *EB*、*EC*、*ED*，

延长 *BE* 到 *A*。

因为：*BC* 是等边十边形的边，

所以：弧 *ACB* 是五倍的弧 *BC*，

因此：弧 *AC* 是四倍的弧 *CB*。

因为：弧 *AC* 比弧 *BC* 如同角 *AEC* 比角 *CEB*，[VI. 33]

因此：角 *AEC* 是角 *ECB* 的四倍。

因为：角 *EBC* 等于角 *ECB*，[I. 5]

所以：角 *AEC* 是角 *ECB* 的二倍。[I. 32]

因为：线段 *EC* 等于 *CD*，

并且它们都等于圆 *ABC* 中内接正六边形的一边，[IV. 15，推论]

且角 *CED* 等于角 *CDE*。[I. 5]

所以：角 *ECB* 是角 *EDC* 的二倍。[I. 32]

又因，已经证明：角 *AEC* 是角 *ECB* 的二倍，

因此：角 *AEC* 是 *EDC* 的四倍。

又因，已经证明：角 *AEC* 是角 *BEC* 的四倍，

因此：角 *EDC* 等于角 *BEC*。

因为：角 *EBD* 是两个三角形 *BEC* 和 *BED* 的公共角，

所以：其余的角 *BED* 等于其余的角 *ECB*，[I. 32]

因此：三角形 *EBD* 和三角形 *EBC* 的各角相等，

因此，有比例: *DB* 比 *BE* 如同 *EB* 比 *BC*。[VI. 4]

又因: *EB* 等于 *CD*，

所以: *BD* 比 *DC* 如同 *DC* 比 *CB*，

并且 *BD* 大于 *DC*，

因此: *DC* 大于 *CB*，

所以：线段 *BD* 被分成中外比，并且 *DC* 是较大的一段。

证完。

命题 10

…

假如有一个内接于圆的等边五边形，那么其中一个边上的正方形等于同圆的内接六边形一边上的正方形与内接十边形一边上的正方形的和。

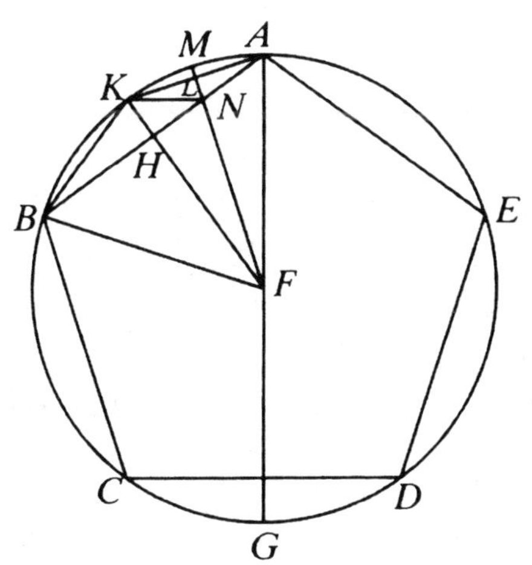

设：等边五边形 *ABCDE* 内接于圆 *ABCDE* 中。

那么可以说：五边形 *ABCDE* 一边上的正方形等于内接于圆 *ABCDE* 的正六边形一边上的正方形与十字形一边上的正方形的和。

设：*F* 为圆心，

连接 *AF* 并延长至点 *G*，连接 *FB*。

从 *F* 作直线 *FH* 垂直于 *AB*，并且交圆于 *K*。

连接 *AK*、*KB*。

再从 *F* 作直线 *FL* 垂直于 *AK*，并且交圆于 *M*，连接 *KN*。

因为：弧 *ABCG* 等于弧 *AEDG*，弧 *ABC* 等于 *AED*，

因此：余下的弧 *CG* 等于余下的弧 *GD*。

因为：*CD* 属于五边形，

因此：*CG* 属于十边形。

因为：*FA* 等于 *FB*，并且 *FH* 是垂线，

所以：角 *AFK* 等于角 *KFB*，　[I. 5，I. 26]

因此：弧 *AK* 等于 *KB*，　[III. 26]

因此：弧 *AB* 是弧 *BK* 的二倍，

所以：线段 AK 是十边形的一边。

同理：AK 也是 KM 的二倍。

因为：弧 AB 是弧 BK 的二倍，

且弧 CD 等于弧 AB，

因此：弧 CD 等于弧 BK 的二倍。

因为：弧 CD 等于 CG 的二倍，

因此：弧 CG 等于弧 BK。

因为：KA 是 KM 的二倍，

所以：BK 是 KM 的二倍，

因此：CG 是 KM 的二倍。

因为：弧 CB 等于 BA，

因此：弧 CB 是弧 BK 的二倍，

所以：整体弧 BG 也是 BM 的二倍，

因此：角 GFB 也是角 BFM 的二倍。 [VI. 33]

因为：角 FAB 等于角 ABF，

因此：角 GFB 是角 FAB 的二倍，

因此：角 BFN 等于角 FAB。

因为：角 ABF 是两个三角形 ABF、BFN 的公共角，

所以：其余的角 AFB 等于其余的角 BNF， [I. 32]

因此：三角形 ABF 与三角形 BNF 是等角的，

那么，有比例：线段 AB 比 BF 如同 FB 比 BN， [VI. 4]

因此：矩形 AB、BN 等于 BF 上的正方形。 [VI. 17]

因为：AL 等于 LK，

并且 LN 是公共的且和它们成直角，

所以：底 KN 等于底 AN， [I. 4]

因此：角 LKN 等于角 LAN。

因为：角 LAN 等于角 KBN，

因此：角 LKN 等于角 KBN。

因为：在 A 处的角是两三角形 AKB、AKN 的公共角，

所以：其余的角 AKB 等于其余的角 KNA， [I. 32]

因此：三角形 KBA 与三角形 KNA 是等角的，

那么，有比例：线段 BA 比 AK 如同 KA 比 AN， [VI. 4]

因此：矩形 BA、AN 等于 AK 上的正方形。 [VI. 17]

又因，已经证明：矩形 AB、BN 等于 BF 上的正方形，

因此：矩形 AB、BN 与矩形 BA、AN 的和，也就是 BA 上的正方形 [II. 2]，等于 BF 上的正方形与 AK 上的正方形的和，

并且 BA 是五边形的一边，BF 是六边形的一边， [IV. 15，推论]

以及 AK 是十字形的一边。

证完。

命题 11

…

假如一个等边五边形内接于一个有理直径的圆，那么五边形的边是被称为次线的无理线段。

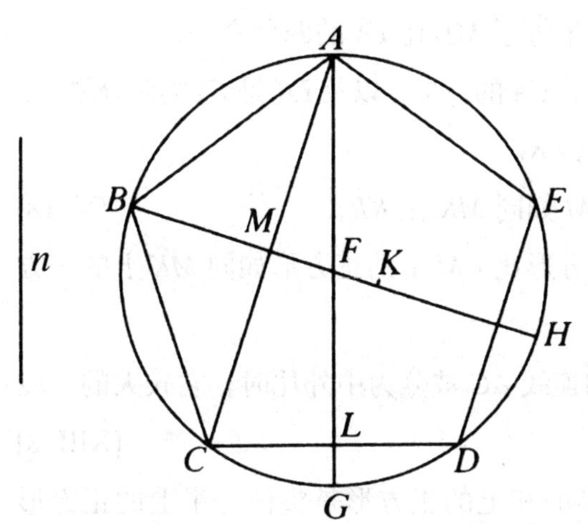

设：圆 ABCDE 的直径是有理的，等边五边形 ABCDE 内接于它。

那么可以说：五边形的边是被称为次线的无理线段。

设：以 F 为圆心，连接 AF、FB，延长至点 G、H，连接 AC。

作 FK 是 AF 的四分之一。

因为：*AF* 是有理的，

所以：*FK* 也是有理的。

因为：*BF* 是有理的，

因此：整体 *BK* 也是有理的，

因为：弧 *ACG* 等于弧 *ADG*，在它们中 *ABC* 等于 *AED*，

因此：其余的 *CG* 等于其余的 *GD*。

连接 *AD*，

那么：在点 *L* 处的角是直角，并且 *CD* 是 *CL* 的二倍。

同理：在 *M* 处的角是直角，并且 *AC* 是 *CM* 的二倍。

因为：角 *ALC* 等于角 *AMF*，

并且角 *LAC* 是两个三角形 *ACL* 与 *AMF* 的公共角，

因此：余下的角 *ACL* 等于余下的角 *MFA*，

因此：三角形 *ACL* 与三角形 *AMF* 是等角的，

因此，有比例：*LC* 比 *CA* 如同 *MF* 比 *FA*。

取定两前项的二倍，

那么：*CL* 的二倍比 *CA* 如同 *MF* 的二倍比 *FA*。

因为：*MF* 的二倍比 *FA* 如同 *MF* 比 *FA* 的一半，

因此：*LC* 的二倍比 *CA* 如同 *MF* 比 *FA* 的一半，

再取定两后项的一半，

那么：*LC* 的二倍比 *CA* 的一半等于 *MF* 比 *FA* 的四分之一，

并且 *DC* 是 *LC* 的二倍，*CM* 是 *CA* 的一半，以及 *FK* 是 *FA* 的四分之一，

因此：*DC* 比 *CM* 如同 *MF* 比 *FK*。

由合比：*DC*、*CM* 的和比 *CM* 如同 *MK* 比 *KF*，　[V. 18]

因此：*DC*、*CM* 的和上的正方形比 *CM* 上的正方形如同 *MK* 上的正方形比 *KF* 上的正方形。

因为：当五边形两相对角的连线 *AC* 被分为中外比时，它较大的一段是五边形的边，也就是 *DC*，　[XIII. 8]

因为：较大一段和整体一半的和上的正方形是整体一半上的正方形

的五倍， [XIII. 1]

并且 *CM* 是整体 *AC* 的一半，

因此：*DC*、*CM* 的和上的正方形是 *CM* 上的正方形的五倍。

又因，已经证明：*DC*、*CM* 的和上的正方形比 *CM* 上的正方形如同 *MK* 上的正方形比 *KF* 上的正方形，

因此：*MK* 上的正方形是 *KF* 上的正方形的五倍。

因为：*KF* 的直径是有理的，

因此：*KF* 上的正方形是有理的，

因此：*MK* 上的正方形也是有理的，

所以：*MK* 是有理的。

因为：*BF* 是 *FK* 的四倍，

因此：*BK* 是五倍的 *KF*，

所以：*BK* 上的正方形是 *KF* 上的正方形的二十五倍，

并且 *MK* 上的正方形是五倍的 *KF* 上的正方形，

那么：*BK* 上的正方形与 *KM* 上的正方形的比不同于平方数比平方数，

所以：*BK* 与 *KM* 是长度不可公度的。 [X. 9]

因为：它们每个都是有理的，

因此：*BK*、*KM* 是仅正方可公度的两条有理线段。

设：从一条有理线段减去一条与它仅正方可公度的有理线段，

那么：它们的差是一条无理线段，也就是一条余线，

因此：*MB* 是一条余线，加在它上面的是 *MK*。 [X. 73]

接下来可以证明：*MB* 也是第四余线。

设：*n* 上的正方形等于 *BK* 上的正方形与 *KM* 上的正方形的差，

因此：*BK* 上的正方形与 *KM* 上的正方形的差等于 *n* 上的正方形。

因为：*KF* 与 *FB* 是可公度的，

由合比：*KB* 与 *FB* 是可公度的， [X. 15]

又因：*BF* 与 *BH* 是可公度的，

因此：*BK* 与 *BH* 是可公度的。 [X. 12]

因为：BK 上的正方形是 KM 上的正方形的五倍，

所以：BK 上的正方形与 KM 上的正方形之比为 5 比 1，

因此，由反比：BK 上的正方形与 n 上的正方形之比为 5 比 4，

[V. 19，推论]

并且这不是平方数比平方数，

因此：BK 与 n 不可公度，[X. 9]

所以：BK 上的正方形与 KM 上的正方形的差正方形的边与 BK 是不可公度的。

因为：整体 BK 上的正方形与所加 KM 上的正方形的差正方形的边与 BK 是不可公度的，

并且整体 BK 与有理线段 BH 是可公度的，

因此：MB 是第四余线。[X. 定义 III. 4]

因为：由有理线段和一条第四余线围成的矩形是无理的，并且它的正方形的边是无理的，并且被称为次线，[X. 94]

又因：AB 上的正方形等于矩形 HB、BM，

当连接 AH 时，三角形 ABH 与三角形 ABM 是等角的，并且 HB 比 BA 如同 AB 比 BM，

因此：五边形的边 AB 是一条被称为次线的无理线段。

证完。

命题 12

…

假如一个等边三角形内接于一个圆，那么三角形一边上的正方形是圆的半径上的正方形的三倍。

设：等边三角形 ABC 内接于圆 ABC。

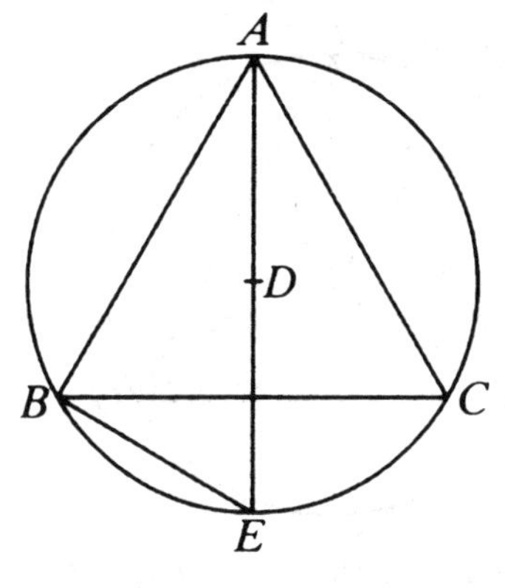

那么可以说：三角形 *ABC* 一边上的正方形是圆半径上的正方形的三倍，

设：*D* 是圆 *ABC* 的圆心，连接 *AD*，延长至点 *E*，连接 *BE*。

因为：三角形 *ABC* 是等边的，

因此：弧 *BEC* 是圆周 *ABC* 的三分之一，

因此：弧 *BE* 是圆周的六分之一，

并且线段 *BE* 属于六边形，

所以：它等于半径 *DE*。 [IV. 15，推论]

因为：*AE* 是 *DE* 的二倍，*AE* 上的正方形是 *ED* 上的正方形的四倍，也就是 *BE* 上的正方形，

又因：*AE* 上的正方形是 *AB*、*BE* 上的正方形的和， [III. 31，I. 47]

因此：*AB*、*BE* 上的正方形的和是 *BE* 上的正方形的四倍，

因此，由分比：*AB* 上的正方形是 *BE* 上的正方形的三倍。

又因：*BE* 等于 *DE*，

所以：*AB* 上的正方形是 *DE* 上的正方形的三倍，

因此：三角形边上的正方形是半径上的正方形的三倍。

证完。

命题 13

…

在已知球内作内接棱锥，并且证明球直径上的正方形是棱锥一边上的正方形的一倍半。

设：已知球的直径为 *AB*，且它被点 *C* 分成 *AC* 和 *CB*，而 *AC* 是 *CB* 的二倍。

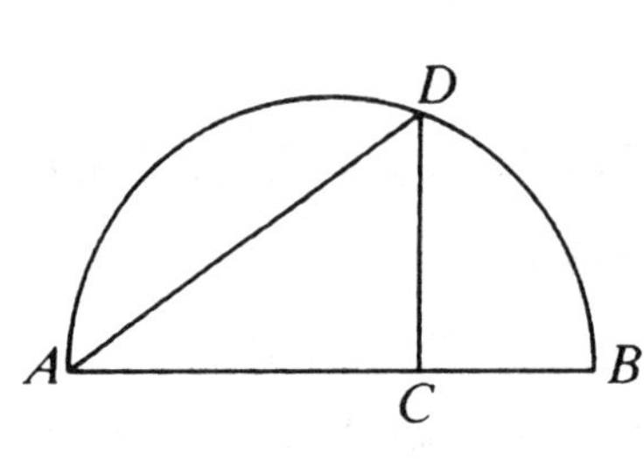

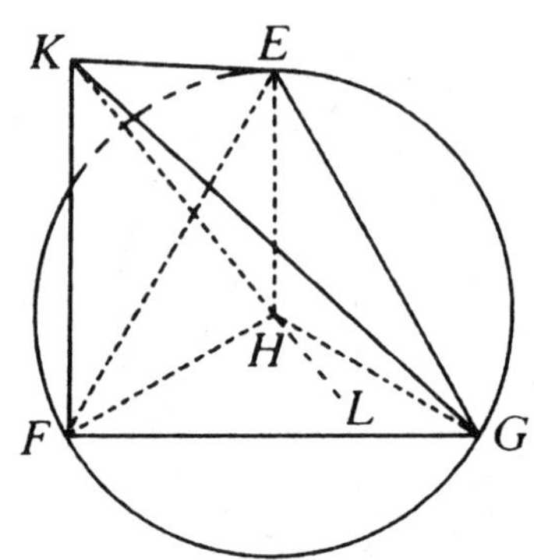

设：*AB* 上的半圆为 *ADB*，从点 *C* 作直线 *CD* 与 *AB* 成直角，连接 *DA*；且圆 *EFG* 的半径等于 *DC*，

等边三角形 *EFG* 内接于圆 *EFG*。 [IV. 2]

已知圆的圆心为 *H*， [III. 1]

连接 *EH*、*HF*、*HG*。

从点 *H* 作 *HK* 与圆 *EFG* 所在的平面成直角。 [XI. 12]

在 *HK* 上截取一段 *HK* 等于线段 *AC*，连接 *KE*、*KF*、*KG*。

因为：*KH* 与圆 *EFG* 所在的平面成直角，

因此：它也和圆 *EFG* 所在的平面上一切与它相交的直线成直角。 [XI. 定义 3]

因为：线段 *HE*、*HF*、*HG* 和它相交，

因此：*HK* 和线段 *HE*、*HF*、*HG* 的每一条都成直角。

因为：*AC* 等于 *HK*，并且 *CD* 等于 *HE*，它们夹着直角，

所以：底 *DA* 等于底 *KE*。 [I. 4]

同理：线段 *KF*、*KG* 等于 *DA*，

因此：三条线段 *KE*、*KF*、*KG* 彼此相等。

因为：*AC* 是 *CB* 的二倍，

因此：*AB* 是 *BC* 的三倍。

因为：*AB* 比 *BC* 如同 *AD* 上的正方形比 *DC* 上的正方形，

所以：*AD* 上的正方形是 *DC* 上的正方形的三倍。

因为：*FE* 上的正方形也是 *EH* 上的正方形的三倍， [XIII. 12]

并且 DC 等于 EH，

因此：DA 等于 EF。

又因，已经证明：DA 等于线段 KE、KF、KG 的每一条，

因此：线段 EF、FG、GE 的每一条等于线段 KE、KF、KG 的每一条，

所以：四个三角形 EFG、KEF、KFG、KEG 是等边的，

因此：由四个等边三角形构成了一个棱锥，三角形 EFG 是它的底并且点 K 是它的顶点。

接下来，要求：它内接于已知球。

并且需要证明，球直径上的正方形是这棱锥一边上的正方形的一倍半。

设：延长直线 KH 成直线 HL，取 HL 等于 CB。

因为：AC 比 CD 如同 CD 比 CB，　[VI. 8，推论]

因为：AC 等于 KH，并且 CD 等于 HE，以及 CB 等于 HL，

因此：KH 比 HE 如同 EH 比 HL，

因此：矩形 KH、HL 等于 EH 上的正方形，　[VI. 17]

并且角 KHE、EHL 的每一个都是直角，

因此：作在 KL 上的半圆也经过 E。　[VI. 8，III. 31]

如果 KL 固定，使半圆由原来位置旋转到开始位置，它也经过点 F、G。

连接 FL、LG。

那么：在 F、G 处的是直角，并且棱锥内接于已知球。

因为：球的直径 KL 等于已知球的直径 AB、KH 等于 AC，并且 HL 等于 CB，

那么，接下来可以证明：球的直径上的正方形是棱锥一边上的正方形的一倍半。

因为：AC 是 BC 的二倍，

因此：AB 是 BC 的三倍，

由反比：BA 是 AC 的一倍半。

因为：BA 比 AC 如同 BA 上的正方形比 AD 上的正方形，

因此：*BA* 上的正方形也是 *AD* 上的正方形的一倍半，

并且 *BA* 是已知球的直径，*AD* 等于棱锥的边，

因此：这个球的直径上的正方形是棱锥边上的正方形的一倍半。

证完。

引理

• • •

证明，AB 比 BC 如同 AD 上的正方形比 DC 上的正方形。

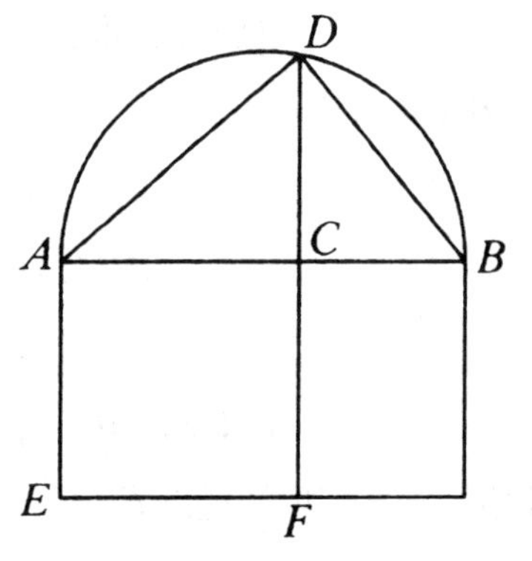

设：半圆已作成，连接 *DB*；

在 *AC* 上作正方形 *EC*，作平行四边形 *FB*。

因为：三角形 *DAB* 与三角形 *DAC* 是等角的，

并且 *BA* 比 *AD* 如同 *DA* 比 *AC*，[VI. 8，VI. 4]

所以：矩形 *BA*、*AC* 等于 *AD* 上的正方形。[VI. 17]

因为：*AB* 比 *BC* 如同 *EB* 比 *BF*，[VI. 1]

并且 *EB* 是矩形 *BA*、*AC*，

因为：*EA* 等于 *AC*，并且 *BF* 是矩形 *AC*、*CB*，

因此：*AB* 比 *BC* 如同矩形 *BA*、*AC* 比矩形 *AC*、*CB*。

因为：矩形 *BA*、*AC* 等于 *AD* 上的正方形，并且矩形 *AC*、*CB* 等于 *DC* 上的正方形，

并且垂线 *DC* 是底的线段 *AC*、*CB* 的比例中项，这是因为角 *ADB* 是直角，[VI. 8，推论]

因此：*AB* 比 *BC* 如同 *AD* 上的正方形比 *DC* 上的正方形。

命题 14

…

如前情况，作一个球的内接八面体，证明球直径上的正方形是八面体一边上的正方形的二倍。

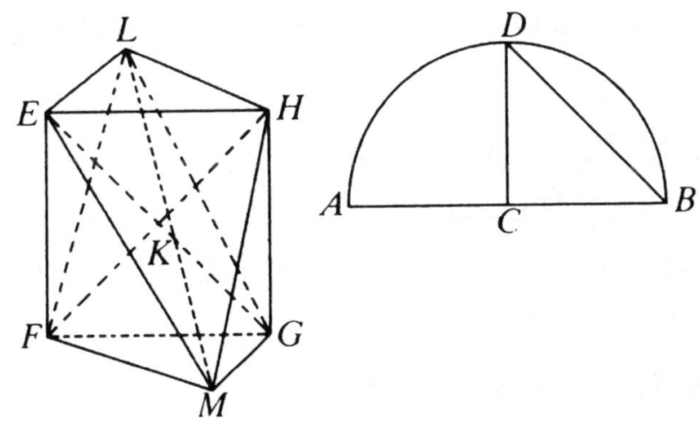

设：已知球的直径为 *AB*，并被二等分于点 *C*；

在 *AB* 上作半圆 *ADB*。

从 *C* 作 *CD* 与 *AB* 成直角，连接 *DB*；

设：正方形 *EFGH* 的每条边等于 *DB*，连接 *HF*、*EG*。

从点 *K* 作直线 *KL* 和正方形 *EFGH* 所在平面成直角。 [XI. 12]

并且使它穿过平面到另一侧，取线段 *KM*。

在直线 *KL*、*KM* 上分别截取 *KL*、*KM* 使它们等于线段 *EK*、*FK*、*GK*、*HK* 的每一条，

连接 *LE*、*LF*、*LG*、*LH*、*ME*、*MF*、*MG*、*MH*。

因为：*KE* 等于 *KH*，并且角 *EKH* 是直角，

因此：*HE* 上的正方形是 *EK* 上的正方形的二倍。 [I. 47]

因为：*LK* 等于 *KE*，且 *LKE* 是直角，

因此：*EL* 上的正方形是 *EK* 上的正方形的二倍。 [I. 47]

又因，已经证明：*HE* 上的正方形是 *EK* 上的正方形的二倍，

因此：*LE* 上的正方形等于 *EH* 上的正方形，

因此：*LE* 等于 *EH*。

同理：*LH* 等于 *HE*，

所以：三角形 *LEH* 是等边的。

同理可证：以正方形 *EFGH* 的边为底且以点 *L*、*M* 为顶点的其余的三角形每一个都是等边的。由此作出由八个等边三角形围成的八面体。

接下来，要求：它内接于已知球，并且证明球直径上的正方形是八面体边上的正方形的二倍。

因为：三条线段 *LK*、*KM*、*KE* 彼此相等，

因此：*LM* 上的半圆也经过 *E*。

同理：倘若固定 *LM*，旋转半圆到原来位置，它也经过点 *F*、*G*、*H*，从而八面体内接于一个球。

接下来证明：它也内接于已知球。

因为：*LK* 等于 *KM*，

KE 是公共的，它们夹着直角，

因此：底 *LE* 等于底 *EM*。 [I. 4]

因为：角 *LEM* 是直角，并且它在半圆上， [III. 31]

因此：*LM* 上的正方形是 *LE* 上的正方形的二倍。 [I. 47]

因为：*AC* 等于 *CB*，求 *AB* 是 *BC* 的二倍，

因为：*AB* 比 *BC* 如同 *AB* 上的正方形比 *BD* 上的正方形，

因此：*AB* 上的正方形是 *BD* 上的正方形的二倍。

又因，已经证明：*LM* 上的正方形是 *LE* 上的正方形的二倍，

并且 *DB* 上的正方形等于 *LE* 上的正方形，这是因为 *EH* 等于 *DB*，

因此：*AB* 上的正方形等于 *LM* 上的正方形，

所以：*AB* 等于 *LM*。

又因：*AB* 是已知球的直径，

因此：*LM* 等于已知球的直径，

所以：在已知球内作了八面体，同时证明了球直径上的正方形是八

面体边上的正方形的二倍。

证完。

命题 15

…

像作棱锥一样，求作一个球的内接立方体，并且证明球直径上的正方形是立方体一边上的正方形的三倍。

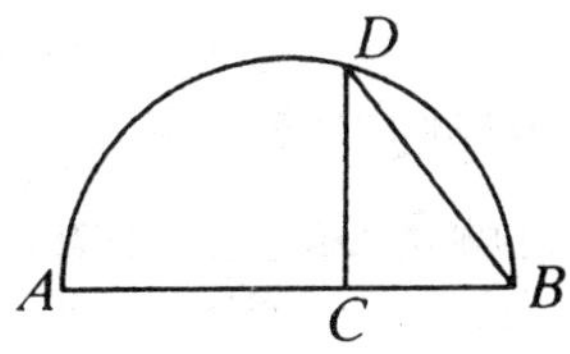

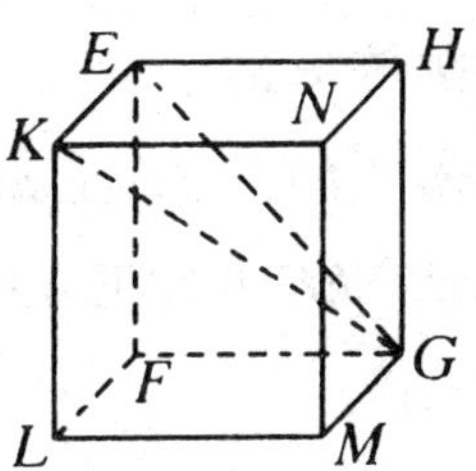

设：已知球的直径是 *AB*，且 *C* 分 *AB*，使 *AC* 是 *CB* 是二倍。

在 *AB* 上作半圆 *ADB*，从 *C* 作 *CD* 与 *AB* 成直角。

连接 *DB*；

设：正方形 *EFGH* 的边等于 *DB*。

从 *E*、*F*、*G*、*H* 作 *EK*、*FL*、*GM*、*HN* 与正方形 *EFGH* 所在的平面成直角。

在 *EK*、*FL*、*GM*、*HN* 上分别截取 *EK*、*FL*、*GM*、*HN* 等于线段 *EF*、*FG*、*GH*、*HE* 的每一条。

连接 *KL*、*LM*、*MN*、*NK*。

由此作了立方体 *FN*，由六个相等的正方形围成。

证明：此立方体内接于已知球，并且球直径上的正方形是此立方体一边上的正方形的三倍。

设：连接 *KG*、*EG*。

因为：*KE* 与平面 *EG* 成直角，

所以：角 *KEG* 是直角，和直线 *EG* 也成直角， [XI. 定义 3]

因此：*KG* 上的半圆也过点 *E*。

因为：*GF* 与 *FL*、*FE* 的每一条都成直角，*GF* 也与平面 *FK* 成直角，

因此：假如 *FK*、*GF* 与 *FK* 成直角，那么在 *GK* 上再作半圆也过 *F*。

同理：它也过立方体其余的顶点。

设：固定 *KG*，使半圆旋转到开始位置，

那么：此立方体内接于一个球。

接下来可以证明：它也内接于已知球。

因为：*GF* 等于 *FE*，并且在 *F* 处的角是直角，

因此：*EG* 上的正方形是 *EF* 上的正方形的二倍。

因为：*EF* 等于 *EK*，

因此：*EG* 上的正方形是 *EK* 上的正方形的二倍，

所以：*GE*、*EK* 上的正方形的和，也就是 *GK* 上的正方形，是 *EK* 上的正方形的三倍。 [I. 47]

因为：*AB* 是 *BC* 的三倍，

并且 *AB* 比 *BC* 如同 *AB* 上的正方形比 *BD* 上的正方形，

因此：*AB* 上的正方形是 *BD* 上的正方形的三倍。

又因，已经证明：*GK* 上的正方形是 *KE* 上的正方形的三倍，

且 *KE* 等于 *DB*，

因此：*KG* 等于 *AB*。

因为：*AB* 是已知球的直径，

因此：*KG* 等于已知球的直径，

因此：给已知球作了内接立方体，同时证明了球直径上的正方形是立方体一边上的正方形的三倍。

证完。

命题 16

…

与前面一样，作一个球的内接二十面体，证明这二十面体的边是被称为次线的无理线段。

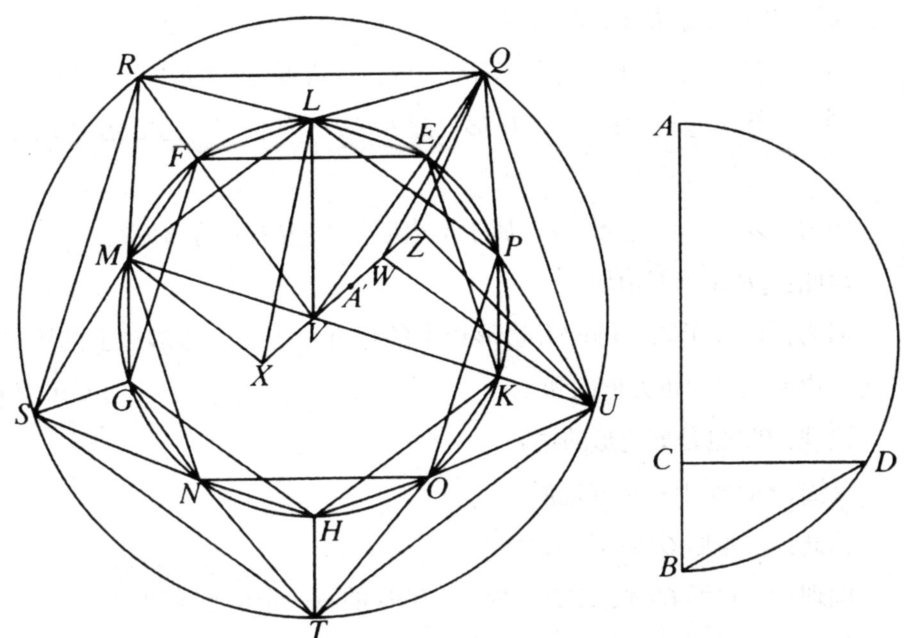

设：已知球的直径 AB，点 C 分 AB，使 AC 是 CB 的四倍。

在 AB 上作半圆 ADB，从 C 作直线 CD 和 AB 成直角，连接 DB。

而圆 $EFGHK$ 的半径等于 DB。

设：等边且等角的五边形 $EFGHK$ 内接于圆 $EFGHK$。

设：点 L、M、N、O、P 二等分弧 EF、FG、GH、HK、KE。

连接 LM、MN、NO、OP、PL、EP，

因此：五边形 $LMNOP$ 是等边的，线段 EP 是十边形的边。

设：从点 E、F、G、H、K 作直线 EQ、FR、GS、HT、KU 与圆所在的平面成直角，它们等于圆 $EFGHK$ 的半径，

连接 *QR*、*RS*、*ST*、*TU*、*UQ*、*QL*、*LR*、*RM*、*MS*、*SN*、*NT*、*TO*、*OU*、*UP*、*PQ*。

因为：线段 *EQ*、*KU* 都与同一平面成直角，

因此：*EQ* 平行于 *KU*。 [XI. 6]

又因：它们也相等，

且连接相等且平行线段的端点的线段，在同一方向相等且平行，[I. 33]

因此：*QU* 等于且平行于 *EK*。

又因：*EK* 是等边五边形的边，

因此：*QU* 也是内接于圆 *EFGHK* 的内接等边五边形的边。

同理：线段 *QR*、*RS*、*ST*、*TU* 都是圆 *EFGHK* 的内接等边五边形的边，

因此：五边形 *QRSTU* 是等边的，

因为：*QE* 属于六边形，*EP* 属于十边形，角 *QEP* 是直角，

因此：*QP* 属于五边形。

因为：内接于同一圆的五边形边上的正方形等于六边形边上的正方形与十边形边上的正方形的和， [XIII. 10]

同理：*PU* 也是五边形的边，

又因：*QU* 属于一个五边形，

因此：三角形 *QPU* 是等边的。

同理：三角形 *QLR*、*RMS*、*SNT*、*TOU* 的每一个也是等边的，

又因，已经证明：线段 *QL*、*QP* 的每一个条都属于一个五边形，*LP* 也属于一个五边形，

因此：三角形 *QLP* 是等边的。

同理：三角形 *LRM*、*MSN*、*NTO*、*OUP* 的每一个也是等边的。

设：取定圆 *EFGHK* 的圆心为点 V，

从点 V 作 VZ 与圆所在的平面成直角，在另一方向延长它成 VX。

截取 V*W*，使它为六边形的一边，线段 VX、*WZ* 的每一条是十边形的一边。

连接 *QZ*、*QW*、*UZ*、*E*V、*L*V、*LX*、*XM*。

因为：线段 V*W*、*QE* 都与圆所在的平面成直角，

因此：VW 平行 QE。 [XI. 6]

又因：它们也相等，

因此：EV、QW 相等且平行。 [I. 33]

因为：EV 属于一个六边形，

因此：QW 也属于一个六边形。

又因：QW 属于一个六边形，

并且 WZ 属于一个十边形，角 QWZ 是直角，

因此：QZ 属于一个五边形。 [XIII. 10]

假如连接 VK、WU，它们相等且相对的，

同理：UZ 也属于一个五边形。

因为：VK 是半径，属于一个六边形， [IV. 15，推论]

因此：WU 也属于一个六边形。

因为：WZ 属于一个十边形，角 UWZ 是直角，

因此：UZ 属于一个五边形。 [XIII. 10]

又因：QU 属于一个五边形，

因此：三角形 QUZ 是等边的。

同理：其余的以线段 QR、RS、ST、TU 为底且以 Z 为顶点的三角形也是等边的。

因为：VL 属于一个六边形，VX 属于一个十边形，角 LVX 是直角，

因此：LX 属于一个正方形。 [XIII. 10]

同理：假如连接 MV，它属于一个六边形，可以推出 MX 属于一个五边形。

因为：LM 属于一个五边形，

所以：三角形 LMX 是等边的。

同理可证：以线段 MN、NO、OP、PL 为底且以点 X 为顶点的三角形都是等边的，

因此：已经作了由二十个等边的三角形构成的一个二十面体。

接下来，要求：二十面体内接于已知球，证明二十面体的边是被称

为次线的无理线段。

因为：VW 属于一个六边形，WZ 属于十边形，

因此：VZ 被 W 分为中外比，VW 是较大的线段，　[XIII. 9]

所以：ZV 比 VW 如同 VW 比 WZ。

因为：VW 等于 VE，并且 WZ 等于 VX，

因此：ZV 比 VE 如同 EV 比 VX。

因为：角 ZVE、EVX 是直角，

又因：三角形 XEZ 与 VEZ 相似，

因此：假如连接 EZ、XZ，那么 XEZ 是直角。

同理：由于 ZV 比 VW 如同 VW 比 WZ，ZV 等于 XW，并且 VW 等于 WQ，

因此：XW 比 WQ 如同 QW 比 WZ。

同理：假如连接 QX，

那么：在 Q 处的角是直角，　[VI. 8]

因此：XZ 上的半圆经过 Q。　[III. 31]

设：固定 XZ，使此半圆旋转到开始位置，它也经过点 Q 并且过二十面体的其余的顶点，

因此：二十面体内接于一个球。

接下来可以证明：它也内接于已知球。

设：A' 二等分 VW。

因为：线段 VZ 被 W 分为中外比，ZW 是较小的一段，

因此：ZW 为大线段的一半，也就是 WA' 上的正方形是大线段一半上的正方形的五倍，　[XIII. 3]

因此：ZA' 上的正方形是 A'W 上的正方形的五倍。

又因：ZX 是 ZA' 的二倍，而 VW 是 A'W 的二倍，

因此：ZX 上的正方形是 WV 上的正方形的五倍。

因为：AC 是 CB 的四倍，

因此：AB 是 BC 的五倍。

因为：*AB* 比 *BC* 如同 *AB* 上的正方形比 *BD* 上的正方形，

[VI. 8，V. 定义 9]

因此：*AB* 上的正方形是 *BD* 上的正方形的五倍。

又因，已经证明：*ZX* 上的正方形是 V*W* 上的正方形的五倍，

且 *DB* 等于 V*W*，

并且它们的每一个等于圆 *EFGHK* 的半径，

因此：*AB* 等于 X*Z*。

因为：*AB* 是已知球的直径，

因此：X*Z* 等于已知球的直径，

因此：这二十面体内接于已知球。

接下来可以证明：这二十面体的边是被称为次线的无理线段。

因为：球的直径是有理的，它上的正方形是圆 *EFGHK* 半径上的正方形的五倍，

因此：圆 *EFGHK* 的半径也是有理的，

所以：它的直径也是有理的。

又因：倘若一个等边五边形内接于一个直径是有理的圆，

那么：五边形的边是被称为次线的无理线段。 [XIII. 11]

因为：这五边形 *EFGHK* 的边是二十面体的边，

因此：二十面体的边是被称为次线的无理线段。

证完。

推论 此球直径上的正方形是内接二十面体得出的（顶点所在五个三角形的外接圆的）圆半径上的正方形的五倍，并且球的直径是内接于同圆内的六边形一边与十边形两边的和。

命题 17

…

与前面一样，求作已知球的内接十二面体，证明这十二面体的边是被称为余线的无理线段。

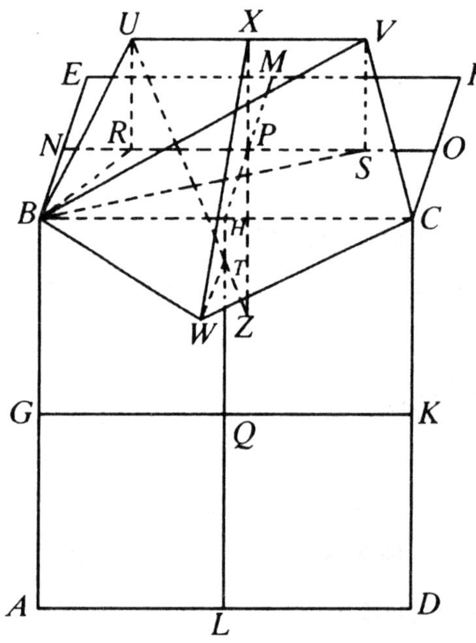

设：ABCD、CBEF 是前述立方体的互相垂直的两个面，且 G、H、K、L、M、N、O 分别二等分边 AB、BC、CD、DA、EF、EB、FC。

连接 GK、HL、MH、NO，

设：点 R、S、T 分别分线段 NP、PO、HQ 成中外比；

且 RP、PS、TQ 是它们的较大线段。

从 R、S、T 向立方体外作 RU、SV、TW 与立方体的面成直角。

取它们等于 RP、PS、TQ，连接 UB、BW、WC、CV、VU。

那么可以说：五边形 UBWCV 是一个平面内的等边且等角的五边形。

连接 RB、SB、VB。

那么：线段 NP 被 R 分为中外比，并且 RP 是较大的线段，

因此：PN、NR 上的正方形的和是 PS 上的正方形的三倍。 [XIII. 4]

因为：PN 等于 NB，且 PR 等于 RU，

因此：BN、NR 上的正方形的和是 RU 上的正方形的三倍。

因为：BR 上的正方形等于 BN、NR 上的正方形的和， [I. 47]

因此：BR 上的正方形是 RU 上的正方形的三倍，

因此：BR、RU 上的正方形的和是 RU 上的正方形的四倍。

因为：BU 上的正方形等于 BR、RU 上的正方形的和，

因此：BU 上的正方形是 RU 上的正方形的四倍，

因此：BU 是 RU 的二倍。

因为：VU 也是 UR 的二倍，

且 SR 也是 PR 的二倍，也就是 RU 的二倍，

因此：BU 等于 UV。

同理可证：线段 BW、WC、CV 的每一条等于线段 BU、UV 的每一条，

因此：五边形 $BUVCW$ 是等边的。

接下来可以证明：它也同在一个平面上。

设：从 P 向立方体外作 PX 平行于 RU、SV 的每一条，连接 XH、HW。

那么可以说：XHW 是一条直线。

因为：HQ 被 T 分为中外比，且 QT 是较大的线段，

因此：HQ 比 QT 如同 QT 比 TH。

因为：HQ 等于 HP，并且 QT 等于线段 TW、PX 的每一条，

因此：HP 比 PX 如同 WT 比 TH。

因为：HP 与 TW 的每一条都与平面 BD 成直角，

因此：HP 平行于 TW，　[XI. 6]

因此：TH 平行于 PX。

因为：它们的每一条都与平面 BF 成直角，　[XI. 6]

倘若两个三角形 XPH、HTW，其中一个的两条边和另一个的两条边成比例。

设：将它们的边放在一起使角的顶点重合在一起，并且相应的边平行，

那么：其余的两边在一条直线上，　[VI. 32]

因此：XH 与 HW 在同一条直线上。

因为：每一条直线在同一个平面上，　[XI. 1]

因此：五边形 $UBWCV$ 在一平面上。

接下来可以证明：它也是等角的。

因为：线段 NP 被 R 分为中外比，且 PR 是较大的线段，PR 等于 PS，

因此：NS 也被 P 分为中外比，

并且 NP 是较大的一段， [XIII. 5]

因此：NS、SP 上的正方形的和是 NP 上的正方形的三倍。 [XIII. 4]

因为：NP 等于 NB，且 PS 等于 SV，

因此：NS、SV 上的正方形的和是 NB 上的正方形的三倍，

所以：VS、SN、NB 上的正方形的和是 NB 上的正方形的四倍。

因为：SB 上的正方形等于 SN、NB 上的正方形的和，

因此：BS、SV 上的正方形的和，也就是 BV 上的正方形，是 NB 上的正方形的四倍，这是因为角 VSB 是直角，

所以：VB 是 BN 的二倍。

因为：BC 是 BN 的二倍，

所以：BV 等于 BC。

因为：两边 BU、UV 等于两边 BW、WC，并且底 BV 等于底 BC，

所以：角 BUC 等于角 BWC。 [I. 8]

同理可证：角 UVC 等于角 BWC，

所以：三个角 BWC、BUV、UVC 彼此相等。

又因：倘若一个等边五边形有三个角彼此相等，

那么：五边形是等角的， [XIII. 7]

因此：五边形 BUVCW 是等角的。

又因，已经证明：它是等边的，

因此：五边形 BUVCW 是等边且等角的，它在立方体的边 BC 上，

因此：倘若在立方体的十二条边的每一条上都同样作图，

那么：由十二个等边且等角的五边形构成一个立体图，叫作十二面体。

需要证明：它内接于已知球，并且这十二面体的边是被称为余线的无理线段。

设：延长 XP 成直线 XZ，

那么：PZ 与正方体的对角线相交，并且彼此平分。 [XI. 38]

设：它们相交于 Z，

那么：Z 是立方体外接球的球心，并且 ZP 是立方体一边的一半。

设：连接 UZ，

那么：P 分线段 NS 为中外比，NP 是较大一段，

因此：NS、SP 上的正方形的和是 NP 上的正方形的三倍。 [XIII. 4]

因为：NS 等于 XZ，

并且 NP 等于 PZ，而 XP 等于 PS，

又因：PS 等于 XU，

且 PS 等于 RP，

因此：ZX、XU 上的正方形的和是 NP 上的正方形的三倍。

因为：UZ 上的正方形等于 ZX、XU 上的正方形的和，

因此：UZ 上的正方形是 NP 上的正方形的三倍。

因为：外接于正方体的球的半径上的正方形也是立方体一边一半上的正方形的三倍，

已知如何作内接于球的立方体，

且已经证明：球的直径上的正方形是立方体一边上的正方形的三倍，
[XIII. 15]

因为：假如两整体相比，又如同两个半量的比，并且 NP 是立方体一边的一半，

因此：UZ 等于外接于立方体的球的半径，并且 Z 是外接于立方体的球的球心，

因此：点 U 是这球面上的一点。

同理可证：十二面体其余的每一个角也在这球面上，

因此：十二面体内接于已知球。

接下来可以证明：十二面体的边是被称为余线的无理线段。

因为：当 *NP* 被分为中外比时，*RP* 是较大的一段，

当 *PO* 被分成中外比时，*PS* 是较大的一段，

因此：当整体 *NO* 被分成中外比时，*RS* 是较大的一段。

（这是因为：*NP* 比 *PR* 如同 *PR* 比 *RN*，那么各二倍也是正确的，因为部分与部分的比等于它们同倍量的比， [V. 15]

因此：*NO* 比 *RS* 如同 *RS* 比 *NR* 与 *SO* 的和。

因为：*NO* 大于 *RS*，

因此：*RS* 大于 *NR* 与 *SO* 的和，

所以：*NO* 被分为中外比，且 *RS* 是较大一段。）

因为：*RS* 等于 *UV*，

因此：当 *NO* 被分为中外比时，*UV* 是较大的一段。

因为：球的直径是有理的，并且它上的正方形是正方体一边上的正方形的三倍，

因此：*NO* 是正方体的一边，它是有理的，

（如果有理线段被分成中外比，那么所分的两部分都是余线的无理线段。）

因此：*UV* 是十二面体的一边，是一个被称为余线的无理线段。

[XIII. 6]

推论 当立方体的一边被分为中外比时，较大一段是十二面体的一边。

证完。

命题 18

…

已知五种图形的边并把它们加以比较。

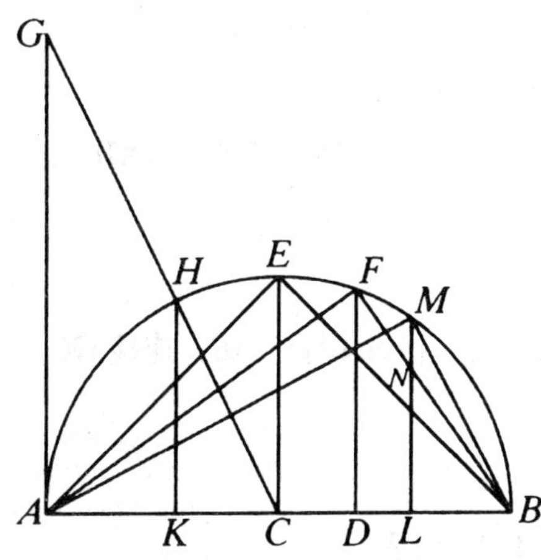

设：已知球的直径 *AB*，而 *C* 把 *AB* 分成 *AC* 等于 *CB*；

D 把 *AB* 分成 *AD* 是 *DB* 的二倍。

设：*AB* 上的半圆是 *AEB*，

从 *C*、*D* 作 *CE*、*DF* 与 *AB* 成直角。

连接 *AF*、*FB*、*EB*。

因为：*AD* 是 *DB* 的二倍，

因此：*AB* 是 *BD* 的三倍。

代换后：*BA* 是 *AD* 的一倍半。

因为：*BA* 比 *AD* 如同 *BA* 上的正方形比 *AF* 上的正方形，

[V. 定义 9，VI. 8]

并且三角形 *AFB* 与三角形 *AFD* 是等角的，

因此：*BA* 上的正方形是 *AF* 上的正方形的一倍半。

因为：球直径上的正方形也是棱锥一边上的正方形的一倍半，[XIII. 13]

又因：*AB* 是球的直径，

因此：*AF* 等于棱锥的边。

因为：*AD* 是 *DB* 的二倍，

因此：*AB* 是 *BD* 的三倍。

因为：*AB* 比 *BD* 如同 *AB* 上的正方形比 *BF* 上的正方形，

[VI. 8，V. 定义 9]

所以：*AB* 上的正方形是 *BF* 上的正方形的三倍。

因为：球直径上的正方形也是立方体边上的正方形的三倍，[XIII. 15]

并且 AB 是球直径，

因此：BF 是立方体的边。

因为：AC 等于 CB，

所以：AB 是 BC 的二倍。

因为：AB 比 BC 如同 AB 上的正方形比 BE 上的正方形，

因此：AB 上的正方形是 BE 上的正方形的二倍。

又因：球直径上的正方形也是八面体边上的正方形的二倍，[XIII. 14]

且 AB 是已知球的直径，

因此：BE 是八面体的边。

接下来，由点 A 作 AG 与直线 AB 成直角，作 AG 等于 AB，连接 GC，由 H 作 HK 垂直 AB。

因为：GA 等于 AC 的二倍，

并且 GA 等于 AB，且 GA 比 AC 如同 HK 比 KC，

因此：HK 也是 KC 的二倍，

所以：HK 上的正方形是 KC 上的正方形的四倍，

因此：HK、KC 上的正方形的和，也就是 HC 上的正方形是 KC 上的正方形的五倍。

因为：HC 等于 CB，

因此：BC 上的正方形是 CK 上的正方形的五倍。

因为：AB 是 CB 的二倍，在它们中，AD 是 DB 的二倍，

因此：余量 BD 是余量 DC 的二倍，

所以：BC 是 CD 的三倍，

因此：BC 上的正方形是 CD 上的正方形的九倍。

因为：BC 上的正方形是 CK 上的正方形的五倍，

因此：CK 上的正方形大于 CD 上的正方形，

所以：CK 大于 CD。

设：CL 等于 CK，由 L 作 LM 与 AB 成直角，连接 MB。

因为：*BC* 上的正方形是 *CK* 上的正方形的五倍，

并且 *AB* 是 *BC* 的二倍，*KL* 是 *CK* 的二倍，

因此：*AB* 上的正方形是 *KL* 上的正方形的五倍。

因为：球直径上的正方形也是作出的二十面体圆半径上的正方形的五倍，　[XIII. 16，推论]

并且 *AB* 是球的直径，

因此：*KL* 是作出的二十面体的圆的半径，

因而：*KL* 是所说圆的内接六边形的边。　[VI. 15，推论]

因为：球的直径等于同圆中内接六边形一边与内接十边形两边的和，

又因：*AB* 是球的直径，*KL* 是六边形的一边，且 *AK* 等于 *LB*，

因此：线段 *AK*、*LB* 的每一条都是二十面体的圆内接十边形的边。

因为：*LB* 属于一个十边形，*ML* 属于一个六边形，

且 *ML* 等于 *KL*，它等于 *HK*，这是因为距圆心等远，

线段 *HK*、*KL* 的每一条都是 *KC* 的二倍，

因此：*MB* 属于五边形。　[XIII. 10]

因为：五边形的一边是二十面体的一边，　[XIII. 16]

所以：*MB* 属于这个二十面体，

因为：*FB* 是立方体的一边，

设：它被 *N* 分为中外比，且 *NB* 是较大一段，

因此：*NB* 是十二面体的一边。　[XIII. 17，推论]

又因，已经证明：球直径上的正方形是棱锥一边 *AF* 上的正方形的一倍半，也是八面体一边 *BE* 上正方形的二倍与立方体边 *FB* 的三倍，

因此：球直径上的正方形包含六部分，棱锥边上的正方形包含四部分，八面体一边上的正方体包含三部分，立方体一边上的正方形包含两部分，

因此：棱锥一边上的正方形是八面体一边上的正方形的三分之四，是立方体一边上的正方形的二倍，

并且八面体一边上的正方形是立方体一边上的正方形的一倍半。

因此：这三种图形，棱锥、八面体及立方体的边互比是有理比。

因为：其余的两种图形，也就是二十面体的边与十二面体的边互比不是有理比，与前面所说的边互比也不是有理比，

因为：它们是无理的，一条是次线， [XIII. 16]

另一是余线， [XIII. 17]

那么，能够证明：二十面体的边 *MB* 大于十二面体的边 *NB*。

因为：三角形 *FDB* 与三角形 *FAB* 是等角的， [VI. 8]

有比例：*DB* 比 *BF* 如同 *BF* 比 *BA*。 [VI. 4]

因为：三条线段成比例，

第一条比第三条如同第一条上的正方形比第二条上的正方形，

[V. 定义 9，VI. 20，推论]

因此：*DB* 比 *BA* 如同 *DB* 上的正方形比 *BF* 上的正方形，

因此，由反比：*AB* 比 *BD* 如同 *FB* 上的正方形比 *BD* 上的正方形。

因为：*AB* 是 *BD* 的三倍，

所以：*FB* 上的正方形是 *BD* 上的正方形的三倍。

因为：*AD* 上的正方形也是 *DB* 上的正方形的四倍，

且 *AD* 是 *DB* 的二倍，

因此：*AD* 上的正方形大于 *FB* 上的正方形，

因此：*AD* 大于 *FB*，

所以：*AL* 更大于 *FB*。

当 *AL* 被分为中外比时，*KL* 是较大的一段，

因为：*LK* 属于六边形，且 *KA* 属于十边形， [XIII. 9]

又，当 *FB* 被分为中外比时，*NB* 是较大一段，

因此：*KL* 大于 *NB*，

又因：*KL* 等于 *LM*，

因此：*LM* 大于 *NB*，

所以：二十面体一边 *MB* 大于十二面体一边 *NB*。

证完。

接下来可以证明，除上述五种图形外，再没其他的由等边及等角且彼此相等的面构成的图形。

因为，一个立体角不能由两个三角形或者两个平面构成。

由三个三角形构成棱锥的角，由四个三角形构成八面体的角，由五个三角形构成二十面体的角。

但是，不能把六个等边且等角的三角形一个顶点放在一起构成一个立体角。

因为，等边三角形的一个角是一个直角的三分之二，于是六个角将等于四个直角。

这是不符合实际的。

因为任何一个立体角都是由其和小于四直角的一些角构成的。

[XI. 21]

同理，六个以上的平面角绝不能构成一个立体角。

由三个正方形构成立方体的角，但是四个正方形不能构成立体角，因为它们的和又是四个直角。

由三个等边且等角的五边形构成十二面体的角，但是由四个这样的角不能构成任何立体角。因为，一个等边五边形的角是直角的一又五分之一，于是四个角之和大于四个直角。

这是不符合实际的。

同理，不可能由另外的多边形构成立体角。

证完。

引理

…

证明等边且等角的五边形的角是一个直角的一又五分之一。

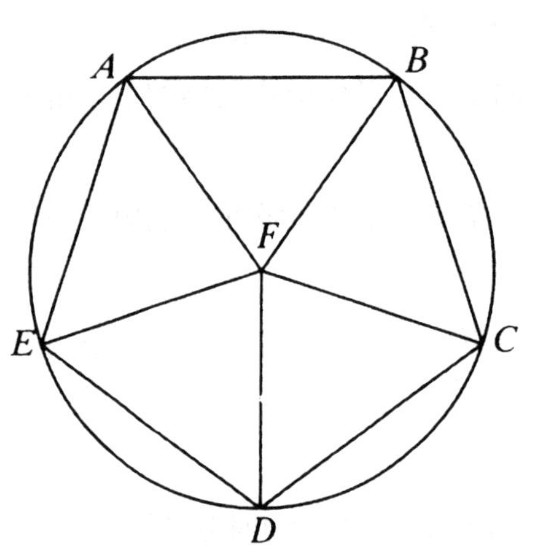

设：ABCDE 是一个等边且等角的五边形，它的外接圆是圆 ABCDE，它的圆心为 F，连接 FA、FB、FC、FD、FE，

因此：它们在 A、B、C、D、E 点二等分五边形的各角。

因为：在点 F 处的各角的和等于四直角，且它们相等，

所以：它们的每一个，如角 AFB，是一个直角的五分之四，

因此：其余各角 FAB、ABF 的和为一角的一又五分之一。

因为：角 FAB 等于角 FBC，

因此：五边形的一个整体角 ABC 是一个直角的一又五分之一。

证完。